KB263741

여성의 몸에 대한

의학의 배신

여성의 몸에 대한

의학의 배신

의학은 여성의 몸과 고통을 어떻게 오진해 왔는가

1판 1쇄 펴냄 2026년 1월 23일

지은이 엘리자베스 코멘
옮긴이 김희정 · 이지은
발행인 김병준 · 고세규
발행처 생각의힘
편집 우상희 디자인 이소연 · 김경민 마케팅 김유정 · 신예은 · 최은규

등록 2011. 10. 27. 제406-2011-000127호
주소 서울시 마포구 독막로6길 11, 2, 3층
전화 편집 02)6925-4184, 영업 02)6925-4188 팩스 02)6925-4182
전자우편 tpbook1@tpbook.co.kr 홈페이지 www.tpbook.co.kr

*책값은 뒤표지에 있습니다.
*잘못된 책은 구입하신 서점에서 교환해 드립니다.

ISBN 979-11-94880-35-6 (93400)

all in her head

여성의 몸에 대한
의학의 배신

엘리자베스 코멘 Elizabeth Comen | 김희정 · 이지은 옮김

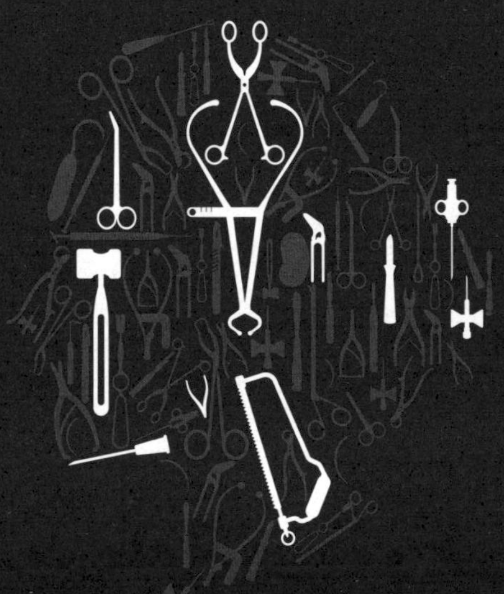

의학은 여성의 몸과 고통을
어떻게 오진해 왔는가

생각의힘

과거, 현재, 미래의
내 모든 소중한 진주들에게

이 책은 피부와 뼈, 근육과 혈액, 숨과 장, 면역과 신경, 호르몬과 생식에 이르기까지 여성의 몸을 이루는 여러 층위를 하나씩 따라가며, 그 몸이 어떻게 이해되어 왔고 또 얼마나 자주 이해되지 못해 왔는지를 조용히 알려준다. 저자는 여성의 증상이 때로는 설명되지 않았고, 때로는 너무 쉽게 다른 말로 바뀌어 왔다는 사실을 놀라울 만큼 차분하게 짚어낸다. 이 책을 읽으며 나는 몸을 바라보는 일이 단순히 진단하고 분류하는 문제가 아니라, 한 사람의 시간과 경험을 함께 이해하는 일이라는 점을 다시 생각하게 되었다. 이 책은 누군가를 비난하지 않는다. 다만 우리가 무엇을 놓쳐 왔는지, 그리고 앞으로 무엇을 더 주의 깊게 보아야 하는지를 드러낸다. 이 책은 자기 몸을 대하는 태도와 타인을 바라보는 마음가짐을 아주 조금, 그러나 분명히 바꿔준다.

유성호 서울대학교 의과대학 법의학교실 교수, 《시체는 거짓말하지 않는다》 저자

놀라운 스토리텔링의 정수. 저자는 여성의 몸에 대한 필수적인 의학사를 의학 스릴러에 버금가는 서사적 추진력과 결합함으로써, 반드시 읽어야 할 매우 강렬하고 중요한 책을 펴냈다.

싯다르타 무케르지
컬럼비아 의과대학 교수, 퓰리처상 수상 작가, 《세포의 노래》
《암: 만병의 황제의 역사》《유전자의 내밀한 역사》 저자

와우! 이 책은 당신의 몸에 대해 알고 있다고 믿어왔던 모든 것을 뒤흔드는 동시에 앞으로 더 나은 결정을 내릴 수 있도록 힘을 실어준다. 스토리텔링, 방대한 연구, 이해하기 쉬운 조언을 통해 저자는 우리 모두에게 주체성을 되찾을 수 있는 귀중한 로드맵을 제시한다.

이브 로드스키
조직관리 전문가, 《페어 플레이 프로젝트》 저자

수천 년 동안 여성의 치료와 돌봄을 괴롭혀 온 충격적이고 분노를 자아내며 가슴 아픈 의학적 신화와 관행들을 폭로하는 책. 여성의 몸이 본질적으로 열등하고 약하다는 근거 없는 믿음들은 오늘날에도 여전히 남아 있다. 이 책은 여성 개인에게 힘을 실어줄 뿐만 아니라, 그동안 현대 의료 시스템이 간과해 왔던 돌봄이라는 숭고한 기술을 가치 있게 여긴다면 의학이 과연 어떤 모습일지 다시 상상해 보라는 외침이기도 하다.

엘리자베스 레서
《부서져야 일어서는 인생이다》《골수Marrow》《카산드라 말하다Cassandra Speaks》 저자

저자는 의사로서의 경험에서 길어 올린 깊은 통찰을 따뜻한 연민과 공감, 재치 그리고 여성 건강과 의료 서비스 개선을 향한 강인한 의지와 함께 담아내 여성과 의료계에 값진 선물을 건넨다. 환자가 자신의 건강을 주도적으로 돌볼 수 있도록 격려하고, 의료 시스템의 변화를 촉구하며, 독자 모두의 삶을 개선할 진정으로 중요한 책에 브라보를 보낸다!

_조앤 E. 맨슨_
하버드 의과대학 교수, 공중보건학 박사,
미국내과학회 최고 등급 명예 펠로우, 브리검 여성 병원 예방의학 과장

차례

일러두기

1. 이 책은 *All in Her Head: The Truth and Lies Early Medicine Taught Us About Women's Bodies and Why It Matters Today*(2024)를 우리말로 옮긴 것이다.
2. 단행본은 겹꺽쇠표(《》)로, 신문, 잡지 등은 홑꺽쇠표(〈〉)로 표기했다.
3. 각주는 독자의 이해를 돕기 위해 모두 옮긴이가 단 것이다.
4. 인명 등 외래어는 국립국어원의 표준어 규정 및 외래어표기법을 따랐으나, 일부는 관례와 원어 발음을 존중해 그에 따랐다.
5. 의학용어 등 전문용어는 국내에서 공식적으로 사용되는 명칭으로 표기했다. 한국어 명칭이 없는 경우 영어 명칭을 독음대로 적거나 우리말로 적절히 옮겼다.
6. Dr.는 의사, M.D., Ph.D.는 의학박사로 표기했다.

서문

날이면 날마다, 나는 죽음의 그림자 안에서 생활하고 일한다. 그 그림자는 끊임없이 존재감을 과시하며 거기에 있다. 모든 대화의 그늘 속에 도사리고, 암 덩어리가 자리 틀고 퍼지는 부위의 어두운 스캔에 드리우며, 20분 간격으로 환자들과 만나는 진료실까지 나를 따라다닌다. 진료실은 무균상태이다. 조명을 밝게 하고 바닥에는 크림색 리놀륨을 깔았고, 환자가 진료대에 누워 고개를 돌리면 보이는 곳에는 야생화가 피고 시냇물이 졸졸 흐르는 평화로운 자연을 담은 풍경화를 걸어 고요한 분위기를 연출했다. 의사 가운조차도 분홍색과 흰색의 격자무늬 면직물로 만들어 마음을 편안하게 하고 차분한 느낌을 주도록 했다. 진료대에 누운 여성이 다른 좋은 곳, 마사지 스파 같은 곳에 있다고 상상할 수 있기라도 한 듯.

자신이 왜 여기에 누워 있는지 잊을 수 있기라도 한 듯.

마치 음울하고 무서운 죽음의 그림자를 애써 지워낼 수 있기라도 한 듯.

◇◇◇

2018년 8월 어느 아침, 그 그림자는 어느 때보다도 짙고 가까웠다. 스파 같은 평온함은 어디에서도 찾을 수 없었다. 병원의 유방암 병동은 분주했고 윙윙, 삐삐 소리를 내며 돌아가는 기계 소리, 의사와 간호사들의 발소리, 그리고 병상마다 둘러쳐진 칙칙한 갈색 프라이버시 커튼으로 줄일 수 없는 낮은 목소리와 간헐적인 울음소리로 소란스러웠다.

다가올 대화를 앞두고 나는 마음을 다잡으며 깊게 숨을 들이쉬었다. 죽음이 가까워지면 환자들은 종종 의사가 자기를 포기할까봐 두려워한다. 더는 희망적인 치료법이 없어, 우리가 더 해줄 것이 아무것도 없을까 봐 두려워한다. 하지만 표적 치료제가 환자에게 더 이상 효과를 보이지 않는 시점이 오더라도 종양 전문의는 결코 치료를 포기하지 않는다. 이 환자를 마지막으로 보는 시간이 될지도 모르는 이 방문은, 어쩌면 가장 중요한 만남이 될 수도 있다. 오늘은 환자에게 희망적인 예후나 새로운 치료 계획을 설명하는 대신 더 단순한 것을 건네려 한다. 바로 내가 함께한다는 사실 말이다. 오늘 나는 몇 가지를 약속할 것이다. 당신을 떠나지 않겠습니다. 당신의 통증을 관리하고 고통을 덜어 드리겠습니다. 당신과 당신의 가족이 다가오는 상황에 대처할 수 있도록 도와드리겠습니다. 저는 끝까지 당신과 함께하겠습니다.

내가 침대 옆 커튼을 돌아 다가서자 엘렌은 미안한 듯 나를 바라봤다. 가쁜 숨을 몰아쉬는 그녀의 복부와 흉부에는 튜브 여러 개가 삽관되어 있었고, 이 튜브들은 몸 안에 가득 차서 기능 부전 지경으로 장기를 압박하고 있는 체액을 빼내려는 마지막 헛된 시도를 계속하고 있었다. 눈은 황달로 누렇게 떴고, 깊이 파인 볼의 피부는 침대 뒤로 보이는 생기 없는 담갈색 벽처럼 핏기가 없었다. 그녀를 잠시 민머리로 만들었던 화학요법을 받기 전에는 언제나 짧고 스타일리시한 픽시컷을 유지했던 머리카락은 이마에 축축하게 붙어 있었다.

엘렌의 상태가 악화되기 시작한 것은 불과 4주 전, 그녀가 뼈, 간, 폐로 이미 전이된 불치성 유방암으로 처음 내 진료실을 방문한 지 6년이 지난 시점이었다. 그 몇 해 동안 나는 그녀가 단순히 생존하는 것이 아니라 진정으로 삶을 살 수 있도록 치료 과정을 구상한 것에 자부심을 느껴왔다. 비영리 단체에서 일하며 네 명의 십대 딸을 돌보는 동시에, 남편, 가족과 함께 세상을 여행할 수 있도록 말이다. 엘렌이 탐험하면서 미소 지으며 찍은 모든 사진들, 딸들과 함께 산 정상에 서 있거나 폭포 아래에서 남편과 환하게 웃고 있는 모습은 내가 거둔 승리이기도 했다. 그녀의 치료는 오랫동안 매우 효과적이었다.

하지만 이제 엘렌의 탐험은 막바지에 도달했다. 그 방은 그 자체로 어떤 경계 공간처럼 느껴졌다. 환자가 거친 숨을 몰아 쉬며 생존을 이어가고, 숨과 숨 사이에 깃드는 피할 수 없는 죽음이 무겁게 다가온다. 나는 그녀의 손을 잡고 그녀가 던지는 어려운 질문들에 답을 했다. 숨을 거두는 순간 어떤 느낌일까? 두려울까? 통증이 있을까? 대화가 끝났을 때, 그녀는 내 손을 꽉 잡았고, 나는 못다 한 말을 위해 자리를 지키며 잠시 더 머물렀다.

마침내, 나는 몸을 숙여 마지막 작별의 포옹을 했다. 내 뺨을 그녀의 뺨에 맞대었다. 그녀의 축축한 피부와 바스락거리는 연약한 뼈가 느껴졌다. 그녀가 얼마나 용감했는지, 얼마나 멋지고 생기 넘쳤었는지를 떠올리며, 내가 그녀에게 더 많은 시간을 줄 수 있었다면 얼마나 좋았을까 아쉬워했다.

그리고 그녀가 말했다. 마지막 말은 아니었지만, 내가 절대로 잊지 못할 말이었다.

"선생님께 땀을 흘려서 죄송해요."

◇◇◇

엘렌이 내게 처음으로 그런 말을 한 환자는 아니었다. 유방암 치료를 전문으로 하는 종양내과 전문의로서, 나는 수천 명의 여성이 이 치명적인 질병을 진단받는 순간을 함께했다. 그런데 너나없이 모든 여성 환자가 암 진단을 받는 순간 거의 언제나 같은 반응을 보인다.

내가 죽는 거야?
왜 이런 일이 내게 생긴 거지?
땀을 흘려서 죄송해요.

땀을 흘리는 것은 당연히 스트레스에 대한 정상적인 신체 반응이다. 종양내과 전문의를 만나는 것만큼 스트레스를 유발하는 일은 없다. 다른 어떤 질병도 암이 주는 공포만큼 우리의 두려움을 자극하지 않는다. 내가 매일 진료실에서 만나는 여성들은 예외 없이 두려움에 질려 있다. 앞으로 겪을 고통에 대한 두려움, 죽음에 대한 두려움, 수년간 관해remission* 상태로 살다가 결국 재발할 가능성에 대한 두려움. 하지만 진료실에서 내가 가장 많이 마주치는 감정

---

* 질환의 증상이 감소하거나 사라진 상태로, 고형암의 경우 종양이 소실되거나 크기가 줄어든 상태를 말한다.

은 두려움보다 더 강력하고 은밀한 감정, 바로 수치심이다. 환자들에게 들었던 사과들을 나열하면 끝도 없고 부당하기까지 하다. 땀을 흘려 미안하고, 아파서 미안하고, 심지어 치료를 받아야 해서 미안하다. 유방암 검진 약속을 놓친 것, 자신의 증상을 파악하지 못한 것에도 미안해하고, 직장과 육아, 노부모 부양, 가사 일 등으로 복잡한 생활에 치여 암을 스스로 진단하지 못했다며 스스로를 탓한다. 심지어 그들은 생존을 위해 받는 치료제와 수술의 부작용에 대해서까지 수치심을 느낀다. 가장 놀라웠던 환자 중 한 명은 일흔다섯 살의 강하고 소탈한 여성이었다. 열세 명의 자녀를 키웠고 평생을 목장에서 일해 온 그녀가 수술 후 추적검사를 위해 병원을 찾았는데, 이전에 본 적이 없는 것을 착용하고 있었다. 그녀는 유방절제술 흉터 위에 살구색의 접착형 유두를 붙이고 있었는데, 내가 묻자 인터넷에서 주문했다고 했다. 나를 위해 말이다.

"너무 흉하잖아요," 그녀는 흉터를 가리키며 말했다. "선생님을 불편하게 만들고 싶지 않았어요." 내과와 종양학 분야에서 수련과 실습을 모두 거치는 동안, 남성 환자가 이런 류의 수치심을 표현했던 경우는 기억나지 않는다. 여성의 건강 회복을 돕는 의사로서, 이 차이는 이해하기 어렵다.

그러나 의학사를 공부하는 사람으로서, 나는 이 차이가 그저 수수께끼 같은 현상이 아님을 안다.

본인이 아픈 것을 두고 내게 사과하는 여성들은 수 세기에 걸쳐 전해 내려온, 그리고 오늘날에도 여전히 발견되는 의학적 유산遺産의 일부분이다. 이 유산에서 하나의 서사가 출현했다. 여성의 몸이 어떤 모습이어야 하는지, 업무와 놀이, 학습과 사유, 섹스, 모성, 질병과 건강, 심지어 죽음의 순간에 이르기까지 여성의 몸은 어떻게 느껴야 하는지에 대한 서사이다. 이 서사의 저자들이 우리를 떠난 지는 오래되었지만, 그들의 이름과 표상은 오늘날까지도 박물관이나 기념비에서, 또 의대생들이 의사가 되어가는 여정을 인도하는 교과서에서 여전히 볼 수 있다. 그리고 이 서사의 저자들이 남성들이었다는 건 확실하지만, 문제는 그게 아니다.

문제는, 이 서사가 사실이 아니라는 것이다.

◇◇◇

의학의 세계와 그 안에서 여성들의 경험을 주조해 낸 의사들도 우리와 다를 바 없는 사람들이었다. 그들 역시 시대와 경험의 산물이었다. 그들은 당대의 사회적 관습에 영향을 받았고, 여성에 대한 정서적, 사회적 경험 및 의사가 여성 환자와 맺는 관계에 대한 사회적 기대로부터 영향을 받았다. 전자의 측면으로는 여성에 대한 가부장적 우려로 가득 찬 흔한 장광설이 등장한다. 여성의 성적 표현, 여성의 일, 여성의 생식능력, 그리고 여성이 자신의 운명을 완전히 개척하게 되는 위험한 가능성에 대한 우려들 말이다. 그러나 후자의 경우 의사 자신의 감정과는 별개로, 누군가의 딸이나 아내일 환자에게 사회의 금기를 무시하라는 조언이라도 했다가는 환자의 아버지나 남편의 노여움을 감수해야 한다는 사실이다(그들은 당연히 진료비 납부를 거부할 것이다). 결국 모두가 지배를 받는 것이니, 남성 개개인의 잘못이라기보다는 그들이 살고 일하는 시스템이 더 큰 문제일 것이다. 서구 의학의 서사에서는 여성의 몸을 강하고 유능한 대상, 혹은 남성의 몸과 동등한 가치를 가진 대상으로 여기지 않았을 뿐 아니라 여성의 신체를 이야기하는 일 자체를 대체로 꺼려 왔다. 여성의 '정상적' 신체 기능뿐만 아니라 여성의 고통, 즐거움, 힘, 지적 능력을 정의하는 의학의 역사에서 당사자인 여성의 목소리는 명백히 결여되어 있다.

이는 200년 전에도 사실이었고 오늘날에도 여전히 사실이다. 인류 역사 이래 줄곧 여성의 삶을 형성해 온 정치적, 경제적, 감정적 요소들이 존재하고, 특히 의학적 발견이 활발히 이루어진 19세기의 의학사는 200년이 지난 지금까지도 의학계를 지배하고 있다. 우리는 그런 요소들을 뒤로 하고 떠나는 데 성공했을지 모르지만, 역사의 구태舊態는 우리를 떠나지 않았다. 과거의 잔재는 모든 병의원과 연구 기관, 진료실, 해부학실, 병원 복도와 수술실에 여전히 남아 있다. 우리가 여성의 건강이라는 의학의 미로에서 길을 찾는 발자국을 내딛을 때마다 과거의 잔재는 유령처럼 출몰한다. 애초에 이 미로를 만든 남성들의 여성에 대한 개념은 좋게 봐줘도 제한적이었고, 최악의 경우 편집증적이고, 여성혐오적이며 폭력적이지 않았던가. 그 유령은 그날 엘렌의 방에도 나를 따라와 있었다. 어디에나 있는 죽음 그 자체처럼 어두운 그림자를 드리우고 죽어가는 그녀를 지켜봤다. 땀 흘리는 그녀, 사과하는 그녀를.

치료를 받기 위해 나를 찾는 여성에게 내가 묻는 가장 중요한 질문 중 하나는 이것이다. 무엇이 당신을 기쁘게 하나요? 이 질문에 많은 환자가 놀라는데, 의학에 대한 일반적인 이해에 비추어 볼 때, 환자가 누리고 싶어 하는 삶을 궁금해하는 것이, 질환을 치료하고 죽음을 예방하는 의사의 역할은 아니기 때문이다. 하지만 환자의 온전한 인간성을 바라보는 것은 의료 행위의 본질 그 자체이다. 내가 만일 피아노 연주에 열정을 가진 여성에게 신경 손상을 유발할 가능성이 큰 화학요법을 처방한다면, 내가 만일 노년기 여성은 항암제가 초래하는 성적 부작용 때문에 겪는 괴로움은 없을 것이라 전제한다면, 내가 만일 환자의 생명 연장을 담보로 그의 즐거운 생활을 포기하도록 만든다면, 나는 실패한 것이다. 이 책은 그런 신성한 소명의 연장이다. 가려진 정보의 베일을 벗기기 위해서. 숨어 있는 은밀한 유산의 그림자를 밝혀내기 위해서. 단지 살아남는 것이 아니라 행복하게 살 수 있는 권리와 힘을 여성에게 되찾아주기 위해서.

여자가 혼자 생각할 때는 사악한 생각을 한다.[1]

—《마녀의 망치》, 1487[*]

15세기 말, 가톨릭교회의 성직자들이 *말레우스 말레피카룸Malleus Maleficarum*, 즉《마녀의 망치》라는 주목할 만한 문서를 집필했다. 이후 이 문서는 수 세기에 걸쳐 주술을 부린 혐의로 고발된 수만 명의 여성을 잡아들이고 조직적으로 살해하는 데 사용되었다.[2] 이 살해는 윤리적으로 끔찍한 일이었을 뿐 아니라 여성의 의료 행위가 위험하고 심지어 파괴적인 것이라는 인식을 만들어 여성을 의학으로부터 배제하는 장기적 공작의 출발점이기도 했다. 당시 부상하

---

[*] 세네카가 그의 비극 중 하나에서 마녀사냥을 정당화하는 논리를 펼 때 쓴 구절을 이용한 것이다. 여성은 지적으로 열등하여 혼자서 이성적 판단이 어려우니 악마적 감정에 사로잡힐 수 있다는 뜻이다.

던 교회 권력[3]은 의료를 포함한 생활 전반을 변화시키고, 고해성사와 기도가 진정한 치료법으로 치부되는 신앙 기반 치유법을 유행시켰다. 대대손손 물려받은 식물학이나 산파술, 약초 치료 등에 관한 지식으로 사람들을 돌보던 치유자들은 고문을 당하고 목숨을 잃었다. 이들 대부분이 여성이었다. 《마녀의 망치》는 생식 관리, 임신, 출산을 담당하는 여성 치유자들이 제기하는 위협에 대해 유난히 노골적으로 서술한다. "산파로 활동하는 마녀들은 다양한 방법으로 자궁에 착상한 아이를 죽이고 낙태를 유도한다. 그렇지 않을 때에는 신생아를 악마에게 바친다."[4] (놀랄 만한 일은 아니지만, 성직자들에게 약초를 이용한 임신중단에 대한 두려움보다 더 긴박한 우려는, 마녀들이 "남성의 생식기"를[5] 빼앗을 힘을 지녔다고 믿었던 점이었다.)

다음 수 세기 동안에는 의학적, 과학적 진보가 이루어졌고, 그에 따라 신앙에 기초한 치유와 여성을 태워 죽이는 것 모두 시대에 뒤떨어진 관행이 되었다. 반면, 의학계는 여전히 1600년대 마녀사냥을 부채질했던 여성혐오와 미신에 시달렸다. 과학 혁명은 세균 이론, 실험 과학 등 일련의 의학 지식의 도약을 일으켰고 통계학 및 역학을 급성장시켰으며, 1847년 미국의학협회American Medical Association, AMA 창립[6]을 포함한 전문 의학협회 및 의학 학교의 양산 등을 뒷받침했다. 그러나 이 모든 일이 진행되는 동안, 여성은 의료 행위는 물론 의학을 배울 기회에서도 점점 더 배제되었다. 유럽을 본 따 만든 미국의 의과대학은 의사들에게 높은 사회적 지위를 가질 수 있는 새로운 길을 열어 주었으나 대부분의 학교들이 여성의 지원을 명시적으로 금지했다.[7] 20세기로 접어들 무렵까지 여성은 체계적으로 배제되었고, 자신들이 전통적으로 지식을 보유하고 계승해 오던 영역에서조차 배제되었다. 세균 이론, 실험 의학이나 과학만이 아니라 산부인과로 새롭게 전문화된 조산 분야까지도 남성의 전유물이 된 것이다.

이때부터 남성 의사들은 여성의 몸에 대한 유일하고 막강한 주주이자 전문가가 되었다. 여성의 치유와 지식은 폄하되어 '늙은 여자들이나 믿는 속설, 미신' 같은 것으로 전락했다. 그리고 몇 년 지나지 않아 전문 의학 분야는 성별에 따라 한쪽은 의사, 다른 쪽은 간호사로 나뉘는 식으로 계층화되었다. 남성 슈퍼스타가 기적을 만들어내는 동안 여성은 조연 역할로 잡동사니를 치우는 세상이 만들어졌다. 사회에서 그랬듯이 의료 분야에서도 여성의 역할은 '돌보는 여성'이라는 고정관념으로 뒷받침되며 배제되었다. 의사는 치료했고, 간호사는 돌보았다.

오늘날 의과대학은 여성을 배제하지 않는다. 사실, 이제 의대 입학률은 여성이 남성보다 더 높다. 하지만 의료진의 성차가 개선되었음에도 의학 내부의 남성적 가치관은 지금도 여전히 고수되고 있다. 논문 저술은 성취의 정점으로 인정하는 반면 환자를 돌보는 일에는 어떤 영광도, 화려함도 따르지 않는다. 많은 치료제가 남성의 몸과 여성의 몸에서 다르게 작용함에도 연구대상으로서 여성은 소외되고 무시된다. 의학적인 논쟁이 벌어질 때도 성적 편견을 일반화하여 진영을 가르는데, 한쪽은 말랑한 여성적 망상인 데 반해 다른 쪽은 합리적, 전통적, 남성적 접근으로 추켜세우는 식이다. "동양식 대 서양식", "민간요법 대 과학적 요법", "대체 의학 대 전통 의학".

이 책에서 우리는, 수련의들이 배우는 방식으로 여성의 몸에 대해 알아갈 것이다. 그리고 그 방식은 19세기 후반 의료 전문화가 시작된 이래 계속해 온 방식이다. 생리학 교과서는 신체를 열한 개의 개별적 기관계, 다시 말해 피부계·골격계·근육계·순환계·호흡계·소화계·비뇨기계·면역계·신경계·내분비계·생식계로 나눈다. 나는 의과대학에서 이런 시스템들이 한데 모여 인간의 몸 전체를 구성한다고 배웠다. 그러나 여성의 몸에 관해서는 의학적 문헌이 알려주는 것만큼이나 간과하는 부분도 많다는 사실을 경험을 통해 알게 됐다(예를 들어, 여성 생식계에 관해 교육할 때 아기를 낳는 것과는 별개 의미로 엄연히 존재하는 성sexuality과 여성의 성 건강에 관한 주제는 다루지 않는다. 이 문제에 관해서는 생식과 성에 대해 할애하는 장에서 분명해질 것이다).

우리는 함께, 의학화된 여성의 몸에 빛을 비추고, 세대를 거쳐 무의식적으로 계승된 신화와 맹점들을 밝혀낼 것이다. 우리는 과거로 돌아가 의학 분야를 발전시킨 전설적이고도 악명 높은 의사들과 그들이 돌본 (어떤 경우에는 돌보지 않은) 환자들을 만나게 될 것이다. 우리는 18세기 유럽의 요양원, 빅토리아시대 뉴욕의 해부학 실험실, 남북전쟁 발발 전 남부의 임시 병원을 탐험할 것이다. 우리는 여성 의학의 태동에 있어 그 모든 영광과 때때로 등장하는 잔혹함까지 빠짐없이 목격할 것이다. 의학이 급속한 진보를 이루면서도 필수적인 질문을 지나치고, 필수적인 지식을 탐구하지 않았던 순간들을 재발견하게 될 것이다. 우리가 함께 의학의 역사를 살펴보는 과정에서 의학의 과거가 여성의 의학적 현재를 좌우하는 연결고리를 찾기 위해, 수천 명의 여성을 치료했던 나의 경험과 각 분야의 전문의 및 과학자들의 증언을 참조할 것이다. 오늘날, 우리는 여성 의료 문제에 대한 무지, 무관심, 억압 그리고 정복의 유산 뿐만 아니라, 이를 중심으로 구축된 전체 시스템의 부담까지 안고 있다. 전자 의무 기록, 보험 병목 현상, 그리고 분야 세분화가 우리 신체에 대한 이해와 치료를 단편화시켰으며, 그 영향을 가장 크게 받는 것이 바로 여성이다. 너무 많은 분야에서 여성 특이적 질환에 대해서는 연구비도 부족하고 연구도 미진하며, 오진도 자주 발생 한다.

◇◇◇

의학계의 편견은 여성 환자뿐 아니라 여성 의사에게도 확장된 다. 많은 여성과 마찬가지로, 내가 의학 전문가가 되는 과정은 여성이기에 겪어야 하는 장애물로 가득 차 있었다. 나는 무시당하고, 저평가되었으며, 동료 남성 의사들은 요구받지 않는 기준을 요구 받았다. 의과대학에서는 압도적으로 많은 여성 졸업생을 배출하고 있으나 지도자급 위치에 오른 여성은 현저히 적다. 커리어 전체로 따지면 남성보다 수백만 달러 적은 급여를 받고 있다. 여성 의사들 은 교육 기관에서 '평화 유지'를 위한 자원봉사를 맡거나, 리더 역할보다는 돌봄 역할로 밀려나기 쉽다. 그러나 여성 의사들이 환자 와 더 많은 시간을 보내고, 더 공감하는 태도와 강한 유대를 바탕으로 더 좋은 결과를 낳는다는 자료가 있다. 최근 한 연구에서는[8] 남성 의사에게 수술을 받은 여성은 여성 의사에게 수술을 받은 여성 보다 현저히 더 나쁜 치료 결과를 보이며 사망률도 더 높다는 사실 이 밝혀졌다(남성 환자의 경우, 의사의 성별과 관계없이 결과는 동일했다). 이 연구 결과는 여성 의사가 원래 우월하다고 말하는 것이 아니라, 성별에 따른 문화적 규범이 여성 의사로 하여금 남성 의사보다 환자의 요구를 더 효과적으로 충족하도록 만든다는 점을 보여준다. 남성 의사가 여성 의사보다 환자의 말을 일찍 끊을 가능성이 높은 이유가 무엇일까? 여성은 경청을 더 잘하고, 상대의 말을 덜 끊으며, 감정과 공감을 더 잘 보여준다는 기대 때문이 아닐까? 만일 우리가 그런 기대치를 모든 의학 교육에, 모든 의사에게, 아예 처음부터 적용하면 어떤 일이 벌어질까? 만일 2,000년 동안 축출되고 소외되었던 모든 여성적 에너지가 다시 유입된다면, 의료는 어떤 모습일까?

이는 치유자와 과학자 간의 권력 투쟁을 상상하자는 것도, 현대 의학이 달빛 아래의 주문이나 약초 요법을 받아들여야 진정한 성 평등을 이룰 수 있다고 제안하는 것도 아니다. 그보다는, 보다 인간적이고 보다 통합적이며, 환자를 고장 난 부분들의 집합이 아니라 한 사람의 온전한 인간으로 바라볼 수 있는 의료 세계를 요청하는 것이다.

◇◇◇

수천 년 전, 한 바이킹 전사[9]가 무기와 갑옷으로 장식된 무덤에 안치되었다. 무덤에서 함께 발견된 검, 도끼, 창, 방패를 뚫는 화살, 전투용 칼, 두 개의 방패, 그리고 두 마리의 말 등은 모두 그가 전문적인 고위 지휘관이었음을 시사했다. 무덤이 발견된 19세기 후반, 전문가들은 그것이 존경받던 남성 전사의 장지라는 데 동의했다.

1970년대가 되어서야 일부 과학자들이 유해를 더 자세히 살피면서 질문을 던졌다. '이 작고 가냘픈 뼈들이 여성의 유해이지는 않을까?'

과학계 일반에서는 이 의견을 받아들이지 않았다. 여성 전사라는 생각 자체가 너무 터무니없어 보였다. 하지만, 50년 후 스톡홀름 대학의 골학자osteologist 안나 셸스트룀Anna Kjellström이 유골의 DNA를 분석하여 그 전사가 여성이었음을 입증했다.[10] 이 과정에 그렇게 오랜 시간과 많은 노력이 필요했던 이유는, 1800년대의 의료 기관과 전문가들이 그 뼈들이 하는 이야기와 다른 이야기를 하고 있었기 때문이다. 해골은 분명히 여성의 것이었지만, 남자들은 그들이 보고 싶었던 것, 즉 그들이 보도록 교육받은 것을 보았을 뿐이다.

역사 또한 우리를 지켜보고 있다. 수 세기 후 학생들이 오늘날의 의료 시스템의 유적을 조사할 때, 우리가 여성을 돌보는 방식에 대해 무엇을 이해하게 될 것인가? 우리가 전리품들을 부둥켜안고 누워 있노라고, 강인했었노라고, 고통과 질병에 맞서 싸웠던 소중한 전사였노라고 인정받게 될 것인가? 아니면 붕괴된 시스템의 잔해 안에서 그것을 뚫고 나올 힘을 전혀 찾지 못한 채 묻혀 있게 될 것인가? 그 답을 알 수 있을 만큼 오래 살지 못할 테지만 나는 꼭 한 번 시도해 보고 싶다.

1919년 우크라이나에서, 내 증조할머니 펄은 눈앞에서 남편이 코사크 병사들에게 살해당하는 것을 아이들을 끌어안은 채 지켜보았다. 병사들이 그녀의 아들을 겨누자 그녀는 몸을 던져 가로막으며 치열하게 저항했다. 아들은 무사했지만, 펄은 그리 운이 좋지 않았다.

그녀가 병사들에게 입은 부상은 결국 그녀의 목숨을 앗아갔다. 그러나 폭행에서 살아남아 죽을 때까지 그녀가 견뎌야 했던 수 개월 동안의 고통은 부상의 통증보다 더 끔찍했다. 수치스러운 부상이었다. 그녀의 딸, 즉 나의 할머니가 수십 년 후 이 이야기를 회상할 때, 그 부상에 대한 언급은 피하면서 죽음이 오히려 축복이었을 정도였다고만 말했다.

나는 종종, 내가 만났고 또 떠나 보냈던 환자들과 더불어 증조할머니를 생각한다. 임종의 순간 내게 사과하던 엘렌을 생각한다. 그녀가 그런 상황에서 사과를 하는 첫 번째 여성도, 마지막도 아닌 그 연유를 생각한다.

하지만 우리가 지구에서 보내는 마지막 순간이 두려움, 낙인 그리고 수치로 가득 차서는 안 된다. 우리가 살아 있는 순간도 마찬가지다. 우리는 치료를 필요로 하는 상황에 대해 사과하는 것을 멈춰야 하고, 더 나은 지식, 더 나은 건강 그리고 더 나은 삶으로 이어지는 질문을 시작해야 한다. 우리는 어떻게 하면 우리 몸과 편안하고도 행복한 관계를 맺을 수 있을지. 어떻게 하면 무언가 잘못되었을 때 알아차릴 수 있을지, 어떻게 하면 사과하는 대신 필요한 것을 주장할 수 있을지, 어떻게 하면 완벽하지는 않더라도 개선의 여지가 많은 현재의 의료 시스템을 잘 다듬어갈 수 있을지, 어떻게 하면 다른 삶의 영역에서 하듯이 병원에서도 단호하고 지혜롭고 자신 있게 우리가 마땅히 받아야 하는 치료를 당당히 요구할 수 있을지 질문해야 한다.

나는 생존이 불과 몇 달 남은 시점에야 비로소 이런 질문들을 던지는 여성들을 너무 많이 보아왔다. 우리 모두 지금 당장, 미안함

없이 질문하고, 답을 얻을 때까지 계속해서 질문하기를 소망한다.
이 책은 모든 여성의 삶에 대한 헌정이다. 그들이 살았던 삶, 잃어
버린 삶, 그리고 그들이 마땅히 누려야 할 삶에 대하여.

자 이제 시작하자.

1장

피부

중요한 것은 내면이다

그 해 1962년, 티미 진 린지Timmie Jean Lindsey는 29세로, 빛나는 푸른 눈과 짧게 잘라 둥글게 부풀린 스타일의 짙은 갈색 머리를 하고 있었다.[11] 1950년대 후반 루미스 딘이 찍은 사진에 등장하는 소피아 로렌도 목 뒤쪽은 짧게 자르고 윗부분은 곱슬하고 풍성하게 한 똑같은 헤어스타일을 하고 있다. 로렌에게 그 스타일은 매혹적이고 헝클어진 듯 섹시했지만 티미에게는 실용적이었다. 늘 튀어나와 있는 귀를 가려주고 일할 때 방해되지 않으니 쉬지 않고 일을 해야 하는 그녀는 이 스타일을 고집했다. 그녀의 인생사는 짧지만, 이미 막다른 길과 놓쳐버린 기회들로 가득하다. 열다섯에 충동적으로 한 결혼, 스물여섯에 맞은 이혼. 지금은 공장의 조립 라인에서 일한다. 함께 일하는 사람들 대부분 여성으로, 작고 세밀한 부속품으로 만들어진 회로 기판을 조립하는 일을 하는데, 손이 작으면 일이 더 수월하다. 대부분 그녀처럼 생계를 유지하는 것조차 힘겨워한다. 여섯 명의 아이들, 공장 노동, 그리고 필수품을 충당하는 데도 턱없이 부족한 급여.

티미를 휴스턴의 제퍼슨 데이비스 병원*으로 이끈 것은 가난,

---

*　텍사스주 휴스턴에서 운영된 시립 병원. 가난한 사람들을 위한 자선 치료를 제공했다.

아니 가난과 수치 때문이다. 이혼 후에도 그녀는 데이트를 하고자 했지만, 아니 하려고 애썼지만, 남은 것은 반복되는 마음의 상처와 초라한 두 개의 문신, 가슴 양쪽의 붉은 장미 두 송이뿐이다. 마지막 남자친구였던 프레드가 함께 휴가를 보내던 중에 문신을 부추겼고, 티미는 충동적으로 동의했다.[12] 이제 그는 사라졌지만, 문신은 여전히 남아 실패한 관계와 저질러버린 실수를 날마다 상기시킨다. 문신은 미세 박피술로 없앨 수 있지만 비용을 감당할 수 없어 자선 치료 대상자로 시립 병원의 진료실에 앉아 있는 것이다.

티미는 붉은 장미 문신을 없애고 싶다. 가슴의 피부가 아무런 흔적 없이 깨끗해지기를 바란다. 문신도, 그 휴가도, 그리고 프레드라는 존재 자체도 그녀의 삶에서 완전히 지워버리고 마치 그런 일은 없었던 것처럼 새롭게 시작하고 싶다.

그녀는 유방 보형물을 원하지 않는다.

하지만 그녀의 의사와 상관없이 보형물은 삽입될 것이다.

◇◇◇

외피계는 신체의 가장 큰 시스템으로, 몸의 표면을 형성한다. 피부, 머리카락, 치아, 손톱 등이 여기 속하는데 모두 우리의 취약한 장기들을 거칠고 위험한 세상으로부터 보호하는 장벽 역할을 해낸다. 몸의 내부를 외부로부터 보호하는 것이 외피계의 유일한 목적이다. 그 결과, 외피계 의학은 발진, 병변 및 기타 악성 질환의 치료뿐만 아니라 미용과 미적 치료도 포함하며 다른 분야와 달리 피상적인 요소가 많다. 외적 아름다움에 천착하는 의사들은 본질보다는 스타일에 더 집중하고, 원한다면 타고난 그 자체를 개선하길 희망하며 아무런 문제가 없는 건강한 신체를 대수롭지 않게 자르고 당기고 잘라내 버린다.

이 책의 다른 장들과는 달리, 이 장은 여성 건강 문제가 관심 부족으로 간과되거나 무시 받고 오진되는 역사를 다루지 않는다. 기실 이 분야에서 이루어진 많은 진보가, 종종 환자 본인이 어떻게 생각하는지를 무시한 채 여성의 몸과 아름다움에 대해 의사들이 가진 편견에 의해 추동되었다는 점을 다룬다. 분야 초창기에 활동한 남성 의사들은 여성의 아름다움의 구현자이자 집행자 역할을 자임하면서 아름다움에 대한 사회적 압박에 의료적 정당성을 부여했다. 오늘날 미용 의학은 여성에게 자신의 몸을 통제할 수 있는 힘을 부여하는 것과 그들을 가혹한 미의 기준이라는 화려한 새장 gilded cage*에 가두는 것 사이의 경계선 위에서 곡예를 하고 있다.

오늘날에는 상류층 여성의 고급스러운 여가 활동의 분위기를 풍기지만, 성형 수술은 전쟁터와 남성에 뿌리를 두고 있다.[13] 초기 환자들은 군인들이었고, 이 분야 최초이자 가장 혁격한 발전은 참호 전투에서 생긴 얼굴 부상을 해결하기 위한 시도로 시작되었다. 수류탄, 박격포, 기관총 등 그 시대 무기들이 인체에 미친 영향은 전례 없는 것이었고, 대규모 부상을 입히는 동시에 말 그대로 코앞에서 폭발하기도 했다. 많은 생존자들은 눈이 없어지고, 턱이 부서지고, 피부와 뼈가 깎여 나가고, 코와 뺨이 있던 자리에 커다란 검은 구멍이 남는 등 잔인하게 신체를 훼손당했다. 성형 수술이 의

---

*   1916년 영화 〈The Gilded Cage〉에서 따온 비유. 금박 새장 즉 화려한 감옥을 뜻한다.

료 분야로 합법화된 것은 제1차 세계대전에서 부상을 입은 퇴역군인들이 사회로 귀환한 시점과 거의 정확히 일치한다. 미국성형외과협회American Association of Plastic Surgeons는 1921년에 설립되었고,[14] 미국성형및재건외과의사회American Society of Plastic and Reconstructive Surgeons는 1931년, 미국성형외과위원회American Board of Plastic Surgery는 1937년에 설립되었다.[15] 특히 미국성형외과위원회는 획기적 전환점이 되었는데, 다음 해인 1938년 공식적으로 미국외과위원회의 하위 기관으로 인정받았다.

동시에 현대 마취학의 출현은 수술의 본질과 수술을 받으러 오는 환자들까지 완전히 바꾸어놓았다.[16] 전신마취가 없던 시절에는 환자가 완전히 깨어 있는 상태에서 수술할 수밖에 없었고, 기껏해야 알코올이나 아편을 진통제로 사용하여 마비 상태를 유도했다. 그리고 절단이 시작될 때 움찔거리지 못하도록 환자를 끈으로 묶거나 붙잡았다. 받고 싶은 수술을 환자가 선택한다는 개념은 상상할 수 없었다. 고통과 공포가 따르기 때문에 꼭 필요한 소수의 사람들만 수술을 받았고, 의사들도 수술의 목표를 외모보다는 씹기, 삼키기, 호흡 등의 정상적인 기능을 회복하는 것으로 제한했다. 하지만 이제, 의사들은 움찔거리지도, 몸부림치지도, 비명을 지르지도 않는 무의식 상태의 다루기 쉬운 환자에게 수술할 수 있게 되었다. 수술의 가장 고통스러운 순간을 잠든 채 넘길 수 있다는 약속은, 완전히 새로운 유형의 사람들을 성형외과 진료실로 이끌었다. 자기개선을 위한 수술이 가능해진 것이다.

이 분야가 발전함에 따라 외과의사들은 두 개의 진영으로 나뉘기 시작했다. 손상된 얼굴과 신체를 재건하는 수술을 하는 진영과[17] 건강한 이에게 미용 시술을 하는 진영이었다.[18] 그리고 이 대목에서 의학적 권위와 도덕적 권위 사이의 경계가 모호해지기 시작했다. 건강과 치유에 관한 전문 지식으로 오랫동안 높은 위상을 누려온 의사들은 이제 미학적 심판자까지 되었다. 아름다움이란 언제나 그랬듯 감상자의 눈이 판단했지만, 이제는 감상자 손에 메스까지 들려 있었다.

전쟁터에서 포탄을 맞아 얼굴이 찢긴 군인들이 성형 수술이라는 새로운 과학의 마법으로 창조된 새 얼굴로 거의 정상적인 삶을 되찾을 수 있다면, 세월이라는 강력한 폭탄에 맞아 얼굴이 황폐화된 여성들이 젊은 시절의 단단하고 선명한 윤곽을 되찾는 것은 왜 안 되는가?[19]

— 맥스 토렉, 성형외과 의사, 1943

재건 수술과 미용 수술을 받는 환자들은 성별에 따라 뚜렷이 나뉘었다. 재건은 주로 안면 기형을 가진 남성의 영역이었고, 사회적 이유로 수술을 받더라도 의료적 필요로 간주되었다. 괴물처럼 보이는 남성은 생활이나 정상적 작업이 가능한 경우에도 취업이 어려웠다. 반면 주로 여성을 치료했던 미용외과 의사들은 의료계에서 정당성을 충분히 인정받지 못했다. 재건외과 의사들은 의료 시술을 하는 의사들이지만, 미용외과 의사들은 쉽게 속는 못생긴 여자들에게 조잡하고 불필요한 시술을 강매하는 돌팔이라는 것이다.

하지만 매력이 없다고 여겨진 여성도 외모를 개선하면서, 부서진 얼굴을 다시 짜 맞춘 남성과 마찬가지로 사회적, 경제적 혜택을 경험했다. 남성에게는, 특별히 잘생기지 않더라도 정상적으로 보이는 외모가 사회적 가시성과 고용상태를 유지하고, 사회의 생산적인 구성원으로 남을 수 있는 열쇠로 여겨졌다. 그러나 여성에게는 정상적으로 보일 뿐 아니라 성적 매력까지 갖춘 외모가 사회 참여와 더욱 밀착되어 있기에, 미용 수술은 고독하고 불행한 비주류의 삶을 살 것이냐 아내와 어머니로서 충만하고 생산적인 삶을 살 것이냐를 결정할 수도 있었다. 남성은 수술을 통해 일자리를, 여성은 남자를 얻을 수 있었다.

문제는 미인이 아닌 여성이 겪는 고난을 어떻게 병리화할 것인가, 외모 개선을 위한 수술을 어떻게 의학적으로 필요한 조치로 만들 것인가에 있었다. 그 수술이 유산탄으로 코가 베인 군인의 외모를 복원하는 것과 동일한 긴급성과 정당성을 갖출 수 있도록 말이다.

1932년 봄, 뉴욕 펜실베이니아 호텔의 대연회장은 인파로 북적이고 있었다.[20] 방은 거대하고 화려했으며, 동그라미가 서로 연결된 아르누보 모티브로 장식된 천장에 거대한 크리스털 샹들리에가 매달려 빛나고 있었다. 오픈 플로어 가장자리로 2층 갤러리 공간을 받치는 두꺼운 기둥들이 둘러서고. 정교한 양각으로 장식되고 상단에 철제 난간이 부착된 허리 높이의 대리석 발코니가 기둥 사이를 잇듯이 들어서 있었다. 연회장 좌석을 채우고 남은 관람객들이 갤러리를 가득 메우고 난간 너머 아래의 광경을 보기 위해 뜨거운 숨과 더운 몸으로 아우성치고 있었다.[21] 대연회장 중앙의 무대에는 J. 하워드 크럼J. Howard Crum이 두 개의 거대한 클리그 조명* 아래에 서 있다.[22] 안경을 쓰고 팔꿈치 위로 소매를 걷어 올린 수술

---

* 강렬한 탄소 아크 조명으로 보통 영화 촬영에 사용한다.

용 작업복 차림이다. 모든 시선은 그의 옆 의자에 몸을 기댄 채 앉아 있는 환자에게 쏠려 있다. 우리는 크럼의 이름을 알고 있지만 그녀의 이름은 모른다. 그녀는 익명일 뿐만 아니라 형체도 없다. 그녀의 몸은 흰색 시트로 덮여 있고, 머리는 흰색 터번이 덮고 있다. 얼굴 상반부를 종이 마스크로 가렸는데 작은 다이아몬드 모양으로 오려낸 부분이[23] 그녀의 눈 위치와 조금 어긋나 있어서 한쪽 눈만 선명히 보였다. 그녀는 짙은 갈색의 눈으로 자기를 열중하며 바라보고 있는 군중을 응시하고 있었다.

크럼은 이전에도 같은 연회장에서 같은 수술을 진행한 적이 있는데, 당시 1,000명 이상의 사람들이 경탄하며 지켜보았다. 그의 첫 번째 환자는 60세의 여배우 마사 페텔Martha Petelle이었다.[24] 왕년의 미인이었던 그녀는 크럼이 "할리우드"라고 이름을 붙였는데, 이틀에 걸친 안면 거상 수술을 통해 예전의 멋진 외모를 되찾았다. 하지만 이번 수술은 그 이상의 의미를 지닌 더 특별한 집도였다. 오늘 가면을 쓰고 테이블 위에 누운 여성은 여배우가 아니라 남편을 살해한 혐의로 20년간 복역하다가 최근에 석방된 살인자이다.[25]

◇◇◇

몇 년 후 크럼은 그녀가 그의 진료실을 찾은 날을 기억하며 다음과 같이 썼다. "그녀의 얼굴에 저렇게 뚜렷하고 확실하게 드러난 기질을 누가 잘못 볼 수 있겠는가? 마치 조각가가 돌 위에 정교하게 새겨 넣기라도 한 듯 그녀의 정신 활동의 흔적이 얼굴에 새겨져 있었다."[26] 그는 추한 외모와 범죄 사이의 연관성이 명백하고 유기적이기까지 하다고 생각했다. 그렇게 명백히 나쁜 사람처럼 생긴 여자가 어떻게 나쁜 사람이 되지 않을 수 있겠는가? 그리고 추악한 얼굴이 추악한 성격을 낳는다면, 분명 아름다움에서 구원을 찾을 수 있고, 크럼 자신도 의사로서의 정당성을 찾을 수 있을 것이다. 그는 언젠가 의료계의 문지기들이 마침내 자기 같은 의사들에게 문을 열어 줄 것이라 믿는다. 그들은 그를 거부하고, 무시하고, 그를 돌팔이나 악당이라고 부르는 것이 얼마나 잘못된 일인지 알게 될 것이다. 크럼은 그를 지켜보는 경외에 찬 관중이 그토록 직관적으로 이해하고 있는 것을 언제든 세상이 깨닫게 될 것이라 확신한다. 즉 가장 잔인한 병리 중 일부는 오직 피부 속까지만 파고든다는 사실을 말이다.[27]

크럼의 환자는 변신을 기다리며 앉아 있다. 마스크 뒤로 살짝 보이는 표정은 평온하다. 그녀의 얼굴은 노보케인novocaine 투약으로 마비되어 있다. 그녀는 준비가 되어 있었다. 새로워지고 온전해질 준비가, 한 남자의 생명을 앗아 지난 20년을 감옥에서 보낸 사람의 흔적을 지울 준비가 되어 있었다. 더 나은 삶, 아니 삶 자체를 누릴 준비가 되어 있었다. 메스가 내려오고, 그가 절개를 시작할 때, 그녀는 아무 소리도 내지 않았다.

성형 수술을 통해 내면의 상처와 마음의 흔적을 완전히 지울 수 없는 건 당연하지만, 외적인 흔적을 제거하는 것이 마음의 상처를 치유하고 회복하는 데 큰 도움이 될 수 있다는 것에는 의심의 여지가 없다.[28]

_J. 하워드 크럼, 1933

J. 하워드 크럼은 당대 가장 유명하고 환자들이 선호하는 성형 외과의 가운데 한 사람이 되었으며, 이러한 개념이 일반화되기 수십 년 전부터 첫 번째 셀러브리티 성형 외과의로서의 지위를 확립했다. 그는 성형 수술을 일종의 관람 스포츠로 개척한 최초의 인물로, 그의 공개 시연은 의심할 여지 없이 오늘날 셀러브리티 성형외과 의사들이 변신 서비스를 광고하는 소셜 미디어 계정 또는 극단적인 변신 쇼의 선구자 역할을 했다고 할 수 있다.

1932년 7월, 〈뉴요커〉가 그의 안면 거상 수술에 대해 쓴 기사는 유머와 감탄이 섞여 있었는데, 약간의 빈정거림도 가미되었다. 기자는 "그는 뚱뚱한 여성은 시술하지 않고, 남성도 거의 시술하지 않는다"고[29] 관찰한 뒤, "리프팅을 받은 많은 여성들은 그 사실을 가장 가까운 친구에게도 털어놓지 않는다. 캐묻는 남편들에게는 택시 타고 오다가 사고로 베인 상처라고 말한다"고[30] 덧붙였다.

어쩌면 그가 시대를 너무 앞서간 사람이라 그의 인격과 의료 행위와 철학이 미국의학협회American Medical Association, AMA 사람들에게는 다소 과격하게 비쳤을지도 모르겠다.[31] 크럼은 끝내 의학협회의 회원으로 받아들여지지도, 더 '진지한' 분야의 의사들처럼 존경받지도 못했다. 자신의 쇼맨십이 현대의 관객들에게 어떻게 받아들여지는지를 그가 보았더라면 매우 신기해하고 기뻐했을 것이다. 살인자를 아름다워지게 함으로써 재활을 이끌 수 있다고 믿었던 크럼의 신념과, 〈익스트림 메이크오버〉*나 단명한 사디즘적인 리

얼리티 TV쇼 〈더 스완〉*이 바탕으로 삼은 전제 사이의 유사점은 너무나 명백하다.[32] 후자의 경우, '못생긴' 여성들은 석 달 동안 거울 없는 집에서 여러 차례 성형 수술을 받을 뿐 아니라 코칭, 치과 치료, 집중 심리요법 치료까지 받은 후 변신한 모습으로 다시 나타난다. 이들의 변신을 공개하기 전에는 항상 프로그램을 담당하는 치료사가 이 변신으로 인해 참가자가 새 출발을 할 수 있었고, 외과적 수술을 통해 조각된 얼굴과 몸이 어떻게 내면의 상처 치유를 시작하도록 도왔는지 열변을 통하는 장면이 나온다.

그럼에도 크럼이 추한 외모의 병리적 성질과 그것이 여성의 삶에 미치는 영향에 대해 뭔가 중요한 것을 포착했음은 사실이다. 그는 1930년대식 표현으로 이 문제를 묘사했는데, 사실 섬뜩하리만치 (어쩌면 우울하게도) 현대적인 느낌으로 다가온다. "현재 전 세계적으로 여성 해방이 이루어졌음에도 불구하고… 아름다운 얼굴은 여전히 여성의 가장 가치 있는 자산 중 하나로 여겨진다."[33]

건강, 웰빙, 그리고 아름다움 사이에 의학적 연관성이 있다는 개념, 말하자면 내면의 상처가 외모의 손상을 수반한다는 개념은 곧 특별한 문제 없이 건강한 여성들을 대상으로 하는 선택적 미용 시술의 핵심이 되었다. 성형외과 의사들은 그들의 분야에 과학적인 정당성을 부여하고, 미美라는 모호하고 주관적인 개념에서 벗어나기 위해 성형 시술을 정신 의학과 유사한 것으로 재구상했다. 다만 이 분야에서는 정신적 문제를 수술을 통해 해결할 뿐이라는 것이었다.

---

* 2004년 미국 Fox TV에서 방영된 쇼로 성형 수술과 외모 변화를 중심으로 한 프로그램.

갑자기 못난 외모는 미학적인 문제가 아니라 병리적인 문제, 열등 콤플렉스라는 심리적 상태에서 발발하는 질병의 증상이 되었다. 매력적이지 않다고 여겨지는 몇몇 특징이나 노화 현상은 점점 더 환자가 기능적으로 정상적인 삶을 살지 못하게 방해하는 "기형"으로 재창조되었다. 미용 목적의 수술에 과학적 정당성을 부여하려는 노력은 매우 놀랍고 종종 인종 차별적인 논리 전개로 이어졌다. 성형외과 의사들이 환자를 좀 더 일반적인 모습(이라고 쓰고 '백인의 모습'이라고 읽는다)으로 재구성하면 환자가 박해나 차별 및 기타 심리적 피해를 피할 수 있다고 주장하면서, 바람직하지 않게 묘사한 "소수 인종"의 특징을 기형의 진단 기준으로 삼는 등 인종적 편견으로 가득했던 시기도 있었다.[34]

의사들은, 환자가 소수 인종 출신이 아니더라도 이런 시술을 통해 심리적 이익을 얻을 수 있다는 재미있는 주장도 했다. 의학적으로 말하자면, 유대인이나 동양인처럼 보이는 것이 실제로 유대인이나 동양인인 것만큼 나쁘다는 이야기였다. 이런 의사들 가운데 한 사람인 맥스웰 말츠Maxwell Maltz는 더 나아가 심지어 자살한 한 대학생을 두고 매력 없이 너무 큰 코를 미리 손봤더라면 목숨을 구할 수도 있었을 것이라는 발언까지 했다.[35]

1943년, 성형외과 의사 맥스 토렉Max Thorek은 미용 수술이 정신 건강에 제공하는 구원의 혜택에 대해 시적으로 표현했다. "자연이 아름다움이라는 선물에 인색했을 때, 외과의사의 칼로 그 결핍을 해소할 수 있다는 돌연한 희망이 여성의, 때로는 남성의 심장을 관통하며 솟구친다."[36]

물론, 자연이 아름다움을 나눠주는 자리에서 소외될 때 가장 불리해지는 존재는 언제나 여성들이었다. 여성의 추한 외모를 정상적인 생활을 위해 수술이 필요한 퇴역군인의 훼손된 외모와 동일시하는 이 공식은 여성을 사회적으로 평가하는 가치가 외모, 특히 성적 매력과 밀접하게 연결된 세상에서만 통용된다. 그러니 성형외과 의사의 시선과 메스가 결국 목 아래로 향하는 것은 어쩌면 필연적인 수순이었다.

프랭크는 매우 자격이 뛰어난 의사였지만, 큰 유방을 좋아했다.[37]

— 버나드 패튼, 퇴역 신경과 의사이자 프랭크 제로우의 친구, 2007

1962년, 성형외과 의사 프랭크 제로우Frank Gerow는 에스메랄다Esmeralda라는 이름의 다 자란 여성 환자에게 최초로 실리콘 유방 보형물을 삽입하는 데 성공했다.[38] 수술 후 3주가 지났고 합병증은 없었다… 에스메랄다가 계속 봉합사를 씹어대며 보형물을 제거하려고 했다는 점만 제외하면 말이다.

이 점이 문제였다. 에스메랄다는 실험견이었던 것이다.[39] 만일 제로우가 유방 확대 수술을 발전시키고, 아마 더 중요하게는 당시 인공 심장 개발에 매진하고 있는 제퍼슨 데이비스 병원의 동료들에게 과시하려면, 그의 발명품을 테스트할 인간 피험자가 필요했다.

공교롭게도, 티미 진 린지와 문신이 새겨진 그녀의 유방이 복도 끝 진료실에서 그를 기다리고 있었다.

제로우는 친구이자 동료인 토머스 크로닌Thomas Cronin과 함께 아직 전혀 규제되지 않는 성형외과의 첨단 분야를 개척하고 있다. 유방 확대 수술 역시 초기 단계로, 제로우는 부자연스럽고 촉감이 나쁜 현재의 선택지들을 개선할 수 있다고 확신하고 있었다. 그가 유레카를 외친 순간은 혈액은행을 방문했을 때였다. 손안에 가득 차는 혈액 봉지를 들고 있던 제로우는 그 촉감이 여성의 유방을 쥐는 것과 비슷하다는 것을 놓칠 수 없었다.

실제 유방을 혈액과 유사한 물질로 채우면 촉감과 외관이 자연스러우면서도 크기를 키울 수 있을 것이라는 발상에 사로잡힌 제로우와 크로닌은, 실리콘이라는 물질을 알게 되면서 마침내 돌파구를 찾았다.[40] 실리콘은 적절한 밀도와 적절한 촉감을 가지고 있었다. 이전에는 의사들이 종종 의대생들의 젊은 아내들을 실험 대상으로 삼아 실리콘을 주사기에 넣어 직접 환자의 유방 조직에 주입하는 시도를 했었다.[41] 그러나 그 결과는 좋지 않았다. 실리콘이 고르지 않게 착상하고, 이후에는 흉터 조직이 형성되어 통증을 유발하며 심지어 변형을 초래했다. 실리콘을 주머니로 감싸 사용하는 것이 성공의 열쇠였다는 사실이 곧 입증되었다. 제로우와 크로닌이 실험견 에스메랄다, 그리고 얼마 지나지 않아 29세의 티미 진린지의 유방에 삽입한 것도 바로 이 종류의 보형물이었다.

제로우는 이미 티미와 한 번 만난 적이 있었다. 그녀가 문신을 제거하러 왔을 때였다. 그녀는 유방 확대에 대해 아무 생각이 없었으나, 제로우는 티미가 완벽한 후보라는 사실을 놓치지 않았다. 티미는 젊고 건강했으며, B컵 유방을 가지고 있었는데… 자녀 여섯을 낳아 젖을 먹여 키운 여성의 유방이었다. 제로우가 유방 확대 수술을 받지 않겠느냐고 물었을 때 그녀는 단호히 거절했다. 자기 유방에 문제가 있다는 생각이 없었던 데다, 하여간에, 스펀지 보형물이나 실리콘 주사로 유방을 확대하려 했던 여성들이 겪은 무서운 이야기들을 들었기 때문이다. 심지어 그중 한 명은 그녀의 사촌이었는데 새로운 유방이 모양을 유지하지 못하고 잠을 자는 사이에 몸의 다른 부분으로 밀려나 버린다고 그녀에게 알려줬었다.

하지만 티미 진 린지가 원하지 않는 것은 크게 문제 되지 않았다. 그녀의 수술을 의사들이 원했기 때문이다. 의사들에게 필요했기 때문이다. 그녀가 다시 한번 반대 의사를 밝히며, 유방 확대보다는 귀를 뒤로 붙이는 수술*을 받고 싶다고 말하자, 제로우와 크로닌은 유방 확대 수술에 동의하면 귀 수술도 해주겠다고 제안했다.

결국 티미는 처음 병원에 올 때와는 많이 달라진 모습으로 병원을 떠난다. 귀가 튀어나와 있지도 않았고, 문신도 없어졌다. 대신, 보형물을 넣은 자리에 미세한 한 쌍의 흉터가 남은, 이제는 눈에 띄게 커진 C컵 유방을 가지게 되었다.

◇◇◇

티미 진 린지의 변신에 관여했던 의사들에게는 해피엔딩이었다. 비록 강요하여 얻은 것이기는 하나, 동의한 환자에게 행해진 성공적인 수술이었다. 수십 년 후, 〈휴스턴 크로니클〉의 기자들이 당시 수술 팀의 유일한 생존자인 의사 토머스 빅스Thomas Biggs를 찾았을 때, 그의 회상은 장밋빛이었다. 그는 "그녀는 망설임 없이 우리를 신뢰했습니다"라고[42] 말했다. 린지가 수술대에 올랐을 때는 아마도 이 말이 사실이었을지 모르지만, 수술이 그녀의 아이디어가

---

* Otoplasty. 귀가 양옆으로 돌출되어 보이는 외관을 교정하는 수술이다.

아니었고 실제로는 수술을 원하지 않았었다는 사실은 간과되었다.

그렇다고 티미 진 린지가 전형적인 환자였던 것은 아니었다. 대부분의 성형외과 의사들은 자발적으로 서비스를 요청한 환자들을 만나는 데 익숙하다. 환자가 성형외과 진료실에 들어설 때는 굽은 코, 처진 눈꺼풀, 후퇴한 턱 등의 문제를 개선하겠다는 목표가 있다. 의학적 미스터리나 설명이 필요한 당황스러운 증상은 없다. 환자는 자기가 스스로 진단한 것을 가져오고, 의사는 메스를 들고 응답하면 된다.

이런 식의 의사-환자 사이의 역학관계는 독특할 뿐만 아니라, 성별 차이가 두드러진다. 대부분의 성형외과 환자는 여성이고, 이들 중 대다수는 남성 의사에게 치료를 받는다. 의학의 다른 분야에서는 성 평등에 큰 진전이 이루어졌지만, 이 분야는 일부 점진적인 변화에도 불구하고 여전히 남성이 지배하고 있다. 2017년 연구에 따르면, 성형외과 의사는 남성이 여성보다 다섯 배 더 많았으며, 미국성형외과학회ASPS는 2007년에야 처음으로 여성 회장을 선출했다.[43]

그 결과, 성형외과의 역사는 남성 의사가 여성 환자에게 행한 수술 이야기가 주를 이룬다. 아마도 이 이야기에서 더 중요한 것은, 여성을 아름답게 만들 수 있는 권력과 '아름다움'이란 무엇인지 결정할 수 있는 권한이 남성에게 있다는 점일 것이다. 새로운 성형 기술의 발전은 종종 여성의 요구보다는 남성 의사의 개인적인 취향에 의해 촉진되며, 여성 환자는 수요를 창조하는 소비자라기보다는 실험쥐로 취급되는 경우가 많다. 특정 시술이 개발되어 정교해지고, 보편화되기 위해서는 이 기술이 새로이 추구할 가치가 있을 만큼 충분히 흥미롭다고 여기는 남성이 필요했다.

이는 미용 수술뿐 아니라, 단순한 세월의 풍파보다 훨씬 더 잔혹한 무언가에 의해 훼손된 환자를 대상으로 하는 재건 수술에서도 마찬가지였다. 1970년대 중반까지도 많은 의사가 유방암 환자들의 유방 재건이 하찮고 불필요한 시도라고 믿었다.[44] 근치적 유방절제술radical mastectomy*을 받은 여성들이 영구적인 신체변형으로 심리적 충격을 받을 수 있다는 개념은 비웃음거리가 되었고, 당대 가장 존경받던 몇몇 의사들도 그 대열에 합류했다. 유방암 치료를 선도하던 방사선 종양학자 T. A. 왓슨T. A. Watson은 1966년의 글에서, 유방 상실에 절망한다고 고백하는 여성은 사실, 의사들이 그 문제를 집요하게 질문하기 때문에 그렇게 말하는 것뿐이라고 서술했다. "우리는 종종 이런… 피상적이고 쉽사리 폐기 가능한 실용적 부속 기관에 생긴 문제를 치료하겠다는 열정에 놀라곤 합니다."[45]

유방 재건 수술과 이를 원하는 여성들에 대한 왓슨의 태도는 우선 심각한 공감 결여를 보여줄 뿐만 아니라 ("쉽사리 폐기 가능한 실용적 부속 기관"이라!) 어떤 대가를 치르더라도 무조건적으로 병증을 제거하려는 단편적인 사고방식을 드러낸다. 의사의 역할은 환자가 죽지 않도록 하는 데 있었지, 이후 삶의 질을 보장하는 데 있지 않았다. 실제로, 유방절제술 후 재건을 꺼렸던 이유 중 하나는 재건을 하는 경우 암이 재발하는 것을 놓칠 수 있다는 의사들의 두려움 때문이었다. 따라서 환자들이 유방이 없는 몸에 순응하는 것이 당연시되었다. 왓슨에 따르면, 어차피 그들이 잃은 것은 가치 있

---

* 유방암 치료를 위한 수술 가운데 하나로, 유방 조직만 제거하는 단순 유방절제술과는 달리 유방 전체, 유방 근육, 겨드랑이 림프절까지 모두 제거하는 수술.

는 무언가도 아니었으니 말이다.

물론 당시 종양학자와 외과의사 가운데에도 왓슨을 비판하는 사람들이 많았다. 일부 의사들은 그의 냉담함에 반발하는 데 그치지 않고, 유방의 완전 절제 대신 부분 절제술과 방사선 치료 같은 덜 침습적인 치료 방법을 발전시키기 위해 노력했다.[46] 그러나 유방절제술을 받은 여성을 위한 재건 솔루션으로써 유방 보형물의 주요 발전은 암을 치료하는 의사에 의해서가 아니라, 커다란 유방에 집착했던 한 성형외과 의사에 의해 이루어졌다.

많은 여성에게 이 일이 가능하게 되어 정말 자랑스럽습니다. 재건 수술을 받는 것은 허영이 아니라 필수입니다. 여성을 다시 온전하게 만드는 일이니까요. 제로우 선생님의 실리콘 보형물로 모든 것이 시작되었다면 정말 기쁜 일이 아닐 수 없습니다.[47]

—티미 진 린지, 〈뉴욕 데일리 뉴스〉, 2012

수년에 걸쳐, 티미 진 린지는 제로우의 실험쥐 역할을 했던 경험에 대해 말해달라는 기자들의 요청을 자주 받았다. 린지가 수술을 받은 이후로 실리콘 보형물과 관련한 일반 지식과 정부 규제가 계속 진화했다. 수천 명의 여성이 실리콘 보형물이 결합 조직의 질환과 암을 유발했다며 실리콘 제조업체 다우 코닝Dow Corning을 상대로 소송을 제기했고, 이로 인해 FDA는 1992년 즉각 실리콘 보형물을 시장에서 금지했다(이 조치는 14년 후에 해제되었다).[48] 시간이 지나면서 린지의 보형물이 석회화되었지만, 그녀는 이를 제거하지 않았다. 유방 확대 수술에 대해 어떻게 생각하느냐는 질문에 대해서는 애매한 태도를 견지했다. 한 번은, 본인도 의사들에게 혜택을 주었음을 인지하지 못한 듯 그 수술을 받게 된 것을 특혜로 여긴다고 말했다. 그녀는 새로운 유방 때문에 남성들로부터 더 많은 관심을 받게 되었다고 증언했었지만, 더 나이 들어 진행한 인터뷰에서는 이 실험적 수술에 자신이 참여함으로써, 유방 절제 수술 후 재건 수술이 보편화되는 데 도움을 줄 수 있었다는 사실에서 더 큰 위안과 자부심을 느낀다고 밝혔다.

물론, 제로우의 실리콘 보형물은 암으로 유방을 잃은 여성들의 재건 수술에 큰 역할을 했다고 할 수 있다. 그러나 제로우 자신은 이러한 이타적인 목적으로 유방 확대술을 구상한 것이 아니었다. 그는 그저 유방을 좋아했고, 특히 유방을 크게 만드는 것을 좋아하는 사람이었다. 그가 염두에 두었던 수술 대상은 암 환자들이 아니라, 출산 후 유방이 처진 여성들이었다.

이 책에 등장하는 많은 남성들과 마찬가지로, 제로우 역시 선한 의도 때문이 아니라, 오히려 매우 의심스러운 의도에서 출발했음에도 불구하고 자신의 분야에 긍정적인 영향을 미칠 수 있었다. 크로닌과 함께 보형물에 대한 기술 특허를 완료한 후, 이 두 남자는 작은 유방이 삶을 제약하는 기형이라는, 이제는 익숙해진 그 논리를 이용하여 유방 확대술의 정당성을 입증하기 위한 여정을 시작했다. 1963년 제3회 국제 성형외과 학회에서 행한 제로우의 발언은 그의 우선순위가 어디에 있었는지를 여실히 보여준다.

"몇 년 동안, 적어도 미국에서는, 여성들이 유방에 대한 자의식을 갖게 되었습니다. 아마도 일부 영화배우들이 풍만한 유방으로 엄청난 주목을 받았다는 것이 큰 이유일 것입니다. 유방 발달이 부족한 많은 여성들은 이에 대해 매우 민감하게 반응하며, 자신이 덜 여성스럽고 따라서 덜 매력적이라고 느끼는 것으로 보입니다. 대부분의 여성들이 '가짜 패드'에 만족하거나 적어도 그걸로 버티고 있긴 하지만, 아마도 그들 모두는 어떤 식으로든 유방이 안쪽에서부터 만족스럽게 확대된다면 더 행복할 것입니다."[49]

작은 유방을 수술적 교정이 필요한 기형으로 간주하는 개념은 황당무계하게 느껴지지만, 성형외과 분야에서는 그렇게 터무니없다고 생각되지 않았다. 의사들은 작은 유방을 "마이크로마스티아 micromastia"라는[50] 무시무시한 의학용어를 써서 다시 세례를 주었고, 이 용어는 곧 의학 참고서와 교과서에서 널리 사용되었다. 제로우와 크로닌이 유방 보형물 삽입에 동의하도록 티미 진 린지를 설득한 지 20년 후, 미국성형및재건외과학회는 작은 유방을 기형이자 질병이라 규정하며 실리콘 보형물 삽입술을 필수 의료로 인정하도록 하는 규제 완화를 FDA에 청원했다. "점점 더 많은 의학적 정보와 의견들은, 이러한 기형이 실제로는 하나의 질병이며 대부분의 환자에게 열등감, 자신감 결여, 신체 이미지 왜곡, 그리고 여성성이 결여되었다는 자기 인식을 유발해 전반적인 삶의 질 저하를 초래한다고 주장한다. 따라서 유방 확대는 환자의 삶의 질을 향상하기 위해 종종 매우 필수적이다.[51]

그러므로 T. A. 왓슨 같은 의사들은 여성들의 생명을 구하면서도 그들이 '표면적이고 쉽사리 폐기 가능한 실용적 부속 기관'의 상실로 슬퍼하는 것을 이기적인 나르시시즘적 태도라고 비난하고 있었던 반면, 프랭크 제로우는 유방 확대술을 개척하는 데 그치지 않고, 그것이 필수적이고 더 나아가 의학적으로 필요한 시술이라는 개념을 대중의 의식에 주입했다. 그는 그저 여성의 유방을 확대한 것이 아니라, 여성이 자신의 유방 모양에 관심을 가질 수 있는 권리를 부여하고, 유방이 쉽사리 폐기해 버릴 수 있는 부속 기관이 아니라 여성성, 건강, 행복에 중요한 자산이라는 믿음을 심어주었다.

많은 사람들은, 합리적인 수순으로, 페미니즘의 승리가 여성의 삶에서 아름다움의 중요성을 뒷전으로 밀어낼 것이라 생각했다. 그러나 아름다움의 힘은 사랑이나 죽음만큼이나 정복할 수 없는 것이다.[52]

_J. 하워드 크럼, 1929

한때 "우리는 사물을 있는 그대로 보지 않고, 우리 자신을 기준으로 본다"는[53] 탈무드의 격언이 세계적으로 유명한 프랑스의 일기 작가이자 봉 비방_bon vivant_*, 아나이스 닌Anaïs Nin에 의해 대중에게 널리 알려졌다. 하지만 닌은 거울에서 또 다른 것을 보았다. 이미 그녀의 발목을 잡고 있는 신체적 결점들, 늙어가면서 그녀의 사회적 가치를 떨어뜨리기만 하는 결점들을 본 것이다. 실제로 닌은 두 차례 미용 수술을 받았다. 30대에 코 성형 수술을 했고, 얼마 후 안면거상 수술을 받았다. 그녀가 수술을 받았던 1930년대 초중반에 코 성형 수술은 꽤 드물었는데, 닌은 자신의 얼굴을 조금 더 예쁘게 만들려다가 얼굴에 영구적인 흠집을 만들 위험이 있다는 것을 잘 알고 있었다. 그녀는 수술이 잘못되면 사람들과 관계를 완전히 끊고 대중의 시선에서 사라지겠다고 일기에 적었다. 하지만, 깨어나

---

*   미식과 사치를 즐기는 사람이라는 뜻의 프랑스어.

거울을 본 그녀의 반응은 순수한 환희였다. "거울로 내 코를 보는 순간이 왔다, 피범벅 아래 쭉 뻗은, 그리스 코!"[54]

자신의 몸을 대수롭지 않게 깎아내고 당기는 시술이 유행하기 훨씬 전부터, 닌은 크럼이 그랬던 것처럼 자신의 사회적 가치가 어디에 있는지 직관적으로 이해하고 있었다. 그것은 그녀의 마음도, 그녀의 펜도 아닌, 피부 표면에 있었다. 또한 닌은 자신이 아름다움을 추구할 수는 있으나 정의할 수는 없다는 중요한 사실을 이해했다. 아름다움은 그저 아름다움에 그치지 않고, 호감을 불러일으키는 대상이기도 해야 하기 때문이다. 그렇다면 어떤 것이 호감의 대상이 될지를 결정하는 사람은 누구일까?

당연히도 남자들이다.

100년이 넘는 페미니즘과 의학의 발전에도 불구하고, 미용 수술을 둘러싼 긴장은 여전히 해소되지 않았다. 우리는 어떤 면에서는 여성에게 자신의 외모를 바꿀 수 있는 권한이 부여되었다고 상상하지만, 이 '권한 부여'는 의식을 잃은 채 테이블에 누워 있는 여성의 부드러운 살을 낯선 사람이 칼로 베어내는, 완전히 굴종적인 형태를 취한다. 그리고 아름다움의 추구를 가장 피상적이고 천박한 관심사라 여기는 동시에 아름다움을 여성이 가질 수 있는 가장 큰 자산이라고 여기는 배치되는 두 관념을 어떻게 이해해야 할 것인가?

이 역설은 의학과 미학, 건강과 아름다움 사이의 긴장을 완벽하게 보여주는 의료 스파medical spa*의 부흥으로 가장 잘 설명된다. 그러나 의료 스파는 의사의 인증 도장으로 미용 치료에 진지함과

---

* 스파와 개인병원의 중간 개념으로, 미용 목적의 시술을 제공한다.

정당성을 부여해 온 오래된 전통의 최신 형태에 불과하다. 예를 들어, 팜올리브Palmolive사가 1946년부터 1953년까지 자사 제품을 의사가 인증한 제품으로 홍보하며 "더 사랑스러운 피부"를[55] 약속했는데, 이는 맑은 피부가 좋은 건강의 징표라는 개념을 내포하고 있다. 이러한 패턴은 역사적으로 일관되게 나타난다. 1962년 유방에 집착하는 의사로 인해 원치 않은 보형물 삽입 수술을 받게 된 여성의 사례가 있고, 1983년에는 의료 기관이 유방 확대가 필수 의료임을 설파했으며, 2010년에는 유방 보형물 삽입술이 미국에서 가장 인기 있는 미용 수술이 되었다.

오늘날 성형 수술은 제로우가 티미 진 린지의 유방에 실험적인 보형물을 삽입하던 1962년보다 훨씬 더 엄격하게 규제되고 있다. 하지만 초기에 횡행했던 사고방식의 잔재는 여전히 남아 있다. 정상적이고 건강한 여성의 신체가 수술적 교정이 필요한 병리적 기형으로 간주되고, '이상적'인 상태가 여성의 희망뿐 아니라 남성의 욕망에 기반해서 이루어지는 과정에 여전히 남아 있다.

이 대문자 S라인 커브스 미녀는 전신 복부 성형과 360도 지방흡입이 포함된 BBL을[*] 받으러 왔어요. 수술 후 한 달밖에 안 됐지만, 그녀는 결과에 완전히 만족하고 있답니다. 닥터 커브스는 그녀가 원하는 것을 정확히 이해했어요.[56]

—앤드류 지머슨, 인스타그램, 2022

---

[*] Brazilian Butt Lift. 자신의 지방을 이용하여 엉덩이를 키우는 시술로 브라질리언 바텀 리프트라고도 한다.

그의 이름은 앤드류 지머슨Andrew Jimerson이지만, 모두 그를 "닥터 커브스Dr. Curves"라고 부른다. 인스타그램에서 그는 '닥터 커브스'라는 아이디로 50만 명 이상의 팔로워들에게 엉덩이 확대, 유방 확대 및 기타 미용성형술을 홍보한다. 그의 게시물은 장난스럽고, 발칙하며, 노골적으로 도발적이다. 한 비디오에서는 의료 검사 의자에 앉아 카메라를 슬픈 표정으로 응시하는 환자가 보이는데, '내가 BBL을 위해 춤추는 일은 없을 거야'라는 텍스트가 화면 위로 겹쳐진다. 그녀는 머리를 흔들고 공중에서 손을 잘라내는 제스처로 '안 해'라는 뜻을 표현한다. 하지만 다음 순간 비디오가 멈추고 미소를 머금은 잘생긴 지머슨이 의사 가운을 입은 채 찍은 사진이 나타난다. 사진 위로 겹쳐지는 텍스트. "내가 집도한다면?"[57]

영상은 다시 환자로 돌아간다. 그녀는 의자 위에 서서 열어젖힌 종이 가운 사이로 검은색 수술용 팬티와 브래지어를 드러낸 채, 몸을 돌리고 흔들면서 웃고 혀를 내민다. 자막에는 이렇게 적혀 있다. "닥터 커브스라면 또 다른 얘기라는 걸 이~제 알잖아"

해당 게시물에는 수천 개의 좋아요와 수백 개의 지지 댓글이 달려 있는데, 대부분 여성들의 반응이다. 대표적인 한 댓글은 이렇다. "젠장, 나는 BBL을 위해 춤보다 더한 것도 할 거야", 그 뒤에 세 개의 웃음-눈물 이모지가 붙어 있다.

다른 분야라면 의사가 자신의 성적 매력에 기대어 환자를 상대로 고가의 선택적 수술을 권하며 영업을 하는 행위가 불쾌하거나 심지어 부적절할 수 있다. 그러나 의사-환자 관계가 성별로 나뉘는 현상이 두드러진 성형외과 분야에서는 여전히 수술 트렌드가 남성의 욕망과 미적 기준에 밀착되어 있다. 성형 수술을 찾는 여성들은 종종 이 역학관계를 온전히 받아들인다. 이성애자 남성 의사의 의견이 남성 전체의 욕망을 대변하게 되고, 성형외과 의사의 전문성이란 의학적 기술에만 있는 게 아니라, 남성이 원하는 사람이 되고 싶을 때 어떤 외모가 필요한지 알려주는 능력까지 포함하게 된다.

동시에, 미의 개념 자체가 소셜 미디어의 부상과 인플루언서 문화의 태동, 포르노의 보편화 등 여러 요인에 의해 극적으로 변신했다. 경우에 따라 여성 주도로 정립된 새로운 미의 기준들은 논쟁의 여지가 있으나 긍정적으로 볼 수도 있는데, 이는 이상적 외모와 신체 유형의 다양성이 증가하고, 미용 시술에 대한 접근성과 비용이 낮아진 것과 일치한다. 과하게 '소수 인종적인' 외모가 수술적 교정이 필요할 만큼 심리적으로 고통스러운 기형이라고 의사들이 믿던 시절에서, 우리는 많이 발전한 것이다.

하지만 많은 경우 남성들의 욕망, 특히 그들의 특정한 선호는 여전히 수술실의 '코끼리'[*]로 남아 있다. 1960년대에 유방 보형물을 둘러싸고 드러났던 문제가 이제는 BBL에서 똑같이 나타나고 있다.[58] 여성의 몸을 성적 욕망의 과장된 캐리커처로 재구성한다는 점에서도 그렇고, 시술에 대한 규제가 없어 마치 서부 개척 시대 같은 무질서 속에 놓여 있다는 점에서도 그렇다. BBL의 인기와 가시성이 폭발적으로 증가함에 따라, 여러 시술을 낮은 가격에 제공하는 "할인" 수술 시설과[59] 무면허 회복 센터들이 등장했다. 이들 회복 센터는 꿈, 복숭아, 여우와 같은 이름의 패키지를 판매하며 환

---

[*]　언급되지 않지만 확고하게 자리를 지키는 존재를 의미한다. 즉, 모두가 알면서도 말하지 않는 문제를 말한다.

자들을 유혹했다(후자는 공항 왕복 교통편과 수술 전후 이동 수단을 지원하며, 환자들은 표식이 없는 승합차의 뒷자리에 깔린 매트리스에 엎드린 채 이동하게 된다).[60] 결국, 상황이 심각해지자 미국성형외과학회는 BBL의 안전성 개선을 위해 기술 표준화 작업을 진행했지만, 그전까지 이 시술로 인한 사망률은 3,000명 중 한 명에 달할 정도로 끔찍했다.[61]

그럼에도 여성들은 이러한 시술을 찾는 것에 그치지 않고 미래의 환자들에게 이를 마케팅하는 데까지 적극적으로 참여하고 있다. 그들은 자신의 수술 결과를 편집하여 음악이 삽입된 동영상으로 보여주고, 이는 성형의와 그의 소셜 미디어팀에 의해 인터넷에 퍼뜨려진다. 제로우와 크로닌이 병원에서 티미 진 린지에게 유방 확대 수술을 설득해야 했던 것과 달리, 지머슨 같은 의사들은 소셜 미디어를 통해 여성들에게 접근하고, 수술 전후 환자의 변화를 담은 사진과 동영상으로 수천 건의 조회수를 기록한다. 미용 문화의 주 관심 부위가 유방에서 엉덩이로 옮겨가며 기존의 수술 전개 과정이 역전되기도 했다. 예전에는 성형의들이 여성의 엉덩이에서 지방을 채취해 유방을 확대했던 반면, BBL은 상체의 잉여 지방을 사용하여 엉덩이를 재구성한다.

◇◇◇

다음으로, 가장 인기 많은 검색어 중 하나인, "바비의 질"이라 부르는 음순 성형술labiaplasty이 있다.[62] 과거의 유방 확대술과 같이 음순 성형술은 최근에 와서야 타당하다고 간주하게 된 문제에 대한 수술적 해결책인데, 대개 비대칭이거나 과도하게 긴 소음순 때문에 자신의 외음부가 흉하다고 느끼는 여성들을 위한 것이다. 최근 몇 년간 음순 성형술을 받은 여성이 40% 증가했다. 그러나 이수술은 10년 전만 해도 들어보지도 못한 수술이었다.[63] 기능적인 이유로 시술을 받는 경우도 있지만(돌출된 음순으로 인해 자전거를 탈 때 불편함이나 부상을 겪을 수 있는 여성 자전거 선수에게 특히 인기가 높다), 대다수의 여성은 미적 이유를 들어 수술을 원하는데,[64] 다른 사람에게, 심지어 스스로에게도 잘 보이지 않는 신체 부위의 모습을 정확히 누구의 미적 기준으로 판단한다는 것인지 의심스럽게 한다.

여성들이 이 수술을 받도록 이끄는 사회적 요인은 무수하지만, 이를 기꺼이 제공하는 의사들의 태도는 또 다른 문제다. 정상적으로 기능하는 건강한 신체 부위를 의료적 기형으로 묘사하여 수술을 정당화했던 초기 관행과의 불편한 연관성을 떠올리게 하기 때문이다. 음순 성형술을 받겠다고 의사를 찾아온 여성들 가운데 자신의 길거나 비대칭인 소음순의 모습이 예외적인 경우가 아니라 대다수 여성에게 흔한 형태라는 사실을 알게 된 후에도 여전히 수술을 원하는 사람은 얼마나 될까? 이 사실을 알면서도 "바비의 질"을 만들어달라는 환자에게 수술을 시행하는 의사는 또 얼마나 될까?

어느 의학 교육이든 의사들에게 다른 신체 부위들, 그중에서도 특히 남성의 음경에 관해서는 '정상'에 속하는 모양과 크기에 다양성이 있음을 가르친다. 반면, 여성 생식기의 정상적인 다양성에 대해서는 유사한 교육이 제대로 이루어진 적이 없고, 이를 찾고자 해도 관련 정보는 전무한 실정이다. 평균적인 남성 의대생은 외음부를 많이 보지 못한다.[65] 그의 교육에 포함되는 것이란 노년 여성의 시체 한 구, 대량 생산된 여성 생식기 모형 하나, 여성의 생식기 구조가 남성의 생식기 구조와 어떻게 기능적으로 비교되는지를 가르치는 해부학 교과서 한 권(음순은 음낭에 해당, 음핵은 음경의 귀두에 해당, 기타 등등), 그리고 한 번 정도로 제한된 산부인과 실습 정도일 것이다. 해부학적 다양성에 대한 지침은 거의 없으며, 환자 신체 부위의 모양과 크기 및 미적 외관을 관찰(또는 비교)하는 것을 금기로 삼는 분위기로 인해 지적 결핍은 더욱 악화된다. "넋 놓고 쳐다보지 마"라는 말이 어떤 맥락에서는 좋은 조언일 수도 있지만, 이 맥락에서는 심각한 지식 공백으로 변모하는 것이다.

결론적으로, 평균적인 의대 졸업생들이 전례 없는 상승세를 타고 있는 여성 생식기 미용 수술 산업에 진입하고 있지만, 정상적인 해부학적 구조가 여성마다 어떻게 다를 수 있는지에 대한 개념이 전혀 없으며, 수술을 고민하는 환자에게 의학적으로 아무런 문제가 없다고 안심시킬 수 있는 근거도 없다. 대신 그들이 가진 것은 개인적 경험과 포르노를 소비하며 조합한, 음순이 "어떻게 생겨야" 하는지에[66] 대한 지극히 개인적이고 대개는 잘못된 정보이다.

사실 음순 성형술이나 그것이 성형 수술 분야에서 차지하는 비중을 논할 때 포르노를 빼놓을 수 없다. 여기서도 다시 한번 확인할 수 있듯이, 수술의 기준은 무엇이 건강한가가 아니라 무엇이 매력적으로 여겨지는가에 의해 좌우된다. 보통의 음순 성형술은 의학적 필요성과는 거의 무관하며 남성이 보고 싶어 하는 바와 깊은 관련이 있다. 의사들은 오랫동안 정상적인 형태와 크기에 있어 여성의 생식기가 다양성을 가질 수 있다는 것을 이해하는 데 어려움을 겪었으며, 이는 여성 혐오뿐만 아니라 인종차별이 스며든 역사와 관련이 있다. 음순 성형술은 의심할 바 없이 '문명화된' 외음부대 '야만적인' 외음부라는 문화적으로 장착된 개념에 뿌리를 두고 있다. 이는 18세기, 일부 아프리카 여성의 커다란 음순에 "호텐토트의 앞치마Hottentot apron"라고* 이름을 붙인 후에, 인종적 특이성이 있는 성적 타락의 징표로 여기던 시대로 거슬러 올라간다.[67]

1800년대 후반, 남아프리카를 여행하던 한 식민지 탐험가는 그곳에서 만난 여성들이 그가 그녀들의 생식기를 면밀하게 검사하는 것을 내키지 않아 한다며 개탄했다. 다리와 배가 훤히 드러나는 전통 의상을 입고 있음에도 낯선 이가 자신의 은밀한 부위를 수상한 시선으로 들여다보거나 더듬도록 허락하지 않는다는 것에 짐짓 놀란 것으로 보였다.[68] 그는 돈을 지불해서라도 검사를 하려고 여러 번 시도했으나, 번번이 "거의 나체 상태인 호텐토트 처녀들에 의해 경멸적으로 거부"당했다.[69] 그에게 동의한 여성들은 특이한 물건처럼 취급되고, 종종 잔인하게 착취당했다. 사라 바트만Sarah Baartman이라는 한 여성은 외과의사 알렉산더 던롭Alexander Dunlop에 의해 영국으로 끌려와 대중 앞에 벌거벗은 채 전시되었고, 일부 부유한 후원자들은 돈을 지불하고 그녀를 집으로 데려와 만질 수 있었다. 바트만에게 가해진 모욕은 그녀가 죽은 후에도 계속되었다. 그녀의 유해는 매장되지 못하고 밀랍 모형의 음순과 함께 파리의 인류 박물관Musée de l'Homme에 전시되었다.[70]

현대 의학도 그다지 나아지지 않았다. 1975년 의사이자 왕립

---

* 코이코이족을 경멸조로 호텐토트라 칭했는데, 여성의 둔부와 음순이 발달된 신체적 특징을 비하하며 앞치마라 명명하고, 심지어 인간이 아닌 특정 종의 특성이라고 폄하했다.

산부인과 대학의 전 학장이었던 노먼 제프코트Norman Jeffcoate 교수
는 긴 소음순을 개의 귀에 비유하고 자위를 너무 많이 해서 생긴 기
형이라는 잘못된 결론을 내렸다.[71] 거의 50년이 지난 후에도 기다
란 음순은 타락이나 성적인 난잡함을 반영한다는 인식이 여전한
데, 특히 순결 전쟁을 벌이고 있는 종교적 보수파들 사이에서는 더
욱 그렇다. 2024년에도, 고기가 삐져 나온 햄 샌드위치 사진을 성
경험이 있는 질의 상징으로 묘사한 특정 브랜드의 바이럴 게시물
을 접하는 것이 드문 일이 아니다(보통 모든 여성을 대상으로 하지만,
괴상하게도 그 밈은 때때로 테일러 스위프트를 겨냥할 때도 있다).[72]

　희한하게도, 음순 성형술의 대중화를 논쟁적으로 이끌었던 "디
자이너 질designer vagina" 개념의 문화적 전환점은 2008년 뉴욕 주지
사 엘리어트 스피처Eliot Spitzer를 물러나게 한 섹스 스캔들과 관련이
있다. 스피처와 연루됐던 접대부 애슐리 뒤프레Ashley Dupré는 "뉴욕
에서 가장 아름다운 질"을[73] 가진 것으로 알려졌으며, 아름다운 질
이 어떤 모습일지에 대해 많은 추측을 불러일으켰다. 하물며 음순
성형술의 황금기인 현재에도 완벽하게 대칭적이고 절제된 외음부
를 보여줄 가능성이 가장 높은 대상은 포르노 스타다(이 특별한 문
화 전쟁에 참여하는 사람들에게는 그 아이러니가 잘 이해되지 않는 듯하
다). 결국, 의학계는 "정상적인" 질이 어떻게 생겼는지 묘사하는 표
준을 아직 정립하지 못했지만, 문화는 어떤 유형의 음순을 전시해
야 하는지에 대한 생각을 완전히 바꾸어 놓았다.

**성형 수술에는 여전히 가부장주의가 다소 존재합니다. 하지만 동시에 의사-
환자 간의 상호작용을 원하는 환자들도 있습니다. 이 환자들이 수술을 받는**

이유에 남성에게 더 매력적으로 보이기 위해서라는 부분도 있기 때문에 남성 의사가 "이 모습으로 변하실 거예요, 멋지게 보일 겁니다"라고 말하는 것을 중요하게 여깁니다.[74]

—아비바 프레밍거, 뉴욕시의 성형외과 의사, 인터뷰 발췌, 2022

아비바 프레밍거Aviva Preminge는 유방 성형 재수술을 많이 수행하는데, 이 수술은 종종 동일한 문제에서 파생된다. 유방이 너무 크다는 것이다. 때로는 조직 손상을 일으킬 정도로 클 때도 있고, 단순히 환자가 원했던 것보다 더 클 때도 있다. 어떤 경우에는 주관적인 미적 취향에서 문제가 비롯된다. 의사는 더 큰 것이 더 낫고 아름답다고 확신했고, 더 작은 보형물을 선호했던 환자는 그저 의사의 말에 순응했거나, 자신의 의견이 이미 묵살되었다는 사실조차 깨닫지 못했다.

◇◇◇

프레밍거는 아름다움과 실현 가능성 사이의 균형을 맞추는 것이 얼마나 중요한지, 그리고 미용 시술이 기능을 해칠 수 있는 지점을 파악하는 것이 얼마나 중요한지 누구보다 잘 이해하고 있다. 좋은 예로 과대한 유방 확대술이 있고, 과도한 음순 성형술이 또 하나이다.

"소음순도 중요한 기능을 가지고 있습니다."[75] 그녀는 말한다. 하지만 환자들이 이를 인지하지 못하는 경우가 많다. 과도하게 조직이 제거되면 환자는 만성적 질 분비물 과다, 자극, 마모, 그리고 극심한 통증을 경험할 수 있다. 가장 나쁜 점은, 이것들이 간단히 해결할 수 없는 문제라는 것이다. 신체에서 조직을 제거하는 것은 비교적 쉽지만 다시 붙이는 것은 지극히 어렵다는 것이 성형 외과학의 기본 원리 가운데 하나다. 이러한 이유로 프레밍거는 음순 성형술을 할 때 환자들에게 이전에는 없던 의학적 문제가 생길 수 있으니 '바비의 질'이라는 미적 목표를 추구하지 않도록 조언한다.

엉망이 된 음순 성형술이나 지나치게 큰 유방 보형물이 문제가 되었을 때, 애초에 누구의 아이디어였는지는 결국 중요하지 않다. 여성이 부적절한 시술을 권유받았든, 스스로 선택했든, 프레밍거 같은 의사들의 역할은 그런 선택을 막거나, 이미 다른 누군가가 만들어낸 문제를 해결하는 것이다.

◇◇◇

한편, 오늘날 성형외과 분야에는 여전히 과거 성형 수술의 불쾌한 잔재가 남아있다. 보톡스가 자기관리의 일환이라며 홍보성 영상을 올리는 틱톡 인플루언서들과, 수술 모자를 쓰고 정맥 주사를 이미 팔에 꽂은 채, 전신 마취가 시작되기 전에 자기 의사의 인스타그램 팔로워들을 위해 몸을 흔들어대는 유방 확대술 환자가 그런 예이다. 거기에 더해, 널리 논의되지는 않지만 대체로 인정되는 사실로, 남성 의사가 집도한 유방 보형물의 크기가 더 커지는 경향도 있다.

다시 한번 티미 진 린지를 떠올려 본다. 그녀는 유방 확대보다 귀를 고정하는 수술을 선호했을 것이라 말했다.

그녀의 의사가 자부심 가득한 얼굴로 회상하는 모습을 떠올려 본다. "그녀는 망설임 없이 우리를 믿었죠."

프레밍거가 재수술을 해야 했던 환자들에게 처음 유방 확대 수술을 시술했던 의사들은 환자를 어떻게 기억할까? 환자에게 원하는 것을 제공했다고 스스로 믿을까? 아니면 환자에게 무엇이 더 좋은지 자기가 환자보다 잘 알고 있다고 생각할까?

매년 시행되는 성형 수술의 건수와 불만족스러운 결과로 다시 찾아오는 환자의 수를 비교해 보기만 해도, 미용 수술은 이제 우리 사회에서 영구적인 자리를 차지하고 있음을 알 수 있다. 많은 여성이 수술을 선택하지만 이를 후회하는 경우는 드물다. 시술 기술이 발전하고 비용이 낮아짐에 따라 그 숫자는 계속 증가하고 있으며, 한때 군인들의 손상된 얼굴을 재건하는 수술에 편승해 성장했던 미용성형외과는 이제 점심시간을 이용해서 공인 미용사로부터 간단한 주사 시술을 받을 수 있는 의료 스파로 대체되었다. 새로운 미용 시술들이 발전함에 따라 섬세한 완곡어들의 어휘도 늘어났다. 리프팅, 플럼핑, 스무딩, 필링. 이 모든 것이 너무나 부드럽게 들리고, 의학이라기보다 자기관리처럼 느껴진다. 그러나 우리는 여전히, 여성들이 자신의 얼굴과 몸에 대해 진정으로 원하는 것과, 의사, 남편, 사회적 압력이 '원해야 한다'고 규정하는 것 사이를 명확히 분리해 내는 데 근접하지 못하고 있다.

정형화된 미적 기준에 맞추기 위해 여성들이 느끼는 압력을 비판하면서도 동시에 그들이 스스로 결정할 권리를 옹호하는 것이 가능합니다.[76]

—마르시아 앵겔, 〈뉴잉글랜드 의학 저널〉 편집장, 1992

내가 암리타Amrita를 만난 것은 평소와 다를 바 없는 평범한 날이다. 그러나 그녀는 평범하지 않은 환자다. 그녀는 고향에서 암 진단을 받은 후, 두 번째 의견을 듣기 위해 1,600킬로미터 이상 떨어진 뉴욕으로 여행을 왔다. 그녀는 혼자 왔고, 남편은 십대 자녀들과 함께 집에 남아 있다. 전날 여행으로 피곤한 기색은 완연하지만, 놀랍게도 정돈된 차림이다. 머리와 화장은 단정하고, 깊은 갈색 피부를 돋보이게 하는 매트한 자주색 립스틱을 하고 있다.

전이된 암이 뼈에까지 퍼졌음에도 불구하고, 암리타는 놀라울 만큼 잘 지내고 있다. 이 질환이 갖는 가장 큰 어려움은 그 불확실성이다. 그녀가 가진 암을 치료할 새롭고 효과적인 치료법이 존재하기에 앞으로 몇 년 동안 정상적이고 건강한 삶을 살 수도 있지만, 암이 변이를 일으켜 치료제에 저항성을 갖는 세포가 들불처럼 퍼지게 되면 몇 달 안에 사망할 수도 있다. 이 부분에 대해서는 고향에 있는 의사들보다 더 잘 안심시킬 수는 없지만, 암리타는 날카로운 질문을 하고 끝까지 침착함을 유지하며 우리의 어려운 대화를 우아하게 감당해 낸다. 내가 자리를 뜨려고 할 때야 그녀는 한 가지 질문이 더 있다고 말하고, 눈물을 터뜨린다.

"고향에 계신 선생님께는 너무 창피해서 물어보지 못했어요." 그녀가 그렇게 운을 떼자 한동안 나는 그녀가 나한테도 물어보지 못할까 봐 걱정한다. 많이 달래도 보고 여러 번 헛된 시도를 하다가 마침내 그녀는 무엇이 문제인지 말한다. 보톡스가 너무나 맞고 싶은데, 화학요법을 받는 동안 그것이 가능한지 모르겠다는 것이다.

암리타는 다시 울기 시작한다. 그녀는 살아 있는 것만으로도 감사해야 한다는 것을 알고 있으며, 자신에게 외모가 얼마나 중요한지 인정하는 것이 부끄럽다고 말한다. 그러나 물론 외모는 중요하다. 내 환자는 무엇이 자신을 죽일 것인지에 관한 지식의 짐을 이미 지고 있다. 그녀는 자기의 스캔에서 그 질병의 그림자를 보았다. 왜 그녀가 매번 거울을 볼 때마다 그 그림자를 자신의 얼굴에서도 봐야 하는가? 그녀가 덜 늙어 보이고, 덜 병들어 보이고, 이미 자신의 삶에 스며들어 있는 그 지식의 그림자에 덜 쫓기기 위해 이 작은 발걸음을 내딛지 말아야 할 이유가 어디 있는가? 암은 이미 많은 것을 앗아갔다. 그녀의 건강, 마음의 평화, 그리고 헤아릴 수 없는 만큼의 세월. 암리타가 아름다움을 암에게 빼앗기기를 거부하는 일은 단지 더 젊어 보이는 외모를 자신에게 선물하려는 이유만은 아니다. 그것은 자신의 삶에 대한 통제력을 되찾는 것이다.

결국 그녀에게 피부과 의사 추천서를 써주고 보톡스가 암 치료에 영향을 주지 않을 것이라 안심시킨 것은 그날 내가 제공했던 가장 중요한 의학적 조언이었다.

진료실을 나서는 환자들에게는 저마다의 삶이 있고, 매일매일의 삶에서 외적인 모습은 피부 안쪽의 건강보다 훨씬 더 중요하다는 사실을 의사들은 망각할 수 있다. 실제로, 미와 건강 사이의 복잡한 상호작용은 그저 생존하고 있는 환자와 실제 삶을 살아내고 있는 환자 간의 차이를 만들 수 있다. 종양내과 의사가 되기 훨씬 전, 프리메드pre-med* 학생으로 다나–파버 암 연구소에서 일하던 시절에, 나는 미용적 개입이 단순히 기능을 잃은 신체 부위의 집합체로서 환자를 대하는 것이 아니라, 사람으로서 환자를 알게 되는 지점이라는 것을 이해하게 되었다. 환자들이 가발이나 유방 보형물

---

* 미국식 의예과.

을 맞추던 연구소 내 부티크는 암 자체를 치료하지는 못했지만, 이러한 개입은 방사선 치료나 화학요법보다도 여성들이 스스로를 다시 온전한 존재로 느끼도록 돕는 데 훨씬 효과적이었다. 유방절제술 후 다시 데이트를 할 수 있을지 고민하던 30대의 전문직 독신 여성, 머리카락과 속눈썹이 없는 자기 모습을 두려워하던 자녀들에 대해 이야기하며 울음을 터뜨리던 어머니. 이 환자들은 심각한 정체성 파괴를 경험하고 있었고, 이는 다른 어떤 암 증상만큼이나 소모적이었다. 그러나 한 가지 차이는 이 증상을 심각하게 생각하는 의사가 많지 않다는 점이다. 레지던트 시절, 동료 의사들이 "그건 머리카락일 뿐이야, 다시 자랄 거야"라고 말하며 화학요법으로 인해 거울 속 자신이 낯선 사람으로 변해버린 환자를 비웃을 때 나는 역겨웠다. 의사들이 잘려 나간 유방을 "쓸모없는 부속 기관"이라고 부르던 시절이 아득한 옛날처럼 느껴질지도 모르지만 그 시절의 유산은 우리가 자신의 외모를 걱정하는 환자를 무시할 때마다 추한 몰골을 드러낸다. 성형외과 의사들은 오랫동안 미학이 중요하다는 믿음을 고수해 왔지만 종양학 및 기타 의학 분야는 치료가 환자의 삶의 질에 미치는 영향을 평가하는 데 있어서 개선해야 할 점이 많다. 심리적, 미용적 문제는 건강상의 부정적 영향이나 독성만큼이나 중요하다. 심지어 화학요법을 받고 있는 일부 환자들에게 탈모를 예방할 수 있는 치료법이 존재함에도 불구하고, 이를 의사가 간과해 버리거나 보험회사가 가치가 없다는 이유로 치료비 부담을 거부하는 경우도 있다.

나는 암을 가장 미세한 수준에서 이해하려고 노력해 왔던 만큼, 매일 스스로에게 상기시킨다. 이 질병의 교활함은 그 치명성에 있는 것이 아니라, 여성이 자신의 삶과 자아를 외부에서, 내부에서, 그리고 그 중간 영역 모든 곳에서 어떻게 파괴하는지에 있다. 어떤 환자들에게 치료의 가장 큰 이정표는 깨끗한 스캔 결과나 성공적인 수술이 아니라, 머리카락, 눈썹, 속눈썹이 드디어 자라고 있는 것을 발견하는 순간이다. 재건 유방에 유두 문신을 마친 순간이다. 거울 속에서 자기 자신을 발견하는 순간이다.

당신도 알다시피, 우리는 사회 속에서 살고 있어요![77]

__조지 코스탄자, 〈사인펠드〉[*], 1991_

고급차와 불륜, 뭐 이런 전형적인 중년 남자의 위기는 창피스러운 거라고, 그래, 무모하게 젊음을 붙드는 거라 하잖아요. 그래도 1985년에 가졌던 얼굴을 되찾겠다는 여성에게 쏟아지는 조롱에 비할 바가 아니에요.[78]

__프랜시스 도즈, 〈코베투어〉, 2018_

우리가 의학의 영역에서 미용 및 미학과 갖는 복잡한 관계는 이 개념과 사회적으로 맺고 있는 복잡한 관계를 반영한다. 규칙과 기대가 있으며, 이 둘은 종종 서로 충돌한다. 변형 가운데 교정할 "가치가 있는" 것과 단순히 바람직하지 않은 특징에 불과한 것의 경계를 정하는 것은 어렵다. 더욱이, 질병, 부상, 나이로 말미암아 사람의 외모가 변화하는 것까지 고려한다면, 그 경계는 더욱 모호해진다. 이러한 문제를 개선하기 위해 미용 수술을 받을 수 있다

---

* 1989~1998년까지 미국NBC에서 방영된 인기 시트콤.

는 사실 자체가 수술을 '받아야 하는가'라는 도덕적 딜레마를 해소해 주지 않는다. 특히 '받지 말아야 한다'는 쪽으로 사회적 합의가 기울어져 있을 때는 더욱 그렇다. 아름다움을 돈으로 사거나 사라져가는 아름다움을 돈으로 되사는 행위에 어딘가 천박함이 있다고 보는 합의 말이다. 우리 사회가 청춘, 혹은 젊어 보이는 외모를 숭배하는 건 사실이지만, 이를 지나치게 공개적으로 인정하는 것, 명백한 수술 흔적이 남아 있는 얼굴을 드러내는 것은 여전히 넘어가기에 너무 먼 다리처럼 느껴진다.

우리 여성들은 우아하게 늙어야 한다고 배운다. 그러나 우아하게 늙는 개념은 우아함을 요구하는데, 통통한 입술이나 탄력적인 가슴 같은 여성적 신호와 마찬가지로 일종의 수동성을 내포한다. 의학의 도움을 받지 않기로 결정한 후 남는 대안은 체념이다. 세월, 중력, 과도한 웃음, 흡연, 햇볕 등으로 인한 변화에 맞서 싸우지 않기로 선택하는 것이다. 그런데 왜? 미용 수술이 너무 비싸서? 너무 고통스러워서?

아니면 분수에 맞지 않는 일이라서?

오랜 시간이 지났음에도 우리는 여전히 미용 의학의 걸음마 단계부터 이 분야를 괴롭히던 정당성 문제에 사로잡혀 있다. 언제 개입하는 것이 옳은가? 신체의 표면은 단순히 세상으로부터 우리를 보호하는 것뿐만 아니라, 우리가 세상을 경험하고 세상이 우리를 경험하게 하는 매개체이다. 어떤 사람은 아름답게 태어나서 두 팔 벌려 환영받지만, 그런 운을 타고나지 못한 이들은 그래서 훨씬 더 인색한 대우를 받는다. 만약 의사가 후자의 범주에 있는 사람을 전자의 범주로 바꿀 수 있고, 환자 자신이 성형외과 진료실의 문을 두드려 그렇게 해달라고 요청한다면, 우리가 그들을 거절할 자격이 있는가?

여성의 몸이 전쟁터라면, 우리가 듣는 저 고귀한 것, 우아한 것이란, 결국 백기를 흔들고 돌아서라는 것, 주름이든 뭐든 그대로 안은 채 인생의 황혼 속으로 조용히 사라지라는 것이다. 하지만 그런 논리라면, 미용외과 의사들은 오히려 전우처럼 보일 수도 있다. 조용히 퇴장하기를 거부하는 여성들의 곁에서 용감히 싸우며, 얼굴의 특징과 몸의 윤곽, 그리고 시간의 흔적까지도 되찾을 수 있도록 돕는 전사들 말이다.

이 모든 문제를 더욱 복잡하게 만드는 사실은, 미용 수술이 그것을 선택한 여성에게 종종 힘을 실어주는 효과를 부여한다는 점이다. 말 그대로, 얼굴에 손대지 않고 매력 없고 늙어 보이도록 내버려 둘 때보다 사회적 영향력이 커지는 경우가 많기 때문이다. 잘못된 안면거상은 당황스러울 수 있지만, 제대로 된 안면거상은 측정할 수 없는 가치를 제공한다. 여성이 특정 연령대가 되면 주목받지 못하는 세상에서 몇 년 더 주목받을 수 있도록 해준다.

그리고 물론 요즘에는, 의료 스파와 성형외과를 찾는 여성들은 남성보다는 어머니와 함께 하는 경우가 더 많다.

◇◇◇

심란Simran이 자신에게 다가오고 있는 죽음을 알아차리게 된 것은 스물여섯 살 때였다.

우려할 만한 이유는 오래전부터 있었다. 그녀의 어머니가 서른세 살에 유방암 진단을 받았고, 여전히 인도에 살고 있는 친척 여성들도 비슷한 병력을 가지고 있었다. 모두 유방암과 난소암 등 유전적 연관성을 시사하는 공격적인 악성 종양의 가족력을 모두 공유하고 있었다. 어머니가 유방암을 일으키는 BRCA 변이[*] 가운데 하나에 양성 반응을 보였을 때, 놀랍지 않았다.

심란이 같은 변이에 대해 양성 반응을 보였을 때, 카운트다운이 시작됐다. 말기환자 고통완화의료 전문의인 그녀는 무엇이 걸려 있는지 남들보다 더 잘 이해하고 있었다. 당장 수술을 받지 않으면 암은 확실한 일이다. 어머니가 진단을 받은 나이는 비극이자 하나의 기준점이 되었고, 같은 운명을 피하기 위해 그녀가 유방을 제거해야 하는 날짜가 되었다. 의사들은 모두 같은 조언을 한다. 아이들을 낳고, 유방절제술을 받은 후, 유방 보형물로 재건술을 받으라고.

하지만 심란은 보형물을 원하지 않는다.

그리고 그녀는 그들이 뭐라고 하든 수술을 받지 않을 것이다.

◇◇◇

"오, 끔찍했어요. 정말 끔찍했어요." 심란이 말한다. 수술한 지 2년이 지났지만 그 순간의 기억은 여전히 생생하고, 지금도 분노와 좌절감을 느낀다.

의사들이 유방절제술을 '쓸모없는 부속 기관'을 잃는 것이라고 치부하던 시절은 오래전에 지나갔다. 환자가 지방 이식이나 보형

---

[*] DNA 손상 복구를 담당하는 BRCA1 또는 BRCA2 유전자에 발생하는 유전적 변이를 말한다. 이 변이가 있으면 세포의 DNA 복구 능력이 저하되어 특정 암의 발생 위험이 크게 증가하며 여성의 경우 유방암 발생 확률이 60~80%에 달할 수 있다.

물을 통해 재건 수술을 받는 것은 권장되는 수준이 아니라 당연시 여겨진다. 심란이 유방절제술을 계획하기 시작했을 때 만난 성형외과 의사는 제거한 유방 조직을 보형물로 교체하는 재건 과정을 동일한 시술에 포함시키자고 제안하기까지 했다. "의사가 '당신은 젊고 건강하고 아름다우니 바로 보형물을 삽입하는 것이 최선입니다'고 하더군요. 그가 한 말 그대로예요."라고 그녀는 말한다.

심란은 이미 자신의 미래에 유방 보형물은 없을 것이라는 사실을 알고 있었다. 그녀는 의사로서 자신의 치료 옵션에 대해서만이 아니라 각 선택지가 초래할 가능성이 있는 결과에 대해서도 남들보다 더 많은 통찰력을 가지고 있었으며, 여러 이유에서 실리콘으로 유방을 대체하고 싶지 않았다. 그녀는 늘 유방이 작았고, 특히 아이를 낳은 후에는 더욱 그랬다. 이물질을 몸 안에 넣는다는 사실도 내키지 않았다. 그녀가 아는 보형물 삽입을 받은 여성들은 모두 불만족스러워 보였고, 그들의 새 유방은 촉감이 차갑거나, 고르지 않게 위치하거나, 그냥 자기 것이 아닌 듯한 느낌을 준다는 이야기를 자주 들었다. 그녀의 어머니는 복부 지방을 이식해 유방을 재건했었는데, 그 이후로 복부와 허리 통증에 시달렸을 뿐 아니라, 새로운 유방이 너무 컸다. 심란이 원하는 것은 '심미적 평면 절제'라는 다른 유형의 재건술로, 가슴은 평평해지지만 흉터가 적고 유두가 그대로 남아 있는 방식이었다. 그러나 그녀의 외과의가 보여준 태도, 유방 제거 수술 중 보형물을 바로 넣겠다는 집착은 그녀를 당황하게 했고, 하여 이번엔 다양한 옵션에 대해 열린 마음을 가졌으리라 생각되는 여성 의사를 찾아 두 번째 의견을 얻으려 했다. 그 상담에서 심란은 자신이 원하는 것과 그 이유를 신중하게 설명했다.

하지만 그 여성 외과의는 심란을 이해해 주기는커녕, 꺼리는 태도를 보였다. 그녀는 심란에게 평평한 가슴을 가지는 것이 심리적으로 상처를 남길 것이라고 말했다.

"너무 충격적이었어요." 심란이 말한다. "그 순간에는 물론 정말 슬펐지요. 내 말을 전혀 들어주지 않는다고 느껴서 울면서 진료실에서 나왔어요."

◇◇◇

심란의 이야기는 해피엔딩을 맞이한다. 그녀의 유방외과 의사는 결국 환자가 원하는 평평한 모양의 심미적 봉합을 해줬고 그 결과는 매우 성공적이어서 그녀는 종종 보형물을 포기하고 평평한 재건을 선택하려는 다른 환자들로부터 전화를 받았다. 그러나 이 이야기가 주목받아야 할 이유는 성형외과의 진화가 단순한 의학의 발전을 넘어 여성에게 더 큰 권한을 부여하는 과정이라는 사실을 잘 보여주기 때문이다. 환자가 자신이 원하는 모습을 정확히 선택할 뿐 아니라, 전통적인 미적 개념과 매력의 기준을 넘어, 사회에서 자신의 가치가 진정 어디에 있는지를 선택하는 순간, 이야기는 절정에 이른다. 그녀는 수술이 자신을 섹시하거나 아름답게 보이도록 만들어 주어서가 아니라 자신을 자신으로 느끼게 해줬기 때문에 수술 결과에 크게 만족했다.

사람들에게 성형 수술이나 수술 경험, 혹은 현재 상태에 대해 물어보면, 자신의 외모에 대해서는 별로 이야기하지 않습니다. 그보다는 어떤 느낌인지

에 대해 이야기하곤 하지요.[79]

_찰스 갈라니스, 성형외과 의사, 〈비버리 힐즈〉 인터뷰 발췌, 2022

이 모든 것과 그 이상의 이유로 성형 수술과 그 역사에는 독특하게 복잡한 맥락이 있다. 질병이나 장애에 시달리게 되면 살아남기 위해서 반드시 치료를 받아야 하는 인체의 다른 시스템과는 달리, 미용 외과와 미용 의학은 여성이 선택을 통해 참여하게 되는 분야다. 수술대에 누운 여성은 자신이 원해서, 혹은 원한다고 생각해서 그곳에 누워 있는 것이다.

어쩌면 그녀는 그곳에 누워 있는 순간조차도, 티미 진 린지처럼 단순히 자신을 더 아름답게 만들 수 있는 기회와 수단이 주어진 것이 그저 행운이라고 느낄 수도 있다. 그리고 커다란 유방이나 작은 음순을 선호하는 그 성형외과 의사는 불운한 환자들에게 가혹한 미의 기준을 강요하는 전능한 가해자가 아니라, 어쩌면 환자들이 원하는 삶을 살도록 돕는 의사일지도 모른다. 어느 쪽이든 우리는 우리를 피해서 달아나고, 사라져 버리는 아름다움을 계속해서 쫓는다. 이 전쟁은 계속될 것이다. 그리고 피를 흘리게 될 것이다.

2장

뼈

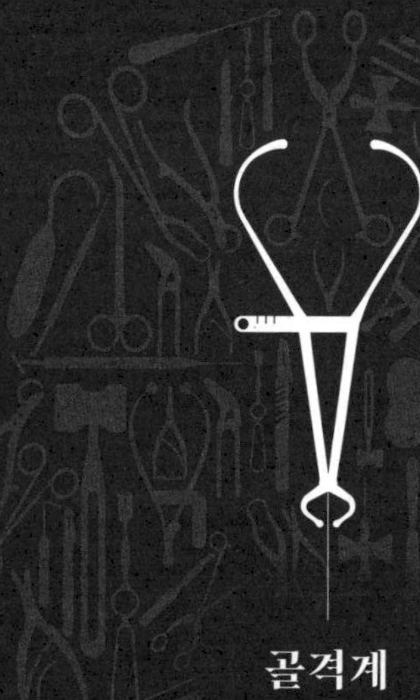

골격계

두개골과 고래뼈

우리 학회는 이렇게 훌륭하고 희귀한 제왕절개
표본을 가진 것에 대해 자축할 수 있을 것입니다.[80]

__모리스 피츠기본, 의사, 1879

메리 애쉬베리Mary Ashberry가 살아 있는 동안, 사람들은 그녀에게 거의 눈길을 주지도 않는다. 그녀는 많은 이에게 말 그대로 투명인간이다. 20대 초반이고 연골무형성증이라는 왜소증을 앓고 있는 그녀의 키는 약 1미터 6센티미터로 다섯 살 여자아이만 하다. 그녀의 짧은 생애에 대한 자세한 내용은 여전히 수수께끼로 남을 것이고, 사후에 그녀를 검시한 의사가 그녀를 "불쌍한 것"으로[81] 언급하면서, 그녀가 생활하던 미국 버지니아주 노퍽의 한 매음굴에서 어떤 알 수 없는 불상사로 희생되었음을 암시할 뿐이다. 그녀가 어떻게 매음굴에 오게 되었는지, 그리고 그곳에서 어떻게 생활했는지에 대한 기록은 전혀 남지 않을 것이며, 그녀가 행복했는지 불행했는지, 또 누구와 함께 살았는지 아무도 알 수 없을 것이다.

메리가 임신해서 배가 불러오기 시작할 때, 아기의 아버지가 누구인지, 심지어 누구였을 가능성이 있는지에 대한 기록은 전혀 남아 있지 않을 것이다.

◇◇◇

진통이 시작된 것은 1856년 봄, 해가 점점 길어지던 즈음이었다.[82] 일주일 후면 분홍색과 흰색의 윤기 나는 꽃들로 가득 찬 가지를 늘어뜨리며 목련이 만개할 것이다.

그때쯤이면 메리와 아기 모두 사망한 상태일 것이다.

그녀를 죽인 것은 분만통, 그리고 의사의 무지였다. 메리의 골반은 아기가 통과하기에는 너무 작아 메리가 생존할 수 있는 유일한 희망은 태아의 두개골을 절단하여 중절하는 것이지만, 그들은 수술에 시간을 너무 많이 쓰다가 결국 완료하는 데 실패한다. 이후 피츠기본Fitzgibbon이라는 의사가 메리 애쉬베리의 유해를 검시한 후 냉담하게 기록할 것이다. "수술이 시작되어 아이의 생명을 파괴하는 데까지 진행되었으므로, 그 수술이 더 진행되지 못한 것은 유감이다."[83] 대신 의사들은 메리의 자궁을 절개했다. 그녀는 3일 후 사망한다. 아마도 외상 혹은 감염 때문이었을 것이다.

메리는 살아 있을 때와 마찬가지로 아무도 주목하지 않고, 간과된 채, 보이지 않는 존재로 죽는 순간을 맞이한다. 그녀의 시신은 가련할 만큼 작다. 놀라울 정도로.

아마도 이것이 그녀를 매장하지 않았던 이유일 것이다.

대신, 메리의 유해는 북쪽으로 옮겨진다. 이름 없는 아기도 함께한다. 마지막 안식처가 될 필라델피아 박물관에 도착할 즈음, 메리는 더는 "그녀"가 아니라 "그것"이 된다. 남은 것은 비율에 맞지 않게 커다란 머리, 짧아진 팔과 다리, 비정상적으로 좁은 골반을 가진 해골뿐이다. 피츠기본이 기록했듯이, 이는 훌륭하고 희귀한 표본이다. 한때 이 해골을 소유했던 인간 여성 메리 애쉬베리는 완전히 잊혀진다.

그들은 윤이 날 때까지 뼈를 표백한다. 그녀를 세운 자세로 들

어올려, 두개골에 구멍을 뚫고, 그 구멍에 선을 연결하여 3미터 위에 있는 파이프에 고정시킨다.[84]

메리는 반려인도 가족도 없이 죽었다. 그녀는 죽어서야, 둘 다 가지게 된다. 그녀의 뼈를 담고 있는 유리 케이스 옆에는 거인의 해골이 서 있다.[85] 생전에 키가 최소 2미터 30센티였던 이름 없는 이 거인 남자의 유해는 1877년 켄터키에서 거래되었다. 그리고 그녀의 손에, 작고 하얗고 웃고 있는 듯 보이는 것이 있다. 아기의 두개골이다.[86]

100년이 넘는 세월 동안, 메리의 해골은 필라델피아의 무터 박물관Mütter Museum에서 유리 뒤에 서 있다. 매년 10만 명이 넘는 사람들이 이 해골을 보러 온다. 다가가서 쳐다보고, 그녀의 상완골의 기묘하게 굽은 선과 대퇴골이 안쪽으로 휜 모습을 관찰한다. 생전에 그녀의 몸에 형태를 부여했고, 이제는 피부와 근육이 벗겨진 채, 흥미진진한 최고의 구경거리가 된 그 뼈들을 본다. 그녀가 무엇이었는지 알고 싶어 하지만, 그녀가 누구였는지는 관심이 없다.

그렇게, 그녀 생전의 주변인들처럼, 그들은 그녀에게 주의를 기울이지 않는다. 전혀.

◇◇◇

여자 사체의 두개골을 반으로 자르던 때를 기억한다. 해부학 강사가 조심스럽게 안심시키는 듯 내 어깨에 손을 얹으며 말했다. "이게 가장 힘든 부분일 거야."

나는 윗입술에 발랐던 크림의 날카롭고 강렬하지만, 천지에 진

동하는 포르말린 냄새를 가리기에는 역부족이었던 멘톨 향을 기억
한다.

나는 두개골 바닥에 뼈톱을 맞추고 자르기 시작했다. 해부는
거의 끝나가고 있었다. 우리는 몇 달 동안 나이 든 여성의 몸을 켜
켜이 벗겨가며 근육과 힘줄, 장기와 뼈를 발라냈다. 우리 네 명의
의대 1학년 여학생을 감독하던 강사는 남성 의사였는데, 이 부분이
육체적으로 가장 힘들기 때문에, 그리고 우리가 가장 괴로워할 부
분이라고 믿었기 때문에 두개골을 맨 마지막으로 남겨두었다.

두개골이 아니었다. 가장 괴로운 순간은 몇 주 전 그녀의 삶에
종지부를 찍게 만든 것을 알게 되었을 때 찾아왔다. 그녀의 오른쪽
가슴에 문신이 여럿 있었는데, 장식으로 보이지 않는 작은 점들로,
과거 유방암으로 방사선 치료를 받았던 징표였다. 그리고 종양 절
제술을 받은 작은 흉터도 있었다. 그녀의 몸을 해부하며 모든 혈관,
신경, 근육을 외우는 몇 달 동안, 우리는 셀 수없이 많은 말랑한 흰
결절들을 발견했다. 종양이었다. 그녀의 몸은 암 덩어리로 가득 차
있었다. 암은 아마도 그녀의 오른쪽 가슴에서 시작해서 림프절, 뼈,
뇌로 퍼져나가 그녀를 사망에 이르게 만들었을 것이다.

물론 그녀의 병명을 제대로 진단해 냈다고 해서 얻어지는 만족
감은 없다. 사망에 이르는 과정에 대한 지식은 그녀의 삶에 대해 아
무것도 알려주지 않았다. 그녀가 누구였는지, 어떻게 살았는지, 누
구를 사랑했는지 우리는 알지 못했다. 해부용 시체는 환자가 아니
라 하나의 강의였다. 그녀 안에는 우리 모두에게 있는 것과 같은 시
스템이 있었다. 작업이 끝난 후, 나와 동료 학생들은 그녀의 몸 위
에 손을 맞잡고 그녀의 이타심에 감사하며 그녀가 우리에게 준 지

식의 선물을 기리겠다고 약속했다. 그것은 내가 경험한 처음이자 마지막 시체 해부 시간이었고, 의사로서 내 커리어는 이 여성의 목숨을 앗아간 것과 동일한 암으로 고통받는 여성들의 생명을 구하는 데 헌신하는 방향으로 자리 잡았다.

필라델피아의 무터 박물관에서 두 세기 가까운 긴 시간 동안 전시되고 있는 메리 애쉬베리는 1856년에 사망했다. 그녀가 의학계의 주목을 받기까지 20년이 걸렸지만, 내가 1학년 의대생으로 해부했던 나이 든 여성의 시신과 달리 메리의 삶과 그 삶이 끝난 방식은 그녀의 유해를 맡은 의사들에게 별다른 관심을 끌지 못했다. 그녀의 뼈 상태가 너무나 만족스러웠던 의사 피츠기본은, 뉴올리언스에서 일하며 살던 젊은 여성이 어떻게 의학적 유물이 되어버렸는지에 대해 그저 스쳐가는 생각만 할 뿐이었다. "그 작은 생명체는 그저 무력한 존재에 불과했다."[87] 이는 동정심의 표현이 아니라 그녀를 돌본 의사들이 아기를 출산시키고 그녀의 생명을 구할 수 있는 적절한 도구를 갖추지 못했던 이유를 설명하는 것이었다. 그녀의 몸이 일반적인 도구를 사용하기에는 너무 작았기 때문이다.

그리고 그녀의 해골을 전시 목적으로 설치하겠다는 결정은 의학적 지식의 진흥이 아니라 병적인 호기심으로 이루어진 것이었다. 메리가 사망했을 시절만 해도 보존된 뼈들은 의사와 의대생들에게 귀중한 도구였다. 인간 골격을 관찰하는 것은 인체가 어떻게 구조화되어 있는지, 어떻게 뼈를 맞추고 관절을 복원할 수 있는지에 대한 중요한 통찰을 제공했다. 하지만 해부학 지침으로 사용되던 해골들은 철사로 연결되어 있었는데, 단지 보기만 하지 않고 만져보고, 움직임을 관찰하는 것이 중요했기 때문이었다. 반면 메리

에쉬베리의 뼈는 자신의 연조직의 석회화된 잔여물로 연결되어 있다.[88] 만약 누군가 그녀를 움직이려고 하거나, 머리를 돌리거나, 손을 들어서 잡으려고 한다면, 그녀는 부서지고 말 것이다. 대신 그녀는 움직이지 않은 채 출산 중 사망한 아기의 두개골을 들고, 의학적으로 쓸모없고 충격적일 만큼 기괴한 모습으로 서 있다.

메리의 몸은 강의가 아니라 구경거리에 불과했다.

하지만 의학사라는 맥락에서 메리 에쉬베리의 뼈는 지식을 담고 있을 뿐 아니라, 기성 체제가 여성의 골격계에 대해 가졌던 그 모든 압박과 이질감을 상징적으로 보여준다. 메리를 괴기스러운 대상으로 여긴 바로 그 의사들이 일반적인 여성 골격을 묘사하는 과정에서도 동일한 영향력을 발휘했고, 오늘날까지 여전히 관찰되는 광범위한 (혹은, 아마도 골수에 박힌) 무지를 부추겼다.

골격계는 의학과 필멸성必滅性에 대한 우리의 이해에 있어 독특한 위치를 점한다. 살아 있을 때는 신체에 형태와 구조를 제공하고, 죽어서는 결국 유일하게 남겨진다. 그런 의미에서 골격계는 의사뿐 아니라 일반인들도 가장 잘 알고 있는 해부학적 시스템이 되었다. 의학적으로 중요하면서도 문화적으로 어디에나 존재하는 다른 비교 가능한 신체 부위를 떠올리기는 어렵다.

이탈리아와 프랑스 남부 등 드물게 예외적인 지역을 제외하고 인체 해부는 16세기까지 대체로 불법이었는데, 그로 인해 인체 골격 구조에 대한 신비감과 많은 오해가 생겨났다. 그 이전에는 인체 해부가 매우 드물게 이루어졌으며 이루어지더라도 은밀하게 진행되었다. 해부용 시체를 얻기 위해서는 무덤을 도굴해야 하는 경우가 많았기 때문이다.[89] 그전에는 인체에 대한 해부학적 지식이 주로 로마 제국의 의사 갈렌Galen의 작업에 기반했으며, 그의 이론은 1,000년 이상 서양 의학을 지배했다. 그러나 갈렌의 작업은 동물 해부를 바탕으로 한 인간 신체 구조에 대한 가정과 추론에 크게 의존했으며, 그중 많은 가정이 잘못된 것이었다.[90]

해부학 분야의 혁명은 1500년대 중반, 인체 해부를 공개적으로 지지했을 뿐 아니라[91] 신체의 숨겨진 층을 놀랍도록 생동감 있게 묘사한 일러스트레이터로서 네덜란드 의사 안드레아스 베살리우스Andreas Vesalius가 등장하면서부터 시작되었다. 그의 삽화들에서는 그가 의학적 지식을 넘어서 얼마나 해부학에 매혹되어 있었는지를 엿볼 수 있다. 베살리우스의 작업은 해부학적 세부 사항만큼이나 문화적, 종교적 상징성으로 가득 차 있다. 한 시리즈에서는 피부가 완전히 벗겨진 채 쓸쓸해 보이는 한 남자가 축 처진 자신의 피부를 한 손에 들고 다른 한 손으로 하늘을 가리키고 있는 모습이 그려져 있으며 배경에는 교회가 보인다. '해골 햄릿'이라는 유명한 별명을 가진 또 다른 삽화에서는 사람의 해골이 무덤 위에 놓인 참수된 두개골 하나를 응시하는 모습이 그려져 있다. 그 무덤에는 라틴어로 "창의성은 살아남고, 나머지는 모두 죽을 것이다"라고 적혀 있다.[92]

다른 많은 해부학자들과 달리, 베살리우스는 남성과 여성의 신체 차이를 고려하고 이를 인정했다. 그의 작업에는 남녀 모두의 나체 그림이 포함되어 있다. 하지만 그의 성별에 따른 해부학적 이해가 충분히 깊지는 않았다. 지식이 뼛속에까지 닿지는 않았던 것이다. 베살리우스는 해부학적 나체 그림과 함께 해골은 단 하나만을 그렸고, 그것에 "인간HUMAN"이라고 라벨을 붙였다.

물론, 그 골격은 그냥 인간의 것이 아니었다.

그것은 남성이었다.[93]

이러한 생략이 가능했던 원인은 무엇일까? 베살리우스가 여성의 골격계가 남성과 특정하고 중요한 방식에서 다르다는 것을 몰랐을 가능성도 있다. 그러나 그가 그런 차이를 알고 있었지만, 해부학적으로 정확한 별도의 삽화를 그릴 만큼 중요하다고 생각하지 않았을 가능성도 있다. 후자의 경우라면, 그런 판단을 한 사람이 베살리우스 혼자만은 아니었을 것이다. 초기 해부학 교과서에서 여성 골격의 묘사는 드물다. 더 심각한 사실은, 드물게 존재하는 묘사조차 정확성을 희생하고 미학을 우선시하는 경향이 있었다는 점이다. 해부학 연구에는 초기부터 이중 잣대가 스며들었던 것으로 보인다. 남성의 뼈를 묘사하는 것은 인체에 대한 의학적 지식을 전달하는 작업인 반면, 여성의 뼈를 묘사하는 것은 미학적, 문화적, 사회적 관심사를 전달하는 작업이었다.

이 초기 교과서들에서 성인 여성의 해골은 종종 어린아이의 것처럼 묘사되었다. 발달이 미흡하고, 허약하며, 부서지기 쉬운 모습이다.[94] 여성의 뼈에 대한 이런 시선이 남성만의 전유물이 아니었다는 점은 주목할 만하다. 1759년, 프랑스의 여성 과학자 마리제네비에브샤를로트 달뤼스 티루 다르콩빌Marie-Geneviève-Charlotte Darlus Thiroux d'Arconville은 여성 골격을 그려 출판하면서 성별 차이를 과장한 나머지 캐리커처 수준으로 만들었다.[95] 두개골은 훨씬 더 작았고, 골반은 훨씬 더 넓었다. 그런 묘사 속에 내포된 메시지는 "여성의 작은 두개골과 큰 엉덩이는 분명히 자연이 의도한 것으로, 여성은 어머니로서의 존재이지, 생각하는 존재가 아니다"는 것이었다.[96]

이것은 당시 의학적 사고에 철저히 스며들어 있던 메시지였다. 1765년 프랑스 의학 백과사전은 여성 해골을 생략하는 대신, 남성과 여성의 뼈 차이에 대해 길게 다룬 후, 다음과 같은 결론을 내렸다. "이 모든 요소는 여성의 운명이 아이를 낳고 기르는 데 있음을 증명한다." 1796년, 독일 해부학자 사무엘 토마스 폰 죄머링Samuel Thomas von Sömmerring의 유명한, 그리고 부정확한 여성 해골 그림은 여성의 두개골을 비정상적일 정도로 터무니없이 작게, 골반은 엄청나게 넓게, 갈비뼈는 믿을 수 없을 만큼 좁게 묘사했다. 그 부정확성이 지나쳐서 일부 의사들이 죄머링의 삽화가 오해를 불러일으킨다고 비판했지만, 죄머링은 해부학자가 아니라 예술가라는 놀라운 변론에 의해 묵살되었다.[97] 이런 변론이 설득력 있는 주장으로 여겨졌다는 사실은 당시 의학계가 여성의 골격에 대한 지식을 어떻게 바라보고 있었는지를 보여준다. 만약 그려진 해골이 아름다우면서도 상징성으로 가득 차 있다면, 해부학적 진실을 전달하지 않아도 상관없다는 것이다. 죄머링의 여성 해골은 정확하지 않았지만, 더 나은 어떤 것이었다. 이해해야 하는 신체 부위가 아닌, 감탄의 대상이었다.

이런 식으로 여성의 뼈를 묘사하는 경향은 19세기에도 계속되었다. 1829년, 스코틀랜드 해부학자 존 바클레이John Barclay는 성별에 따른 골격을 묘사하면서 이전 해부학자들과 마찬가지로 비슷하게 과장을 일삼았을 뿐 아니라, 각 삽화에 대응하는 동물의 골격을 배치했다. 즉, 남성에게는 힘센 말, 여성에게는 타조의 골격을[98] 덧붙인 것이다. 이 시기에 해부학과 예술이 분화하기 시작했는데, 여성의 신체는 후자로 분류되고 전자에서 제외되었다. 고대 그리스

이후 의학은 항상 남성을 기본값으로 여겼다. 남성의 신체는 건강한 표준으로[99] 여겨졌고, 여성의 신체는 그 차이로 인해 이상적 상태에서 벗어난 존재로 여겨진 것이다.

이러한 개념은 의학 지식을 추구하는 사람들의 머리뿐 아니라 의학적 지식을 추구하는 사람들을 위한 교과서에도 스며들었다. 생식기를 제외한 대부분의 인체가 교과서에서 묘사될 때,《그레이의 해부학Gray's Anatomy》같은 권위 있는 교과서에서부터 최근 20년간의 교과서들에 이르기까지, 모델은 언제나 남성의 신체였다.[100]

여성의 지능을 연구한 모든 심리학자들은 물론이고, 시인들, 소설가들까지도 여성이 인류 진화의 가장 열등한 형태를 대표하며, 문명화된 성인 남성보다는 어린이와 미개인에 더 가깝다고 인식한다.[101]

—귀스타브 르 봉, 1879

여성의 뼈가 의학 지식의 원천으로 여겨지지 않는 현상이 벌어지는 동시에, 여성의 두개골은 골상학phrenology과 두개골학craniology이라는 19세기의 두 가지 강박 덕분에 특별한 주목을 받게 되었다. 이 사이비 과학은 인류학, 다윈주의, 그리고 우생학의 부상과 불가분의 관계를 맺고 있으며, 두개골의 크기와 형태가 그 소유자의 성격, 능력, 그리고 지능에 대한 중요한 세부 정보를 가지고 있다고 주장했다.[102]

여성의 골격을 여성에 대한 문화적 이상에 맞추기 위해 해부학적 정확성은 희생시켜도 좋다고 믿는 집단과, 인간의 두개골 모양이 유전적 열등성을 증명한다고 믿는 집단이 대부분 겹친다는 사실은 그리 놀랍지 않다. 또한 그들 중 많은 남성이 인종차별주의자였다는 것도 놀라운 일이 아니다. 그 유명한 해골 삽화를 그리기 전, 죄머링은 초기 두개골학의 열렬한 팬이었으며, 피부색이 어두운 "무어인들moors"의[103] 두개골이 백인들의 두개골보다 작고, 이는 그들의 열등한 지적 능력의 증거라는 이론을 강력히 지지했다. 이런 죄머링을 위한 변론은 그가 평범한 예술가가 아니라 대담한 진실을 말하는 사람이라는 것이었다. 그의 연구가 필연적으로 극심하게 인종차별적인 결론으로 이어진다고 해서 연구를 멈추지 않을 것이라는 변론 말이다(이 문제에 대해서는 18세기 이후로 거의 변한 것이 없다. 오늘날에도 인종 배경과 IQ 사이의 연관성을 밝히려는 현대의 인종 과학자들이 여전히 같은 논거를 사용한다).[104] 1786년의 한 판화는 자신을 향해 뱀을 던지는 메두사의 형상을 무시한 채 신성한 미소를 지으며 한 쌍의 인두경으로 인간의 두개골을 검사하는 죄머링을 묘사하고 있는데, 메두사는 독일어로 "선한 목적DIE GUTE SACHE"이라고 쓰인 배너를 들고 있다.[105]

의학사에서 종종 그러하듯이, 과학계에서도 인종차별이 뿌리내린 곳과 멀지 않은 곳에는 여성혐오 역시 자리 잡고 있었다. 이 분야에서 앞장섰던 것은 인류학자들이었는데, 그들은 다양한 인종의 두개골을 주의 깊게 조사한 후, 자신들 같은 백인 남성이 지적으로 가장 진화된 존재라는 뻔한 결론을 내렸다. 신체 인류학의 아버지 중 한 명인 새뮤얼 조지 모턴Samuel George Morton은 1800년대 초반에 전 세계에서 수백 개의 인간 두개골을[106] 수집하고, 결국 두개골 내부 용량과 지능 사이에 연결고리를 찾았다고 주장했다. 당시의 문헌은 너무나도 노골적인 인종차별적, 성차별적 논평들로 가득 차 있어 마치 허술한 공포 영화에 나오는 미친 과학자의 독백처럼 읽힌다. 19세기 인류학자 제임스 헌트James Hunt는 인종, 성별, 종족의 교차점에 대한 그의 대표적인 고찰에서 "의심할 여지 없이 흑인 남성의 뇌는 유럽 여성이나 어린이의 뇌와 크게 닮았고, 따라서 유럽인보다 훨씬 더 원숭이에 가까우며, 흑인 여성은 그보다 더 원숭이에 가깝다"라고[107] 썼다.

19세기 중반, 두개골에 대한 집착이 인류학 및 의학계를 휩쓸기 시작했다. 동시에 이 주장을 따르는 사람들이 여성의 두개골에 특별한 관심을 갖기 시작했으며 열등한 지능의 징후를 찾기 위해 이를 면밀히 조사했다. 1868년, 파리의 인류학자이자 외과의사인 폴 브로카Paul Broca는 여성에 대한 연구가 긴급한 필요성을 갖게 되었다고 결론지었다. 여성 인권 운동이 유럽과 북미에서 힘을 얻기 시작했는데, 이는 브로카의 관점에서 볼 때 불길한 발전이었다. 여성 개혁가들은 자연의 질서를 방해하고, "인종의 교란"을[108] 야기하며, 심지어 진화를 완전히 탈선시킬 것처럼 보였다. 하지만 의사들과 인류학자들이 여성의 천부적 열등성을 입증하는 과학적 증거를 제시할 수 있다면, 말 그대로 그 운명이 두개골 곡선에 문자 그대로 새겨져 있다는 것을 보여줄 수 있다면, 분명 이 방자한 여성들은 이성을 찾고 집으로 돌아가, 투표권, 금주 운동, 혹은 아동 노동 종식과 같은 어리석은 선동을 멈출 것이라고 생각했다.

브로카의 제자들은 즉시 이 대의를 이어받았다. 프랑스의 인류학자 귀스타브 르 봉Gustave Le Bon이 이 주제에 대한 데이터를 수집하여 출판했던 1879년으로 시간을 빨리 되감아보자. 현대의 역사가 스티븐 제이 굴드Stephen Jay Gould가 "근대 과학 문헌에서 여성에 대한 가장 악랄한 공격"이라고[109] 불렀던 문헌이다. 르 봉은 여성이 열등한 지위에 있다는 것은 "너무나 명백하여 아무도 이를 한순간도 부정할 수 없으며 오직 논의할 가치가 있는 것은 그 열등함의 정도뿐이다"라고 썼다. 그는 여성을 "인류 진화의 가장 열등한 형태"라 규정했으며, "성숙하고 문명화된 남성보다는 어린이와 미개인에 더 가깝다"고 주장했다.[110]

르 봉은 결론지었다. "물론 평균적인 남성보다 훨씬 뛰어난 몇몇 뛰어난 여성들이 존재하지만, 그들은 머리가 둘 달린 고릴라 같은 기형의 탄생만큼이나 예외적이다. 따라서 그런 경우는 완전히 무시해도 된다."[111]

르 봉에게 이 논리는 꽤나 편리했을 게 분명하다. 그의 스승이 여성의 열등함을 가능한 빨리 과학적으로 입증해야 한다고 요구하면서, 그렇지 않으면 여성들이 망상적으로 평등을 추구하여 사회, 심지어 인류 자체를 붕괴 직전으로 몰고 갈 것을 우려하는 상황이 아니었던가. 그러나 여성의 종속적인 사회적 역할을 뒷받침할 과학적 근거를 찾으라는 압력을 가한 것은 스승 브로카만은 아니었다. 다윈주의의 부상과 함께 생물학이 운명과 불가분하게 연결되어 있다는 흥미롭고도 두려운 개념이 대두되던 시기였고, 의사들 사이에서 골상학이 유행한 것은 결코 우연이 아니었다.

과학계가 진화에 대해 더 많이 이해할수록, 여성이 남성보다 덜 진화한 존재임을 입증하는 것이 더 긴급하게 여겨졌다. 이를 위해 사이비 과학에 기대거나 인간 두개골 수집 같은 행위에 몰두해야 하더라도 말이다. 다윈 자신도 이 주제에 대해 의견을 표명했는데, 여성의 생리적 특성이 "하등 인종의 특징을 나타내며, 따라서 과거의 하등한 문명 상태"라고[112] 언급했다. 그는 남성이 "깊은 사고, 이성, 상상력, 혹은 단순히 감각과 손을 사용하는 어떤 일에서든, 여성보다 더 높은 탁월함에 도달하도록 운명지어져 있다"고 썼다.

여성 골격계 연구는 모든 담론에서 이런 결론에 도달하는 데 핵심적인 역할을 했다. 두개골학의 중심적 교리는 뇌의 크기, 즉 두개골의 크기가 지적 능력을 나타낸다는 것이었다. 당시의 의학계 남성들에게 넓은 골반과 작은 두개골을 묘사한 여성 골격의 삽화는 섬세한 여성성의 구현이 아니라 신성한 다윈주의적 진리처럼 보였다(두개골 크기는 잠깐 문제가 되기도 했는데, 과학자들이 여성의 두개골이 체격에 비례해 더 클 수 있다는 사실을 깨닫고, 그들은 간단히 논리를 뒤집어 큰 두개골을 가진 여성은 어린이를 닮았기 때문에 여전히 열등하다고 결론지었다. "앞면이 나오면 내가 이기고, 뒷면이 나오면 네가 진다"는 식이었다).

유일한 상수는 이미 정해진 결론이었다. 여성의 뼈는 그들이 원시적이고 연약하며, 발달이 덜 되었고 열등하다는 것을, 무엇보다도 남성 보호자의 세심한 보호가 필요하다는 것을 보여주었다.

어쨌든 그래야만 했다. 여성들이 동등하거나, 절대 그럴 리 없지만, 더 진화한 존재일 가능성은 상상하기조차 끔찍한 일이었기 때문이다.

[만약] "당대의 여성상 아닌" 소녀가 숨 막힐 정도로 꽉 죄는 코르셋이 주는 기쁨을 맛보겠다고 한다면, 그녀가 그 실험을 제대로 수행하는 것이 인류에게 더 나은 것일 수 있다… 마치 철도청 간부가 가끔 당하게 되는 사고처럼, 그녀가 실제로 질식사하는 것이 그녀의 이론이 초래할 해악보다 더 이로운

결과를 만들 수 있다.[113]

일부 의사들이 골상학 열풍에 빠져들었을 때, 어떤 의사들은 코르셋과 그와 연관된 (때로는 상상된) 다른 종류의 유행에 집착하게 되었다. 이 시대의 가장 유명한 이미지 가운데 일부는 오늘날에도 쉽게 볼 수 있는데, 코르셋이 여성의 골격에 미친 영향을 보여준다고 주장하는 그림들이다.[114] 아마 독자도 이런 그림들을 본 적이 있을 것이다. 갈비뼈가 눌리고 아래로 당겨져 마치 시들어가는 잎사귀처럼, 믿기 어려울 정도로 가느다란 허리로 이어지는 해골의 상반신 그림, 혹은 갈비뼈와 내장이 보이는 여성 실루엣에서 간과 내장이 갈비뼈의 보호 구조 밖으로 치약처럼 눌려져 나와 자궁이 있어야 할 자리로 내려가 있는 그림 말이다.

이 도발적인 이미지들은 의사와 일반인들의 상상력을 사로잡았다. 도덕적 패닉을 부추기기에 딱 맞는 주제였다. 젊은 여성들이 자신의 몸과 뼈를 영구적으로 훼손하고 있었다. 이유는? 바로 패션 때문에!

골격을 변형시키는 패션의 위험을 경고한 의사들 가운데 존 리 콤스톡John Lee Comstock도 있었다. 그는 1812년 미영전쟁 중 전장 외과의로 활동하다가 이후 교육에 관심을 돌린 인물이다. 그의 저서 《생리학 개요Outlines of Physiology》는[115] 미국에서 널리 사용된 최초의 해부학 교과서 중 하나였다. 1848년, 그는 또 다른 해부학 논문을 발표했는데, 여기에는 '의복, 또 다른 기형의 원천'이라는 불길한 목차가 포함되어 있었다. 이 글에서 그는 "목 부위를 넓게 드러내어 한쪽 또는 양쪽 견봉 돌기(어깨 끝부분)를 완전히 노출하는 최근의 패션"을[116] 한탄했다. 콤스톡이 우려했던 것은 정숙함의 위기가 아니었다. 그는 드레스가 흘러내리지 않도록 몸을 움츠리고 뒤척이다 보면 결국 습관적으로 구부정한 자세를 만들어 결국 "[한쪽 어깨]가 다른 쪽보다 영구적으로 더 높아지는" 상태로[117] 이어질 수 있다고 경고했다.

말할 필요도 없겠지만, 콤스톡이 그렇게 심각하게 우려했던 '목 라인이 넓고 어깨를 드러내는 드레스'는 여성들이 자주 입거나 오랜 시간 동안 입는 옷이 아니었다. 설사 드레스가 흘러내리지 않도록 어깨를 이상하게 움직인다 하더라도, 문제의 드레스는 주로 저녁 식사나 파티에서 몇 시간 정도만 입는 이브닝 가운이었다. 콤스톡이 어깨 기형을 유발하는 패션의 재앙에 대해 논평하기 전에 먼저 여성들에게 물어볼 생각조차 하지 않았다는 점은 '맨스플레인'의 주목할 만한 역사적 사례라고 할 수 있다. 하지만 이는 당대 남성 의사들의 전반적인 태도를 반영하는 것이며, 이들의 태도는 코르셋과 꽉 조이는 드레스에 대한 발작 반응에서 특히 가장 뚜렷하게 드러난다.

코르셋으로 인해 영구적으로 변형된 갈비뼈를 묘사한 충격적인 이미지들은 기술적으로는 정확했지만, 만약 의사들이 여성들에게 실제로 물어봤다면 중대한 사실을 알았을 것이다. 대부분의 여성들은 뼈가 변형될 정도로 코르셋을 꽉 조이지도 않았고, 애초에 그렇게 할 수도 없었다.[118] 꽉 조인 코르셋은 걷기, 청소, 요리, 육아, 육체노동, 즉 상류층 여성의 평온한 좌식 여가 활동을 제외한 모든 활동에 장애가 되었다. 꽉 조인 허리선은 소수의 여성들만 감당할 수 있는 생활방식의 상징이었고, 따라서 특권층의 사회경제적 지위를 의미했다.

이러한 이유로, 꽉 조이는 코르셋의 공포가 주류적 관심사로 다뤄졌던 것은 놀랍지 않다. 당시나 지금이나, 상류층 여성들의 문제는 의학적으로나 문화적으로 과도한 주목을 받는 경향이 있었기 때문이다. 하지만 평범한 여성들이 자신의 실제 경험은 의학 전문가들이 말하는 '코르셋이 유발하는 해악'과 동떨어져 있다는 사실을 밝히자 긴장감이 고조되었다.

1869년 8월 말, 의학 저널 〈란셋〉은 '의학 주석' 섹션에 짧고 불쾌한 글을 게재했다.[119] 이 글은, 의학계의 지속적인 경고에도 불구하고 여전히 여성들이 잘못된 방식으로 속옷을 착용하고 있고, 그로 인해 외모, 건강, 심지어 생명까지 해치고 있다고 한탄했다.

"만일 꽉 조이는 코르셋의 해악이 왜곡된 외모에만 국한된다면, 여신처럼 아름다운 몸매가 훼손되어 안타깝다고 여길 수는 있겠고, 우리가 논평할 영역은 아닐 것이다." 글은 이렇게 이어진다. "하지만 의료 종사자로서 우리는 그 영향이 지속적인 신경 증상과 소화불량 증상들로 나타나고 그로 인해 더 심각하고 영구적인 내부 손상이 발생하는 것을 매일 목격하고 있다."[120]

물론, 작성자들은 코르셋이 여성의 외모에 미치는 영향은 그들이 가장 관심이 없는 부분이라고 주장했지만, 그 주제를 계속해서 언급하는 것을 멈출 수 없는 듯했다. 그들은 "구부정한 자세로 움직이고, 등 근육이 제약된 결과 [스스로] 몸을 똑바로 세우지도 못하는" 모습을 묘사하며 코르셋을 착용한 여성이 추하다고 한탄했다. 또한, "자기 몸에 대한 생리학적 지식이 모자란 여성들에게 스스로의 건강에 잔혹한 손상을 끼친다고 항의하는 것은 거의 소용이 없다"며[121] 여성들의 어리석음을 크게 비난했다.

그들은 "범죄보다 나쁜 것은 바로 어리석음이다"라고 결론지었다. "아름다움을 향상시키려는 방법이 오히려 아름다움을 파괴하기 때문이다."

셈을 해보자면, 이 글에는 코르셋이 여성 건강에 미치는 영향에 대한 불평이 대략 한 개 반, 그리고 코르셋이 여성들을 기괴하게 만든다는 불평이 세 개 포함되어 있다. 하지만 더 중요한 사실은 이 의학적 논평에 여성의 실제 증언이 단 한 마디도 없다는 것이다. 이 글이 〈런던 타임스〉에 다시 실렸을 때 이 점은 간과되지 않았다. 한 여성이 이 기록을 바로잡고자 꽤 신랄한 답장을 보냈다. 그녀는 코르셋 착용을 반대하는 사설이 "자연스럽게 이에 영향을 받는 사람들 사이에서 논쟁을 불러일으켰다. [그래서] 우리의 입장을 변호하기 위해 몇 마디 하고자 한다"고[122] 썼다. 그녀의 반박 중 하나는 〈란셋〉이 불쾌하게 여기는 구부정한 자세가 꽉 조인 코르셋 때문이 아니라는 것이었다. 사실 꽉 조인 코르셋의 몇 안 되는 장점 중 하나는 그런 자세를 물리적으로 불가능하게 만든다는 점이었고, 오히려 그런 자세는 "앞쪽 강철 지지대가 허약한 코르셋을 착용했기 때문"이라고 그녀는 지적했다.

가장 웃기는 부분은, 전통적인 코르셋과 달리 갈비뼈 앞쪽을 조이지 않는 형태의 코르셋을 여성들에게 추천한 것이 바로 의사들이라는 사실이다.

편지를 쓴 여성은 자신을 "당대 여성상 아님Not a Girl of the Period"이라고 서명했다. 즉, 경박하게 유행을 좇는 사람이 아니라는 의미였다. 그녀는 〈란셋〉 글의 작성자에게 결코 여성 전용 속옷이 아니었던 코르셋의 역사를 잘 살펴보라고, 그리고 "코르셋을 실제로 착용하는 사람들에게 조언만 하려 들지 말고 한 번이라도 직접 자문을 구하라"고[123] 호소했다. 이 극도로 19세기적인 갈등의 행간에는 우리에게 훨씬 더 익숙한 시대를 초월한 좌절감이 숨어 있다. 여성들이 자신이 가진 정보와 직접 경험한 바를 의사들에게 전달할 때, 그 주제에 대해 한 번도 직접 경험한 적이 없는 의사들이 당사자의 말에는 귀를 막고 오히려 일방적으로 가르치려 드는 상황에 대한 좌절감이다. 이 젊은 여성들은 코르셋을 매일 착용한 효과를 증언할 수도 있었다. 그들은 앞쪽 지지대가 허약한 코르셋이 특정한 자세를 유발한다는 점을 의사들에게 보여줄 수도 있었다. 그녀들은 의료계와 협력하여, 코르셋 착용의 영향을 이해하고 필요하다면 이를 완화할 최선의 방법에 대해 상호 유익한 이해에 도달할 수도 있었을 것이다.

하지만 그런 일이 일어나려면, 의사들이 여성을 동등한 존재까지는 아니더라도, 적어도 여성으로서의 경험에 대해 가치 있는 정보를 가진 존재로 인정하려는 의지가 있어야 했다. 그러나, 말할 필요도 없겠지만, 그런 일은 일어나지 않았다.

대신, 〈란셋〉 편집자들은 '당대 여성상 아님'의 편지에 대한 답변을 실었는데, 그 답변에서 그녀가 코르셋에 의해 목 졸려 죽기를 진심으로 바란다는 소망을 표현했다.

베스에게. 저는 척추측만증을 가지고 있는데, 의사 선생님께서 교정기를 착용하라고 하셨어요. 그런데 제 친구는 그냥 운동하고 척추교정사에게 다녔

더니 완전히 나았다고 하더라고요. 하지만 부모님께서는 의사 선생님 말씀을 따라야 한다고 하세요.[124]

—'베스에게 물어보세요', 〈로스앤젤레스 타임스〉, 1990

사진사가 카메라를 들어 올렸다가 다시 내린다. 그는 세 걸음 물러나고, 이어 한 걸음을 더 물러선다.

"그녀가," 그가 말하려다 멈춘다.[125] 무엇을 말하려 했든, 답은 분명히 "아니오"다. 그녀가 이쪽으로 몸을 돌릴 수 있을까? 저쪽으로 비틀 수 있을까? 몸을 숙일 수 있을까, 앉을 수 있을까, 목욕할 수 있을까?

그녀가 움직일 수 있을까?

물론, 그녀는 움직일 수 없다.

그녀는 열네 살이다. 병원에 온 지 거의 1년이 되어서 병원을 떠나기 전에 열다섯 살이 될 것이다. 깁스 감옥에서의 1년, 침대에 갇힌 채로 보낸 1년. 그녀가 착용한 깁스는 머리 꼭대기부터 무릎까지 덮고 있으며, 전략적으로 필요한 곳 몇 군데에 구멍이 뚫려 있다. 용변을 위해 다리 사이에 큰 구멍 하나, 소리를 들을 수 있도록 머리 양옆에 터널 같은 구멍 두 개, 그리고 가장 중요한 곳은 갈비뼈를 둘러싸는 완전히 단절된 부분으로, 깁스를 절반으로 톱질해 한쪽에 '턴버클'이라는 금속 레버로 연결되어 있는데, 전체 장치 이름도 여기서 유래했다.

처음 깁스를 했을 때, 레버가 달린 구멍은 그녀의 팔뚝 길이만큼 길었다. 하지만 지금은 몇 인치 정도로 줄어들었다. 몇 달 후면 깁스를 잘라내고, 척추뼈를 서로 융합하기 위해 그녀의 몸을 절개할 것이다.

그때까지는 할 수 있는 일이 많지 않다. 그냥 누워 있을 수밖에 없다. 가끔 그녀는 다른 소녀들과 이야기를 하려고 하지만, 그들도 모두 깁스를 하고 있어서, 석고에 구멍이 뚫려 있어도 침대 바로 옆을 넘어서는 소리가 잘 들리지 않는다. 병동에는 열 명의 소녀들이 있다. 석고로 덮힌 소녀들이 일렬로 정돈되어 있다. 마치 흰 고치 속에 있는 애벌레들 같다. 그 광경이 볼만했기 때문에 사진사가 여기 있는 것이다. 일주일 후에는 신문에 그 이야기가 실릴 것이고, 그들은 모두 차례차례 그 기사를 보게 될 것이다. 제목은 "척추 용접공들"이라고[126] 적혀 있는데, 이는 깁스를 벗은 후의 수술을 의미하는 것이다. 그러나 모두가 보고 싶어 하는 것은 바로 그 깁스다. 사진사는 깁스 전체를 사진에 담고 싶어 뒤로 물러서고 있는데, 프레임 속에 잘 맞지 않는다.

그는 다시 카메라를 들었다.

"좋아요," 그는 말한다. "웃으세요!"

그녀는 웃는다.

하지만 다음 주에 신문이 나오면, 그녀는 웃는 게 사실 별로 중요하지 않았다는 걸 알게 될 것이다. 사진의 각도와 그녀의 머리를 헬멧처럼 덮고 있는 깁스의 두께 때문에, 그녀의 입은 전혀 보이지 않는다.

◇◇◇

여성을 배제하고, 무시하며, 유아화하고, 침묵하게 만들기 일쑤였던 시스템 속에서도, 척추측만증으로 고통받는 여성들에 대해 우리가 아는 것이 얼마나 없는지는 특히 주목할 만하다. 우리는 문헌 속에서 그들을 가끔 엿보지만, 대개는 카메라에서 등을 돌리고 허리 위로는 벌거벗은 채로 서 있는 모습이다. 아마도 교정이 필요한 척추를 잘 보여주기 위한 의도일 것이다. 그러나 이 이미지들은 언제나 임상적이라기보다는 성적이다. 어떤 사진에서는 환자의 드레스가 내려가 엉덩이 사이 틈이 드러나고,[127] 다른 사진에서는 환자의 머리가 살짝 돌아가 마치 어깨 위로 교태를 부리며 관객을 보는 듯하다. 1800년대 후반의 인상적인 삼부작 사진에는 환자가 상반신을 드러낸 채, 서랍장 옆에 서 있는 모습이 담겨 있다. 그녀의 굵게 하나로 땋은 머리가 왼쪽 어깨에 덮여 있는데, 뱀처럼 구불구불한 척추 때문에[128] 왼쪽 어깨가 오른쪽 어깨보다 낮다. 다음 사진에서는 상황이 다르다. 그녀는 머리 위로 팔이 묶인 채 철제 삼각대 아래에 서 있다. 그녀의 의사인, 매부리코에 풍성한 머리카락, 그리고 큰 구레나룻을 가진 남자가 그녀 바로 옆에 서 있다.[129] 아마도 그녀의 치료 진행 상황을 관찰하는 것일 테지만, 사진의 각도와 그의 눈을 가리는 그림자 사이로, 그는 그녀의 벌거벗은 가슴을 보고 있는 눈길이 감춰져 있을 수도 있다.

마지막 사진은 치료가 끝난 후 찍힌 것으로 보이는데, 환자는 여전히 카메라를 등지고 있다. 그녀의 척추는 더 곧게 펴졌지만, 이제는 벌거벗고 있지 않다. 의사는 치료를 통해 그녀의 건강과 존엄성을 모두 회복시켰지만, 우리는 그녀의 얼굴을 결코 볼 수 없다.

가끔 나중에 찍힌 사진들에서는 환자가 카메라를 향하고 있기도 하다. 그녀는 마치 과도하게 큰 수녀의 머릿수건처럼 머리를 덮고 있는 턴버클 깁스 아래에서 카메라를 바라본다.[130] 때때로 그녀는 미소를 짓기도 하는데, 그 미소는 습관에서 나온 것일 수도 있고, 사진사의 요청 때문일 수도 있다. 하지만 그들이 우리에게 미소를 지을 때조차, 이 증상을 앓는 여성들은 목소리가 없는 것이 특징이다. 아마 다른 분야에서는, 다른 종류의 질병에 대해서는 의사들이 최소한 환자의 증상과 병력을 묻고 진단을 내릴 의무가 있었기 때문일 것이다. 심지어 그 증상들이 조작된 것이거나, 심리적 원인, 또는 히스테리의 결과라고 여겨졌을지라도 말이다. 그러나 그녀의 척추가 구부러졌는지 물어볼 필요는 없었다. 의사들이 환자와 대화를 하지 않고도, 심지어 그녀의 얼굴을 보지 않고도 내릴 수 있는 진단이었기 때문이다.

그리고 아마 이것이 의학사에서 여성의 골격계가 특별히 대상화되었을 뿐 아니라, 특별히 가부장주의적이기도 한 이유일 것이다. 척추측만증은 주로 여성에게 영향이 큰 질환으로, 골상학자들이 옳았음을 증명하는 것처럼 보였다. 여성의 골격은 단지 덜 진화된 데 그치지 않고, 의학적 개입 없이는 남자들처럼 똑바로 걸을 수 없을 정도로 원시적이라는 주장 말이다. 코르셋이라는 형태로 여성이 '자발적으로' 착용하면서 큰 논란을 일으켰던 구조적 의복들은, 이제 여성들이 '강제로' 착용해야 할 의학적 장치로 다시 정의되면서 필수적인 도구가 되었다. 척추측만증에 우선적으로 사용되던 치료법들은 종종 이를 견뎌야 했던 젊은 여성들의 삶을 잔인하게 교란했으며, 심지어 1990년까지도 여성들은 이의를 제기해도 "의사가 말한 대로 해야 한다"는 대답을 들었다.

초기에 코르셋을 지지했던 소수 가운데 한 명인 의사 헨리 로버트 헤더 빅스Henry Robert Heather Biggs는 "당대의 여성상 아님"이라고 서명한 편지 작성자가 상상한 바에 가장 가까운 형태의 동맹이었을 것이다. 1905년, 그는 "코르셋이 필요 없다는 말을 여성들이 들을 필요는 없다. 왜냐하면 수 세기에 걸친 경험이 그 반증이 되고 있기 때문이다"라고[131] 썼다. 그러나 불행히도 빅스는 코르셋의 구조적 필수성이 여성들이 코르셋 없이는 정상적으로 보이지 않는 데서 기인한다고 확신했다. 특히 사춘기와 출산 후 여성들은 자신의 몸무게를 지탱하기에 너무 허약하고 너무 힘이 없다는 것이다. 그래서 적절한 코르셋을 착용하지 않으면, "끔찍한 기형물"로[132] 전락할 것이라고 그는 적었다.

얼굴 없는 여성 환자들의 포르노에 가까운 사진을 찍은 의사들조차 당대 평균에 비해 꽤 진보적인 경우가 많았다. 독일 태생의 정형외과 의사, 루이 바우어Louis Bauer가 바로 그런 사례였다. 그는 1848년 프로이센 군주제에 반대한다는 이유로 몇 달간 투옥된 후 미국으로 이주했다.[133] 그러나 그의 진보적인 생각이 척추측만증 환자에까지 확장되지는 않았다. 그는 여성 척추측만증 환자를 연약하고 진화가 덜 된 존재로 묘사했으며 남성 환자인 경우 여성스럽다고 간주했다. 그리고 척추 변형을 초래한 원인의 일부는 환자 본인에게 있다고 믿었다. 바우어가 확인한 척추측만증의 위험 요인에는 나쁜 식습관이나 앉아서 생활하는 습관뿐만 아니라 "격렬한 춤과 늦은 시간까지의 활동"도[134] 포함되었는데, 이는 바우어 자신이 도덕적으로 부적합하다고 여겼던 거의 모든 것에 의해 척추가 휘어진다고 암시하는 셈이었다. 척추측만증은 여성의 속옷이 기형을 치료하는 것인지 그 원인인지를 두고 계속해서 해결할 수 없는 갈등의 중심에 있었다. 바우어는 또 다른 의사인 뵈링Beuring의 연구를 인용하며, "부적절한 옷차림, 특히 코르셋 착용"이[135] 척추측만증의 원인이라고 주장했다.

그리고 물론, 모든 질병의 원인으로 빅토리아 시대 의사들이 가장 선호하던 모든 문제의 원인, 자위가 빠질 수가 없었다. 바우어는 두 환자의 척추측만증은 자기 학대 성향에서 비롯되었다고 주장했으며, 외과의사이자 후에 미국산부인과학회 회장을 지낸 로버트 터틀 모리스Robert Tuttle Morris는 "음핵 유착"으로[136] 고통받는 여성들이 자위 습관을 가지게 되고, 그로 인해 게을러지고, 결국 척추의 휘어짐으로 이어진다는 가설을 세웠다.

20세기로 접어들 무렵 일부 의사들은 체중 부하 운동과 척추측만증 사이의 관계를 더 면밀히 살펴보기 시작했다. 1899년 발표된 《척추측만증 치료The Treatment of Lateral Curvature of the Spine》에서 런던의 의사 버나드 로스Bernard Roth는 소녀들의 신체활동을 더 많이 격려하지 않는 세태를 한탄했다. 그는 "여성은 옷으로 인해 불편함을 겪고, 대부분의 남자와 소년이 제약 없이 즐기는 크리켓, 축구, 하키 등의 신체활동을 그 4분의 1도 하지 않는다"고[137] 썼다. 로스는 1,000명의 척추측만증 사례를 연구한 결과, 운동과 올바른 자세 교정을 통한 치료가 가장 좋다고 결론지었다. 그는 이런 믿음을 루이스 알버트 세이어Lewis Albert Sayre와 함께했는데, 뉴욕시 벨뷰 병원에서 근무하던 세이어는 척추가 휜 쪽의 근육을 강화하기 위한 체조를 추천했다.[138] 세이어는 큰 구레나룻을 한 모습으로, 큰 삼각대에 손목을 매달린 환자가 촬영된 사진에 등장하기도 했다.

하지만 운동을 치료법으로 믿고 있던 의사들 사이에서마저 여성의 연약함이 적절한 치료를 방해하는 장애물이라는 믿음은 여전히 남아 있었다. 의사 제이콥 테슈너Jacob Teschner의 1895년의 사례 연구는 당시 의사들이 여성 환자에게 가졌던 극심한 경멸감을 잘 보여준다. 테슈너는 15세 소녀 마르타Martha라는 환자가 자신이 처방한 운동에 "어설프고, 나태하며, 게으르고, 지각이 둔하며, 흥미도 없다"고[139] 한탄한다. 하지만 그는 계속해서 말한다. 근력 훈련을 통해 마르타의 척추측만증이 크게 개선되었고, 최근에는 23킬로그램의 바벨을 머리 위로 10번 들어 올렸다는 것이다(잘 모르는 사람을 위해 말하면 이는 2024년 여성을 기준으로도 평균 이상의 근력 수준이다).

15세 소녀가 23킬로그램으로 스탠딩 오버헤드 프레스*를 여러 번 수행하는 모습을 보고도 테슈너가 그녀를 여전히 '어설프고' '나태하다'고 평가했다는 사실은 반박할 수 없는 증거에도 불구하고 척추측만증 환자들을 약하고 게으르며 의욕이 없는 존재로 보는 경향이 있었음을 시사한다. 이런 경향은 턴버클 깁스처럼 환자를 오히려 쇠약하게 만드는 치료법이 가장 선호되는 해결책으로 자리잡아 20세기 중반까지 유행했던 현상의 부분적인 이유였을 것이다. 이 치료법은 1950년 6월, 기자 칼 코어스Karl Kohrs가 '척추 용접공들'이라는 제목으로 보도하던 특수외과병원에서도 사용되었다.

코어스는 십대 환자들이 "거의 1년 가까이 깁스에 고정된 채 지내는 것에 개의치 않는 것 같다"는[140] 의사들의 주장을 충실히 보도했다. 주목할 점은 그가 환자인 소녀들에게는 그것에 대해 어

---

* 바벨을 머리 위로 들어 올리는 어깨 운동.

떻게 느끼는지 묻지 않았다는 사실이다. 더욱 분명해 보이는 것은 의사들 역시 묻지 않았다는 점이다. 그들이 무관심해서가 아니라, 십대 소녀들은 조용하고 비활동적인 생활에 만족한다고 그냥 추정해 버렸기 때문이다. 소녀들의 운동 문화에 혁명적인 변화를 가져온 획기적인 '타이틀 IX 법안Title IX statute'이* 시행되기까지는 아직 20년이 더 필요했다. 정식 운동을 즐기거나 스포츠를 열망하는 젊은 여성은 기이하고, 여성스럽지 않으며, 심지어 약간 거칠게 여겨졌을 것이다. 따라서 이런 석고 감옥이 큰 고통은 아닐 게 분명했다. 왜냐하면 그 안에 갇힌 이들은 원래부터 움직이는 걸 좋아하지 않는 사람들이니 말이다.

사춘기 소녀는 빠르게 발달하고 있다. 이런 이유로 그녀의 자세를 신중하게 관찰해야 한다.[141]

__모리스 피쉬바인, 미국 의사, 1937

1800년대 후반부터 1950년대, 그리고 그 이후까지 여성의 골격계와 관련한 사회적·문화적·도덕적 부담감은 자세에 대한 집착과 결합되어 있었다. 똑바로 서는 것은 좋은 건강의 표식에 그치지 않고, 높은 계급과 강한 도덕적 성품을 나타내는 것이었다. 반면, 구부정한 자세는 몸과 영혼에 뭔가 잘못된 것이 있다는 암시였다.

다윈주의, 인종주의, 우생학, 성별 규범이 결합되어 이미 복잡

---

*　1972년에 미국에서 제정된 연방법으로 교육 프로그램과 활동에서 성차별을 금지하는 내용. '타이틀 나인'이라 읽는다.

하게 얽혀 있는 상호 관계 속으로 계급 의식까지 스며들기 시작하자, 의사들은 이를 의학에도 도입하기 위해 서둘렀다. 1922년, 의학 저널 〈란셋〉에 자세에 관한 논문 한 편이 실렸는데, "쭈그려 앉는 생활 습관을 가진 일부 원시 부족들, 그리고 심지어 무릎과 등을 구부린 자세로 생활하는 많은 시골 사람들은 고등 원숭이들과 크게 다르지 않은 자세와 걸음걸이를 갖고 있다. 일반적으로, 문명화된 사람일수록 더 좋은 자세를 갖게 되지만, 완전히 똑바른 자세는 훈련 없이는 얻을 수 없다"고[142] 적고 있다.

항상 그렇듯, 특정 부류의 의사들은 이 새로운 기회를 결과적으로 여성에게는 교육이 건강에 해롭다는, 이 경우 학교 공부에 너무 많은 시간을 보내서 척추가 휘어진다는 주장에 이용했다. 이 남자들에 따르면, 책이 있어야 할 자리는 여성의 손이 아니라 자세 교정을 위해 균형잡아 얹어두는 머리 위였다.

여기에서도 여성의 건강에 대한 관념은 도덕성과 미의 관념으로부터 떼어내기 어려워졌다. 건강한(이라 쓰고 '날씬한'이라 읽는다) 몸매가 여성의 욕망을 통제할 수 있는 능력을 나타낸다면, 훌륭한 자세는 신체적 규율의 수준을 나타내는 것으로 여겨졌다. 물론, 그것이 전부는 아니었으며 당시 남성 의사들은 이를 빠르게 지적했다. 1937년《모던 홈 메디컬 어드바이저Modern Home Medical Adviser》의 편집자 모리스 피쉬바인Morris Fishbein은 자세에 관해 다음과 같은 논평을 실었다.

"턱과 배는 집어넣고 가슴은 앞으로 내밀어야 한다. 많은 젊은 소녀들이 가슴이 커지는 것을 걱정하며, 발생하는 변화를 이해하지 못한 채 그것을 숨기려 한다. 어깨를 숙여 가슴을 움츠리면 나쁜 자세로 고정될 수 있다."[143]

　여성 자세에 관한 글에서 보이는 한계에도 불구하고, 피쉬바인은 기민한 판단력과 통찰력을 지닌 의사였다. 특히 여성의 생식 건강에 관한 최신 지식에 대해서는 더욱 그러했다. 피임약이 등장하기 13년 전인 1937년, 피쉬바인은 피임이 의학적이고 과학적인 관심사일 뿐만 아니라 사회적인 문제라고 선언했고, 여성들이 "어떤 물질을 혈류에 주사하는 법"을[144] 통해 장기적으로, 아마도 2년 내지 3년 동안 임신을 피할 수 있으리라고 예측했다. 그러나 피임의 중요성은 잘 이해했음에도 불구하고, 가슴을 감추기 위해 구부정한 자세를 취하는 젊은 여성에 대해서는 여전히 자신의 신체적 변화에 대한 몰이해로 인해 그런 자세를 취한다고 전제했다. 자신을 음흉하게 바라보는 시선을 피하고 싶어하는 그녀의 완전히 합리적인 갈망을 무시한 것이다.

　물론, 여성의 몸에 대한 대상화는 언제나 의사들이 해결할 수 있는 범위를 넘어선 문제였다. 만약 해결책이 있다면, 그것은 의학적인 것이 아니라 문화적이고 사회적인 것이다. 피쉬바인과 다른 의사들이 여성들에게 올바른 자세를 가르쳤을 때, 그들은 규범적인 판단을 내린 것이 아니라, 단지 현존하는 방식을 설명한 것에 불과했다. 그럼에도 당시 여성들은 분명히 "건강한" 자세가 자신의 몸을 전시하는 방식이기도 하다는 점을 인식했을 것이다.

한 소녀가 어설프게 돌을 던진다. 연습이 부족해서가 아니라, 신체 구조의 자연스러운 특성 때문이다.[145]

—존 하비 켈로그, 《노화와 젊음에 대한 평범한 사실들》, 1881

존 하비 켈로그John Harvey Kellogg는 20세기 초의 유명한 의사로, 소화기계에 관한 장에서 자세히 다루게 될 인물이다. 변비가 뇌 중독을 일으킨다고 믿었던 것으로 유명했던 그의 전력을 고려하면 여성의 골격에 대해 그가 가졌던 기묘한 생각들도 놀랄 일이 아니다. 그는 여성의 몸이 돌을 던지기 어렵도록 만들어졌다는 이론을 만든 것 외에도, 여성의 골격 차이가 남성보다 "팔과 다리를 사용함에 있어 일반적으로 덜 우아하고 덜 능숙하며, 따라서 뛰어난 솜씨가 요구되는 운동 경기와 신체적 동작에는 덜 적합하다"고[146] 시사했다(그의 저서에서 이 부분은 골상학을 언급하면서 끝나는데, 골격에 대한 성차별적인 헛소리의 풍성한 향연이다).

당시 켈로그의 발언은 여성들이 덜 진화되고, 더 연약하며, 아름다움의 추구와 분만을 목적으로 한 신체 구조를 가졌다는 오래된 의학적 합의와 완벽하게 일치했다. 오늘날의 의학 강의실에서 이런 발언이 나왔다면 큰 논란이 일어날 것이다. 골학은 여성들이 태생적으로 원시적인 골격을 가졌다는 관념을 오래전에 벗어나 발전해 왔다.

그렇다면 우리는 왜 여전히 형편없는 운동 자세를 두고 "여자처럼 던진다"라고 표현할까?

항상 그렇듯, 1800년대 뼈에 대한 연구의 토대를 형성했던 믿음들은 오늘날에도 여전히 이 전문분야에 뿌리내리고 있다. 여성들이 움직이도록 만들어지지 않았다는 관념은, 여성들이 움직이는 것을 좋아하지 않으며, 신체활동이 남성에게 중요하고 필수적인 것과는 달리 여성에게는 그다지 중요하지 않다는 생각으로 대체되었다. 우리는 1950년대 척추외과 의사들에게서 척추측만증을 가진 소녀는 몇 달 동안 깁스에 갇혀 움직이지 못해도 괜찮다는 확신을 보았고, 오늘날에도 여성들이 가장 흔히 겪는 정형외과 문제에 대해 의학계가 접근하는 방식에서 그 흔적을 찾을 수 있다.

이 문제 중 하나는 주로 40세 이상의 여성이 가장 흔하게 겪는 어깨 관절낭염인 '동결견frozen shoulder'이다.[*] 이 질환은 운동성을 크게 제한할 뿐만 아니라 환자들이 너무 아파 밤잠을 이루지 못하게 만든다. 그럼에도, 최근까지 이 고통스럽고 파괴적인 질환에 대한 가장 흔한 치료법은 아무런 치료도 하지 않는 것이었다.

"사람들은 그걸 '무해한 방치'라고 불렀어요."[147] 뉴욕의 특수외과병원 여성 스포츠 의학 센터의 공동 소장, 베스 슈빈 스타인Beth Shubin Stein은 말한다. "왜냐하면 결국 시간이 지나면 저절로 좋아지기 때문이죠. 시간에 의해 결정되는 문제라는 연구 결과가 있어요. 보통 2년 이내에 해결되거든요. 하지만 사실, 그 시절에 활동하던 정형외과 의사와 어깨 수술 전문의 98%가 남자들이었어요. 그 문제로 고통받지 않던 사람들이죠."

이 접근법은 원래 1940년대에 제안되었지만 두 가지 주요한 결함이 있었다. 첫째, "무해한 방치"라는 개념 자체가 몇 달, 심지어 몇 년 동안 운동성이 제한된 채 지내는 여성이 '무해한' 상태에 있다고 의사들이 가정하고 있다는 점이다.

하지만 더 중요한 점은, 그들이 틀렸다는 것이다. 문제가 실제로 사라지지 않았기 때문이다.

2017년, 즉 의사들이 처음으로 중년 여성들이 팔을 움직일 필

---

[*] 유착성 관절낭염. 국내에서는 흔히 '오십견'으로 불린다.

요가 없다고 판단하고 동결견에 대해 치료할 필요가 없다고 결정한 지 거의 60년이 지난 후 〈물리치료Physiotherapy〉 저널에 발표된한 논문은[148] 동결견이 저절로 해결된다는 증거를 찾을 수 없다고 밝혔다. 실제로, 무해한 방치라는 약속과는 달리, 즉 아무것도 하지 않아도 고통 없이 쉽게 해결된다는 기대와는 달리, 환자들은 "수년간 지속되는 (운동성) 제한"으로 고통받고 있었다.

에구머니나?

움직이지 못하는 상태로 생활하는 것이 여성에게는 큰 문제가 아니라는 생각 외에도, 동결견으로 고통받는 환자들은 또 다른 형태의 편견에 맞서야 했던 것으로 보인다. 이 편견은 의학사를 공부한 사람에게 이제는 매우 익숙한 관념이었다. 바로 여성에게 주로 영향을 미치는 문제에는 반드시 심인성 요소가 포함되어야 한다는 생각이다. 2006년, 동결견의 원인에 대해 의료계가 좀 더 깊이 살펴보도록 오랫동안 촉구해 온 정형외과 의사 조 하나핀Jo Hannafin은 이 질환으로 치료받은 환자들의 정신 건강을 평가한 연구로 논문을 발표했다. 그 논문에 포함된 다음과 같은 주목할 만한 문장은 정말로 물어볼 필요가 있었다고는 상상하기 어려운 질문에 대한 답이 될 것이다. "연구자들은 유착성 관절낭염을 앓았던 여성 환자들에게 내재된 감정적, 심리적, 성격적 장애는 없다고 밝혔다."[149]

오늘날, 여성의 동결견은 점차 더 무게 있게 다뤄지고 있으며, 남성이 비슷한 부상을 입을 때와 마찬가지로 스테로이드 주사로 치료하고 있다. 하지만 슈빈 스타인은 "이렇게 되기까지 오랜 시간이 걸렸다"고 말한다.

한편 과학은 여성에게 정말로 다르게 작용하는 골격계 문제들을 이해하기 위해 여전히 분투하고 있다. 그 대표적인 예가 바로 전방십자인대Anterior Cruciate Ligament 파열인데, 젊은 남성에 비해 젊은 여성들에게 10배 더 흔하게 발생하며 나 역시 14살 때 이를 직접 겪은 바 있다. 나는 훌륭하고 사려 깊은 의사의 진료를 받을 수 있었지만, 검사실에서 성별에 따른 이중 잣대를 마주치고 말았다. 의사는 파열을 고칠 생각을 안 하고, 내가 정말 무릎이 필요하다는 확신이 들 때까지 몇 년을 기다리자고 했다. 그는 내 손을 가볍게 톡톡 쳤다.

"네가 얼마나 활동적인 사람이 될지 지켜보자." 그는 말했다.

다행스럽게도, 지난 20년 사이 이런 상황은 개선되었다. 이제는 같은 부상으로 병원을 찾은 활동적인 14세 소녀라면 즉시 전방십자인대 재건 수술을 받게 될 것이다. 안타깝게도 전방십자인대 파열 치료에 있어서의 성적 평등은 여전히 아쉽다. 특히 여성의 골격 구조가 갖는 특이성에 대해 공평하게 주의를 기울여야 하는 경우에는 더욱 그렇다. 여성의 전방십자인대가 파열되는 양상은 남성의 경우와 다르다. 여성 환자의 회복에는 남성 환자와 다른 형태의 물리치료가 필요하며, 치료법뿐만 아니라 예방법을 찾기 위한 별도의 연구가 필요하다. 그럼에도 과학계는 여성의 신체에 대한 유용한 정보를 어떻게 정의할 것인가에 아직 발목이 잡혀 있다. 베스 슈빈 스타인에 따르면, 한때 연구자들이 월경주기가 전방십자인대 파열의 위험 요소라는 가능성에 집착해서 이 연구를 위해 막대한 자금을 투입하기 시작한 예도 있다고 한다.

이것이 두개골 모양을 분석하여 남성과 동등한 대우를 하지 않아도 될 만큼 여성이 지적으로 열등하다는 주장을 입증하려 했던 과거의 암흑기만큼이나 나쁜 상황인가? 물론 아니다. 생리 주기와 전방십자인대 부상의 연관성을 조사한 연구자들은 저런 주장에 대해 아마도 충격과 분노를 느낄 것이다. 그렇지만 월경에 초점을 맞추는 것은 여전히 그 구시대적 관념을 떠올리게 한다. 여성이 특정 활동이나 역할에 해부학적으로 적합하지 않다는 생각 말이다.

"한마디로 그것은 불변의 위험 요소이지요." 슈빈 스타인은 말한다. 즉, 월경은 피할 수 없으니 그 부분을 바꿀 수는 없다는 뜻이다. 반면 여성의 전방십대인대 부상에 기여하는 가장 흔한 원인 중 하나는 무릎 관절에 부담을 주는 활동을 할 때 발과 다리의 위치이다. 다시 말해, 매우 가변적인 위험 요소인 것이다. 그러나 슈빈 스타인은 여성의 무릎 손상을 완화하기 위해 운동 루틴이나 발 위치를 조정하는 방법에 관한 연구에 대해서는 "받쳐주는 자금은 전혀 지원되지 않고 있습니다"고 밝혔다.

◇◇◇

내분비내과 진료 대기실에서는 백조의 호수가 흘러나오고 있다. 그녀는 첫 음부터 알아차린다. 그녀에게는 늘 여성의 울음소리처럼 들리던, 애처로운 오보에 소리다. 곧 음악이 고조되며, 온통 하얀 옷을 입은 오데트가 무대 뒤에서 나와 숲속으로 들어설 것이다. 그녀는 한 낯선 남자를 만나게 될 것이다. 그는 그녀에게 인사하며 음악이 고조되는 가운데 손을 내밀며 다가온다. 오데트는 모르고 있지만, 그녀의 운명은 이미 결정되어 있다. 그녀는 숲으로 가지 말았어야 했고, 그 낯선 사람과 춤을 추지 말았어야 했다. 몇 분만에 그녀는 그의 마법에 걸려 백조로 변한다.

일어서서 춤추고 싶은 충동이 압도한다. 오데트 배역으로 춤을 췄던 것은 수십 년 전이지만, 그녀는 그 모든 동작을 기억하고 있다. 어떤 사람들은 이를 근육 기억이라고 부르지만, 그녀에게는 무언가 더 깊은, 음악이 뼛속까지 울리는 것 같은 느낌이다.

하지만 그녀가 일어서지 못하는 이유는 바로 그녀의 뼈 때문이다. 그녀가 수년간 춤추지 않은 이유이기도 하다. 정형외과용 운동화를 신고 있는 그녀의 발은 다시는 발레화의 조이는 감각을 느낄 수 없을 것이다.

그렇게 앉아 그녀는 자신의 이름이 불릴 때까지 음악이 고조되는 것을 듣는다.

마치 오데트처럼, 환자의 운명은 본인이 알기 훨씬 전, 무대로 걸어 나오는 순간부터 결정되어 있었다. 그녀의 몸은 이미 수년 전, 커리어의 절정기였던 젊은 시절에 이미 손상되었다. 월경이 멈췄을 때, 그것은 자부심의 원천이었다. 자세의 우아함이나 발동작의 정확함을 넘어서서 신체를 완벽하게 통제하는 수준이었다. 자연 자체를 지배하는 것이었다. 하지만 아무도 그녀에게 대가가 따를 것이라고 말해주지 않았다.

스무 살의 그녀는 무대 조명 아래에서 마치 공기로 빚은 존재처럼 도약하고 회전하며 중력을 초월할 수 있었다. 쉰 살의 그녀에게 중력은 형벌이다. 그녀는 등을 굽히고 어깨를 웅크린 채 조심스럽게 발을 끌며 걷는다. 첫 번째 검사 결과 그녀의 골밀도는 수년간 침대에만 누워 지내던 85세 여성과 같은 수준이었다. 그녀의 손가락은 강한 악수로도 부러질 수 있다. 단순히 발을 헛디디기만 해도 고관절이 산산조각 날수 있다.

누군가 그녀에게 이것이 그녀의 미래라고 말했더라면, 과연 그녀가 귀를 기울였을까? 그랬을 수도, 아닐 수도 있다. 그녀는 그저 기대에 부응했을 뿐이었다. 그녀는 기술을 갈고 닦다가 월경을 멈추게 된 첫 번째 무용수가 아니었다. 하지만 아무도 그녀에게 미래를 말해주지 않았다.

대신, 그들은 그녀를 칭찬했다. 그들은 그녀가 빚어낸 몸, 그 강인함과 우아함, 너무나 두드러져 마치 날개처럼 보일 만큼 튀어나온 쇄골과 날개뼈에 찬사를 보냈다.

"당신은 춤을 추기 위해 태어난 사람이야." 그들이 말했다.

"너의 갈비뼈를 셀 수 있어." 그들이 말했다.

그렇게 말하면서 그들은 환히 웃었고, 그녀 역시 미소를 지었다.

◇◇◇

여성의 골격을 연약하고 아름다운 대상으로 여기는 관념은 이제 18세기 문헌만큼 노골적이지는 않지만 그래도 여전히 존재한다. 그 관념이 지니고 있는 문화적 고정관념 또한 여전히 우리와 함께 있다. 쇄골이 도드라진 날씬한 몸매는 아름다움의 기준이고, 지위의 상징이기도 하다. 날씬함의 과잉, 부유함의 과잉이란 없다. 하지만 만약 날씬함과 부유함 가운데 하나를 가졌다면 아마 다른 것도 가지고 있을 것이다.

앙상하게 마른 몸매라는 신성한 지위는, 특히 여성에게 더 많이 발생하는 골다공증이라는 의학적 후유증을 초래한다. 이는 부분적으로 완경 과정에서 생기는 신체의 자연스러운 변화 때문인데, 에스트로겐 감소로 인해 여성의 뼈가 약해지기 때문이다. 그러나 문화적인 요인도 존재한다. 극도로 혹독한 강도의 훈련을 하면서도 너무 적은 양을 먹는 바람에 생리 주기를 잃어버린 엘리트 발레리나는 세상이 그녀를 여성적 강인함의 전형으로 추앙할지언정, 스스로의 뼈를 심각하게 손상시키고 있는 것이다. "덩치가 커질까봐" 평생 웨이트 운동을 피하는 여성도 마찬가지다. 또한, 골다공증은 유방암 치료의 일환으로 에스트로겐 결핍 치료를 받는 모든 연령대의 여성에게 위험 요소로 작용한다. 이는 내 환자들이 생존을 위해 싸우는 동안에도 무대 뒤에서 도사리며 기다리고 있는 위협이다.

골다공증을 둘러싼 의료 환경은 너무나 혼란스럽고, 여성의 골격을 연약한 것과 동일시했던 기존의 편견과 얽혀 있다. 이 질병의 진단과 치료는 여전히 큰 과제로 남아 있다. 가속화된 골 손실의 위험성을 인지하고 있는 다수의 내 환자들은 골다공증 치료의 몇 가지 파괴적인 부작용, 특히 드물게 나타나는 끔찍한 하악골 괴사osteonecrosis of the jaw와 같은 부작용에 대해 깊은 두려움을 느끼고 있다. 적절한 치료 방침을 정하는 것도 의사들에게 어려운 문제이다. 어떤 치료법이 가장 안전하고 효과적인지 과학적 근거를 따라잡느라 씨름하는 중이다. 일부 여성들은 진단을 받은 후에도 골다공증 치료를 회피한다. 건강해 "보인다"는 이유로 뼈 상태를 검사할 생각조차 하지 않던 활동적인 여성들마저 우연한 낙상으로 치명적인 부상을 입고 나서야 비로소 진단을 받기도 한다.

외모와 내부 해부학 간의 괴리는 특히 체조, 피겨 스케이팅, 무용 같은 여성 중심의 운동 분야에서 뛰어난 성과를 거두는 여성들에게 큰 문제를 일으킨다. 이러한 분야에서 최상의 성취를 이뤄냈다는 사실로 인해 엘러스-단로스 증후군Ehlers-Danlos Syndrome과[*] 같은 파괴적인 결합 조직 장애가 숨어 있는 상태를 간과할 수도 있기 때문이다. 엘러스-단로스 증후군 환자의 70%가 여성인데,[150] 이들은 극단적인 과운동성을 겪다가 결국 수년 중에 관절이 탈구될 수도 있다. 하지만 이들 대부분 진단을 받기까지 10년 이상을 기다리게 되는 경우가 많다. 이는 의사를 포함하여 많은 사람들이 이들의 유연성을 자연스러운 여성적 특성이며 나아가 매력적인 재능으로 여기는 경향 때문이다. 의사들조차 그들의 유연성을 그런 식으로 바라보는 경우가 많다. 전직 무용수인 나의 의대 동기 중 한 명은 수년간 관절 통증에 시달리고 대여섯 번이나 무릎뼈가 탈구되는 경험을 한 적이 있는데, 홉킨스 의대 교수로 재직 중 결합 조직 장애에 관한 병례 검토회에 앉아 있다가 비로소 자신이 겪고 있던 증상을 알아차리고 진단을 받았다.

그렇다고 해도, 여성에게 불균형적으로 영향을 미치는 이러한 질환들에 대한 인식은 점차 높아지고 있으며, 오늘날 여성의 뼈 건강은 그 어느 때보다 더 많은 관심과 주목을 받게 되었다. 물론, 과거 이 분야에서 기승을 부리던 여성에 대한 공개적인 경멸이 사라진 것만으로도 어느 정도의 진전이 보인다고 할 수 있다. 이제는 어떤 의사도 (1869년 〈란셋〉 편집자들이 했던 것처럼) 자신의 권고를 무

---

[*] 콜라겐 유전자의 이상으로 인해 쉽게 멍들고, 관절이 과하게 운동되고, 피부에 탄력이 없어지고, 조직이 약해지는 공통성이 있는 다양한 질환을 지칭한다.

시한 여성이 속옷에 질식당해 죽기를 바란다거나, 십대 소녀들이 "자위를 많이 해서 척추가 휘어졌다"고 진단하는 일도 없을 것이다. 하지만 더 큰 차이는, 정형외과 의학을 오랫동안 지배해 왔던 대상화와 가부장주의라는 두 가지 힘에 대해 내부적으로, 그리고 종종 여성 의사들에 의해 적극적인 반발의 형태로 나타난다.

베스 슈빈 스타인 같은 의사들은 정형외과가 여전히 "남성 전용 클럽"처럼 여겨지는 인식을 불식시키기 위해 노력하고 있다. 여성들은 정형외과 분야를 향해 만연한 편견들 때문에 낙담하곤 한다. 그녀는 "정형외과 의사가 되려면 보디빌더처럼 우람해야 한다든지, 전동 공구를 좋아해야 한다든지 하는 말들이 있죠"라고 말하며, 여성 의사들이 정형외과를 전공하지 못하도록 방해하는 흔한 오해들을 언급했다. 이러한 오해의 원인은 쉽게 추적할 수 있다. 과거에는 정형외과 수술 도구가 남성 손의 크기와 악력에 맞추어 표준화되었고, 대부분의 정형외과 실험실에서 사용하는 방사선 차폐 장비 같은 다른 기기들도 남성의 상체에 맞추어 설계되었기 때문에 여성 의사들의 흉부를 적절히 보호하지 못했다. 그러나 의학 분야에서 여성의 입지가 커지면서, 이러한 문제들이 더는 간과되지 않게 되었다. 또한, 여성의 뼈와 몸을 의학적 지식의 원천으로 여기기보다는 미적 가치로만 이해하려는 구시대적인 사고의 노골적인 표현들도 더는 묵인되지 않는다. 2014년까지도, 케임브리지 대학교 출판부에서 발간한 《정형외과 검사 기술Examination Techniques in Orthopaedics》 교과서에는[151] 속옷만 입고 애매하게 유혹적인 표정을 짓고 있는 풍만한 여성 환자들이, 보이지 않는 남성의 손에 의해 진찰(혹은 어떤 경우에는 성추행에 가까운 동작)받는 이미지가 포함되어 있었다. 사진 속 여성들은 속옷만 입고 있으며, 모호한 유혹의 표정을 짓고 있었다. 교과서의 저자들은 그 책으로 공부하는 일부 외과 지망생들이 여성이라는 사실을 전혀 고려하지 않은 게 명백하다. 여성 의사들과 국제 언론으로부터 조롱이 쏟아졌으니 다시는 같은 실수를 반복하지 않을 것이다.

여성들은 환자로서 필요한 바에 대해 자신의 목소리를 내기 시작했으며, 마침내 세상이 그들의 목소리에 귀를 기울이기 시작했음을 깨닫고 있다. 엘러스-단로스 증후군과 같은 결합 조직 질환을 가진 여성들은 의료계가 오랫동안 간과해 온 질병들에 대한 더 나은 진단과 치료를 모색하는 과정에서 서로 연대하고 조직하기 위하여 소셜 미디어를 활용하고 있다. 패럴림픽 선수 제시카 롱Jessica Long과 같은 인플루언서들은[152] 여성 절단 장애인들이 여성의 신체와 생활에 맞게끔 제대로 설계된 보철물을 찾는 과정에서 겪는 난관에 대해 매일 알리고 있다. 뉴욕대 랑곤병원 절단재건센터 공동 소장이자 수부외과의인 옴리 아얄런Omri Ayalon은, 여성 환자를 위한 보철물을 맞추는 과정에서 의사들이 스스로의 편견을 극복하는 법을 배우고 있다고 말한다. 그 방법이란 여성 환자들에게 자신의 치료를 둘러싼 결정 과정에 더 많은 지분을 부여하는 것이었다. 보철학 분야는 최근 몇십 년 동안 비약적으로 발전했으며, 의사들이 환자들에게 유례 없는 수준의 기능을 회복시켜 줄 최첨단 생체공학 보조 장치를 제공할 수 있다는 가능성에 흥분하는 것도 이해할 만하다.[153]

"마치 공상 과학 영화 같아요. 우리가 사람들에게 제대로 작동하는 손을 제공할 수 있다니요."[154] 아얄론이 내게 말했다. 그는 직장에서 사고로 모든 손가락을 잃은 한 여성 덕분에 기능만으로는 한계가 있다는 사실을 깨닫게 되었다. 모든 사람이 터미네이터의 손처럼 보이는 의수를 원하지는 않는다는 사실 말이다.

"알고 보니 그녀는 기능에는 전혀 신경 쓰지 않았고, 외형, 즉 미관에 훨씬 더 신경을 쓰고 있었어요." 그가 말한다. "하지만 여성이 사용할 거라고 해서 남성용보다 더 멋있는 실리콘 복원물을 만들어 주는 건 아니거든요. 그들은 우리가 지시하는 대로 만들 뿐이에요."

이 경우엔, 기능적인 손보다 아름다운 손을 더 원한다고 환자가 고집했고, 의사는 자신의 잃어버린 손가락을 회복하는 데 있어 우선순위를 환자 스스로 가장 잘 알 것이라고 믿었다. 아얄론이 실험실에 제작하도록 요청했던 것은 환자가 장애로 주목받지 않고 돌아다니도록 해주는, 믿기 어렵도록 진짜 같은 보철물이었다. 그 결과는 환자뿐만 아니라 그녀를 치료한 의사에게도 큰 깨달음을 주었다. 나를 만난 아얄론은 움직이는 관절을 가진, '공상 과학' 수준의 생체공학적 팔다리에 대해 이야기할 때 보여주던 것과 동일한 경외심을 보이며 미관 중심의 보철물에 대해 설명한다.

"정말이지, 이 실리콘 손은 말이죠. 아무도 손이 절단되었던 걸 알아차릴 수 없을 정도예요." 그는 말한다. "정말 놀라워요!"

옛날에는, 의사들과 인류학자들 모두 여성의 골격이 너무 연약하고 원시적이며 완전히 진화하지 못했다고 주장했다. 그들은 여성의 두개골 내부 용적을 열심히 조사해서 지적 열등성을 입증하려 했다. 그리하여 여성이 세상에 적합하게 설계되지 않았다는 믿음에 기반하여 하나의 전문분야가 발전했다. 오늘날 정형외과 의

사와 환자가 함께 직면한 도전은, 이러한 편향된 토대를 버리고 새
로운 패러다임을 수용하는 것이다. 바로 이 세상이, 그리고 의료 시
스템이 여성에게도 적합하게 설계되는 패러다임 말이다.

3장

근육

이 세상에서
누가 제일 약하니?

아마도 의학 역사를 통틀어 자전거를 타다가 정신과 신체, 전반적인 건강이 파괴된 이 여성보다 더 비극적인 사례는 찾기 힘들 것이다.[155] 육체적으로 부서지고, 정신적으로 병든 그녀의 모습은 흉측하기도 하고 참담하기도 하다. 영구적으로 일그러진 핏기 없는 입술, 툭 튀어나온 안구, 짙은 보라색의 다크서클과 이마에 깊이 패인 찡그린 주름을 가진 그녀의 얼굴은 창백하고 얼룩덜룩하다. 턱 아래에는 무리한 운동의 명백한 징후로서 황소개구리처럼 흉하게 부풀어오른 갑상선종이 관찰된다. 그녀의 몸은 지나치게 근육질에 땅딸막하고 체형이 흐릿하며, 자전거 안장에서 보낸 시간이 길었던 탓에 골반이 변형되어 어색한 걸음을 걷는다.

그러나 최악의 손상은 겉으로 보이지 않는다. 자전거 안장에 반복적으로 마찰된 결과, 그녀의 외음부는 딱딱해졌고, 생식 기관은 엉망이 되었으며, 맹장은 파열되기 시작했다.[156] 또한, 정신 상태도 위험할 정도로 불안정해져 점점 광기에 가까워지고 있었다.[157]

예후는 암울하다. 환자의 건강은 계속 악화될 것이다. 이제 그녀의 정신적 불안정성은 매력 없고 전혀 여성스럽지 않은 자전거 복장에 대한 기이한 집착으로 드러나고 있는데, 결국 점점 더 강박적인 자위나 살인적인 광기와 같은 악랄할 형태로 발전할 것이다. 그

녀는 설사 살아남는다해도, 결혼도 하지 못하고, 자녀도 가질 수 없
으며, 선하고 올바른 삶의 보람에 대해 결코 알지 못하게 될 것이다.

　19세기 말의 의학 문헌은 자전거 타기가 여성의 신체적, 정신
적 건강에 미치는 위험에 대한 경고로 가득 차 있다. 과도한 운동으
로 안구 돌출, 정신 붕괴, 생식기 기형을 겪은 이 환자의 사례는 의
학 저널뿐 아니라 신문, 그리고 순진한 여성들이 위험에 빠지지 않
도록 이끌기 위해 의사들이 작성한 긴급 서한들을 가득 채웠다. 그
녀는 여성들이 결코 닮아서는 안 될 존재이며, 기필코 피해야 하는
존재이다.

　의사들이 그 모든 긴급한 경고를 하면서 한 가지 절대로 말하
지 않는 것이 있다. 실제로는 이 환자가 존재하지 않는다는 것이다.

◇◇◇

　다른 장들에서 우리는 실제 환자들과 실제 여성들을 만났고,
만날 예정이다. 그들의 사례는 결국 수많은 초기 의학의 구조적 편
향을 투사하는 빈 페이지가 되었다. 이에 반해 운동 전반(특히 자전
거 타기)이 여성의 건강에 해롭고 위험하다는 합의는 완전한 허구
였다. 자전거 타기로 인해 성적으로 타락한 십대 소녀나 "자전거
얼굴bicycle face"이라는 무시무시한 증상으로 고통받는 여성은 어떤
의사의 진료실 문턱도 넘은 적이 없다. 이들은 의학계와 사회가 상
상해 낸 유령이자 도깨비이며, 여성들이 신체적 강인함, 지구력, 또
는 근육(맙소사!)을 갖게 될 가능성에 대한 깊은 우려에서 만들어진
허구적 존재였다.

흥미롭게도, 여성의 근육 건강을 무시하는 문제는 의학사에서 자행된 비슷한 수준의 다른 부당함보다 더 복잡한 유산을 남겼다. 고대 사회에서는 여성의 신체적 건강이 도움이 되는지 아니면 방해가 되는지에 대해 의견이 분분했던 것으로 보인다. 한편으로는 히포크라테스의 가르침이 있었다. 인체가 유한한 양의 에너지를 가지고 있으므로 운동하는 여성은 귀중한 자원을 생식 기관으로부터 다른 곳으로 낭비한다는 관념이 주장되었다. 그리고 물론, 그녀가 땀을 너무 많이 흘릴 경우 체액의 위험한 불균형을 초래한다고 여겼다.

반면, 고대 로마 사회에 존재했던 여성 검투사는 여성의 체육 활동을 금기하는 데에도 예외가 허용되었음을 시사한다. 당시의 일부 문헌은 여성의 생식 능력과 격투 실력 사이의 긍정적인 상관관계를 보여주고 있다. 싸울 만큼 강한 여성은 출산에서도 생존할 가능성이 더 높았을 것이다.

하지만 고대 로마에서도, 여성 검투사들이 검과 방패를 휘두르는 장관은 여성들이 운동과 스포츠를 더 진지하게 받아들이기 시작하면 사회 질서를 교란할 수도 있다는 두려움을 촉발했다. 서기 200년, 셉티미우스 세베루스Septimius Severus 황제는 여성의 검투 경기 참여를 공식적으로 금지했는데,[158] 여성 검투사들을 향해 야유하고 조롱하는 데 익숙해진 대중이 머지않아 여성 전체에 대한 경멸로까지 그 태도를 확장할까 우려된다는 것을 이유로 들었다. 그러나 그의 더 긴급한 다른 목적은 운동에 대한 여성 스스로의 야망을 억제하는 것이었다. 검투장은 하나의 무대였고, 스포츠라기보다는 공연에 가까웠다. 오늘날 세계레슬링연맹WWF의 희극적 쇼가 실제 레슬링 시합과 거의 닮지 않은 것처럼 말이다. 하지만 여성을 검투장, 다시 말해 쇼를 위해 훈련하는 것을 허용한다면, 결국 스포츠 자체에 참여하고 싶어할 수 있고, 점차 수준을 높여 올림픽 경기까지 참여하고 싶어 할 가능성이 있었다. 여성이 극장의 검술 연기에서 서로를 때리는 광경과 실제 운동 경기에 참여해 경쟁하는 것은 완전히 다른 문제였다. 그것은 사회를 근본부터 뒤흔들 수 있는 종류의 교란을 의미했다.

약 1600년 후, 비슷한 불안감이 새로운 위협을 둘러싸고 다시 나타났다. 이번에는 자전거다. 바지를 즐겨 입는 취향은 말할 것도 없었으며 겉으로 드러나는 근육을 지닌 여성이라는 끔찍한 개념은 시작에 불과했다. 자전거는 여성이 신체 뿐만 아니라 자율성까지 단련할 수 있는 수단이었다. 이는 자유, 경쟁, 그리고 여성이 자신의 힘으로 집에서 멀리 떠날 수 있다는 가능성을 상징했다. 따라서 아내, 어머니, 그리고 집안 살림꾼 역할에서의 여성의 해방이 가져올 충격적 영향에 대한 남성들의 다양하고 새로운 두려움이 일어났다. 의사들이 스스로 판단할 수 있도록 내버려 뒀다면 자전거가 여성 건강에 미치는 긍정적인 효과를 인정했을지도 모르지만, 당시의 문화는 정반대의 반응을 요구했다. 그때나 지금이나 과학적 근거가 있는 것처럼 보일 때, 여성의 몸을 통제하는 일은 훨씬 더 쉬웠다(그리고 훨씬 덜 음흉하게 보였다).

사람 놀라게 하지 마라. 길에서 기절하지 마라. 남성용 모자를 쓰지 마라. 꽉 끼는 가터를 착용하지 마라.

장거리 주행을 자랑하지 마라. 다른 사람의 '다리'를 비판하지 마라. 화려한 색의 레깅스를 입지 마라. '자전거 얼굴'을 만들지 마라.

언덕을 올라야 할 때 도움을 거절하지 마라.

자전거 은어를 사용하지 마라. 그런 건 남자들에게 맡겨라. 남성 동반자 없이 어두워진 후에는 외출하지 마라. 블루머*의 엉덩이에 성냥을 긁어 불을 켜지 마라. 모든 남성과 블루머에 대해 이야기하지 마라.

자전거를 잘 타게 되기 전에는 공공장소에서 타지 마라. 무리하지 마라. 자전거 타기를 노동이 아닌 여가로 삼아라. 여성이란 이유로 도로 법규를 무시하지 마라.

다른 사람들이 모두 당신을 쳐다보고 있다고 상상하지 마라.[159]

—1895년 여러 신문에 실린 여성 자전거 이용 지침에서 발췌

자전거는 19세기 대부분 기간에 다양한 형태로 존재했지만, 1890년대에 접어들자 여가 활동으로 빠르게 퍼졌으며 특히 여성과 젊은 층 사이에서 인기를 끌면서 광범위한 도덕적 패닉을 초래했다. 신문들은 위에 소개된 발췌문과 같은 에티켓 지침뿐만 아니라 피로 얼룩진 자전거 사고에 관한 생생한 서술, 자전거가 문명사회에 미치는 위협을 한탄하는 사설을 실었다. 이러한 자전거 반대 정서가 팽배한 사회적 분위기에서 의학계는 자전거 타기를 비난해

---

*   19세기 여성들이 운동할 때 입던 헐렁한 속바지.

야 한다는 엄청난 압력을 받았는데, 특히 가장 약하고, 타락하기 쉬우며, 보호가 필요하다고 여겨진 사회 구성원들이 자전거를 타는 것을 막아야 한다는 압력을 크게 느꼈다. 얼마 지나지 않아 여성의 자전거 타기가 신체적으로 위험하고 도덕적으로 타락한 행위라고 비난하는 방대한 문헌이 쏟아져 나오기 시작했다.

1896년, 전국의 신문들이 '자전거 얼굴'을 패션 금기로 규정한 지 1년만에, 영국 의사 아서 샤드웰Arthur Shadwell은 〈내셔널 리뷰〉에 "자전거 타기의 숨겨진 위험"이라는 불길한 제목의 논문을 실어 의학적 질환이라는 추가적인 인증 도장까지 찍어주었다.[160]

"얼마 전 나는 이 여가 활동과 자주 연관되는 독특하게 긴장되고 굳은 표정에 주목하며 이를 '자전거 얼굴'이라고 명명했다." 샤드웰은 이렇게 썼다. "그 이후 이 표현이 널리 사용된 것은 이 명명의 타당함이 인정받은 것이다. 이 '얼굴'은 어떤 이들에게서 더 뚜렷하고, 다른 이들에서는 덜 드러나지만, 거의 모두가 이를 갖고 있다. 어린 소년들만 예외다."[161]

샤드웰에 따르면 자전거 타기는 누구에게나 신체적, 정신적 손상의 위험을 가져올 수 있지만, 가장 섬뜩한 경고는 여성들을 향했다. 기사에는 도시 전설처럼 들리는 사례 연구들이 다수 포함되어 있었다. 예를 들어, 어느 불운한 젊은 여성은 자전거를 타기 전까지는 "건강하고 평균보다 약간 더 강건한" 상태였으나 자전거를 타기 시작한 운명의 날 이후 모든 것이 달라졌다. "짧은 거리를 탈 때는 다른 사람들과 마찬가지로 잘 타는 듯 보였다. 어느 날, 조금 더 먼 거리를 탔다. 많이도 아니고 아마 16킬로미터 정도였을 텐데, 결과는 며칠 간의 병상 생활로 이어진 완전한 탈진이었다."[162]

완전한 탈진은 젊은 여성들에게 자전거가 초래할 위험 중 하나에 불과했다. 샤드웰은 자전거 타기가 피로, 신경과민, 불안, 갑상선종, 내부 염증, 만성 이질, 그리고 불임 같은 문제를 일으킬 수 있다고 경고했다. 특히 이 사례들은 자전거 타기의 메커니즘보다는 장거리 주행과 더 자주 연관되었다. 샤드웰 같은 사람들도 여성이 자전거를 탈 수 있다는 사실은 마지못해 인정했지만 행간의 속뜻은 명확했다. 자전거든 뭐든 허용된 경계를 벗어나는 여성, 집에서 지나치게 멀리 벗어나는 여성에게 큰 위험이 도사리고 있다는 것이다.

한편, 〈뉴욕 월드〉 신문이 "모두가 당신을 쳐다보고 있다고 상상하지 말라"고 훈계한 바와는 달리 자전거 타는 여성들은 많은 사람들, 특히 의사들이 그들을 쳐다보고 있으며 그들이 본 것에 근거해 터무니없이 가혹한 판단을 내리고 있다는 결론을 수이 내릴 수 있었을 것이다. 여성의 자전거 복장은 언론과 의료계 양쪽 모두에서 큰 화제가 되었으며, 착용자의 명백한 정신 이상을 상징하는 것으로 여겨졌다. 1896년 〈뉴욕 타임스〉는 다음과 같이 선언했다. "만약 정신 이상 심의위원회가 자전거 복장을 입은 모든 여성을 정신 이상자로 분류했다면, 그들은 명백히 본연의 의무를 다한 것이다."[163]

같은 해, 〈미국의학협회저널JAMA〉에서는 자전거 타기에 대한 논쟁이 벌어졌으며, 전 미국공중보건국장 존 해밀턴John Hamilton은 "백 명 중 아흔 명의 여성을 우스꽝스러운 구경거리로 만드는 복장과 자세"에 대해 한탄했다.[164]

자세와 관련해서 많은 의사가 특히 자전거 안장에 집착하며, 자전거 안장이 여성의 신체에 미칠 수 있는 영향, 특히 임신, 출산, 육아에 미치는 영향에 주목했다. 앞서 언급한 〈미국의학협회저널〉

의 기사에서는 자전거 타기의 생리학적 영향에 대해 포괄적으로 단정하면서, "여성, 특히 청소년기 소녀는 쐐기 모양의 안장 꼭대기에 몸을 올리는 행위만으로도 상부 조직의 손상과 골반 변형을 피할 수 없게 된다"고[165] 공언했다. 자전거 안장의 악영향을 주장하는 해밀턴과 의견을 달리하던 의사들조차 생식 관점에서 벗어나지 못하는 주장을 했다. 1,000년도 더 전에 여성 검투사를 옹호했던 사람들처럼, 여성이 안전하게 자전거를 탈 수 있다고 주장했던 이들 역시 자전거 타기가 골반을 강화하여 아이를 잉태하고 출산하는 데 더 효과적이라는 관점에서 주장을 펼쳤다. 이에 비평가들마저 냉소를 보냈다. 1898년, 〈미국의학협회저널〉에는 또 다른 논평이 실렸는데, 의사 A. C. 사이몬턴A. C. Simonton은 골반에 대한 모든 논의가 본질을 완전히 벗어난 것이라고 불평했다. 사이몬턴은 자전거 타기가 "골반을 변형시킬 수 있다"고[166] 인정하면서도, "출산의 용이함에 관해서는 거의 또는 전혀 영향을 미치지 않을 것"이라고 주장했다. 그 이유는 자전거의 유혹이 결국 여성이 임신할 시간조차 없게 만든다는 것이었다. 그는 "자전거를 타는 여성이 자전거에서 내려 임신을 하고 충분한 수의 자녀로 구성된 가정을 꾸릴 정도로 넉넉한 시간을 낼 수 있을까?"라는[167] 수사적인 질문을 하며, 자전거를 타는 여성이 아이를 낳는다는 발상 자체가 한 번도 들어본 적이 없는 터무니없는 일이라고 불평을 계속했다.

때가 빅토리아 시대였던 만큼, 자전거가 갖는 신체적 영향은 그것이 갖는 행동적 영향에 비해 의사들에게 궁극적으로는 훨씬 덜 흥미로운 주제였다. 이 점에서 그들은 의견이 일치했다. 자전거의 최악의 문제는 여성이 자전거를 이용해 자위행위를 할 수 있고,

또 그렇게 할 것이라는 점이었다.

물론 문제는 자전거만이 아니었다. 이 시대의 의사들은 여성의 자위행위라는 유령에 사로잡혀 있었는데, 이를 다양한 질병의 증상이나 원인, 때로는 둘 다로 간주했다(이 현상은 이 책의 여러 부분에서 길게 다루어진다). 여기에서 자전거 안장이 성적인 흥분을 유발할 수 있다는 속성은 의학계가 연구를 수행하기도 전에 이미 결론에 도달하는 탁월한 사례로 격상되었고, 그들의 가정에 반박하는 여성들은 신뢰할 수 없는 거짓말쟁이로 치부되었다.

자전거와 자위행위 사이의 연관성을 확신했던 의사 중 한 사람이 산부인과 의사 로버트 라투 디킨슨Robert Latou Dickinson이었다. 그에 대해서는 생식 장에서 더 자세히 다룰 것이다. 1895년, 디킨슨은 "산부인과 관점에서 본 여성의 자전거 타기"라는 제목의 논문을 발표하며 자전거가 여성의 성 건강에 미치는 영향을 구체적으로 다뤘다.[168] 역설적이게도, 그의 주장은 여성의 자전거 타기를 허용하자는 몇 안 되는 초기 옹호론 중 하나였지만, 그의 옹호 논리에는 자전거 반대 발언보다도 더 황당하고 모욕적인 면이 많았다. 디킨슨은 자전거 타기가 여성을 만성적인 자위행위자로 만들었다는 사례를 찾을 수 없다는 점을 솔직히 인정했다. 하지만 그 점이 실제 상황 발생을 막기 위해 가능한 모든 조치를 취해야 한다는 그의 믿음을 흔들지는 못했다. 그는 다음과 같이 썼다. "특정 조건에서 자전거 안장이 이러한 끔찍한 습관을 유발하고 전파할 수 있다는 것은 충분히 상상 가능하다."[169]

물론, 디킨슨이 말한 '특정 조건'은 주로 그의 상상 속에 존재했으며, 그의 상상력은 대단히 풍부했다(그는 생식기의 크기와 모양을 통해 자위행위를 하는 여성을 식별할 수 있다고 믿기도 했는데, 이를 증명하기 위해 자신의 환자들의 생식기를 상세히 스케치하고 나중에는 점토 조각으로 재현하기까지 했다). 그러나 디킨슨은 여성이 자전거를 타며 성적 만족을 느낄 위험을 완화할 수만 있다면, 적당한 자전거 타기는 신경과민에서 월경통까지 모든 것을 치유할 수 있는 유익한 활동이라고 믿었다. 이 점에서 그는 1896년 〈미국의학협회저널〉에서 전직 공중보건국장의 자전거 반대 논설에 반박문을 쓴 의사 조지 S. 브라운George S. Brown의 지지를 받았다. 브라운은 어린 소녀들이 보육실에 갇혀 인형이나 다른 "하찮은 놀이"로[170] 조용히 시간을 보내고, 신체활동 부족으로 인해 "창백한 얼굴, 흐릿한 눈, 변비"에 시달리고 있다고 믿었다. 자전거 타기가 나쁠 수는 있으나, 젊은 여성들을 집에 가만히 두는 것은 훨씬 더 나쁜 결과를 초래할 것이라고, "게으름과 관능적인 생각은 항상 함께한다"는[171] 이유를 들어서 주장했다. 다시 말해, 브라운은 자전거 타기가 자위행위로 이끄는 유도 약물이기는커녕 오히려 유용한 예방책이 될 수 있다고 믿었다.

자전거의 의학적 위험에 대한 혼란스럽고 모순된 담론은 당연하게도 과학에 기반한 것이 아니라 새로움에 대한 사회적 불안에서 비롯된 것이었다. '자전거 얼굴'에 대한 공포를 부추겼던 바로 그 두려움은 역사 전반에서 찾아볼 수 있다. 이 두려움은 기차, 전화기, 텔레비전, 그리고 1980년대 글램 메탈 밴드에 이르기까지 다양한 대상에 대한 공포를 불러일으켰다. 그리고 중요한 점은, 이러한 패닉 현상에 참여한 사람들이 남성만은 아니었다는 것이다. '여성 구호 연맹Women's Rescue League' 같은 단체들 또한 자전거를 타는 여성들의 유행에 반대하고 나섰다. 창립자인 샬럿 스미스Charlotte Smith 는 1896년, 의학 저널에서 자전거 논쟁이 격렬히 진행되던 바로 그해에 미국 전역의 신문에 실리게 되는 열렬한 편지를 썼다.

"젊은 여성들의 자전거 타기는 미국의 정상 사회에서 소외된 여성으로 전락하고 마는 무모한 소녀들의 수를 늘리는 데 일조해 왔다." 스미스는 주장한다. "자전거가 도덕적으로나 신체적으로 악마의 선봉대 역할을 하고 있음은 수천 건의 사례에서 나타난다."[172]

결국, 당시 의학계와 도덕적 권위주의자들은 여성의 자전거 타기는 반드시 의사의 허락을 받아야만 가능한 활동이라는 데 의견을 모았다. 이러한 권고는 의학 저널에서 빠르게 대중 언론으로 확산되었다. 1896년 〈하퍼스 위클리〉는 "어떠한 여성도 의사와 먼저 상의하지 않고 자전거를 타서는 안 된다"고 공표했다.[173]

그러나 여성이 감독 없이 운동을 하면 건강을 해칠 위험이 있다는 주장들의 행간에서는 실제로 감지된 신체적 위협이 아닌 기존 질서가 받을 위협에 대한 두려움이 분명히 드러난다. 1897년, 케임브리지대학교의 남학생들이 여학생의 입학에 반대하는 시위를 벌였을 때, 그들은 사회적 진보라는 공포의 화신으로써 "뉴 우먼New Woman"이라는 허수아비를 시청 앞 광장의 한 창문에 매달았다. 그 허수아비는 자전거를 타고 있었다.[174]

1. 운동 연습이나 경기 중이 아닐 때는 항상 여성스러운 복장을 착용해야 한다. 이 규정은 팀이 플레이오프에 참여하지 않는 중에도 모든 선수에게 적용된다. 어떠한 경우에도 선수가 관중석에서 유니폼을 입고 있거나, 공공 장소에서 바지나 반바지를 착용해서는 안 된다.

2. 소년 같은 단발머리는 허용되지 않으며, 일반적으로 머리는 항상 단정하게 손질되어 있어야 하고, 긴 머리가 짧은 머리보다 낫다. 립스틱을 항상 바르고 있어야 한다.[175]

__ 전미 여자 프로야구 리그, 선수 행동 규칙, 1943

자전거가 여성 건강에 미치는 의학적 위험에 대한 특정한 공포는 20세기 초에 들어서면서 점차 사그라들었지만, 여성의 운동에 대한 불안감은 여전히 지속되었다. 운동이 여성의 건강에 미칠 수 있는 위험만큼이나 운동으로 인해 여성이 남성화될 위험에 대해 똑같이 긴급한 어조로 이야기하는 현상은 당시의 사고방식을 잘 보여주는 증거다. 심지어 신체활동이 여성에게 유익할 수 있다고 믿었던 의사들조차도 마찬가지였다. 더들리 A. 사전트Dudley A. Sargent라는 의사는 여성이 운동을 하기에는 너무 연약하다는 생각에 대해 신선할 정도로 회의적인 태도를 보이면서, 여성을 연약하고 쉽게 졸도하는 대상으로 여기는 빅토리아식 고정관념과 코르셋 같은 동작이 어려운 빅토리아식 복식 관습 모두에 맞섰다.

그러나 남녀 모두에게 격렬한 운동을 권장했던 이례적인 인물이었던 사전트조차도 운동exercise과 운동 경기athletics를 구분하며 여성이 후자에 적합하지 않다는 인식을 부추기는 데 일조했다. 1912년, 그는 〈레이디스 홈 저널〉에 "운동 경기가 소녀들을 남성화하는가? 모든 소녀가 묻는 질문에 대한 실질적인 답변"이라는[176] 야심 찬 기사를 기고했다. 이 기사에서 그는 여성이 신체를 과도하게 혹사하거나, 더 나아가 남성처럼 보이기 시작하는 것을 방지하기 위해 매우 특정한 방식으로만 운동해야 한다고 강조했다.

사전트가 여성 운동선수들이 "뚜렷한 남성적 특성"을 갖게 될 "위험"을 경고하고, "심각한 감정적 동요"를 보이는 여성적 성향을 고려해 운동 방식을 수정하고 경쟁적 요소를 줄이도록 권장했다는 점을 감안하면, 그를 극단적 배외주의자로 치부하고 싶어질 수도 있다. 그러나 여성의 근육 발달 가능성이 사전트 개인에게 불편한 문제였다기보다는 오히려 다른 사람들, 특히 여성들 자신에게 주요한 우려 사항이었다는 점을 그가 인지하고 있었다는 사실은 주목할 만한 하다. 사실, 여성의 신체 능력에 대한 사전트의 견해는 당시의 관습에 반하는 것일 뿐만 아니라 극도로 논란의 여지가 많았다. 1910년대에 사전트는 여성이 신체적으로 연약하다는 통념은 신화에 불과하며, 남성의 관심을 끌기 위해 만들어진 일종의 가식이고, 여성들 스스로 이에 동참하고 있다는 발언으로 큰 소란을 일으켰다. 그의 발언에는 다음과 같은 선언도 포함되어 있었다. "여성의 소심함, 전통적으로 체격과 담력 면에서의 열등하다는 등의 주장은 의식적이든 무의식적이든 하나의 가식이다. 이는 그녀가 관심을 끌어내는 방식이다."[177]

사실, 사전트는 여성이 남성보다 덜 진화된 존재라고 주장했다. "자연에 더 가까우며 더 야만적"인 존재이고 따라서 신체적 불편을 더 잘 견딜 수 있으며, 어쩌면 군 복무에 더 적합할 수도 있다고 보았다. 〈세인트루이스 포스트-디스패치〉는 다음과 같은 도발적인 제목으로 사전트의 발언을 보도했다. "약한 성이라고? 아니다, 여성이 아니고 남성이다!"[178]

사람들은 정말로 자극을 받았다. 사전트가 여성이 운동선수, 노동자, 또는 군인이 되기에 충분한 능력을 가지고 있다는 주장을 할 때마다 비난과 조롱이 따랐다. 한 독자는 편지에서 "남성다운 남성이라면 이런 해로운 이론에 반대해야 한다"고 선언했고,[179] 한 칼럼니스트는 이렇게 비꼬았다. "하버드의 닥터 더들리 사전트가 여성이 남성보다 강하고 더 잘 견딜 수 있다고 주장한 것은 광범위한 반론에 부딪혔지만, 어쩌면 그가 옳을지도 모른다. 여성들이 남편을 견디는 걸 보라!"[180]

몇 년 후 그의 발언과 비교하면, 1912년 사전트가 여성 스포츠에 관해 쓴 글은 훨씬 덜 논쟁적이며, 명백히 자신의 두려움이 아니라 독자의 두려움을 해소하려는 의도로 작성된 것으로 보인다.

"나는 일부 여성들은 부상 걱정 없이 어떤 운동 경기든 참여해서 성공적인 결과를 낼 가능성이 높다고 주저 없이 말할 수 있다. 그러나 거의 모든 경우, 거칠고 더 남성적인 스포츠에서 빛을 발하는 여성들은 남성적 특성을 타고났거나 획득한 경우라는 것을 알게 될 것이다."[181]

스포츠가 여성의 몸을 남성적으로 만들 것이라는 (오늘날에는 "몸이 너무 커질까 봐" 걱정하며 웨이트 트레이닝을 회피하는 사람들에게서 여전히 보이는) 광범위한 우려에도 불구하고, 20세기 전반부는 운동이 꾸준히 표준화되던 시기였다. 이는 많은 부분이 1800년대 후반부터 미국 대학 캠퍼스에서 비공식적인 운동 클럽을 조직하기 시작했던 여성들 스스로의 노력 덕분이었다. 1920년에 접어들 무렵에는 미국 대학의 22%가 여성 운동부 프로그램을 운영하고 있었다.[182] 같은 시기에, 이상적인 여성의 체형은 빅토리아 시대의 풍만하고 잘록한 허리의 이미지를 벗어나, 더 날씬하고 소년 같은 신여성의 모습으로 변화했다. 또한, 빅토리아 시대의 답답한 의상은 더 짧고 허리가 낮은 드레스로 대체되어 여성들이 훨씬 더 자유롭게 움직일 수 있었다.

20세기의 첫 30여 년 동안 여성의 근력 운동은 여전히 논란과 긴장으로 얼룩진 주제였다. 이러한 긴장은 제2차 세계대전의 발발과 국가의 건장한 젊은 남성들이 운동장에서 군으로 떠나는 대규모 이탈로 인해 복잡해졌지만, 완전히 사라지지는 않았다. 1940년대에는 필요에 의해서 여성의 힘이 부끄러운 것이 아니라 자산으로 재해석되었다. 여성들은 징집된 남성들이 비운 자리를 다양한 역할로 채우게 되었다.[183] 이 시대를 가장 잘 상징하는 마스코트는 '리벳공 로지Rosie the Riveter'였는데, 단단히 다문 턱과 작업복 소매를 걷어 올려 근육질의 팔뚝과 이두근을 드러내고 있다.*

그러나 이러한 수용은 경쟁적 운동과 스포츠를 둘러싼 금기를 완전히 해체하는 데까지는 이르지 못했다. 제2차 세계대전이 발발하기 전, 1930년대에는 여성 운동 프로그램에 대한 문화적 반발이 있었는데, 이는 고대 로마에서 여성 검투사를 금지했던 칙령과 닮은 점이 있었다. 여가 활동이나 볼거리로써의 운동은 괜찮지만, 실제 경쟁은 완전히 다른 문제로 간주되었다. 이로 인해 많은 대학의 여성 운동부 프로그램이 해체되었고, 대신 운동회나 피트니스 수업으로 대체되었다.[184] 후자는 더 여성적이고, 따라서 더 사회적으로 용인될 수 있는 것으로 여겨졌다.

'리벳공 로지'가 육체 노동자로서 여성에 대해 편안해진 미국인들의 태도를 시각적으로 구현했다면, 전미 여자 프로야구 리그

---

* 리벳공이란 건설 현장 등에서 철골 접합용 리벳 해머를 쓰는 노동자를 말한다.

American Association of Girls' Professional Baseball League, AAGPBL는 여성 운동선수에 대한 비교적 긴장된 태도를 보여주는 상징이었다. 미국 최초의 여성 프로 스포츠 리그였던 AAGPBL은 선수들의 이미지와 관련해 매우 조심스러운 균형을 유지해야 했는데, 선수들은 복장과 행동 모두에서 엄격한 기준을 따라야 했다. 리그의 첫 두 가지 규칙, 선수들의 바지 차림을 금지하고 항상 립스틱을 바르도록 요구한 규칙은 분명한 메시지를 전달했다. 여성은 경기장에서 운동 기량으로 보여준 모습을 만회하기 위해, 경기장 밖에서는 과장된 여성성을 보여주어야 한다는 것이었다.

이는 여러 면에서 급진적인 재구상이었다. 경쟁 스포츠, 사회적 관습, 여성성과 신체 건강이 허용 가능한 방식으로 어떻게 교차할 수 있는지, 그리고 여성의 삶에 대한 새로운 기준을 설정하는 데 있어 의사들이 하는 역할 등이 모두 재정의되었다. 겉으로는 여성들이 그 어느 때보다 더 자유롭고 강해진 것처럼 보였다. 그러나 경계가 이동했을 뿐, 그들의 영역은 여전히 좁았고, 사회의 시선은 여전히 가혹했으며, 근육을 가진 여성은 여전히 어딘가 부적절하고 비자연적이라는 인식에 사로잡혀 있었다.

◇◇◇

그녀는 달린다. 그녀는 사람들이 자신을 주시하고 있음을 알고 있다. 시선이 느껴진다. 끊임없는 시선이 그녀의 몸 전체를 스치듯 훑고, 그녀가 방을 나설 때까지 따라다닌다. 그 시선은 그녀의 엉덩이 너비, 어깨 폭, 운동으로 평평해진 가슴을 평가한다. 속삭임이 그녀를 따라다닌다. 심지어 탈의실에서도 그렇다. 다른 여성들, 그녀의 경쟁자들은 심판들만큼이나, 어쩌면 그보다 더 자주 그녀에 대해 이야기한다.

이러한 시선과 속삭임은 며칠 동안 계속된다. 마침내 질문은 그들이 그녀를 호출할 지 여부가 아니라, 언제 호출할 지로 선명히 바뀐다.

진료실은 차갑고 살균된 느낌이다. 그곳에는 검사를 진행할 세 명의 의사가 있다. 아니, 그녀는 그들이 적어도 의사이기를 희망한다. 모두 남성이고, 똑같이 무표정한 얼굴로 똑같은 메모지에 무언가를 적고 있다. 그들은 자기소개도 하지 않고, 그녀의 이름을 묻지도 않는다. 단지 옷을 벗으라고 말할 뿐이다.

그녀는 옷을 벗는다.

그들은 바라본다.

운이 좋다면, 그들이 그녀를 바라보는 것이 전부일 것이다. 운이 나쁘다면, 응시는 시작일 뿐이다. 이 운 나쁜 경우에, 그들은 그녀를 만질 것이고, 심지어 몸 안으로 손을 넣을지도 모른다. 그들은 그녀의 가슴 크기와 생식기의 모양에 대해 기록할 것이고, 만약 그녀가 조금이라도 불편한 기색을 보이면, 그것조차 기록할 것이다. 질문 하나 없이, 눈도 마주치지 않은 채 그녀의 벌거벗은 몸을 찌르고 쑤시고 더듬는 검사를 끝낸 후, 그들은 서로 의견을 나누고 최종 판단을 내릴 것이다.[185]

오래전, 그녀는 한 명의 의사 앞에 앉아 있었다. 그 의사는 그녀의 폐 소리를 듣고 맥박을 측정한 후, 어깨를 으쓱하며, 그녀가 원한다면 경쟁적인 운동 경기를 위해 훈련할 만큼은 건강하다고 말했다. 그것은 그녀가 부수어야 했던 첫 번째 장벽이었다. 그 이후로 그녀는 많은 장벽을 부수어 왔다. 그녀는 자신이 충분히 강하고, 충분히 빠르고, 충분히 잘한다는 사실을 증명했고, 매 경기에서 그녀의 자격을 증명하고 또 증명했다. 그녀는 지역 대회, 주 대회, 전국 대회에서 우승했다. 하지만 이 방에서는, 그녀의 날렵하고 강인한 몸은 자산이 아니다. 그것은 이제 장애물이 되어버렸다. 이 방에서는, 그녀의 힘과 속도, 지구력이 그녀에게 아무런 혜택을 주지 않는다. 왜냐하면 이 의사들이 결정하려는 것은 그녀가 세상에서 가장 빠른 여성들과 겨룰 만큼 강한지가 아니기 때문이다.

그들은 그녀가 과연 여성인지 결정하려 한다.

그리고 그들이 판결을 내리면, 그것은 무엇과도 비교할 수 없는 상실이 될 것이다. 단순한 기회의 상실이 아니라, 정체성의 상실이다. 그녀의 옷을 벗겨낸 것만큼이나 손쉽게 그녀의 여성성을 벗겨버릴 것이다.

◇◇◇

여성이 가진 힘의 본질, 한계, 그리고 수용 가능성에 대한 의학적 논쟁은 200여 년에 걸쳐 부단히 계속되어 왔다. 여성은 운동을 할 수 없다는 초기의 확신이 운동으로 인해 여성의 신체와 두뇌가 왜곡될 것이라는 두려움으로 바뀌면서 (운동 부족이 오히려 왜곡을 더 악화시킨다고 믿었던 사람들을 제외하고) 종종 자기 모순적인 변화를 겪었다. 그러나 엘리트 여성 운동선수의 존재에 대해서만큼은 과학계가 대체로 의견을 같이했다. 자연은 여성이 경쟁 스포츠에서 두각을 나타내도록 의도하지 않았으며, 만약 뛰어난 성과를 내는 여성이 있다면, 그것은 그녀 자체가 하나의 왜곡된 존재이기 때문이라는 것이다.

1896년, 현대 올림픽의 창시자 피에르 드 쿠베르탱Pierre de Coubertin 남작은 "아무리 강인한 운동선수라 할지라도, 여성의 신체는 특정 충격을 견디도록 만들어지지 않았다"고 주장했다.[186] 몇 년 후, 그는 이 입장을 더욱 강고하게 밝혔다. "우리의 관점에서 여성의 준올림피아드는 비실용적이고, 흥미롭지 않으며, 볼품없을 뿐 아니라, 주저 없이 덧붙이자면 부적절하다."[187] 다행히도 그의 의견이 최종적으로 받아들여지지는 않았기에, 1900년 올림픽에서는 테니스, 요트, 크로켓, 승마, 골프 등 다섯 종목에서 여성들의 참여가 허용되었다.[188] 그러나 그의 발언은 여성이 높은 수준의 스포츠 경쟁에 어울리지 않는다는 당대의 일반적인 합의를 잘 보여주고 있었다.

늘 그렇듯이, 여성 운동선수들을 향한 문화적 비난, 즉 그들이 흥미롭지 않고, 여성스럽지 않으며, 매력적이지 않다는 주장은 수상쩍은 의학적 근거에 의해 뒷받침되었다. 심지어 가장 진보적인 과학자들조차도 전통적으로 남성 중심인 스포츠에 여성이 참여하는 문제에 직면했을 때, 이 특별한 논리적 함정에 빠지고 만다. 1926년, 여성 운동선수들이 동계 스포츠를 포함한 더 많은 종목에의 참여를 요구하자, 일단의 독일 의사들이 여성 스키 점프에 대해 단호한 금지령을 발표했다. 그들은 다음과 같이 썼다. "현재로서는 여성 스키 점프 대회를 조직할 필요나 이유가 없다. 스키 점프가 여성 신체에 적합한지에 대한 의학적 질문이 해소되지 않은 상황에서, 이는 매우 위험한 실험이 될 것이며 강력히 금지해야 한다."[189]

요컨대, 여성이 안전하게 점프를 할 수 있는지는 답을 얻지 못한 질문인 동시에 일반적인 의학적 연구 과정을 통해 탐구하기에는 너무 "무모한" 질문으로 여겨졌다. 부상을 입지 않는 여성 스키점프 선수들이 존재한다는 사실 자체가 이 이론에 신빙성이 없음을 보여주고 있음에도 불구하고, 결과적으로 의사들 사이에서 자기 강화적인 무지 상태가 몇십 년 동안 지속되었다.

의사들이 경쟁적 스포츠 세계의 신체적 부담이 여성의 생식계에 과부하를 줄까 봐, 스키점프의 경우처럼 자궁이 삐져나오게 할까 봐 걱정하지 않을 때면, 여성성의 경계를 단속하느라 바빴다. 여성 운동 선수들을 둘러싼 논쟁의 중심에는 불가능하고 터무니없는 질문이 자리 잡고 있었다. "여성이 얼마나 운동 능력이 뛰어나야 더는 여성으로 간주되지 않게 되는가?"

이 문제가 얼마나 복잡하고 해결하기 어려운지를 보여주는 증거는, 올림픽 관계자들과 의사들이 한 세기 동안 이 문제와 씨름했음에도 여전히 만족스러운 결론에 도달하지 못했다는 사실이다. 1968년, 국제올림픽위원회IOC는 여성 선수들의 성별을 확인하기 위한 의무 검사를 도입했다.[190] 그러나 훨씬 이전부터, 충분히 여성스러워 보이지 않는 여성들은 성별을 의심받으며 굴욕적인 검사를 받아야 했다. 1920년대와 1930년대에는 대회 관계자들이 외모가 의심스러운 여성 선수들을 시각적으로 검사했으며, 1948년에는 IOC가 여성들에게 의사 소견서를 통해 성별 증명을 요구하기 시작했다.[191]

한편, IOC에 의해 성별 검사가 표준화되면서, 다른 스포츠 조직에서도 광범위한 성별 검사가 시행되었다. 1967년 위니펙에서 열린 팬아메리칸 게임Pan-American Games* 에서도 그 사례가 나타났다. 경기에 참가했던 미국의 투포환 선수 마렌 시들러Maren Sidler는 '위니펙 사건'에서 여성 선수들의 참가 자격을 박탈하는 기준으로 사용됐던 "과학"에 대해 충격적인 진술을 했다. "우리는 밖에 줄을 서서 기다렸고, 방 안에는 의사 세 명이 책상 뒤에 앉아 있었어요. 방에 들어가서 셔츠를 올리고 바지를 내려야 했죠. 그러곤 의사들이 살펴보고 우리가 괜찮은지 상의하고 결정할 때까지 기다렸어요. 제가 줄 서서 기다리는데, 단거리 주자 중 하나인 키 작고 마른 소녀가 고개를 저으며 나오더라고요. 이렇게 말했어요. 나는 떨어졌어. 위쪽이 너무 작아서. 그 사람들이 난 경주에 참가 못 한대. 내 '크기'가 충분하지 않아서 집에 가야 한대."[192]

그리고 여성 운동선수들을 모욕하는 이러한 과정에 의사들도 공모했다. 그들은 여성의 경기 참여 자격을 결정하기 위해 농부들이 가축의 성별을 확인하는 방법과 거의 비슷한 절차를 권장했다. 1968년 〈미국의학협회저널〉에 실린 "올림픽 경기의 의학적 역사"라는 제목의 글은 여성에 대해 단 몇 줄만을 할애했지만, 그 내용이 시사하는 바가 크다. 이 글은 여성 운동선수의 성별을 확인하기 위해 생식기 검사가 필요하다는 주장을 인용하며 "성공적인 여성 참가자 가운데 많은 이들이 남성적인 특징을 보이고 가성반음양 pseudohermaphrodites일** 가능성이 있다는 우려가 수년간 제기되어 왔

다"고[193] 적고 있다.

◇◇◇

그때나 지금이나, 공정한 경쟁 환경을 가장 잘 보장할 수 있는 방법에 대한 진정한 논의는 있었다. 이 문제는 엄격한 남성·여성 이분법을 넘어서는 인터섹스intersex 선수들의 존재, 그리고 최근 자신의 성 정체성과 일치하는 부문에서의 경쟁을 원하는 트랜스젠더 선수들, 그리고 올림픽 출전을 꿈꾸는 선수들의 도핑 문제 등으로 인해 더욱 복잡해졌다. 그러나 너무 많은 경우 이러한 논의는 과학이 아닌 성차별에 뿌리를 둔 조악한 고정관념으로 변질되었다. 질병의 진단이 아니라 여성성의 경계를 강화하는 임무를 맡은 의사들 역시 종종 여성의 강인함에 오명을 씌우는 쪽의 오류를 범하곤 했다.

우리는 소녀들이 강하고 건강한 남성의 어머니가 될 역할을 잘 해낼 수 있도록 대비시키고자 합니다.[194]

—의사 텐리 올브라이트, 1964

1960년대에 이르러서는 운동 자체가 의학적으로 권장할 만한 것인지에 대한 논쟁은 더는 없었다. 의사들은 신체활동이 성별과 관계없이 모든 사람에게 유익하다는 데 동의했다. 그러나 여성에게는 이 조언이 미적인, 그리고 명백히 비과학적인 외관을 띠었다. 여성에게 권장된 운동은 몸을 더 강하게 하거나 건강하게 만드는 것이 아니라, 더 작게 만드는 것을 목표로 했기 때문이다.

리벳공 로지로 상징되었던 여성의 힘에 대한 미국의 관심은 전쟁 후 한물간 유행이 되었고, 훨씬 더 유치하면서도 교묘한 무언가로 대체되었다. 1940년대의 한 뉴스 영화Newsreel에서는* 수영복과 하이힐을 착용한 여성들이 최신 피트니스 기술을 시연하는 모습이 나온다. 이 "운동"은 가만히 서 있는 동안 유압식 기계가 몸을 매만지고 주무르는 과정이다. 남성 아나운서는 유쾌하게 농담을 던진다. 가정에서 전쟁 승리에 기여했던 여성들이 이제는 자신의 몸과 전쟁을 벌여야 한다며, "군살과의 전쟁은 아직 끝나지 않았습니다!"라고[195] 외친다.

비록 이 뉴스 영화에 등장한 몸을 두드리는 기계들은 짧은 기간 유행했던 터무니없는 광풍에 불과했지만, 여성의 운동이 무엇을 위한 것인지에 대한 뿌리 깊은 믿음을 반영했다. 격렬하고 땀을 흘리는 운동은 불필요하고 여성답지 않다고 여겨졌으며, 여성에게 적합한 운동의 이상적인 형태는 힘들지 않은 것이고(이 '체육관'처럼 완전히 수동적인 경우도 포함하여), 그 목표는 오직 하나, 날씬해지는 것이었다. 이런 운동 방식이 결국 조깅, 에어로빅, 나중에는 바레,** 필라테스, 스피닝과 같은 운동이 유행하도록 길을 터주었다는 사실을 어렵지 않게 짐작할 수 있다. 이러한 운동들은 모두 여성을 근육질로 만들기보다는 뉴스 영화의 해설자의 말을 빌자면 "바다 요정처럼" 날씬하게 만들어 준다고 약속했다.

---

*　1910년대와 1970년대 중반 사이에 널리 퍼진, 뉴스 기사와 화제가 되는 아이템을 포함하는 짧은 다큐멘터리 영화의 한 형태.

**　발레에서 사용하는 바Barre를 이용하여 진행하는 전신 근력 및 유연성 운동이다.

동시에, 여성과 운동에 대한 기존 통념은 여성들이 운동에 대한 동기가 부족하다는 것이었다. 여성은 약한 신체에 걸맞게 약한 동기를 가지고 있다고 여겨졌다. 의사들이 여성의 신체 건강을 다루는 방식은 광범위한 의학적 가부장주의, 여성의 건강에 문제가 있다면 여성 본인의 잘못이라고 추정하는 경향 두 가지와 일맥상통했다. 1968년, 케네스 쿠퍼Kenneth Cooper라는 의사이자 전 공군 중령은 수백만 명의 미국인들이 심혈관 운동의 이점에 눈을 뜨게 하는 데 혁혁한 공을 세운《에어로빅스Aerobics》라는 책을 썼다.[196] 쿠퍼는 책에 여성을 위한 별도의 장을 할애했는데, 궁극적으로는 심혈관 건강을 위한 최선의 방법보다는 여성에 대한 저자의 멸시를 더 많이 드러냈다. 여기에는 실질적인 정보가 거의 없었으며, 대신 장광설의 한탄으로 가득했다.

쿠퍼는 "내 커리어에서 가장 실망스러운 것 중 하나는 미국 여성들이 운동에 대해 전반적으로 무관심하다는 것"이라고 쓰고 있다. "미국 남성들 역시 분명히 운동에 무관심하며, 다섯 명 가운데 네 명이 건강하지 않은 상태지만, 적어도 가끔은 집에서 걱정이라도 한다. 여성들은 그것조차 하지 않는다."[197]

쿠퍼가 여성들이 10분간 뛰는 것보다 미용실에서 4시간을 보내는 것을 선호한다는 한탄을 어렵사리 중단하고 조언을 할 때조차, 청중을 폄하하는 그의 시각이 의심할 여지 없이 드러난다. "달리기가 당신 취향이 아니라면, 수영이 다음으로 좋고 확실히 여성스럽다."[198]

쿠퍼가 다음 저서로《여성을 위한 에어로빅Aerobics for Women》을 출간하고[199] 서두에서 그의 경솔한 발언으로 반감을 느꼈던 모든 여성 독자들에게 사과한 것은 어느 정도 긍정적이었다. 하지만 그는 한 개인일 뿐이다. 반면에 그러한 발언을 가능하도록 만든 문화는 오류를 바로잡지 않은 채 여성의 운동에 대한 의학적 합의 형성에 영향을 미쳤고, 심지어 더 나은 판단을 내릴 수도 있었던 여성 의사들에게조차 영향을 끼쳤다.

1971년, 더들리 A. 사전트가 〈레이디스 홈 저널〉 독자들에게 운동을 해도 남자처럼 변하지 않는다고 설득을 시도한 지 약 60년이 지난 후, 텐리 올브라이트Tenley Albright라는 의사가 같은 주제를 다시 다뤘다. 이번에는 미국 보건부가 의뢰한 보고서에서였다. 그러나 사전트가 "나는 일부 여성이 참여할 수 없는 운동이나 경기는 없다고 확신한다"고[200] 독자들에게 확언했던 것과 달리, 올브라이트는 강하게 못을 박았다.

그녀는 "웨이트 리프팅 같은 근육을 키우는 종류의 운동은 여성에게 적합하지 않다. 그런 운동을 하는 여성의 모습이 매력적이지 않을 것이고, 그런 운동을 제대로 하기 위해 필요한 근육을 갖춘 여성 또한 매력적으로 보이지 않을 것이기 때문이다"라고 썼다. "이런 종류의 운동이 여성을 장애자로 만들거나 가사 능력을 감소시키지는 않겠지만, 분명히 여성적인 이미지를 더해주지는 않을 것이다."[201]

올브라이트가 여성의 근력 훈련에 대해 이렇게 강하게 반대하고, 강한 여성의 몸은 필연적으로 추해 보일 수밖에 없다는 고루한 관점을 옹호한 것은, 그녀의 이력을 고려할 때 특히나 충격적이었다. 올브라이트는 하버드에서 의학을 공부한 외과 의사일 뿐만 아니라, 1956년 이탈리아 동계 올림픽에서 피겨 스케이팅으로 금메

달을 딴 전직 올림픽 선수였다. 그녀는 엘리트 운동선수로서 남성 중심 분야에서 관습을 깨는 데 익숙했음에도 불구하고, 여성에게 "적합한" 운동에 대해 가장 구시대적 관념을 채택하고 이에 대해 의학적 승인뿐만 아니라 강력한 정부 권고라는 권위까지 부여했다. 물론, 여성이라는 이유로 그녀는 성차별주의자라는 비난은 피할 수 있었다.

올브라이트의 견해에 당대 정치인부터 스포츠 관리 기관, 여성 의사들, 그리고 여성들 자신에 이르기까지 모두가 공감했다. 웨이트 리프팅은 매력적이지 않기에 바람직하지 않다고 낙인찍혔을 뿐 아니라, 여성 운동선수라는 범주 전체에 대한 편견은 의학계에 여전히 뿌리 깊게 남아 있었다. 과거에는 공포에 사로잡힌 문화 전사들의 압박으로 자전거가 의학적으로 바람직하지 않다고 경고했었다면, 이제는 온 세상이 그들이 틀렸다는 사실을 받아들이기 시작했음에도 불구하고, 오히려 의사들 자신이 과거에 사로잡혀 있었다. 1960년에 비로소 여성 장거리 주자들이 올림픽에 참가할 수 있게 된 반면, 의학계는 여성의 신체가 장거리 달리기에 부적합하고 자궁에 손상을 입을 수 있다는 믿음을 1970년대까지 계속 붙들고 있었다.

1967년, 캐서린 스위처Kathrine Switzer는 보스턴 마라톤에서 완주한 최초의 여성이 되었다. 그러나 이 일은 하마터면 일어나지 않을 뻔했다. 그녀는 경주 시작 후 몇 킬로미터 지나서, 그녀를 경주에서 강제로 탈락시키려는 조크 셈플Jock Semple이라는 경기 관리자로부터 신체적인 공격을 당했다.

"뒤에서 질질 끌며 빠르게 다가오는 가죽 구두 소리가 들렸다.

고무 밑창이 달린 운동화의 둔탁한 발자국 소리 사이로 들리는 낯선 경고음이었다"라고 스위처는 그 경험을 회상하며 적었다. "경주자에게 그런 소음은 위험신호 같은 것이다. 마치 포장도로를 내달리는 개의 발톱소리 같은 것이다. 나는 본능적으로 고개를 재빨리 돌렸고, 그동안 봤던 중 가장 사납게 생긴 얼굴과 마주쳤다. 덩치 큰 남자, 거대한 남자가 이를 드러내고 달려들 준비를 하고 있었고, 내가 반응하기도 전에 그는 내 어깨를 잡아당겨 나를 뒤로 젖히며 소리쳤다. '내 경주에서 당장 꺼지고 그 번호 내놔!' 그러고는 내 몸 앞쪽을 거칠게 훑으며 내 번호를 찢으려고 했고, 나는 황급히 뒤로 물러섰다."[202]

이 이야기는 '여자처럼'이라는 표현이 여전히 운동 능력이 부족하다는 의미로 널리 사용되던 시기에, 여성 달리기 선수들이 직면했던 편견에 대한 생생한 기록으로 유명하다. 그러나 이 이야기가 주목받는 다른 이유도 있다. 자크 셈플은 경기 관리자였을 뿐 아니라 피트니스 산업에서 오랜 경력을 가진 전문가였다. 그는 보스턴 브루인스 팀과 보스턴 셀틱스 팀에서 안마사이자 물리 치료사로 일했으며, 올림픽 선수들의 트레이너로도 활동했다. 그는 분명 재능 있는 여성 주자들을 이미 접했을 것이고, 여성이 마라톤을 뛰고 싶어 할 뿐만 아니라, 충분히 그럴 능력이 있다는 사실도 알고 있었을 것이다. 그렇다면 왜 그는 캐서린 스위처를 폭력적으로 제압하려 했을까? 여성들이 경주에 참가할 수 없다는 규칙이 왜 그렇게 중요했고, 그런 규칙을 지키기 위해 어떤 방법이든, 심지어 폭력까지도 동원해야 한다고 생각했을까?

셈플은 이듬해 〈스포츠 일러스트레이티드Sports Illustrated〉와의 인터뷰에서 이렇게 말했다.

"아마추어 경주 규정에는 여성이 2.4킬로미터 이상 뛰면 안 된다고 되어 있어요. 저는 여성들의 경주 거리를 늘리는 것에 찬성하지만, 그들이 남성과 함께 뛰는 건 적합하지 않다고 생각합니다."[203]

셈플이 이런 생각을 어디서 얻었을까? 추측하기는 어렵지 않다. 그것이 당시 의사들의 처방이었던 것이다.

◇◇◇

나는 유방 절제 수술 후 첫 번째 후속 진료에서 수잔Susan을 만났다. 그녀는 젊어 보이는 50세로, 금발에 날씬하다. 그녀는 나를 만나기 위해 코네티컷에서 왔는데, 그곳에서 그녀는 고객과 직원들 모두가 기네스 펠트로 같은 외모를 지닌, 아주 고급스러운 패션 부티크에서 일하고 있다.

수잔의 암이 진단되었을 때, 이미 암은 퍼지기 시작한 상태였다. 그녀의 유방절제술은 겨드랑이의 림프절 제거도 포함되었는데, 이는 림프부종의 위험을 높였다. 림프부종은 암처럼 생명을 위협하지는 않지만, 그녀를 쇠약하게 만들 수 있고 합병증을 유발한다. 진료실에 남편이 동행한 것을 보고 기뻤지만, 적절한 약물 용량을 결정하기 위해 체중계에 올라가라고 요청하자, 수잔이 남편에게 나가달라고 한 것은 놀라웠다. 지금도 그녀는 자신의 체중을 남편이 아는 것을 부끄러워하고 있었다.

알고 보니 수잔은 근육 관련 위험 요인이 간과되기 쉬운 전형적인 환자 유형이었다. 겉보기에는 마른 체형에 BMI는 정상 범위에 속했다. 하지만 그녀가 정기 검진에는 포함되지 않는 체성분 검사를 수행하는 임상 연구에 참여하고 있었기에 진실을 알 수 있었다. 숨겨진 내장지방 덩어리 때문에 그녀의 실제 체지방 비율이 위험 범위에 속해 있었던 것이다. 또한, 골밀도 스캔에서는 골다공증이 발견되었다.

수잔은 어릴 때부터 건강한 몸이란 날씬한 몸, 낮은 체중과 동일하다고 배웠기 때문에 가끔 걷는 것 외에는 전혀 운동을 하지 않았다. 추운 날에는 가끔 일립티컬 머신*에서 유산소 운동을 하기도 한다. 하지만 한 번도 웨이트 트레이닝을 해본 적이 없다. 그녀는 항상 더 마른 몸매를 원했다. 허벅지가 굵어질까 두려워 자전거를 비롯한 대부분의 신체활동을 피한다. 내가 그녀에게 골밀도를 개선하기 위해 웨이트 트레이닝이 필요하다고 말하자, 그녀는 당황한다. 하는 방법도 모르고, 웨이트 트레이닝을 하면 몸이 커질까 봐 걱정한다. 그녀는 웨이트 트레이닝이 림프부종 위험을 증가시킨다고 어디선가 읽은 적이 있다고 말한다.

수잔은 의료 시스템이 여성의 근육 건강을 제대로 다루지 못한 모든 문제를 몸소 보여주는 살아 있는 증거이다. 그녀가 알아야 했던 정보, 이제는 인생을 바꿔 놓은 수술 후 회복을 위해 더욱 필수적인 정보는 어느 의사도 알려준 적이 없다. 그리고 이 정보 부족의 결과는 단순히 모르고 있는 것 이상으로 나쁘다. 그녀가 운동에 대해 믿고 있는 모든 것은 불필요하게 두렵기만 하거나, 터무니없이

---

* 러닝 머신과 자전거를 혼합한, 손잡이와 발판이 있는 운동 도구.

부정확하거나, 둘 다였다.

수잔의 암을 치료하는 것도 어려운 일이지만, 그녀를 괴롭히는 또 다른 문제를 해결하는 일은 훨씬 더 어려울 것이다. 이 문제는 질병이 아닌, 지난 200년간 이어져 온 무관심, 무지, 잘못된 정보, 그리고 수치심에서 비롯된 것이다. 나는 이것을 너무나 잘 알고 있다. 왜냐하면 여성들을 치료하는 의사로서뿐만 아니라, 나 자신도 환자로서 이 싸움을 해왔기 때문이다.

2010년 첫 번째 임신 때 만난 의사는 신체활동의 위험에 대해 엄격하고 무서운 일련의 경고를 했다. 심박수를 140회 이상 올리지 말라고 했는데, 이는 내가 빠르게 걸을 때 갖는 수준이었다. 웨이트 트레이닝은 생각도 하지 말라고 했고, 체온을 너무 높이는 것, 즉 땀이 날 정도로 강도 높은 운동을 하는 것도 금지되었다. 내가 늘 격렬한 운동을 했었고, 신체 건강뿐만 아니라 정신 건강에도 유익한 활동을 하고 있다고 스스로 판단하고 있었음에도 이 모든 금지령이 내려졌다. 내 몸은 더는 내 것이 아닌 것으로 이해되고 있었고, 내가 운동에 소비하는 에너지는 자궁 속에서 자라는 아기에게 줄 수 없는 에너지로 여겨졌다. (반대로 출산 후 나는 가능한 한 빠르게 임신 전 체중으로 돌아간 것에 대해 칭찬을 받았는데, 내 의사는 근육량 유지나 그것을 무시한 결과 얻은 부상에 대해선 한마디도 하지 않았다.)

이것이 과연 빅토리아 시대의 여성에게 자전거를 타면 결혼도 못 하고, 불임이 되며, 심지어 정신 이상에 빠질 것이라고 경고했던 규율과 어떻게 다른가? 임신 중 운동에 대한 현대의 불안감이, 의사 A. C. 사이몬톤이 두려운 목소리로 "자전거를 타는 여성이 자전거에서 내려 임신을 할 만큼 넉넉한 시간을 낼 수 있을까?"라고 물었던 그 시대의 불안과 얼마나 다른가?

어떤 면에서는, 여성들이 잘못된 운동을 하면 골반이 변형되거나 자궁이 떨어져 나간다고 믿었던 잘못된 과거로부터 우리는 많이 발전했다. 하지만 다른 면에서는, 여전히 어리석고 근거 없는 비슷한 두려움에 사로잡혀 있다. 강하고 능력 있는 몸을 가진 여성은 좋은 어머니가 될 수 없다는 두려움, 여성이 운동에 쓰는 시간과 에너지는 낭비라는 생각, 여성이 강한 몸을 갖는 것은 보기 흉하고 여성스럽지 않다는 생각, 여성의 가장 중요한 신체적 특징이란 작은 몸이라는 생각까지 말이다.

[여성은] 기품 있게, 우아하게, 공기처럼 자유롭게, 또는 의식적인 힘으로 움직일 수 있다. 그들의 몸은 당당하고 견고하며, 에너지가 넘치고 활기차며, 자신의 존재에 대한 진정한 주권을 행사하고, 그 주권의 본성을 표현한다.[204]

— 엘리자베스 블랙웰, 미국 최초의 여성 의학학위 수여자, 1859

오늘날, 자전거 얼굴이라는 빅토리아 시대의 전염병이나 스키 슬로프에 떨궈진 자궁 등의 황당하고 잘못된 관념들이 의학계와 주류 사회에서 바로잡힌 지 오래다. 그러나 여성과 근육 발달은 어울리지 않는다는 신화는 여전히 남아 있다. 이 신화는 학교 체육 수업, 의학 연구, 심지어 의사 사무실에 걸려 있는 BMI 차트에까지 다양한 방식으로 나타날 수 있다. 하지만 최근 몇 년 사이, 의사들은 마침내 비만도를 건강의 기준으로 사용하는 방식에 대해 재고하고, 환자의 건강한 체성분을 판단하는 데 사용되는 진단 도구들을 재검토하기 시작했다. 신장과 체중을 비교하여 환자가 저체중,

정상, 과체중 또는 비만인지 결정하는 체질량지수BMI 차트는 오랫동안 존재해 왔지만, 이 차트가 의료 환경에서 사용될 때 종종 간과되는 면이 있는데, 특히 여성에게는 더욱 그렇다.

메모리얼 슬론 케터링 암 센터 종양내과의 닐 아이엥가Neil Iyengar는 1830년대에 개발된 BMI 차트는 개별 환자 건강에 대해 심도 있는 평가를 할 수 있는 대체 도구가 아니었다고 말한다. "BMI는 원래 역학疫學 연구 도구로 개발되었습니다." 그는 설명한다. "따라서 인구 수준에서 질병 패턴을 이해하는 데 유용하지만, 우리의 연구에 존재하는 편향, 즉 본질적으로 남성과 남성 질병에 집중된다는 점도 잊지 말아야 합니다."[205]

여성은 남성보다 체지방이 더 많을 뿐 아니라 지방이 분포되는 방식이 다르기 때문에, BMI 차트는 여성의 몸 안에서 일어나는 변화를 정확히 측정하는 데 매우 비효율적인 도구가 된다. 두 명의 가상의 환자를 생각해 보자. 한 명은 건강한 체지방 수준과 평균 이상의 근육량을 가진 여성이고, 다른 한 명은 체지방 수준이 높지만 근육이 거의 없어서 4~5킬로그램 정도 되는 장바구니도 들 수 없는 여성이다. 실제로 여러 의학적 문제에 더 높은 위험을 가진 환자는 후자의 여성이다. 그러나 BMI 차트에서는 전자의 여성이 과체중으로 분류되며, 의사들로부터 체중을 줄여야 한다는 잘못된 지시를 받게 될 것이다.

아이엥가는 이렇게 말한다. "오늘날까지 여성에 대한 거의 모든 체중 감량 조치는 체중 감소와 마른 몸매라는 이상형을 달성하는 데 집중되어 있습니다. 그것이 항상 최선의 접근법은 아니라는 것을 우리는 배우고 있습니다. 특히 최근 유행하는 단식 같은 다이어트의 경우 지방이 줄어들지만, 근육도 함께 줄어들게 됩니다."[206]

이것은 여러 이유로 해로운 패러다임이며, 건강한 몸이 어때해야 하는지에 대해 체계적으로 잘못된 정보를 접해 온 여성들을 본질적으로 무력화하는 것이다. 아이엥가와 같은 의사들은 환자들이 일정 수준의 근육량을 유지하는 것이 체중을 낮추는 것보다 전반적인 건강에 더 중요하다는 것을 이해하도록 돕고 있다. 근육을 키우는 저항 훈련이 대부분의 여성들이 선호하는 칼로리 소모성 유산소 운동보다 훨씬 더 신체의 회복탄력성을 높여준다. 특히 폐경 후에는 체중 부하 운동이 골밀도를 유지하는 데 점점 더 중요해지고, 건강한 체성분을 유지하는 것이 특정 질병의 위험을 낮추는 데 필수적이다. 2018년 연구에 따르면, 정상 BMI를 가진 여성이라도 체지방 비율이 높은 경우(앞서 가상의 사례에서 후자의 여성), 유방암에 걸릴 위험이 거의 두 배에 달한다는 결과를 발표했다.[207] 이러한 여성들은 신체 활동량을 늘려서 가장 크게 혜택을 얻을 수 있는데, 마른 비만이라는 위험한 조합은 언제나 부족한 신체활동과 연관되어 있기 때문이다. 이 지점에서 의료계는 여전히 개선이 필요하다. 이러한 여성들은 '겉보기'에는 건강 문제가 나타나지 않아 운동하도록 권유받을 가능성이 가장 낮기에, 그들이 처한 위험이 간과될 가능성이 가장 높다.

실제로, 대부분의 여성이 신체활동에 관하여 의사로부터 받는 조언은 주당 5일, 30분 운동하라는 포괄적 권고다. 수십 년 동안 변함없는 표준적인 내용이다. 그러나 의대에서는 이 분야에 대해 공식적인 교육을 거의 하지 않는다. 2015년 설문 조사에 따르면, 의과대학의 21.2%만이 운동을 중심 주제로 한 과정을 제공하고 있으며, 그중 약 절반 정도만이 필수 과목이었다.[208] 그나마 대부분의 과정은 운동 생리학이나 스포츠 의학에 중점을 두고 있었고, 건강을 개선하기 위한 운동 방법에 대한 정보는 거의 없었다. 대신, 의사들이 운동에 대해 알고 있는 지식은 대부분 개인적 관심으로 독학해 얻은 것인데, 실제로 그런 관심을 가진 의사는 거의 없다.[209] 의사라는 직업의 잘 알려진 고된 업무량 탓에 체육관에 갈 시간이 거의 없어, 보통의 의사들은 정작 본인의 건강이 좋지 않은 경우가 많다. 그래서 위선적으로 보이고 싶지 않은 심리에, 많은 의사들이 환자에게 운동을 하라는 직접적인 조언을 꺼리게 된다.

이러한 방식으로, 운동을 어떻게, 얼마나 해야 하는지에 대한 의학적 사고방식은 여전히 100년 전의 잔재를 담고 있다. 아무것도 변하지 않아서가 아니다. 오늘날 의사들은 당신이 실내자전거에서 관능적인 쾌감을 얻을지도 모른다는 두려움에 떨지는 않는다. 하지만 운동을 둘러싼 금기들이 사라진 후에도, 그 금기들이 만들어낸 무지는 여전히 남아 있기 때문이다. 여성 스포츠가 가치 있게 여겨지고 찬사를 받는 세상은, 스포츠가 여성의 건강과 어떻게 상호작용하는지에 대해 뇌 기능과 기억력에서부터 골밀도, 관절 안정성, 호르몬 수치 등 오랫동안 미뤄온 질문을 할 수 있는 세상이다. 젊은 시절에 스포츠를 한 여성은, 하지 않았던 여성과 다른 방식으로 노화하는가? 여성 축구 선수들도 남성 미식축구나 아이스하키 선수들처럼 반복적인 머리 외상의 누적된 효과를 겪을 위험이 있는가?

최근까지 우리는 이러한 질문들에 답할 길이 없었다. 이 분야의 거의 모든 과학적 연구는 남성에 대한 연구를 기반으로 했다.

<스포츠와 신체활동에서의 여성 저널Women in Sport and Physical Activity Journal>이 2014년부터 2020년에 발표된 5,200편 이상의 논문의 성별 구성을 분석한 결과, 여성에만 집중한 연구는 6%에 불과했으며, 남성만을 다룬 연구는 31%였다.[210] 또한 스포츠 의학 분야는 여전히 남성들이 지배하는 분야로, 심지어 여성 운동선수를 다루는 경우에도 그러하다. 이 글을 쓰고 있는 현재, 내셔널풋볼리그 NFL, 미국농구연맹NBA, 메이저리그베이스볼MLB의 모든 팀 주치의는 남성이고,[211] 여성 농구 선수들이 소속된 전미여자농구협회WNBA의 팀 주치의 가운데 82%가 남성이다.

하지만 여성이 엘리트 운동선수로서 감당해야 했던 낙인이 점차 희미해지면서, 이 선수들을 돌보는 의학적 관심도 마침내 만회하기 시작했다. 이는 긍정적이고 필요한 발전이다. 왜냐하면 여성들이 더 많이 운동을 하고, 신체활동에서 뛰어난 성과를 내기 시작하면서 여성 운동선수 삼징후Female Athlete Triad, FAT로* 병원에 내원하는 사례가 늘었기 때문이다. 이 세 가지 징후는 섭식 장애, 불규칙한 생리, 골밀도 감소를 특징으로 하는데 특히 발레리나, 체조 선수, 엘리트 경주자 등 극도로 마른 체형이 자산으로 여겨지는 스포츠에서 흔히 나타난다. 치료하지 않으면 불임, 스트레스 골절, 면역 시스템 손상, 신진대사 저하, 심혈관계 손상, 정신 건강 문제 등 심각한 장기적 결과를 초래할 수 있다.

하버드 의대 스포츠 의학 부교수인 캐서린 아커먼Kathryn Ackerman은 내게 이렇게 말한다. "제 환자 가운데 특정 BMI를 유지

---

* 신체활동이 왕성한 젊은 여성 선수들에게 특징적으로 나타나는 세 가지 증상이다.

해야 한다고 생각하는 운동선수들이 있는데, 그 체중에 도달하면 생리가 멈춥니다. 모두 가능한 한 최대한 마른 체형을 유지하고, 최저 체중을 유지하는 것이 큰 관심사이지요. 그러면서도 '그래도 BMI가 정상이니 괜찮겠지'라고 생각합니다. 실제로 중요한 것이 무엇인지를 고려할 생각조차 하지 않는 거죠."[212]

작고 가벼운 몸을 갖는 것에 대한 강조는 골밀도 검사DEXA 같은 기술의 보급으로 더욱 심화되었다. 과거 DEXA 스캔은 의료 전문가만 사용할 수 있는 진단 도구였으나, 이제는 대학 스포츠 분야로 넘어와 코치들은 여성 운동선수들의 체성분 비율 모니터에 사용하고 있다. 2022년 〈뉴욕 타임스〉는 젊은 여성들이 가능한 한 날씬해야 한다는 압박을 받는 정도가 매우 심하고, "날씬할수록 더 좋다"는 사고방식이 깊게 자리하고 있어서, 운동선수들이 실제 경기력에는 아무런 영향을 주지 않더라도 체지방을 줄이기만 하면 축하를 받는 상황이 발생한다고 보도했다. 너무 말라서 생리가 멈추고 머리카락이 빠지기 시작했음에도 불구하고 말이다.[213]

최근에 와서야 이러한 증상들이 신체가 스트레스를 받고 있다는 신호라는 인식과, 무슨 희생을 치르더라도 날씬해지고 싶다는 욕망은 여성이 강해지기 위해서가 아니라 날씬해지기 위해서 운동을 해야 한다는 끈질긴 관념이 남긴 유해한 유산에 불과하다는 인식이 점점 커지고 있다. 아커먼은 이렇게 말한다. "모두가 강함보다는 날씬함에 집중하고 있습니다. 그들은 '내 허벅지 사이에 틈이 있는지?' '팀의 다른 선수들처럼 날씬해 보이는지?'를 묻고 있습니다. 정작 중요한 실제 훈련이나 경기력 향상은 뒷전으로 밀리는 거지요."[214]

너무 오랫동안, 여성은 생애 최고의 체력을 갖춘 상황에서도 극도로 마르지 않았다면 심지어 의사로부터도 긍정적인 평가를 받지 못했다. 여성의 신체와 기존 의학계 사이의 관계를 바꾸려는 의사들은 새로운 패러다임을 제시한다. 여성이 체중을 얼마나 줄였는지가 아니라 근력이나 속도, 힘 면에서 얼마나 강해졌는지를 기준으로 개선의 정도를 측정하자는 관점이다. 이 분야에서 아커먼이 선두에 서 있다. 그녀는 최근 보스턴 어린이 병원에서 '여성 운동선수 프로그램Female Athlete Program'을 시작했다.[215] 여러 분야의 전문의들이 모여 생애 모든 단계에서 여성 운동선수들의 다양한 요구를 충족시키고자 하는 획기적인 프로젝트다. 상황의 진전을 보여주는 하나의 징표는 이 프로젝트에 참여한 많은 의사들이 과거 운동선수로 활동한 경력이 있다는 점이다.

한편, 연구 과학자들은 스포츠 관련 부상에서 드러나는 성별 차이에 주목하기 시작했으며, 이로 인해 의학 교육에서부터 스포츠 장비에 이르기까지 여성 신체의 고유한 특수성을 반영하려는 부수적 효과가 일어나고 있다. "작게 만들고 분홍색 칠하기" 식의 여성용 운동 장비 제작 방식은 점점 구태로 여겨지고 있으며, 대신 여성 신체의 해부학적 차이를 고려하고 그것을 중심에 두는 디자인이 선호되고 있다. 한때 여성으로 하여금 웨이트 트레이닝을 멀리하게 했던, "중량 운동을 하면 덩치가 커진다"는 두려움은 사라졌다. 이제는 여성 피트니스 인플루언서들이 자신이 얼마나 많이 스쿼트를 할 수 있는지 공개적으로 자랑하는 세상이 되었다. 빅토리아 시대의 그 튀어나온 눈, 앙 다문 턱, 목에 갑상선종처럼 혹이 난 자전거 탄 괴물은 의학적 의식과 대중의 상상 속에서 사라졌다.

그녀를 대신하여 필요한 것은 새로운 괴물이 아니라 강하고 빠르
며 두려움 없는, 그리고 당당하게 자기 자리를 차지할 준비가 된 아
이콘이다.

4장

혈액

순환계

심장의 문제들

여성으로 변모하기 시작하는 어린 소녀가 먹는
것을 멈춘다면, 혈액이 진해지고 느리게 움직일
것이다. 만약 너무 많이 먹거나 수분 많은 음식을
섭취한다면, 과도한 혈액이 만들어질 것이다.
기이한 음식을 먹는다면 혈관이 막힐 것이다.[216]

__ 히포크라테스의 가르침에 대한 헬렌 킹의 해석, 2002

여성으로 변모하기 시작하는 어린 소녀가 먹는
것을 멈춘다면, 혈액이 진해지고 느리게 움직일

순환계는 혈액을 몸 전체로 보내는 모든 기관으로, 혈액을 펌프질하는 심장, 이를 운반하는 정맥과 동맥 등으로 이루어져 있다. 또한 순환계에는 결정적으로 혈액 자체도 포함된다. 이런 이유로 순환계는 현대 의학이 등장하기 훨씬 전, 심지어 고대 사회에서 인간이 처음 인체 내부를 탐구하고 치료법을 연구하기 시작하기 훨씬 전부터 우리가 어느 정도 이해하고 있던 몇 안 되는 체계 가운데 하나다. 의학적 훈련이 없어도 피부에 구멍이 나면 거기서 혈액이 흘러나와 맺히는 것을 관찰하고, 다른 이의 가슴에 귀를 대고서 심장 박동을 듣고, 누른 손가락 아래서 맥박이 뛰는 것을 느끼고, 팔다리(혹은 머리)가 잘린 곳의 동맥에서 피가 뿜어져 나오는 것을 볼 수 있었다.

히포크라테스의 가르침에 따르면 혈액은 점액, 흑담즙, 황담즙과 함께 신체에 존재하는 네 가지 체액 중 하나로, 이들 체액의 균형은 좋은 건강을 유지하는 데 필수적인 것으로 여겨졌다.[217] 물론, 이는 순환계에 대한 매우 부분적인 이해를 보여주는 것으로, 직관적이라기보다는 간과하거나 오해한 것이 훨씬 더 많았다. 하지만 의사들이 동물을 절개해서 얻은 정보를 인체에 대입해 축적한 해부학적 지식과 마찬가지로, 당대의 지식은 여전히 유용하고, 심지어 생명을 구하는 데에도 도움이 되었다. 가령 지혈과 절단 부위 봉합에 사용한 소작술cauterization은 고대에 개발되었는데,[218] 뜨거운 철제나 칼날로 상처 부위를 태우면 출혈을 멈출 수 있다는 정확한 이해에 바탕을 두고 있었다. 이 절차에 대한 언급은 히포크라테스, 알렉산드리아의 레오니다스Leonides, 그리고 중국의 소문素問 등이 남긴 고대 문헌에서 찾아볼 수 있다.[219]

하지만 여성 의학에 있어서는 당시의 한계가 더 극명하게 드러난다. 의사들이 그들의 지식 공백을 메꾸기 위해 과학에 의지하는 만큼이나 편견에 기반한 추측으로 그 공백을 채우려는 경향은 훨씬 더 심각한 문제를 일으켰다. 알렉산더 포프Alexander Pope의 유명한 말, "조금 아는 것이 전혀 모르는 것보다 더 위험하다"는 말이 왜 일리가 있는지 보여주는 부분이다.

2,000년 넘게 의학을 지배했던 '체액설humorism'에는 과학의 진전을 가로막는 성차별적 허무맹랑함이 특히나 가득해서, 체액 자체에 성별적 가치가 부여될 정도였다. 옛 의학적 상식에 따르면 여성의 몸은 '점액질phlegmatic'로 점액이라는 체액이 가득 차 있고 그 지배를 받는 반면,[220] 남성의 몸은 '다혈질sanguine' 또는 '담즙질choleric'로, 혈액과 담즙에 의해 지배된다고 여겨졌다. 의사들이 모든 인간의 신체에 네 가지 체액 모두 존재한다고 이해하고 있었음에도 불구하고, 의학적인 관점에서 혈액은 남성적인 것으로 간주되었다. 혈액이 우세한 남자는 남성적이고 건강하며, 우수한 신체의 전형으로 여겨졌다. 반면, 여성에게 혈액이 과도해지면 균형을 잃을 위험이 있으므로 이를 억제하거나 심지어 의도적으로 배출해야 한다고 생각했다.

의학 지식의 발전과 19세기 세균 이론germ theory의 등장으로 체액설은 결국 의학사에서 폐기되었지만, 체액설로 인해 굳어진 편견은 훨씬 더 깊이 뿌리 박혀 있었다. 체액설은 여러 의학 분야에서 미묘한 방식으로 계속 나타났다. 가령 비뇨기과에서는 여성은 점액질 체질이라 누출 현상이 자연스럽다고 인식해 수 세기 동안 여성의 요실금에[221] 무관심했고, 결과적으로 수 세대에 걸쳐 여성들이 충분히 치료 가능한 이 질환으로 인해 불필요한 고통을 감내해야 했다(오늘날에도 여성이 여전히 비뇨기계 문제로 고통받는 이유와 이와 관련한 다양한 남성 의사들의 경시적 태도에 대한 내용은 비뇨기계를 다룬 7장을 참조하기 바란다). 혈액 장애, 심장질환 등 순환기 질환에서는 이 영향이 훨씬 더 노골적으로 나타났는데, 여성의 신체처럼 여성의 혈액 역시 건강한 남성의 표준과는 다르고 열등하다는 확신이 추동력으로 작용했다.

일부 질환은 여성의 타고난 연약함으로 인해 명시적인 여성 질환으로 분류된 반면 어떤 질환들, 가령 심장병은 여성에게는 전혀 영향을 미치지 않는다고 간주되었다. 무엇보다 중요한 점은, 히포크라테스가 묘사한 가상의 소녀처럼 수분이 많은 음식을 선호해 과도한 혈액으로 몸이 붓는 경우처럼, 이러한 질환에 걸린 여성들은 병을 자초했거나 최소한 체질이나 의지가 약해서 병이 유발되도록 방치했다는 것이다. 그리고 여성이 해부학적으로나 도덕적으로 자신의 건강을 돌보기에 너무 연약하다는 사실이 확립되자, 치료법은 자명해졌다. 여성은 자신의 혈액과 몸, 생활에 대한 통제권을 남성에게 넘겨야 하는 것이다.

저는 잘 모르겠지만, 소녀들에게 나타나는 녹색증*은 쾌락에 과도하게 탐닉한 결과라고 말하는 의사들이 있습니다.[222]

— 자코모 지롤라모 카사노바, 1792

흔히 녹색증chlorosis이라 불리는 질환은 여성의 순환계에 대한 대표적인 불가사의 중 하나로, 사회적으로 주조된 질병의 완벽한 사례이다. 의학적으로는 철분 결핍성 빈혈 및 그와 유사한 질환들의 증상을 묘사하는 용어로 녹색증을 이해하면 가장 적절하다. 관련된 증상들은 매우 다양하면서도 지극히 비특이적이었다. 가장 일반적인 증상은 허약함과 창백함이었고, 숨 가쁨, 두근거림, 실신 등도 있었는데, 이러한 증상들은 다양한 질병에 의해 유발될 수 있었다. 녹색증의 특징은 어떤 증상이 나타나는지가 아니라 어떤 사람들에게 나타나는지에 있었다. 바로 청소년기 소녀들과 젊은 여성들이었다.

히포크라테스의 기록에서는 이 질환이 '처녀들의 질병에 대하여On the diseases of virgins'라는[223] 텍스트에 포함되어 있으며, 카사노바는 (맞다, 그 카사노바) 자신의 자서전에서 "쾌락에 과도하게 탐닉해서" 발생한다고 언급한다. 비록 성병은 아니지만, 육체적 욕망과의 연관성에서 볼 때 분명 비슷한 범주에 속하는 것으로 여겨졌다.

이 질환이 언제나 녹색증으로 불렸던 것은 아니었다. 17세기 이전에는 "녹색병green sickness"으로 알려져 있었으며, '녹색증'라

---

* 피부가 창백하거나 녹빛을 띠는 증상으로 현대 의학은 철분 결핍성 빈혈의 한 형태로 간주한다.

는 단어는 세계에서 가장 오래된 의과대학 중 하나인 프랑스 몽펠리에 대학교 의과대학 교수 장 바란달Jean Varandal의 1615년 저서에 처음 등장했다.[224] 그는 이 질환의 이름을 그리스어 'chlôros'에서 따왔는데,[225] 이는 영리한 중의법이었다. 이 단어는 녹색을 의미할 뿐만 아니라, 새롭고, 신선하며, 성적으로 미숙한 상태도 함의하고 있다.

바란달은 이 질환이 우선 "가장 고귀하고 아름다운 젊은 소녀들"에서 주로 발견된다고[226] 적고 있는데, 이는 녹색증이 주로 아름다운 소녀들의 문제라는 기존의 통념과 일치한다. 또한, 비슷한 시기인 16세기 말, 윌리엄 셰익스피어가 녹색증을 그의 명작에 포함시켰는데, 그 이름보다는 묘사를 통해 그 특징을 알아볼 수 있다. 셰익스피어는 〈로미오와 줄리엣〉에서, 창백하고 병약하며 여성적으로 규정된 달의 이미지를 그려내는데, 그 달은 아름다운 줄리엣의 광채를 시기한다.

> 그녀의 시녀가 되지 마라, 그녀는 시기심이 많으니
> 그녀의 처녀 복장은 병약하고 창백한 녹색일 뿐
> 그것을 입는 건 어리석은 자들뿐이니, 벗어던져라[227]

병약한 녹색의 처녀 복장? 이는 줄리엣의 처녀성을 나타내는 당돌한 비유로, 어리석고 매력 없는 의상처럼 재해석한 것이다. 벗어버려라! 어서!

녹색증은 여성 의학 역사에서 사회적, 문화적 요소가 강하게 작용한 수많은 질병 중 하나였을 뿐이다. 그 시대에는 여성을 건강하게 하는 것은 곧 여성을 아름답게 하는 것과 거의 동의어로 여겨지곤 했다. 녹색증은 성행위가 치료법으로 권장되었던 몇 안 되는 사례 중 하나였는데, 이는 셰익스피어의 외설적인 농담의 소재였을 뿐 아니라, 명실상부하게 의사가 내린 처방이었다. 1554년, 독일의 왕실 의사인 요하네스 랑게Johannes Lange는 친구에게 쓴 편지에서 친구의 첫째 딸인 안나Anna에 대해 언급했다.[228] 그녀는 결혼할 나이에 이르렀지만, 그녀의 아버지는 안나의 건강 문제를 이유로 구혼자들을 거절하고 있었다. 안나는 쉽게 숨이 차고, 음식을 보면 메스꺼움을 느끼며, 무엇보다 눈에 띄게 창백했다. 가족의 주치의들은 진단에 합의하지 못했지만, 랑게는 그 질병을 바로 알아봤다. 히포크라테스가 '처녀들의 질병'이라고 부른 질병을 안나가 앓고 있음이 분명했다.

안나의 몸에서 일어나고 있는 일에 대해 랑게가 착안한 이론은 의학적 정확성이 부족한 부분을 상상력으로 보충해서 만들어졌다. 그는 안나가 여성으로 전환하는 시점에 있다고 주장하며, "이 시기에는 자연적으로 월경혈이 간에서 자궁의 좁은 공간과 혈관으로 흐른다. 그러나 자궁의 입구가 아직 넓어지지 않았고, 점액질의 두껍고 조악한 체액에 의해 막혀 있으며, 결국 혈액의 높은 점도로 인해 빠져나갈 수 없다"고 쓰고 있다.[229]

랑게의 관점으로 보면, 안나의 증상은 "더러운 월경혈"로부터 비롯되었으며, 이 피는 서서히 그녀의 몸 안에 차올라 간과 장, 심장을 유독하고 끈적거리는 폐기물로 뒤덮고 있었다. 여성이 자신의 배출되지 않은 월경혈로 인해 서서히 중독된다는 개념은 상당히 인상적이며 음울할 정도로 황당하지만, 맥락상으로는 놀랍지는 않다. 이는 체액설의 지속적인 영향을 반영하며("안나는 여성이기 때문에 몸이 점액질로 가득 차 있을 터인데, '두껍고 조악한' 물질이 그녀 몸의 배출구를 막아서 혈액이 빠져나갈 길이 없었다"), 이후 의학계에 유행할, 못지않게 황당한 '자가중독설autointoxication'을 예고한 것이었다. 자가중독설은 변비에 걸린 여성은 배출되지 않은 대변으로 인해 뇌 중독을 일으킬 수 있다는 가설이다.

빅토리아 시대의 의사들이 브랜 플레이크*와 요거트 관장으로 자가중독설에 맞서 싸운 반면, 16세기의 녹색증에 대한 해결책은 훨씬 더 원시적이었다. 랑게가 전한 바에 따르면, 히포크라테스의 "믿을 만한 조언"이란 처녀들의 질병에 시달리는 여성을 사혈瀉血, bloodletting로** 치료하라는 것이었다.

물론, 처녀에게서 피를 보게 만드는 방법은 한 가지가 아니다… 내가 무슨 말을 하고 있는지 알아차린다면 말이다.

"이 병에 걸리는 처녀들은 가능한 한 빨리 남자와 함께 살면서 교접해야 합니다"라고 랑게는 적었다.[230]

물론, 그의 조언은 당대의 과학적 관습을 적용해 비틀어 보면 나름의 논리가 있기는 하다. 만약 여성의 '좁은 입구'가 점액질로 막혀 있어 '불결한' 월경혈이 빠져나가지 못한다고 믿는다면, 그 막힘을 뚫어낼 어떤 것, 가령 남편의 음경 같은 것을 삽입하는 것이 진정 논리적인 해결책처럼 보였을 것이다. 그러나 랑게가 해를 끼치려는 의도를 갖지 않았음에도 불구하고, 성과 결혼을 치료법으

---

*   밀이나 귀리를 볶은 시리얼의 한 종류.

**   환자의 몸에서 피를 뽑아내는 요법.

로 제시한 것은 순환기내과 분야 전체에 가부장주의적 태도를 주입했으며, 이는 쉽게 사라지지 않을 유산으로 남게 되었다.

　다음 몇 세기에 걸쳐 녹색증은 계속해서 젊은 여성들을 괴롭혔으며,[231] 한때 그 질환을 신비롭고 자극적이라 여긴 의사들로 하여금 녹색증을 처녀성, 성적 매력, 그리고 성과 동일시하도록 교란시켰다. 결혼을 통한 성관계가 녹색증의 만병통치약이라는 관념은 종국에는 퇴출되었지만, 녹색증이 여성의 자율성을 남성의 권위에 양도해야만 치유될 수 있는 생활습관 관련 질환이라는 관념은 사라지지 않았다.

　랑게는 안나의 아버지에게 결혼이 그녀를 치료할 것이라는 확신으로 편지를 마무리했다. "이 처녀들의 질병을 치료하는 데 있어, 제 기대가 빗나가거나 실망한 적은 한 번도 없습니다." 그리고는 그것이 순전히 정당하다고 느꼈던지, 결혼식에 스스로를 멋대로 초대했다.

◇◇◇

　녹색증이라는 단어가 의학용어로 등장한 지 거의 300년이 지난 시점인 19세기 후반, 이 질환으로 고통받는 한 젊은 여성이 의사와 대화를 나누고 있다. 그녀는 최근 건강을 회복하기 위해 바닷가를 다녀왔지만,[232] 여행은 오히려 역효과를 가져온 듯했다. 그녀는 훨씬 더 창백하고, 훨씬 더 여위고, 너무나 쇠약해진 상태로 돌아와 심지어 그녀의 약혼자조차 그녀 모습에 놀라움을 감추지 못했다.

그녀의 의사는 사이먼이라는 남자로, 최근 독일에서 장기간 공부를 하고 돌아온 소화기계 질환 전문의이다. 그는 독특한 외모를 가졌는데, 어린아이에게서나 볼 법한 창백한 피부와 금발 머리를 지녔다. 숱이 적은 머리카락은 피부와 거의 구별되지 않는 눈썹과 같은 색이었고, 아랫입술은 마치 어린 소년의 것처럼 매우 도톰해서 뾰로통해 보이기까지 했으며, 철테 안경 너머 보이는 눈은 창백하고 불안감을 주는 푸른 빛을 띠고 있었다. 젊은 여성은 그가 그녀 대신 주로 진료기록을 보는 것에 안도감을 느끼며, 의사 또한 그녀의 시선을 피하고 있다는 사실도, 그녀 앞에서 거의 긴장한 듯 보인다는 사실도 전혀 눈치채지 못하고 있다.

우선, 그는 그녀의 병력을 기록한다. 소화불량에 이어 전반적인 무기력, 다음으로 체중 감소와 설사, 그리고 바닷가에서 몇 주를 보냈어도 나아지지 않은 창백함과 쇠약함. 그는 그녀의 식습관, 월경, 그리고 성적인 성향에 대해 묻는다. 특히 마지막 항목에 가장 관심이 많은 듯하다. 그녀가 결코 누구에게도 말할 것이라 생각하지 않았던, 바닷가로 떠나기 전 어느 저녁에 일어났던 일에 대해 결국 고백하게 되자, 그는 마치 모든 것을 알고 있다는 듯 고개를 끄덕이며 적어 내려간다.

1897년, 이 젊은 여성은 〈미국 의학 과학 저널〉에 "녹색증의 31가지 사례 연구, 질병의 원인과 식이 치료에 관한 특별한 고찰"이라는 제목의 논문에서 익명의 환자로 등장하게 된다. 사례의 특성상, 사이먼은 그녀의 발병뿐만 아니라 그녀의 신원에 대해서도 매우 모호하게 기술할 것이다. 다른 환자들은 이름의 이니셜로 식별되는 반면, 이 환자는 "미스 X"라고만 불린다. 그러나 그의 신중함에도 불구하고, 막상 질병을 진단함에 있어 사이먼은 "처녀들의 질병"이라고 부르던 중세 의사들과 다르지 않았다. 실제로 그는 이 환자의 질환이 스스로 유발한 것이라고 믿었다. 그는 자위행위가 녹색증의 주요 원인이자 종종 간과되는 원인이라고 주장한다.

그는 "이 사례에서 심한 녹색증 발작은 충족되지 않은 성적 욕망으로부터 발생했다"라고 쓰고 있다.[233]

◇◇◇

여성의 자위행위가 거의 모든 건강 문제의 숨은 원인이라는 당시 의사들 사이에서 흔했던 그 특이한 신념을 따르기는 했지만, 찰스 E. 사이먼Charles E. Simon은 녹색증이라는 질환을 탐구한 의사 중 비교적 더 통찰력 있고 덜 비판적인 쪽에 속했을 수도 있다. 심지어 병적으로 성적 욕구가 강한 탓에 질환을 앓게 되었다는 진단을 받은 미스 X도 궁극적으로는 성적 결핍이 아닌 빈혈 때문에 고통받고 있다는 사실을 사이먼은 정확히 이해했다. 그는 고단백 식이요법을 권장했는데, 이는 효과적인 치료법이었다. 실제로 사이먼은 1897년 논문에서 그녀의 사례를 소개한 후 단호한 결론을 내린다. 미스 X의 사례를 포함한 모든 경우 각 사례의 특수성과 관계없이 "녹색증은 대다수의 경우 영양 결핍의 결과"라고 말이다.[234]

미스 X가 빈혈을 일으킬 만큼 영양 결핍에 이르게 된 원인에 대해서, 사이먼은 지나치게 신중하게 기록한 나머지 자신이 무엇을 말하는지 이해하기 어렵게 만들었다. 그는 녹색증의 발작이 그녀가 몇 차례에 걸쳐 "성적으로 매우 흥분한 상태에 이르러… 성교 없이 오르가슴을 경험한 후" 발생했다고 기록했다.[235] 이 일이 그녀가 잠을 자는 동안 일어났는지, 자위행위 때문인지, 아니면 약혼자와의 장난스러운 스킨십으로 발생했는지는 미스터리다. 하지만 여성이 여러 차례 자발적인 오르가슴을 경험하는 것을 "충족되지 않은" 상태로 묘사하는 사이먼의 논리도 마찬가지로 미스터리다(말할 필요도 없이, 어떤 이들은 이것이야말로 충족의 정의로 여길 것이다).

사이먼이 성(혹은 성적 결핍)을 녹색증의 근본 원인으로 지나치게 강조하는 인상을 주지만, 이는 그만의 생각이 아니었다. 19세기 의사들이 체액설을 버리고 더 정교한 의학 이론을 채택했음에도, 녹색증은 그 이름은 달라졌을지언정 여전히 처녀의 질병이라는 명성을 유지했다. 의료계에서는 여전히 녹색증을 젊음, 아름다움, 그리고 성적 매력의 동의어로 여겼다. 1852년, 의사 프레더릭 홀릭 Frederick Hollick은 녹색증 환자들을 "섬세하고 흥미로운" 존재로 묘사하며, 이 질환이 그들의 아름다움을 손상하기는커녕 "오히려 그 매력을 더욱 돋보이게 만든다"고[236] 언급했다. 1899년, 여성에게 임상 의학을 가르친 최초의 영국 의사 중 하나인 바이롬 브램웰 경Sir Byrom Bramwell은 녹색증 환자들이 검사를 받을 때 "아름다운 장밋빛 홍조"로[237] 얼굴을 붉히는 모습을 묘사했다.

놀랄 것도 없이, 이 시기 녹색증 진단은 과학적 이유뿐만 아니라 문화적 상징성으로 인한 사회적 전염 때문에 급증했다. "예쁜 소녀들의 빈혈"이라고[238] 의학 문헌에까지 언급된 이 질병은 선호되는 질환으로 여겨졌다. 어떤 경우에는 녹색증이 단지 성적 매력을 상징할 뿐만 아니라 엘리트 지위와 상류층의 일원임을 상징하는 기능도 했다. 빅토리아 시대에는 특히 청소년기 소녀들이 녹색증에 걸리는 것이 거의 당연시되었고, 의사들은 이를 찾아내도록 학습되었기 때문에 기꺼이 진단을 내렸다.

사이먼과 마찬가지로 브램웰 경이 녹색증 환자에 대해 가진 선정적인 시각도 진정한 의학적 통찰이 완전히 배제된 것은 아니었다. 그도 이 여성들이 빈혈에 시달리고 있다는 사실을 이해했으며, 철분 섭취를 늘리는 방법으로 환자들을 효과적으로 치료했다(브램웰 경은 철분제를 사용한 반면, 사이먼은 고기 섭취를 권장했다). 그도 사이먼처럼 녹색증이 젊은 여성들의 문제라는 일반적인 통념을 인정하면서, "이 질병은 사랑의 좌절로 인해 발생한다고 여겨지곤 했다"고 썼다.[239] 하지만 원인이라기보다는 기여 요인일 수 있다는 회의적인 견해를 표했다. 두 의사 모두 실연(미스 X의 경우 성적 욕망)과 녹색증 사이의 연관성이 여성의 식욕에 미치는 우울증의 영향을 더 많이 반영한다고 관찰했다. 정서적인 트라우마를 겪거나 슬픔에 빠진 여성이 이 질환을 앓게 되는 이유는 그녀의 슬픔 자체가 아니라, 슬픔 때문에 제대로 먹지 않았기 때문이었다.

현대적 기준에서는 상당히 기이한, 녹색증 환자의 아름다움에 대해 이러한 견해가 팽배한 데는 여성성을 신체적 연약함, 완벽한 자기 절제와 동일시하던 빅토리아 시대의 관념이 한몫했을 것이다. 이러한 태도는 특히 (이 책에서 매우 길게 다루는) 소화기계 질환에서 가장 큰 영향을 미쳤다. 이 분야에서는 의학적으로 바람직한 것과 도덕적으로 올바른 것이 자주 혼동되는 가운데 성적 과잉에 대한 시대적 공포까지 얽혀 있었다. (종종 거식증으로도 보이는) 빈혈을 앓고 있는 녹색증 환자들에게 그토록 부드러운 태도와 찬사를 보냈던 의사들은, 병의 원인론과 예의범절이 거의 동등한 과학적 가치를 지니던 시대에 살고 있었다. 그 결과 여성의 왕성한 식욕은 건강하지 않은 신호로 간주되었다. 빅토리아 시대 사람들에게 식도락은 타락에 빠지는 관문으로 간주되었으며, 그로 인한 소화불량은 영혼과 몸의 퇴락을 반영한다고 보았다. 한편, 녹색증에 걸린 여성들은 질병을 앓는 중이라는 점 때문만이 아니라 질병의 결과로 인해 너무나 희고, 너무나 섬세하며, 너무나 아름다웠는데, 거의 예외 없이 식욕이 없다고 묘사되었다. 사이먼의 31가지 사례 가운데 대부분의 녹색증 환자들은 단순히 고기를 피했던 것이 아니라, 노골적으로 고기를 싫어했다.

안타깝게도, 건강과 예의범절을 혼동하여, 여성스러운 품위를 식욕의 부재와 동일시했던 당대의 관념은 녹색증 환자들에게 일종의 딜레마를 안겨주었다. 의학적으로는 그들에게 도움이 되었을 방법, 즉 철분 수치를 높이기 위해 붉은 고기를 먹는 것이 도덕적으로는 금기시되었다(고기를 먹는 것은 타락하고 여성스럽지 않은 육체적 갈망의 표현이기 때문이다). 그리고 찰스 E. 사이먼에게 생긴 불행으로 인해, 이 여성들의 곤경에 대한 그의 통찰이 미스 X를 끝으로 중단되었다. 녹색증의 원인에 관한 그의 논문이 발표될 즈음, 그의 신경증이 악화되어 광장공포증으로 발전했고,[240] 그는 의료 행위를 중단하고 자신의 집 뒤쪽 헛간의 작은 실험실에 고립된 채 여생을 보냈다.[241]

한편 일부 의사들은 녹색증이 일반적으로 영양 부족과 특히 철분 결핍으로 인해 발생한다는 정확한 결론을 내리고 있었지만, 여전히 많은 의사가 이 질병을 더 나은 행동거지를 통해서만 치유될 수 있는 생활습관병life style disease[*]으로 간주했다. 여기서 "더 나은"
행동거지란, 여성이 건강하고 정숙한 삶을 사는 방법을 여성들 당
사자보다 자기들이 더 잘 알고 있다고 믿는 남성들이 구상해낸 것
이었다.[242] 그 결과, 1920년까지 약 100년 동안 녹색증에 대해 처
방된 치료법은 도덕적 교훈으로 가득했을 뿐만 아니라 종종 헛웃
음이 나올 정도로 모순적이었다.

"고기를 먹느냐, 마느냐" 문제는 빙산의 일각에 불과했다.[243]
녹색증으로 진단받은 여성들은 차가운 목욕을 하라는 지시를 받았
고, 뜨거운 목욕을 하라는 지시도 받았으며, 목욕을 아예 줄이라는
권장도 받았다. 신선한 공기를 마시러 밖으로 나가라고 하면서도,
절대로 침대에서 나오지 말라고도 했다. 운동이 권장되었지만, 금
지된 경우도 있었다. 춤을 추는 것은 금지되었으나, 낮에 춤을 추는
것은 치료법이 될 수 있다고 여겨지기도 했다. 어떤 환자에게는 철
분약이 주어졌고, 다른 환자에게는 구토제가, 또 다른 환자에게는
다른 방향으로 독소를 배출하기 위해 설사약이 처방되었다. 승마
는 완화 요법으로 여겨졌지만, 병의 원인으로 지목되면 또 예외가
되었다. '원인' 목록은 급기야 커피를 마시는 것에서부터 깃털 침대
에서 자는 것, 소설을 읽는 것에 이르기까지, 여성이 감각적 즐거움
을 얻을 수 있는 거의 모든 것으로 확장되었다. 그 시대의 전형적인
특징처럼 녹색증에 대한 의학적 이해는 통제되지 않은 여성의 성
적 욕망이라는 유령에 사로잡혀 있었다. 철분 결핍이 분필, 흙, 숯

---

* 사람이 살아온 삶의 방식과 관련하여 발생하는 질환을 말한다. 동맥경화증, 심장질환,
뇌졸중, 비만, 제2형 당뇨병 등이 해당되며 흡연, 음주, 약물남용 등과 관련된 질환도
생활습관병에 포함된다.

같은 것에 대한 기이한 식이 욕구를 동반한다는 사실은 젊은 여성의 건강이 본질적으로 왜곡된, 만족할 줄 모르는 욕망과 연결되어 있다는 관념을 더욱 강화했다.

한편, 녹색증에 대한 초기 히포크라테스 치료법 중 일부는 그 이유를 약간 수정한 후 여전히 사용되었다. 많은 녹색증 환자들이 불규칙한 월경을 겪고 있었기 때문에, 의사들은 다시금 이것이 단순한 증상이 아니라 질병의 원인일 수 있다고 추측하기 시작했다. 즉, 중단된 월경주기가 만들어내는 독성 부산물에 의해 환자가 중독되고 있다는 것이다. 안타깝게도, 이 이론은 잘못된 정보일 뿐만 아니라 의사들이 다시금 녹색증 환자들을 상대로 사혈 치료를 시행하도록 이끌었다. 이는 고기를 먹지 말라는 의료적 금기와 마찬가지로 빈혈을 치료하기는커녕 악화시킬 가능성이 큰 처방이었다. 사혈 치료가 얼마나 널리 퍼져있었는지는 1853년 의사 에드워드 존 틸트Edward John Tilt가 발표한 "여성 질병과 난소 염증에 관한 연구: 병적 월경, 불임, 골반 종양, 자궁 질환과의 관계"라는[244] 논문에서 자세히 언급되었다. 틸트는 동료들과 함께 녹색증을 치료하기 위해 거머리를 사용하였는데, 때로는 여성의 하복부에, 때로는 질의 음순에 거머리를 붙였다고 기록했다.

런던 산과 학회Obstetrical Society of London의 창립 회원이자 후일 회장을 역임한 틸트는 여성들을 대상으로 한 기괴하고 때로는 야만적인 치료법에 익숙한 인물이었다. 그는 특히 의료적 음핵 절제술에 대한 초기의 열정적인 지지자로 알려져 있다. 그러나 심지어 틸트조차도 빈혈 환자들에게 의도적인 사혈 치료를 하는 것이 갖는 모순을 간파한 것으로 보이며, 이는 의학 문헌에서 꽤 흥미로운 사레 중 하나로 기록된다. 그는 일보 진전한 듯했지만, 곧바로 극도로 성차별적인 방향으로 이보 후퇴하는 전형적인 예를 보여주기 때문이다.

그는 불규칙한 월경이 환자에게 "발작"을 일으키고 있는데 이는 피를 방출해야만 완화될 수 있다고 언급하면서, "이 젊은 여성은 빈혈 상태에도 불구하고, 월경혈 배출이 시작되면, 히스테리 증상이 줄어들거나 사라진다"고 썼다.[245]

다시 말하자면, 약간의 빈혈은 히스테리 치료에 비하면 아무것도 아니었기에 음순에 거머리를 붙이는 치료법을 들고 나온 것이다.

20세기로 접어들 즈음 녹색증에 대한 의학적 이해는 완전히 원점으로 돌아왔다. 혈액이 축적되어 발생하는, 아름다운 젊은 여성들이 앓는 특별한 정신 착란으로 여긴 고대 그리스에서 약 2,000년이 지난 후에도 똑같이… 아름다운 젊은 여성들의 특별한 질병으로 여겨지고 있지 않은가. 물론, 1900년대 초반 의사들은 월경 중독설이 왜 체액 불균형설보다 더 과학적으로 타당한 현상인지 설명하는 데 어려움을 겪었을 것이고, 녹색증이 의료계에서 계속 중요한 문제로 남아 있었다면, 결국 설명을 요구받았을 수도 있다.

그러나 그렇지 않았다.[246] 새로운 세기가 시작되면서, 세상은 과학적, 사회적, 문화적으로 변화하고 있었다. 과거 녹색증을 그토록 흔한 진단명으로 만들었던 태도와 관행들은 점차 시대에 뒤떨어진 것이 되어갔다. 아름다움과 연약함을 동일시하던 유행, 수많은 젊은 여성을 철분 결핍으로 내몬 육식 금지 문화, 신생아 빈혈을 초래한 임산부 사혈 치료, 그리고 녹색증을 악화시키던 압박 코르셋 등 모든 것이 영향력을 잃었다. 여성을 강하게 억압하던 빅토리아 시대의 도덕관념도 마찬가지였다. 치마 길이가 짧아지고, 관습이 허물어졌으며, 젊은 여성들은 마침내 사회에서 더 독립적으로 움직일 수 있는 자유를 갖게 되었다. 이들은 연약함과 실신 발작을 연상시키는 진단을 더는 동경하지 않았고, 딸들이 그런 진단을 받는 것도 원하지 않았다. 한때 젊은 여성들에게 일종의 지위의 상징이자 통과의례처럼 여겨졌던 녹색증 진단은 이제 창백하고 병약하며 무기력한 존재의 이미지를 떠올리게 했다. 이러한 건강 문제는 사회적 약점으로 인식되는 데 그치지 않았고, 어머니가 이를 방치했거나, 무능했거나, 혹은 둘 다였을 것이라고 여겨 부정적으로 평가하는 시선으로 이어지기도 했다.

동시에, 의학 기술이 발전하여[247] 녹색증의 진짜 원인인 빈혈을 더 쉽게 진단하고 치료할 수 있게 되면서, 그 용어 자체가 대중의 언어에서 사라지기 시작했다. 창백한 피부, 빛나는 눈, 연약한 몸이라는 특징으로 2,000년 넘게 의료 전문가, 기록물 작가, 시인들의 동정과 관심을 끌었던 여성성의 전형인 '녹색증 소녀' 역시 의학의 기록과 대중의 의식에서 점차 사라져, 결국 기억 속에 남은 흔적에 불과하게 되었다.

이제 그녀의 가슴은 격렬하게 오르내렸다. 그녀는 자신을 사로잡으려 다가오는 그것이 무엇인지 알아차리기 시작했고, 그것을 자신의 의지로 밀어내려 애썼지만 그 시도는 그녀의 하얗고 가는 두 손만큼이나 무력했다. 그녀가 그 감정에 자신을 내맡기자, 살짝 벌어진 입술 사이로 작은 속삭임이 새어 나왔다. 숨죽여 반복했다. '자유, 자유, 자유!' 그녀의 눈에 나타났던 공허한 응시와 공포의 기운은 사라지고, 대신 날카롭고 밝은 빛이 머물렀다. 그녀의

맥박은 빠르게 뛰었고, 세차게 흐르는 피가 몸 구석구석을 따뜻하고 편안하게 만들었다.[248]

녹색증 소녀는 20세기 초반 의학계에서 점차 종적을 감췄다. 그러나 혈액과 심장질환에서 여성성과 연약함을 연결하는 사라지지 않는 문화적 흔적을 남겼다. 여성들이 태생적으로 약하다는 고정관념은 케이트 쇼팽Kate Chopin의 〈한 시간의 이야기The Story of an Hour〉에서 특히 중심적인 주제로 다뤄지는데, 이 작품은 1894년 〈보그〉에 처음으로 실렸다.

"맬러드 부인이 심장질환을 앓고 있다는 사실을 알고 있었기 때문에, 남편의 사망 소식을 그녀에게 가능한 한 부드럽게 전하려고 특별히 주의를 기울였다."[249] 작품의 도입부에는 특정되지 않은 순환기 질환을 가진 젊은 여성의 모습이 그려지는데, 너무나 허약한 그녀에게는 충격적인 소식이 실제로 의학적인 위협이 될 수 있음을 암시한다. 그러나 맬러드 부인의 가족은 물론 그녀 자신도 몰랐지만 독자들은 곧 알아차리게 될 진실은, 일반 사회와 특히 그녀의 남편이 그녀를 대했던 가부장적 태도가 그녀의 삶을 비참하게 만들었다는 사실이다. 그래서 남편이 철도 사고로 죽었다는 소식이 오히려 반가운 위안이 될 정도였다. 실제로 남편이 죽었다고 믿는 그 한 시간 동안, 맬러드 부인은 결혼 생활의 족쇄뿐만 아니라 자신이 가진 질병의 한계까지 벗어던진 듯 보인다. 알고 보니 그녀의 심장은 그다지 약하지 않았고, 이제는 힘차게, 빠르게, 강하게 뛴다. 피는 따뜻하고 강하게 혈관을 타고 흐르며, 그녀의 눈은 빛난다. 그녀는 잠깐 동안 완벽한 순환기 건강의 초상이 된다.

그러나 남편의 죽음은 오보였고 맬러드 부인은 집으로 돌아온 그를 보자 그 자리에서 쓰러져 죽고 만다. 그 이유를 이해하는 사람은 오직 독자뿐이며, 현장에 있던 의사들은 맬러드 부인의 영혼을 짓밟고 그녀의 생명을 앗아간 가부장제의 일부이므로 그 이유를 알지 못한다. 이야기의 결말은 그녀가 생전에 오해받았던 것처럼 죽음에 이르러서도 오해받는 운명을 가진 것으로 묘사한다. "의사들이 왔을 때 그들은 그녀가 심장병으로, '죽을 만큼 기뻐'서 사망했다고 말했다."

여성의 심장질환이 대중적으로 인식되는 맥락은 이와 유사하다. 대체로 선천적으로 약하게 태어난 여성이 감정적 충격 하나로도 죽을 만큼 연약하다는 것이었다. (쇼팽은 여성이 스스로의 자유를 제한하는 것을 모두 "자신의 이익을 위한 것"으로 포장하는 시스템 아래서 그들이 어떻게 고통받는지를 불온하게 비판하면서 이 통념을 활용했지만, 이는 결국 1955년 영화 〈디아볼릭Les Diaboliques〉과 같은 공포 이야기로 이어졌다.[250] 이 영화에서는 한 남자가 심장질환을 앓고 있는 아내가 죽음에 이르도록 그의 정부와 공모해 그녀에게 겁을 줄 음모를 꾸민다.)

하지만 녹색증에 걸린 소녀와 달리, 소설에 나오는 허약한 심장을 가진 여성들은 의학적 도플갱어medical doppelgänger도[*] 없고 그들의 진단에 열을 올리는 의사들도 없었다. 사실, 당시 가장 영향력 있는 과학자들은 여성의 심장질환이 환상에 지나지 않는다고 믿었으며, 심지어 여성들 스스로 만들어낸 환상일 수도 있다고 여겼다.

---

[*]   유사한 증상을 보이는 다른 질환이나 유사한 의료적 경험을 한 인물을 뜻한다.

1897년, 찰스 E. 사이먼이 녹색증 사례 연구를 발표했던 그 해에, 유명한 의사 윌리엄 오슬러William Osler는 심장질환에 관한 고전적인 저서《협심증 및 관련 상태에 대한 강의Lectures of Angina Pectoris and Allied States》를 발표했다. 그는 명확하고 상세한 설명을 곁들여 여성의 심장은 걱정할 필요가 없다는 주장을 펼쳤다.

흥미롭게도, 사이먼과 오슬러는 동시대인이자 친구였다. 사이먼이 공포증으로 인해 정상적인 의료 행위를 계속할 수 없게 되자, 집 뒤의 헛간을 실험실로 개조하여 연구를 계속할 수 있도록 제안한 사람이 바로 오슬러였다.[251] 이 이야기는 감동적일 뿐만 아니라 중요한 의미를 시사하고 있다. 오슬러가 매우 심각한 신경증조차 사이먼의 의료 행위에 장애가 되지 않으며, 그의 한계에도 불구하고 계속해서 이 분야에 기여하지 못할 이유가 없다고 생각했다는 부분에 주목해 보자. 이런 점을 감안하면 오슬러의 공감 어린 성품은 그를 훌륭한 의사로 만드는 데 그치지 않고, 그가 기존의 틀에서 벗어나는 관점을 가진 의료 전문가들, 특히 남성 중심의 의학 클럽에 뛰어들고자 했던 젊은 여성들을 포함하여 도전적 상황에 처한 의료 전문가들의 열렬한 옹호자 역할을 하기에 최적격자라는 생각을 할 수밖에 없다.

안타깝게도, 이 역시 환상에 불과하다. 오슬러가 탁월한 의사였다는 사실은 부인할 수 없다. 그는 현대 의학의 아버지로 묘사되며, "청진기를 사용한 이래 가장 위대한 진단학자 중 한 사람"으로[252] 묘사되었다. 그러나 여성에 대한 그의 대우를 보면 이야기는 그다지 긍정적이지 않다. 오슬러는 여성 의사들의 열렬한 옹호자가 아니었고,[253] 여성 환자들의 구세주도 아니었다. 그리고 여성의 심장에 관한 한, 오슬러는 의료계에 퍼진 가장 위험한 신화 중 하나를 설계한 주요 인물이며, 그 신화는 지금까지도 여전히 과거만큼이나 해로운 상태로 남아 있다.

◈◈◈

1891년 9월, 22세의 '미스 C'는 뉴욕의 핑거레이크 지역에서 메릴랜드주의 유서 깊은 도시 볼티모어로 향한다.[254] 이번 여정은 그녀가 지금까지 경험한 것 중 가장 멀고 긴 여행이다. 여행의 엄중한 이유 때문에 기차 창문 밖으로 펼쳐지는 시골 풍경을 보는 신기한 경험으로 흥분할 겨를도 없다. 이 젊은 여성은 지금 간절히 답을 원하지만, 그 답이 무엇일지, 진단으로 무엇이 드러날 지 두려워하고 있다.

미스 C는 몇 년 동안 가슴과 왼쪽 팔에 통증과 먹먹한 느낌을 경험해 왔는데, 증상이 때에 따라 심해지기도 하고 약해지기도 했지만, 완전히 사라진 적은 없었다. 몇 달에 한 번씩 그녀의 심장은 마치 경련을 일으키는 듯했고, 그럴 때마다 그녀는 움직일 수 없을 정도로 고통스러워하며 숨을 헐떡였다. 한 의사는 종양 때문이라고 했고, 다른 의사들은 원인을 짐작조차 하지 못했다. 결국 그녀의 가족 주치의가 그녀에게 남쪽으로 가서 심장 의학 분야의 최고 권위자에게 진료를 받을 것을 제안했다.

"만약 그녀의 심장에 무슨 문제가 있는지 알 수 있는 사람이 있다면, 그건 윌리엄 오슬러 선생님입니다"라고 그가 말했다.

뒤로 벗겨진 머리와 뚜렷한 M자 이마, 그리고 바다코끼리를 연상시키는 스타일의 콧수염을 지닌 마흔 살의 오슬러는, 훗날 역사를 바꾸어 놓을 그의 커리어가 이제 막 시작되려는 시점에 서 있었다. 새로 설립된 존스 홉킨스 병원의 수석 의사로 부임한 지 불과 2년 만에, 그는 환자의 병력을 꼼꼼하게 기록하는 방식으로 이미 탁월한 진단가로 명성을 쌓고 있었다. 그의 가장 유명한 말은 훗날 북미의 의과대학 문을 통과하는 모든 예비 의사들이 배우게 될 환자 중심 의학의 신조를 담고 있다. "환자의 말을 들으세요. 그는 당신에게 이미 진단명을 알려주고 있습니다."[255] 미스 C를 만난 오슬러는 그의 명성에 걸맞게 철저한 진찰을 수행하고, 세심하고 상세한 기록을 남긴다.

100년이 지난 지금, 우리는 미스 C에 대해 꽤 많은 것을 알고 있다. 오슬러가 그녀를 진찰한 정확한 날짜(9월 29일, 월요일), 첫 증상이 나타났을 때의 나이(통증이 처음 시작된 것은 12세), 그가 맥박을 재기 위해 그녀의 왼쪽 손목 피부에 손을 대는 순간 그녀가 움찔한 것까지도 알고 있다. 그녀가 성실한 학생이었고, 여가시간에 테니스를 즐기던 사람이라는 것도 안다. 또한 그녀가 겪었던 증상이 의사들을 당황시켰을 뿐 아니라, 친구들을 걱정하게 했다는 사실도 알고 있다.

하지만 이것은 미스 C의 목소리가 아니다. 오슬러의 목소리이다. 우리가 이 젊은 여성에 대해 아는 모든 것은 그녀가 그에게 말한 것이 아니다. 그녀에 대해 기록할 만큼 중요하다고 오슬러가 판단해서 적어둔 것들에 불과하다. 그리고 이 의학적 초상화를 그리면서, 오슬러가 진정으로 드러내는 것은 미스 C가 누구였는지, 또는 그녀가 어떤 질환을 앓고 있었는지에 대한 것이 아니라, 그녀가 의사의 눈에 어떻게 비쳤는지를 보여줄 뿐이다. 이 의사는 환자의 이야기를 듣는 것이 중요하다고 믿는 가치 있는 신념을 가졌지만, 동시에 여성의 심장, 여성의 건강, 그리고 자신의 몸에서 일어나는 일을 스스로 해석하는 여성을 신뢰하는 정도에 대해서는 훨씬 후진적인 두 번째 신념도 함께 가지고 있었다.

미스 C는 그토록 멀리까지 구하러 왔던 진단을 얻지 못하고 빈손으로 집으로 돌아가게 될 것이다. 오슬러가 답을 가졌다 하더라도 그것은 그녀가 던진 질문에 대한 답도 아닐 뿐더러, 그가 그녀와 공유했던 것 같지도 않다.

"환자는 분명히 매우 신경증적이었다. 그녀는 심장질환도 없었고, 혈압도 증가하지 않았으며, 혈관 경화증도 없었다."[256] 그는 이렇게 적으며, 그녀의 심장 경련이 생리적 상태의 결과가 아니라, "흥분과 감정"으로 인한 것이라고 설명한다. 그리고 "긍정적인 예후"라는 약속과 함께 그녀를 돌려보내는데, 그것은 아이의 머리를 쓰다듬으며 "아가야, 걱정 마"라고 달래는 것과 비슷한 의료 행위라고 볼 수 있다. 하지만 미스 C의 문제는 심장이 아니라, 공부를 너무 많이 해서 악화된 신경증적 성향이라고 이미 결론을 내려놓은 마당에 어떻게 다른 결과가 나올 수 있겠는가? 그 병이 존재하지 않는다고 이미 확신한 후에 어떻게 그 병을 진단할 수 있단 말인가?

의과대학에 가려고요? 가지 마세요. 집으로 돌아가세요.[257]

—윌리엄 오슬러가, 여성 의과대학생 도로시 멘덴홀에게 한 말, 1900

미스 C의 기묘한 사례는 앞서 언급한 윌리엄 오슬러의 저서

《협심증 및 관련 상태에 대한 강의》에 등장한다.[258] 이 책은 오슬러의 경력에서 가장 중요한 교과서 중 하나였지만, 그 출판 전후로 두 가지 주목할 만한 사건이 있었다. 이 사건들이 오슬러에게는 별로 중요하지 않았겠지만, 그가 여성과 의료 시스템 간의 관계에 대해 어떤 영향을 끼쳤는지를 파악하는 데 중요한 맥락을 제공한다.

첫 번째 사건은 1894년, 오슬러가 심장질환에 관한 강의를 발표하기 3년 전, 하버드 의대 동문회 연례 만찬에서 연단에 섰을 때 일어났다. 그는 여성의 의학 교육이 헛된 일이었다고 선언하며 다음과 같이 말했다. "존스 홉킨스 병원에서 단기 세션을 마친 여학생 중 33.3%가 결혼을 하게 될 것이라고 말씀드립니다. 그래서 저는 남녀공학은 실패한 것이라고 말씀드릴 수 있습니다."[259] ('모든 것을 갖춘다'라는 개념이 아직 만들어지지 않았던지라, 여성이 의사이면서도 결혼을 할 수 있다는 가능성은 그에게 불가능했던 것 같다.)

두 번째 사건은 1900년 봄, 오슬러가 존스 홉킨스 의과대학을 방문했던 1학년 의대생 도로시 멘덴홀Dorothy Mendenhall을 만났을 때 일어났다. 오슬러는 병원 정류장에서 멘덴홀이 전차에서 내릴 때까지 분노에 찬 시선으로 쏘아보았고, 이어 그녀를 따라가서 심문한 후 집으로 돌아가라고 명령했다.[260]

물론, 오슬러는 그가 살아간 시대의 다른 많은 남성들처럼 여성이 의사가 되는 것이 적합하지 않다고 믿었지만, 존스 홉킨스 의과대학의 설립자 중 한 사람이자 초대 교수로서 여성들에게 의학을 가르쳤다는 공적도 가지고 있다. (당시 25세의 도로시 멘덴홀은 오슬러가 그녀에게 다가왔을 때 매우 당황했다고 일기에 적었는데, "그는 정말 무안할 정도로 나를 응시하면서, 머리부터 발끝까지 훑어보았다. 마치 나중에 참조하기 위해 세세한 사항을 분류해서 기록하는 것 같았다"고 썼다.[261] 그럼에도 그녀는 단념하지 않았고, 존스 홉킨스 의과대학의 첫 여성 졸업생 중 한 명이 되었으며, 오슬러의 지도를 받으며 권위 있는 인턴십을 수행하기도 했다. 그녀는 또한 림프종의 일종인 호지킨병을 표지하는 주요 혈구를 발견하였다.)[262]

또 여성 심장병 환자를 불편하게 여기던 의사가 오슬러뿐이었던 것도 아니다. 1860년대 프랑스에서 의사 르네 레네크René Laennec는 여성의 심장이 여성의 유방 가까이에 위치해 있다는 점 때문에 큰 불편함을 느꼈다. 그래서 그는 여성 환자의 가슴에 귀를 대는 것을 피하기 위해 청진기의 초기 모델을 발명했다.[263]

하지만 오슬러의 유산인 그의 막대한 영향력은, 여성 의사든 여성 환자든, 과거에도 현대에도, 그가 여성들의 삶에 독특한 방식으로 강력한 지배력을 미치고 있음을 의미한다. 역사상 거의 모든 의사들 가운데 의사를 훈련하고 교육하는 시스템을 형성하는 데 오슬러만큼 기여한 사람은 드물다. 그는 의대생들이 무엇을 배울 것인지뿐만 아니라 어떻게 배울 것인지까지 결정한 인물이다. 여기에는 진정으로 놀랍고 혁신적인 업적들도 포함되어 있다. 오늘날에도 여전히 사용되는 레지던시 모델* 역시 오슬러가 창안했는데, 의사 지망생들이 각 전문분야를 돌아가며 경험한 후, 자신이 집중할 분야를 선택하게 했다. 또한 그는 의학 교육에서 병상 교육을 처음으로 주장한 의사로, 학생들을 강의실이 아닌 병원으로 데리

---

* 미국 의대 졸업생들은 레지던시 매칭Residency Matching을 통해 전공의 수련 과정에 들어간다. 한국의 레지던트 과정 역시 이를 도입한 것이다.

고 가서 실제 임상을 통해 배우게 했다.

하지만 심장 의학이 남성 환자를 중심에 두고 설계되고 심장 문제를 호소하는 여성들은 신경증, 불안, 또는 히스테리증을 가진 것으로 이해하는 문화가 형성된 것도 오슬러의 영향이 크다. 특히 심장마비는 오로지 남성, 더 나아가 남성다움과 연관되어 이해되었는데, 이는 전형적으로 강건하고 열심히 일하는 남성을 인생의 전성기에 참혹하게 쓰러뜨리고 마는 특별히 비극적인 질환으로 여겨졌다. 오슬러는 "협심증에 걸리기 쉬운 사람은 예민하고 신경질적인 사람이 아니라, 오히려 정신과 신체가 강인하고, 날카롭고 야망이 넘치는 사람, 늘 최대 속도로 엔진을 돌리는 남자"라고 선언했다.[264]

오슬러의 1897년 심장질환에 관한 저서에 나오는 대부분의 사례 연구는 남성을 대상으로 하며, 전형적인 협심증 환자는 "군인 같은 자세와 철회색 머리카락, 혈색 좋은 45세에서 55세 사이의 건장한 남성"으로[265] 구체적으로 묘사되었다. 반면, 여성은 오슬러가 "가성 협심증pseudo angina"라 불렀던 질환에 시달리는 것으로 간주되었다. 말 그대로 '가짜 협심증'으로, 이는 실제 질병처럼 보이는 신경증 증상들의 집합을 묘사한 것이다. (아이러니하게도, 불안이나 감정적 스트레스는 여전히 심장마비의 중요한 위험 요인으로 언급되었지만, 그 역시 남성에게만 해당되었다.)

오슬러가 이러한 여성들에 대해 얼마나 경멸적이었는지는 아무리 강조해도 지나치지 않다. 그는 여성들의 증상을 가짜 뉴스로 불릴 만한 심장질환으로 묘사했을 뿐만 아니라, 그것들이 결코 치명적이지 않다고 주장했다. 그의 저서에서 이를 다루는 부분은 심장 문제를 호소하는 젊은 여성에 대해 포괄적이고 단정적인 선언으로 시작한다. "이 환자들은 죽지 않는다."[266]

"여성에게 진짜 협심증은 극히 드물다는 점을 항상 명심해야 한다"고 오슬러는 적었다.[267] 이 말은 한편으로는 고전적인 의학 격언의 변형으로 볼 수 있다. 즉, 흔하고 가능성이 높은 진단을 희귀한 진단보다 먼저 고려하라는 원칙이다. "말발굽 소리를 듣게 되면, 얼룩말이 아니라 말을 떠올려라."

반면, 의대생들에게 희귀성을 염두에 두라고 경고하는 것은 종종 얼룩말, 다시 말해 여성의 심장질환에 대해서는 아예 생각하지 말라는 또 다른 방식의 지침일 수 있다.

실제로 의사들은 여성에게 심장마비가 극히 드물어 진단을 고려할 필요조차 없다고 믿게 되었을 뿐 아니라, 심장 의학 연구 자체가 여성 환자를 체계적으로 배제하게 되었다. 오슬러의 주장에 부응하여, 심장마비에서부터 부정맥에 이르기까지 다양한 심장질환이 여성 환자들에게서는 감정적 불균형의 증상으로 널리 간주되었으며, 유기적인 순환기 질환으로는 취급되지 않았다. 1895년, 헨리 톰슨Henry Thompson 경의 《가정 의학: 가정 의학 매뉴얼The Family Physician; A Manual of Domestic Medicine》은 당시 의사들이 참고하는 주요 의학 지침서였는데, 이 책은 심장 부정맥(당시에는 "심계항진"으로 불림)이 신경증적 성향에서 비롯되며, "감정적이거나 민감한" 환자들에게서 발생한다고 설명했다.[268] 물론, 우리 모두 그것이 무엇을 의미하는지 알고 있다.

"따라서 여성의 신경증적 체질은 여성을 남성보다 더 취약하게 만든다." 톰슨은 기술했다. 그는 여성이 월경을 앞두고 특히 감정적으로 불안정해지며, 그로 인해 부정맥 증상을 보일 수 있다고 언급했다. 반면, 남성 환자들에서 나타나는 부정맥에 대해서는 이 증상이 특정 유형의 남성에게 주로 나타난다고 신중하게 설명했다. "남성의 신경계가 여성적인 유형에 가까울수록, 심계항진에 시달릴 가능성이 더 높아진다."[269]

다시 말해, 심장마비는 전사들의 것이고, 심계항진은 계집애 같은 남자들의 것이라는 말이다. 그리고 여성에 대한 논의는 아예 배제되었다. 의학계에서는 심장질환이 남성들만의 영역이라고 여겨졌고, 여성이 심장 문제를 호소하면 문제는 심장에 있는 것이 아니라 모두 그녀의 머릿속 문제로, 착각으로 간주되었다.

남편이 잔소리에 완강히 반발하지 않고 체중을 감량하도록 유도하기 위해서는, 정신과 의사의 모든 요령과 그것들을 발휘할 수 있는 모든 자제력이 아내에게 필요하다.[270]

—의사 폴 더들리 화이트, '심장과 남편들'에 대하여, 1966

윌리엄 오슬러는 1917년에 세상을 떠났지만, 그가 남긴 유산은 상당히 복합적이다. 그가 시작한 의학 교육 모델은 2022년에도 여전히 사용되고 있다. 그와 함께, 여성의 심장질환에 대한 잠재적 무관심 역시 거의 같은 기간 동안 지속되었다. 의학계는 심장질환이 거의 전적으로 남성들의 영역이라고 확신했기 때문에 미국심장협회American Heart Association가 여성을 위해 주최한 학회는 1964년에야 처음으로 열렸고, 심지어 여성들을 위한 이 학회마저… 그 중심에는 남성이 있었다. '심장과 남편들Hearts and Husbands'이라는 제목의 이 학회는 아내로서 남편의 심장 건강을 유지하도록 돕는 방법을 알려주었다. (이 학회는 말할 것도 없이 20세기 중반의 전형적인 성차별의 진수를 보여주는 자리였다. "여러분이 일상적으로 하는 가사 노동, 청소, 먼지 털기, 침대 정리, 아이들 돌보는 일은 이미 당신의 운동량을 남편의 운동량보다 훨씬 앞서게 만듭니다. 남편이 당신을 따라잡을 수 있도록 도와주세요.")[271]

'심장과 남편들' 학회가 아무리 우스꽝스럽다 해도, 그 이면에 드러난 여성 심장 환자에 대한 고질적인 태도는 심각할 뿐 아니라 치명적이었다. 심장 문제에 있어서 그 진단, 치료, 연구, 그리고 전반적인 의학적 인식에서 여성은 체계적으로 배제되었다. 1982년, 의사들이 콜레스테롤과 심장질환의 관계를 입증하기 위해 첫 의학적 시험을 진행했을 때, 1만 2,866명의 남성을 연구대상으로 했으나 여성은 한 명도 포함하지 않았다.[272] 1995년, 아스피린이 심장마비 위험을 줄일 수 있음을 입증한 기념비적 연구에도 2만 2,000명의 남성이 참여했으나, 다시 한번, 여성은 한 명도 포함되지 않았다.[273]

여성 심장질환의 희귀성을 "얼룩말이 아니라 말"이라는 정신으로 다루는 태도는 100년 넘게 의학계에서 주류를 이루었으며, 그 결과 여성들은 심장질환을 제대로 진단받지 못했을 뿐만 아니라, 이 질병이 건강에 가장 큰 위험 중 하나임을 전혀 인지하지 못한 채 살아왔다. 여성의 심장질환에 관한 정부 차원의 첫 번째 연구 프로젝트는 1994년에야 시작되었고, 여성의 심장 건강에 대한 인식 제고 캠페인인 '고 레드 포 위민Go Red for Women'은 2004년에야 발족되었다.[274] 그 시점에도 심장질환이 우려해야 할 자신의 문제라는 사실을 인지하고 있는 여성은 30퍼센트에 지나지 않았다.

그 이후로 과학계는 여성의 심장질환 치료에 있어서 뒤처진 부분을 만회하기 위해 필사적으로 노력해 왔다. 한 세기 동안 여성 심장 환자가 마치 존재하지 않는 것처럼 취급했던 역사를 보상하기 위한 노력이었다. 그 결과 일부 분야에서는 실질적인 진전이 이루어졌다. 오늘날 심혈관 연구 참여자의 38%가 여성이다(완전한 성비 균형을 이루지는 못했지만 0%였던 시절에 비하면 엄청난 진전이다). 그러나 다른 방면에서는 의사들이 아직 현실을 따라잡지 못하거나, 여전히 오슬러와 그의 '가성 협심증'의 잔재에서 벗어나지 못하고 있다. 심장질환에 걸린 여성은 여전히 남성보다 훨씬 덜 공격적인 치료를 받는다. 여성은 심장도관술[*], 풍선 혈관 성형술[**], 관상동맥 우회술[***]과 같은 진단 및 치료 절차를 받을 가능성이 남성에 비해 더 낮고 심장질환 예방을 위한 약물 처방을 받을 가능성도 낮다. 대신 생활습관을 바꾸고, 체중을 줄이고, 운동하라는 처방을 받을 가능성은 더 높다. 여성이 심장마비 증상을 묘사해도 "비전형적인 것"으로 간주되어[275] 의사에게 제대로 받아들여지지 않을 가능성이 크다. 진단에 사용되는 기계는 여전히 표준 (즉, 남성) 심장 환자의 신체에 맞춰져 있고, 그 결과를 읽는 의사 역시 남성일 가능성이 크다.[276] 심장 전문의의 13%만이 여성이며,[277] 여성에게 상대적으로 많이 발생하는 부정맥을 전문으로 하는 여성 전기생리학자는 그보다 더 적다.

오늘날, 여성의 3분의 1이 인생에서 한 번은 심장질환을 겪게

---

[*] 카테터를 혈관에 삽입하여 심장 기능을 측정할 수 있는 시술.

[**] 좁아지거나 막힌 혈관에 풍선이 달린 가느다란 카테터를 삽입하고 부풀려 혈관을 넓히는 시술.

[***] 좁아지거나 막힌 관상동맥 대신 새로운 혈류 통로를 만드는 수술.

되며,[278] 다섯 명 중 한 명은 그로 인해 사망한다. 유방암보다 많은 정도가 아니라, 모든 종류의 암을 합친 것보다 많다. 윌리엄 오슬러가 여성의 심장질환은 온전히 그녀의 머릿속 문제일 뿐이라고 선언한 후 100년이 흐른 현재, 심장질환은 여성의 주요 사망 원인이 되었다. 이것이 부인할 수 없는 현실이지만 손쓸 수 없을 때까지 완전히 방치되는 경우가 너무 자주 벌어진다.

심장질환은 여성의 병이기도 합니다. 단순히 남성의 병을 가장한 것이 아닙니다.[279]

—의사 버나딘 힐리, 1991

때는 역대 최악의 독감이 창궐하던 2004년 1월 말. 엘름허스트 병원의 응급실은 기침하고, 신음하고, 콧물을 흘리는 사람들로 가득 찼고, 평소 야간에 몰려오는 사고 희생자들, 정신 질환자들, 인슐린을 아낄 요량으로 너무 많이 투약을 건너뛰어 저혈당 쇼크를 겪는 당뇨병 환자들까지 더해 평소보다 한층 더 큰 고통을 겪고 있다. 응급실은 시끄럽고 혼란스러우며, 바닥은 겨울의 뉴욕 도로에서 쓸려온 소금, 진흙, 녹은 눈의 축축한 잡탕으로 서걱거린다. 이런 밤에는 환자들이 몇 시간씩 대기하기 일쑤다. 자정이 지나 새벽 1시, 2시가 되도록 접수 직원들은 응급 환자와 대기 가능 환자를 구분하기 위해 분투한다.

대부분의 경우, 그들은 제대로 분류한다.

하지만 오늘 밤은 달랐다.

그녀의 이름은 폴라Paula. 38세로, 옷을 갈아입을 새도 없이 병원에 오는 바람에 잠옷 위에 겨울 코트를 입고 모자를 쓰고 있다. 많은 환자들처럼 그녀는 혼자였다. 호흡이 가빠지고 몸이 떨리기 시작할 때 옆에서 자고 있던 남편을 아이들과 함께 집에 남겨두고 홀로 병원으로 왔다. 그녀는 응급실에서 공간을 차지하는 것에 대해 사과를 반복하다 막내딸이 겨우 3개월 된 아기라는 말을 덧붙인다. 간호조무사로 일하는 폴라는 이 시기, 이 시간대의 병원이 얼마나 바쁜지 잘 안다고 말한다. 그녀의 눈에는 두려움이 가득하다. 그녀는 뭔가 정말 잘못되었기 때문에 왔다고 말한다.

정말 뭔가 잘못되었다.

폴라의 접수를 맡은 직원은 그녀의 상태를 심각하게 받아들이지 않았다. 대기실의 혼잡스러움 때문이었을 수도 있고, 그녀의 상태가 크게 주의할 만한 신호를 보이지 않았기 때문일 수도 있다. 출혈도 없고, 열도 없고, 흉통도 호소하지 않았다. 그녀의 증상인 축축한 피부, 부어오른 다리, 누울 때 더 심해지는 호흡 곤란 등은 한눈에 보기에 특별하지 않았고, 분명히 생명을 위협하는 것처럼 보이지도 않았다. 이런 밤, 이런 혼잡 속에서, 그녀는 대기해야 하는 수십 명의 환자 중 하나일 뿐이었다.

몇 시간이 지나고 나서야, 담당 레지던트가 더 많은 질문을 하기 시작하고, 폴라가 갓난아기에 대해 말하면서 진실이 서서히 드러난다. 임신 중에도 같은 증상들로 고생했는데, 의사들은 처음에는 기관지염으로, 그 다음에는 '몸 상태가 좋지 않아서' 그렇다며 그렇게 되도록 스스로를 방치한 그녀 잘못이라는 듯 문제를 무시했다. 그녀는 산부인과 의사에게 자신이 피곤하고, 다리가 붓고, 숨 쉬는 데 어려움이 있다고 반복적으로 말했다. 그녀에게는 가족력이 있다. 할머니는 그녀의 어머니를 출산한 직후 진단 미상의 심장 질환으로 사망했다.

이 증상에는 이름이 있다. 임신 중이거나 출산 후 여성에게 자주 발생하는 이 형태의 심부전은 가족력이 있는 경우가 많다. 증상만 알면 쉽게 식별할 수도 있다. 부어오른 하반신, 숨 가쁨, 피로감은 모두 심장이 제대로 기능하지 않을 때 나타내는 고전적인 신호들이다. 담당 레지던트가 심장 초음파 검사를 지시했다면 폴라의 심장이 정상 용량의 20%만 펌프질을 하고 있다는 결과가 나올 것이다.

하지만 폴라는 오늘 밤 진단받지 못할 것이다. 담당 레지던트도, 심장 전문의도, 침대 위에 축 늘어진 그녀를 살리기 위해 필사적으로 애쓰는 의사 팀 중 누구도 그녀의 병을 진단하지 못할 것이다. 그저 지금은 "집에 어린 아이 셋이 있다"며 수군거리는 소리가 금속 서랍에서 약품을 급히 꺼내는 소리, 심장 모니터가 절박하게 내는 경고음, 얼굴을 덮고 있는 인공호흡기의 리듬감 있는 소리들 사이로 오갈 뿐이다. 부검 기록을 작성하면서, 그녀의 생명을 앗아간 대량 폐색전증의 주요 원인이라며 누군가 "주산기 심근병증 peripartum cardiomyopathy, PPCM"이라는 단어를 내뱉을 때까지, 그녀에게 진단은 없을 것이다.

◇◇◇

폴라를 만났을 때 나는 엘름허스트 병원 응급실에서 스물여섯 살의 인턴으로 일하고 있었다. 나는 담당 레지던트가 상황의 긴박함을 깨닫고 표정이 어두워지는 것을 보았고, 막을 수 있었고, 막아야 했던 그녀의 죽음을 너무 늦게 도착했던 바람에 막지 못했던 심장내과 팀이 비통해하는 모습을 보았다. 만약 응급실 접수처 간호사*가 폴라가 최근에 출산했다는 사실을 알았더라면, 만약 산부인과 의사가 임신 중 그녀의 증상을 심근병증 발병으로 인지했더라면, 2004년이 되도록 여성의 심장질환이 여전히 제대로 연구되지 않고 잘못 이해되고 있던 대신 의학계가 지난 200년 가까운 시간을 여성 심장질환 환자들을 무시하고 경시하지 않았더라면.

폴라의 병은 그날 밤 병원에 도착했을 때 이미 돌이킬 수 없는 지경에 이르러 있었지만, 그녀를 저버린 것은 심장만이 아니었다. 의료 시스템도 그녀를 저버렸다.

역설적이게도, 여성은 남성과 같은 방식으로 심장질환을 겪지 않는다고 믿었던 의사들은 절반은 옳았다. 심장질환은 여성에게 다르게 나타나는데, 증상이나 위험 요소, 근본적인 원인이 모두 다르다. 하지만 바로 이 점 때문에 여성의 심장이 그토록 오랫동안 무시되어 온 사실은 더욱 안타깝다. 심장 연구에 여성들이 포함되어야 했을 뿐만 아니라, 성별 차이를 이해할 수 있도록 특별히 연구되었어야 했다.

오늘날 임상에서 활동하는 몇 안 되는 여성 전기생리학자인 의사 하피자 칸Hafiza Khan은 남성을 염두에 두고 설계된 도구와 기준을 사용하여 여성의 심장질환을 진단하려는 시도가 갖는 한계를 설명한다. 많은 문제는 심장의 전기 전도성을 측정하고 이상 징후를 식별하기 위해 심장내과에서 주요 진단 도구로 사용하는 심전

190

도EKG에서 비롯된다. 심전도 검사상의 '정상'은 중년 나이 중간 체중 남성에 맞추어져 정의되기 때문에, 여성에게 심전도 검사를 할 때면 상황이 복잡해진다.

"여성의 부정맥 위험은 월경주기에 따라 달라집니다." 칸은 설명한다. "배란기, 즉 에스트로겐이 최고조에 달할 때면 체온뿐만 아니라 심박수도 약 2~4회 정도 올라갑니다. 반면, 월경이 시작되기 직전, 에스트로겐과 프로게스테론 수치가 가장 낮아지는데 바로 그때 여성들이 부정맥을 겪을 가능성이 높습니다."[280]

기이하게도, 1895년 헨리 톰슨 경이 월경을 앞둔 여성들이 정서적 동요로 인해 부정맥에 걸리기 쉽다고 강변했었는데, 그의 말이 거의 맞았던 것이다. 다만 여성의 심박수에 영향을 미치는 것은 히스테리증이 아니라 호르몬이라는 점에서 차이가 있다. 여성의 월경주기는 치명적인 부정맥의 위험과 뗄 수 없이 연결되어 있다. 예를 들어 빠르고 불규칙한 심박동을 유발할 수 있는 QT 연장 증후군*을 가진 환자들은 임신 중이나 월경 전에 사망 위험이 가장 크다.[281] 또 다른 질환, '브로큰 하트 증후군Broken Heart Syndrome'이라고도 불리는 타코츠보takotsubo 심근증은[282] 극심한 감정적 고통으로 촉발될 수 있는데 주로 완경 후 여성에게 발병한다. 또 다른 예로 기립성 빈맥 증후군POTS을 비유한 그린치 증후군Grinch Syndrome은[283] 작은 심장을 특징으로 한다고 알려졌는데, 경향적으로 작은 심장 때문에 여성에게 편중적으로 발병하지만 간과되기 쉽다. 여성들의 심장은 원래 작은 경향이 있기 때문이다.

---

* 심전도상의 Q와 T 지점 사이의 거리가 연장되는 증후군.

그러나 심전도는 이러한 요소들을 반영하지 않는다. 그리고 일차 진료 기관이든 응급실이든 심전도를 주로 시행하는 의사들조차 이것이 중요한 요소라는 사실을 모르는 경우가 많다.

한편, 의료계가 여성의 심장질환에 대한 보다 폭넓은 인식을 갖기 시작했지만, 여전히 여러 의미에서 가시성이 문제이다. 남성은 주로 심장의 주요 동맥 중 하나가 막히는 경우가 많지만, 여성의 관상동맥 질환은 종종 작은 혈관에서 발생하며, 전통적인 영상 진단 도구인 혈관 조영술로는 잘 드러나지 않는다. 즉, 말 그대로 보기가 더 어렵다. 또한 문화적으로도 가시성이 낮다. 그 결과, 여성은 심장마비를 앓고 있다는 사실을 인지하지 못하고, 심지어 위험에 처해 있다는 사실조차 알지 못한다.[284] 너무나 많은 여성이 임신이나 호르몬 보충제가 심장에 위험을 초래할 수 있다는 사실을 모른다. 너무나 많은 여성이 여성에게 편중되게 나타나는 전신염증 반응증후군이나 자가면역질환이 심장질환에 더 취약하도록 만든다는 사실을 모른다. 너무나 많은 여성이 여성에게 가장 흔하게 나타나는 심장질환 증상인 피로, 메스꺼움, 호흡곤란 같은 증상을 심장마비와 연관 짓지 못한다. 오늘날에도 여전히 여성이 자신의 심장마비 때문에 구급차를 부를 가능성보다 남편의 심장마비 때문에 구급차를 부를 가능성이 더 높다.[285]

그리고 폴라처럼, 너무 많은 여성이 예방이 가능한 질병으로 목숨을 잃는다. 그들이 알지 못했고, 아무도 묻지 않았기 때문이다.

이그리트: 기절이 뭐야?

존 스노우: 소녀가 피를 보고 쓰러지는 게 기절이지.

이그리트: 왜 소녀가 피를 봤다고 쓰러져? 소녀는 남자보다 피를 더 많이 보
는데.[286]

여성의 심장질환에 대한 엄청난 무지는 의학 역사에서 잘 알려
진 추문 가운데 하나로, 단지 순환기내과뿐만 아니라 과학 전체에
내재한 뿌리 깊은 편견의 극단적인 사례이며, 그 영향은 오늘날에
도 여전히 뚜렷이 보인다. 그에 반해, 의사들이 혈관을 열어서 월경
혈의 독성 축적을 완화하거나, 거머리를 여성의 생식기에 붙이던
시대는 아주 먼 과거처럼 보인다.

그러나 여성과 혈액이 조화롭지 않다는 고대 체액설과 그 추종
자들의 유산은 오늘날에도 여성의 혈액 질환을 진단하는 데 미묘
하고 복합적 교란을 초래하는 요인으로 여전히 작용하고 있다. 특
히, 이러한 질환이 지속적으로 거론이 금기시되는 월경과 연관되
어서 더욱 그러하다. 철 결핍성 빈혈은 브레인 포그brain fog와* 피로
감을 포함한 다양한 증상을 유발할 수 있으며, 네 명의 소녀 가운데
한 명에게 영향을 미치지만 여전히 과소 진단되고 있다.[287]

◇◇◇

폰빌레브란트Von Willebrand병을 예로 들어보자. 이 질환은 남녀
모두에게 동일하게 발생하는 혈액 응고 장애지만, 여성에게는 불

---

* 뇌 안개라고도 번역되며 의식이 혼탁한 상태를 가리킨다.

균형적으로 더 심각하게 나타난다.[288] 창백함과 피로감으로 빅토리아 시대의 의사들에게서 녹색증 진단을 받은 일부 젊은 여성들은 사실 폰빌레브란트병 또는 다른 혈액 응고 장애를 앓고 있었을 수 있다. 그러나 당시에는 이러한 질환이 주로 남성에게 발생한다는 흔한 오해와, 그때나 지금이나 대표적인 증상이 과다한 월경혈이 하나의 증상이라는 이유로 간과되었다.

메모리얼 슬론 케터링 암 센터의 혈액내과의 레카 파라메스와란Rekha Parameswaran은 여성의 출혈성 질환이 과거나 지금이나 잘 감지되지 않는 이유를 설명하며 이렇게 말한다. "여성들은 여전히 출혈에 대해 의사와 이야기하지 않습니다. 부끄럽거나 창피해서일 수도 있고, 자신이 겪는 것이 정상이라고 생각하기 때문일 수도 있습니다."[289]

파라메스와란의 환자 가운데 어느 40대 후반의 여성은 하루에 다섯 개의 패드를 다 적실 정도로 평생 너무 많은 월경혈을 흘렸다고 한다. 그러나 여성 가족 모두에게 흔한 일이라 당연히 여겼고, 그녀의 의사들이 이와 관련한 질문을 하지 않아 그것이 비정상적이라고 알아차릴 기회가 없었다. 결국 자궁적출술 도중 출혈로 거의 죽을 뻔한 후, 상처가 아물지 않자 비로소 출혈성 질환에 대해 검사를 받게 되었다. 출혈성 질환을 전문으로 하는 의사 아리엘라 마샬Ariela Marshall은 적어도 수술 전 프로토콜에 관한 한 의학계가 이 문제에서 진전을 이루기 시작했다고 말한다. 자궁적출술 전에 폰빌레브란트병 검사를 받는 것이 관행이 되었고, 이를 통해 위와 같은 비극적인 상황을 피할 수 있게 되었다.[290] 이는 분명한 진전이지만, 혈액 응고 장애 진단에서 성별 간 균형을 맞추기까지는 아직 갈 길이 멀다.

폰빌레반트병을 앓는 남성은 일반적으로 10세 이전에 진단을 받는데, 여성은 최소 2년 이상 더 걸리며, 평균적으로 여성은 첫 증상이 나타난 후 정확한 진단을 받기까지 16년이 걸린다.[291]

의사들은 더는 여성이 '더러운' 월경혈 과다로 중독되고 있다는 의심을 하지는 않지만, 이런 비정상적 출혈에 대한 무지와 그것이 뜻하는 바에 대한 무관심은 여전히 의학계에 뿌리 깊게 남아 있다. 그러는 동안 여성들은 여전히 고통받고 있는데, 치료 방법이 없어서가 아니라, 자신이 겪고 있는 것을 당연시하기 때문에, 누구도 그들에게 그것이 정상적이지 않다고 말해주지 않기 때문에, 그리고 과학계가 여성이 더 건강하게 살 수 있도록 하기 위해 깨뜨려야 할 금기들을 여전히 피하고 있기 때문이다.

◇◇◇

윌리엄 오슬러가 현대 의학의 아버지라면, 나네트 웽거Nanette Wenger는 그의 딸이자 후계자라 할 수 있을 것이다. 특히 그녀에게는 이전 세대 남성들이 남긴 수많은 문제를 정리하는 책임이 주어졌기 때문이다. 1954년, 웽거는 하버드 의대 최초의 여성 졸업생 중 한 명이 되었다. 그녀는 하버드 의대가 여성에게 문을 연 지 불과 5년 후에 입학했다.[292] 이 글을 쓰고 있는 지금, 90대에 접어든 그녀는 자신의 분야에서 전설적인 존재이자 그 역사를 간직한 인물로 여겨진다. 그녀는 오슬러 시대 이후 여성 순환기 의학이 얼마나 발전했는지 기쁘게 생각하면서도 여전히 많은 과제가 남아 있다는 사실을 잘 알고 있다.

웽거는 뉴욕의 마운트 시나이 병원의 첫 여성 심장내과 전공 수석 레지던트를 시작으로 평생을 여성 심장 건강을 위해 일했다. 1950년대 후반, 그곳에서 그녀는 여성이 비단 연구에서만 아니라 의료계의 인식 자체에서 철저하게 배제되고 있음을 처음으로 깨달았다. 그녀는, "사람들이 여성 건강을 이야기할 때는 유방과 생식에 대해서만 이야기한다"고 말한다.

"나머지는 남성과 동일하다고 가정했어요." 그녀는 회상한다. "제가 환자들을 돌보면서 관상동맥 질환과 심근경색을 앓고 있는 여성들을 보았는데 상태가 좋지 않았습니다. 하지만 책이나 논문을 찾아보면, 아무것도 없었어요."[293]

웽거가 걸어온 길은 여성의 순환기 질환과 관련된 의학적 편견에 얽힌 실타래를 푸는 데 얼마나 많은 진전이 이루어졌는지, 그리고 얼마나 더 진전되어야 하는지를 생생하게 보여준다. 그녀는 여성이 관상동맥 질환에 관한 논문에서 배제된 사실을 발견하고, 이 문제에 대한 의사와 환자의 인식을 높이기 위해 앞장섰다. 하지만 그것은 험난한 싸움이었다. 1977년, 웽거가 다른 의사 해리엇 더스탄Harriet Dustan과 함께 여성 심장질환에 관한 TV 시리즈 방송을 준비했을 때, 제작진이 허락한 유일한 방송 시간은 밤 11시였고, 이 시간대에 깨어 있는 시청자는 거의 없었다.[294] 1992년, 그녀는 〈뉴잉글랜드 의학 저널New England Journal of Medicine〉에 여성의 심장질환에 관한 연구가 얼마나 부족하고 미진한 상태인지를 요약한 획기적인 논문을 발표했다.[295] 당시 관상동맥 질환이 여성의 주요 사망 원인이었지만, 제대로 된 진단과 치료가 이뤄지지 않는 질환이었으며, 그 위험성에 대해 일반인은 거의 알지 못하는 상황이었다. 여성의 심혈관계 질환 사망률은 2001년에야, 미국 의학원Institute of Medicine이 "인류 건강을 위한 생물학적 기여에 관한 탐구: 성별은 중요한가?Exploring the Biological Contributions to Human Health: Does Sex Matter?"라는 보고서를 발간하면서 감소하기 시작했다.[296] 그리고 그 감소는 급격했다.

마침내 의사들이 제대로 질문하기 시작한 것이다.

1583년, 해부학자 펠릭스 플래터Felix Platter가 출판한 교과서에 순환계에서의 성별 차이에 관한 초기 삽화가 등장했다.[297] 이 그림은 흥미로운 작품으로, 해부학적으로는 부정확하지만, 은유적인 통찰력을 보여준다. 흉골 아래 심장 모양의 구멍이 묘사되어 있는데, 플래터는 이 구멍을 통해 임신한 여성의 배출되지 않은 월경혈이 자궁에서 유방으로 전달된다고 믿었다. 이 혈액이 유방에서 모유로 변환되어 결국 아이에게 영양분을 공급한다는 것이다.

모유가 어디에서 만들어지는지에 대한 이런 연금술적 이론이 우스꽝스럽고 대단히 비과학적으로 들린다면, 잘 이해한 것이다. 의학적으로는 완전히 쓸모없음에도 불구하고 플래터의 삽화는 여성이 가진 신체 중 어떤 부위가 과학적 연구의 가치가 있다고 여겨졌는지를 보여준다는 면에서 중요한 의미를 담고 있다. 어머니이자 양육자로서의 여성의 역할과 관련한 생리학적 구조는 흥미롭게 여겨졌던 반면 여성의 심장 내부의 작용은 하찮고, 신경 쓸 만큼 중요하지 않다고 간주되었던 것이다. 여성 순환계에 대한 플래터의 잘못된 견해는 결국 (그리고 당연히) 폐기되었지만, 과학이 마침내 여성의 심장 내부를 관찰할 수 있는 영상 기술을 개발하기까지 거의 500년이 걸렸다.[298] 이를 통해 여성의 심장에 독특하고 차별화된 특성이 있을 뿐 아니라, 심장질환에 덜 취약하거나 덜 보호받아야 하는 것이 아니라는 사실도 밝혀졌다.

"아직 겉핥기에 불과하다고 생각합니다." 나네트 웽거가 내게 말한다. "심혈관 질환, 고혈압, 관상동맥 질환, 심부전 그 무엇이든 남성과 여성 간에 차이가 존재합니다. 우리는 이제 막 그것을 들여다보기 시작했을 뿐이에요."

5장

숨

여자들은 다른 공기를
마시는 걸까?

나는 소모병이 환자를 돋보이게 하는 병이라고
알고 있다.[299]

__ 샬럿 브론테, 1849

나는 소모병이 환자를 돋보이게 하는 병이라고
알고 있다.[299]

__ 샬럿 브론테, 1849

그녀가 이토록 아름다웠던 적이 없다. 너무나 창백하고 연약하며, 마치 금방 깨질 것 같은 소중한 도자기 인형 같다. 튀어나온 쇄골의 우아한 곡선 아래에는 그늘지게 패인 홈이 있고, 뺨에는 장미들이 피어나 타오르는 듯하다. 그녀의 눈은 밝게 빛나고, 가늘고 섬세한 손가락에 쥔 레이스 손수건으로 이따금 감추는 입술은 붉게 물들어 있다.

짧고 비극적인 삶의 끝자락에 그녀가 얼마나 아름다웠는지를 노래하는 시들이 쓰일 것이다. 찬가와 소네트, 그리고 노래들이 만들어질 것이다. 그녀의 아름다움에는 이승을 초월한 어떤 것이 있다. 너무도 이국적이고 연약하여 마치 꽃잎이 흩어질까 두려워 감히 만지지도 못하는 꽃송이처럼 강렬하고, 짧게 피어나다 곧 사라지는 모습을 애틋함과 경외감으로 지켜본다.

마지막 날, 그녀는 베개에 몸을 기대고 누워 있다. 그녀의 가슴은 감지하기 어려울 정도로 미세하게 오르내리고, 피부는 너무나 창백하여 마치 그녀의 일부가 이미 이승을 떠난 것처럼 거의 투명해 보인다. 그녀는 하얀 손수건을 입술로 가져간다.

그녀는 기침을 한다.

얼마 남지 않았다.

그녀의 입술이 닿았던 린넨을 물들인 피는 가장 아름다운 붉은 빛을 띠고 있다.

◇◇◇

18세기에 속칭 "소모병Consumption"으로[300] 불렸던 결핵은 이 병에 걸린 여성들의 아름다움을 돋보이게 한다는 평판과, 에드워드 시대의 매혹적인 환자들에 관한 허구적 드라마에 끊임없이 흔하게 등장하던 모습과 달리, 실제로는 전혀 아름답지 않은 병이었다. 이 질병은 폐에서 시작되는 세균 감염으로 치명적이면서도 고통스럽게 천천히 진행되며, 몇 달, 심지어 몇 년에 걸쳐 몸을 내부에서부터 파괴했다. 환자들은 점점 쇠약해지고 말라가며, 결국 땀, 가래, 피, 그리고 때로는 대변(결핵의 다른 낭만적인 증상들과 함께 언급되지는 증상은 아니지만, 환자의 약 30%가 겪는 통제 불가능한 설사)으로 범벅이 된 침대 시트에서 기침을 하다 죽음에 이르게 된다. 1700년대 후반에서 1800년대 중반, 그 피해가 절정에 달했을 때 이 병은 유럽 전체 인구의 4분의 1의 생명을 앗아간 것으로 추정되며, 특히 젊은 성인에게 끔찍하도록 치명적이었다.[301]

그럼에도 당시의 문화적·의학적·사회적 관습이 얽히고설킨 복잡한 상호작용으로 인해 결핵, 특히 여성의 결핵은, 연약함 속에 어떤 특별하고 아름다운 여성성이 존재한다는 당시 유행한 관념에 기반하여 특정한 매력을 지니게 되었고, 마침내 일종의 동경의 대상이 되어버렸다. 순환기내과에서는 녹색증에 대한 집착으로, 정형외과에서는 여성의 작은 두개골에 대한 강박으로 나타났던 동일한 영향력이 여기에서는 결핵 소녀라는, 피할 수 없는 죽음에 임박할수록 매력이 커지기만 하는, 창백하고 공기처럼 여린 존재로 나타났다.

설사와 같은 명백한 예외를 제외하면, 결핵 환자의 외형적 특징은 당시의 미적 기준과 상당히 부합하는 경향이 있었다. 피부는 너무나 창백하여 투명하게 보였고, 식욕 부진으로 인해 극도로 쇠약해지고 말라갔으며, 뺨과 입술에는 자연스럽게 홍조가 깃들었기 때문이다. 캐롤린 A. 데이Carolyn A. Day는 그녀의 저서《소모성 멋Consumptive Chic》에서 "질병이 악화되면서 알아볼 수 없도록 변해버리는 대신 병으로 인한 쇠약함과 소모가 아름다움이라는 개념과 결부되었다"고[302] 쓰고 있다. 결핵과 아름다움을 잇는 상상 속의 연결고리는 양방향으로 작용했다. 결핵이 평범한 여성을 더 아름답게 만든다고 여겨졌을 뿐만 아니라, 예쁜 소녀들이 이 병에 더 취약하다고 믿어 특히 그들에게 더 큰 위협으로 간주되었기 때문이다.

소위 결핵의 성적 매력과 젊은 층에서 특히 치명적이었던 특성 때문에, 이 병에 걸렸다는 사실, 혹은 최소한 병에 걸린 것으로 보인다는 사실은 특정한 위상과 연관되었다.[303] 당시 여성의 가치는 여성스러움, 연약함, 그리고 순수함과 강하게 연결되어 있었고, 결핵 소녀는 이 세 가지 속성의 매혹적인 구심점에 위치해 있었다. 병으로 인해 성적 매력을 가졌으면서도 그 욕망을 실현하기에는 너무 병약한 상태였다. 그래서 그녀의 죽음은 비통하면서도 일종의 여성적 순결함의 원형으로 확고히 자리 잡게 했다. 결핵 소녀는 시간이 흐르면서 여성의 가치를 서서히 빼앗아가는 통상적인 힘들로부터 결코 더럽혀지지 않을 존재로 남았다. 이 시기에는 결핵 환자들이 평범한 인간의 덧없는 삶을 초월하여 더 크고 더 의미 있는 운명을 타고났다고 상상하는 것도 가능했다. 결핵 소녀의 임종은 시간이나 욕망에 의해 피폐화되는 것에서 완전히 자유로운 상태로, 순수한 은총 속에서 맞이하는 것이었다.

19세기 초반의 문화는, 병상에서 고통을 받으면서도 연민과 욕망으로 황홀해 마지 않는 사람들에 둘러싸인 아름다운 말기 환자들의 이미지로 가득했다. 알렉상드르 뒤마의 〈카멜리아 여인〉,[304] 빅토르 위고의 《레 미제라블》[305]은 모두 결핵에 걸린 여성의 비극적이고 영웅적인 죽음을 묘사하며, 베르디의 〈라 트라비아타〉와[306] 푸치니의 〈라 보엠〉도[307] 마찬가지다. 에밀리 브론테의 《폭풍의 언덕》에서는 결핵에 걸린 프랜시스의 모습을 상세히 묘사한다. "약간 마르기는 했지만 젊고 혈색이 좋았으며, 눈은 다이아몬드처럼 반짝거렸다."[308] 또한 헨리 제임스는 1870년 결핵으로 세상을 떠난 사랑하는 사촌 미니 템플을 애도하며 오마주를 바쳤다. 그의 1902년 소설《비둘기의 날개》는[309] 아름답고 병약한 상속녀 밀리 시얼을 중심으로 전개된다. 머튼 덴셔라는 남자는 밀리가 죽으면 유산을 상속받은 후 진심으로 원하는 여자와 결혼할 요량으로 밀리를 교묘하게 유혹한다. 그러나 머튼이 되레 봉변을 당한다. 밀리는 너무나 사랑스럽고, 너무나 착하고, 너무나 아름답고 순수해서 그녀의 죽음이 축복일 수 없었을 뿐 아니라, 오히려 머튼과 그가 결혼하려 했던 여인을 돌이킬 수 없이 파멸시켜 버린다.

심지어 병환의 끝자락에, 그리고 실제 삶에서도, 결핵에 걸린 여성은 여전히 한없는 찬미의 대상이 될 수 있었다. 1842년, 에드거 앨런 포가 쓴 것으로 자주 인용되는 글귀에서는, 결핵이 아내를 얼마나 "섬세하고 치명적으로 천사 같은" 존재로 만들었는지 시적으로 묘사되며, 그녀가 저녁 식사 도중에 출혈성 기침 발작을 겪던 일을 떠올린다. "그녀가 갑자기 식사를 멈추더니 목을 움켜쥐었고, 한 줄기 붉은 피가 그녀의 가슴을 타고 흘렀다. (…) 그것은 그녀를 더욱더 천상적인 존재로 만들었다."[310]

결핵에 걸린 여성에 도취된 이런 묘사들에 둘러싸여 있던 의사들도 이 질병에 낭만을 부여했던 것은 그리 놀라운 일이 아닐지도 모른다. 실제로, 1833년 〈런던 의학 및 외과 저널The London Medical and Surgical Journal〉에 실린 한 논문은 결핵이 환자를 놀랍도록 매력적으로 만든다며 찬사를 보냈다.

"어떤 질병은 혐오감을 불러일으키는 증상 때문에 침묵과 은폐 속에 견뎌진다. 또 다른 질병들은 타락한 행실의 결과로 여겨져 불명예의 낙인이 찍힌다. 인체를 흉하게 훼손하거나 정신을 붕괴시키는 질병은 연민보다는 공포를 불러일으킨다. 그러나 결핵은 개인의 아름다움을 지워버리지도, 지적 기능을 손상하지도 않으며, 오히려 도덕적 습성을 고취하고 환자의 사랑스러운 성품을 발현한다."[311]

물론 콜레라와 같은 질병에 비하면 결핵은 상대적으로 더 매력적인 병이었다. 특히 결핵은 여성 환자들을 집과 침대로 가두었기 때문에, 이 질병이 실제로 그들의 도덕성을 높여 주지 않았다 하더라도, 특정한 종류의 문제에 휘말리는 것을 막아주었다. 하지만 더 중요한 점은, 그 기원이 미스터리로 남아 있는 한, 결핵이 다른 질병에는 없는 특별한 위상을 부여한다는 상상은 가능하다. 결핵은 진행 속도가 매우 느리기 때문에, 환자들은 언제 어떻게 죽을지 알수 없는 상태에서도 여전히 일상을 유지하고 일과 사회생활을 계속할 수 있는 독특한 상황에 놓이게 되었다. 최소한 상류층의 일원으로서 혜택을 누리는 한 그러했다. 그렇게 결핵은 상류 사회의 고상한 사교계에 드물지 않게 등장했으며, 병에 걸린 모습과 아름다움의 연관성은 건강한 여성들조차 창백한 피부, 열에 달아오른 낯빛, 그리고 결핵 환자 특유의 구부정한 자세를 일부러 취하도록 만들었다.

20세기가 시작될 무렵, 결핵의 신비는 점차 사라졌고, 그 병과 얽혀 있던 낭만도 함께 사라졌다. 세균 이론의 도래로 결핵이 세련됨이나 섬세함의 상징이 아니라 단지 하나의 세균 감염일 뿐이라는 사실은 소모성 멋이라는 명성을 순식간에 무너뜨렸다.[312] 세균 감염으로 병에 걸리게 된다는 것이 널리 알려지면서, 결핵에 걸린 젊은 여성이 초현실적인 아름다움과 순수함을 지닌 천사 같은 존재라는 관념은 더는 유지되기 어려웠다. 결핵을 둘러싼 문화적, 의학적 합의는 급격히 변하게 되었다. 이제 결핵은 다른 질병과 마찬가지로 위생 혁신과 공중보건 캠페인을 통해 싸워야 할 생물학적 재앙으로 간주되었다.

그러나 결핵이 세계에서 가장 아름다운 소녀들이 앓는 비극적이고 낭만적인 병으로 여겨지던 수십 년 동안, 하나의 핵심적인 토대가 마련되었다. 당대의 과학적 혁신으로 어느 정도 완화할 수는 있었지만 결코 완전히 떨쳐낼 수 없는, 강력한 만큼 유해하기도 했던 하나의 개념을, 의학과 문화가 함께 만들어낸 것이다. 그 개념이란 바로, 숨을 잘 쉬지 못하는 여성에게는 아름답고 놀랍도록 여성스러우며,

강인하면서도 타인을 북돋아주는 어떤 힘이 있다는 것이다.

일부 여성들은 담배를 자유의 상징으로 여긴다. 담배를 입에 물고 있는 것이 구강 영역을 자극한다는 의미에서 흡연은 구강 에로티시즘의 승화다. 여성이 담배를 피우고 싶어 하는 것은 지극히 정상적인 일이다.[313]

— 의사 에브라함 아든 브릴, 1929경

오래된 편견이 사라졌습니다. 오늘날 여성성은 법적으로, 정치적으로, 그리고 사회적으로, 진정한 빛을 발하고 있습니다. 미국의 지성은 여성을 열등하게 여기던 오래된 편견을 버렸습니다… 담배에 대한 오래된 편견도 사라졌습니다. 진보가 이루어진 것입니다.[314]

— 럭키 스트라이크 담배 광고, 1929

3월 말의 눈부시게 화창한 아침, 대로는 인파로 가득하다.[315] 유행을 따라 허리선이 낮은 미디 기장 드레스를 입고, 진주 목걸이와 클로슈cloche 모자를 쓴 여성들이, 윤 나는 구두에 실크 모자와 외투를 걸친 남성들과 팔짱을 낀 채 천천히 인도를 거닌다. 부활절 퍼레이드를 보러 나온 이들 뉴욕 상류층 인사들은 5번가의 교회를 나와 집이나, 친구의 집, 혹은 느긋한 저녁 식사를 위해 근처 호텔로 가는 군중과 함께 걸으며 남들을 구경하고 또한 스스로 뽐낼 수 있는 최고의 기회를 만끽하고 있다. 퍼레이드 후에는 늘 가십거리가 따르기 마련인데, 대개는 누가 독보적으로 특별한지 아니면 독보적으로 우스꽝스러운 모자를 쓰고 나왔는지에 관한 이야기다. 하지만 1929년의 부활절 일요일인 오늘, 상류층 인사들은 훨씬 더 충격적인 가십거리를 말하게 될 것이다.

버사 헌트Bertha Hunt가 드레스 밑으로 손을 뻗어 가터에 끼워 놓은 담뱃갑을 잡으려고 치마를 끌어 올릴 때, 처음에는 아무도 눈치채지 못한다. 그녀가 성냥을 켜고 한 손을 입가로 가져갈 때도 아무도 고개를 돌리지 않는다. 그녀는 담배를 깊게 들이마신 뒤 천천히 내쉬며, 오므린 입술 사이로 섬세한 연기 줄기를 내보낸다.[316]

하지만 곧 사람들이 웅성거리기 시작한다. 버사 옆에서 또 다른 여성이 담배에 불을 붙이고 그리고 또 한 명, 그리고 또 한 명. 곧 열 명의 여성이 담배를 물고, 웃음을 터뜨리면서, 수군거리거나 쳐다보는 사람들을 전혀 개의치 않고 당당히 대로를 걷는다. 물론 시위에 대한 소문은 떠돌고 있었다. 모두가 그 이야기를 들었다. 하지만 평등을 외치며 금기를 깨뜨리는 공개적인 시위를 벌이는 여성 참정권 운동가들에 대해 소문을 듣는 것과, 그것을 실제로 눈앞에서 목격하는 것은 전혀 다른 일이었다. 이내 여성들은 기자들에게 둘러싸였고, 기자들은 쉴 새 없이 질문을 퍼부었다.

그들은 왜 여기 있는가?

그들의 목표는 무엇인가?

그들이 선호하는 담배 브랜드는 무엇인가?

또다시 웅성거리기 시작한다. 이 열 명의 여성만이 아니다. 뭔가 벌어지고 있다. 뭔가 촉발되었다. 모든 거리에서, 대로를 오르내리는 여성들이 치맛자락 아래에서 담배를 꺼내고 있다. 작가 낸시 헤일 하딘Nancy Hale Hardin은 남편과 함께 걸으며 태연히 담배를 손에 들고 제스처를 취한다. 남편 역시 담배를 피우고 있다. 에디스 리 Edith Lee는 모피로 장식된 코트를 입고 세트로 맞춘 클로슈 모자를 쓴 채, 한 손으로 순종 양치기개의 목줄을 쥐고, 다른 한 손으로 담배를 들고 있다. 곳곳에서 기자들이 사진을 찍고 질문을 외치는 가운데, 반복적으로 들려오는 단어는 하나였다. 자유.

이 모든 건 자유에 관한 것이다

처음으로 성냥불을 당겨 모든 것을 시작한 버사는 또 다른 담배에 불을 붙이며, 열광하는 기자들에게 선언한다. "우리가 무언가를 시작했기를 바랍니다. 특정 브랜드를 선호하지 않는 이 자유의 횃불Torches of Freedom이 여성의 흡연에 대한 차별적인 금기를 깨뜨리고, 우리 성이 모든 차별을 무너뜨려 나가기를 바랍니다."[317]

내일이면, 이 단어들이 모든 신문에 실릴 것이다. "자유의 횃불."

그 해가 가기 전에, 자유, 평등, 그리고 성차별적 금기에 반대한다는 관념에 고무된 여성들이 직접 '횃불'을 사기 시작하면서 담배 판매량은 급증할 것이다.

럭키 스트라이크 담배 회사에 고용되어 "자유의 횃불"이라는 표현을 만들었으며, 버사 헌트에게 정확히 어떻게 담배를 피우고 무엇을 어떻게 말해야 하는지를 알려주었던 정신분석학자이자 의사인 에브라함 아덴 브릴Abraham Arden Brill은 훌륭하게 임무를 완수했다는 축하를 받게 될 것이다.

◇◇◇

에브라함 아덴 브릴은 심리학 원리에 기반한 것으로 알려진 최초의 마케팅 캠페인 중 하나를 만든 선구자이며, 그보다 훨씬 앞서 서는, 전형적인 아메리칸 드림의 강렬한 성공 신화를 성취해 낸 사람이었다. 아무것도 가진 것 없는 이민자가 맨손으로 모든 것을 일구어 당대 가장 존경받는 정신분석학자 중 한 명이 되었다. 지금은 폴란드의 칸추가로 불리는 도시에서 유대인 부모 사이에서 태어난 브릴은, 1890년 15세의 나이로 홀로 미국으로 이주했다.[318] 젊은 시절부터 끈질긴 성격으로 유명했는데, 신경학자이자 프로이트의 오랜 친구였던 어니스트 존스Ernest Jones는 그를 두고 "원석 다이아 몬드"라고[319] 칭송했다. 배움에 대한 열망이 컸던 그는 30세가 되기도 전에 이미 학부와 의과대학을 졸업한 후 롱아일랜드의 센트럴 아이슬립 주립병원에 자리를 잡았다. 1900년대 초, 그는 취리히로 건너가 프로이트의 제자가 되었는데, 프로이트의 저서들을 최초로 영어로 번역하기도 했다.[320] 당시 브릴의 사진을 보면 작은 키에 거의 대머리였는데, 뾰족한 이목구비에 철테 안경을 쓰고, 아랫입술 아래 작고 단정한 털('맛 수염flavor save'으로 불리는 스타일)을 기르고 있었다. 현대 심리학의 선구자 몇몇과 함께 찍은 단체 사진에서[321] 시가를 피우고 있는 프로이트의 어깨너머로 환하게 미소를 짓고 있는 그는 그 자리에 있는 것만으로도 매우 기뻐 보인다(참고로, 브릴은 프로이트의 번역가로 일했던 것 외에도 커리어 초기에 정신의학자 아돌프 마이어Adolf Meyer와 함께 교육을 받았다. 마이어는 신경계 장에서 다시 언급되는데, 뉴저지 트렌턴 주립병원에서 발생했던 초기 의료 스캔들에 대한 보고를 무마하도록 영향을 미친 인물이다.)

브릴은 정신분석학 분야의 거장이었다. 프로이트나 융의 명성에는 미치지 못했지만 여전히 상당한 영향을 끼쳤다. 뉴욕시로 돌아온 그는 컬럼비아 대학교에서 강의하고, 뉴욕 대학교에서 정신과 임상 교수로 활동했다. 또한 '뉴욕 정신분석학회 및 연구소New York Psychoanalytic Society Institute'를 설립했는데, 그곳의 도서관은 여전히 그의 이름을 따서 명명되어 있다. 브릴은 동료 의사였던 K. 로즈 오웬K. Rose Owen과 결혼하여 두 자녀를 두었다.[322]

브릴은 또 다른 유산을 남겼는데, 정신과가 아니라 호흡기내과 분야였다. 최초로 흡연을 페미니즘 운동의 명제로 만들어낸 의사가 바로 이 사람이다.

버사 헌트가 부활절 퍼레이드에서 담배에 불을 붙이며 작은 혁명을 일으켰던 1929년에는, 담배가 과거의 성차별적 시대로부터의 해방을 상징한다는 개념이 완전히 터무니없는 것은 아니었다. 당시 여성의 흡연은 부적절한 행위로 여겨졌으며, 정신적, 도덕적 타락의 한 형태로 간주되었다. 뉴욕시를 포함한 일부 지역에서는 공공장소에서 여성의 흡연을 금지하고, 심지어 자녀가 있는 여성의 경우, 자기 집에서 흡연하는 것조차 금지하는 법안과 조례가 통과되었다.

이것이 법률적 관점에서 여성의 자율성에 나쁜 소식이었다면, 여성 흡연에 대한 금기를 깨뜨리는 데 분명하고 강력한 재정적 동기를 가진 담배 회사들에게도 나쁜 소식이었다. 이때 등장한 것이 럭키 스트라이크 담배와 그들의 주요 마케팅 전략가이자 대중홍보PR의 선구자 에드워드 버네이즈Edward Bernays였다.

"미국 최대의 담배 회사 사장이 저를 불러서는 여성들이 공공장소는 물론이고 가정에서도 흡연하지 못하도록 남성들이 막은 탓에 시장 소비자의 절반을 잃고 있다고 말했습니다." 1995년 세상을 떠나기 직전에 가진 인터뷰에서 고령의 에드워드 버네이즈는 그렇게 회상했다. "그는 '금기를 어떻게 깰 수 있을까요?'라고 저에게 물었지요."[323]

에드워드 버네이즈는 지그문트 프로이트의 조카였기 때문에 (세상 참 좁다!) 자연스럽게 가장 가까이 있는 삼촌의 존경받는 제자, 브릴에게 조언을 구했다. 브릴이 해준 말은 획기적인 것으로 입증되었다. 그는 여성 흡연에 대한 문화적 낙인을 깨뜨린다는 것은 단순히 여성들이 담배를 즐기도록 하는 문제가 아니라고 말했다. 여성들이 스스로 흡연자로 정의하도록, 다시 말해 규칙을 부숴버리고 금기를 조롱하는, 자유를 위한 페미니스트 전사로 정의하도록 만드는 것이 중요했다.

주목할 점은, 브릴 자신은 이러한 금기를 깨는 여성성의 비전에 전혀 동의하지 않았다는 것이다. 그의 관점에서 여성 해방이란, 여성의 진정하고 자연스러운 야망, 즉, 가능한 한 많은 아이를 낳는 야망을 현대화가 방해한 결과로 얻어진 보잘것없는 보상에 불과했다.

그는 "이제 '여성의 자유' '여성의 권리' '여성의 정치 진출' '비즈니스와 전문직 진출' 같은 것이 가능해졌다"라고 쓴 적이 있다. "하지만 정상적인 여성이 결혼과 자녀 없이 만족하는 일은 결코 없다"고도 썼다.[324]

그러나 브릴은 버네이즈에게, 담배가 단순히 자유를 상징해서가 아니라, "입술의 성감대를 자극"하기 때문에 여성이 흡연을 통해 만족감을 느낄 수 있다고 암시했다. (다시 말해, 그의 스승 지그문트 프로이트가 "때로 시가는 단지 시가일 뿐"이라고 주장했음에도, 브릴은 여성의 입에 물린 담배가 항상 단지 담배일 뿐이라고 확신하지 못했던 것이다.)

버네이즈는 즉시 어떻게 브릴의 통찰을 마케팅 전략으로 전환할지 정확하게 이해했다. 그는 이렇게 말했다. "시대의 흐름과 차별받는 여성임을 자각한 젊은 사교계 신인이라면 누구든 부활절 퍼레이드에서 담배를 피우며 걷는 것을 기쁘게 여기겠다는 생각이 떠올랐습니다. 담배가 실제로 '자유의 횃불'이라는 아이디어를 극적으로 표현하고, 이를 정당화하며, 여성 흡연에 대한 금기의 부당함을 알릴 수 있기 때문이지요."[325]

버네이즈가 브릴과의 대화에서 착안해 만든 광고 캠페인은 의사들이 제품 홍보를 위해 전문 지식을 빌려주기도 하고 때로는 건강에 역행하는 제품을 의료적으로 승인해 주던 행태의 초기 사례로 주목할 만하다. 또한 이 캠페인은 기업이 여성 해방의 제스처를 취하며 제품을 판매하는, 이른바 '깨어 있는 자본주의woke capitalism'라 알려진 현상에 대해 최초로 문서화된 사례일 수도 있다. 부활절 퍼레이드에서 여성들이 공개적으로 담배를 피웠던 소위 '시위'는 사실, 버네이즈가 브릴의 아이디어를 바탕으로 연출한 홍보 작전이었다. 퍼레이드 이전에 버네이즈는 일부 여성 참정권 운동가들이 퍼레이드에서 공개적으로 담배를 피우며 시위를 벌일 것이라는 소문을 전략적으로 퍼뜨렸다. 그는 버사 헌트를 포함한 열 명의 여성을 신중하게 선발했는데, 버사 헌트는 사실 럭키 스트라이크의 직원이었다. 버네이즈는 "그들이 매력적이어야 하지만, 지나치게 모델처럼 보이지는 않아야 한다"고[326] 강조했다. 평범한 여성들이 이 캠페인에 공감하지 못하도록 만들 수 있었기 때문이다. 퍼레이드 전, 그는 헌신적인 페미니스트 루스 헤일Ruth Hale에게 도움을 요청했는데, 헤일이 퍼레이드에서 담배를 피우자고 동료 활동가들에게 보낸 초대장은 광고 문구로도 손색이 없을 만했다.

여성들이여!
또 하나의 자유의 횃불에 불을 붙이자!
또 하나의 성차별적 금기와 싸우자.

이후에 벌어진 일에 브릴과 버네이즈가 기여한 공적을 정확히 알 수는 없지만, 퍼레이드 퍼포먼스가 커다란 영향을 끼친 것은 분명하다. 특히 〈뉴욕 타임스〉의 보도는 흡연하는 여성들을 중요한 과정의 일부, 진보를 향한 더 크고 흥미진진한 행진으로 묘사했다. "현대적이고 번영하는 뉴욕이 부활절을 축하하고 있었다. 자동차 모델은 1929년형이었고, 사람들의 패션은 미래의 모습을 보여주고 있었다. 전통을 깨부수고 특정 브랜드를 선호하지 않는다고 말하는 젊은 여성들이 겹겹이 솟은 마천루 사이의 길을 따라 걸으며 담배를 피웠다."[327]

그리고 그 해가 끝나기 전, 여성 흡연율은 5%에서 12%로 두 배 이상 증가했다.[328]

우리는 여성들을 위해 특별히 버지니아 슬림을 만듭니다. 왜냐하면 여성은 남성보다 생물학적으로 우월하기 때문입니다.[329]

—버지니아 슬림 담배 광고, 1972

1929년 '자유의 횃불' 캠페인과 100여 년 전 '소모성 멋'의 유행 사이에 존재하는 연관성은 미묘하다. 1900년대 초반 결핵 환자의 구부정한 자세를 따라하거나 얼굴은 하얗게, 입술과 뺨은 붉게 화장하던 여성들과 달리 평등의 이름으로 흡연을 시작한 여성들은 아픈 사람처럼 보이려 하지 않았다(흡연과 폐질환 사이의 연결고리가 과학적으로 입증되기까지는 수십 년이 걸렸다). 그러나 그들은 특정한 이미지를 연출하려 했다. 담배를 피우는 모습은 현대 여성의 지위를 나타내는 표상이 되었으며, 이는 연약하고 열에 들뜬 모습이 빅토리아 시대 여성에게 의미했던 것과 다를 바 없었다. 단 하나의 차이점은, 1929년에는 연약함이 더는 유행하지 않았다는 것이다. 대신, 흡연을 위해 호흡기 건강을 희생하는 여성은 해방의 상징이 되었고, 결정적으로, 흡연과 호흡기질환의 연결고리가 널리 알려진 이후에도 광고업계는 그 상징을 계속 이용했다.

브릴이 자유의 횃불 캠페인의 창시자라는 스스로의 업적에 대해 회의감을 가졌을지 모르지만, 이를 드러낸 적은 단연코 없었다. 분명 그는 자신이 여성들에게 모욕감을 주거나 해를 끼치고 있다는 의견에 대해서는 반발했을 것이다. 그는 이렇게 쓴 적이 있다. "여성이 남성보다 열등하다고 말할 생각은 없다. 여성은 자신의 영역에서 남성보다 우월하다. 여성은 지능과 창의력 면에서 남성만큼 높은 경지에 도달하지는 못하지만, 그렇다고 너무 낮은 수준으로 떨어지지도 않는다. 여성은 늘 중도를 걷는다."[330]

하지만, 담배를 해방의 도구로 여겼던 브릴의 아이디어는 담배 제조사들의 마케팅에서 표준적 요소로 자리 잡았다. 제조사들은 흡연을 여권 신장과 결부하며 의사의 공식적 승인을 통해 고무한다면, 이 중독성 강한 제품을 소비하도록 여성들을 꼬드길 수 있다는 사실을 깨달았다. 1930년대에 럭키 스트라이크가 시작한 새로운 캠페인은 담배를 체중 조절 수단으로 활용하는 데 초점을 맞췄다. 이 캠페인은 날씬한 몸매를 유지하는 데 흡연이 주는 혜택이 과학적 근거에 기반한다는 주장을 기꺼이 인용하는 의사들의 협력을 받았다.[331]

메시지는 분명했다. 흡연은 여성의 생활, 여성의 미래, 심지어 여성의 식욕까지 스스로 통제할 수 있는 힘을 준다는 것이었다. 유명한 언론인이자 모험가인 레이디 그레이스 드러먼드헤이Lady Grace Drummond-Hay는 이 새로운 럭키 스트라이크 캠페인에 등장했는데 그녀의 말풍선은 "나는 단것을 먹는 대신 럭키를 피운다"고[332] 말한다. 40년 후, 버지니아 슬림은 "생물학적으로 우월한" 여성을 위한 담배 광고에 원더우먼 복장의 모델을 등장시켰다.[333] 다시 20년이 지나, 같은 회사는 1990년대의 페미니스트를 겨냥해 광고를 업데이트했는데, "평등은 앞치마 끈을 매달고 오지 않는다"는[334] 문구와 함께, 짧은 머리에 오만하게 웃는 여성이 앞치마를 두르고 음식을 준비하는 남성 옆에서 담배를 피우고 있다.

물론, 이 즈음에는 의사들이 환자들에게 흡연을 권하던 일을 멈춘 지도 오래되었다(1995년의 '앞치마 끈' 광고에는 흡연이 임신부의 태아 손상을 초래할 수 있다는 의무총감의 경고문이 선명하게 새겨져 있다). 그러나 담배에 대한 이런 새로운 의학적 경각심이, 여성의 호흡기 건강 문제에 대해서는 동일한 수준의 책임감으로 이어지지는 않았다.

사실, 지금도 여전하다.

여성으로서 우리는 다양한 역할을 수행합니다. 종종 우리 자신을 삶의 중심으로 놓기 위해 하던 일을 멈추고 깊은숨을 들이쉬는 것을 잊어버립니다.[335]

_《마음을 다스리는 여성: 평온을 되찾고 희망을 발견하며 마음을 여는 부드러운 실천법》 홍보 문구, 2008

시에라Sierra가 처음으로 의사에게 숨을 쉴 수 없다고 말한 곳은 딸이 다니던 유치원 근처에 있는 긴급진료센터에서였다. 그녀는 아이를 등원시키고 곧바로 여기까지 걸어왔다. 화창한 봄날에 몇 블록 되지 않는 거리였지만, 이미 숨이 가빠졌다. 그녀는 항상 숨이 가쁘다고 말하고, 점점 상태가 악화된다고 덧붙였다. 예전에는 운동 삼아 달리기도 하고, 하프 마라톤 훈련까지 했던 그녀였다. 하지만 이제는 1킬로미터도 못 가서 허리를 굽힌 채 헐떡이며 멈추게 된다. 집에서 아이들이 그녀 주위를 돌며 뛰어다닐 때도 그들을 따라잡지 못한다.

의사는 창문과 그 너머 꽃이 피기 시작한 나무들을 가리키며 말한다.

"알레르기입니다." 그가 말한다. "저도 같은 문제로 고생하고 있어요."

그는 항히스타민제를 처방해 주고 그녀를 집으로 돌려보낸다.

시에라가 진료센터를 두 번째로 찾은 것은 몇 주 뒤였다. 같은 진료센터지만 이번에는 다른 의사다. 그녀는 숨 가쁨, 체력 감소, 그리고 기침할 때마다 지속적인 어깨 통증 등의 심해지는 증상들을 다시 열거한다. 의사는 그녀의 어깨를 눌러보고 근육이 뭉쳤다고 진단한다. 그러면서 차트 기록과 지난번 방문 때 기록했던 차트를 가리킨다.

"계절성 알레르기가 있으시죠?" 그가 말한다. "너무 세게 기침하지 마세요." 세 번째 방문에서는 그녀에게 알레르기를 처음 진단했던 의사를 다시 만났다. 이제 몇 달이 지났고, 시에라의 기침은 더 심해졌다. 운동은 오랫동안 하지 못했고, 이제 한 블록을 걷지도 못하고 딸을 들어 올리는 것조차 숨이 턱 막힌다. 체중은 7킬로그램이나 줄었다. 의사는 미간을 찌푸리며 역류성 식도염으로 보인다고 말한다. 그는 제산제를 처방해 주고 집으로 돌려보내면서 곧 나아질 거라고 말한다.

네 번째로 병원에 가야 했을 때, 시에라는 그 진료센터로 가지 않는다. 이제 겨울이 되어 나무 위의 꽃들은 오래전에 떨어졌으며, 6개월 전에 받은 제산제도 진작에 떨어졌다. 그 약이 그나마 약간의 도움을 줬다 해도, 그저 한순간일 뿐이었다. 지금은 차가운 공기를 한 번만 들이마셔도 멈출 수 없는 기침이 괴롭게 터져 나온다. 그녀가 응급실로 차를 몰고 간 것은 그게 더 쉬웠기 때문이기도 했지만, 다른 의사를 만나고 싶었기 때문이기도 하다. 그녀가 원하는 것은, 처음부터 줄곧 원했던 것은 의사들이 실제로 그녀의 폐를 살펴보는 것이었다. 알레르기라느니, 근육 긴장이라느니, 속 쓰림이라느니, 그녀에게 건성으로 말하며 돌려보내지 않는 의사를 만나고 싶었다.

엑스레이 촬영은 몇 분 걸리지 않는다.

의사의 표정이 어둡다.

"죄송하지만 좋은 소식이 아니군요." 그가 말한다. "좀 더 일찍 진료를 받지 않으신 것이 안타깝습니다."

◇◇◇

과거의 으쌰으쌰 페미니즘 흡연 광고에서부터 오늘날의 웰빙 문화 대두에 이르기까지, 여성들에게 있어 호흡기 건강은 점점 의료의 영역이기보다 자기 관리의 문제로 인식되고 있다. 여성들은 명상을 하라거나, 호흡을 측정하는 앱을 다운로드하라거나, 운동을 더 많이 하라는 사이비 과학적인 조언의 홍수에 시달린다. 심지어 〈브리드Breathe〉라는 잡지(부제는 "그리고 스스로를 위한 시간을 가지세요")까지 나와 있다. 물론 처음에는 의료적인 문제라기보다는 문화적인 문제로 시작되었지만, 현재의 의료계도 과거처럼 문화의 영향을 받고 있다. 이번 경우, 문화는 호흡기 건강이 의사가 진단할 문제가 아니라 여성이 스스로 해결할 문제라고 말한다. 1929년에 여성에게 흡연이 자유를 향한 길이라고 말했던 바로 그 의료계가, 오늘날에는 여성이 숨을 쉴 수 없다고 호소할 때 냉소적으로 반응한다. 여성이 폐질환을 유발할 수 있는 환경적 요인에 편중적으로 노출되어 있는데도 말이다.

그 결과, 여성의 호흡기 질환은 종종 진단되지 않은 채 방치되며, 때로는 최악의 결과를 초래하기도 한다. 중년 후반의 남성 흡연자가 '표준' 환자로 상정되는 폐암의 경우, 1980년대 후반 이후 남성 발병률은 감소한 데 반해 여성 발병률은 84% 증가했다.[336] 여성은 흡연 경험이 없더라도 폐암에 걸릴 가능성이 더 높으며, 금연 후에도 여전히 더 높은 위험을 가지고 있다.

매년 폐암으로 사망하는 여성의 숫자는 유방암, 자궁암, 난소암으로 사망하는 여성의 수를 합친 것보다 많다. 그리고 그들 중 일부는 분명 그렇게 사망하지 않을 수 있었다. 위의 사례에서 언급한 환자 시에라는 폐암이 계속 퍼지는 동안 세 번이나 의사들로부터 잘못된 진단을 받고 돌려 보내졌다. 메모리얼 슬론 케터링 암 센터의 1년 차 펠로우로 일하던 내가 그녀를 처음 만났을 때, 암은 이미 뼈와 간, 그리고 뇌로 전이된 상태였다. 시에라는 채 1년도 더 살지 못하고 세상을 떠났다. 누군가 그녀의 초기 증상을 진지하게 보았다면, 그녀는 여전히 살아 있을지도 모른다.

호흡기내과 역시 다른 분야와 마찬가지로 여성의 증상을 단순히 불안으로 치부해 버리고, 더 깊이 들어가 유기적 원인을 탐구하지 않는 경향이 만연해있다. 뉴욕-프레스비테리언/와일 코넬 메디컬 센터의 중환자실·중환자의학과·호흡기내과 전문의인 린지 리프Lindsay Lief는 이런 관행을 바꾸기 위해 노력하고 있다며 이렇게 말한다. "저는 레지던트들에게 계속 강조합니다. 병원에서 불안은 '배제적 진단exclusion diagnosis'으로 다루어야 한다, 먼저 다른 모든 가능성을 탐구했음을 입증해야 한다, 환자가 숨이 가쁘다고 호소할 때, '그냥 불안한 것 같아요'라는 말은 용납할 수 없다고 가르치지요."[337]

린지 리프의 강경한 태도는 끔찍했던 경험에서 생긴 것이다. 마지막 순간에 이르러서야, 혹은 비극적으로 너무 늦어버린 뒤에야 호흡기내과 전문의들이 호출되던 아찔한 상황들 말이다. 천식을 포함한 많은 호흡기 질환은 그 질환을 염두에 두지 않고 환자를 대하는 의사들에게는 공황장애처럼 보일 수도 있다. 어지럼증, 흉부 압박, 질식이나 코와 입이 막히는 느낌이 드는 등의 증상이 공통적으로 나타나기 때문이다. 일부 호흡기 질환은 정신적 혼란과 심계항진을 유발하기도 한다. 한 환자는 흥분한 상태로 숨을 쉴 수 없다고 계속 호소했는데, 무려 8시간 가까이 잘못된 항불안제를 투여받으면서 점차 쇼크와 폐부전 상태로 빠졌다. 그녀가 의식을 잃자 의료진은 이를 진정제 탓으로 돌렸다가, 스캔 결과를 보고서야 환자의 폐에 대량의 체액이 축적되어 있다는 사실을 발견했다. 또 다른 환자는 천식 발작을 공황발작으로 오진한 의료진으로부터 진정하라는 꾸중을 계속 듣다가 결국 산소 부족으로 인한 호흡곤란에 빠졌다.

이보다 더 우려스러운 것은 열 명의 여성 가운데 한 명 이상이 천식을 앓고 있다는 사실이다. 이는 6%가 조금 넘는 남성 환자에 비해 훨씬 높은 수치이며, 게다가 여성의 천식 증상이 일반적으로 더 심각하다. 천식 관련 사망률은 여성, 특히 흑인 여성에게서 불균형적으로 더 높게 나타난다.[338]

한편, 여성의 호흡기 문제는 특히 임신과 출산 중에 간과되기 쉽다. 이 시기는 여성이 자신을 위해 목소리를 내는 것이 가장 어려운 상황(예를 들어 분만 중)이기도 하고, 의사가 여성의 증상을 과민반응으로 치부하기 쉬운 상황이기 때문이다. 마운트 시나이 병원의 내과, 소아과, 호흡기내과 및 중환자의학과 부교수 소날리 보스 Sonali Bose는 임신 환자에 대한 한 사례를 소개했다.[339] 이 환자는 호흡 곤란 증상이 성장하는 태아가 횡격막을 압박하기 때문이라는 말을 6개월 동안 듣다가, 의사들이 확인차 진행한 검사 결과 실제로 천식을 앓고 있었다는 것이 비로소 밝혀졌다.

보스 교수는 말한다. "많은 동료들이 임산부를 돌보는 것을 약간 두려워합니다. 하지만 그 두려움이 질문을 가로막으면, 치료 가능한 문제를 해결하는 것도 막게 됩니다."[340]

중환자실에서 이러한 문제는 종종 인공호흡기 설정 기준 때문에 더 악화된다. 인공호흡기는 중증 호흡기질환 환자의 생명을 구할 수 있는 중요한 의료 장비지만, 대개 남성 환자를 기준으로 설정되어 있어서 여성 환자에게 연결했을 때 적절한 산소량이 공급되는지 확인하기 어렵다.[341]

오늘날, 여성의 독특한 호흡기 건강 위험에 대한 의료계의 인식은, 개선을 위한 부단한 노력에도 불구하고 여전히 낮은 수준에 머물러 있다. 더 나은 의료 서비스를 촉구하는 사람들 가운데 한 사람인 세레나 윌리엄스Serena Williams는 2017년 첫 아이를 출산한 후 폐색전증으로 거의 목숨을 잃을 뻔했다. 내 환자였던 시에라처럼, 윌리엄스는 기침이 너무 심해 제왕절개 봉합선이 터지는 상황에 이르렀어도, 폐 CT 사진을 찍기 위해서 간호사들과 실랑이를 벌여야 했다.

"결국 알고 보니 내 폐에서 혈전이 발견됐고, 혈전이 심장에 도달하기 전에 분해하려면 정맥에 필터를 삽입해야 했다." 윌리엄스는 몇 년 후 〈엘르〉에 기고한 에세이에 이렇게 썼다.[342]

시에라와는 달리, 윌리엄스의 이야기는 행복한 결말로 끝났다. 그녀는 1년 동안 여러 번의 오진을 받으며 너무 늦게 진실을 알게 되는 대신, 단 며칠 만에 적절한 치료를 받을 수 있었다. 하지만 그들의 이야기에는 소름 끼칠 정도로 유사성이 있다. 혈전을 발견하기 전, 윌리엄스가 CT를 찍게 해달라고 간청했지만, 간호사는 그녀를 무시했다. 간호사는 그냥 좀 진정하라고, 좀 쉬라고, 숨을 좀 고르라고 말했다.

간호사는 말했다. "제 생각에 약을 너무 많이 드셔서 헛소리를 하시는 것 같아요."

◇◇◇

긴급진료센터에서 응급실, 가정의학과에서 중환자실에 이르기까지, 의사들이 여성의 호흡기 건강에 관해 올바른 질문을 던지는 데 실패한 결과는 필연적으로 잘못된 가정과 부정확한 결론, 때로는 치명적인 오판으로 이어진다. 시에라와 같은 일부 환자들은 시스템이 반복적으로 실패를 거듭하는 동안 적절한 진단을 받지 못한 채 고통받는다. 또 다른 환자들은 촌각을 다투는 치명적인 의료적 위기 상황에서 오진을 받는다.

급성호흡부전과 공황장애의 유사성 때문에 여성, 특히 젊은 여성들은 실제로는 전자의 증상으로 고통받고 있는데 후자의 증상을 보이는 것으로 간주되는 경우가 너무나 많다. 내가 레지던트 시절 겪었던 끔찍한 사례는, 심각한 호흡 곤란 증상으로 응급실에 온 20세의 여성 타라Tara였다. 학교 보건실에서 그녀를 보냈는데, 그들은 한눈에 그녀를 고정관념에 끼워 넣었다. "여기 또 다른 과민한 완벽주의자 아이비리그 운동선수가 기말시험 기간에 공황발작을 겪고 있다"는 식이었다. 응급실에서도 여전히 숨을 헐떡이며, 타라는 접수 간호사에게 학교 보건실에서 들었던 것과 똑같은 말을 전달했다.

여기에서 시스템은 무너지기 시작했다. 적절한 응급실 환자 분류법에 따르면 이런 진술을 곧이곧대로 받아들이지 않아야 했다.

많은 심각한 질환들이 평범한 문제처럼 보일 수 있기 때문에, 실제로 응급 상황일 가능성과 구별하려면 세심함과 호기심이 필요하다. 의학 교육 과정을 거친 모든 의료인은 패턴에 끼워 맞추는 위험성, 추정하는 위험성, 물어볼 필요 없이 이미 안다고 생각하는 위험성을 피해야 한다는 경고를 받는다.

하지만 혼잡스러운 응급실에서는 중요한 것들이 너무 쉽게 빈틈으로 빠져나간다. 그래서 타라에게 혈전장애 가족력이 있는지, 피임약을 복용 중인지, 또는 최근 일주일 동안 팔다리에 통증을 경험했는지 묻는 대신, 간호사는 고개를 끄덕이며 그녀의 이야기를 액면 그대로 받아들이고는 자리에 앉으라고 말했다. 그리고 누군가 대기실에 있는 그 소녀, 무릎 사이로 고개를 떨구고 있는 그 소녀, 숨을 제대로 쉬지 못하고 있는 그 소녀에 대해 물으면, 간호사는 똑같은 이야기를 반복했다. 그러다 보면 이야기는 너무나 익숙해지고, 여러 번 반복됐다는 이유만으로 정확성이라는 외피를 얻게 된다.

완벽주의자.

기말고사 기간.

공황발작.

그것은 모두가 한 번쯤 들어본 이야기였다.

타라가 대기실에서 쓰러지기 전까지는, 아무도 그 익숙한 이야기가 사실이 아닐 수도 있다는 생각을 하지 않는다.

타라는 심부정맥혈전증Deep Vein Thrombosis, DVT으로 인해 생긴 안장형 폐색전증을 겪고 있었다. 이 질환은 다리의 깊은 정맥에 혈전이 형성된 후 이 혈전이 떨어져 나와 몸을 돌아다니다가 주요 폐동맥에 박혀, 폐로 가는 혈액 공급이 차단되는 상태를 말한다. 이 질환을 겪는 사람의 4분의 1은 즉사하고, 생존자 가운데 10%는 진단 후 몇 주 안에 사망한다.[343] 타라는 유전적인 혈전 장애, 최근 겪은 다리 통증, 호르몬 피임약 처방 등 여러 위험 요소를 가지고 있었기 때문에 공황발작보다 훨씬 더 심각한 질환의 위험군으로 즉각 분류되어야 했다. 그러나 그녀는 의료 시스템의 빈틈에 빠졌고 결국 중환자실에서 사투를 벌이게 되었다.

다행히도, 타라는 시에라와 달리 행복한 결말을 맞았다. 그녀는 살아남았다. 운이 좋았다. 하지만 누군가 질문만 제대로 했더라면, 운 같은 것은 필요 없었을 것이다.

타라의 경험은 드물지도 않고, 심각한 의료 응급상황이 신경증, 불안, 혹은 공황발작으로 치부되어 버리는 경우로 국한되지도 않는다. 이 분야에서 여성이 가진 수많은 위험 요인들이 의사들에 의해 간과되는데, 문화적 및 직업적 성별 규범과 여성의 호흡기 건강 간의 상호작용에 대한 의료 시스템의 개선되지 않은 무지에 기인한다. 호흡기 건강 관련 작업장 유해 요소에 대한 논의는 거의 언제나 건설, 제조, 농업, 소방 등 남성이 주로 종사하는 산업을 중심으로 이루어진다. 하지만 가사도우미나 미용사 같은 서비스 업종에 종사하는 여성들도 호흡 능력을 손상시킬 수 있는 강력한 화학물질에 노출된다. 목재소나 건설 현장에서 일하는 남성들과 달리, 이 여성들은 작업 중에 보호 장비를 착용하는 일이 드물다. 미국흉부학회American Thoracic Society의 학술지 〈미국 호흡 및 중환자의학 저널American Journal of Respiratory and Critical Care Medicine〉에 발표된 최근 연구에 따르면, 가사도우미 또는 살림을 하면서 청소용 스프레이를 자주 사용하는 여성들은 이러한 제품에 자주 노출되지 않는 여성들보다 폐 기능이 급격히 감소할 위험이 크다고 한다.[344]

가사 노동을 포함하여 여성 담당으로 분류되는 노동이, 만성적인 폐 손상의 위험을 수반한다는 사실은 오늘날 여성의 노동 시장 참여와 가사 및 육아 부담의 불균형에 관한 문화적 담론에서 통렬하고 심대하게 간과되는 문제이다. 이는 의료 전문가들에게도 커다란 사각지대로 남아 있다. 청소용 제품에 지속적으로 노출되는 여성들, 즉 생계를 위해 청소를 하는 노동 계층 여성들이나, 전통적인 성별 역할에 따라 가사 대부분을 책임지는 여성들에게 이러한 노출이 가져오는 폐 손상은 매일 하루 한 갑의 담배를 20년간 피우는 것과 같은 수준의 해로움을 초래할 수 있다.

하지만, 모든 의료 문서는 흡연 이력에 대해서는 묻고 있지만, 매주 몇 시간 동안 화학 제품을 사용해 집을 청소하는지 묻지도 않고, 폐 손상을 피하기 위해서 이러한 제품 사용을 조심해야 한다는 주의를 주지도 않는다. 대체로 우리는 여성의 일상생활에서 호흡기 건강에 위협이 되는 것들과 접촉하는 문제에 대해 충분히 논의하지 않는다. 청소용 화학물질. 미용실 용품. 조리 가스.

그리고, 당연하게도, 남성들의 문제가 있다.

◇◇◇

미국 동부의 한 대도시 외곽에 위치한 어느 병원 응급실의 토요일 밤, 대기실은 아수라장이다. 화상이나 찰과상을 입은 환자들이 골절이나 뇌진탕 환자들과 함께 기다리고 있다. 한 젊은 엄마는 고열로 얼굴이 빨갛게 달아오른 채, 다가오는 구급차의 요동치는 사이렌 소리에 맞춰 점점 크게 소리를 지르는 어린 아이를 안고 있다. 다리에 총상을 입어 피를 흘리며 얼굴을 찡그린 십대 소년이 들것에 실려 접수 창구를 급히 지나가고, 접수 창구에서는 한 노인이 접수 간호사에게 자신이 말에게 물렸다며, 물, 렸, 다, 고 한 자 한 자 소리치고 있다. 하지만 이런 혼란 속에서도 그녀는 금세 눈에 띄었다. 그곳에 가만히 서서, 눈을 아래로 떨군 채, 가냘픈 팔로 자신의 몸을 감싸고 있다. 두려워서 혹은 추워서 혹은 둘 다일지도 모른다.

그녀는 너무 창백하고, 너무 연약해서, 마치 도자기 인형처럼 소중하고 깨지기 쉬운 존재처럼 보인다. 그녀의 눈은 빛나고 입술은 붉게 물들어 있지만, 입술 한쪽 귀퉁이에 멍이 들기 시작한 부위가 부어올라 살짝 망가져 있었다. 그녀는 한 손에 휴지를 쥐고 있는데 눈물을 닦기 위해서가 아니라, 그가 때렸을 때 입술이 터진 자리를 두드리기 위해서이다.

그녀에게 눈길을 주던 사람들도 이 부분에 이르면 고개를 돌린다.

짧고 비극적인 삶의 끝자락에서 레이스 손수건에 부드럽게 기침을 하는 결핵 소녀와 달리, 아무도 응급실의 이 소녀에 대한 시는 쓰지 않을 것이다. 그녀의 초현실적인 아름다움에 대하여, 터진 아랫입술에서 흐르는 피가 창백한 크림색 피부와 대조를 이루는 모습에 대하여 어떤 소네트나 노래도 없을 것이다. 그녀의 고통에는 아름다움도, 의미도 없다. 오늘 밤 그녀를 병원에 오게 한 그 일은, 앓다가 죽어도 매우 낭만적인 '돋보이게 하는 병'으로 묘사되는 일은 결코 없을 것이다. 사실 그녀를 죽음에 이르게 하는 그것을 하루하루 버티며 살아내는 능력은 그녀에게 어떤 지위도, 존경도 부여하지 않는다. 오로지 수치만을 안겨준다.

자정이 지나면서 그녀는 벽에 기대 몸을 기울이며 턱을 가슴 쪽으로 떨어뜨린다. 호흡은 거칠고 얕으며, 목에 멍이 올라오기 시작한다. 몇 시간 전, 누구도 아닌 그녀의 남자친구가 두 손으로 그녀의 기도를 감싸 쥐고 졸랐던 자리에 연보라색 줄무늬가 생기기 시작한 것이다.

그녀는 휴지를 입술에 댄다.

기침을 한다.

접수 간호사가 그녀에게 고개를 끄덕인다. "이제 오래 걸리지 않을 거예요."

그녀는 대수롭지 않게 고개를 끄덕여 답한다. 그녀는 전에도 이곳에 온 적이 있다. 그녀는 다시 올 것이다.

그가 그녀에게 무슨 짓을 하는지 그녀는 절대 누구에게도 말하지 않는다. 그리고 대부분의 경우에는, 아무도 그것에 대해 묻지 않는다.

◇◇◇

여성의 목 졸림 징후는 항상 명확하게 드러나지 않는다. 목에 뚜렷이 결박 자국이 있거나 뺨이나 눈 흰자위에 혈관이 터져 별자리처럼 보이는 환자들도 있지만, 비슷한 비율로 전혀 징후를 보이지 않는 환자도 많다. 그리고 많은 생존자들이 저산소증으로 인해 공격 자체에 대한 기억 상실을 겪는데, 목 졸림 때문에 뇌로 가는 혈류가 영향을 받기 때문이다.

이것이 많은 수의 피해자들이 목 졸림 폭행을 신고하지 않는 이유일 수 있으며, 또한 의사들이 응급실 환경에서 너무 자주 놓치는 이유이기도 하다.

메릴랜드주 캐롤 병원의 응급실 의사 태미 티암푹모건Tami Tiamfook-Morgan은 아직도 그 환자를 기억한다. 목에 든 멍을 하마터면 놓칠 뻔했던, 그래서 그녀의 이야기가 밝혀지지 않을 뻔했던 환자다. 그 환자는 그녀의 파트너가 깨진 병으로 찔러서 가슴에 자상을 입은 상태였다. 경찰과 구급대원, 간호사들이 에워싸고 질문을 퍼부어대자, 그녀는 너무 압도되어 대답할 수 없었다.

"그녀는 누구와도 말을 하려 하지 않았어요. 나중에 알게 된 사실인데, 그녀가 진실을 말하면 아이들을 빼앗길까 봐 두려워했다는 거예요." 태미가 말한다.[345] 태미가 환자와 둘이서만 조용히 이야기할 공간을 확보한 후에야 그녀는 턱을 들어서 그 남자가 목을 조른 부분을 보여주었다. 그런 기회는 분주한 응급실의 절차와 규정을 모두 뛰어넘어 시간, 공간, 신뢰를 확보할 수 있어야 가능했다. "목 졸림 사건에서는 보통 손자국이 보여요. 하지만 무엇을 찾아내야 할지 알고 눈여겨보아야 보입니다." 태미가 설명한다. "그리고 그걸 보고 나서도, 여전히 조심스럽게 무슨 일이 있었는지 물어야 합니다."

목 졸림은 그 자체가 의학적 질환은 아니지만, 여성의 호흡기 건강이라는 더 넓은 문제를 논하면서 가정폭력과의 교차점을 빼놓고 다룰 수 없다. 여성이 폭력적인 파트너로부터 입을 수 있는 상해 가운데 목 졸림이 가장 위험한 이유는 그것이 그 자체로 치명적이기 때문이 아니라(대부분의 여성은 목 졸림에서 살아남는다), 그것이 갖는 의미 때문이다. 목 졸림은 종국적으로 살인으로 이어지는 폭력 형태의 중요한 지표다.

이러한 여성들을 도울 수 있는 독특한 위치에 있는 응급실 의사들이, 혼잡스러운 응급실 환경으로 인해 목 졸림의 징후를 인지하거나 환자들이 스스로 상처를 드러내도록 설득할 시간이 거의 없다는 사실은 무엇보다도 비극적이다. 이런 상해는 충격적이게도, 매우 흔하게 일어난다. 일부 추정에 따르면 미국 여성의 약 10%가 일생에 한 번 치명적이지 않은 목 졸림 사건을 경험할 것이라고 한다. 그리고 의사들이 목 졸림 증상에 대해 묻지 않으면 혈종, 유산, 척추 부상, 뇌 손상 등 목 졸림 이후 진행되는 건강 위험에 대한 중요한 정보도 제공하지 않게 된다.

"이건 우리 책임이에요." 태미가 말한다. "이 여성들은 트라우마를 겪고 있고, 수치심을 느끼며, 본인에게 책임이 있다고 느껴요. 때로는 자신에게 무슨 일이 있었는지조차 확신하지 못해요. 기절할 때까지 목을 졸렸기 때문이지요. 우리가 의사로서 그들이 말할 수 있는 공간을 만들어주지 않는다면, 우리가 개방창(열린상처)을 분류할 때처럼 목 졸림을 우선순위로 다루지 않는다면, 우리는 실패하는 겁니다."[346]

늘 그렇듯이, 상황은 예전보다는 나아졌지만 여전히 충분하지 않다. 여성의 호흡기 건강이라는 더 넓은 문제를 다룰 때, 여성이 어떤 존재인지, 혹은 어떠해야 하는 것인지에 대한 성차별적 서사의 잔재로 인해 여성에게 제공하는 의료 서비스가 어떻게 훼손되고 있는지 고민해야 한다. 예컨대, 오늘날의 의사들은 19세기 초 의사들이 결핵을 낭만적으로 다뤘던 것처럼 가정폭력을 낭만적으로 다루지 않는다. 그렇지만 여전히 제대로 치료하지 못하고 있다. 학대하는 파트너가 여성 건강에 미치는 해악은 의학 교육에서 종종 부차적인 문제로 다뤄진다. 실제 진료 상황에서, 우리는 15분 간격으로 환자에서 환자로 옮겨 다니며 여성의 가정 내 안전에 대해 묻도록 교육받지만, 그 질문은 건강과 병력에 대한 다른 수십 가지 질문과 함께 지나치듯 슬쩍 묻는 것일 뿐이다. 이 장을 준비하면서 가정폭력이 얼마나 만연한지 알게 되었을 때, 나는 깊은 충격에 빠졌고, 나 자신의 방관에 경악했다. 특정 의료 환경에서는 이런 질문에 대해 고개를 끄덕이는 것 이상으로 복잡하게 대답하는 것이 거의 불가능하다는 것을 전혀 고려하지 못한 채, 나는 여성 환자에게 "집에서 안전한가요?"를 몇 번이나 물어봤던가?

의료 시스템은 목 졸림 피해자들, 그리고 더 넓게는 가정 폭력의 피해자들과 여전히 거리 두기를 하고 있다. 이는 과거 결핵 소녀를 대하던 방식과 크게 다르지 않다. 그녀는 운명 지어진 아름다운 존재로 여겨졌고, 그 고통은 본질적으로 어떤 약으로도 치료할 수 없는 것으로 간주되었다. 어떤 면에서 우리는 여전히 고통이 특정한 위상을 부여한다는 관념에 사로잡혀 있다. 폭력이든 결핵이든 그 희생자들이 고통을 겪는 모습에 거리를 두면서도, 강렬한 관심으로 대상화하는 것이다. 너무나 아름답다. 너무나 비극적이다. 너무나 가슴 아픈 상실이다.

"무언가 우리가 할 수 있는 일이 있다면 좋을 텐데"라고 우리는
말한다. 하지만 정말로 할 수 있는 일이 있다면?

6장

창자

뱃속이 시키는 대로
따르는 것(과 따르지 않는 것)의 대가

그 사람이 이르되 하나님이 주셔서 저와 함께 살라
하신 여자가 그 나무 열매를 내게 주기에 제가
먹었나이다. 여호와 하나님이 여자에게 이르시되
네가 어찌하여 이렇게 하였느냐?[347]

__ 창세기 3장 12~13절

나는 나의 나약함과 지극히 특별한 자비로
나에게 식탐의 악덕을 고치도록 허락하시는
하나님[의 선하심]을 이해하기 위해 나의 내면을
들여다봅니다.[348]

__ 시에나의 캐서린, 서간문, 1373

모든 것은 반항의 표현으로 시작됐다. 캐서린이 열여섯 살 되던 해 그녀의 언니가 남편과 아이들을 남긴 채 출산 중 사망하자, 가족들은 언니를 대신하는 것이 그녀의 의무라고 했다. 그녀의 부모는 이제 홀아비가 된 언니의 남편과 결혼해야 한다고 강요했고, 이를 거부하는 캐서린의 말에 귀 기울이는 사람은 아무도 없었다. 하지만 이것, 이 항의의 형태는 누구도 무시할 수 없는 것이었다.

캐서린은 먹는 일을 중단했다.[349] 끼니마다 음식은 손도 대지 않은 채 옆으로 밀쳐뒀다. 긴 머리카락도 잘랐다. 짧은 머리에 단식으로 살이 빠지자 여성스러운 곡선이 사라지고 뾰족 튀어나온 뼈와 움푹 패인 몸이 되었다. 이를 통해 그녀는 자신에 대한 제어권을 되찾는다. 남자들에게 매력이 없어 보일 수록 그녀가 원하는 삶을 살도록 내버려 둘 확률이 높아질 것이다.

서른셋으로 세상을 떠나기 전까지 짧은 여생을 보낼 수녀원에 들어갈 즈음에는 식욕 저하와 자신을 제어하고자 하는 욕구를 분리하기가 힘들어졌다. 평화, 순수, 음식으로 더럽혀지지 않은 절대적으로 청결한 몸. 몇 년 동안 캐서린의 입술에 닿은 영양분이라고는 그리스도의 몸과 피를 상징하는, 공기 만큼이나 가벼운 성찬식 제병과 적포도주 한 모금이 전부였다. 그 외에 물과 향초 말고는 아무엇도 입에 대지 않았다. 그나마 향초마저 쓴 맛 나는 것만을 골라 씹어서 즙만 삼키고 나머지는 뱉어냈다.

금욕적인 수도원의 기준으로도 캐서린이 음식을 거부하는 정도는 극단적이었고 주변 사람들을 불안하게 만들었다. 동료 수녀들과 그녀의 멘토 역할을 한 성직자들은 모두 그녀에게 음식을 먹어야 한다고 설득했다. 그러나 그녀는 계속 거부했다. 억지로 먹이면 나뭇가지로 목을 건드려 모두 다시 토해냈다. 모두들 그녀를 바라보며 고개를 저을 때, 그녀는 걱정스러운 표정 뒤에 숨은 감탄과 존경, 심지어 부러움의 기색까지 감지했다. 이것은 육체의 순결을 넘어서는 무엇이었다. 언젠가는 죽을 육신으로부터의 해방, 육체적, 동물적 욕구를 완전히 승화하는 데 성공한 듯했다. 신앙은 음식이 결코 충족시킬 수 없는 방식으로 그녀를 충족시켰다. 그녀는 어느 때보다 더 가볍고, 더 깨끗하고, 하나님에게 더 가까웠다.

그녀의 마지막 말은 창조주를 향한 것이었다. "아버지, 당신의 손에 내 영혼과 내 정신을 맡기나이다."[350]

오랜 세월에 걸친 굶주림으로 여위고 쇠약해진 자신의 몸에 대해 그녀는 아무런 말도 하지 않았다.

✧✧✧

여성 소화기내과학의 역사는 의학적 사례에 그치지 않는다. 이 이야기들은 성경에까지 등장한다. 금단의 열매를 따먹으라는 유혹에 넘어간 이브 이래 여성의 욕망은 특별히, 그리고 본질적으로 위험한 것으로 여겨졌다. 순결함, 여성성, 성스러움은 욕망이라는 개

넘과 불가분의 관계로 얽혀 있다. 그리고 그 욕망에는 당연히 식탐뿐 아니라 성욕도 포함되었다. 둘 중 하나를 삼갈 수 있으면 다른 유혹도 이겨낼 수 있다는 이해가 받아들여졌다.

14세기 시에나의 캐서린이 감행한 자기 박탈은 금욕의 극단적인 형태였지만, 그보다 경미한 정도의 사례는 중세 종교계에서 자주 보이는 관행이었다. 하지만 이 역시 한 성별에 특정되어 있었다. 음식을 먹을 수 없다고 주장한 남성은 매우 드문 반면, 단식은 여성들의 전유물로 중세 유럽에서는 자신의 영적 진실성을 증명하는 가장 좋은 방법으로 통용되었다.[351] 더 적게 먹을수록 더 성스러웠다. 아무것도 먹지 않은 캐서린은 성인으로 추앙받았다.

세월이 흐르면서 종교적 순수함을 증명하는 방법으로 음식을 피하는 개념은 교회 밖에서도 추종자들을 모으고 결국 의학계 내부에까지 침투했다. 여성은 덜 먹는 게 마땅하며, 남성이 절대 할 수 없는 방식으로 육체적 필요와 성적 욕구를 초월할 수 있다는 믿음은 영적으로도 논리적으로도 타당하게 들렸다. 식탁에서나 침대에서나 남성은 게걸스러웠지만 여성은 자제했다. 그렇지 않은 여성, 즉 노골적으로 무엇을 탐하는 여성은 이상하고, 심지어 의심스러운 존재로 여겨졌다.

설탕과 향신료와 모든 좋은 것들, 그게 바로 작은 소녀들을 만드는 거지.[352]

—로버트 사우디가 한 말로 추정, 1820

1800년대 후반, 소화기내과학이 의학의 전문분야로 등장할 즈음에는 중세 시대의 종교적 단식은 그 강도는 약해졌지만 못지않게 더 성차별적인 새로운 유행으로 탈바꿈했다. 즉 여성은 양적으로나 질적으로 더 제한적인 식생활을 해야 한다는 사회적 합의가 이루어진 것이다.[353] 여성이 어떻게, 그리고 얼마나 먹는 것이 바람직하다는 데 대한 의학계의 사고방식은 여성에게 전혀 호의적이지 않았다. 18세기 의사들은 여성이 성인보다는 어린이에 가깝다는 이론을 신봉했다. 따라서 여성들의 욕구는 어린이들과 마찬가지로 미성숙하고 감정적이며 제멋대로라고 생각했다.

여성이 미성숙하고 어린이 같다는 생각은 여러 의학 분야에 팽배해 있었고, 다윈의 진화 이론과 함께 더욱 유행했다. 여성의 골격을 묘사하는 당대의 문헌을 보면 영장류 진화의 대장정에서 여성은 남성보다 뒤처진다는 확신이 담겨 있다. 그리고 대부분의 다른 의학 분야와 마찬가지로, 소화기내과 의사들도 여성 환자를 치료하려면 먼저 여성 특유의 단점들을 들여다보는 것에서부터 시작해야 한다고 상상했다.

이 '여성 특유의 단점' 중 하나는 몸 바깥이 아니라 안쪽에 자리 잡은 생식기였다. 자궁이 너무 많은 자리를 차지하고 있으니 여성의 소화기관은 영향을 받지 않을 수 없고 문제가 생길 확률이 높다고 의사들은 생각했다. 그런 단점에 비교적 더 작은 치아와 턱까지 고려하면 결론은 명백했다. 여성은 남성과 같은 방식으로 음식을 섭취하도록 만들어지지 않은 게 분명하다.

스코틀랜드 출신 의사 알렉산더 워커Alexander Walker는 사이비 과학에 경도되는 모습을 보였음에도 불구하고 여성의 소화기내과 분야에서 영향력 있는 인물이 되었다. 그는 1845년에 발간한 저서 《아름다움Beauty》에서 단호한 어조로 이렇게 말했다. "여성은 가벼우면서도 향기와 맛이 입에 맞는 음식을 선호한다."[354]

워커는 주로 여성 건강이 미적인 측면에 미치는 부분에 집착했다. 어쩌면 4년 후 같은 주제를 가지고 자체적으로 논문을 발표한 아내와 관심사가 비슷해서였을 수도 있다(남편과 마찬가지로 워커 부인도 여성이 타고난 열등성 때문에 "여성의 섬세한 조직에 너무 부담스럽지 않은" 쉽게 소화되는 음식만을 먹어야 한다고 믿었으며 "약한 장기와 하찮은 운동량에 적절한 적은 양을 섭취해야 한다"고 썼다).[355] 그가 여성에게 가장 적절하고 자연스러운 식습관이라고 결론 내린 식생활이 우연히도 여성을 야위게 한다는 사실은 놀라운 일이 아니다.

"따라서 여성들은 절제되고 섬세한 식욕을 타고났다. 그래서 허리를 압박하고 가늘게 만들려고 애를 쓴다."[356]

한편, 산업 혁명은 인간의 몸 자체를 일종의 기계로 재해석하는 기회를 제공했다.[357] 모든 것이 부족한 시기였으므로 이 기계를 돌리는 연료 또한 부족할 때가 많았다. 육류는 남자들의 것이었다. 육체적으로 힘든 삶과 노동을 위해서는 더 많은 에너지가 필요했고, 강하고 활력 있는 남성의 몸은 강하고 활력 있는 음식을 필요로 했다. 더 작고 더 달콤한 음식은 여성들의 것이었다. 앙증맞은 몸에 어울리는 앙증맞은 음식.[358]

이렇게 성별로 구분된 식습관은 결국 사회적 의례로 굳어졌다. 티타임을 즐기는 여성들은 섬세한 케이크와 가장자리를 잘라낸 손톱만한 샌드위치를 먹었다(여성들은 섬약하기 짝이 없으니 힘차게 씹어야 하는 음식을 먹을 수 있으리라 기대할 수 없는 일이다). 어디에나 설탕이 들어갔고, 지금까지도 계속되는 역설이 탄생했다. 여성은 단 것에 끌리게 마련이지만 날씬한 몸매를 유지하기 위해 엄청난 절제력을 발휘해야 한다는 역설 말이다. 빅토리아 시대에 주로 여성 고객을 공략하던 식당 체인 슈라프츠Schrafft's는 "주 전체에서 가장 앙증맞은 오찬"을 제공한다고 광고했고,[359] 주력하는 메뉴는 샐러드와 디저트였다. 동시에 이런 음식들은 부실하고 가벼워서 남자들에게는 적합하지 않다는 개념이 문화적으로 뿌리를 내렸다. 1934년에 발행된 〈하우스 앤드 가든House Garden〉 잡지에 레온 B. 모츠Leone B. Moates가 기고한 글은 아내들이 남편들에게 "마쉬멜로우-대추 크림 거품" 같은 말도 안 되는 "앙증맞은 음식"만 먹고 살게 하려 한다고 한탄했다.[360]

1994년, 호주 사회학자 데보라 루튼Deborah Luton은 음식을 성별로 구분하는 관행이 빅토리아 시대 이후 거의 변하지 않았다는 연구 결과를 발표했다. 연구에 참여한 사람들은 여성적인 음식을 "가볍고, 달고, 우유맛이 나고, 부드럽고, 세련되고, 섬세하다"고 분류했고[361] 특히 가장자리를 잘라낸 작은 티타임 샌드위치를 대표적인 예로 언급했다. 한편 남성적인 음식의 전형은 붉은 살코기였다.

여성은 절대 먹거나 마시는 모습을 보이지 않아야 합니다. 단 여성에게 적합한 유일한 음식과 음료인 바닷가재 샐러드와 샴페인을 제외해야겠지요.[362]

—바이런 경이 멜버른 부인에게 보낸 편지, 1812년 9월 25일

식단을 성별로 구분하는 것은 한 시대의 유행으로 시작했지만 얼마 가지 않아 의학적 정당성이라는 외양을 띠었다. 한쪽 성별에 적합하다고 간주되는 음식은 반대쪽 성별에는 금지되었고 항상 과학적인 것처럼 들리는 이유가 따랐다. 여성은 자극이 되는 음식을

피하라는 경고를 받았다. 특히 짜거나 맵거나 신 음식은 여성의 예민한 신경계에 부담이 될 수 있고, 그보다 더 나쁜 경우는 성적 욕구를 높일 수도 있다고 경고했다.[363] 음식이 타락과 그에 따른 나쁜 건강으로 향하는 관문이라는 개념은 매우 흔했다. 고기를 너무 좋아하는 여성은 술을 너무 많이 마시는 여성만큼이나 방탕하다고 여겨졌다. 여성이 무슨 음식을 먹어야 하고 무엇을 먹으면 안 되는지에 관한 의학적 처방은 여성의 성적 욕구를 통제하려는 속이 빤히 보이는 핑계에 불과한 경우가 많았다.

건강과 좋은 품성을 한데 묶어 생각하는 빅토리아 시대의 사고방식 때문에 이 시대에는 의료 관행과 도덕적 규범을 분리하기가 어려웠는데, 특히 소화기내과에서 더욱 그러했다. 당시 가장 큰 영향력을 행사하던 건강 전문가들, 심지어 공식적인 의학 교육을 받은 사람들까지도 건강 지침이나 처방을 할 때 현대의 웰니스 인플루언서들처럼 행동했다. 특히 여성들의 식생활에 대한 조언은 건강을 향상시키기 보다는 여성의 몸과 행동을 문화적 규범에 따르도록 하는 데 초점을 맞췄다. 여성은 육류 섭취와 과식을 피해야 한다고 권고받았다.[364] 건강에 나빠서가 아니라 욕구는 악덕이었기 때문이다. 여성은 욕구를 제어하기 어려운 특성을 이미 타고났다고 간주되고 있었고, 그래서 더욱 엄격한 규칙을 적용해야 통제할 수 있다는 논리였다. 사탕 하나에도 온갖 종류의 문화적 의미가 들어있었고, 어떤 상황에서 그 사탕을 먹는지에 따라 해석이 달라졌다. 음식 역사학자 마이클 크론들Michael Krondl은 사탕과 구혼 관습을 둘러싼 빅토리아 시대의 에티켓에 대해 쓰면서 식생활 지침, 에티켓, 그리고 여성성의 표현 사이에 존재하는 강력한 상호작용에 주목했다. "숙녀가 구혼을 위해 찾아온 신사가 선물로 가져온 과자 상자에 든 과자 한두 개 정도를 조금 먹는 것은 그에 대한 호감을 표현하는 것이지만, 아무도 없는 곳에서 혼자 그 과자를 먹는 것은 맹렬히 비난받는 행위였다."[365]

요컨대 아담한 체형을 가진 여성의 가냘픈 몸매 자체가 강한 자기 제어의 상징이고, 따라서 문화를 향유하고 감수성이 예민하며 사회적으로 높은 계층이라는 증표라는 사실을 보여주는 것이다. 빅토리아 시대의 복잡한 구혼 의례와 구체적인 식습관 지침은 변화했지만 의학계와 상업계가 여성의 소화기를 대하는 문화는 변화하지 않았다. 오늘날에도 건강상태가 부의 정도와 얽혀 있고, 의학적 지식이 사이비 과학이나 유행하는 다이어트법과 혼재하며, 여성의 삶을 통제하려는 싸움이 그들의 식욕을 통제하는 것으로부터 시작한다는 점에서 과거와 유사한 양상이 건재하다.

◇◇◇

1910년 당시 배틀 크릭 요양원은 건강의 상징처럼 여겨졌다.[366] 몸의 상태를 가리키는 것이 아니라 사치스러운 경험을 한다는 의미였다. 이 요양원은 스파와 병원과 고급 호텔을 섞어놓은 곳이었다. 12만 평방미터가 넘는 땅에 대리석 바닥과 페르시아산 카펫이 깔린 건물, 열대 식물로 가득한 유리 온실 등을 갖춘 스물너댓 개의 건물이 들어서 있었다. 이곳에는 물, 빛, 열, 전기를 활용한 상상 가능한 모든 종류의 맞춤형 치료 시설이 구비되어 있었다. 깨끗한 하얀 타일이 깔린 실내 수영장도 여덟 개가 있었고, 로비는 축구장처럼 드넓었다. 의사가 정한 대로 하루에 네 번 대변을 보지 않으면 관장 전용실에서 특허를 받은 기계로 항문을 통해 14리터에 달하는 요거트를 주입했다.[367]

당연히 관장이 많이 행해질 수밖에 없었다.[368]

가장 중요한 부분은 그 중심에 있는 의사, 바로 존 하비 켈로그 John Harvey Kellogg다. 켈로그는 '생물학적 생활biologic living'이라고 직접 이름붙인 기술과 원리에 관한 한 미국 최고의 권위자로, 어디에서나 존재감을 드러내고 절대 간과할 수 없는 인물이었다. 그의 직원들은 풀을 빳빳하게 먹인 새하얀 실험실 가운과 앞치마를 제복으로 입은 반면, 켈로그 자신은 교회에 가는 사람을 연상시키는 옷차림을 선호했다. 흠잡을 데 없이 잘 맞는 정장에 반짝거리게 광을 낸 구두를 신고 손에는 지팡이를 장신구처럼 들고 다녔다. 바다코끼리를 연상시키는 화려한 콧수염과 잘 다듬어진 턱수염으로 얼굴이 반쯤 가려져 있었지만 친근하면서도 박식한 인상을 주었고, 종종 어깨에 반려 앵무새를 얹은 채 요양원 정원을 산책했다(앵무새도 수트 색깔과 같은 새하얀 색이었다).[369]

'샌'이라는 애칭으로 부르는 요양원에는 언제나 1,000명 이상이 묵고 있었는데 켈로그는 그들 모두를 친히 돌보았다.[370] 그는 환자들의 병력을 물어 기록하고 진단을 했다. 그런 다음 치료법과 운동법, 그리고 극도로 엄격한 식단을 처방했는데 이 식단에는 환자가 무슨 음식을 먹을지 뿐 아니라 삼키기 전에 몇 번을 씹어야 하는지까지 정해져 있었다. 그는 가끔 수술도 했는데 건강을 원하는 사람들이 샌에 가는 목적은 켈로그의 의학적 지식이나 수술 솜씨도, 아름다운 정원과 수영장, 낮에 하는 체조 혹은 밤에 벌어지는 여흥 시간도 아니었다.

그들의 목표는 제어에 대한 약속이었다. 환자들은 강제로 켈로그에게 끌려온 것이 아니라, 전국에서 제 발로 찾아왔다. 그리고 중요한 것은 샌에서 무슨 서비스를 제공받는가가 아니라 자신을 위해 스스로 무슨 일을 하게 되는가였다. '자기 관리'라는 표현이 유행하기 100년 전부터, 인플루언서들이 장내 미생물의 균형을 위해 적절한 보충제의 조합을 찾는 것이 얼마나 기쁘고 성취감을 주는지에 대해 떠들어대기 훨씬 전부터 켈로그는 유한계급에게 자신의 헬스리조트에 오면 스스로를 완벽하게 만들 수 있다는 메시지를 내보냈다. 휴식과 안정, 다이어트와 운동, 그리고 밤낮없이 울어대는 식욕이라는 사이렌에 저항함으로써 심신의 정화를 얻을 수 있다는 초대장이었다. 그는 당신을 치유하지 않는다. 대신, 당신이 스스로를 치유할 힘을 가질 수 있도록 한다.[371]

"병을 고치는 것은 의사나 약이 아니라 몸이 스스로 해내는 일입니다."[372] 켈로그는 환자들에게 그렇게 이야기했고, 환자들은 믿었다. 당신이 힘을 낼 수만 있다면 그가 치료법을 가지고 있다.

환자는 그저 거기에 와서 그 치료제를 획득하면 되는 일이었다.

젊은 미국 여성들이 게걸스럽게 읽어대는 책들 대다수가 이야기책, 로맨스, 사랑 이야기, 종교 소설 등이다. 십대 시절 자극적인 소설이란 소설은 모조리 다 읽는 어린 여성들도 많이 보아왔다. 소설을 읽고 싶어 하는 욕구는 술이나 아편을 원하는 욕구와 비슷하다.[373]

—존 하비 켈로그, 〈노인과 청소년을 위한 평범한 사실들〉, 1879

켈로그의 요양원에서 '치료제를 획득'하는 일은 병원에 입원하는 쪽보다는 생활습관을 재정비하는 요양에 가까워 보인다. 그러나 그가 1876년부터 원장으로 재직하던 배틀 크릭의 전성기에 켈로그는 미국에서 가장 유명하고 영향력 있는 의사 중 하나였다. 샌에서 켈로그는 여성과 남성을 비슷한 비율로 치료했지만 식이적 방종과 성적 타락 사이의 가상의 연관성에 계속 집착했다. 특히 그는 여성이 타락하기 쉬운 성정을 타고났다고 확신했다.

켈로그에 따르면 여성에게 강한 향신료가 든 음식이나 심지어 향미가 풍부한 음식을 허락하는 것은 의학적, 도덕적 위험이 가득한 일이었다. 1880년에 그는 "사탕, 향신료, 계피, 정향, 박하, 그리고 각종 강한 에센스들은 성기를 흥분시키고 같은 결과를 야기한다"고 썼다.[374] 이 불길한 느낌의 '결과'란 물론 자위로, 켈로그는 이 행위에 큰 집착을 보였다. 켈로그는 박하를 너무 많이 먹으면 자위라는 무서운 결과를 낳는다고 믿었을 뿐 아니라 자위가 간질, 사마귀, 여드름 등 각종 질병의 근본적인 원인이라고 확신했다.

켈로그의 거의 모든 식단 지침이 전반적인 성적 흥분, 특히 자위를 억제할 목적으로 만들어졌다. 엄격히 말하자면 그는 이 문제를 여성이나 특정인들만의 문제로 보지는 않았다. 당시 켈로그를 그토록 열렬한 숭배의 대상자로 만들었던 것은 그가 자기가 뱉은 말을 몸소 실천하는 사람이었기 때문이었다. 그는 소금이나 향신료를 거의 첨가하지 않은 채식주의 식습관을 유지하고 술과 담배를 멀리했으며 성적으로 완전한 금욕 생활을 했다.[375] 또한 아내와 한 번도 잠자리를 가지지 않은 것으로 알려졌다. 모두 합쳐 마흔두 명의 아이를 입양해서 길렀지만 켈로그와 그의 아내는 평생 방을 따로 썼다.

그런 대단한 일을 해낼 정도로 확신이 강하기는 했지만, 너무도 많은 의료적 문제를 동일한 원인으로 귀결시키는 켈로그의 근시안적 고집은 환자에게 이롭지 않았다. 망치를 손에 쥔 사람에게는 모든 것이 못으로 보인다는 속담처럼 켈로그는 자위라는 망치를 수없이 많은 여성에게 적용했고, 그중에는 쉽게 치료가 가능하고 보통 의사라면 익숙해서 금방 진단할 수 있는 질병을 가진 여성들도 포함됐다. 한 여성 환자는 유선에 염증이 생기는 유선염으로 인해 유방이 붉게 부어오르는 증상을 겪고 있었다. 이에 대한 켈로그의 진단은? '히스테리성 유방'.[376] 원인은? 뻔하다, 자위. 또 다른 사례에서는 열 살 난 성범죄 피해자의 '심각한 신경 질환'을 이 소녀의 자위 습관 때문이라 진단하기도 했다. 성폭행에서 비롯된 외상 후 스트레스 장애PTSD일 가능성이 높은 이 증상에 대해 켈로그는 소녀가 강간범 남자로부터 자위하는 습관을 배웠다고 결론지었다.[377]

결론을 말하자면 켈로그는 인체에 생기는 증상 중에서 성적 타락이 원인 혹은 결과가 아닌 것이 거의 없다고 믿었다. 대변을 보는 것에 대한 집착(기억하자, 하루 네 번!)도 궁극적으로 성적 흥분 가능성을 완전히 말살하기 위한 전략이었다. 변비가 어린 소녀들에게서 위험하고 제어할 수 없을 정도의 성적 흥분을 야기할 수 있기 때문이라고 믿었기 때문이다.

수많은 현대의 웰니스 *전문가*들과 마찬가지로 켈로그도 그의 터무니없는 아이디어에도 불구하고 거기에 정당성을 부여할 수 있는 돈과 명성을 지닌 고객들을 보유하고 있었다. 그의 요양원을 찾는 고객 중에는 토마스 에디슨, 헨리 포드, 심지어 중요한 비행을 떠나기 전 켈로그의 요양원을 찾아 치료를 받곤 했던 에밀리아 에어하트도 있었다.[378] 또한 켈로그는 의사였으므로 그 직함에 수반되는 모든 신뢰를 누렸다. 그 결과 그가 사용한 방법 중 다수가 주류 의학으로 스며 들어가서, 식이 과학의 첨단을 달린다고 자처하는 의료 전문가들뿐 아니라 평범한 시민들까지 받아들였다. 샌에서 일주일씩 머무를 돈이 없는 사람들도 켈로그가 처방한 식단을 아침 식탁에 올릴 수 있었다. 이런 소비자 직거래 방식은 영양학에 관한 켈로그의 철학과 강한 풍미의 음식이 도덕적 위험을 초래한다는 그의 신념을 의료 시스템뿐 아니라 대중의 의식에도 고착시켰다.

켈로그, 그리고 동시대의 실베스터 그레이엄Sylvester Graham 같은 인물들 덕분에 우리가 오늘날 '다이어트 식품'으로 인식하는 음식의 초기 버전이 20세기 초에 주류가 되었다. '켈로그 브랜 플레이크Kellog' bran flakes'와 그레이엄 이름을 딴 '그레이엄 크래커Graham cracker'가 그 예다.[379]

이 두 상품 모두 현재 팔리고 있는 상품들과는 크게 달랐다. 감미료와 방부제가 든 요즘 제품을 보면 켈로그나 그레이엄 모두 경악을 금치 못했을 것이다(존 켈로그는 그의 형 윌리엄 켈로그가 맛있는 시리얼을 만들고 싶어 하자 심한 갈등 끝에 관계가 소원해졌다).[380] 초기 다이어트 식품은 맛이 전혀 없었다. 이는 의도적인 것으로 향신료 혹은 다른 방식으로 자극적인 맛이 성적 타락을 유발한다고 여겼던 의사들에 의해 일종의 해독제 역할을 하도록 설계되었기 때문었다. 또한, 이 식품들은 식물성 기반이었다. 켈로그는 '살코기로 된 음식', 즉 육류는 장에 소화되지 않은 찌꺼기를 남기고, 이것이 몸에 계속 남아 질병을 일으킨다고 믿었기 때문에 채식주의를 권장했다(켈로그는 이것을 "장내 독소증"이라[381] 불렀는데, 우리가 흔히 '분변 중독'이라고 아는 것과 비슷하다).

남성들이 이런 제품들을 사용하는 것을 금지한 것은 아니지만, 쇼핑 리스트에 이 제품들을 적고, 식탁에 올리는 것은 여성들이었고, 남성들은 전혀 경험하지 못하는 방식으로 식욕을 억제하는 것은 건강에 좋을 뿐 아니라 도덕적으로도 긴급하다는 말을 듣는 것도 여성들이었다.

존 하비 켈로그가 지루한 음식과 장 청소를 통해 여성의 영혼을 정화하겠다는 여정을 시작한 지 한 세기가 지난 오늘날, 의료계는 켈로그와 그레이엄 같은 부류를 대체로 돌팔이로 치부하고 있다. 그러나 현대 소화기내과학의 형성기를 포함해 수십 년 동안 미국에서 가장 유명한 소화기내과 의사가 장 건강보다는 여성의 식단을 제어해서 성적으로 흥분하지 않도록 하는 데 주로 관심을 가졌다는 사실 자체는 변하지 않는다. 그리고 켈로그가 장에 남아 부패하고 몸에 독성을 퍼뜨린다고 믿었던 고기 찌꺼기처럼, 그의 생각은 여전히 의료 시스템과 대중의 의식에서 퇴출되지 않고 파묻혀 있다.

우리는 살코기에 대한 켈로그의 공포가 후대 미국인의 식단에서 지방을 제거하려는 의학계의 집착에도 반영된 것을 볼 수 있다. 배틀 크릭 요양원에서 관장을 받기 위해 줄을 서던 환자들의 그림자는 아름답게 치장된 의료 스파에서 앞다투어 장 청소를 받는 사람들에게까지 드리워져 있다. 당신 바로 옆 방에서 기네스 펠트로 같은 유명인사도 같은 시술을 받고 있을 가능성이 높다. 음식과 성에 대한 여성들의 욕구를 제어하기 위해 권장된 맛없는 시리얼과 크래커들은 대량 생산되는 고도로 정제된 식품들로 대체되었다. 이들 제품은 이전 것들만큼 골판지 먹는 맛은 아니지만 비슷한 영양가와 비슷한 목적 달성을 약속하는 제품들이다.

그리고 이 음식들은 죄책감 없이 즐길 수 있다고 광고한다.

사랑스러움과 건강의 무서운 적… 변비[382]

__ 설사약 엑스-랙스 광고, 1935년경

소녀들은 똥 안 싸[383]

__ 이색 티셔츠에 새겨진 글, 2000년경

존 하비 켈로그의 브랜 플레이크는 입맛(그리고 확장해서 성욕)을 돋구지 않으면서 허기를 달래도록 만들어졌으나 이 음식이 두 성별 중 한 성별에 더 맞게 만들어진 데는 또 다른 이유가 있었다. 이 음식은 항상 남성보다 여성에게 더 흔한 변비에 효과적인 치료제였다.

변비가 "자가중독"으로 이어진다는 켈로그의 잘못된 믿음을 신봉한 의사들은 변비를 위험하다고 여겼다.[384] 대변에는 소화 과정에서 만들어진 독성 부산물이 들어있고, 이 독소가 변비로 인해 몸 밖으로 배출되지 않으면 안에서부터 밖으로 몸 전체를 중독시킨다고 믿었던 것이다. 그리고 변비가 여성들에게 훨씬 더 잦았기 때문에 의사들은 여성들이 뭔가 변비를 초래하는 행동을 하고 있다고 확신했다.

여성이 스스로 소화기장애를 초래한다고 비난받을 수 있는 이유는 수없이 많았다. 운동을 하지 않았거나, 운동을 했다면 너무 과하게 했을 것이다. 적절치 않은 음식을 먹었을 수도 있고, 적절한 음식을 먹었다면 너무 많이 먹었을 것이다. 성욕이 너무 과했거나 너무 냉담했을 것이다. 장운동에 비정상적으로 집착하거나 다른 사소한 일들에 정신이 팔려 장운동에 필요한 주의를 기울이지 않았을 것이다. 이도 저도 다 아니면 히스테리증을 앓고 있을 수도 있다.

말할 필요도 없이 여성에게 스스로 변비를 초래했다는 책임을 묻는 것은 배출되지 않은 대변이 혈액과 뇌, 신경계에 독성을 퍼뜨린다는 개념만큼이나 과학적으로 근거가 없다(다시 말해, 이런 개념은 그들이 집착하는 바로… 그것… 같은 소리라고밖에 할 수 없다). 그러나 의사들 사이에서는 변비가 여성의 문제일 뿐 아니라 행동학적 문제라는 개념이 형성되기 시작했다.

1874년, 리처드 엡스Richard Epps라는 이름의 한 런던 의사가 〈변비, 건강염려증, 그리고 히스테리증: 현대적 치료법Constipation, Hypochondriasis, and Hysteria: Their Modern Treatment〉이라는 논문을 발표하면서 변비에 관한 논쟁에 불을 지폈다. 이미 제목에서부터 많은 것을 짐작하게 해주는 논문이었다. 엡스는 변비가 여성의 해부학이나 생리학에 뿌리를 둔 문제라는 주장에 의문을 제기했다. 대신 그는 여성들이 어디든 마차를 타고 다니고, 너무 많은 파티에 참석하느라 운동을 게을리하기 때문에 장운동이 둔해지지만, 도움은 절대 구하지 않으려는 이해할 수 없는 행동으로 이를 더 악화시킨다는 가설을 내놓았다. "여성들은 이 병에 관해 조언을 구하는 것에 대해 큰 (거의 '불굴의'라고 쓸 뻔했다) 반감을 가지고 있다"고 그는 썼다. "이 반감은 젊은 환자들에게서 더 자주 보이는 듯하다."[385]

그는 이어서 다음과 같이 지적했다. "그 결과 변비로 고통받는 젊은 여성들은 사이비 설사약에 손을 대는 경우가 많다. 다시 말해 대변을 보기 위해 하제를 사용하지만, 점차로 하제 없이는 대변을 볼 수 없게 된다."[386]

놀랍게도 엡스는 젊은 여성들이 그의 도움을 구하느니 스스로 하제를 찾아 먹고 문제를 해결하는 경향을 인지했으면서도 배변 문제가 환자들에게 별나게 창피스럽고, 별나게 문화적으로 짐스러운 주제이며, 따라서 이야기하기가 별나게 어려울 것이라는 데는 미처 생각이 닿지 않는 듯하다. 그는 다른 모든 건강 문제에 대한 질문에는 정직하게 답을 하는 환자라도 배변에 관해서만은 솔직하지 못한 것을 전혀 이해하지 못하겠다며 당혹스러워한다. 그는 냉소적으로 이렇게 적었다. 그러므로 솔직하게 말하는 것을 주저하는 그들의 태도가 "질문이 단도직입적이거나 무례하다고 느껴서일리가 없다."[387]

물론 엡스를 비롯한 그 시대의 다른 의사들이 여성 환자들의 변비 문제에 대해 쓴 글을 보면 왜 그 여성들이 문제를 밝히고 싶어 하지 않았을지 불 보듯 뻔하다. 1885년 필라델피아의 의사 사뮤엘 J. 도널드슨Samuel J. Donaldson은 〈습관성 변비에 관한 논고An Essay on Habitual Constipation〉에서 변비에 걸린 여성은 보통 특권층 출신으로 게으르고 배변 습관에 소홀히 하는 "신경 착란"의 희생자라고 묘사한 다음[388] 곧바로 엡스와 마찬가지로 하제의 도움을 받아 문제를 해결하는 것을 비난했다.

부인과 의사인 도널드슨은 변비와 생식계 사이의 연관성에 관한 이론도 제시했다. 그가 여성의 자궁이 몸 안에서 너무 많은 공간을 차지하기 때문에 위장관이 제대로 작동할 수 없다고 믿는 의사 중 하나라는 것은 그리 놀랍지 않다. 1893년 뉴욕의 부인과 의사 앤드류 커리어Andrew Currier는 소화에 적절하지 못한 여성의 해부학적 구조를 한탄하는 도널드슨의 의견에 목소리를 보태면서 여성들이 배변에 소홀하다는 주장을 한 차원 더 끌어올렸다. "어린 소녀들, 특히 학교에 다니는 소녀들"이 생리적 요구에 부응하는데 부주의하다고 애석해하면서 커리어는 "그들의 지적 문화를 제한하는 것이 개인으로 보나 사회적으로 보나 훨씬 나을 것이다"라고 제안했다.[389]

다시 말하면, 어린 소녀들이 생각을 너무 많이 하고, 배변은 너무 적게 하니 우선순위를 뒤집어야 하고, 그렇게 하는 것이 그 소녀들뿐 아니라 사회에도 유익하다는 이야기다.

말할 것도 없이 여성의 변비가 무관심, 부주의, 나태함 때문이라는 의사들의 진단은 한심할 정도로 부정확했고, 하제를 사용하지 말라는 질책과 함께 주어진 조언을 철석같이 믿었던 여성들의 증상은 전혀 완화되지 않았다. 한편 자가중독과 그것이 위장관 질환과 가지는 상상된 연관성에 대한 집착은 의료계에 뿌리를 내리고 있었다. 존 하비 켈로그가 샌에서 환자들의 엉덩이에 요거트를 짜 넣고 있을 때와 비슷한 시기에 엘리야 메치니코프Élie Metchnikoff라는 러시아 과학자는 장 건강 증진을 위해 개발한 요거트 배양균을 가지고 파리로 왔다.[390] 메치니코프 또한 변비가 몸에 끼치는 영향에 대해서는 잘못 알고 있었지만, 장내 미생물에 대한 이해에 있어서는 켈로그보다 한발 앞서 있었다. 그는 변비 걸린 사람의 대장에서 유독성 미생물이 혈액으로 스며들어 자가중독을 일으키는 것을 위장관 내의 프로바이오틱스가 막아줄 것이라 믿었다.

1908년에 포식작용phagocytosis을 발견한 공으로 노벨상을 수상했던 메치니코프와 그의 수제자 중 하나인 영국 의사 윌리엄 아버스놋 레인William Arbuthnot Lane은 과학계의 스타였다. 레인은 사교계 인사, 정치인, 왕족들을 환자로 둔 빅토리아 시대 영국의 스타 외과의이자, 변비를 외과적 개입으로 완화해야 한다고 주장한 최초의 의사였다. 그는 변비를 "만성 장 정체"라고[391] 부르고 자가 중독의 전조 증상으로 매우 위험하기 때문에 결장의 완전 절제를 포함하기까지 하는 수술을 열렬하게 옹호했다. 물론 이런 치료를 받아야 할 사람은 대부분 여성이었다.

역설적이게도, 당시 이 분야의 거인이자 과학적 사고의 선두주자라고 여겨지던 메츠니코프와 레인 덕분에, 자가중독에 대한 그릇된 집착과 함께 주로 여성에게 영향을 주는 변비 치료를 위해 불필요하게 공격적인 수술이 의학계에 확고하게 뿌리를 내리게 됐다. 이 두 사람의 연구를 크게 존경했던 켈로그마저 많은 환자가 살아남지 못하는 결장절제술을 이들이 지나치게 선호하는 것에 대해 불안감을 표했다. 1917년, 켈로그는 "그렇게 어마어마한 외과적 수술을 선택하기 전에 특히 식이요법과 같은 다른 모든 가능한 수단을 면밀하게 시도해 봐야 할 것이다"고 경고했다.[392]

그러나 그즈음 켈로그나 그레이엄 등은 영향력을 점점 잃어가고 있었다. 그들은 문화적 아이콘의 위상을 누리기는 했지만 도덕적인 집착과 생활습관 위주의 웰니스 접근법 때문에 국제 의학계의 존경을 잃기 시작했고, 진정한 과학자라기보다는 '건강 광신자'

로 간주되었다. 좀 더 이성적인, 혹은 나은 세상이었다면 누군가는 자가중독 이론 자체가 과학적 근거가 없다는 사실을 깨달았음직도 하다. 그러나 대신 레인과 같은 과학자들은 켈로그가 문제를 옳게 진단했지만 잘못된 치료법을 제시했다는 결론을 내리는 데 그쳤다.

여성들이 비워내지 못한 분변으로 인해 몸에 독성이 퍼진다는 개념이 마침내 근거 없다고 증명되었을 때는 이미 수없이 많은 수의 불필요한 결장절제술이 시행되었을 뿐 아니라 그보다 더 파괴적인 의학 이론인 '국소 감염focal infection'이라는 개념이 나온 후였다.[393] 이는 정신 질환을 포함한 모든 질병이 특정한 신체 부위, 종종 보이지 않는 신체 국소 부위의 감염에서 비롯된다는 이론이다. 여기서도 의사들은 수술만이 적합한 치료법이라는데 의견을 같이 했으며 결과는 야만적이었다. 이 이론을 믿는 의사를 만나게 된 불운한 환자들은 종종 치아를 모두 뽑혔는데, 치아가 독소를 품고 있다는 확신이 널리 퍼져있었기 때문이었다(비뇨기계 장에서 만나게 될 아그네스가 그런 환자다).

결국 자가중독과 국소 감염의 유행은 모두 지나갔다. 1943년 레인이 사망할 무렵에는 의료계도 이 이론을 쓰레기 과학으로 간주하게 되었다.[394] 심지어 레인 자신도 대부분의 위장관 질병은 현대식 생활과 현대식 식습관 때문이라는 결론을 내렸다.[395] 결장을 잘라내서 변비를 고치려 했던 것보다는 더 현명한 견해였지만 때는 이미 너무 늦은 후였다. 그는 소화기내과학에 관하여 더 전체론적인 모델을 믿는 쪽으로 선회하면서 명성도 직장도 잃었다. 이는 잘못된 믿음이 의학계에 얼마나 쉽게 뿌리를 내릴 수 있는지, 나중에 그것을 바로잡기가 얼마나 어려운지를 잘 보여주는 교훈적인 이야기로 남았다. 레인이 처음으로 대중화했다가 결국 철회한 결장절제술은 비과학적이라고 여겨지면서 사라졌을까? 아니다, 지금도 여전히 시행되고 있다.

장은 뇌와 마찬가지로 매우 복잡한 신경 체계를 가지고 있습니다. 장과 뇌는 끊임없이 신호를 주고 받지요. 장-뇌 연결에 문제가 생기면 이러한 신호가 마치 합선된 전선처럼 엉키고 맙니다. 장에 있는 신경 말단이 증폭되어서 환자는 다른 사람보다 장의 감각을 훨씬 더 강렬하게 느낄 수 있습니다.[396]

—다니엘라 조도르코프스키, 의사, 인터뷰에서 발췌, 2022

환자는 자기중심적이어서 점액성 대변에 대해서도 심하게 걱정한다.[397]

—윌리엄 오슬러 경, 의사, 1912

때는 1938년, 소화기내과학 분야는 여전히 오해와 괴상한 편견들로 가득차 있다. 하지만 이는 사회 전반적으로도 마찬가지였다.[398]

간호사 훈련을 받은 20대 초반의 도로시는 이 사실을 누구보다도 잘 알고 있다. 그녀는 뉴잉글랜드의 유서 깊은 집안 출신으로, 아메리카 대륙에 건너온 청교도들이 발을 디딘 플리머스 록의 딸, 자랑스러운 청교도의 후손이자 미국에서 가장 오래된 프로테스탄트 전통의 후예다. 그런 그녀가 사랑에 빠졌다. 상대는 잘생긴 이탈리아 출신 의사이고, 가톨릭교도에, 그녀와 결혼하기를 원한다.

그녀의 가족은 노발대발했다. 이탈리아인이라고?! 부모님은 그 남자와 결혼하면 다시는 그녀를 보지 않겠다고 한다. 상속권을 박탈하고 내쫓은 다음 다시는 집안에 발을 들여놓지 못할 것이다. 그녀가 약혼 소식을 알리는 편지를 보낸 다음 부모님이 한 말이다. 그리고 그 후 내내 같은 말을 기회가 있을 때마다 반복해 오고 있다. 며칠에 한 번씩 규칙적으로 꾸중과 독설로 가득한 편지가 도착한다.

농담 한마디. 규칙적인 것은 편지가 오는 간격뿐이다.

악담이 가득 담긴 편지가 오기 시작한 후 첫 두 달 동안 도로시는 날마다 종일 설사에 시달렸다. 아프고 불편한 것보다 굴욕감이 더 컸다. 그리고 화장실에서 너무 멀리 떨어져 있을 때 배가 갑자기 아파올까 두려웠다. 의사가 약을 처방해 줬지만 도움이 되지 않았다. 식단도 바꿔 봤지만 허사였다. 배가 계속 부글거렸고, 편지도 계속 왔다. 그리고 마침내 그녀의 결혼식 날이 되었다. 그녀와 신랑은 법원 청사에서 결혼 서약을 하기로 했다. 그는 가지고 있는 옷 중 제일 좋은 더블브레스트의 회색 플란넬 수트를, 그녀는 자신의 눈동자 색에 어울리는 푸른색 드레스를 입었다.

집에 돌아온 두 사람을 기다리고 있는 것은 새로 도착한 편지다.

도로시의 위가 꼬이는 듯 아프다.

편지를 열어본다.

그리고 그녀는 웃음을 터뜨린다.

지금까지 그렇게 법석을 떨었지만 부모님이 결국 그녀의 사랑을 받아들이기로 결심한 것이다. 결혼식에 오지 못해서 미안하고, 모든 것이 다 미안하다고 했다. 그녀가 남편과 함께 조만간 도로시가 어린 시절을 보낸 집에 방문하기를 기다리겠다고, 두 사람은 언제나 환영이라는 내용도 들어있다.

너무나도 기쁜 소식이고, 부모님이 생각을 바꾼 것이 너무 반가웠던 도로시는 며칠이 지난 후에야 문득 깨달았다. 두 달 동안 계속되던 뱃속이 뒤집히고 꼬이는 고통이 완전히 사라진 것이다.

✧✧✧

1912년 윌리엄 오슬러 경은 이제는 과민성대장증후군IBS이라 부르고 당시에는 "점액성 대장염"이라고 알려진 현상을 최초로 고찰한 사람 중 하나로, 그 과정에서 지금까지도 의료 체제에 남아 있는 또 하나의 고정관념을 심었다. 당시 오슬러는 점액성 대장염을 호소하는 일이 "유행이 되었다"고[399] 지적하면서 최근 들어 사례가 점점 더 늘어나고, 이 증상을 호소하는 사람의 대부분이 여성이라고 말했다. 그로부터 100여 년이 지난 현재에도 의사들은 오슬러가 활동했던 시대와 마찬가지로 여성 위장관 환자들을 불안해하고, 까다로우며, 감정적이고, 치료가 힘든 환자들로 간주한다.

오슬러는 이 환자들이 "정도의 차이는 다소 있으나 신경이 민감하다"라고 기록했다. 이들은 한 성별에게서만 관찰되는 질병을 다양하게 가지고 있었다. 히스테리성 발작, 건강염려증, 우울증 등이 그것이다. 그들은 짜증이 날 정도로 자신의 건강에 집착했다. "환자는 자기중심적이어서 점액성 대변에 대해서도 심하게 걱정한다." 그가 가장 동정하는 사람들은 환자가 아니라 그들을 치료하는 의사들이었다. 이 사례들은 "우리가 가장 다루기 힘든 증상 중 하나다. 10년에서 20년 동안 계속 증상을 호소하고, 극단적인 신경 쇠약 증상도 동반한다…."[400]

'신경 쇠약'이라는 단어를 사용했다는 사실은 특히 많은 점을 시사한다. 당시 의사들은 무기력, 피로, 두통, 과민 등으로 고통받는 환자들을 묘사할 때 이 용어를 사용했다. 20년 가깝게 치료 불능의 만성 설사에 시달리게 되면 누구라도 그렇게 될 수밖에 없는 그런 상태 말이다. 그러나 환자의 대부분이 여성이었고, 당시의 의학적 상식에 따르면 여성은 더 약하고 더 신경이 예민하기 때문에 오슬러는 과민성 대장 증상이 근본적으로 여성의 질병이라고 추정했다.[401] 여성에 나타나는 이 증상을 히스테리증의 산물이라고 간주했고, 아주 드물게 남성 환자가 이 진단을 받으면 그것은 그 사람이 정서적으로 유약하고 무기력한, 말하자면 여성적인 사람이기 때문이었다.

"약은 별 소용이 없다." 오슬러는 이렇게 썼다. "기본적인 신경 쇠약의 상태를 먼저 해결해야 한다. 그리고 그것만으로 치료가 충분할 수도 있다."[402]

사실 행복하지 않은 마음과 건강하지 않은 장 사이의 상호 관계를 파악했다는 면에서 오슬러도 완전히 틀린 것은 아니었다. 그러나 스트레스와 스트레스 호르몬이 위장관에 어떻게 작용하는지에 관한 현대적이고 깊은 이해가 부족했던 탓에 오슬러, 그리고 그와 생각을 같이한 의사들은 모두 비슷한 결론을 내리고, 모두 비슷한 좌절을 경험했다. 결국, 그들은 그 좌절감을 환자 탓으로 돌렸다. 이 여성들은 단지 치료하기가 까다로운 증상을 가진 것에 그치지 않고, 성격 자체가 까다로운 사람들이라고 의사들은 결론을 내린 것이다. 스스로를 아프게 하고 비참하게 만드는 사람들 말이다.

오슬러 시대에서 거의 30년이 지난 즈음에는 장과 뇌가 연결되어 있다는 개념이 소화기내과학 분야에서 받아들여지기 시작하기는 했으나, 여전히 많은 부분 잘못 이해되고 있었다.《점액성 대장염: 60개 사례에 대한 심리 의학적 연구Mucous Colitis: A Psychological Medical Study of Cases》라는 문헌에서는 "설사는 수백 년 동안 신경증의 한 증상으로 인지되었다. 그러나 최근에 들어서야 이러한 반응에 대한 전체적 이해가 가능해지면서 하나의 증후군으로 지위를 얻게 되었다"라고 언급했다.[403]

약혼 후 받은 스트레스로 과민성 대장 증상에 두 달간 시달린 간호사의 이야기도 포함된 이 소책자는 1939년 세 명의 의사에 의해 출간되었다. 저자들은 각 분야의 일인자였다. 체스터 존스Chester Jones는 매사추세츠 종합 병원과 하버드 의대에서 '신경계 질환'을 전문으로 일하고 있었고, 벤자민 화이트Benjamin White는 하버드 의대를 최근 졸업한 소화기내과 전문의로 이후 코네티컷의 하트포드 병원에서 35년간 재직했다.[404] 스탠리 코브Stanley Cobb는 퇴역 군인이자 하버드 의대 교수로, 환자를 전인적으로 치료해야 한다는 매우 시대에 앞선 믿음을 가진 사람이었다.[405] 다른 많은 동료들과 달리 코브는 정신적인 문제와 육체적인 문제 사이에 명확한 선을 긋고자 하는 접근 방식을 거부했다. 그는 식별 가능한 원인을 가진 유기적 질병과 원인이 불명확해 의사들이 종종 환자의 "머릿속 문제"로 치부되던 기능적 질병 사이를 나누는 틀을 배척했다.

코브는 "내가 강조하고 싶은 것은 '마음'과 '몸'을 구분해서 따로따로 생기는 문제는 없다는 사실이다. 생물학적으로 그런 이분법은 성립할 수 없기 때문이다"라고 1943년에 썼다. "이런 이분법은 인간이 만들어낸 인공물이고 아무런 진실도 들어있지 않고, 1943년의 과학적 논쟁의 틀 안에 설 자리가 없다… 심리학과 생리학의 차이는 복잡성의 차이에 불과하다. 더 단순한 신체 과정은 생리학과에서 연구하고, 가장 높은 수준의 신경 통합을 수반하는 더 복잡한 과정은 심리학과에서 연구한다. 이 두 분과 사이에 생물학적으로 의미 있는 차이는 없다. 단순히 행정적인 문제에 불과해서 대학교 총장이 어느 교수에게 어느 정도의 연봉을 줄 것인지 결정하는 데나 도움이 된다."[406]

화이트, 체스터와 함께 점액성 대장염의 뿌리를 탐구한 코브의 작업은 신경학자인 그가 뇌와 위장관 사이의 강력한 연관성을 밝히기 위해 오랫동안 꾸준히 진행한 연구의 일환이었다. 그는 위에서 벌어지는 일이 뇌에서 놀라운 결과로 나타날 수 있다는 사실을 이미 알고 있었다. 1922년, 코브는 하버드 대학의 요청으로 굶는 것이 뇌전증 치료에 효과적인지를 밝히는 연구를 시도했고, 그 결과를 토대로 '케톤 식이요법'이 개발됐다.[407] 그러나 그는 신경과 소화기 사이에 벌어지는 상호작용의 메커니즘과 왜 이 문제가 남성보다 여성에게 훨씬 더 큰 영향을 끼치는지를 완전히 이해하지는 못했다.

대신 그와 그의 공저자들은 결국 과민성대장 증상이 성격 유형의 작용이라고 추정했다. 이 환자들이 설사를 하는 것은 그들의 정서적 붕괴 상태를 반영하는 증상으로 융통성 없고 바람직하지 못한 성격에 대한 반작용으로 무른 변이 나온다는 것이었다.

"저자들은 점액성 대장염 환자의 부교감 신경을 과도하게 자극하는 가장 큰 원인은 정서적 긴장이라고 확신한다." 그들은 그렇게 결론을 내렸다. "불안감, 죄책감, 원망이라는 세 가지 감정은 점액성 대장염 환자의 긴장감과 가장 큰 연관성을 가지고 있다."[408]

의학 연구의 첨단을 달리는 사람들, 당시 대부분의 의사들보다
더 열린 사고를 가지고 있던 사람들마저도 여성의 위장관 문제에
이르면 동일한 결론에 이르렀다. 과민성 대장 증상은 더럽게 어려
운 병이고… 당신도 더럽게 어려운 사람이다.

의사들은 여성 질환을 치료할 때 '검사'와 '국소 치료'를 제안하고 고집하는
단순한 개념에 매여 어려움을 겪는다. 이것이 절대적으로 불필요하다는 사
실을 모르는 의사들이 많다.[409]

—레이 본 "R.V." 피어스, 의사, 1896

여성 소화기내과학의 역사는 의학적 헛발질의 역사이기도 했
지만 동시에 어떻게 하면 대중을 홀릴 수 있는지 잘 아는 돌팔이와
엉터리 약장수들의 서사이기도 했다. 사람을 당황스럽게 만드는
위장관 문제의 특성과 이 문제에 대해 적대적인 태도를 취하는 의
사들이 많은 환경, 그리고 시스템에서 소외된 사람들이 그 시스템
을 우회하는 방법을 찾는 자연스러운 경향을 감안하면, 수상쩍은
소비자 직거래 의료 모델이 등장해서 공식적 의료 시스템의 결함
을 메꾸는 현상이 벌어지는 것은 시간 문제였다. 그 모델은 환자들,
특히 여성 환자들에게 자신의 몸을 스스로 제어하고 있다는 느낌
과 필요한 돌봄을 받고 있다고 느끼게 했다.

유랑 약장수나 우편 주문 카탈로그를 통해서 자기가 개발한 약
을 광고했던 R.V. 피어스 같은 의사들은 정식 의학 교육을 받지 않
은 사람들이다. 레이 본 피어스Ray Vaughn Pierce는 19세기 대체 의학
교육의 중심이었던 신시내티 절충의학 연구소를 1862년에 졸업한

후, 버팔로에 본부를 둔 세계 조제 의학 협회World's Dispensary Medical Association를 창설하고 강장제나 묘약, 그리고 "닥터 피어스의 최애 처방"으로[410] 광고하던 스마트위드Smart Weed 추출물을* 포함한 만 병통치약들을 판매했다. 전성기에는 피어스 제품의 광고를 어디에 서나 볼 수 있었다. 아침에 커피를 마시며 펴든 신문, 출근길에 지 나치는 건물의 높은 벽 같은 곳에 그의 광고가 등장했다. 피어스의 약국은 낭시로서는 천문학적인 액수인 연간 50만 달러를 벌어들 이고 있었다.[411]

그의 제품들을 구매하려 떼로 몰려들던, 주로 여성으로 이루어 진 환자들에게 정식 의학 교육을 받지 않았다는 피어스의 경력은 문제가 되지 않았다. 문제가 되기는커녕 이런 비주류 의술을 펼치 는 사람들이 진짜 의사보다 더 좋아 보였다. 의대를 졸업했다는 남 자들은 환자가 하는 말을 의심하고, 무시하고, 병을 스스로 불러들 였다며 환자를 탓했다. 닥터 피어스는 그러지 않았다. 닥터 피어스 는 환자의 말에 귀를 기울였다. 그의 광고는 단순히 여성을 타깃으 로 삼기만 한 것이 아니라 직접 말을 걸고, 신뢰를 주고, 이해받고 존중받는다고 느끼게 했다.[412]

그 가운데 1896년 전국적으로 신문에 도배된 한 광고에는 이 런 문구가 적혀 있었다. "많은 여성이 의사에게 거짓말을 합니다. 특정 증상을 호소하면 의사가 '검사'를 해야겠다고 고집할 것을 알 기 때문이지요."[413]

이 광고를 읽는 여성은 곧바로 그 '특정 증상'이 변비를 의미한

---

* 여뀌속Polygonum에 속하는 식물이다.

다는 것을 알아차린다. 거기에 더해 '검사'라는 단어에 붙은 작은 따옴표가 뭔가 침습적이고, 굴욕적이며, 자존심이 있는 여성이라면 거짓말을 해서라도 피하고 싶은 것을 암시한다는 사실도 이해한다. 그런데 이 광고는 의사에게 진실을 털어놓지 않았다고 환자를 꾸짖는 대신 이 작은 반항의 행위를 승인하는 듯한 인상을 준다. 그렇게 하는 것이 이해할 수 있을 뿐 아니라 옳은 행위라고 말이다. "의사가 너무 바쁘고 너무 서두른 나머지 필요한 사실을 제대로 확인하지 않는 경우가 종종 있습니다. 실제 원인과 실제 질환이 훨씬 더 심각하고 위험할 때마저 표면적으로 드러난 증상만을 가지고 치료를 할 때가 허다하지요. 여성의 장기에 생긴 이상은 몸 전체에 이상을 초래할 수 있습니다."[414]

광고는 그 뒤로도 길게 이어지지만 메시지는 이미 잘 전달되었을 것이다. 그 광고의 타깃이 된 여성들도 그 메시지를 잘 이해했다.

의사는 당신을 믿지 않지만 나는 당신을 믿습니다.
의사는 당신을 도울 수 없지만 나는 당신을 도울 수 있습니다.
의사는 당신의 문제가 무엇인지 모릅니다.
그러나 당신은 알지요. 의사는 필요 없습니다.
이 처방이면 스스로 병을 고칠 수 있으니까요.

환자를 무시하는 의사보다 자신의 의료적 필요에 대해 더 잘 이해하는 이가 바로 환자 본인이라고 추켜세우는 동시에, 이 식이 보충제 제조업자와 마케터들은 여성들이 제대로 작동하는 소화기보다 더 간절히 원하는 것을 건드렸다. 그것은 바로 아름다움이었다. "여성들이여, 남자들에게 매력을 발산하라! 그대들에게 주어진 자연의 섭리다!"[415] 한 광고 문구는 그렇게 외쳤다. "남성들이 흠모하는 여성은… 반짝이는 눈과 맑고 밝고 젊은 피부를 가진 여성입니다!"[416] 젊은 남성 구혼자의 품에 조심스럽게 안겨 볼이 발그레해진 미녀의 사진 위에 새겨진 광고 문구다. 존 하비와 결별한 윌리엄 켈로그가 창립한 켈로그사까지도 이 대열에 합류했다. 피어스와 동시대에 나온 올브랜 시리얼의 광고에는 변비가 "몸 전체에 독성을 퍼뜨리고, 여성의 매력과 아름다움을 앗아간다"는 주장이 들어 있다.[417]

늘 그렇듯 건강과 아름다움을 뒤섞으면 강력한 마케팅 수단이 된다. 여성들은 건강을 위한 노력이라는 명분 아래, 더 예뻐지고, 남성을 매혹하고자 하는 본능적이고 원초적인 욕망을 건강해진다는 평계를 이용해 충족할 수 있었다. 이런 식의 광고가 진기한 구식처럼 보일지 모르지만 이 방법은 세월을 초월한다. 2024년 현재에도 장 청소에서부터 보톡스 주사에 이르는 모든 것이 '자기 관리'라는 미명 아래 여성들을 타깃으로 마케팅되고 있는 것도 바로 그런 이유에서다.

한편 피어스는 식이보충제 직판 사업의 개척자일 뿐 아니라 대체의학을 정치로 연결한 선구자였다. 기적의 약을 팔아 막대한 부를 쌓은 그는 '닥터 피어스의 최애 처방' 시절의 대중적 인지도를 기반으로 뉴욕주의 상원의원에 이어 하원의원으로 당선되었으나 1년도 채 되지 않아 건강상의 이유로 사임했다.[418] 그의 처방이 여성의 소화기와 피부에 약속했던 효과를 가져다 주었는지는 불확실하다. 그러나 고객들이 그의 제품 구매를 반복했던 데는 다른 이유가 있었다. '스마트 위드 추출물'을 비롯한 그의 대부분의 묘약 제품에는 아편이 들어 있었던 것이다.[419]

가부장제가 여성의 장기에까지 스며들었다. 이를 '똥부장제'라 부르자.[420]

—제시카 베넷, 아만다 맥콜,

"여성들도 똥을 싼다. 가끔은 직장에서도. 뭘 놀라나", 〈뉴욕 타임스〉, 2019

과민성대장증후군, 변비, 담석, 위에서 음식 배출이 지연되는 증상인 위 마비 등은 다른 대부분의 위장관 질병이 그렇듯 한결같이 남성보다 여성을 훨씬 더 많이 괴롭히는 질환들이다. 그 이유에는 의학적 편견, 문화적 관습, 뿌리 깊은 사이비 과학, 그리고 소화기 활동은 뭔가 여성적이지 못하고 창피하다는 의식의 잔재 등이 모두 복잡하게 얽혀 있다. 게다가 여성의 장을 더욱 복잡하게 만드는 생리학적 차이까지 존재하기 때문이다.

생리학적 차이 부분은 호르몬이 큰 역할을 한다. 여성의 몸에는 에스트로겐과 프로게스테론이 남성보다 더 많은데 이 두 호르몬 모두 위장관의 내벽을 덮고 있는 평활근의 수축을 억제하는 역할을 한다.[421] 따라서 음식은 남성의 장보다 여성의 장에서 더 천천히 움직인다. 게다가 여성의 결장이 더 길기 때문에 음식이 이동하는 거리가 더 멀기도 하다.

여성의 몸이 남성과 해부학적으로 다르기 때문에 다양한 위장관 문제를 진단하는데 필수적인 대장내시경은 수행하는 의사들에게도, 견뎌내야 하는 여성 환자에게도 모두 고통스럽다. 최대한 많은 수의 환자를 최소한의 시간에 진료하는 것을 성공으로 여기는 현재의 의료 시스템에서 이 부분은 특히 큰 문제가 된다. 환자 중 여성의 비율이 높아지면 소화기내과 전문의가 하루에 실시할 수 있는 대장내시경 건수가 줄어들고, 수량 중심 시스템에서는 해당 의사의 생산성이 낮은 것으로 평가된다. 이런 상황은 필요한 치료를 받는 데 어려움을 겪는 여성 환자들에게만 난관이 되는 것이 아니다. 대장내시경 같은 치료는 동성의 의사에게 받기를 선호하는 여성 환자가 많기 때문에, 이 분야에서 일하는 몇 안 되는 (소화기내과 전문의 중 여성은 다섯 명 중 한 명도 채 되지 않는다) 여성 소화기내과 전문의들에게도 직업적 장애물로 작용한다.

주로 과민성대장증후군을 치료하는 전문의 수잔 루차크Susan Lucak는 이 중요한 진단 절차를 수행하면서도 이를 여성 환자에게 안전하게 실시할 충분한 시간을 허락하지 않는 시스템의 딜레마에 대해 다음과 같이 내게 설명한다. "여성 환자의 대장내시경은 기술적으로 더 어렵고 더 위험해요." 루차크에 따르면 보통 30분 정도 걸리는 대장내시경을 여성 환자에게 수행하는 경우 두 배 정도로 그 시간이 길어질 수도 있다. "한 시간은 잡아야 해요. 훨씬 더 오래 걸리고, 더 위험할 수 있으니 더 조심해야 하니까요."[422]

하지만 1800년대 의사들이 여성의 신체를 본질적으로 열등하고 약하다고 여겼던 그 해부학적 차이는 단순한 생물학적 차원 이상의 의미를 지닌다. 큰 조롱감이 되었던 2019년 〈뉴욕 타임스〉의 글 "여성들도 똥을 싼다. 가끔은 직장에서도. 뭘 놀라나"[423]의 기고가들처럼 그것을 '똥부장제pootriarchy'라고 부를 필요까지는 없지만, 공공 화장실에서 배변하는 것에 대해 여성들 사이에 만연한 불안감을 다뤘다는 점에서 그 글은 의심할 여지 없이 중요한 문제를 지적하고 있다.

저자들은 이렇게 썼다. "우리가 일부 기업들이 생리대 지원, 급여 워크숍, 수유실 등 여성의 필요에 맞추려는 숨 가쁜 노력을 기울이는 시대에 살고 있는지 모르지만, 가장 진보적인 직장에서마저 유능한 여성 임원이 회의를 이끌다가 몰래 회의실을 나가 다른 층에 있는 화장실을 이용하는 일은 과장된 상상이 아니다."[424]

루차크는 여성이 더 길고 복잡하게 꼬인 장을 가지고 태어나서 대장 내시경이 어려운 것이 아니라고 설명한다. 스무 살 난 여성의 소화기는 해부학적으로 남성과 크게 구분되지 않는다. 그러나 수년에 걸쳐 화장실에 가는 것을 참고, 가서도 충분한 시간을 들여 완전히 배변하지 않는 습관은 결국 대가를 지불하게 한다.

"남자들은 거리낌 없이 화장실에 가죠. 신문을 들고 가서 45분씩도 앉아 있잖아요, 그렇죠? 그리고는 평화롭게 그 시간을 보내지요." 루차크가 말한다.[425] 반면 여성은 화장실에서 거의 한 시간을 보내는 사치를 누리지 못한다. 문밖에서 애들이 비명을 질러대고 있을 수도 있고, 왜 자리에 없는지 상사가 궁금해할지도 걱정되고, 혹은 화장실에서 자기가 무얼 하고 있는지 사람들이 추측하는 것이 싫을 수도 있다. 여성들은 아주 일찍부터 자신의 생리적 활동을 감춰야 할 부끄러운 것이라고 배운다. 화장실에서 서둘러 일을 보거나 집에 갈 때까지 참는 법을 터득하기도 한다. 배출되지 않고 여성의 몸 안에 남은 배설물이 존 하비 켈로그가 한때 주장했던 것처럼 뇌에 독성을 퍼뜨리지는 않지만, 변비가 몸의 변화를 촉발하는 것은 사실이다. 가득 친 결장에게 주어진 선택지는 두 가지다. 폭발하거나 확장하거나. 결장은 확장을 선택한다. 평생에 걸쳐 그런 확장을 반복하다 보면 변화는 실로 엄청나다.

변비가 변비를 부른다는 사실은 역설적이기까지 하다. 배변이 용이한 시간이 아니라는 이유로 대변을 참으면 참을수록 결장은 그 상태에 적응하기 위해 점점 더 확장한다. 결장이 확장할수록 배설되어야 할 물질이 위장관을 통과하는 시간이 더 길어진다. 그 시간이 길어질수록 자동적으로 변비로 고생하는 시간도 길어지고, 이 악순환은 계속 반복된다. 소화기내과학이 많은 발전을 이루었음에도 만성 변비로 인해 거대결장을 갖게 된 여성의 고통을 덜어줄 근본적인 변화는 거의 없었다. 윌리엄 아버트놋 레인은 죽기 전에 이미 신뢰를 완전히 잃었지만 의사들은 지금도 그가 발명한 결장제거술을 시행하고 있다. 비록 마지막 수단으로 사용하고 결장의 일부분만 제거하고 있기는 하지만 말이다.

한편 여성 변비는 여전히 지속적이고도 극복하기 힘든 문제로 남아 있어서 소화기내과 전문의가 아닌 의사들조차 이 문제에 관심을 기울이지 않을 수 없다. 유방암 치료 과정에서, 나는 환자들에게 처방약 중 하나가 설사를 야기한다고 종종 경고해야 한다.

그리고 환자가 "너무 좋아요!"라고 말해도 이제 더는 놀라지 않는다.

여성의 소화기계 질병에 대한 나의 이해는 시간이 흐르면서 변화했다. 우리는 이 문제에 대해 이해하고 공감하는 태도를 취해야 하며 여성 자신의 불안감과 신경증이 문제를 자초했다고 단정하면 안 된다. 그것으로 모든 것을 설명할 수 없다. 그들은 그렇게 태어나지 않았다.[426]

—질 웨이츠먼, 소화기내과 전문의, 인터뷰 중 발췌, 2022

옛날 의사들은 과민성 대장 증상이 원인도 없고 치료 방법도 없는 질병이라고 믿었으며, 융통성 없고 좋지 않은 성격이 신체적으로 발현된 것이기에 이 질환으로 고통받는 환자보다 치료하는 의사가 더 괴롭다고 믿었다. 내가 의사 수련을 받을 2000년대 초반 무렵에도 마찬가지였는데, 단 한 가지 차이가 있다면 의사들이 이 모든 말을 그렇게 솔직하게, 혹은 그렇게 공개적으로 입 밖으로 꺼내지 않는다는 점뿐이었다.

과민성대장증후군은 지금도 불안감이 원인이라고 믿어지고, 문서상 기록이 있건 없건 환자에게 심리적 문제가 있다는 것을 증명하는 징표라도 되는 것처럼 여겨졌다. 환자 차트에서 이 병명을 보고 좋아할 사람은 아무도 없었다. 일반적으로 이 병을 가진 환자는 까다롭고 진을 빼는 성격을 가졌다는 고정관념이 전적으로 사실이라는 생각이 널리 퍼져 있었다. 소화기내과학 분야의 전반적인 진보에도 불구하고 이런 고정관념은 매우 고질적인 문제로 남아 있다. 심지어 올해도 내가 과민성 대장 증상 환자만을 진료하는 전문의(수잔 루차크)를 인터뷰할 예정이라고 하는 말을 들은 동료의 눈이 놀라서 쟁반만 해졌다.

"과민성대장증후군 환자만을 전담해서 돌보는 건 상상할 수도 없어요." 그가 말했다. "완전히 진이 빠질 텐데요."

의학의 역사는 기능성 질환(뚜렷한 원인을 찾기 힘든 질환)을 앓는 여성에게 당신의 증상은 심인성이다, 즉 모두 네 머릿속 문제라는 말을 하는 순간들로 점철되어 있다. 과민성대장증후군은 아마 그 중 대표적인 예일 뿐 아니라 의사들이 조금은 맞아도 여전히 매우 잘못된 결론을 내릴 수 있음을 보여주는 중요한 예이기도 하다.

장-뇌 연결 관계는 오래전에 확립된 잘 알려진 사실이다. 코브가 식단을 바꾸면 뇌전증 환자의 뇌 기능이 향상된다는 사실을 관찰했던 것도 결국 이 연결성에 기반을 둔 것이었다. 그럼에도 연구자들은 여전히 이 연결이 얼마나 복잡한지를 알려주는 새로운 사실들을 거의 매일 발견하고 있다. 식도에서 직장까지 인간 위장관의 내벽에는 장신경계enteric nervous system, ENS를 이루는 1억 개 이상의 신경 세포가 있다.[427] 장신경계는 독자적으로 작동하기도 하고, 뇌와 척수의 중추신경계와 소통하며 작동하기도 한다. 그리고 이 소통은, 한때 많은 의사의 믿음과 달리 쌍방 통행이며, 어느 한쪽에서라도 명령을 내릴 수 있는 시스템이다. 환자의 불안증이 장에서 과민성 대장 증상으로 나타날 수도 있고, 과민성 대장 증상으로 시달리는 장이 뇌로 보낸 신호로 인해 불안증이 나타날 수도 있다. '제2의 뇌'라고 부르기도 하는 장신경계가 존재한다는 사실은 과민성대장증후군을 비롯한 장 질환이 환자의 정서 상태, 정신 건강, 스트레스 정도 등과 철저히 얽혀 있다는 의미다.

의사들이 범해왔고, 계속 범하고 있는 실수는 환자의 머릿속에서 질병은 어떤 면에서 허구이고, 따라서 환자가 제어할 수 있다고 상상하는 것이다.

여성의 월경주기를 관장하는 호르몬의 흐름을 생각해 보자. 그 순환의 과정은 제일 먼저 뇌의 시상하부에서 뇌하수체로 신호를 보내면서 시작된다. 신호를 받은 뇌하수체는 배란, 월경 등을 촉발하는 생식선자극호르몬을 분비하는 것으로 반응한다. 그러나 동일한 호르몬이 위장관에도 영향을 끼쳐서 과민성대장증후군의 일부 증상을 악화시킨다. 다시 말하면, 환자가 복부팽만, 복통, 설사 등을 경험하는 원인이 환자의 머릿속, 즉 글자 그대로 뇌에서 시작된 과정일 수 있다는 이야기다. 그런데 이것이 그녀의 상상일까? 그녀의 책임인가? 그녀가 받는 스트레스에 대해 치료하기 매우 힘든 질환의 형태로 몸이 반응하는 것이 그녀의 잘못인가?

이에 더해, 과민성 대장 증상이 주로 여성의 질환, 특히 **젊은** 여성의 질환이라는 사실 때문에 은근한 성차별이 끼어들곤 한다. 의사들은 과민성 대장 증상에 영향을 주는 성별적 특성은 자세히 알지 못하고, 대신 이 질병이 심인성이고 치료가 어렵다고만 배워왔다. 까다롭고 성질이 괴팍한 환자일 확률이 높다는 경고를 이미 받았으니 그 환자에게 쉽사리 짜증이 난다.(과민성 대장 증상이 실제로 환자를 괴롭게 만드는 병이라는 사실도 별 도움이 되지 않는다. 2017년 〈뉴잉글랜드 의학 저널〉에 실린 논문에 따르면 과민성대장증후군이 환자의 삶의 질에 미치는 영향이 너무도 막대해서, "환자들은 이 질병을 단번에 고칠 수만 있다면 10년에서 15년 수명 단축을 감수할 의향이 있다고 대답했다."고 한다.)[428]

루차크의 환자들은 몇 년에 걸쳐 자기 증상을 관리하려고 노력하다 실패해서 온 경우가 대부분이다. 이 의사에서 저 의사에게로 보내지고, 끝없이 식단을 조정하고, 인스타그램에서 장내 미생물군의 균형을 완벽하게 만든다고 장담하는 보충제란 보충제는 다 먹어 본 후다. 많은 환자들이 이전에 만난 의사가 그냥 어깨를 으쓱하며 판에 박힌 조언만 해주고는 진료를 끝내버렸다는 경험을 말한다. 섬유질 더 드시고 물 더 마시고 스트레스는 줄이라는 조언. 그리고 때로는 더 구체적이고 짜증 나는 조언이 날아오기도 한다. "있잖아, 자기야, 남자친구라도 하나 만들어 보는 게 어때?"[429]

소화기내과학의 역사가 통제의 문제와 얽혀 있다면, 종양내과
학의 역사는 통제의 한계를 받아들이고 평화를 찾는 일과 관련이
있다. 암은 죽음의 공포뿐 아니라 통제력을 잃게 되는 두려움까지
함께 안겨준다. 내가 앓는 이 병이 바이러스나 박테리아 같은 외부
침입으로 생긴 것이 아니라 내 몸의 세포 중 하나가 갑자기 반란을
일으켜 내부에서부터 병을 퍼뜨리고 있기 때문이다. 내가 돌보는
환자 중에서도 자기 몸으로부터 배신당했다는 느낌을 식단에 대한
집착으로 드러내는 사람들이 많다. 내가 먹고 마신 것 중에서 어떤
것이 이 병을 초래했을까? 잘못된 것을 바로 잡으려면 몸 안에 이
제 무엇을 집어넣어야 할까?

간혹 몸에 대한 통제력을 되찾으려는 시도가 긍정적인 결과를
낳기도 한다. 술을 덜 마시고, 더 자고, 더 균형 잡힌 식사를 해서
건강을 증진하면 치료하는 여정에서 만나게 될 어려움을 견뎌낼
확률이 높아진다. 하지만 환자의 두려움과 의료 시스템의 약점을
파고드는 고가의 보충제와 다음과 같이 끊임없이 외쳐대는 마케팅
에 희생되는 여성들을 너무도 많이 보게 되기도 한다.

의사는 당신을 믿지 않지만 난 믿어요.
의사는 당신을 도울 수 없지만 난 도울 거에요.
의사는 당신의 문제가 뭔지 모르지만,
당신은 알고 있고, 스스로를 치료할 수 있어요.

최선의 시나리오는 환자가 전통적인 치료를 받으면서 고가의 장 청소, 디톡스 다이어트에 엄청난 돈을 쏟는 경우다. 마치 자신을 정화하지 않으면 낫지 않는다고 믿는 것처럼 말이다. 그러나 내가 의사로 일하면서 목격한 일 가운데 가장 가슴 아픈 사례는 치료가 가능한 암인데도 전통적인 치료를 거부하고 보충제에 모든 희망을 거는 환자들이다. 여성들이 의심받고, 무시당하고, 소외감을 느끼는 시스템에 여전히 남아 있는 위험한 불신 풍조를 엄중하게 상기시켜주는 경우다.

가장 최근의 사례는 소피아Sophia였다. 서른다섯 살 난 인사 전문가인 그녀는 중앙아메리카에서 이민을 왔고, 20년 전 어머니를 유방암으로 잃은 심리적 상처를 가진 사람이었다. 소피아는 암 환자치고는 운이 좋았다. 완치가 가능한 암이었고, 최소한의 경미한 부작용만 예상되는 치료법도 있었다. 그러나 부분적으로 문화적 장벽도 있었지만 1990년대 후반에 무시하는 태도로 어머니를 치료하던 의사들에 대한 기억 때문에 의료 시스템에 대한 불신이 있었고, 그 감정은 모든 것을 삼키고 말았다. 그리고 그녀를 설득하려는 우리의 노력을 자신을 입원시키려는 체계적인 음모의 또 다른 증거로 받아들였다. 소피아는 병원에 오는 대신 효과는 전혀 없고 사기성이 농후한 대체 요법으로 눈을 돌렸다. 아마존닷컴에서 사들인 비타민C 제제를 복용하고 매주 의료 스파에 들어가 '면역 증강'을 약속하는 정맥 주사를 맞았다.

1년 후 그녀가 내게 돌아왔을 때 암은 이미 불치 상태가 되어 있었다. 그 후 몇 달 지나지 않아 그녀는 세상을 떠났다.

이것이 바로 R. V. 피어스 같은 사기꾼들이 남긴 어두운 유산이다. 그러나 그런 유산을 남긴 것은 그들만이 아니다. 환자를 의심하거나 탓한 의사들, 혹은 수치스럽게 느끼게 해서, 아편이 들어간 엉터리 약을 파는 약장수가 더 낫다는 생각이 들게 만든 의사들도 공범이다. '닥터 피어스의 최애 처방' 시절부터 존재했던 의사와 환자 사이의 깊은 불신의 간극은 점차 좁혀지고 있지만 여전히 너무나 많은 여성들이 그 간극에 자기의 시간과 돈, 그리고 때로는 목숨까지 내던지고 있다.

핫한 여자들은 과민성대장증후군이 있다.

—로스앤젤레스의 광고판에 붙은 광고,
2021(2019년 코니 셰퍼드의 작품으로 추정)

이제 여성 소화기내과 분야의 지형은 예전과 달라졌지만 존 하비 켈로그가 배틀 크릭 요양원에서 환자들의 장에 요거트를 펌프질해서 넣을 때와 비교해도 전혀 간단해지지는 않았다. 여성의 위장관 건강에 대한 대중적 담론은 여전히 의학적 지식뿐 아니라 문화적 관습, 그리고 대중 과학, 심지어 가끔 사이비 과학의 영향까지 받고 있다. 다만 요즘의 웰니스 인플루언서들은 의사보다는 환자, 그것도 젊은 여성인 경우가 많고 그들의 개인적 경험이 대화의 추동력이 되는 경우가 많다. 사실 이 면에서는 부인할 여지 없이 상황이 개선되었다. 차세대 여성들은 이 문제에 관해 과거의 여성들이 가졌던 수치심을 가지지 않고, 배변에 관해서 이야기하기를 두려워하지 않는다. 소셜 미디어에는 개인적이고 창피하다고 여겨지던 의학적 정보를 공유하는, 가끔은 과하게 공유하는 커뮤니티가 많이 형성되어 있다. 이 젊은 여성들이 위장관 건강에 대한 의사들의 태도를 어떻게 변화시킬지는 두고 봐야 할 일이지만, Z세대가 결장 길이의 성평등 시대를 새로이 여는 것을 상상하는 것은 꽤 재미있는 일이다.

그와 동시에 여성의 식욕을 둘러싼 의학적, 문화적 불안이 뒤얽힌 암울한 분위기, 그리고 음식과 성, 성적 매력 간의 복잡한 교차점은 매우 흥미로운 변신을 겪는 중이다. 이제 과민성대장증후군은 거의 자율권과 힘을 획득하는 것처럼 보인다. 불안에 시달리는 통제광이라는 과민성대장증후군 환자에 대한 고정관념을 뒤집고 그 자체를 하나의 정체성으로 받아들여 즐기는 듯한 느낌을 주기 때문이다. 먹는 것에 무관심하거나, 혹은 전혀 먹지 못하는 것은 여전히 어떤 면에서 여성성의 상징으로 통하지만, 분위기가 달라졌다. 두 세기 전에 과자를 조금씩 갉아먹는 요조숙녀가 여성성의 절정으로 여겨졌다면, 이제는 "핫한 여자들은 과민성대장증후군이 있다"고 쓰인 디지털 광고판 앞에서 춤추는 모습을 틱톡에 올리는 인플루언서로 변한 것이다.

이제는 어디서나 볼 수 있는 '핫한 여자들은 과민성대장증후군이 있다'는 밈을 스물다섯 살 때 만들어낸 코니 셰퍼드Connie Shepherd는 자기가 이 병을 앓고 있다고 자가진단했다. 웹사이트 '스탯Stat'과의 인터뷰에서 그녀는 사실을 관찰한 다음 내린 결론일 뿐이라고 말했다. "주변에서 제일 예쁘고, 제일 날씬한 여자들은… 항상 배가 아프다고 불평하고 있었어요. 나이와 상관없이 식품에 과민반응을 하고, 배변이 불규칙할 뿐 아니라 가스가 차고, 특정 음식은 제한해야 하는… 모두 비슷한 부류들이에요."[430]

과민성대장증후군을 중심으로 공동체들이 만들어질 정도로 이 증상이 정체성의 일부가 되었다는 것은 좋은 일이다. 그런 공동체에서 여성들은 서로 지지하고 정보를 주고받는 동시에 자신이 혼자가 아니라는 중요한 지식을 얻을 수 있다. 위장관 질환으로 고통받는 사람들이 수치심과 낙인으로부터 자유롭고 안전한 환경에서 자기 몸에 무슨 일이 벌어지고 있는지를 솔직하게 말할 수 있는 배출구를 갖고 심지어 그 고통을 매력적으로 표현할 수 있는 방법을 찾을 수 있다는 것도 좋은 일이다. 전인적 의학이 온라인을 무대로 큰 인기를 모으면서, 유망하지만 독특한 실험적 치료법에 대한 인식을 높이는 현상도 좋은 일이다(소셜 미디어를 통해 주목도가 높아진, 잠재적으로 유망한 장 치료법 중 하나가 분변 이식이다. 건강한 사람의 장에서 채취한 미생물을 장 건강이 좋지 않은 사람의 장에 이식해 장내 미생물의 불균형을 바로잡는 방법이다).

이제는 장 건강을 둘러싼 사회적, 문화적, 온라인 문화적 서사의 변화가 아직 이 추세를 따라잡지 못하고 있는 의학 시스템에도 영향을 끼치는 일만 남았다. 그러나 여기에도 희망을 가질 만한 이유가 있다. 소화기내과학 분야에서 생기는 과학적 혁신은 사회적 혁신에서 비롯되는 경우가 많기 때문이다. 그리고 지금 이 순간, 어쩌면 역사상 그 어느 때보다 여성들은 변화에 굶주려 있다.

7장

방광

참고 참고 또 참은
천년의 세월

파라오의 어린 아내의 방광이 마침내 터져버린 것은 72시간이 넘은 산통 끝이었다.[431]

그녀는 자기의 몸에 무슨 일이 벌어지는지 알지 못했다. 그녀의 몸이 안에 든 아기를 세상으로 밀어내려는 헛된 노력을 하면서 끊임없이 턱에 받치도록 밀려드는 격렬한 산통을 느낄 뿐 다른 감각은 존재하지 않았다. 이제 이 고통을 줄이려는 단 한 가지 목표 말고는 다른데 힘을 쓸 여력이 없었다. 사산이었다. 아기는 이미 몇 시간 전에 너무 좁은 그녀의 골반뼈 안에 갇혀 숨을 거둔 터였다. 그녀는 이 아기를 알지 못할 것이다. 아기에게 젖을 먹이지도, 아기의 울음소리를 듣지도 못할 것이다. 그러나 마치 이 비극으로도 충분치 않다는 듯 더 잔인한 소식이 기다리고 있었다. 피와 체액과 함께 아기를 젊은 산모의 몸에서 겨우 꺼낼 수 있었던 것은 오로지 그 작은 시신이 부패해서 두개골이 바스라질 정도가 되었기 때문이었다.

파라오 멘투호텝 2세와 그의 여사제 왕비 헨헤네트[432] 사이에서 아들이 탄생하는 커다란 기쁨의 순간이어야 했던 출산은 비극으로 얼룩지고 만다. 이 비극이 단지 아기의 죽음에 그치지 않았다. 산모의 몸까지 완전히 망가져 버리자 그들의 슬픔은 더 깊어졌다. 산모의 질은 직장과 팽창한 방광 사이에 눌려 붕괴되었고,* 대장은 출산의 압력으로 인해 밀려 나와 거의 10센티미터에 달하는 부분이 항문 밖으로 돌출되어 있었다.** 그러나 그녀가 입은 부상 중 가장 치명적인 것은 파열된 방광과 질 사이 벽에 생긴 커다란 누공***이었다.[433]

얼마 남지 않은 여생을 사는 동안 헨헤네트는 소변이 방광에 모이지 않고 끊임없이 질관을 타고 흘러내려 다리와 옷, 침구를 적시는 고통을 견뎌야 했을 것이다. 이제 쓸모없게 된 그녀의 요도에서는 박테리아가 자라 계속 요로감염을 일으키다가 결국 신장염으로 번졌을 것이다. 파라오는 결국 그녀를 궁전에서 나가 숨어 살도록 했을 것이다. 그녀가 싫어서라기보다도 아무리 강력한 향신료와 향을 써도 그녀에게서 나는 악취를 가릴 수는 없었을 것이므로.

결국 헨헤네트는 수치심 속에 홀로 죽음을 맞이할 것이다. 단 한 번도 소변이 흘러 축축해지지 않은 침대에서 자보지 못한 채 세상을 떴을 것이고, 그녀를 돌보던 의사들도 죽는 편이 낫다는 데 의견을 같이 했을 것이다. 무엇이 문제인지 몰라서가 아니라 치료할 방법이 없었기 때문이었다. 수천 년이 지난 후 학자들은 두 가지의 놀라운 유물을 발굴했다. 하나는 미라가 된 헨헤네트의 시신이었다. 그녀의 몸을 그토록 크게 망가뜨린 출산의 흔적을 그대로 볼 수 있는 시신이었다. 무너진 질, 탈출한 장, 파열된 방광 등이 모두 완벽하게 보존되어 있었다.[434]

---

*   복합적 골반 장기 탈출증complex pelvic organ prolapse

**   직장 탈출증rectal prolapse

***   상처, 질병으로 인해 인체에 생기는 구멍.

또 다른 발굴은 여성의 요실금을 그저 어깨를 한번 으쓱하는 것 말고는 아무런 조치도 취할 수 없는 증상으로 치부하던 당시 의료계의 태도를 알려주는 유물이었다.

소변이 계속 나오고… 환자도 그 사실을 인지하지만, 그 상태는 영원히 계속될 것이다.[435]

_《파피루스 카훈》,_* 기원전 1825

이 증상은 치료가 불가능하고 죽을 때까지 계속된다.[436]

_요실금에 관한 11세기 의사 아비센나의 의견, 1025

수천 년이 지났지만 헨헤네트의 몸에 생긴 누공은 미이라가 된 그녀의 시신에 여전히 뚜렷이 보존되어 있다. 그녀의 상태를 둘러싼 수치심과 낙인, 그리고 그녀를 치료한 의사들의 태평스러운 무기력함 또한 그녀의 시신 못지않게 의학적 의식 속에 굳어져 그 후로도 오랫동안 여성의 비뇨기 문제에 대한 접근 방식을 규정하는 기준이 되었다. 당시에도 의사들은 헨헤네트의 요실금 증상을 특별히 곤란한 문제로 여겼을 것이다. 고대 이집트인들은 약학, 치의학, 심지어 외과 수술에도 능했지만,[437] 이 문제에 대해서는 전혀 아는 바가 없었고, 증상을 완화시키거나 치료할 방법도 없었다.

---

* 고대 이집트의 중요 의학 문서 중 하나로 주로 산부인과 및 여성 질환에 대한 정보를 담고 있다.

이 문제를 해결 불가능으로 치부해 버린 그들의 결정이 오늘날의 시각으로 볼 때 박정할 정도로 무신경해 보일지 모르지만 여성 누공에 대한 이런 식의 태도가 고대 이집트 의사들에게만 국한된 것은 전혀 아니다. 거기에 더해 실제로 치료할 수 있는 질병에만 집중하는 경향 또한 동서고금을 막론하고 어디에서나 찾아볼 수 있다. 여성 비뇨기학의 역사는 묻지 않은 질문, 타진해 보지 않은 가능성, 그리고 탐색해 보지 않은 영역의 역사이기도 하다. 아무것도 할 수 없다는 초기 인식이 오랫동안 지속되었기 때문이다. 여성들은 여성들대로 요실금을 수치스럽게 여겨서 이에 대해 이야기하기를 꺼려하고, 의사들은 의사들대로 도울 수 없다는 사실에 좌절감을 느끼고 그 문제에 대해 묻지도 않는다. 설령 이 주제를 다룬 의학 문헌이 있다 해도 온통 절망감으로 젖어있기 일쑤다. 11세기에 누공에 관한 문헌을 남긴 페르시아의 의사 아비센나 Avicenna는 고작 매우 비실용적인 예방법 하나를 해결책으로 제시할 뿐이었다.[438] 여성이 애초에 임신을 하지 않으면 이 증상을 겪는 것을 피할 수 있다는 게 그의 조언이었다. 19세기에 피부 이식과 성형 수술을 전문으로 했던 독일 의사 요한 프리드만 디펜바흐 Johann Friedman Dieffenbach 역시 요실금을 겪는 여성들의 고통을 한탄하며 1845년에 이렇게 썼다 "방광질 누공은 여성에게 일어날 수 있는 가장 큰 불행이지만, 이것이 죽음까지 초래하지는 않는 증상이라 사는 동안 내내 시달려야 한다는 것이 더 큰 불행이다. 결국 다른 질병이나 노령으로 세상을 들 때까지 이 고통스러운 병의 온갖 후유증을 견뎌내야 한다."[439] 디펜바흐는 요실금의 비극이 단지 몸이 불편한 데서 그치는 것이 아니라 끊임없이 축축한 느낌에 시달리고 끊임없이 소변 냄새를 풍겨야 하는 데서 오는 사회적 부작용까지 포함된다는 사실을 이해했다. "남편은 아내를 기피하게 되고, 다정한 어머니는 자신이 낳은 아이들로부터 외면당한다. 차가운 곳에서 구멍 난 의자에 혼자 고독하게 앉아 있어야 하는 운명인 것이다."[440]

한편 4체액설을[441] 신봉하는 의사들은 한술 더 떠서 요실금이 여성들의 타고난 누출 성향에 기인한 것이라는 개념을 내세우기까지 했다.[442] 4체액설은 혈액, 점액, 황담즙, 흑담즙이라는 채액 사이의 균형이 건강과 연결되어 있다고 믿는 이론으로 히포크라테스 시대부터 1800년대 중반까지 유행했었다. 여성은 생리혈, 모유, 질 분비물, 소변 등 끊임없이 체액을 분비하고, 특히 성기에서 가장 활발한 분비가 이루어지는 경향이 있다는 것이 그들의 시각이었다. 요실금처럼 다루기 힘든 문제에 맞닥뜨린 의사들에게 여성이란 태생적으로 축축한 법이라는 주장이 왜 그토록 매력적으로 다가왔을지 이유를 짐작하는 것은 어려운 일이 아니다. 환자의 요실금이 단순히 여성의 자연스러운 증상이자 체질의 문제라면 고치지 못하는 것이 누구의 잘못도 아니지 않은가.

이 시기에 우리는 한가지 경향이 움트는 현상을 관찰할 수 있다. 이 경향은 1850년대에 부상한 조직화된 의료에 의해 더 악화되었고, 결국 여성의 비뇨기 문제는 해결할 수 없는 문제에서 입에 올릴 수 없는 문제, 심지어 여성들끼리도 이야기할 수 없는 '병증 세계의 암흑 물질'이 되고 말았다. 출산 후 요실금 문제는 임신 기간과 출산 후 여성을 돌봐온 산파들에게는 잘 알려진 문제였지만 산파들은 곧 밀려나는 위기에 처하고 말았다. 의학이 여러 갈래의 정식 학문으로 분화되어 진화하기 시작하면서, "현대 의학" 진영의 의사들과 거기에 속하지 않는 "비정통" 의료인들 사이에 경쟁이 본격화되었다.[443] 자연요법, 정골요법, 동종요법을 비롯한 '비주류' 의술은 공식적으로 한물간 것이 되었고, 의학협회들은 이 분야를 배제하는 절차를 밟기 시작했다.

말할 필요도 없이 변방의 의료인들을 퇴출하려는 노력이 완선히 근거 없는 것은 아니었다. 비주류 의술을 행하는 이들 중 많은 수가 정식 훈련을 받지 않았을 뿐 아니라 독성이 있거나 인체에 유해한 약초물을 처방하기도 했고, 골상학에 의존했기 때문이다. 그러나 당시 의료계의 문지기들은 단지 가짜 약이나 머리 직경을 재는 도구를 들고 다니던 사기꾼이나 엉터리 약장수 등만을 문밖으로 몰아내는데 그치지 않고, 여성을 이 직군에서 완전히 배제했다. 특히 여성의 몸에 영향을 끼치는 의학적 문제에 관한 지식의 보고를 전수하고 지켜왔던 산파들도 변방으로 밀려났다.[444] 의학계는 오늘날까지 이어지는 전문화 시스템으로 분화되기 시작했다. 이에 따라 의사들은 환자를 하나의 전인적인 존재로 보지 않고, 여러 시스템과 신체 부위들의 집합체로 보기 시작했다.

그렇게 의료 체제가 갈래갈래 쪼개지면서 고대로부터 내려오던 지식의 일부는 그 틈 사이로 빠져서 사라져버렸다.

1870년으로 접어들 무렵, 임신과 출산, 그리고 그에 따른 모든 부가 증상들은 이미 더는 그 문제를 수백 년 동안 다뤄온 여성 산파들의 영역이 아니었다. 모두 새롭게 전문화된 현대 부인과라는 분야의 남성들의 손으로 넘어갔다. 그 후 얼마 지나지 않은 1902년, 부인과의 남성 버전에 해당하는 비뇨기과가 등장했다.[445]

당시 의사라면 누구라도 이제 모든 것을 커버할 수 있게 됐다고 말했을 것이다. 남자에게는 음경이 있고 여성에게는 질이 있고, 각자 이를 다루는 의사가 있으니 대체 무슨 문제가 있다는 건가?

이렇게 해서 여성도 소변을 봐야 한다는 사실을 의료계가 잊어버리게 되었다.

'페니스' 없이는 '해피니스'도 없다!

— 비뇨기과 관련 농담 카드, 2022

윌리엄 P. 디두시 비뇨기학 역사 센터는 세계에서 가장 권위 있는 비뇨기학 관련 박물관이다.[446] 굳이 에두르지 않고 말하자면 음경으로 가득 찬 곳이다. 이 분야의 역사적 인물이 거의 모두 남성이었던 것이 사실이기는 하지만, 꼭 그 때문만은 아니다. '비뇨기학의 형성에 기여한 의사, 발명가, 교육자, 연구자'를 열거한 웹사이트에 실린 81인의 인물 중 여성은 딱 한 명이다. 거기에 더해 일반인이든 비뇨기과 전문의이든 누구나 비뇨기학은 음경에 관한 분야라는 인식이 팽배하기 때문이기도 하다.

디두시 센터를 방문한 사람은 남성의 성기를 기반으로 한 콘텐츠가 부족하다는 불평은 하지 못할 것이다. 상설 전시관에는 남성 성기에 사용하는 온갖 종류의 기구들이 전시되어 있다. 그중에는 벤자민 프랭클린이 형에게 선물한 골동품 도뇨관(사려 깊다!)에서부터 1900년대에 제작된 곰덫처럼 생긴(아얏!) 몽정과 자위 방지 장치에 이르기까지 다양한 기구들이 포함되어 있다. 의학 삽화 모음에는 음경의 굴곡에서부터 종양, 괴저까지 모든 음경 질환들이 묘사되어 있다. 기념품 가게에서는 음경 관련 농담이 적힌 카드 세트와 작은 음경 무늬가 있지만 의외로 품위 있는 '남근 양말', 정말이지 충격적인 병마개, 와인병 따개(상상력을 동원해 보시길), 빨강 플라스틱 발이 달린 음경 모양의 태엽 장난감 '호핑 월리Hopping Willy' 등을 살 수 있다.

그 모든 상품 중 여성에 관한 언급을 하는 것은 단 하나뿐이다. 유치원생 사이즈 티셔츠에 어린 소년의 사타구니에 나뭇가지가 세게 부딪히는 그림이 있고, 그 옆에 **괜찮아, 우리 엄마가 비뇨기과 의사거든**이라고 적혀 있다.

여성이 비뇨기과 의사가 될 수 있을 뿐 아니라 비뇨기과 의사를 필요로 할 수 있다는 사실 자체는 고려 대상이 아니었다. 음경을 소재로 한 기념품을 제작한 사람들뿐 아니라 그야말로 아무도 그런 생각을 하지 못한 것이다. 일반적으로 비뇨기과는 남성이 주도하는 분야다. 비뇨기과 전문의의 90퍼센트가 남성이다.[447] 그러나 비뇨기과 개념 자체에서 여성이 얼마나 배제되어 있는지를 설명하려면 어디서부터 시작해야 할지도 모를 정도다. 역사, 문학, 교과서, 삽화, 그리고 맞다, 기념품 가게 어디를 봐도 비뇨기과의 환자는 오로지 남성, 남성, 남성뿐이다. 비뇨기과의 강한 남근 중심의 에너지가 여성들에게 거부감을 주는 게 문제가 아니라, 그런 분위기 때문에 여성들이 자신을 비뇨기과 환자라고 상상할 여지를 찾을 수 없다는 사실이 문제다. 비뇨기과가 남성의 성기에 관한 것이고, 부인과가 여성의 성과 출산에 관한 것이라면 요실금으로 고생하는 여성은 어디서 도움을 받아야 할까?

차라리 죽는 편이 나았을 것이다. 그러나 이런 환자들은 절대 죽지 않는다. 그들은 사는 내내 고통을 견뎌야 한다.[448]

때는 1819년이다. 제임스 마리온 심스James Marion Sims는 울지 않으려고 애쓰고 있다.

200년 후, 심스는 여성 의학 역사에서 가장 영향력이 있는 인물이자 가장 논란이 많은 인물 중 하나가 되었다. 맨해튼 103번가에 있는 뉴욕 의학 아카데미 맞은편 센트럴 파크 북동쪽 모퉁이에는 서 있던 2.7미터 높이의 그의 청동 동상은 2017년에 누군가 대리석 받침대에 페인트로 **인종차별주의자**라고 낙서를 한 후 투표를 거쳐 75년 만에 철거됐다.[449] 그를 옹호하는 글과 비판하는 글이 수없이 새로 쓰였지만, 그를 어떻게 기억해야 할지에 대한 합의는 끝내 이루어지지 않았다.

그러나 1819년의 제임스 마리온 심스는 논란의 대상이 아니었다.[450] 그는 의사가 아니었고 아직 남성이라고도 할 수 없는 나이였다. 여섯 살 소년이었던 그는 한쪽 눈이 없고 천연두 흉터로 얼굴이 잔뜩 얽은 퀴글리 교장의 무릎 위에 엎드려 있었다. 남자는 히코리 나무로 만든 회초리로 그를 때렸고, 심스는 비명을 참으려고 애쓰고 있었다. 잠깐은 비명을 참는 데 성공했지만 결국 더 견디지 못하고 신음소리가 새어 나오고 말았다. 사실 그건 중요하지 않았다. 회초리를 든 남자는 심스가 무슨 소리를 내든, 내지 않든 계속 때릴 것이기 때문이었다. 소년이 고통으로 구토를 하거나 소변을 지릴 때까지 매질을 멈추지 않았다. 마침내 이 형벌이 끝나는 것은 다른 아이의 차례가 되었기 때문이고, 다음날이면 다시 매질이 반복될 것이었다.

다음날이면 교장은 다시 회초리를 휘두를 것이다.[451]

기숙학교 교장이 여섯 살 난 심스에게 가한 폭력은 후에 심스가 치료를 받기 위해 자신을 찾아온 여성 노예들에게 가한 폭력과 많이 다르지 않았다. 심스는 그 여성들을 대상으로 자신의 의학적 유산이 된 기술을 개발했다. 그 폭력은 잔인하고, 굴욕적이었다. 어쩌면 가장 끔찍한 부분은 그가 한 행동이 당시에는 매우 흔한 일이었다는 사실일지도 모른다.

심스가 미국 앨라배마주 몽고메리*에 진료소를 연 것은 1840년이었다. 붉은 벽돌로 지은 2층짜리 소박한 건물이었다. 당시 몽고메리 인구의 3분의 2가까운 수가 노예화된 사람들이었고, 심스를 찾는 환자 대부분이 그들이었다. 그는 마당 한쪽에 설치된 임시 병원에서 그들을 치료했다.[452] 그 시대 대부분의 의사들과 마찬가지로 그는 일반의이자 외과의였다. 부인과라는 의학적 전문분야는 아직 존재하지 않았고, 그는 여성의 생식기 관련 의학에 특별한 관심이 없었다. 사실 그는 그 분야를 혐오했던 것으로 보이는데 부인과 문제로 그를 찾는 여성들은 진료를 거부당하고 곧바로 쫓겨났다. "내가 정말 싫어하는 것이 있다면 그것은 바로 여성의 골반 내 장기를 검사하는 일이었다"하고 그는 자서전에 썼다.[453]

심스는 이전의 많은 의사들과 마찬가지로 질 누공은 회복 불

가능, 치료 불가능한 증상이라고 확신했다. '죽는 것보다 가혹한 고통'이라고 묘사했듯, 이 증상이 얼마나 비극적인지 한탄하면서도 찾아오는 사람들을 돌려보내는 일은 멈추지 않았다. 아무것도 할 수 없다는 확신이 너무도 강했기 때문이었다.

그렇게 몇 년이 흘렀다. 그러다가 한순간의 통찰로 모든 것이 달라졌다.

그 모든 변화의 시작점이 된 환자는 누공 환자가 아니었고 노예 여성도 아니었다. 그녀는 46세의 백인 여성이었고, 말에서 떨어진 후 자궁이 제자리를 벗어난 상태였다. 심스가 가장 혐오하던 신체 부위인 여성의 골반 내 장기 문제였지만 환자의 고통이 심했기 때문에 그냥 돌려보낼 수가 없었고, 누공을 가진 여성들과는 달리 이 여성은 도울 방법을 알고 있다고 생각했다. 그는 환자에게 무릎과 팔꿈치로 몸을 받치고 엎드리라고 한 다음 수치심을 줄여주기 위해 시트 한 장을 몸 위에 덮어준 후 그녀의 노출된 엉덩이 뒤쪽으로 다가가 손가락 두 개를 질 안으로 집어넣었다. 그 위치에서 손가락을 자궁벽 안으로 눌러 자궁을 제자리로 밀어 넣을 생각이었다. 그런데 이상한 일이 일어났다. 아무것도 만져지지 않았던 것이다. 환자의 자궁벽이 만져져야 할 자리에 아무것도 없었다. "마치 두 손가락을 모자 속에 넣은 것 같았다."[454] 그와 동시에 환자가 고통스러운 신음 대신 안도의 한숨을 크게 내쉬었다. 낙마 후 계속되던 극심한 통증과 압박감이 갑자기 사라졌다는 것이었다.

환자가 몸을 돌리는 순간 질에서 낮게 울려 퍼지는 공기 배출음을 들은 후에야 심스는 자기가 무슨 일을 했는지 깨달았다… 그리고 다른 여성들을 위해서도 무엇을 할 수 있는지도 깨달았다.

치료할 수 없다고 생각했던 여성들.

뒷마당의 텐트에서 기다리는 여성들.

**마취제가 없던 시절이었다. 무릎을 꿇고 엎드린 그 불쌍한 여성은 영웅적인
담대함으로 그 수술을 견뎌냈다.**[455]

—제임스 마리온 심스, 의사, 1894

루시Lucy, 벳시Betsy, 아나샤Anarcha. 우리는 심스가 수술한 노예
여성들의 이름을 알지만, 그녀들의 목소리는 들을 수 없다. 수술
을 받은 당사자의 경험을 1인칭으로 서술한 기록은 어디에도 없
다. 아마도 그런 기록이 애초에 만들어지지도 않았기 때문이리라.
그 결과 우리는 그 여성들이 자기를 괴롭히는 증상들에 대해 어떻
게 느끼고 어떻게 생각했는지 영원히 알 수 없고, 심스의 병원에
서 받은 실험적인 수술들에 대해서도 심스의 입장에서 남긴 기록
에만 의존할 수밖에 없다. 하지만 그 기록은 온갖 종류의 편견으로
물들어 있다. 심지어 벳시의 용기에 대한 심스의 칭찬조차도 불편
한 질문들을 떠올리게 한다. 당시 의사들은 흑인 환자, 특히 흑인
여성 환자는 백인 환자보다 고통을 훨씬 덜 느낀다는 오래된 편견
을 가지고 있었다. 이 문제는 현대 의학에서도 없어지지 않고, 흑
인 환자들의 통증 평가와 통증 관리에서 나타나는 차별로 이어지
고 있다. 심스 시대에 그가 이런 실험적인 수술을 노예화된 여성
들에게 반복적으로 마취도 없이 행하고, 회복기 통증에도 아편만
을 진통제로 사용한 이유가 주로 흑인 여성들은 백인 여성만큼 고
통을 느끼지 않을 것이라는 당시의 지배적인 인식에서 비롯되었을

가능성이 크다.

이 모든 이유로 인해 의학 분야의 개척자로서의 심스가 남긴 유산은 의학 역사상 다른 어떤 인물의 유산보다 더 큰 논란의 대상이 되었다. 그러나 그가 루시, 벳시, 아나샤를 수술한 것은 사실이고, 결국 기원전 2000년부터 불치병으로 치부되던 방광질 누공을 고칠 방법을 알아낸 것도 사실이다.

누공 문제가 그토록 많은 의사들을 오랫동안 당혹시켰던 이유는 치료가 불가능해서만이 아니라 그것이 여성의 몸속 깊이 보이지 않는 곳에 있는 문제였기 때문이었다. 그러나 심스는 자궁탈출증 환자를 치료했던 경험에서 새로운 아이디어를 얻었다. "환자에게 이 자세를 취하게 하고 공기의 압력으로 질을 확장시킬 수 있다면… 치료할 수도 이해할 수 없다고 여겼던 방광질 누공 환자를 같은 자세를 취하게 한 후 문제 부위와 주변 조직이 정확히 어떤 관계인지 볼 수 있지 않을까?"

심스가 수술을 통해 누공을 치료할 기술과 도구를 개발하기까지는 꽤 시간이 걸렸고, 이러한 수술이 진정으로 성공할 수 있게 되기까지는 그로부터 더 오랜 시간이 흘러야 했다. 이 과정에서 그가 발명한 것으로 널리 알려진 질경Speculum도* 개발됐다. 그의 환자 중 아나샤는 심스의 수술을 무려 서른 번이나 견뎌낸 후에야 질내 농양을 성공적으로 봉합할 수 있었다. 불치병을 다루고 묻혀 있던 질문을 던진다는 면에서 고통으로 점철된 의학의 발전 과정을 잘 보여주는 사례로 말하자면 아마도 아나샤의 이야기만큼이나 적절한

---

* 여성의 성기 안에 집어넣고 질과 자궁경부를 진찰할 수 있게끔 하는 보조 의료기구.

예도 없을 것이다. 자신의 작업을 기록하면서 심스가 드러낸 다양한 편견을 감안한다 하더라도 아나샤가 의료적 도움을 절실하게 필요로 하는 상태였다는 것은 의심의 여지가 없어 보인다. 심스가 "불쌍한 어린 소녀"라고[456] 기록한 아나샤는 작은 몸집의 17세 소녀로, 긴 산고 끝에 작고 여린 몸이 완전히 망가져버렸다. 심스는 이렇게 썼다. "거대한 누공을 통해 소변이 밤낮으로 흘러서 침구와 옷을 적시고 소변이 닿는 피부 모든 부위에 심한 염증이 생겼다. 그 염증은 융합형 천연두*처럼 보였고, 지속적인 통증과 타는 듯한 고통을 유발했다… 흘러나온 소변의 악취가 방 안 구석구석, 모든 것에 배어들었다. 그리고 물론 그녀의 삶은 고통과 혐오로 얼룩졌다."[457] 심스는 그에 더해 아나샤의 질과 직장 사이에 두 번째 누공이 있어서 악취를 풍기는 장내 가스가 계속 새어 나왔다고 기록했다. 소변과 대변이 풍기는 이중 악취에 둘러싸인 채 다리와 외음부에서는 진물이 줄줄 흐르고 몸이 닿는 곳마다 소변으로 푹 젖고 마는 고통과 절망 속에 고립된 아나샤는 주변 사람들뿐 아니라 자기자신에게도 혐오스러운 몸 안에 갇혀 괴로워했다.

아나샤의 상태가 그녀의 삶을 살아 있는 지옥으로 만들었다면, 그녀의 불행은 실험 대상이 필요했던 의사에게는 축복이었다. 사실 아나샤가 그토록 절박하지 않았다면 심스의 업적이 그토록 찬양받을 수도 없었을 것이다. 실험적 수술을 서른 번이나 견뎌낼 수 있는 유일한 환자, 아니 그런 고통을 견뎌야만 하는 환자는 이미 모든 면에서 자율성, 존엄성, 행복을 박탈당한 사람이었다.

---

*   개별적인 천연두 병변이 서로 이어져 큰 병변을 형성하는 심각한 형태로 발전한 질병.

완치된 아나샤에게 그 모든 시련은 견뎌낼 가치가 있었을까? 심스는 당연히 "그렇다"고 믿었다는 것을 우리는 알고 있다. 누군가 물어봤다면 환자의 대답은 달랐을 수도 있다. 우리가 확실히 아는 것은 심스가 다른 의사들은 하지 못했을 뿐 아니라 시도조차 하지 않았던 일을 결국 해냈다는 사실이다. 우리는 그가 다른 의사들은 외면했던 문제를 직면하는 선택을 했다는 사실도 알고 있다. 누군가 마침내 치료법을 발견해 낼 때까지 그 문제를 가진 모든 여성이 엄청난 고통과 수치심, 낙인을 견뎌내야 하는 질환이 아니었던가. 우리가 알고 있는 또 하나의 사실은 노예 신분의 환자들의 고통, 혹은 고통의 부재에 대한 심스의 믿음이 무엇이었든 간에 그가 결국 누공 수술을 백인 여성들에게도 실시했고, 이 시술이 "번거로움을 감수할 만큼 아프지 않다"는 결론을 내리고 계속해서 마취를 사용하지 않았다는 점이다.[458] 수많은 의학적 진보가 이와 그다지 다르지 않은 과정을 거쳤다. 실험과 착취, 치유와 상해, 절망과 혁신의 교차점에서 갑작스럽게 돌파구가 나타나는 과정 말이다.

방광질 누공 수술법의 개발은 제임스 마리온 심스를 전설적인 인물로 만들었다. 그 덕분에 회복한 여성들에게 이 시술은 기적과 같은 일이었다. 부인과 의사들이 이를 계기로 얻은 통찰은 이 분야를 영원히 바꿔놓았다.

그러나 비뇨기과 분야와 누공이 아닌 다른 원인으로 비뇨기 질환을 겪는 대다수의 여성들에게 이 사건은 거의 아무런 의미가 없었다. 그 여성들이 겪는 수치심과 낙인과 고통은 이후로도 오랫동안 계속되었고, 많은 경우 그 고통은 끝내 멈추지 않았다.

여성의 요실금은 치료해야 할 증상으로 여겨지지 않는 경우가 많다. 너무 흔한 증상이어서 정상으로 간주되는 경향이 있기 때문이다.[459]

—조슈아 데이비스, 의사, 1938

제임스 마리온 심스는 논란의 여지가 많은 인물이다. 그는 또 예외적인 존재이기도 했다. 의학 역사 대부분에 걸쳐 대다수의 의사들은 여성의 비뇨기계에 전혀 관심을 기울이지 않았다. 그뿐 아니라 누공 치료법의 발견에 대해 의료계의 관심이 모두 집중된 나머지 극적인 요소가 부족한 다른 여성 비뇨기 문제는 주목을 끌지 못했다는 지적도 나오고 있다. 가장 크고, 가장 해결이 어려웠던 문제에 대한 해결책이 마침내 나왔고, 진물로 질척거리는 상처와 소변에 젖은 옷, 악취를 견디지 못하는 가족들로부터의 고립을 견뎌온 비참한 여성 모두가 드디어 도움을 받을 수 있게 됐다.

그럼에도 누공에 대해 이야기하고 치료하는 것을 어렵게 했던 모든 장애물, 다시 말해 이 병을 둘러싼 침묵, 수치심, 그리고 의사, 환자 할 것 없이 이 질환을 해결 불가능으로 치부하는 태도 등은 다른 비뇨기 문제들에도 그대로 적용되었다. 많은 경우 너무도 흔하고, 그중 대부분이 거의 눈에 보이지 않는 문제들이었다. 만성 요로감염 혹은 간질성 방광염*을 앓고 있거나, 단순히 나이가 들었거나 출산 등으로 인해 골반저근이 약해져서 요실금을 앓고 있는 여성이라 해도 그런 문제를 입에 올릴 가능성은 거의 없었다. 그리고 그런 증상이 있는지 확인할 책임을 느끼는 의사도 거의 없

---

* 요로감염 등 특정 원인 없이 원인 불명의 만성 방광 통증 증후군.

었다. 누공과 달리 이런 문제는 겉으로 명확하게 드러나지도 않고 꼭 부인과 의사가 다뤄야 할 문제로 보이지도 않았다. 어느 과에서도 여성 비뇨기 질환이 자기 분야라 주장하지 않는 상황에서 이 문제는 점점 더 시야에서 멀어지고, 의식에서도 점점 더 희미하게 잊혀졌다.

이런 이유에서 1800년대 말부터 20세기 중반 사이에 여성 비뇨기계에 적극적으로 관심을 보인 의사 중에는 다양한 배경과 의도를 가진 오합지졸이 많았다. 그중 일부는 자신이 다루는 문제가 의료계 전반에서 심각하게 간과되어온 문제라는 사실을 인식하고 있었고, 여성들의 고통에 크게 공감했다는 점에서는 인정받을 만했다. 그러나 이 '좋은 의사들'마저도 각양각색이었다. 예를 들어 심스와 동시대를 살았던 후배격이자 미국부인과학회 회장을 역임한 T. 게일러드 토마스T. Gaillard Thomas는 1880년 여성 요실금에 대한 관심 부족을 한탄하며 이렇게 썼다. "여성이 앓는 질환 중 고대로부터 이처럼 주목받지 못한 질병도 없을 것이다… 매우 성가시고, 행복을 파괴하며, 긴급한 치료가 필요한 질병인데도 거의 언급조차 되지 않고 있다."[460] 그러나 토마스의 이른바 대표작인《여성 질환에 관한 실용적 논문A Practical Treatise on the Diseases of Women》은 전인적인 접근법과는 거리가 멀었다. 당시의 부인과 의사들뿐 아니라 다른 대부분의 의사들과 마찬가지로 토마스 역시 여성의 모든 질환이 오로지 허리와 무릎 사이에서만 발생한다고 여겼다. 그리고 당시 대부분의 남성들과 마찬가지로 흑인 여성들은 요실금에 걸리는 빈도가 낮고, 걸리더라도 고통을 덜 받는다고 생각하는 매우 모욕적인 인종차별적 믿음도 가지고 있었다. 토마스는 백인 여성은 흑인 여성과 같은 고통을 절대 견딜 수 없다고 주장했다. "비슷한 상태에 처한 고귀한 계급의 점잖은 여성이 받는 고통은 얼마나 다른지, 얼마나 철저히 비참한지!"[461]

부인과 의사이자 심스와 동시대 사람인 알렉산더 존스턴 찰머스 스킨Alexander Johnston Chalmers Skene은 또 어떤가. 그는 요로감염을 예방하는 데 도움이 되는 윤활성 물질과 항균성 물질을 분비하는 쌍둥이 분비기관을 여성 요도에서 발견한 것으로 유명해진 인물이다. 스킨은 이 분비샘에 자신의 이름을 붙였고 이 기관은 스킨샘이 되었다. 떡 벌어진 가슴과 큰 체격으로 이름난 그는 뉴욕시에서 여성 의학 발전에 가장 큰 기여를 한 인물 중 하나로 칭송받았다. 그럼에도 간질성 방광염이나 스트레스성 요실금 등의 방광 문제에 있어서는 그도 별수 없이 그 시대 남성들과 전혀 다르지 않은 괴상한 편견과 집착을 보여줄 뿐이다. 이제는 너무 들어 싫증이 날 정도가 된 바로 그 이유, 이 질환들이 환자들에 의해 스스로 유발된 것, 즉 자위나 성적 일탈 등 환자가 자초한 문제거나, 히스테리 같은 심리적 문제 때문이라는 믿음을 스킨도 확고하게 가지고 있었다. 1878년, 스킨은 "히스테리증 환자들"이 겪는 "요저류"를 두고 의사들 사이에 일어난 분란에 대해 의견을 밝혔다.[462] 당시 일부 의사들은 히스테리증을 보이는 여성은 지속적인 성적 흥분 상태로, '만성적으로 발기한' 음핵이 요도를 압박하여 소변을 보기 어려워한다고 믿었다. 또 다른 한쪽에서는 이 여성들이 소변을 볼 수 없는 척할 뿐인데, 그런 행동을 하는 이유가 도뇨관 삽입 과정에서 여성이 성적 흥분감을 느끼기 때문이라고 주장했다. 외교적인 우리의 스킨 씨는 무승부를 선언했다. "두 경우 모두 존재한다고 생각한다."[463] (스킨의 의견을 너무 진지하게 받아들이는 사람들을 위해 밝혀두자면, 그는 자위를 하는 여성과 하지 않는 여성을 냄새로 구분할 수 있다고 믿었다. "뭐라 묘사할 수 없는 냄새지만, 한 번 맡아본 후에는 쉽게 기억할 수 있다.")[464]

여성의 비뇨기 문제를 심인성, 아니면 성적 원인, 혹은 둘 다일 수 있다고 보는 개념은 의학 문헌에 반복적으로 나타나는 주제다. 그 결과 현실적인 치료법이 더디게 개발되는 경우가 많았다. 1903년, 미국 부인과학회 회장 C.더들리C. Dudley는 의학계가 요실금 문제를 계속 간과하고 있다고 한탄하며 이렇게 말했다. "골치 아프지만 매우 흔한 질병으로, 이에 관해 지금까지 살펴본 바로는 만족할 만한 문헌이 전혀 존재하지 않는다."[465] 일부 의사들이 이미 마사지, 전기치료뿐 아니라 요도를 좁혀 방광 조절을 더 용이하게 할 목적으로 요도 부위에 파라핀을 주입하는 등의 치료법을 이미 실험하고 있었으나 여성 비뇨기 질환의 유병률과 그 증상으로 인한 심리적 고통이 비로소 널리 인식되기 시작한 것은 1930년대 말에 들어선 후였다.

심지어 그때마저도 의사들은 이렇게 고통이 큰 소변 문제가 히스테리증, 신경증을 비롯한 여성의 머릿속에서 벌어지는 일 때문이라는 믿음을 계속 견지했다. 1953년 〈미국 부인과학 저널American Journal of Gynecology〉에 실린 한 특이한 보고서에서는 L. R. 워튼L.R. Wharton이라는 의사가 "정신적 불안정에서 비롯된 신경과민"으로 인해 요실금을 앓고 있는 여성에게 골반저근 운동을 처방했다는 내용이 나온다.[466] 이 질환이 전적으로 심리적 원인으로 발생했다는 확신에도 불구하고 신체적 처방을 내린 것이다. 그러나 증상이 전혀 호전되지 않는 여성들이 많자, 그는 다시 한번 심리적인 데서 원인을 찾는다. 그 여성들이 운동을 하기에는 "너무 게으르거나 관심이 없다"는 것이었다. 그는 "피곤한 쪽보다는 축축한 쪽이 더 좋은가보다"며 비웃었다.[467]

그나마 관심을 가졌던 의사들이 이 정도였다.

20세기 중반 상황은 어땠을까. 제임스 마리온 심스가 누공 치료의 혁신적 돌파구를 찾은 지 100년이 지났으니 엄청난 진보가 이루어지고, 더 많은 질문이 던져졌을 법한 시간이 흘렀다. 그러나 심스의 환자들의 경우 그들이 겪는 고통은 의심의 여지가 없었고, 그들에게 명확한 신체적 문제가 있다는 사실 역시 불 보듯 확연했다.

하지만 방광 문제를 호소하는 여성들의 증상은 명확한 원인도 없었고, 뚜렷한 외과적 해결책도 없었다. 그 여성들을 어떻게 해야 할지 아는 사람은 아무도 없었고, 그래서 여성에게 늘 가해지는 익숙한 비난들이 쌓여가기 시작했다. 히스테리증이다, 신경증이다, 마조히스트들이다, 상상의 산물이다, 꾸며내고 있다, 관심을 끌거나 동정을 받기 위해, 혹은… 도뇨관 삽입 과정에서 경험하는 성적 흥분감을 얻기 위해 증상을 만들어내는 것이다. 그래, 왜 아니겠는가. 누구나 원하면 소변을 볼 수 있고, 조금만 더 노력하면 참을 수도 있다. 원인이 무엇이든, 이 여성들은 아마 스스로 문제를 만들어내고 있는 것이라는 데 의사들은 의견 일치를 봤다.

◇◇◇

때는 1956년이다.[468] 만성 방광염을 앓고 있는 환자가 틀니를 딱딱 부딪히면서 앉은 자리에서 몸을 뒤척인다. 그녀의 시선이 의사들에게 고정되어 있고, 의사들도 그녀를 주시하고 있다. 가진 옷 중 가장 좋은 옷을 차려입고 이 자리에 온 스물아홉 살 난 이 여성은 바짝 긴장한 상태다. 오늘만도 요루* 주머니를 거의 열두 번은 비웠을 텐데도 다시 가득 찼을까 두렵다. 거기에 더해 소변을 보고 싶다 느껴지는 고통에 가까운 충동이 압도적으로 몰아닥친다. 방광을 제거한 지 오래고, 지난 3년간 화장실에 앉아 소변을 본 적이 없는데도 이런 느낌은 항상 그녀를 따라다닌다.

그녀를 진찰하기 위해 모인 남자들의 눈에 담긴 비판의 시선은 놓치기가 힘들 정도로 명백하다. 이 만남 후 작성된 기록에는 그녀가 비만이고 악취를 풍기지만 단정한 차림에 섬세한 이목구비를 지녔다고 적혀 있다. 그녀가 더 날씬했다면 예쁘다고 생각했을 것이다. 그녀도 고등학생 때는 날씬했었다. 그때만 해도 희망과 꿈이 있었던 시절, 외모에 신경을 쓸 이유가 충분했던 시절이었다. 남편, 가정, 가족에 대한 희망과 꿈 말이다. 그러나 스물아홉이 된 지금, 엉덩이에 소변 주머니를 차고, 여러 차례의 수술로 흉터투성이가 된 몸에 방광도 없고, 치아도 절반쯤 잃었다. 한 의사가 치아가 그녀의 신장에 해롭다는 이유로 몽땅 뽑아버렸기 때문이다. 이제 아그네스Agnes는 남들이 자기를 어떻게 생각하는지 신경 쓸 겨를이 없다. 오직 남들이 자기를 내버려 두는 것이 유일한 바람이다. 지금 자신을 동물원 우리에 갇힌 이국적인 동물 쳐다보듯 하는 이 남자들도 마찬가지다. 그녀가 좋아하는 닥터 레온이 이 사람들의 질문

---

* 배뇨 기능이 상실된 후 인위적으로 만든 배출구.

에 답해 달라는 부탁만 하지 않았어도 여기 오지 않았을 것이다. 하지만 레온은 여기에 없다.

의사는 두 명이었다. 비뇨기과 의사 바워스와 정신과 의사 슈왈츠. 두터운 눈썹 밑으로 한시도 그녀에게서 시선을 떼지 않는 슈왈츠가 먼저 질문을 하기 시작한다. 그의 커다란 콧수염과 풍성한 머리카락도 2010년 사망할 즈음에는 모두 빠지고 하얗게 셀 것이다. 하지만 지금은 짙고 강렬한 눈빛을 가진 젊은이인 그가 아그네스를 꼭 풀어야 할 수수께끼인 양 바라보고 있다.

그는 아그네스에게 부모를 미워했는지 묻는다.

그녀는 아니라고 대답했지만 상대방이 자기 말을 믿지 않는다는 걸 알 수 있었다.

이 환자에게 방광 문제는 무의식적인 증오심을 분출할 수 있는 좋은 경로로 작용하고 있으며, 사춘기 동안의 감염과 더불어 증오, 억압, 야뇨증, 중복 감염, 염증, 의인성 외상*이 만성 간질성 방광염 발병 원인을 제공하기에 충분하다는 가설은 합리적으로 보인다.[469]

—베르톨트 E. 슈왈츠, 의사, 1958

UFO 주장의 객관적 실체는 입증할 수도, 반증할 수도 없지만, 데이터는 이미 발표된 많은 수의 경험과 매우 유사하며, 믿을 만한 것처럼 보인다.[470]

—베르톨트 E. 슈왈츠, 의사, 1988

---

* 의료적 시술, 치료 과정에서 발생한 부작용이나 손상.

여성 비뇨기과처럼 논의와 검토가 충분히 이루어지지 않은 의학 분야에서는 지식의 공백이 생기고, 그 공백을 채우기 위한 각종 기이한 이론들이 창궐하고 이를 지지하는 기이한 사람들을 끌어모은다. 예를 들어 여성 마조히즘이 신체적 문제로 나타나는 것이 비뇨기과 질환이라는 자신의 가설을 입증하기 위해 환자를 이용하는 데 더 관심이 있는 의사들처럼 말이다. 1958년 만성 방광염 환자 아그네스를 만났던 정신과 의사 베르톨트 E. 슈왈츠Berthold E. Schwarz도 그런 사람 중 하나였다. 사례 연구를 공동 집필한 슈왈츠와 바워스는 아그네스의 증상이 대체로 심인성이라고 확신했다. 그녀의 방광이 소변뿐 아니라 학대받은 어린 시절의 경험에 기인한 '무의식적 증오'를 배출한다는 것이다.

아닌 게 아니라 아그네스의 어린 시절은 악몽 그 자체였다. 그녀가 두 살도 되기 전에 어머니가 세상을 떴고, 어린 아그네스는 만성적 야뇨증을 보이면서 가족들에게서 참혹한 조롱과 처벌을 받았다. 딸의 양육에 거의 참여하지 않은 알콜중독자였던 그의 아버지는 아그네스의 야뇨증에 대해 '남편이 침대에서 둥둥 떠내려가겠구나'하고 놀리곤 했다. 그녀를 키운 고모는 청결에 집착하는 잔인한 성격의 사람이었는데 아그네스가 밤 중에 실수를 하면 마분지를 먹는 벌을 줬다. 슈왈츠는 아그네스가 방광을 잘 제어하지 못하는 것이 고모에 대한 증오를 무의식적으로 표현하는 수단, 혹은 고모의 관심을 끌기 위한 전략으로 시작되었다는 가설을 세웠다. 그런 증상이 사춘기를 벗어나면서부터는 방광염으로 발전해서 평생 그녀를 괴롭히게 됐다는 것이다. 이 남성들이 볼 때 그녀가 방광 제거 수술을 받은 후에도 계속 같은 느낌을 가졌다는 것 자체가 이 병이 근본적으로 심인성이라는 또 하나의 증거였다.

사실 아그네스의 방광염은 13세 때 초경을 한 후 줄곧 그녀를 괴롭힌 월경곤란증(매우 심한 통증을 수반하는 월경)때문이었을것이 거의 확실하다. 거기에 더해 자궁내막증을 앓았을 가능성도 높은 데, 자궁내막증은 환자의 방광 내벽이나 외벽에 세포가 축적되어 통증과 염증, 배뇨 문제를 일으키기 때문에 간질성 방광염과 높은 연관성이 있고, 간혹 혼돈되기도 한다.[471] 그러나 아그네스를 진단 했던 의사들은 한 달에 며칠씩은 침대에서 일어나지도 못할 정도 로 심했던 그녀의 월경통을 의학적 문제가 아니라 온전히 '성 심리 적'인 문제로 치부하고 그녀의 방광 문제와 전혀 관련이 없다고 결 론지었다. 그녀의 월경통을 언급할 때에도 대체로 그녀의 엉망진 창인 가족 관계와 "평생 남녀를 불문하고 친구를 사귀지 못하는 성 격"[472] 등과 한데 뭉뚱그려 성적, 사회적, 정서적 발달 장애의 증거 로 간주했다. 그들은 아그네스의 진짜 문제는 마조히즘이며, 거기 서부터 모든 문제가 흘러나온다고 (혹은 흘러나오지 못한다고) 결론 을 내렸다.

아그네스가 매우 비극적인 삶을 살았다는 사실, 그리고 그것 과는 별개로 의학적 치료가 필요한 병을 가지고 있다는 사실을 이 남자들은 고려할 생각조차 하지 못한 듯하다. 대신 아이비리그 출 신 의사인 슈왈츠와 바워스는 그녀의 사례를 근거로 여성의 간질 성 방광염이 주로 심인성이라는 주장을 펼쳤다. 결국, 그들에게 아 그네스는 환자가 아니라 호기심의 대상이었던 것이다. 그들은 아 그네스를 이리저리 찔러보고, 질문을 퍼붓고, 구경거리처럼 쳐다 보다가 자기들끼리 주장하는 이야기를 하나 만들어냈고, 그녀가 아니라고 하는데도 그게 사실이라고 고집했다. ("그녀는 가족 중 중요한 인물들이나 자신을 진료한 의사들에 대해 가진 적대감을 인지하지 않았다.")[473]

그리고 두 사람은 아그네스에게 도움을 줄 생각은 전혀 하지 않고 원래부터 사실이라 믿고 싶었던 것을 확인하는 데 그녀를 이용하기만 하고 자리를 떴다.

〈마조히즘과 간질성 방광염〉이라는 보고서를 발표하고 얼마 지나지 않아 베르톨트 E. 슈왈츠는 의학적 분석을 뒤로하고 본인이 진정한 열정을 가졌던 분야인 UFO에 집중하기 시작했다. 그의 출판물 중 가장 유명한 것은 상대적으로 잘 알려지지 않은 의학 저널에 발표된 아그네스에 관한 사례 보고서가 아니라 《UFO 역학: UFO 증후군의 정신의학적, 심령적 측면UFO Dynamics: Psychiatric and Psychic Aspects of the UFO Syndrome》이라는 제목의 세 권짜리 책이었다.[474] 슈왈츠는 외계인을 만났다는 사람들을 수없이 많이 만나 인터뷰했는데, 그중에는 그냥 UFO를 목격한 사람뿐 아니라 납치, 외계인 부검, 악명 높은 '검은 옷을 입은 남자들Men in Black'과의* 조우도 포함되어 있다. 가장 희한한 점은 아마도 그가 증오심으로 가득 찬 방광을 가졌다고 여긴 방광염 환자를 만났을 때 보였던 회의적인 태도가 초자연적 현상에 대한 조사를 할 때는 별로 보이지 않는다는 부분일 것이다.

그는 1968년 이렇게 썼다. "이 보고들은 의식적이거나 무의식

---

*   UFO 목격이나 외계인 관련 사건 발생 후 이를 조사하거나 목격자들을 침묵시키려 한다고 전해지는 미스터리한 인물들. 정부가 외계 생명체에 관한 정보를 숨기려 한다는 '음모론'의 일환으로 자주 언급된다. 이를 소재로 한 영화도 나왔다.

적으로 꾸며낸 것이 아니다. 그들은 진짜 자신이 봤다고 믿는 것들을 봤다고 말한다!"[475]

사려 깊은 의사라면 이 여성이 가벼운 마조히즘, 다시 말해 고통을 겪고 싶은 파괴적 욕구가 있고 비뇨생식 기관과 '갈등하고 있다'는 가능성을 고려하지 않을 수 없다… 의사는 증상을 완화시키는 동안 그녀를 향해 궁금하기라도 한듯 "왜 방광 통증과 불편함을 겪어야 한다고 생각하실까?"하고 큰소리로 혼잣말처럼 질문을 던져볼 필요가 있다.[476]

— 올리버 스퍼전 잉글리시, 의사, 1970

허너 궤양Hunner's ulcer이라고도 부르는 허너 병변Hunner's lesion은 간질성 방광염이 있을 때 실제로 관찰 가능한 증상이다.[477] 이 병변은 방광의 내벽에서 관찰되는데 염증으로 모세혈관이 부어올라 있어 얽힌 도로지도처럼 보이거나, 개미에게 물린 것처럼 하얀 점 주위에 붉게 부은 혈관들이 모여 내시경으로 건드리면 피가 나기도 한다. 이 병변의 이름을 따온 부인과 전문의 가이 르로이 허너Guy LeRoy Hunner는 1916년 이 병변을 처음 발견했을 때 이것이 매우 "찾기 어렵고" 관찰하기 힘들다고 경고했다. "하얗게 죽은 조직으로 이루어진 흉터에 신경을 쓰다 보면 궤양 부위를 놓치기 쉽다… 가끔 염증 부위가 크면 두어 개의 궤양이 무리를 이루기도 하지만, 조사한 사례 중 개별 궤양 부위가 지름 0.5센티미터 이상인 적이 없었다."[478]

허너 생전에 의료계가 이를 심각하게 받아들이지 않은 것은 허너 병변이 찾기 어렵고 상대적으로 드물다는 사실(간질성 방광염 환자 중 5~10퍼센트만 허너 병변을 보인다)때문이었을 수도 있다. 허너는 1929년까지도 의사들이 방광 문제를 겪는 환자들을 머리가 좀 잘못된 사람들로 치부한다는 사실을 지적하며 실망을 표했다. 그는 "이들은 방광에 집착하는 신경증 환자 혹은 신경쇠약증 환자"로 오진되는 "불운을 겪"고 있다고 썼다.[479]

대신 간질성 방광염을 앓는 여성들이 실은 은밀한 마조히스트라는 이론, 슈월츠가 선호했던 바로 그 이론은 단순히 주목을 끄는 데 그치지 않고, 이런 심리적 요인이 생리학적 요인만큼이나 방광염의 주요한 원인이기라도 한 것처럼 의대생들에게 가르쳐지기까지 했다. 허너가 사망한 지 10년이 지난 1970년에도 비뇨기과 분야의 주요 교과서에는 의학 문헌들이 허너 병변을 필요 이상으로 중요하게 다루고 있다고 일축할 뿐 아니라 여성 환자를 진단할 때 불필요한 혼란을 야기한다는 주장까지 실려있었다.

정신과 의사인 올리버 스퍼전 잉글리시Oliver Spurgeon English는 《비뇨기학 교과서The Urology Textbook》3권에 다음과 같이 썼다. "비뇨기학 [교과서]에서 이렇게 혼란스럽고, 이해하기 어려우며, 병인론적으로 난해한 질환에 이토록 많은 부분을 할애해야 한다면, 정신과 의사가 이에 대해 몇 마디는 해야 할 것이다."[480] 잉글리시는 계속 말을 잇는다. "허너 병변이 실제로 시각화하기 힘들고, 특정 약물에 대한 반응이 모호하며, 주로 여성에게서 발생하며, 월경과 함께 나타나는 경우가 많다는 사실 등은 다음과 같은 질문을 하게 만든다. '왜 이런 종류의 방광염을 앓는가, 혹은 앓을 필요가 있는가? 감염 같으면서도 거의 감염이 아닌, 병변 같으면서도 병변으로 정의하기 어려운 질환임에도 불구하고 방광의 불편함을 느끼는 이유는 무엇인가?' 사려 깊은 의사라면 이 여성이 가벼운 마조히즘, 다시 말해 고통을 겪고 싶은 파괴적 욕구가 있고 비뇨생식 기관과 '갈등하고 있다'는 가능성을 고려하지 않을 수 없다."

잉글리시는 20세기 가장 유명한 정신과 의사 중 하나였고, 그만큼 높은 평가를 받을 만한 자격이 있었다. 그는 정신 건강과 신체 건강이 서로 관련이 있다는 사실을 인식한 최초의 의사 중 한 명이었고, 심리 치료와 가족 상담을 지지했으며,[481] 많은 남성이 육아 참여에 반감을 보이던 시절에 아버지들이 더 활발히 육아에 관여해야 한다고 주장했다 그러나 여성 비뇨기과 문제에 있어서는 잉글리시도 진보와는 거리가 멀었다.

잉글리시는《비뇨기학 교과서》중 자신이 집필한 정신과 관련 부분에서, 다시 한번 여성의 방광염이 마조히즘적 충동이나 "성적 행위 혹은 자위 같은 성적 모험"에 대해 스스로를 벌주려는 욕망에서 비롯된다는 가설을 되풀이한다.[482] 그는 또 방광염은 심인성일 뿐 아니라 일종의 '사회적 전염병'의 형태라고 주장하기도 했다. 심지어 '진짜 방광염'의 경우마저도 관심을 끌고 싶어 하는 주변 사람들이 비슷한 증상을 겪는다고 주장하는 사례들을 동반할 가능성이 있다고 말한다. 그리고 허너 병변의 존재에 대해서는 이미 신뢰를 잃은 지 오래된 고대의 4체액설까지 돌아가 여성은 원래 체질적으로 '새는' 경향이 있다는 개념을 운운한다. "일부 여성들에게 감기, 부비동염, 질염, 자궁 출혈 혹은 분비물이나 대장염 등으로 인해 몸 어디에선가 액체가 '새는' 경향이 있는 것처럼 여성들은 체질적으로 비뇨생식기의 불편감을 비롯한 유사 질환을 겪는 경향이 있다. 허너 궤양은 그런 류의 질병이리라는 의혹을 제기할 만하다."[483]

　가장 놀라운 부분은 아마도 잉글리시가 여성들이 신경증으로 인해 비뇨기 질환을 자초하고 있다고 믿는 데서 그치지 않고, 그 여성이 다른 사람, 특히 자녀들에게서도 이런 문제를 유발한다고 생각했다는 사실이다. 그는 아이가 배변 훈련에 문제를 겪고 있다면 그것은 아이가 "어머니와 충분히 강한 정서적 유대 관계를 형성하지 못해서 필요한 제어 능력을 갖추지 못했다는 의미다. 아이가 어머니를 충분히 사랑한다는 것은 어머니도 아이를 충분히 사랑했다는 뜻이며, 그런 경우 대부분 배변 제어의 책임을 받아들인다"고 썼다.[484]

　비뇨기과 전문의가 되고자 한다면 필수적으로 읽었을 이 교과서는 여성의 비뇨기 문제를 당시 의학계가 어떻게 생각했는지 (혹은 생각하지 않았는지) 생생하게 보여준다. 여성은 여전히 부차적인 존재로 취급당했다. 교과서에서나 의사들의 머릿속에서나 전형적인 환자는 항상 남성이었다. 비뇨기 문제를 호소하는 여성은 일단 마조히스트, 관심을 끌고 싶은 사람, 혹은 정서적 문제를 방광에 투영하는 사람이라고 의심받았다. 용기를 내서 의사에게 소변을 보고 싶은 고통스러운 요의가 끊임없이 계속된다고 털어놨는데, 의사가 오히려 왜 이런 문제가 생겼다고 생각하는지 비난조로 되묻는 상황을 상상해 보라. 진짜 아픈 것이 아니라 자위를 너무 많이 한 데 대한 죄책감을 가지고 있어서라는 듯한 암시가 느껴지는 상황 말이다.

　심지어 비뇨기과의 최근 역사에서도 여성 환자가 여전히 얼마나 투명인간 취급을 당하고 있는지를 볼 수 있다. 의사들은 여전히 물어보지 않고, 여성들은 여전히 말하지 않는다. 그리고 여전히 비뇨기과는 여전히 짜증 날 정도로 음경에 관해서만 이야기한다.

남편이 화장실에 너무 오래 있나요? 소변 줄기가 약하다는 건 전립선암의 초기 신호일 수 있어요. 검진받게 하세요.

비뇨기 의사 안젤리쉬 쿠마르Angelish Kumar와 만나기 2주일쯤 전 나는 아이들을 데리고 코니아일랜드에 있는 마이모니데스 파크에서 열린 마이너리그 야구팀 브루클린 사이클론스의 경기를 보러 갔다.[485] 7회 휴식 시간에 화장실에 가서 변기에 앉았는데 코앞에 있는 문에 붙은 광고가 눈에 들어왔다. 마케팅 전략 면에서는 훌륭했다. 어디 갈 데 없이 혼자 앉아 일을 보는 순간에 눈에 들어오도록 만들어 놓았으니 의료 광고를 하기에 특히 좋은 장소가 아닌가. 하지만 그 광고는 나를 분노하게 만들었다. 글자 그대로 소변을 보는 순간에도 여성들은 비뇨기 문제가 남성들만의 문제일 뿐 아니라 그 문제의 책임이 무슨 이유에서든 여성에게 있는 것처럼 세뇌당하고 있다는 뜻이기 때문이다.

이런 상황에서 우리가 그 문제에 대해 이야기하지 않는 것도 놀라운 일이 아니다.

그 광고는 단발성 사건이 아니다. 여성의 비뇨기 문제가 의학적으로뿐만 아니라 사회적으로도 배제되어 온 오랜 전통의 일부일 뿐이다. 그 예는 누공을 가진 여성들을 완전히 배척하는 극단적인 경우부터 언제나 소변을 보기 위해 금전적으로나 노력 면으로나 여성이 더 많은 비용을 치러야 하는 일상적인 경우까지 다양하다.

남성들은 나무 뒤나 쓰레기통 뒤에 숨어서 재빨리 소변을 보는 것은 물론이고, 공중화장실도 항상 무료로 사용해 왔지만, 여성 화장실은 동전을 넣어야 잠금장치가 열리게 되어 있는 경우가 많다.* 미국에서 공중화장실에 대한 평등한 접근권을 요구하던 캠페인은, 생리대에서 면도기까지 모든 것에 '핑크 택스'라는 성별 비용을 부과하는 것에 맞서 싸운 여성 운동의 초기 사례로 꼽힌다. 1969년 마치 퐁 유March Fong Eu 의원은 캘리포니아 주의회 의사당 앞에서 변기를 망치로 깨부수며 항의하기도 했다.[486] 여성이 무료로 안전하게 사용할 수 있는 화장실의 부족은 전통적으로 여성들을 집 가까운 곳에 묶어두고 공공 영역에서 배제하는 역할을 했다. 일부 나라, 특히 인도 같은 곳에서는 이 문제가 여전히 주요한 사회적 우려로 꼽히고 있다.[487]

여성의 비뇨기 문제가 사회적으로 가시화되지 않기 때문에 지금까지도 이 문제는 침묵의 장막에 덮혀 있으며 진료실에서마저도 이런 태도는 계속된다. 여성 비뇨기 질환의 유병률을 고려할 때 이는 매우 심각한 현실이다. 여성의 25퍼센트가 요실금을 경험하지만 이들 중 극소수만이 의사에게 이 문제를 털어놓는데, 그런 사람들마저도 수년간 고통받은 후에야 용기를 내곤 한다.[488] 이 문제가 노년층에는 심지어 더 흔하지만, 나이 든 여성들이야말로 요실금은 출산과 노령 등으로 피할 수 없는 현상이어서 아무 도움도 받을 수 없다는 말을 듣게 될 공산이 크다. 수백만 명에 달하는 여성들이 간질성 방광염에 시달리면서도 의료계의 무관심으로 인해 정확

---

* 유럽, 미국 등지의 화장실은 유료인 경우가 많다.

한 진단을 받기까지 평균적으로 4년에서 7년이 걸린다. 거기에 더해 비뇨기과 전문의의 지속적인 성별 불균형,[489] 그리고 비뇨기과는 음경을 다루는 과라는 전통적인 인식 때문에 비뇨기 문제로 의사를 찾으려던 여성들마저도 이 고통스럽고 민감하며 부끄러운 문제를 낯선 남성과 의논해야 한다는 사실을 깨닫고 치료를 포기하는 경우가 많다.

◇◇◇

그녀의 이름은 새라Sarah다. 마흔다섯 살의 그녀는 세 아이의 엄마고, 고급 체인 레스토랑에서 웨이트리스로 일하고 있다. 새라는 셋째가 태어난 후 줄곧 복압성 요실금, 그러니까 기침을 하거나 웃는 등의 동작을 하면 방광을 압박하여 소변이 새는 증상이 있었다. 일 때문에 물건을 드는 때가 많았는데, 그럴 때마다 소변이 샜다.

그녀는 패드를 적시고 넘쳐난 소변이 옷에 묻어서 보이거나, 소변 냄새가 어디를 가나 자기를 따라다닌다는 것을 직장의 누군가에게 들키는 순간을 두려워하며 몇 달을 보내야 했다. 다른 직장을 구할 수만 있다면 너무 좋겠지만 그건 불가능했다. 그래서 지금 이 진료대에 앉아 의사에게 무엇이 문제인지 보여주기 위해 최선을 다하고 있다. 의사가 문제를 볼 수 없으면 도와줄 수도 없다는 사실을 새라는 잘 알고 있었다. 그래서 애를 쓰고 있다.

"문제를 직접 눈으로 확인하지 못하면 치료를 할 수가 없습니다." 의사가 말한다. 새라는 속삭이듯 말했지만 고개를 젓는다.

"못하겠어요. 너무 부끄러워요."

의사는 괜찮다며 그냥 보기만 하면 된다고 말한다. 자기가 늘 상 하는 일이고, 여기가 딴 데도 아니고 비뇨기과 진료실이지 않느냐며 설득한다. 새라도 알고 있다. 그녀도 소변을 지리는 일이 용납될 수 있다면 바로 여기라는 것도 알고, 자신이 자신의 몸에게 어떻게 배신당해 왔는지, 몸을 굽히거나 기침을 하거나 재채기를 할 때마다 얼마나 금방 소변이 다리를 타고 흘러내리는지를 의사에게 확인하도록 해야 한다는 것도 알고 있었다.

의사가 그녀에게 다시 한번 괜찮다고 말한다.

그녀는 흐느끼기 시작한다.

◇◇◇

"잠깐 대화를 했을 뿐, 전혀 친밀감이 형성되지 않은 비뇨기과 의사 앞에서 갑자기 아랫도리를 벗은 채 소변이 새는 모습을 보여야 할 때 환자가 어떤 기분일지 상상도 못 하겠어요." 쿠마르가 내게 말한다. "진료실에서 그런 과정을 거쳐야 한다는 것 자체가 여성들에게는 큰 장벽이 된다고 생각해요."[490]

낯선 사람들 앞에서 요실금을 시연해야 한다는 굴욕감에 눈물을 쏟았던 웨이트리스 새라는 바로 쿠마르의 환자다. 쿠마르는 여성 비뇨기 문제에 대해 오랫동안 지속되어 온 옳지 않은 의료계의 태도를 바로잡기 위해 노력하는 의사 중 한 명이다. 이들은 이 분야에서 부족한 여성 전문의 문제를 해결하는 데서부터 시작했다. 비뇨기과 전문의의 성비 균형이 이루어지려면 아직 멀었지만 상황은 점점 나아지고 있다. 비뇨기과 전문의로 일하는 여성의 비율은 꾸준히 증가해서 2014년의 7.7퍼센트에서 2020년 10.3퍼센트까지 증가했다.[491] 비뇨기과 전문의로 일하는 여성이 많아진다는 사실은 남녀 모두에게 유익한 것처럼 보인다. 전형적인 비뇨기과 진료에서 여성 전문의가 환자에게 할애하는 시간은 남성 전문의보다 평균 3분이 더 긴 것으로 집계됐다.

쿠마르는 처음에는 남녀 환자를 모두 진료했지만 점차 여성 환자만 보는 쪽으로 방향을 전환했다. 여성 비뇨기과 전문의가 부족하기도 하지만 비뇨기과 자체가 여성들이 오는 곳이 아니라는 느낌의 신호 때문에 충족되지 않은 수요가 있다는 사실을 깨달았기 때문이다. "비뇨기 문제를 겪는 여성이 문제를 털어놓을 수 있는 여성 전문의를 찾는 건 하늘의 별 따기처럼 어려워요." 그녀는 말한다. "제 웹사이트는 여성들이 '아, 여기라면 내 문제를 상의할 수 있는 곳이겠구나'라고 생각할 수 있도록 디자인했어요. 페이지를 열자마자 '무도 정관 수술' 같은 문구가 제일 먼저 보이는 일반적인 비뇨기과 웹사이트는 다르죠."[492]

여성 비뇨기과를 둘러싼 침묵, 수치심, 낙인이라는 오래된 유산은 쿠마르와 같은 의사들을 끝없이 좌절하게 만든다. 이들은 현대 의료 시스템이 여성 환자를 제대로 돌보지 못하게 만드는 방향으로 구축되었다는 것을 날이면 날마다 절감한다. 요로감염에 대한 치료지침은 요로감염이 전체 여성의 절반 이상이 평생 적어도 한 번은 경험할 정도로 흔한 질환임에도 불구하고 오래도록 업데이트되지 않아 구식이 되었고 연구도 부족하다. 애초에 금방 진단되고 해결할 수 있었을 재발성 요로감염에서 기인한 만성 방광염 환자의 문제도, 단지 의사들이 환자에게 요로 증상에 관해 묻지 않아 몇 년을 고생하는 경우도 많다. 요실금 예방을 위한 골반저 요법 같은 산후 건강 관리도 여전히 간과되고 있다. 이 요법은 프랑스 같은 국가에서는 첫아기를 낳은 모든 산모에게 표준 치료로 제공되지만, 많은 지역에서는 여전히 주목받지 못하고 있다. 출산 후 요실금 같은 문제에 대한 논의가 전혀 없다 보니 여성들은 아무런 해결책이 없다고 믿게 된다. "여성들은 그냥 참고 살거나, 패드를 착용하거나, 트램펄린 점프처럼 뛰는 일을 하지 말라는 말이나 듣게 됩니다." 그녀가 말한다.

이는 악순환이다. 비뇨기 문제를 앓는 여성들은 해결책이 없다고 생각하고 병원을 찾으려 하지 않고, 병원을 찾지 않는 한 영원히 그런 오해를 바로잡을 기회조차 없게 되는 것이다. 이 문제는 여성 비뇨기 환자들을 글자 그대로 존재하지 않는 것처럼 취급하는 의료 시스템 때문에 더욱 악화된다. 의료계 전체에서 표준으로 사용되는 진단 코드에는 아직도 완경으로 인한 비뇨생식기 증후군, 혹은 여성에게만 나타나는 특정 골반 통증이나 기능 장애와 같은 매우 흔한 증상 등이 여전히 포함되어 있지 않다. 의사들이 누공 환자들을 절망적이고 고통스러운 삶을 살 '운명'이라고 치부하던 시절에 비하면 많은 진전이 이루어졌지만, 현대의 비뇨기학은 여전히 여성을 너무도 다양한 방식으로 투명인간 취급하고 있다.

저는 네 명의 멋진 아이들을 둔 엄마입니다. 그러니 당연히, 수백만 명의 다른 여성들과 마찬가지로 이따금 소변이 새는 경험을 하지요.[493]

_브룩 버크, 〈포이즈 매거진〉 대변인, 2016

의료 시스템에서 여성의 비뇨기 문제가 이처럼 철저하게 소외된 채 방치된 것은 문제의 일부일 뿐이지만 매우 심각한 문제다. 또 다른 문제는 제어에 실패하고, 소변 냄새를 풍기며, 옷을 적실 가능성 때문에 활동을 제한하고 생활을 거기에 맞춰 계획해야 하는 이 질병의 증상을 둘러싼 낙인이다. 거기에 더해 이 문제를 못 본 척하고 치료를 하지 않는 현실을 받아들이고 있는 여성들의 태도 역시 문제고, 이 부분은 아무리 의료 시스템이 개선된다 해도 해결할 수 없다. 자신이 앓고 있는 비뇨기 질환을 효과적으로 치료할 수 있다는 사실을 전혀 모르는 여성은 여전히 통탄할 정도로 많다. 너무나 많은 여성이 비뇨기과 전문의는 음경만 보는 의사라 생각한다. 비뇨기 문제가 입에 올리기에는 너무 부끄러운 일이라는 생각에서 벗어나는 동시에 그런 증상이 정상이라 생각해 버리는 정반대의 함정에 빠지는 것도 경계해야 한다. 가령 복압성 요실금이 아이를 낳은 대가로 치러야 할 십자가라던가, 나이 먹은 결과로 당연히 감내해야 할 것이라던가, 어차피 해결책이 없다는 식으로 받아들여 버리는 함정 말이다.

수치심과 현실 안주라는 강력한 조합은 곳곳에 스며들어 있어서, 심지어 가장 자주적이고, 독립적이며, 특권을 누리는 여성들 사이에서까지 만연해 있다. 이 책을 집필하기 위해 연구를 하던 중 어느 날 나는 햄프턴에 있는 친구의 집에 초대를 받았다. 친구 아들의 열 번째 생일을 축하하기 위해 수영장 파티가 벌어지고 있었다. 아이들이 깔깔거리며 물장구치고 케이크를 먹는 소란 속에서 엄마들은 한쪽에 모여 이야기를 나눴다. 그 장면은 '모든 것을 다 가진 여성들'을 그려낸 전형적인 풍경이었다. 변호사, 의사, 금융가를 주름

잡는 여성 보스, 부유한 전업주부 등이 수백만 달러짜리 바닷가 저택의 수영장 옆 선베드에 기대어 앉아 있었다. 모두들 운동으로 탄탄하게 다져지고 매끈하게 제모한 다리를 쭉 뻗고 앉아 있었고, 발치에는 시원한 로제 와인이 얼음 버켓에 들어 있었다. 그들에게 건강을 중요하게 여기느냐고 묻는다면, 누구나 그렇다고 대답했을 것이다. 가공식품, 설탕, 햇볕을 피하고, 운동을 충분히 하고, 정기적으로 유방암 검진을 받는다. 의료 스파, 침술원, 마사지 요법사도 정기적으로 찾는 사람들이다. 그중 한 명은 수천만 달러의 순자산을 보유한 금융 컨설턴트로, 면역 체계를 활성화하는 다이아몬드 귀침 치료 커프를 착용하고 있었다. 하지만 내가 그 전 일주일 내내 1850년대의 여성 요실금에 관한 조사를 했다고 말하면서, 비뇨기 문제를 둘러싼 수치심과 낙인 때문에 재채기하거나 달리기를 하거나 크게 웃을 때마다 소변이 찔끔 나오는 것을 정상이라 생각하는 여성이 너무 많다는 이야기를 하자 모두들 표정이 굳어졌다. 죄책감 어린 시선이 오갔다.

마침내 그중 한 사람이 입을 열었다.

"잠깐만요." 그녀가 조심스럽게 주위를 둘러보며 말했다. "그게… 정상이 아니라고요?"

그 순간 나는 올리버 스퍼전 잉글리시를 떠올리지 않을 수 없었다. 여성이 비뇨기 질환을 겪는 것은 성적 죄책감 때문이라고 믿었던 의사 말이다. 물론 그의 이론은 거론할 여지도 없이 잘못되었고, 현대 의학에서는 발붙일 곳이 없는 모욕적이고 가부장적인 발상이었다. 그러나 그의 모든 답이 틀렸음에도 불구하고 그는 올바른 질문을 던지는 데는 성공했다. 지금도 침묵 속에서 요실금, 요로

감염, 방광염의 고통에 시달리는 여성들이 스스로에게 던져야 할 바로 그 질문 말이다. '왜 이렇게 살아야 한다고 생각하나요?'

그 질문에 대한 대답은 분명하다. '그렇게 살 필요가 없다.' 누구도 그렇게 살 필요가 없다.

8장

방어

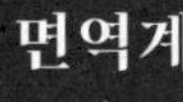

자기파괴

별을 탓하지 말라,

재앙이 어지러운 하늘에서 떨어진 것도,

지옥에서 솟아난 것도,

이역만리 인도에서 건너온 것도 아니니.

저주의 뿌리는 원래 더 가까운 곳에 있나니

전염병처럼 퍼져나가는 그 더러운 고통이야말로

모든 근심의 근원이 아니고 무엇이랴?

달콤한 말로 구슬리는 매혹적인 여자라는 족속들,

우리를 온갖 형벌과 죄로 이끄는 것은 바로

그들이로다.[494]

___지롤라모 프라카스토로, 1530

1847년, 헝가리 의사 이그나즈 제멜바이스Ignaz Semmelweis는 너무나 당황스럽고 비극적인 문제를 해결하기 위해 애쓰고 있었다. 그가 일하고 있던 병원의 산부인과 병동의 산모들이 산욕열로 대거 사망하고 있었기 때문이다. 출산 후 감염으로 인한 패혈증의 일종이었다.[495] 제멜바이스는 고열의 원인을 파악하고자 했으나 번번이 실패했다. 특이한 점은 산파의 도움으로 출산을 한 산모들 그리고 심지어 거리에서 아이를 낳은 산모들까지도 괜찮은데 병원에서 (남성) 의사들의 입회하에 아기를 낳은 산모들만 산욕열에 시달린다는 점이었다. 그는 여러 가능성을 고려했다. 출산 자세가 원인일까? (아니었다.) 아니면 산모가 사망할 때마다 종을 치는 조수와 함께 병동을 돌곤 하는 성직자의 존재가 촉발하는 현상일까? (이 가능성도 배제되었다. 물론 산모들은 이 시끄럽고 섬뜩한 의식을 중단한 것에 기뻐했겠지만.) 그러나 분만실에는 얼씬도 하지 않고 부검실에서만 일한 동료 한 명이 산욕열로 사망한 후 제멜바이스는 중요한 사실을 깨달았다.

의사들은 병원 한쪽에서 시체를 해부하다가 바로 분만실에 가서 산모들을 돌보고 있었다… 손을 씻지 않은 채로.

과학계에서 세균 이론이 나오기 50년 전이었지만, 제멜바이스가 우연히 발견한 것은 200년이 지난 지금까지도 현대 공중위생의 근간으로 여겨지는 개념, 바로 질병 확산 방지에 있어 손 위생이 얼마나 중요한지 하는 개념이었다. 그러나 분만을 돕기 전에 염소 용액에 손을 씻도록 동료 의사들을 설득하는 캠페인은 효과적이긴 했지만 오래 지속되지 못했고, 잘 받아들여지지 않았다. 많은 부분 면역 체계가 어떻게 작동하는지 제대로 이해한 사람이 아무도 없었다는 것이 주된 이유였다.

면역시스템은 무엇보다 감염에 대한 우리 몸의 방어 수단으로 우리 몸에 속하지 않는, 질병을 일으키는 미생물이 체내로 들어오면 바로 활동에 나선다. 병에 걸렸을 때 우리를 괴롭히는 모든 것, 감염 부위의 통증과 염증, 호흡기 바이러스 감염 시 콧물이나 심한 기침 등은 모두 면역시스템이 외부에서 들어온 침입자를 몰아내기 위해 활동하고 있다는 증거다. 그러나 현대 면역학의 발전으로 우리는 이 시스템이 섬세한 균형을 유지해야 하고, 지나치게 열성적인 면역 반응은 오히려 문제를 일으킬 수 있다는 사실을 이해하게 되었다. 면역이 약해도 나쁘지만, 너무 과잉해서 몸의 자체 조직까지 외부 유기체로 인식해서 공격하는 것도 바람직하지 않다. 후자의 경우 몸이 스스로를 공격하는 다양한 자가면역질환을 불러일으키는데 다발성 경화증,[*] 하시모토갑상선염,[**] 류마티스 관절염, 제1형 당뇨병, 전신성 홍반 루푸스[***] 등이 그 예다.

전체적인 맥락에서 보나, 신체의 다른 시스템들과 비교해서

---

[*] 중추신경계에 발생하여 감각 이상, 운동 장애 등을 나타내는 탈수초성 질환.

[**] 면역 체계가 자신의 갑상선 세포를 공격해 염증을 일으키는 자가면역질환.

[***] 면역계의 이상으로 온몸에 염즈이 생기는 만성 자가면역질환.

보나 면역시스템은 가장 오랫동안 가장 이해가 부족한 분야로 남아 있었다. 우리를 둘러싸고 있지만 육안으로는 볼 수 없는 미생물을 볼 수 있도록 해준 현미경이 발명되기 전까지, 그리고 세균 이론이 나와서 그런 유기체들이 인체와 어떻게 상호작용을 하는지 설명할 수 있게 되기 전까지, 의사들은 사람이 병에 걸리는 이유를 두 가지 지배적인 이론으로 설명했다. 첫 번째는 순환계와 비뇨기계에서 이미 거론했던 고전적인 '체액 불균형' 이론으로 전염병까지도 사혈로 고칠 수 있는 질환의 하나로 간주했다. 두 번째는 미아즈마miasma이론으로[496] 콜레라나 전염병 같은 질병이 '나쁜 공기'로 인해 발생한다고 믿는 이론이었다. 나쁜 공기가 마치 악한 구름처럼 땅을 휩쓸고 지나가면서 사람들을 닥치는 대로 희생시킨다는 개념이었다. 2,000년도 더 전에 고대 로마의 건축가 비트루비우스Vitruvius는 늪지대 가까이에 공동체를 형성하지 말라고 경고하면서 늪 근처에 서식하는 야생 생물들이 내쉰 나쁜 공기가 사람들을 감염시킬 수 있다고 말했다.

"동이 틀 때 아침 바람이 마을을 향해서 불면 늪의 생물들이 내쉰 독의 기운이 스며든 안개가 바람에 섞여 마을 사람의 몸 안으로 들어가서 마을 전체의 건강을 해칠 수 있다."[497]

다수의 초기 의학 이론이 그랬던 것처럼 미아즈마 개념도 근본적으로 타당하지 않았지만 한두 가지 진실을 담고 있기는 했다. 질병을 일으키는 나쁜 공기는 악취로 식별이 가능한 썩은 유기물질에서 나온다는 믿음이 널리 퍼져 있었는데 이는 기술적으로는 옳지 않지만 부패와 질병 사이의 관계를 어느 정도 추론한 셈이다(제멜바이스도 수 세기가 지난 후 손 씻기 프로토콜을 주장했을 때도 비슷한

계산을 했다. 염소 용액을 사용하자는 아이디어는 염소가 살균 효과가 있어서가 아니라 사체의 악취와 특정 물질을 의사의 손에서 가장 효과적으로 제거할 수 있었기 때문이었다).[498]

과학계에서는 미생물을 볼 수 있도록 한 현미경과 같은 다양한 도구가 발명돼서 미생물 연구를 촉진했지만, 수백 년이 흐른 후에야 박테리아와 감염 사이의 연관성을 이해하게 되었다. 1600년대 말, 네덜란드의 과학자 안토니 판 레이우엔훅Antonie van Leeuwenhoek는 현미경을 통해 관찰한 경이로운 '원생동물animalcules'에 관해 묘사했다. "자연에서 발견한 모든 경이로운 것들 중에서도 이것들이 가장 경이로웠다"고 그는 썼다.[499] 하지만 현미경으로만 볼 수 있는 이 경이로운 원생동물들이 인간의 건강에도 영향을 줄 수 있다는 것을 깨달은 것은 루이 파스퇴르와 로베르트 코흐 등을 필두로 한 초기 세균 이론의 개척자들이 세균 이론을 정립한 19세기 말이 되어서야 가능했다.[500]

의사들은 무지를 헤매는 중에도 질병 확산 개념에 대해서만큼은 장님 코끼리 다리 만지기 식으로 부분적이나마 옳은 추정을 했지만, 질병 확산의 주범에 대해서는 완전히 엇나가는 생각을 했다. 그들이 비난의 손가락질을 한 대상은 바로 여성이었다. 감염을 피하기 위한 의학적 조언은 초기에 대부분 남성을 대상으로 했고, 그 내용은 성별에 따른 이분법적 사고에 기반하여 남성을 피해자, 여성을 병을 옮겨주는 오염원으로 설명했다. 그렇다면 그 오염의 근원은? 물론 질이었다.[501]

체액설을 신봉하는 의사들은 이미 여성의 몸에 잉여 액체가 많고 체질적으로 '새는' 경향이 있으며 월경혈은 독성이 강해서 여성의 몸을 중독시킨다고 믿었다. 그런 것을 감안하면 같은 의사들이 질에 대해 깊은 불신을 가지고 있었던 것도 놀라운 일이 아니다. 더 정확히 말하자면 그들은 음경을 아무 질에나 삽입했다가 큰일이 날까 봐 두려웠던 것이다.

눈으로 확인할 수 없는 여성 신체 구조의 특성에 대한 불안감이 만연했고 그 정도가 과학의 한계를 넘어서 있었다. 수많은 문화권에 사람을 죽일 수도 있는 이빨 달린 질, 무시무시한 '바기나 덴타타vagina dentata'의 전설이 존재하는 것도 우연이 아니다.[502] 그러나 과학계 내에서는 이 두려움이 '깨끗하지 못한' 여성과 성관계를 하면 음경이 '떨어진다'는 끔찍한 확신에 부채질을 했다. 14세기 초, 프랑스의 의사이자 의대 교수였던 베르나르드 드 고든Bernard de Gordon은 독자들에게 성관계를 통해 감염되는 질병의 위험에 대해 경고하면서 "악취 나는 분비물과 독성 물질로 가득한 불결한 자궁을 가진 여성과 함께 누운 남성이 겪을 수 있는 음부의 질병은 수없이 많다"라고 썼다.[503] 페트루스 데 아르젤라타Petrus de Argelatta는 알렉산더 5세의 주치의였다가 왕의 사망 후 사체를 방부 처리한 것으로 유명한 15세기 볼로냐의 외과의사로, 드 고든과 유사한 주장을 한다. 그는 "더러운 여성"의 질은 "독성 물질"로 가득하고 그 물질이 음경의 주름 사이로 들어가 결국 음경을 검게 변하고 썩게 만든다고 썼다.[504]

여성들 또한 같은 질병으로 고통을 받을 수 있고, 남성이 그런 질병들을 퍼뜨릴 수도 있다는 개념은 의학 문헌에서 놀라울 정도로 보이지 않는다. 당시 의사들은 실제로 여성의 질을 어둡고 썩은 내 진동하는 공포의 소굴로 묘사하며 불운한 애인의 청결한 음경을 파괴할 준비가 되어 있다고 상상했다. 이탈리아의 의사이자 시인인 지롤라모 프라카스토로Girolamo Fracastoro가 1530년에 쓴 매독에 관한 유명한 서사시에서 여성은 교활한 유혹자로 묘사된다. 그들은 성병의 확산뿐 아니라 남성에게 일어나는 거의 모든 불운, 특히 남성 자신의 잘못된 판단으로 일어난 불운에 궁극적 책임이 있다고 비난을 받는다.

달콤한 말로 구슬리는 매혹적인 여자라는 족속들,
우리를 온갖 형벌과 죄로 이끄는 것은 바로 그들이로다.[505]

프라카스토로는 결국 '질병의 씨앗Seeds of Disease' 이론으로 이름을 날렸고, 현대 과학자들은 이 이론을 19세기의 본격적인 세균 이론의 전신으로 본다.[506] 하지만 프라카스토로의 이론에는 다른 또 하나의 씨앗, 더 어둡고 불길한 씨앗이 있다. 사실 여성만이 질병을 퍼뜨릴 수 있다는 개념을 신봉하는 모든 의사들의 이론에 그런 씨앗이 들어 있다. 체액설이나 미아즈마 이론과는 달리 의학이 발전하고 새로운 지식을 갖게 된 후대의 의사들도 여성을 의심하는 이 시각을 버리지 않았다. 버리기는커녕 이 시각은 바이러스처럼 계속 죽지 않고… 진화를 거듭했다. 세월이 흐르면서 여성이 전염의 매개체이자 감염의 원인, 본질적으로 신뢰할 수 없는 존재라는 교묘한 확신은 조금씩 형태를 달리해가면서 의학계의 집단의식을 감염시켜 왔다.

그 결과 여성을 전염병의 원인으로 지목해 희생양으로 삼는 길고 긴 역사가 이어졌다. 그리고 이런 식으로 여성을 희생양으로 만드는 시스템은 의학 분야뿐 아니라 사회 전반에도 작동했고, 정부가 추진하는 공중보건 정책의 권위적인 힘을 등에 업고 진행되는 경우도 많았다. 이 장에서는 이 개념이 의료, 연구, 공공 정책 그리고 거기에 도전할 용기를 낸 개인들의 삶에 미친 참혹한 영향에 대해 알아볼 것이다.

그런 용기를 낸 사람들의 다수가 여성이었지만 남성도 간혹 있었다. 1865년, 고군분투하며 점점 불안정해지던 이그나츠 제멜바이스에게 마침내 신경쇠약증이 찾아왔다.[507] 손 씻기를 고수하며, 이를 수용한 거의 모든 병원에서 산욕열을 사실상 근절시켰음에도 불구하고, 의료계는 그에게 분노했다. 이는 부분적으로 제멜바이스가 사용한 전략 탓이기도 했다. 그는 단호하고 전투적인 성정었으며, 자기를 비평하는 사람들에게 화내며 폭언을 퍼붓기 일쑤였다. 이런 그의 성격이 매독 환자들을 돌보다가 그 병에 감염된 영향일 것이라는 추측을 하는 학자들도 있다. 그러나 의사들이 크게 기분 상해했던 것은, 산욕열이 여성 환자들의 체질적인 오류나 결점 때문이 아니라 자기들의 위생 불량이 질병 확산의 원인이라고 지적받았기 때문이었다.

제멜바이스는 결국 정신병원에 강제로 수용되었고, 경비원들의 구타로 심한 부상을 입었다. 또한 상처 부위가 감염되어 2주도 지나지 않아 사망하고 말았다. 그가 일했던 비엔나 종합병원의 동료들은 그의 사망에 전혀 관심을 기울이지 않았을 뿐 아니라 그가 이룬 업적은 모두 무효가 되어 원상태로 돌아가고 말았다.[508] 이미 몇 년 전에 제멜바이스가 부다페스트의 새로운 직장으로 자리를 옮기자 비엔나 병원은 곧바로 손 씻기 규정을 폐기했었다.[509] 여성들이 산욕열로 다시 사망하기 시작했지만 아무도 그 이유를 상상하지 못했다.

"여자들은 간단한 위생규칙조차도 화가 날 정도로 지키지 않고, 고의적으로 무시한다. 그렇게 감기에 걸린 다음 집으로 돌아가서 남자들에게 그 병을 전염시킨다"라고 한 의사가 말했다.[510]

— 〈데일리 오클라호만〉, 1916년 1월 6일자

19세기 말 미생물의 발견과 세균 이론의 정립으로 면역학은 도약적인 발전을 이루었으며, 새로운 과학적 이론을 근거로 질병의 확산을 줄이기 위한 공중위생 정책의 도입이 추진되었다. 채택된 해결책 중 다수가 도시계획의 형태를 띠었다. 공중위생을 담당하는 관리들의 감독 아래 박테리아가 자랄 수 있는 늪지대의 물을 빼고, 분뇨가 식품과 물 공급을 오염시키지 않도록 하수 시설이 정비되었다. "살균 세척이 용이한" 자기磁器 제품들이 부엌, 세탁실, 침실 등에서 사용되기 시작했다.[511] 결핵균처럼 특별히 치사율이 높은 균이 발견되면서 지역의 위생 관련 위원회와 보건 협회 등이 결성돼서 위생 설비와 의식 향상에 큰 역할을 해냈다. 그중 뉴욕시에서 길에 침을 뱉는 행위를 불법으로 다스리는 법이 통과된 유명한 예도 있다.[512] 그와 동시에 가정 단위로 감염의 위협에 맞설 수 있도록 가재도구와 청소용 제품들을 생산하는 소규모 공장들이 생겨났다.

그러나 가정 내 위생 문제를 거론하면서는 어디서 많이 본 익숙한 희생양이 또다시 등장했다. 세균 이론이 정립되자마자 곧바로 세균 전파를 막을 책임이 누구에게 있는지에 대한 집착이 고개를 들었고, 다시 한번 여성은 건강을 위협하는 주요 요소로 지목되었다. 코르셋이 여성들의 골격 변형을 가져오는지 여부를 두고 의사들이 열띤 논쟁을 벌이던 1890년대에 세균학자들은 여성들의 의상이 그 옷을 입는 당사자뿐 아니라 일반 대중들에게까지 위험을 초래한다고 호들갑을 떨고 있었다. 과학자들은 너무 길어서 바닥을 쓸고 다니게 되는 치맛자락에서 나온 다양한 세균을 배양하는 데 성공한 후 "세균 치마"의 재앙에 대해 경고했다.[513] 거리에 나도는 온갖 질병을 여성이 치마에 묻혀 집안으로 끌고 들어간다는 것이었다. 1900년대 초 〈뉴욕 위클리〉는 하녀가 여주인의 외투를 방망이로 털자 **세균**, **미생물**, **폐결핵**, **독감**, **장티푸스**라고 쓰인 먼지 구름이 뭉게뭉게 피어나오는 장면이 묘사된 만화를 실었다.[514] 뒷배경에는 죽음의 신 '그림 리퍼Grim Reaper'가 뼈만 남은 손을 맞잡고 기대에 찬 미소를 짓고 있고, 여주인의 모습은 등장하지 않지만 그녀의 어린 두 아이들은 보인다. 집에서 나갈 때마다 가족들을 위험에 빠트릴 수 있다는 사실에 공포를 느낀 여성들은 '비 오는 날 클럽'을 결성해서 건강을 위해 치마 길이를 조금 짧게 하는 캠페인을 벌였다.[515] 그러나 10년 후 이들은 발목을 노출시켜 독감에 걸리기 쉽게 했다는 이유로 조롱을 당했다. 주부들은 갑자기 세균과의 전쟁의 일선에 나서게 되었고, 위생적인 가정을 유지해서 위험한 감염으로부터 가족을 보호하는 임무를 맡게 되었다. 심지어 미국의학협회까지도 다음과 같은 글을 발표해서 이런 추세에 목소리를 보탰다. "훈련된 간호사의 가치를 잘 아는 의사들은, 미국 주부들이 신중하고 경제적이며 절약하도록, 그리고 부엌, 식당을 비롯한 집안의 모든 공간을 위생적으로 유지하도록 훈련하는 것의 가치를 잘 이해할 것이다."[516]

여성이 관련된 많은 경우가 그렇듯 가정 위생을 둘러싼 의학적 권고는 그에 상응하는 새로운 사회적 압력과 규범에 의해 더욱 강화되었다. 여성을 가정과 안살림의 주인으로 만드는 일은 그들을 집안에 가두는 핑계로도 사용되는 양날의 검이었다. 집을 돌보려면 집에 있어야 했다. 동시에 좋은 건강과 철저한 위생을 사회적 엘리트 계층의 이미지와 동일시하는 시각이 강화됐다. 단정한 집은 그 집에 사는 여성의 도덕적 엄격함을 보여줄 뿐 아니라, 자기 변기도 없고 집을 청결하게 유지할 시간과 돈이 없는 가난한 비백인 이민자 계층보다 더 우위에 있다는 것을 증명했다.

이런 식의 계급 갈라치기는 얼마 가지 않아 14~15세기에 악취 나는 부패 물질로 가득한 질을 가진 '더러운 여성'에 대해 경고했던 문헌들이 불러일으킨 불안감에 풍부한 자양분을 제공했다. 대중의 의식 속에 가난, 불결함, 질병은 불가분의 연관성이 있다는 개념이 자리를 잡았다. 노동자 계층의 여성들은 집 밖에서 임금 노동을 해야 했기 때문에 살림의 여신 노릇을 할 시간적 여유가 없었다. 그래서 질병은 그들의 가정에 뿌리내리고 번식하다가, 무지하고, 씻지도 않으며, 불결한 이 사람들이 밖에 나와 만지는 모든 것을 오염시킨다는 상상이 판을 쳤다.

나는 결백한 인간입니다. 어떠한 죄도 짓지 않았건만 죄인 취급을 받습니다. 부당하고, 터무니없으며, 야만적인 일입니다.[517]

—메리 말론, 1909

아일랜드 쿡스타운 출신의 그 여성은 전설적인 존재가 될 것이다. 훗날 세상 사람들은 모두 그녀의 이름을 알 것이다. 부모가 지어준 이름이 아니라 그녀를 악명 높게 만든 그 이름 말이다. 그녀를 모르는 사람들이 붙여준 이름, 비아냥거리는 입술들에 오르내린 이름. 그 이름은 그녀가 죽은 후에도 살아남을 뿐 아니라 더는 그녀의 것이 아니게 될 것이고, 아무런 가책도 없이 질병을 퍼뜨리는 사람을 부를 때 쓰이는 이름이 될 것이다. 그러나 1884년, 더 나은 삶을 찾아 미국으로 떠난 배에 혼자 오른 15세 소녀의 이름은 메리 말론Mary Mallon이었다.[518] 그녀의 어릿한 얼굴은 아름다운 숙녀로 자라날 모든 조건을 다 갖추고 있었다. 둥그런 뺨에, 끝이 귀엽게 올라간 조그만 코, 숱이 많고 짙은 머리카락과 대조를 이루는 깊고 푸른 두 눈이 매력적이었다. 뉴욕에 도착하면 숙모와 삼촌 댁에 머물면서 하녀 일을 할 계획이었다. 빨래, 가정부, 어쩌면 "백만장자의 거리"라 부르는[519] 5번가의 여주인 시중을 드는 일을 구할 수 있을지도 몰랐다.

거기까지는 계획이 서 있었지만 다음으로 무슨 일이 벌어질지 전혀 상상할 수가 없었다. 자신도 아직은 모르고 있지만, 그녀의 뛰어난 음식 솜씨를 원하는 부자들이 앞다투어 그녀를 요리사로 고용하길 원하게 되고, 20년 후에는 찰스 헨리 워렌이라는 부유한 은행가에게 고용돼서 롱아일랜드의 오이스터베이에 있는 그의 저택에서 여름 내내 워렌 집안 식구들과 손님들의 식사를 준비하는 일을 하게 될 것이었다.

그녀가 아직 모르는 가장 중요한 사실은 대양을 건넌 후부터 오이스터베이에 도착해 여름을 보내기 전까지 그 몇 년 사이에, '불청객' 하나가 그녀의 몸에 들어와 그녀를 따라다니기 시작하리라는 것이다. 아이는 아니다. 그녀는 죽을 때까지 결혼하지 않았고 엄마가 되지도 않았다. 그녀의 몸에 들어온 것은 미생물이었고, 이 불청객은 몸에 숨어들어 그녀가 만지는 모든 것을 오염시키고, 그녀가 죽는 날까지 그녀의 몸속에 저주처럼 남아 생애를 함께 할 것이다. 메리가 가는 곳마다 질병과 죽음이 뒤따를 것이었다.

결국 의사들도 그녀를 뒤따랐다. 뉴욕시 의료 당국은 수년에 걸쳐 메리 말론을 추적했다. 그들은 그녀의 생업을 빼앗고, 그녀의 자유를 박탈했다. 그리고는 그녀가 다른 것을 허락하면 빼앗긴 생업과 자유를 찾을 수 있을 것이라고 말했다. 그들이 원하는 것은 사망을 초래할 수도 있는 침습적 수술로만 얻을 수 있는 그녀의 담낭이었다.

그녀가 수술을 거부하는 이유를 의사들은 이해할 수 없었다. 하지만 그녀의 운명을 자기들 손에 쥐고 있다 생각하는 의사들에게 그녀는 거의 모든 면에서 수수께끼였다. 메리는 모든 면에서 그들과 달랐다. 이민자였고, 하인이었다.

그리고 여성이 아니었던가.

어쩌면 이것이 바로, 그들이 그녀를 추적해서 잡아들인 다음 결국 이스트강의 작은 섬에 가둔 후에도 아무도 메리에게 무슨 일이 벌어졌고, 왜 벌어지고 있는지 이해할 수 있도록 돕지 않았던 이유일 것이다. 그녀는 그 섬에서 고립된 채 죽을 때까지 갇혀 있었다. 의사들은 아무런 증상이 없지만 몸에 균을 가지고 있어서 의도치 않게 병을 퍼뜨리게 되는 무증상 보균자라는 놀라운 신개념에 관해서도 그녀에게 설명해 주지 않았다. 그들은 메리에게 일방적으로 지시와 명령을 하고, 복종하지 않을 때 벌주기는 했지만 그녀에게 주어진 어떤 의료 행위에 대해서도 본인의 의견을 묻거나 승낙을 얻지 않았다. 이 아일랜드 여성이 남긴 유산, 그녀의 역사적 공헌조차 결국 의료 시스템이 정하는 것이었고, 그들은 메리의 자유를 빼앗은 것과 마찬가지로 그녀의 정체성도 빼앗고 말았다. 그로부터 100년이 흐른 지금, 메리 말론이라는 이름을 기억하는 사람은 아무도 없다. 그러나 누구나 '장티푸스 메리Typhoid Mary'라는 표현은 들어봤을 것이다.

◇◇◇

1909년 6월, 메리 말론이 처음으로 체포돼서 맨해튼 연안의 노스 브라더 섬에 감금된 지 2년 후, 〈뉴욕 어메리칸〉은 그녀의 사례를 다룬 기사를 실었다. 페이지의 4분의 1을 차지하도록 커다란 대문자로 찍은 헤드라인은 이제는 악명 높은 별명 '장티푸스 메리'였다. 두 장에 걸친 전면 기사에서는 "아무런 잘못도 없음에도 불구하고 (…) 걸어다니는 장티푸스균의 배양기"로 살아가야 하는 이 여성의 "특별한 곤경"에 대해 서술했다.[520]

당시 말론의 치료를 담당한 의사 중 하나였던 윌리엄 H. 파크William H. Park는 이렇게 썼다. "그녀의 사례는 우리가 아는 한 가장 놀라운 사례로 꼽히는데, 왜냐하면 그녀가 감염시킨 사람의 숫자 때문이다."[521]

파크의 개인적인 경험으로는 그것이 사실일지 모르지만 그의 단언은 결국 부정확한 것으로 드러났다. 말론은 그 시대 가장 전염

성이 강한 보균자가 아니었다. 그 불명예는 토니 라벨라Tony Labella
라는 또 다른 요리사에게로 돌아갔다. 말론이 47명을 감염시킨 데
비해 라벨라는 87명에게 균을 옮긴 것으로 추정됐다.[522] 그럼에도
질병의 무분별한 확산의 동의어로 사용되는 것은 라벨라의 이름
도, 다른 무증상 보균자의 이름도 아닌 메리의 이름이다.[523] 26년이
넘는 세월을 격리 시설에서 보낸 후 사망한 즈음, 말론은 뉴욕시에
서 확인된 수백 명의 무증상 장티푸스 보균자 중 하나에 불과했다.
그중에서 공공의 안전을 위협한다는 이유로 수감 생활을 한 사람
은 그녀가 유일했다.[524]

말론의 생애에 관한 책을 집필한 역사학자 주디스 레비트Judith
Leavitt는 공중보건 담당 관리들이 왜 유일하게 말론에게만 그토록
부당한 대우를 하고 철저히 악당 취급을 했는지에 관해 다양한 이
유를 들었다.[525] 그녀는 아일랜드 출신 이민자였고 가족이 없는 여
성이었다. 다혈질이고, 전투적이며, 자신이 장티푸스균 보균자라
고 말하는 의사들의 말에 냉소적인 태도를 보였다. 하지만 어쩌면
메리가 고전적인 오염원이 가진 전형적인 이미지, 즉 자기 자신은
영향을 받지 않으면서 악의적으로 병을 퍼뜨리는 '더러운 여성'의
이미지에 딱 맞아떨어진 것이 가장 결정적인 원인이었을 수도 있
다. 당시 의사들은 그녀를 만나기 훨씬 전부터 이미 그렇게 결론을
내리고 있었을지도 모른다.

사실 말론을 격리시키고자 했던 의사들이 그녀를 더 인간적
으로 대하고 존중했다면 상황이 매우 달라졌을 수도 있다. 그러나
1907년, 조지 소버George Sober라는 이름의 위생공학자는 메리 말론
을 미행한 끝에 그녀의 직장에 들이닥쳐 그녀가 질병을 가지고 있

다는 자신의 확신을 전달한 다음 혈액, 소변, 대변 샘플을 요구했다. 아무리 좋은 의도였을지라도 말론에게는 얼토당토않은 요구로 여겨졌을 것이다. 말론이 협조하지 않자 소버는 남성 조수 한 명과 함께 그녀의 집까지 쫓아가 다시 한번 같은 요구를 했다. 그래도 소기의 목적을 이루지 못하자 그는 조세핀 S. 베이커 Josephine S. Baker라는 공중보건 담당 관리에게 메리 말론의 케이스를 이첩한다. 베이커의 말론 체포 작전은 공중보건을 위한 행정 집행이라기보다는 신나는 맹수 사냥을 연상케 했다. 말론은 이제 아무런 이유 없이 당국에 의해 괴롭힘과 박해를 받고 있다고 믿게 되었고, 이는 그녀의 입장에서는 상당히 타당한 확신이었기에 베이커와 다섯 명의 경찰이 나타나자 도망가서 숨는다. 그들이 그녀를 찾아내서 끌어냈을 때, 베이커는 말론을 엄청나게 비인간적인 단어들을 동원해서 묘사하는 한편 그들의 "합리적인" 요구를 수용하지 않는 그녀의 태도를 도저히 이해할 수 없다는 태도를 보인다.[526]

"그녀는 몸싸움을 하고 욕을 퍼부으며 끌려 나왔다. 그 두 가지를 끔찍할 정도로 능숙하게 할 수 있었다." 그녀는 이렇게 쓰면서 병원으로 가는 동안에는 말론을 제지하기 위해 그녀의 몸을 깔고 앉아 있어야 했다고 덧붙였다. "마치 화난 사자 우리에 들어간 느낌이었다."[527]

당시 베이커와 같은 관리들은 말론을 이성적으로 설득할 방법이 없었다고 주장했다. 그 예로 "그녀는 자신이 장티푸스에 걸린 적이 없다고 확신했고, 광적으로 그 사실을 주장했다"고 썼다.[528] 그러나 격리 중 말론이 쓴 편지를 보면 그녀가 광적이라기보다는 정당한 분노를 표출했을 뿐이고, 자신이 처한 상황의 부당함을 정확하게 이해했을 뿐 아니라 자신을 이용하려는 의료계의 의도까지 간파하고 있었다는 사실을 알 수 있다.

"나는 사실상 온갖 사람들의 구경거리가 되어버렸어요." 말론은 1909년에 보낸 편지에 이렇게 썼다. "심지어 인턴들까지 들어와서 이미 온 세상이 다 알고 있는 사실들을 묻습니다. 결핵 환자들이 '아, 저기 있네, 그 납치된 여자' 하고 말하곤 해요."[529]

말론은 '위협적인 존재'이기에 영원히 사회에서 격리해야 한다는 내용의 글을 〈뉴욕 어메리칸〉에 기고한 윌리엄 파크에 관해서, 그녀는 같은 방법으로 보복하는 것을 상상했다. "그 윌리엄 H. 파크라는 사람은 자기도 나처럼 모욕을 당하고, 자기나 자기 아내를 누가 장티푸스 윌리엄 파크라고 부르면 어떤 느낌이 들지 알고 싶어요."[530]

일부 역사학자들은 1915년에 이르러서야 그녀가 장티푸스 메리라는 악명을 가진 악당으로 자리 잡았다고 주장한다. 말론은 다시는 요리사로 일하지 않는다는 조건으로 격리에서 풀려났지만, 가명을 사용해 맨해튼 병원의 부엌에서 일하다가 거기서 장티푸스 환자가 대거 나오면서 적발이 됐다. 그녀는 다시 체포돼서 노스 브라더 섬으로 보내졌고 1938년 뇌졸중 합병증으로 사망할 때까지 그곳에서 지냈다. 〈뉴욕 트리뷴〉은 사설에서 이 비극이 자승자박의 결과라고 주장했다. "5년 전, 자유를 누릴 기회가 주어졌다… 하지만 그녀는 고의적으로 그 기회를 던져버렸다."[531]

그럼에도 1909년 〈뉴욕 어메리칸〉에 실린 그녀의 사건을 다룬 기사에서는 다른 이야기를 하고 있다.[532] '장티푸스 메리'라는 헤드라인뿐 아니라 전면 기사에 실린 삽화까지도 특정한 이미지를 의도하고 있다. 선묘 기법으로 한 면을 모두 채운 메리의 초상화는 전혀 호감을 주지 않는 것이었다. 어두운 갈색 머리는 머리 위로 틀어 올렸고, 그늘이 드리워진 얼굴은 준비하는 식사를 무심한 표정으로 내려다보고 있다. 한 손에는 팬이, 다른 한 손에는 작은 해골이 들려 있다. 그 해골은 그녀가 몇 년에 걸쳐 부지불식간에 몸속에 지니고 다니던 눈에 보이지 않는 장티푸스균과는 달리 달걀 정도의 크기다. 눈에 보이고 손으로 만져지는 죽음이 그녀의 손안에 놓여 있는 것이다.

그녀는 그 죽음을 프라이팬에 던져 넣고 있다.

만약 내가 재판관이라면 매독에 걸린 악독한 창녀들을 바퀴형* 에 처한 다음 가죽을 벗기게 할 것이다. 그런 더러운 창녀들이 끼치는 해악은 이루 말할 수 없기 때문이다. 젊은이들은 그들 때문에 비참하게 망가지고, 성인이 되기도 전에 피가 오염되어 버린다.[533]

_마르틴 루터, 1543

세균 이론으로 인해 살림의 여신이라는 이미지가 탄생했지만 동시에 여성이 악의적으로 병, 특히 성병을 옮기는 존재라는 개념도 다시 고개를 들었다. 20세기 초, 매독과 임질 환자가 급증하면서, 도덕적 패닉과 함께 공중보건 관계자들이 크게 우려하기 시작했다. 이들은 성병의 전파에 대해 16세기에 마르틴 루터Martin Luther가 '매독에 걸린 창녀들'을 맹렬히 비난했던 것과 비슷한 이론을 신

---

*   중세와 근대 유럽에서 사용된 잔혹한 처형 방식.

봉했다. 이번에도 순진무구한 젊은 남성들이 병에 걸린 여자들의 유혹에 넘어가 희생된다고 생각한 것이다.

여성 일반, 특히 매춘부들이 성병을 확산시키고 있다는 결론을 내린 의사들은 주범을 식별할 방법을 찾아나섰다. 그리고 여기서 말하는 주범은 질병의 원인이 아니라 여성들이었다. 여성의 성기의 모양과 크기로 음탕한 여성을 식별할 수 있다는, 오랜 의학계의 합의에 기초한 연구가 진행됐다. 1800년대 중반, 호레이시오 스토러Horatio Storer라는 이름의 한 의사는 음탕한 여성은 부자연스럽게 큰 음핵을 가지고 있다는 이론을 발표했다.[534] 비록 자신의 이론에도 불구하고 보통 크기의 음핵을 가진 수많은 여성들도 성적 일탈자로 진단하는 것을 주저하지 않았지만 말이다. 한편 근육에 관한 장에서 잠깐 만났던 로버트 라투 디킨슨이라는 또 다른 부인과 의사는 다양한 '유형'의 음순 모양을 한 점토 조각을 여러 점 소유하고 있었다. 그것들은 '자위형' '처녀형' '동성애자형' 등으로 분류되었는데, 고기 속이 터져 나오는 햄 샌드위치를 성적 경험이 많은 여성의 질에 비유하는 21세기의 디지털 밈과 많이 닮아 있다.[535] (과학적 불합리함의 정도도 두 경우가 비슷하다.) 디킨슨은 보기만 해도 어떤 환자가 '에로틱'한 여성인지 구별할 수 있다고 확신했다. 그에 따르면 '에로틱'한 여성은 "리드미컬하게 엉덩이를 흔들며 걷는 습관이 있고", 검진을 하는 동안 "불안한 행동"을 보이며, "불필요한 노출(노출증)"을 하는 경향이 있다.[536] 환자들에게 나체로 팔다리를 활짝 벌린 채 누워 있게 하고 그들의 성기를 자세히 그리는 일을 자주 하는 사람이 한 말이라는 점에서 희한한 주장이다(스토러와 디킨슨은 이 책에서 반복적으로 등장하는 이름이라는 사실을 주목하자. 생식계를 다루는 장에서도 우리는 그들을 또 만날 것이다).

19세기 말 유럽의 의사들은 거리에서 매춘부를 구분하는 일종의 안내서를 개발했다. 역사학자 메리 스폰버그Mary Sponberg는 이 안내서가 "매춘부가 될 소질이 있어 보이는 여성을 구별하는 것을 돕는 일종의 카탈로그였다"고 썼다.[537] 이런 노력은 미국에서도 전개되어서 미국사회위생협회American Social Hygiene Association가 만들어졌고,[538] 이 협회의 관리들은 성병을 근절하기 위해 유럽과 비슷하지만 훨씬 더 활발한 접근 방법을 사용했다. 1917년, 제1차 세계대전이 한창인 가운데 미군 병사들 사이에 성병이 급속도로 확산되자 이 문제는 단순한 의학의 문제를 넘어서 국가 안보 문제로 격상되었다.

그 결과 나온 것이 미국 역사에서 잘 알려지지는 않았지만 가장 끔찍한 사례 중 하나로 꼽히는 공중보건 캠페인이었다. '아메리칸 플랜American Plan'이라고 부르는 이 캠페인은 거의 20세기 내내 걸쳐 시행되었지만 기이할 정도로 주목받지 않았다.[539] 엄청난 숫자의 여성들을 납치하고 가둔 다음 공공의 선이라는 명목 아래 위험한 약물을 강제로 투여한 사건이었다. 어떤 면에서 보면 메리 말론의 이야기와 유사하지만, 이번에는 그 규모가 너무나 방대하고, 효율적인 정부 기관의 후원 아래 이루어졌기 때문에 여성의 자유에 대한 이 터무니없는 공격은 그 후 수십 년이 흐르도록 완전히 이해되지 않았다.

아메리칸 플랜을 다룬 책《니나 맥콜의 시련The Trials of Nina McCall》의 작가인 스콧 W. 스턴Scott W. Stern은[540] 의료 당국이 어떻게 성병 보균자라고 여길 만한 활동을 하는 여성들을 미행하고, 체포하고,

구금했는지를 묘사한다. 의심을 불러일으킨 이 여성들의 활동에는 식당에 혼자 앉아 있기, 직업을 바꾸기, 혹은 그냥 의심스러워 보이기 등이 포함되어 있다. 임질이나 매독 검사에서 양성으로 판명이 나면 정부 시설에 감금되어서 치료를 받아야 하는데 그 기간이 며칠, 몇 주에서 몇 달씩 걸리기도 했다. 당시에 나와 있던 유일한 매독 치료제였던 수은 주사와 비소 기반 약물을 강제로 투여받았을 뿐 아니라 엄격한 규율에 따라 생활해야 했다. "이 여성들이 숙녀답게 '적절한' 순종의 태도를 보이지 않으면, 매질을 당하고, 찬물 세례를 받는가 하면, 독방에 갇히기도 했고, 심지어 불임 수술을 강제로 받기까지 했다"고 스턴은 기록했다.[541]

성 노동자들을 주 대상으로 시작했던 이 프로그램은 얼마 가지 않아 전국으로 확장되었다. 원칙적으로는 성병을 퍼뜨릴 위험이 있는 사람이라면 성별에 관계없이 누구나 합법적으로 감금할 수 있다고 했지만, 실제로 영향받은 사람들은 거의 전적으로 여성이었다. '더러운 여자'의 유령이 다시 고개를 쳐들었고, 이번에는 의료계와 정부의 공식적인 승인하에 이 개념을 행동으로 옮긴 것이었다.

메리 말론이 의도적으로 병을 퍼뜨렸다고 암시하는 해골 모티브가 여기서도 등장한다. 이번에는 심지어 공식 정부 문서다. 한 이미지에서는 풍만한 여성이 병사에게 말한다. "내가 아는 여자애 둘이 널 엄청 만나고 싶어해."[542] 그 뒤로는 해골 얼굴을 하고 '임질'과 '매독'이라는 글자가 커다랗게 새겨진 치마를 입은 여성 둘이 유혹적인 미소를 보내고 있다. 다른 광고들은 '핀업걸'의 반대 효과를 내기 위해 제작된 것으로 가장 아름답고 순진해 보이는 여성마저도 비밀리에 병을 가지고 있을지도 모른다는 경고를 남성들에게 하고 있다. 깨끗한 하얀 블라우스 차림으로, 이웃에 살 법한 친숙하고 예쁜 소녀가 등장하는 한 광고에서는 "겉으로는 깨끗해 보이지만!"이라고 경고하고 있다.[543] 또 다른 광고에는 모델 베티 페이지와 비슷하게 생긴 여성이 담배를 입에 물고 있는 사진이 나오고 앞에 등장한 광고보다 훨씬 더 노골적인 메시지를 보낸다. "이 여자, 문제투성이일지도 몰라."[544]

하지만 여성들이 걸어다니는 세균 덩어리로 묘사되는 상징적인 이미지에도 불구하고, 아메리칸 플랜이라는 명목하에 구금된 여성들이 실제로 건강을 위협한다는 개념은 그들을 타깃으로 삼은 당국 요원들의 행동에 의해 거짓이었음이 드러나고 말았다. 경찰과 공중보건 담당 관리들이 소위 질병을 가졌다는 이 여성들에게 성관계를 강요하곤 했던 것이다.[545]

우리 모두는 이 여자들을 더 강하게 통제해야 한다는 사실을 깨닫기 시작했다. 지역사회에서 그들을 격리하고 통제해서 더는 문란한 활동을 이어가지 못하도록 할 필요가 있었다. 그들에게 절실하게 필요한 치료를 모두 받을 수 있도록 하려면 그들을 통제해야만 했다.[546]

—공중보건 담당관, 1940년대 경

아메리칸 플랜이 그토록 오랫동안 비판받지 않았던 이유 중 하나는 이 계획을 수립한 의사 중 하나인 토마스 패런Thomas Parran이 이보다 훨씬 더 잘 알려진 악명 높은 참혹한 의학적 비극인, '터스키기 매독 연구Syphilis Study at Tuskegee'에 관여했기 때문이었을 수도 있다.[547] 이 연구는 매독에 걸린 흑인 남성들을 대상으로 질병의 진행 결과를 관찰한 것이었다. 40년에 걸쳐 진행된 이 연구는 의료 윤리 위반 사례 중 가장 심각한 사례 중 하나로 평가된다. 참가자 400명 가운데 100명 이상이 매독 혹은 관련 합병증으로 사망했고, 많은 수의 배우자와 자녀들이 감염됐다.[548]

패런이 터스키기 연구를 시작한 것은 아니었다. 그는 이 연구를 1935년 전임자로부터 인계받았지만, 감염된 남성들에게 잔인한 거짓말을 하고 그들의 생명을 구했을 수도 있는 치료 기회를 박탈했던 것은 그가 책임을 맡고 있던 시기의 일이다. 그뿐 아니라 1947년 항생제가 매독의 효과적인 치료제라는 것이 밝혀진 후에도 치료를 제공하지 않았다. 그러나 그보다 더 중요한 것은 터스키기 연구가 패런이 도덕적으로 부패한 건강 관련 정책에 관여한 첫 사례가 아니었다는 사실이다. 1918년, 불과 스물여섯의 나이에 미국 공중보건국USPHS에서 병아리 의사로 일을 시작한 후 패런은 성병을 가진 여성들을 효과적으로 감금하는 아메리칸 플랜을 통해 자신의 첫 경험을 쌓았다.[549]

패런은 당대에도 논란의 중심에 있던 인물이었다. 그는 도덕적 금욕을 설파하는 것이 성병을 없애는 최선의 방법이라 생각했던 도덕주의자들과 자주 대립했는데 한번은 방송국 간부들이 그의 발언에서 '매독 관리syphilis control'라는 표현을 검열하자 예정된 라디오 출연을 중단하고 걸어나가기도 했다.[550] 이 사건은 역효과를 불러일으켰는데, 논란이 일어난 뒤 전국의 신문들이 이 사건을 보도하면서 패런의 발언을 전부 게재했기 때문이다. 그는 성병 관리를 위한 솔직하고 공개적인 대화를 촉진하기 위해 끊임없는 노력을 기울였고, 그 일환으로 1937년에는 〈레이디스 홈 저널〉에 보고서를 기고하기도 했지만, 그런 주제가 전혀 숙녀답지 못하다고 믿는 사람들의 분노를 샀다.[551]

그러나 패런의 질병 확산 통제에 대한 열정은 환자의 동의를 구하는 윤리적 절차를 무시하는 행동으로 이어졌다. 그는 이런 것들을 필수적인 요소라기보다는 귀찮은 절차로 보는 듯했다. 패런은 공중보건국장으로 재직하던 시절 과테말라에서 미국 주도로 진행된 공중보건 실험에 대해 알게 되었다. 이 실험에서는 연구자들은 감옥에 수감되어 있거나 정신병으로 입원한 환자들에게 고의적으로 매독을 감염시켜 연구를 진행했다. 1947년 패런의 동료인 로버트 코트니Robert Coatney는 과테말라 연구의 주요 인물인 의사 존 커틀러John Cutler에게 다음과 같은 편지를 썼다.

"잘 아시다시피 [패런이] 이 프로젝트에 큰 관심을 가지고 있습니다. '알잖아요, 이 나라에서는 그런 실험을 할 수가 없거든요' 하고 말하는 그의 눈이 즐거움으로 반짝이더군요."[552]

패런이 할 수 있었고, 그래서 했던 일은 공중보건 체제 안에 이미 존재하고 있던 여성에 대한 불신을 제도화한 것이었다. 그의 감독 아래, 강력하고도 유해한 개념이 정부, 의료계, 그리고 미국 사회 곳곳에 스며들었다. 질병의 확산은 항상 여성들 때문이고, 여성들의 손에는 스스로의 자유도, 스스로의 건강도 맡겨둘 수 없으며, 심지어 자신의 몸에 무슨 일이 벌어지는지에 관해서도 스스로 결정하도록 둘 수 없다는 개념 말이다.

때는 1944년이다. 미국은 벌써 거의 4년째 전쟁 중이다. 유럽과 일본에서 연합군이 승리를 거두려면 아직 몇 달을 기다려야 하는 시점이다. 하지만 후방에서도 완전히 다른 종류의 전투가 수많은 미국인의 생명과 생계를 위협하는 보이지 않는 적을 상대로 벌어지고 있다.

해외에서 벌어지는 전투와 마찬가지로 이 전투 소식도 영화 상영 전에 나오는 뉴스 영화에 소개됐다. 직장을 구하려는 젊은 남성들에게 숙소를 제공하던 대공황 시대의 유물인 민간자원보존단 Civilian Conservation Corps의 캠프가 배경이다.[553] 이제 이곳의 막사가 다시 꽉 찼다. 하지만 막사의 사용 목적과 막사를 채운 사람들은 예전과 사뭇 다르다. 이 사실은 거기 머무르는 사람들이 카메라 안으로 행진해 들어오면서 명확해진다. 그들 중 일부는 카메라를 힐끗 쳐다보고, 일부는 고개를 숙이고 있다. 하지만 그들은 병사들도, 남성도 아니다. 모두 여성이다. 한 사람도 빠짐없이.

그리고 그들은 모두 감염자들이다. 적어도 정부의 주장에 따르면 그렇다.

그녀의 이름은 메리 루Maru Lou다. 하지만 실제 이름이 아니다. 왜냐하면 메리 루는 실존 인물이 아니기 때문이다. 그녀는 이 단편 영화 〈성병신속치료센터〉의 주인공이자,[554] 성병에 걸려 이 치료센터에 머무는 모든 여성의 아바타다. 얼굴을 드러내지 않는 해설자는 이곳이 감옥이 아니라 병원이고, 정부의 감독 아래 모든 연령대의 환자가 함께 생활하는 곳이라고 설명한다. "젊은 소녀, 늙은 소녀, 도시 소녀, 농촌 소녀, 착한 소녀, 못된 소녀, 평범한 소녀…"
해설을 하는 남성의 목소리는 카메라 앞을 지나는 이들을 보며 그
렇게 읊조린다. 정부 입장에서는 여성도, 성인도 없다. 그저 여자아
이, 모든 연령의 소녀들이 아메리칸 플랜의 통제와 감독을 받고 있
을 뿐이다.

메리 루를 연기하는 여배우는 '평균적인 소녀'의 살아 있는 화
신이다. 나이는 십대 후반부터 삼십대 초반 사이 어느 나이라 한다
해도 그럴듯해 보이고, 얼굴도 체격도 너무나 평범해서 여럿이 모
여 있으면 구분하기 힘들 정도다. 해설자마저도 그녀가 치료 캠프
에 도착할 때 입고 있던 '구겨진 드레스'로 그녀를 구별한다. 그녀
는 그곳에 도착하자마자 그 옷을 벗고 의사들의 진단을 받는다. 이
런 종류의 다른 동영상, 남성들이 출연하는 동영상에서는 치료 과
정에 관해 이야기하는 환자가 등장한다(제리라는 이름의 남자가 왜
콘돔을 사용하지 않았냐고 묻는 의사에게 푸념하듯 늘어놓는다. "그전에도
그 여자한테 갔었거든요. 깨끗해 보였다고요!").[555] 그러나 메리 루는 말
을 한마디도 하지 않는다. 단지 해설자가 그녀의 운명을 자세히 이
야기하는 동안, 다른 사람들에 의해 묘사되고, 침묵하고, 순종할 뿐
이다.

그녀는 왜 여기에 왔을까? 건강을 회복하기 위해서라는 건 확
실하다. 그러나 이 영화에서 묘사되는 것은 의학이 아니라, 변신,
공공의 위협에서 생산적인 시민으로 변화하는 구원의 과정이다.
이곳에 처음 왔을 때 메리 루는 구겨진 옷차림에 병에 걸리고, 아마
도 도덕적으로 타락하기도 했었을 것이다(그녀가 매춘부로 일했다는
사실은 명시적으로 이야기되지는 않지만 암시가 된다). 그녀는 변신한

후 일자리까지 구한 상태로 이 시설에서 나간다. 이곳 수용 생활 동안 용접을 배웠고 외모도 완전히 달라진 모습이다. 구겨진 꽃무늬 드레스 대신 어둡고 뻣뻣한 감에 커다란 어깨 패드가 들어있어서 거의 군복처럼 보이는 수수한 옷을 입고 있다.

"이제 그녀는 생활하기에 충분한 임금을 받을 수 있는 진짜 일을 할 수 있게 되었습니다. 신속치료센터 덕분에 그녀 앞에 새로운 삶이 열린 것입니다."[556] 해설자가 열띤 목소리로 말한다. 이것이 바로 이 이야기의 교훈이다. 당신, 타락한 여성이여, 미국 정부의 은총과 기적적인 현대 의학의 힘으로 다시 온전해질 수 있다. 그저 당신의 존엄성, 자유, 자율성만 포기한다면 이 모든 것이 가능하다.

그저 의사가 하라는 대로 하기만 하면 된다.

너무 간단해서 애석할 정도! 모든 아내는 효과적인 질 세정제인 라이솔 소독제를 사용하기만 해도 사랑스러운 매력을 유지할 수 있다.[557]

—라이솔 광고, 1950년대경

성병으로 인해 국가 안보가 위협받고 성병이 전파되는 데 여성들에게 책임이 있다는 인식은 제2차 세계대전 이후 희미해졌지만, 여성의 질을 질병과 부패의 원천으로 인식하는 개념은 특정 질병에 대한 두려움이 없이도 의학적으로 뿌리를 내리고 문화적으로 상식처럼 받아들여지게 됐다. 여성의 가정생활을 둘러싼 청결이라는 강박은 이제 침실까지 진입했고, 여성들이 어질러진 집만큼이나 자신의 비위생적인 몸에 대해서도 불쾌하고 수치스러운 느낌을 가지도록 만드는 데 최선을 다하는 소규모 산업이 우후죽순처럼 생겨났다.

심지어 어떨 때는 같은 제품을 집 청소와 몸 세척에 모두 사용하도록 권장하기도 했다. 1930년대에 나온 라이솔Lysol 광고는 강력한 산업용 등급의 소독제로 질을 씻지 않는 여성은 성적으로 역겨운 존재가 될 수 있다는 암묵적인 메시지를 담고 있었다. 위에 인용한 광고에는 괴로워하는 표정의 여성이 남편을 껴안으려 하지만, 남편은 얼굴을 찌푸리며 몸을 돌리고 있는 모습이 등장한다. 광고 문구는 문답 형식으로 구성되어 있다.

질문: 저 여성이 무슨 짓을 한 걸까요? 그게 그녀의 잘못일까요?
대답: 무슨 짓을 한 게 아니라 안 해서에요.
여성 청결 관리를 제대로 하지 않은 것이지요.

말할 것도 없이, 라이솔로 질 세척을 하는 것은 불필요할 뿐 아니라 매우 위험하다. 하지만 여성들의 건강을 희생해가면서까지 질의 냄새를 없애야 한다는 명목으로 판매된 것은 라이솔뿐만이 아니었다. 라이솔과 마찬가지로 존슨앤드존슨JohnsonJohnson은 땀띠분talcum powder*을 여성 청결에 꼭 필요한 제품으로 판매했다. 땀띠분을 속옷에 뿌리면 악취를 줄일 수 있다고 광고했지만, 후에 땀띠분이 난소암을 일으킬 수 있다는 연구가 나왔다. 2006년 이 정보가 공개된 후, 세계보건기구WHO가 경고를 발령했고, 존슨앤존슨도 2007년 땀띠분을 생식기 탈취제로… 백인 여성들에게 판매하는

---

* 탈크talc를 정제한 파우더.

것을 멈추는 데 합의했다.[558] (2023년, 존슨앤존슨은 땀띠약, 즉 탈크가 발암물질이라는 사실과 관련된 소송으로 89억 달러를 배상했다.)[559]

한편 여성 위생, 성적 순결, 그리고 건강이라는 완전히 다른 세 가지 개념을 하나로 뭉뚱그려 결합시키는 관념은 문화적으로는 그 영향이 약해졌지만, 의료 시스템 안에서는 안정적인 위치를 누렸다. 심지어 문화적으로는 유행에서 사라진 후에도 의료계 내에서는 그 기세를 잃지 않았다. 성 혁명의 영향, 그리고 성적으로 활발한 여성에 대한 낙인을 없애려는 페미니스트들의 노력에도 불구하고, 이 낙인은 의사들의 진료실에만큼은 완강히 살아남았다. 아마도 진료실은 여성이 성관계를 했다는 이유, 깨끗하지 못하다는 이유로 수치심을 갖게 만들 수 있는 몇 안 되는 장소일 것이다. 그리고 이 모든 것이 그녀를 위한다는 핑계를 전면에 내세운 채 이루어진다.

◇◇◇

내 진료실에 찾아온 레베카가 울고 있다.

하지만 그녀는 왜 우는지 이유를 말하고 싶어 하지 않는다.

그녀를 처음 만난 것은 4년 전, 그녀의 유방암 진단 직후였다. 그날 레베카는 가족들에 둘러싸여 있었다. 부모님과 오빠는 그녀가 치료 계획을 세우는 것을 지지하고 응원하기 위해 수천 킬로미터 떨어진 곳에서부터 날아왔다. 그녀는 삶과 이제 막 시작한 법률가로서의 커리어가 암 때문에 궤도에서 벗어나도록 하지 않겠다는 결의에 차 있었다.

하지만 오늘 그녀는 암 환자가 아니다. 이번 방문은 단순한 정기검진일 뿐이며, 몇 달에 한 번씩 그녀가 생기발랄하게 잘 사는 모습을 보는 것은 내게도 기쁜 일이다. 한때 그녀의 생존을 위한 진료를 했다면, 이제 진료는 그녀가 삶을 살아가는 일에 더 초점을 맞춘다. 그리고 암이라는 질병이 더는 그녀가 취하는 심리적, 육체적 행동들을 옭아매지 않도록 하는 데 주의를 기울인다. 오랫동안 그녀가 가지고 있던 가장 큰 두려움은 자신이 그토록 힘들게 되찾은 삶을 공유할 파트너를 찾지 못할까 하는 것이었다. 절제 수술을 받은 유방 때문에 남성들이 자신에게 매력을 느끼지 못할까, 죽음의 문턱까지 갔다 온 자신의 전력에 놀라지 않을까 하는 걱정이 앞선 것이다. 그래서 마지막 진료 때 그녀가 이제 다시 데이트를 하고 있다는 소식을 전해줬을 때는 정말 기쁘고 안심이 됐었다.

그런데 지금 내 앞에서 눈물을 겨우 참는 그녀를 보니 내 마음도 찢어지는 듯하다.

"제가 너무 바보같이 느껴져요. 선생님이 제 삶의 모든 것을 다 알고 계신다고 느끼면서도 이 이야기는 너무 두려워서 털어놓을 용기가 나질 않아요. 6개월이 지났는데도 여전히 너무 부끄러워요."

나는 그녀를 안심시키려 최선을 다한다. 내게는 무엇이든 말할 수 있다고 말해준다. 무슨 말도 나를 속상하게 하거나 화나게 하지 못한다고도.

나는 반만 맞았다. 그녀에게 무슨 일이 벌어졌는지 듣고 난 후 나는 속이 상하지 않았다. 하지만 분노가 치밀었다.

1년여를 누군가 만나기 위해 애쓰던 레베카는 마침내 암 진단을 받은 후 처음으로 누군가와 성관계를 가졌다. 6개월 전이었다. 그러나 그녀의 새 애인은 즉시 잠수를 탔을 뿐만 아니라 소름 끼치는 기념품까지 남겼다. 바로 생식기 헤르페스였다. 그는 자신이 감염되었다는 것을 알고 있었으면서도 그녀에게는 알리지 않았다. 그것만으로도 엄청나게 속상한 일이었지만, 레베카가 지금 눈물을 흘리고 수치심을 토로하는 것은 거짓말하는 전남친 때문이 아니다. 성관계를 가진지 며칠 후 성병 치료를 받기 위해 찾아간 의사가 한 말이 그녀의 존재 자체를 흔들어놓고 말았다.

"어쩌면," 그가 말했다. "성관계를 조금 덜 갖고 결혼해서 아이를 함께 가질 한 사람의 파트너하고 관계를 유지하는 데만 더 집중하는 게 좋지 않을까요?"

흐느끼는 사이로 레베카는 그사이 자신이 얼마나 많은 진전을 이루어냈는지, 마침내 자신의 몸을 흉물이 아닌 강인함과 즐거움의 원천으로 바라보게 된 것이 얼마나 경이로웠는지 모른다고 말한다. 그런데 그 의사는 눈 깜짝할 사이에 그녀의 자신감을 앗아가 버리고, 상처와 수치심을 안겨줬다. 그녀는 그것이 암 진단을 받았던 날보다 더 끔찍했다고 말한다.

"그 선생님은 제가 하자 있는 사람처럼 느끼게 했어요." 그녀가 말한다. "마치 제가 위협적인 존재인 것처럼요. 어떻게 그럴 수가 있어요?"

당장은 나도 환자를 위로하는 데 집중한다. 그녀는 하자 있는 사람이 아니고, 상처받을 이유도 없고, 부끄러워할 일도 전혀 아니라고. 하지만 그녀의 질문, '어떻게 그럴 수가 있어요?'라는 질문에 대한 답은 '늘 그래왔다'라는 것을 나는 알고 있다. 16세기 이탈리아부터 2021년 미국 작은 도시의 산부인과 진료실에 이르기까지 '늘 그래왔던' 것이다.

◇◇◇

레베카의 경험은 수 세기에 걸친 잘못된 정보, 성차별, 그리고 여성을 다루는 의료 시스템에 팽배하는 공포를 평가할 수 있는 지표였다. 그렇지 않고서야 환자를 치료하는 대신 모욕을 주는 의사의 본능적인 행동을 어떻게 설명할 수 있단 말인가? 더 나은 건강을 위한 그의 공식은 데이트나 섹스는 하지 않고, 가사에 전념하는 전통적인 아내의 삶, 전업주부로 집에 머무르면서 화장실을 소독하는, 그리고 자신의 성기도 소독하는 삶이란 말인가? 그녀를 감염시킨 남성은 등식에서 완전히 자취를 감추고 전혀 고려조차 하지 않은 채 그녀가 이 모든 것을 자초했다는 기묘한 느낌을 강요하는 이 불공평한 비난을 달리 어떻게 이해할 수 있을까?

여성을 질병의 피해자가 아니라 전파자로 여기는 고대의 불안감은 현대까지 전해 내려왔고, 이러한 과거의 유산은 비단 레베카와 같은 환자 개인의 경험에만 영향을 끼치는 데 그치지 않는다. 2006년, 자궁경부암 발병 원인의 90퍼센트를 차지한다고 알려진 성병인 인간유두종바이러스human papilloma virus, HPV에[560] 대한 백신이 오랜 기다림 끝에 출시되었다. 그러나 의사들이 이 백신을 여성 환자들에게만 권고한다는 사실이 알려지면서 논란이 커졌다. 여성만큼이나 남성도 HPV에 잘 감염되고, 자궁경부암뿐 아니라 두경부암, 항문암과도 연관성이 있다는 것이 밝혀졌음에도 불구하고 말이다.

여성은 남성을 오염시키는 존재로 취급하지 않을 때는 그저 완전히 배제시켜 버리는 대상이었다. 미국 식품의약국FDA 소속 임상시험관리과Office of Good Clinical Practice가 1993년부터 임상 시험에서 성별 균형을 맞출 것을 요구해 왔지만,[561] 과학자들은 종종 이 가이드라인을 따르는 데 소극적이다. 여성 참가자는 가변적인 호르몬 주기 때문에 임상 시험 데이터를 '흐트러질' 수 있다는 잘못된 믿음 때문이다.

여성 환자들의 필요와 여성 고유의 생물학적 특징을 과학적인 문제들에 반영하려는 노력은 시작 단계에서부터 여러 차례 실패를 거듭했다. 1993년 FDA의 권고에 이어 2001년에는 〈성별이 중요한가?Does Sex Matter?〉라는 획기적인 보고서가 나왔다.[562] 이 보고서에서는 생명의학 연구에서 성별 차이를 우선시할 것을 권고했다. 2006년, 여성건강연구협회Society for Women's Health Research 소속의 연구자들이 성차연구기구Organization for the Study of Sex Differences를 설립하고 다양한 분야의 연구자들과 전문가들을 서로 연결하고 돕는 것을 목표로 내걸었다.[563] 2016년에는 미국 국립보건원NIH이 '생물학적 변수로서의 성별'을 연구에 포함할 것을 권장하는 정책을 수립하기에 이르렀다.[564]

그럼에도 중요한 연구들은 여성을 포함시키는 면에서 여전히 만족스러운 수준에 이르지 못하고 있다. 2019년, 새로 개발된 HIV

예방약의 주요 임상 시험이 수천 명의 남성을 대상으로 이루어지면서 여성이 의도적으로 제외되는 일이 벌어졌다.[565] 신규 HIV 감염 사례가 미국 내에서는 19%, 전 세계적으로는 거의 절반에 가까운 수가 여성임에도 불구하고 말이다.

주목할 만한 점은 임상 연구에서 여성을 배제하는 편향은 인간 대상 연구에 국한되지 않고 동물 대상 연구에도 만연해 있다는 사실이다. 자가면역질환, 그리고 더 최근에 와서는 난치성 암의 치료에 사용되는 면역치료제는 처음에는 설치류를 대상으로 연구되었다. 그러나 쥐의 성별이나 그에 따른 데이터를 구분하지 않은 채 연구가 진행되는 바람에 사람을 대상으로 임상 시험을 진행하면서 큰 지식 격차가 발생했다.[566] 결과적으로 여성의 몸에 나타나는 약의 효능이 남성과 달랐을 뿐 아니라 남성에게는 나타나지 않았던 부작용도 나타났다.[567]

여성 대상 연구를 회피하는 것 역시 파동적인 호르몬 레벨 때문에 연구가 복잡해진다는 믿음에서 나온다. 사실 바로 그 생물학적 가변성이 약물의 효능과 효과에 있어 남녀의 성차를 만들고 있음에도 말이다. 게다가 생명의학 연구에 여성을 충분히 포함시키지 않는 문제에 대해 나오는 해결책마저도 애초의 문제보다 더 나을 것도 없는 경우가 많다. 한 연구에서는 연구자들이 먼저 수컷 생쥐로 실험을 진행하고, 암컷 생쥐는 수컷의 '기본값'과 비교하기 위한 대상으로 실험을 진행할 것을 제안하기도 했다.

어떻게 된 일인지, 평등의 개념조차도 여성의 몸과 여성의 생물학은 그 자체로 흥미롭지 않다고 여기는 오래된 패러다임이 반복된다. 여성의 기준은 남성이고, 그에 따라 '나머지', '변수', 남성만을 포함하는 표준에서 벗어난 약간 결함이 있는 '변형'으로 취급된다.

◇◇◇

때는 1973년이다. 레오라Leora는 어두운색 치마 주름을 매만지고 무릎 위에 손을 겹쳐 놓는다. 그녀는 의사가 말을 멈추길 기다리고 있다. 그는 아주 느리고, 조심스럽게, 가끔 그녀가 잘 듣고 있는지 확인해 가면서 오랫동안 말을 하는 중이다.

물론 의사의 설명을 이해하는 데 아무런 문제가 없다. 그녀도 의과대학 재학생이다. 그러나 의사는 검사 결과가 양성으로 나왔으니 그녀가 상황의 심각성을 이해하는 것이 중요하다면서, 어려운 건 알지만 자기가 하는 말을 받아들이는 것이 중요하다고 강조한다. 그렇지 않으면 너무 위험하고, 지금 얼마나 상황이 위태로운지 알면 남편도 이해할 것이란다.

"임신하면 안 돼요." 의사는 그녀와 눈을 맞추면서 엄숙하게 말한다.

그녀는 그의 시선을 피하지 않고, 그의 표정에 맞춰 진지한 얼굴로 말한다.

"증명해 보세요."

의사는 그녀가 자기 뺨을 때리기라도 한 것처럼 허리를 펴고 자세를 고쳐 앉는다. 조금 웃지만 웃겨서가 아니라 너무 놀라서다.

"뭐라고요?"

이제 그녀가 상대방과 눈을 맞춘다. 그리고 천천히 차분하게 말을 이어간다. 상황이 심각하지 않은가. 상대방이 자기의 말을 이해하는 것이 중요하다.

"혼인 증명서를 받기 위해 혈액 검사를 했더니 제가 매독에 걸렸다고 했어요."

"당신은 매독에 걸리지 않았…"

"물론 저는 매독 환자가 아니에요. 검사 당국에 그렇게 말했죠. 그래서 여기 왔습니다. 매독에 걸리지 않았다는 것을 증명하려고요. 맞죠?"

"맞습니다."

"자, 됐네요. 검사 결과는 매독이 아니라 루푸스라고 나왔죠. 그런데 루푸스 환자가 임신을 하면 너무 위험하다고 말하고 싶으신 것 같군요." 그녀는 깊게 숨을 들이쉰 다음 말을 이었다. "다시 한번 말씀드릴게요. 증명해 보세요."

◇◇◇

의학계 전반이 그렇지만, 면역학에서도 여성의 관점은 간과되는 경우가 많다. 그리고 면역계 질환과 관련해서 이런 맹점은 특히 치명적인 결과를 초래할 수도 있다. 자가면역질환은 우리 몸의 면역 시스템이 자신의 건강한 신체 조직을 외부 침입자로 오인해서 공격하는 질환으로 진단이 가장 어려운 문제 중 하나다. 어떤 자가면역 질환은 혈액 검사로도 알 수 없고, 이 질환을 탐지할 스캔도 존재하지 않는다. 환자가 자기 자신에 관해 알고 있는 지식과 경험에 의존할 수밖에 없다. 그러나 환자의 말에 모든 정보가 담겨있음에도 불구하고, 아무도 그 목소리에 귀 기울이지 않는 경우가 너무나 많다.

　　여성은 남성보다 자가면역질환을 앓을 확률이 80퍼센트나 더 높은데,[568] 그 이유는 아직 과학적으로 밝혀지지 않았다. 원발성 쇼그렌 증후군, 전신성 홍반 루푸스, 원발성 담즙 간경변증, 자가면역 갑상선 질환, 그리고 전신 경화증 환자의 80에서 95퍼센트가 여성이고, 관절염과 다발성 경화증 환자의 60퍼센트 또한 여성이다. 대부분의 경우 성별 격차가 존재한다는 인식은 있으나 심층적으로 연구되고 있지 않다. 의사들은 오랫동안 이런 격차를 호르몬 때문이라 치부하며 더는 탐구하지 않았다. 그리고 환자가 여자인 경우 그들의 시각은 온갖 이유로 주목을 받지 못하고 있다. 호기심 부족, 연구 부족, 의사로부터의 신뢰 부족, 그리고 여성들 스스로가 목소리를 내고, 질문하며 답변을 요구할 능력이 없다고 느끼는 자신감 부족 등 모두가 원인이다.

　　1973년, 루푸스 때문에 위험하니 절대 임신하면 안 된다는 조언을 받고 그에 대한 설명을 요구했던 레오라는 매우 드문 경우였다. 그리고 운이 좋게도, 그리고 중요하게도 그녀의 의사 또한 매우 드문 의사였다.

　　"그때 레오라에게 임신하면 안 된다고 말한 이유는 루푸스 환자가 임신하면 매우 위험해지기 때문입니다."[569] 마이클 록신Michael Lockshin이 내게 말한다. 레오라가 그의 진료실을 찾은 지 50년이 흘렀고, 그는 이제 뉴욕의 특별외과병원 내의 바버라 볼커 여성 및 류마티스 질환 센터의 명예 소장으로 재직 중이지만 그 진료를 여전히 생생히 기억하고 있다. "레오라는 그 사실을 잘 받아들이지 않았죠. 정통파 유대교 신자인 그녀는 그런 말을 용납하지 않을 태도였어요. 그녀는 제게 증명해 보라고 하더군요. 그래서 실제로 증거를 찾기 시작했습니다.”

의사가 내린 지시에 연구적 근거를 요구한 레오라의 고집은 그녀 자신의 삶뿐 아니라 록신의 삶까지도 바꾸어 놓았다(글을 쓰는 현재 레오라는 여섯 명의 자녀와 열일곱 명의 손주를 두었다). 흔히 통용되는 의학적 상식이 완전치 못하거나 부정확하다는 사실을 깨달은 록신은 루푸스와 임신 사이의 관계를 연구하기 시작했다. 더 나은 정보가 절실한 분야였다. 1960년대부터 루푸스 환자의 임신하는 것은 너무 위험하다는 데 모든 의사가 의견을 같이 했고, 그걸로 끝이었다.[570] 루푸스 진단을 받은 여성의 임신은 그 결과가 매우 치명적이라고 여겨져 심지어 로 대 웨이드 재판Roe v. Wade[*]의 판결 이전에 임신 중단을 합법적으로 허용하는 몇 안 되는 이유가 되기까지 했다.[571]

그러나 1983년에 접어들 무렵이 되자 록신을 비롯한 여러 연구자들은 루푸스를 가진 여성의 태아가 위험에 빠질 수 있는 경우는 드물고, 이런 드문 경우를 예측할 수 있는 방법이 있으며, 여성 루푸스 환자도 의사가 적절히 모니터하면 안전하게 자녀를 낳을 수 있다는 것이 밝혀졌다.[572] 오랫동안 의사들이 마치 절대적인 진리라도 되는 것처럼 되뇌었던 의학적 통념은 한마디로 오류였던 것이다.

지금까지 의사들이 잘못 알고 있었던 것이 얼마나 많은지를 보여준 이 연구 결과에 록신은 충격을 받았고 큰 교훈을 얻었다. 임신 중 갑자기 루푸스가 발병하여 사망에 이르는 환자의 비극적인 사

---

[*] 임신 중단 권리를 인정한 미국 최고 재판소 판례.

례를 경험한 후 그는 이 질환을 다루는 학회에 참석했다. "기본적으로 자기들이 무슨 말을 하는지 아는 사람은 한 사람도 없다는 걸 깨닫게 됐죠." 그가 말한다. "루푸스라는 질환을 제대로 이해하는 사람이 없었어요. 세계 최고라 할 수 있는 하버드 대학교에 모인 전문가들이 할 수 있는 일이라는 게 그저 어깨를 으쓱하는 것뿐이었습니다."[573]

록신과 같은 훌륭한 의사들이 있어서 아주 서서히나마 어깨를 으쓱하는 대신 경청하는 문화가 형성되어 가고 있지만 면역 질환을 앓는 여성들이 목소리를 내기란 여전히 어려운 일이다. 이 중 많은 경우가 '미분화undifferentiated disease' 즉 명확히 분류되지 않는 질환에 해당하는데, 현대 의료 시스템이 돌아가는 방식 때문에 공식적으로 진단받지 않은 질환은 치료 계획을 세울 수 없다. 미분화 질환을 앓는 사람은 임상 시험이나 기타 다른 정책적 조치에 포함되지도 않는다.[574] 이처럼 수백만 명에 달하는 여성들이 자신의 존재를 시스템 안에 반영할 방법이 없어서 시스템의 틈새로 빠져버리고 마는 것이다.

항상, 뭐, 너무 바빠서 그런 거에요… 등의 이유를 갖다 대다가 언젠가 결국에는 그 여성이 다시 찾아와 아기를 돌볼 수가 없다, 아이를 안아 올릴 수조차 없다고 하는 날이 올 것이다. 그제야 마침내 누군가가, '아, 그러면 손을 한번 볼까요?' 한다.[575]

— 엘리자베스 오티즈, 의사, 류마티스 전문의.

2023년 인터뷰에서 발췌

수백 년에 걸쳐 다른 사람들에게 병을 퍼뜨린다는 비난을 받아온 여성들이니, 이제 거기에 더해 여성 자신이 앓는 면역 문제는 자업자득이라는 비난을 받거나 스스로를 탓하도록 사회화가 되는 것도 놀라운 일이 아니다. 꾀병을 부린다, 허풍을 떤다, 혹은 병에 걸리기 쉬운 상황을 만드는 나쁜 선택들을 했다는 식의 비난을 받는 것이다. 류마티스 전문의인 엘리자베스 오티즈Elizabeth Ortiz는 냉소적으로 여성을 대하는 의료계의 태도를 접한 여성들이 처음에는 의혹에 사로잡혔다가 결국 환멸을 느끼게 되는 과정을 직접 목격해 왔다. "환자들이 이 의사에서 저 의사로 전전하는 사이에 중요한 정보들을 놓치는 일이 많습니다. 어떤 질환이 됐든 그 과정에서 환자는 고통받고, 상태는 악화되며 피해가 발생하고 있어요."[576]

100년 전, 메리 말론은 자신에게 무슨 일이 벌어지고 있는지 그녀가 이해할 수 있는 방법으로 단 한 번도 설명해 주지 않은 의사들에 의해 추격당하고, 체포되고 수감되었다. 그 의사들은 말론이 본인의 치료에 의미 있는 참여를 하기에는 너무 야만인이고 멍청하다고 생각했던 것이 틀림없다. 지금도 몇 년에 걸쳐 점점 더 병세가 악화되고 몸은 더 약해지는 동안 자기 말을 들어줄 단 한 명의 의사를 절박하게 찾지만 결국 실패하고 마는 여성들을 매일같이 만나게 된다고 오티즈는 전한다. 그중 한 환자는 쇼그렌 증후군이라는 자가면역질환을 앓는 30대 여성으로 의사들이 병을 제대로 진단한 후에도 가장 문제가 되는 증상의 대부분을 치료해 주지 못하자 전통 의학을 완전히 포기한 사례다.

"그녀는 심화되는 통증 증후군을 앓고 있었지만, 의사들은 아무런 조치를 취하지 않았어요. 게다가 그 문제에 관해 환자 본인과 이야기를 나누지도 않았습니다." 오티즈가 말한다. "그 환자는 자기가 섬유근육통fibromyalgia을 앓고 있다는 사실조차 몰랐어요. 그냥 쇼그렌 증후군을 앓고 있고, 약을 먹어야 하고, 더 좋아지지는 않고 있다는 사실만 알고 있었을 뿐이에요."[577]

오티즈에게 그녀가 찾아왔을 때는 이미 근육 약화가 너무 많이 진행돼서 더는 걷거나 스스로 음식을 먹을 수도 없었다. 오티즈는 그 여성의 진료 기록을 읽으면서 울음을 터뜨리고 말았다. "기록만 봐도 그녀가 어떻게 외면당해 왔는지 알 수 있었어요. 아무도 그녀와 대화하지 않았고, 아무도 설명해 주지도 않았어요."[578]

여성들이 아픈 것이 자기 잘못일 뿐 아니라 스스로 해결해야 할 문제라고 믿게 되는 이유를 추측하는 것은 어려운 일이 아니다. 그리고 이런 문화로 인해 자기계발이나 뱀 기름 같은 엉터리 약을 팔아넘기는 비윤리적 치료사들이 비집고 들어올 틈새가 만들어지는 과정도 짐작할 수 있다. 어떤 면에서는 위생에 태만하고 부주의한 여성에 관한 오래된 비난에 붙여진 새로운 변주곡이라 할 수도 있겠다. 유일하게 달라진 점은 이번 메시지의 내용은 집이나 질이 아니라 태도를 소독하는 데 실패했다고 말하는 부분뿐이다. 1980년대에 버니 시걸Bernie Siegel이라는 예일대 의대 교수는 〈사랑, 의학, 그리고 기적Love, Medicine Miracles〉이라는 치유에 관한 논문을 발표했다. 그는 약한 면역시스템은 그 사람이 정서적으로 미성숙한 결과라는 가설을 제시했다. 올바른 마음가짐만 있으면 아무리 치명적인 질병이라도 스스로 내면의 힘으로 치유할 수 있다는 주장이었다. "강력한 면역시스템은 방해만 없으면 암도 극복할 수 있다. 그리고 더 큰 자기 성취와 수용을 향한 정서적 성장은 면역시스템을 강하게 유지하는 데 도움이 된다."[579]

전이성 유방암으로 내 진료실을 찾아온 환자들 중에는 긍정적인 시각을 유지하는 것이 가장 중요하다는 훈계를 들어온 여성들이 많다. 마치 생존이 의학에 달린 것이 아니라 적절한 정신 위생에 달려 있기라도 한 것처럼 말이다. 이런 유독한 생각은 문화와 계층을 가리지 않고 만연해 있다. 종교 공동체에 속한 여성들은 기도로 암을 물리치라는 말을 듣고, 웰빙에 신경을 쓰는 상류층 여성들은 암이 완화된 상태를 시각화하려는 노력을 기울인다.

격분할 만한 일이고, 동시에 역사적 현실이 그대로 드러난 사례다. 병이 퍼졌다면, 설령 그것이 자기 몸속에서 벌어지는 일일지라도 비난은 결국 여성이 받게 되는 역사 말이다.

A: 그래, 팔이 진짜 아팠어. 백신 주사 맞은쪽 목도.

B: 다들 그래

A: 그런가… 근데 또 다른 게… 나 생리 중인데, 진짜 최악의 생리통에, 평생 본 것 중 양이 제일 많아. 너무 끔찍해.

B: 그래? 그거 이상하네.

A: 뭐가? 생리 얘기가?

B: 응. 왜냐면… 나도 그렇거든.

_예방접종을 한 여성들 사이의 대화 발췌, 2021년 1월

어떤 분야에서는 여성을 부당하게 대우하고 배제시킨 데 따른 유산이 지금 와서 아주 미묘한 방식으로 나타나기도 한다.

하지만 면역학은 그런 분야가 아니다.

2021년, 코로나19에 대한 예방접종이 미국 전역에서 실시되면서 이 백신에 특이한 부작용이 따른다는 소문이 퍼져나가기 시작했다. 가벼운 통증, 피로, 오한, 발열 등의 증상 외에도 예방접종을 한 여성 중에는 월경이 불규칙해지거나 월경 양이 비정상적으로 많아지는 경우가 있다는 소문이었다.

당시 공중보건 당국과 대중 매체는 모두 이 여성들을 거짓말쟁이라 부르는 식으로 반응했다. 이들이 거짓말을 할 뿐 아니라 과학을 부정하는 음모론자로, 백신 반대 정서에 부채질해서 수없이 많은 불필요한 죽음을 야기할 것이라는 비난도 따랐다. 소셜 미디어에 월경 부작용을 공유한 여성들은 조롱과 야유의 대상이 되었고, 그들의 계정은 '허위 정보' 유포 이유로 정지되기도 했다. 〈폴리티팩트〉*는 이 주장 전체가 '거짓'이라고 판단하고 다음과 같이 설명했다. "이 여성들의 월경주기, 생식 능력의 변화와 백신을 연결할 만한 데이터가 없다."[580]

폴리티팩트는 반만 맞았다. 그들의 말처럼 데이터가 없기는 했다. 하지만 그 이유는 데이터가 존재하지 않아서가 아니었다. 연구자들이 존재하는 데이터를 수집할 생각조차 하지 않았기 때문이다.

이는 생명의학 연구에서 여성을 배제해 온 오랜 습관에 따른 부작용이 그저 새로운 형태로 나타난 것일 뿐이었다. 코로나19 백신 임상 실험의 경우 여성이 연구 대상자로 참여하긴 했지만 여성들의 고유한 신체적 특징은 여전히 고려 사항에서 배제되었다. 임

---

* 미국의 정치 및 공공 발언에 대한 사실 검증을 제공하는 비영리 언론 기관.

상실험에 참가한 여성들에게 백신이 월경에 영향을 미쳤는지는 아무도 묻지 않았다. 사실 생식과 관련된 치료에 관한 임상 실험이 아닌 이상 연구자들이 월경에 미치는 영향을 추적하는 일은 거의 없다. 여성을 의학적 연구에 포함시키는 일에 가장 가까운 형태는 지금도 여전히 그들이 마치 남성인 것처럼 간주할 때 뿐이다.

셀 수도 없이 많은 여성이 경험으로 이미 알고 있는 사실을 의학계가 인정하기까지 결국 1년이 넘게 걸렸다. 코로나19 백신이 월경 불순을 초래하는 것은 사실이었다. 초기부터 이런 부작용에 주목해온 여성 과학자들이 주도한 이 연구에서는 놀라운 사실들이 밝혀졌다. 월경이 규칙적이지 않은 여성들까지 포함한 결과 피임약을 사용하고 있는 여성의 71퍼센트와 완경 후 여성 중 66퍼센트가 백신 접종 후 2주 이내에 '돌발 출혈breakthrough bleeding'을 경험했다고 보고했다.[581]

이 연구를 이끈 생물인류학자 캐서린 리Katherine Lee는 월경 관련 백신 부작용이 황당한 음모론처럼 취급되던 몇 달간의 상황에 대해서 분통을 터뜨렸다.[582] 백신 부작용이 음모론이라는 반응을 보인 무리 중에는 심지어 더 나은 판단을 했어야 할 저널리스트들도 포함되어 있었다.

"저널리스트들은 월경에 대해 아무것도 모르는 전염병 전문가 아무나 붙잡고 문의를 했고, 그 사람들은 '이런 일이 벌어질 납득할 만한 메커니즘이 존재하지 않습니다' '이런 일이 벌어질 생물학적인 이유가 없습니다' '실제로 이런 일이 일어나고 있다는 증거가 없습니다' 등등의 코멘트를 하곤 했어요." 그녀가 회상한다. 이런 보도와 예방접종을 한 후 월경 부작용으로 병원을 찾은 여성들을 무시하는, 혹은 그보다 더 나쁜 반응을 보인 의사들의 태도가 합쳐져서 매우 중요한 시기에 의료 당국에 대한 신뢰가 땅에 떨어지는 현상을 초래했다. "사람들은 '그게 아니야, 내 월경주기가 이상하다고. 내 몸은 내가 알아. 무슨 일이 벌어지고 있는지 안다고. 지금 벌어지는 일은 정상이 아니야'라고 생각하고 있었어요. 결국 그 사람들은 의사들이 자기를 가스라이팅한다고 느꼈죠."[583]

어떤 치료가 여성의 몸에 끼치는 영향에 대한 연구자들의 무관심뿐 아니라 공중보건 당국 관리들이 보인 여성들에 대한 가부장적 태도가 뚜렷한 이 사건은 과거 역사와의 유사성이 간과하기 힘들 정도로 뚜렷하다. 리는 백신의 월경 관련 부작용이 무시할 수 없을 정도로 분명해지자 의사들과 공중보건 당국 관리들의 태도가 눈에 띄게 변화했다고 말한다. "그들은 맙소사, 월경 부작용이 있을 수 있다고 말하면, 사람들은 임신 가능성을 걱정하게 될 테고, 그러면 또 백신 맞는 걸 주저하게 될 테고… 어쩌고저쩌고… 하며 두려워했죠."

다시 말하면 자신들이 실수했다는 사실, 연구 결과에 실제로 허점이 있다는 지적을 한 여성들을 조롱하고 무시하고 억압하는 실수를 했다는 사실을 깨달은 후, 의료 당국의 대응은 잘못을 인정하고 개선하는 쪽이 아니었다는 뜻이다.

그들은 만약 여성들이 백신이 자신의 몸에 미치는 영향에 대한 진실을 알게 된다면, '순종하지 않을까 봐' 우선 걱정했다는 것이다.

질병에 대한 공포는 인간 본능의 깊은 곳에 뿌리를 내리고 있다. 인류는 우리를 감염시키고, 아프게 하고, 죽음에 이르게 함으로써 생존하는 보이지 않는 수백만 종의 유기체와 세상을 공유하고 있다. 그리고 너무 작아서 보이지 않는 적의 공격에 취약한 인간이 여성을 희생양으로 삼아온 기다린 역사가 면역학의 중심에 자리 잡고 있다.

14세기 의사들의 상상의 세계를 지배하던 치명적인 부패로 가득한 자궁을 가진 '더러운 여성'의 망령은 여러 시대를 거치면서 다양한 형태로 변신해 왔다. 그녀는 마르틴 루터의 '매독에 걸린 창녀'다. 그녀는 저녁 식탁에 오를 요리에 양념으로 세균을 뿌리는 이민자 출신 요리사다. 그녀는 발목을 드러내고 다니면서 독감을 전파한 20세기 패셔니스타다. 그녀는 상냥하고 깨끗해 보이던 좀 노는 여자고, '적절한 여성 위생'을 등한시해서 구역질 나는 악취로 남편의 코를 괴롭힌 1950년대의 가정주부다. 그녀는 자신의 면역 체계가 암을 이겨내도록 시각화하는 데 실패한 암 환자이고, 장 본 물건을 라이솔로 하나하나 닦지 않아 집안으로 코로나19 바이러스를 들여온 태만한 주부다. 그녀는 코로나19 백신이 자기 월경주기를 어떻게 바꿨는지에 대해 닥치고 가만히 있질 못하는 음모론자이기도 하다.

누구라도 그녀가 될 수 있다. 당신이 바로 그녀일 수도 있다.

모든 면에서 개화된 시대라고 부를 수 있는 현대에도 여성의 몸은 여전히 의학적인 미스터리로 남아 있다. 새로운 생명을 잉태

하고, 돌보고, 보호해서 세상에 내놓는 능력으로 인해 경외의 대상
이 되는 동시에, 여성의 몸은 비난, 무지, 무관심, 공포 등 온갖 것들
을 담을 수 있는 곳이 되었다.

하고, 돌보고, 보호해서 세상에 내놓는 능력으로 인해 경외의 대상
이 되는 동시에, 여성의 몸은 비난, 무지, 무관심, 공포 등 온갖 것들
을 담을 수 있는 곳이 되었다.

9장

신경과민

'여자들은 다 미쳤어'라고
믿는 의학 분야

모든 여자가 미쳤다는 사실에는 의심의 여지가 없다.
미친 정도가 문제일 뿐이다.[584]

— W. C. 필즈, 1940년경

약한 자여, 그대 이름은 여자로다[585]

— 윌리엄 셰익스피어, 〈햄릿〉, 1603

리셉션 직원: 여성 캐릭터를 어떻게 그렇게 잘 묘사
         하세요?
멜빈 유달: 남자를 떠올린 다음 이성과 책임감을
         빼면 되죠.[586]

— 영화 〈이보다 더 좋을 순 없다〉, 1997

성장기 소녀가 하루 일곱, 여덟 시간씩이나 [학업에]
몰두하는 것이 좋다고 믿을 의사가 어디 있겠는가?
기계공이 근육을 쓰는 시간 만큼이나 긴 시간 동안
성장기 소녀가 뇌를 사용하는 것이 좋다고 할 의사가
어디 있겠는가?[587]

— 사일러스 위어 미첼, 의사, 1891

골턴의 저서 《유전적 천재》에서 잘 설명된 편차의
법칙을 적용하면… 남성의 평균적인 지적 능력이
여성보다 높을 수밖에 없다고 추론할 수 있다.[588]

— 찰스 다윈, 1896

왜 예쁜 애들은 항상 제정신이 아니지?[589]

— 만화 〈심슨 가족〉 중
'심슨과 결혼하세요, 노란 경적소리' 편, 1999년

그런 이유에서 여성들은 동정심이 더 많고, 더 잘
울고, 질투심이 더 강하고, 불평이 더 많고, 화도 더
잘 내고, 언쟁을 더 좋아하는 경향이 있다. 여성은 또
남성보다 우울감과 절망감을 더 쉽게 느낀다.[590]

— 아리스토텔레스, 《동물지》 9권, 기원전 4세기

이 정신병자 수용소도 유사한 다른 시설들과
마찬가지로, 정신병이 남성보다 여성에게 더
흔하다는 사실을 증명하고 있다… 잘 알려진 바와
같이 여성 하인들은 다른 어떤 계층의 사람들보다도
정신병에 걸리는 일이 더 빈번하다.[591]

— 찰스 디킨스, 1852

모든 신경증과 마찬가지로 히스테리증은 소녀들이
학업을 중단하고 더는 아무것도 배울 수 없게 되는
시점에 시작된다.[592]

— 피에르 자네, 의사, 1913

일반적으로 모든 여성은 히스테리증을 가지고 있다.
그리고 모든 여성이 히스테리 환자가 될 소지를
가지고 있다.[593]

＿오귀스틴 파브르, 의사, 1883

[여성은] 지적 능력을 갖기에는 너무 작은 머리를
가지고 있다. 그들의 머리 크기는 연애하기 적당한
정도다.[594]

＿찰스 메이그스, 의사, 1847

나는 여성을 존중하지만, 이 년 미쳤네.[595]

＿드레이크, 〈이 년 미쳤네〉 가사 중, 2007

그 여자들이 히스테리증을 가진 건 분명했다.

어떤 의사도 이런 진단을 입 밖으로 꺼내 말하지 않았지만 모두가 다 알고 있는 사실이다. 그들은 멀찍이 떨어져서 하얀 가운 주머니에 두 손을 푹 집어넣은 채 환자들을 연민, 흥미, 우려가 섞인 눈길로 관찰하고 있다. 몇몇은 가능한 치료 방법들을 궁리하면서 메모를 한다. 다른 이들은 종일 계속되는 이 의료 퍼포먼스에 푹 빠진 관객이 되어 그저 뚫어져라 쳐다만 보고 있다.

환자 중 한 명은 벌써 몇 시간째 샤워 부스에 쭈그리고 앉아 있다. 그녀는 심하게 다친 손으로 가슴을 움켜쥐고 있다. 아침에 새로 감은 붕대는 끊이지 않는 강박의 목소리에 굴복한 그녀가 이로 모두 뜯어내서 푹 젖은 채 발밑에 작은 둔덕을 이루고 쌓여 있다. 부상은 자해로 인한 것이었다. 손가락 두 개가 피투성이로 너덜너덜해져 있다. 이로 깨물어댄 나머지 살점이 떨어져 나가서 하얀 뼈가 보일 정도다. 간호사가 새 붕대를 들고 그녀 옆에 서서 환자의 손목을 잡으려 손을 뻗는다.

"괜찮아요, 환자분." 간호사가 부드럽게 말을 걸며 손을 잡아보지만 여자는 간호사의 손을 휙 뿌리친다. 그리고는 손가락을 입술로 가져간다.

그녀가 자기 손가락을 다시 물어뜯기 시작하자 간호사가 몸서리를 친다.

또 다른 환자는 경련 발작을 일으키고 있다. 한 팔과 한 다리가 제어할 수 없이 떨리고, 말을 해보려고 턱을 애써 움직이지만 입에서는 한마디도 나오지 않는다. 그녀는 크게 뜬 눈에 애원하는 빛을 띄우고 경련하는 자기의 손을 마치 남의 것인 양 쳐다본다. 그녀가 겨우 내뱉는 소리는 뒤죽박죽 더듬거림에 불과하다. 하지만 상관없다. 의사들은 이미 뭐가 잘못되었는지 알고 있다. 샤워 부스 안에 있는 여자, 일주일 내로 결국 손가락 절단 수술을 받게 될 그 여자의 문제가 무엇인지 아는 것처럼 말이다. 두 환자 모두 신경성 질환을 앓고 있다. 의학계는 항상 여성의 몸과 여성의 뇌가 태생적으로 이런 질환에 비극적일 정도로 취약한 것으로 이해해 왔다. 처음부터 끝까지 이런 사례만을 다루는 책들이 많이 나와 있고, 충격적이긴 하지만 모든 여성의 약한 체질과 그들이 하나같이 품고 있는 잠재적 광기를 보여주는 예일 뿐이다.

의사들은 서로 고개를 끄덕인다. 환자를 응시하며 한숨을 쉬기도 한다. 속으로는 이 환자들의 고통이 끔찍하긴 하지만 상황이 그보다 훨씬 더 나쁠 수도 있었으니 다행이라 생각한다. 다른 병원 같았으면, 예를 들어 지그문트 프로이트 박사가 히스테리증에 관한 혁신적인 강의록을 집필한 악명 높은 파리의 피티에 살페트리에르 병원 같은 곳이라면 이 여자들이 사람들의 눈을 피할 수 있는 병동에 있을 수도 없었을 것이다. 대신 수술실 극장의 무대에 올라 꽤 많은 돈을 내고 몰려와 숨을 몰아쉬며 뚫어져라 쳐다보는 관객들 앞에 서서 구경거리가 되었을 것이다.

그러나 여전히 아무도 그 단어를 말하지 않는다.

"히스테리증."

사실 더는 이 단어를 사용하는 사람은 없다. 설령 누군가 하고 싶어도 그럴 용기가 없을 것이다. 의학 역사상 충격 중 하나인 이 광경이 벌어지고 있는 곳은 살페트리에르 병원도, 파리도 아니고, 시대도 19세기가 아니기 때문이다. 지그문트 프로이트가 죽은 지 무려 80년이나 지났다.

이곳은 2023년의 뉴욕시이다.

그러나 의학계가 여성을 바라보는 방식에 있어, 어떤 것들은 절대 변하지 않는다.

◇◇◇

《정신질환 진단 및 통계 매뉴얼Diagnostic and Statistical Manual of Mental Disorders, DSM》이 1980년 이후 히스테리증을 목록에서 삭제했지만, 이 단어가 의학용어 사전에서 사라졌다고 해서 그 영향력이 줄어든 것은 아니다.[596] 사실 히스테리증이라는 유사 과학적 고정관념만큼 여성의 삶에 강력한 영향을 미친 사례는 드물다. 이는 여성의 삶에 의료적, 문화적, 정치적, 사회 전반에서 여전히 강력하게 작용하고 있다.

의사들이 여성 환자를 치료한 역사는 곧 그들을 태생적으로 불안정하다고 의심하고 무시해 온 역사이기도 하다. 신경질적이다. 히스테리컬하다. 불안하다. 가사는 바뀌지만 멜로디는 그대로다. 의료 시스템 전반에 걸쳐 이루어진 수없이 많은 긍정적인 진보에도 불구하고 이 부분은 여전히 똑같다. 바로 앞에서 소개된, 2023년 뉴욕시 소재 병원에서 치료를 받고 있던 환자들을 떠올려 보자. 코로나 팬데믹으로 인해 의료 시스템이 다소 혼란을 겪는 상황에서도 이 여성들은 최고의 기술과 최신 치료법, 그리고 무지몽매한 과거의 의사들과 전혀 다른 태도와 교육 면에서 전혀 다른, 공감력이 뛰어난 의사들을 만날 수 있었다. 신경질환 진단을 받고 시설에 수용된 여성 환자들을 마치 서커스 쇼처럼 관객들 앞에 전시하던 구시대 의사들과는 완전히 다르지 않은가.

그럼에도 이 환자들의 증상이 의사들이 가진 지식과 이해의 한도를 시험하게 되면, 히스테리증 여성이라는 망령이 여지없이 고개를 들고 만다. 이 여성들의 배경과 병력은 모두 달랐고, 유사한 증상 또한 없었다. 그러나 그들의 차트에는 결국 모두 같은 진단명이 쓰였다.

불안증. 의사들은 문제가 불안증이라고 진단했다.

사실을 말하자면 그들은 완전히 오리무중에 빠져 있었다.

생물학적으로 볼 때, 인체의 신경계는 심박수, 장기 기능 등의 신체적인 것뿐 아니라 감정, 지능, 기분까지 조절하는 신호를 전달하는 통신망이다. 이 신경계가 제 기능을 다하지 못하면 파킨슨병, 뇌전증, 주의력 결핍 및 과잉 행동 장애ADHD, 불안장애, 알츠하이머병과 같은 질환을 일으킨다. 그러나 의학사에서 신경계는 특별히 독특한 역할을 수행해 왔다. 바로 여성의 뇌가 남성이라는 '이상형'과 비교할 때 본질적으로 다르고, 불안정하며, 망가졌다고 주장하는 거의 모든 이론의 중심에 여성의 신경계가 희생양으로 등장하기 때문이다.

그래서 여성의 신경학에 대한 논의는 어지러울 정도로 방대한 양의 자료를 다룰 수밖에 없어서 이 책의 한 장에 다 담아내는 것은 불가능하다. 이 장에서 다룰 인물, 배경, 이론 등은 각각 하나씩만으로도 책 한 권씩 쓸 수 있을 정도로 자료가 풍부하고, 실제로 그런 책이 이미 많이 출판되기도 했다. 그러나 이 책의 목표에서 벗어나지 않기 위해 우리는 신경계를 단순한 생물학적 조직으로 보기보다는 여성에 대한 의료계의 인식 전체를 투영하는 프리즘으로 이해하는 것이 좋을 듯하다. 이 장에서는 의학사 전체를 주마간산으로 둘러보는 대신 투영된 이미지 중 가장 크고, 밝고, 뚜렷한 것들에 초점을 맞춰보고자 한다. 그런 다음 그 이미지들이 어떻게 연결돼서 과학계가 여성을 볼 때 무엇을 보았고, 지금도 보고 있는지에 관한 더 크고 무서운 진실을 알려주는 큰 그림을 형성하는지 살펴보자. 이 진실은 의학 문헌뿐 아니라 철학, 문학, 이야기, 노래 등에도 등장한다. 그리고 영화 〈하트브레이크 키드The Heartbreak Kid〉에서 한밤중에 짝사랑을 고백하기 위해 여성의 집에 무단 침입한 벤 스틸러를 데리고 나가면서 제리 스틸러가 하는 말에도 나온다. 사실 여성 신경학의 역사 전체가 그의 대사 한 줄에 응축되어 있다.

"여자들은 다 미쳤어. 알잖아."[597]

그녀에 관한 모든 것이 그녀의 히스테리적 성향을 잘 보여준다. 세심하게 신경 쓴 화장, 헤이스타일, 악세사리로 쓰는 리본들까지 모두⋯[598]

—데지레마글로아르 본빌, 의사, 1878

오귀스틴Augustine이 생전 처음 사진에 찍힌 것은 1878년, 살페

트리에르 여성 정신병원에 입소한 직후였다.[599] 사진에 등장하는
그녀의 모습이 너무도 평범해서 놀랍다. 수수하고 어두운색 드레
스를 입고 의자에 앉아 옆으로 기대어 한 손으로 머리를 가볍게 받
치고 있는 그 젊은 여성의 모습은 그녀가 누구라고 해도 믿을 수
있을 정도로 특징이 없다. 그 사진을 찍으라고 주문을 한 남자는 나
중에 그녀를 타고난 연기자라 묘사할 것이다. "활발하고, 영리하고,
다정하며, 감수성이 풍부하고, 변덕스러운" 소녀인 그녀는[600] 밝은
색의 리본과 복잡한 헤어스타일, 그리고 "관심을 끄는 것"을[601] 좋
아한다고 묘사되지만, 이 격식을 차린 사진에서는 그런 특징을 하
나도 엿볼 수 없다. 사진을 찍는 사람을 별 감정 없이 지긋이 바라
보는 그녀의 입술에는 미소의 흔적조차 보이지 않는다. 땋은 머리
를 꼬아서 머리 꼭대기에 단정하게 틀어 올린 헤어스타일만 유일
하게 또 다른 오귀스틴, 활달하고 요염하며 항상 관심을 갈망하는
오귀스틴을 엿볼 수 있는 단서다. 조심스레 땋아 올린 머리가 풀리
면, 그 머리스타일의 주인공도 풀려버릴 수도 있다.

　외부에서 본 살페트리에르는 거대한 석조 요새 같은 느낌을 준
다.[602] 끝없이 이어진 정면 외벽과 거기 난 유일한 출입구인 거대
한 아치 위로 중앙 예배당의 돔 지붕이 살짝 보일 뿐이다. 오귀스틴
이 그 문을 처음 지나간 것은 몇 달 전 일이다. 그녀를 데리고 들어
간 어머니는 오귀스틴을 그냥 이 안에 가둬둘 수만 있다면 의사들
이 자기 자식을 회복시키든 말든 상관없다는 태도였다. 눈에서 멀
어지면 마음도 멀어진다. 오귀스틴이 처음 병을 앓기 시작한이후
로 어머니는 거의 다시 찾아오지 않았다. 그때의 방문조차도 자기
이익을 위한 것이었지 딸을 사랑해서가 아니었다. 그녀의 어머니

가 유일하게 원하는 것은 딸이 자기에게 진짜로 무슨 일이 벌어졌
는지를 경찰에게 절대 말하지 않는 것뿐이다.[603]

말을 한다고 해서 현실적으로 경찰이 귀를 기울이기나 하겠는
가. 경찰은 신경도 쓰지 않을 것이다. 어머니는 오귀스틴에게 일어
난 일의 진실이 바로 이 병원에서도 이미 여러 번 드러났다는 사실
을 모른다. 그 일은 발작의 징후가 닥쳐오고 몸이 경련을 일으키기
시작하면서 시각이 흐릿해질 때마다 벌어지곤 한다. 그녀는 발로
무기력하게 매트리스를 걷어차고, 주먹을 꼭 쥔다. 그리고는 자신
의 기억 속에만 존재하는 보이지 않는 가해자와 싸우면서 비명을
지르고 허공을 차댄다.

그 남자는 어머니가 오래도록 모시던 고용주였다. 그는 면도칼
을 오거스틴의 목에 댄 채 그녀를 덮쳐 눌렀다.

"돼지 새끼!" 그녀가 비명을 질렀다. "아파!"[604]

의사들도 이 장면을 수없이 목격했고, 그것이 무엇을 의미하
는지 모를 리 없었으나 경찰에 그 사실을 알리자고 제안하는 사람
은 단 한 명도 없다. 사실 그들이 작성한 메모에는 오귀스틴의 강간
을 법적, 의학적으로 "공개 부적합"이라고 노골적으로 적은 부분들
이 나온다.[605] 그들은 대신 이 사례가 "병들고 타락한 인간 본성에
대한 탐구심이 있는 사람"을 위해 기록할 가치가 있다고만 쓴다.[606]
살페트리에르의 벽 안에서 이 히스테리증이 있는 소녀는 사람이라
기보다는 흥미로운 연구 대상일 뿐이었다. 그녀는 창문 쪽으로 바
짝 붙여놓은 철제 침대에 눕거나 앉아서 하루 대부분의 시간을 보
낸다. 침대를 그렇게 둔 것도 그녀가 바깥 풍경을 감상할 수 있도록
하기 위해서가 아니라 사진 찍을 때 늘 빛이 잘 들도록 하기 위해

서였다. 침대 옆에 항상 카메라가 준비되어 있어서 결국 수백 장의 사진을 남길 수 있었다. 그녀가 미소짓고, 비명 지르고, 흐느끼고, 웃음을 터뜨리는 모습도 있고, 턱이 빠져버린 뱀처럼 입을 크게 벌린 채 누워 있는 모습도 있다. 또 다른 사진에는 머리를 풀어헤치고 드러난 어깨 너머로 카메라를 정면으로 응시하는 모습이 담겨있다.[607] 수줍은 미소를 지으면서 카메라를 정면으로 쳐다보고 있지만 이런 장면은 매우 드물다. 대부분의 사진에서 그녀는 자기가 사진에 찍히고 있다는 사실조차 의식하지 못한 모습이다.

이것이 오귀스틴이 타인의 관심을 즐긴다고 의사들이 주장했던 이유였다. 정말 그럴까? 어쩌면 그럴지도 모른다. 혹은 의사들이 그녀가 그걸 즐긴다고 믿을 필요를 느꼈을지도 모른다. 어쩌면 이런 주장은 의사들이 자기 자신을 위해 하는 거짓말, 끊임없이 그녀를 자극해 보고, 머리카락을 당겨보고, 피부를 찔러보면서 그녀를 괴롭혔던 기나긴 시간을 정당화하고자 하는 거짓말이었을지도 모른다. 그녀에게 최면을 건 다음, 정신을 잃은 채 앉아 있는 그녀의 손가락 사이 물갈퀴 같은 연한 살에 바늘을 찔러보고, 석탄을 초콜릿이라 속여서 먹이는 짓을 하면서 말이다. 그녀를 관찰하고, 관찰하고, 끊임없이 관찰하는 그들의 눈은 진단을 내리기 위한 객관적인 시각이 아니라 관음증적 요소가 가미된 탐욕스러운 시선이었다.

오귀스틴이 진정으로 느끼고, 생각하고, 원하는 것이 무엇인지를 구별하는 것은 그녀를 연민의 눈으로 바라보는 역사학도들에게 쉬운 일이 아니다. 그리고 어쩌면 그것은 오귀스틴 자신에게도 쉬운 일이 아니었을지도 모른다. 그녀를 구경하기 위해 모여든 관객 앞에 의학적 최면에 걸린 채 서서 "아니" 혹은 "그만해"라고 말하는 것이 불가능할 뿐 아니라 점점 더 의사들이 원하는 것과 자신이 원하는 것을 구별하는 것마저 어려워졌을 것이다. 게다가 자신이 원하는 것을 아는 게 무슨 소용이겠는가? 원하는 것은 말하는 족족 모두 무시당해왔던 마당에 말이다.

원하건 원하지 않건, 사람들이 자기들이 원하는 것을 빼앗고 말 텐데 내 뜻이라는 게 다 무슨 소용이 있단 말인가?

말하자면 우리에게 걸어다니는 병리학 박물관 같은 것이 생긴 것이고, 거기 서 찾을 수 있는 사례는 거의 무궁무진했다.[608]

—장마르탱 샤르코, 의사, 1880

역사적으로 '여자들은 다 미쳤다' 식의 신경학 이론은 그런 이론이 존재한다는 사실 뿐 아니라 그 반대 이론의 부재로 인한 공백으로도 강화되었다. 인류 의학사 전체에 걸쳐 여성이 더 똑똑하고, 더 이성적이고, 더 합리적이라는 반대 이론이 제시된 적은 단 한 번도 없었다.

히스테리증의 '히스테리Hystery'는 자궁을 뜻하는 그리스어에서 직접 따온 단어로[609] 여성 정신 장애를 포괄적으로 지칭하는 표현인데, 딱 이 단어로 명시되지는 않지만 이 개념과 연관된 내용은 고대 이집트의 의학 문헌에서부터 발견된다. 기원전 2000년경에 제작된 파피루스 문헌에서는 어떻게 여성 몸 안에서 자궁이 움직이면서 간헐적 경련성 발작tonic-clonic seizures, 우울증을 포함한 위험한 정신 질환을 일으키는지 설명하고 있다.[610] 돌아다니는 자궁을 강제로 제자리로 되돌리거나, 아로마테라피의 원시 형태라도 밖에 묘사할 수 없는 말도 안 되는 방법으로 자궁을 유도하는 방법이 최선이라는 의학적 처방이 제시된다. 이 의학 문헌은 자궁이 위쪽으로 움직였으면 여성의 코 근처에 매캐한 물질을, 질 근처에 좋은 향기가 나는 물질을 놓아서 자궁이 제자리로 내려가도록 꼬드겨야 한다고 조언한다(수천 년이 지난 후, 자궁이 후각적 자극에 반응한다는 동일한 개념이 빅토리아 시대를 풍미하면서 기절한 여성의 콧구멍 아래에 향기 소금을 갖다 대는 풍습이 생겼다).

한편 히스테리증이라는 단어 자체는 기원전 5세기 히포크라테스 저서에 등장하는데[611] 여기서도 다시 한번 자궁의 움직임으로 인한 질환으로 묘사하고 있다. 이제는 자궁이 그냥 위치만 조금 움직인 것이 아니라 무감각한 동물처럼 온몸을 돌아다니면서 가는 곳마다 혼란을 야기한다는 상상이 등장한다. 고대 그리스인들은 이 제멋대로인 자궁이 호흡을 방해하고, 혈류를 차단하며 다른 장기를 압박해 독을 퍼트린다며 모든 것을 자궁의 탓으로 돌렸다. 그리고 고대 이집트인들과 마찬가지로 히스테리증에 대한 일반적인 처방은 역겨운 냄새가 나는 물건을 여성의 코 밑에 대서 몸의 아래쪽으로 자궁을 내려가게 하는 방법이었다. 하지만 재채기를 하는 것만으로도 자궁을 제자리로 돌리는 것이 가능하다고 믿기도 했다. 체액설이 주류 의학 이론으로 자리 잡자 의사들은 차갑고 축축한 여성의 체질이 자궁질환을 부르는 경향이 있고, 특히 배우자가 없을 때 그런 성향이 더 강해진다고 선언했다. 이 학파는 자궁을 어느 정도 지각이 있는 존재, 자기 팔자에 만족하지 못해 투덜거리며 온몸을 돌아다닌 존재로 상상했다.

따라서 히스테리증을 겪는 여성에게 흔히 결혼과 성관계를 치

료법으로 추천하는 것도 놀랍지 않다.[612]

사실 의학 역사 전체에 걸쳐 히스테리증에 대한 진단은 그 시대에 유행하는 의학적, 문화적 관습에 놀라울 정도로 유연하게 적응해왔다. 중세의 의사들은 히스테리증을 악령이 빙의한 것 혹은 사악한 주술의 효과라고 봤다. 그런가 하면 히스테리증이 마녀재판에서 변론으로 사용된 적도 있다. 1602년 마녀라는 죄목으로 고발당한 젊은 여성 엘리자베스 스토버Elizabeth Stover는 에드워드 조든Edward Jorden이라는 의사의 증언 덕분에 재판에서 마녀가 아니라는 판결을 받고 풀려났다. 스토버가 "목이 막혀 숨을 못쉬고, 개구리 울음소리나, 쉭쉭 뱀소리를 내며… 광기, 경련, 딸꾹질, 폭소, 노래, 흐느낌, 비명" 등의 증상을 보이는 것은 사악한 주술에 손을 대서가 아니라 자궁이 제자리에서 벗어나면서 생긴 영향이라고 조든이 진단했기 때문이다.[613] 1700년대에 접어들면서 의료계는 여성의 성적 욕망과 관련된 다양한 사회적 불안감을 세탁하는 장으로 변모했고 히스테리증은 자위를 하는 것으로 의심되는 여성들에게 흔히 내려지는 표준적인 진단으로 자리 잡았다.

요약하면, 여성에게 뭔가 이상이 생기면 그게 무엇이든 히스테리증이라는 결론을 내렸고, 실제로 그런 진단이 횡행했다. 이 책에 등장하는 모든 의사는 자기를 찾아온 여성 환자에게 이런저런 방식으로 히스테리증이 있다는 비난을 한 바 있고, 의료계와 접촉을 한 여성은 누구나 한 명도 빠짐없이 의심의 여지가 있다는 선입견의 대상이 되었다. 히스테리증은 여성이 환자로서, 인간으로서 세상에서 차지하는 위치를 규정했다. 단순히 자궁을 가졌다는 이유만으로 여성은 생물학적으로 불리하다는 의학적 합의가 존재했다. 자궁이라는 변덕스러운 장기가 두뇌 작동에 영향을 끼치지 않을 수 없다는 것이 이유였다. 1828년, 조지 맨 버로우스George Man Burrows라는 정신과 의사이자 정신 질환 전문가는 자궁의 기능이야말로 "여성의 도덕적, 신체적 상태를 나타내는 바로미터"에 다름없다는 의학적 합의 사항을 명확히 표현했다.[614]

"그러나 뇌의 기능은 자궁계와 너무 밀접하게 연결되어 있어서 인체의 구조적 운영 과정에서 자궁계가 수행해야 할 어떤 하나의 과정이 방해받게 되면, 두뇌 활동에도 영향을 미칠 수밖에 없다"라고 그는 썼다.[615]

'히스테리증 환자 오귀스틴'으로 유명해진 십대 소녀 루이스 오귀스틴 글레이즈Louise Augustine Gleizes가 1800년대 말 파리의 살페트리에르 병원에 입원했을 즈음에는 히스테리증에 대한 의학계의 통념이 과학적 영향과 사회의 영향으로 촘촘하고 복잡하게 짜낸 난해한 직물처럼 튼튼하게 자리 잡은 후였다. 늘 그렇듯 문화와 의학 사이의 벽은 투과성이 높아 서로 영향을 주고 받기 마련이다. 19세기의 정신의학자들은 셰익스피어의 오필리아에 특히 집착했다. 성적으로 격동적인 사춘기를 겪으며 히스테리증을 얻은 전형적인 사례로 오필리아를 본 것이다. 1859년, 의학-심리학회 회장이었던 존 찰스 벅닐John Charles Bucknill은 다음과 같이 썼다. "어느 정도 경험이 있는 정신과 의사라면 오필리아 같은 환자를 많이 보았을 것이다."[616]

세익스피어가 허구의 인물을 통해 그려낸 여성의 광기에 대한 묘사가 너무 영향력이 큰 나머지 심지어 오필리아의 외모조차도 의학적으로 의미가 있다고 여겨졌다. 〈햄릿〉의 첫 폴리오 출판

본*에서 오필리아의 광기가 심해지는 과정은 헤어스타일의 변화를 통해 상징적으로 그려졌다. 처음에는 단정하게 핀으로 틀어 올린 스타일이었지만 그녀가 미친 후에는 머리를 길게 풀어헤치고 다닌다. 폭포수처럼 흘러내리는 그녀의 머리스타일은 오필리아라는 인물의 상징이 되었다. 19세기 화가 존 에버렛 밀레이John Everett Millais는 물에 빠진 오필리아를 그린 유명한 유화에서 풀어헤친 머리카락이 물에 떠서 그녀의 얼굴 주변을 후광처럼 감싸도록 묘사했다.[617] 정돈되지 않은 헤어스타일은 거의 즉시, 개념 수준에서 여성의 광기와 동일시되었다.[618] 오귀스틴의 의사들이 그녀가 복잡한 헤어스타일을 좋아한다는 사실에 그토록 집착하고, 어깨로 폭포수처럼 흘러내리는 머리 모양을 한 그녀의 유명한 사진이 그토록 많은 것도 놀라운 일이 아니다. 오귀스틴의 증상은 히스테리증에 대한 놀라운 사례 연구 대상일 뿐 아니라 외모까지 딱 맞아떨어진 것이다.

살페트리에르 병원으로 말할 것 같으면 히스테리증이 신경학적 뿌리를 가지고 있다는 개념이 처음으로 확립된 곳이다. 현대 신경학의 아버지로 일컬어지곤 하는 장마르탱 샤르코Jean-Martin Charcot가 원장으로 재직하면서 이곳을 실험실로도 쓰고, 병원으로도 쓰고, 극장으로도 쓰는 식으로 운영하면서 연구를 이끌었다. 그곳에서 한 그의 연구 중에는 일부 획기적인 것도 있었다. 샤르코는 다양한 질병의 원인이 신경학적인 것이라는 것을 처음으로 인식하고 밝혀내서 이 분야의 중요한 발전이 이루어질 수 있는 기반을 다지

---

* 종이 한 장을 한 번 접어 2개 면 4쪽으로 만든 방식으로 제본한 책.

고, 후에 신경학을 확립한 다수의 유명한 의사들의 멘토 역할을 했다. 과학자로서 그의 충분히 이유 있는 명망은, 역설적이게도 그가 의사라기보다는 서커스 단장 같은 모습을 보인 까닭에 더욱 강화됐다. 특히 히스테리증 환자의 경우에 그런 성격이 더 두드러지게 보였는데 샤르코는 병원을 "일종의 살아 있는 병리학 박물관"이라고 불렀다. 다시 말해 기묘한 구경거리를 보여주는 곳이었다는 의미였다. 그리고 샤르코의 개인 박물관이 보유한 무궁무진하고 기묘한 구경거리는 물건이 아니라 사람, 그것도 대부분 자기 의지에 반해 그곳에 수용된 여성들이었다.

살페트리에르 병원에서 샤르코는 오귀스틴과 같은 여성들을 호기심에 가득 찬 관객들 앞에 전시하고, 그들이 가진 히스테리증의 증상과 이를 완화하기 위한 자신의 치료법을 시연했다. 그의 치료법은 독특했고 때로 폭력적이었다. 샤르코는 히스테리증 환자를 "히스테리증을 일으키는 부위"에 압력을 가하는 방식으로 치료할 수 있다고 주장했다.[619] 과학적으로 들릴지 모르겠으나 실제로는 환자의 난소 부위를 주먹으로 때리는 방법이었다.

이런 시연을 묘사한 그림에서는 마치 서커스장 같은 분위기가 느껴진다. 어두운색 정장에 백발을 빗어 넘겨 귀 뒤에 붙인 샤르코 옆에 졸도하기 직전의 여성이 그녀의 팔을 붙들고 있는 조수들의 부축을 받으며 서 있다. 그 주변으로 완전히 몰입한 표정으로 지켜보는 관객들이 서 있는데 여성은 한 명도 없이 모두 남성들이다.[620] 샤르코의 선정적인 강의에 참석한 사람 중 많은 수가 의사나 과학자였다. 그중 하나가 히스테리증의 원인을 신경학에서 찾는 샤르코의 이론을 뛰어넘어 이 질환이 정신에 뿌리를 두고 있다는 자기만의 개념을 정립한 지그문트 프로이트였다. 그러나 이런 시연이 대중적인 성격을 띠었기 때문에 건전하지 못한 동기를 가지고 모여드는 사람들도 있었다. 어느 날, 시연이 한참 진행되고 있던 도중 관객 쪽으로 고개를 돌린 오귀스틴의 눈에 그녀를 바라보며 빙글거리는 낯익은 얼굴이 들어왔다. 어머니의 고용주, 그녀를 강간한 남자였다.[621]

그가 쇼를 보러 온 것이었다.

사실 환자를 구경거리로 만들고, 살페트리에르 병원을 일종의 관광지로 만든 것은 당시 샤르코에 국한된 일이 아니라는 점을 지적하고 넘어가는 것이 좋겠다. 때는 예술적 혁신과 과학의 발전이 동시에 벌어지던 파리의 벨 에포크Belle Époque 시대였다. 경계를 허물고자 하는 의사들이 대중적 쇼에 기대어 활동하기에 좋은 환경이기도 했다. 정신병원은 치유보다는 인간 동물원처럼 간주되어 일반인들이 방문해 환자들을 구경할 수 있는 곳이었고, 환자들은 히스테리증에 전형적인 미친 행동을 하도록 유도되기도 했다. 그리고 오귀스틴 같은 환자의 시연은 병원 밖 거리 예술에 영감이 되어, 경련 발작을 연상케 하는 동작을 안무에 포함한 춤 장르가 생겨나기까지 했다.[622] 여성 히스테리증 환자의 전형이 셰익스피어의 작품에서 태어나 정신병원에 들어온 것과 마찬가지로, 이 이미지는 살페트리에르와 같은 병원의 벽을 넘어 더 광범위한 문화 영역에 스며드는 일도 신속하고 쉽게 벌어졌다. 그에 따라 여성이 불안정하다는 개념이 사람들의 의식에 깊게 뿌리내려 사회적 고정관념으로 자리 잡았다.

오귀스틴은 살페트리에르 병원에서 환자로, 이후 직원으로, 그리고 다시 환자로 신분이 바뀌면서 총 5년을 지냈다. 그녀는 샤르코가 가장 좋아하는 연구 대상이었고, 소위 완치가 되었다고 여겨지던 시기에도 샤르코가 가장 애착을 보인 환자였다. 그녀에게 최면술을 사용하면 히스테리증을 다시 유도할 수 있다는 사실을 깨달은 샤르코는 계속해서 그녀를 대중을 상대로 한 시연에 소환했다. 어쩌면 얼마 가지 않아 상황이 악화된 것도 놀랄 일이 아니다. 오귀스틴의 증상이 재발했고. 점점 더 격렬한 발작으로 고통을 받았다. 발작을 일으킬 때마다 그녀에게는 구속복 착용, 난소 압박, 전기 충격 요법 등이 가해졌지만 효과는 거의 없었다. 샤르코의 대표적인 연구대상이라는 명성에도 불구하고 그가 한 번도 그녀에게 실제적인 도움을 주지 못했다는 사실은 주목할 만하다. 그리고 결국 오귀스틴이 살페트리에르 안에 갇혀 사는 것을 더는 받아들이지 않았다는 사실 또한 놀라운 일이 아니다. 그 후 그녀의 삶이 어땠는지는 자세히 알려진 바는 없지만 우리가 확실히 아는 것은 그녀가 탈출했다는 사실이다. 그녀는 아마 병원 인턴이 놔두고 갔을 옷을 훔쳐 입고, 의사들이 그토록 인상적으로 생각했던 길고 아름다운 머리카락은 모자 속에 감추거나 잘라버리고 도망을 쳤다. 아무도 그녀에게 주의를 기울이지 않았고, 아무도 그녀를 쫓아오지 않았다.

샤르코의 환자로 대중 앞에서 히스테리증으로 유명한 여자, 전형적인 '미친 년' 역할을 시연하는 생활을 몇 년 동안 한 다음 오귀스틴은 병원 직원들이 전혀 의심하지 않을 만한 사람으로 변장을 하고 자유를 되찾았다. 바로 남자로 변장한 것이다.[623]

그녀는 의식적으로는 아닐지 모르지만 언쟁을 할 때 자기 주장을 관철하기 위해서 보통 히스테리증이라 부르는 증상을 무기로 사용했다. 구토, 실신 발작, 명확한 원인이 없는 통증 등이 그녀의 증상이었다.[624]

—에브라함 마이어슨, 의사,
〈부부 갈등에서 무기로 사용되는 히스테리증〉, 1914

이러한 신경과민 증상이 급격히 증가하는 현상의 주된 근본 원인은 현대 문명이다. 현대 문명이 고대 문명과 다른 점은 크게 다섯 가지로 증기 동력, 정기 간행물, 전신, 과학, 그리고 여성의 정신 활동이 그것이다.[625]

—조지 M. 비어드, 의사
〈미국인의 신경과민증, 그 원인과 신경쇠약증에 대한 보충 자료〉, 1881

히스테리증을 가진 여자는 주변에 있는 건강한 사람의 피를 빨아먹는 흡혈귀다.[626]

—올리버 웬델 홈스 1세, 1908

히스테리증을 일으키는 의학적 원인이 알려진 바 없고, 합의된 정의마저 부재했기 때문에 이것이 정확히 무엇인지, 어떻게 치료해야 하는지에 관한 이론이 남발했다. 살페트리에르에 수용된 여성들은 이제 우리가 뇌전증, 조현병, 혹은 강박장애라고 알고 있는 질환을 가졌을 확률이 높지만, 당시에는 이 병들에 대한 이해도, 명칭도 없었기 때문에 의사들은 당대의 과학적 트렌드와 개인적인 취향에 의존해서 서로 매우 다른 다양한 증상을 진단하고 치료하려 시도했다.

신경과민   385

여성의 장기와 두뇌 사이의 신경학적 인터페이스가 오작동하는 것이 히스테리증의 원인이라고 믿은 샤르코 같은 사람은 신체에 발현되는 현상에만 거의 배타적으로 주의를 집중하고, 오귀스틴 같은 환자가 겪은 과거에 겪은 경험으로 생긴 트라우마가 원인의 일부라는 생각을 거의 하지 않았다(그리고 말이 나왔으니 말이지만 난소 부위를 세게 때리는 것은 고약한 행동일 뿐 아니라 의학적으로 바람직하지 못하다). 반면 샤르코의 제자인 데지레마글로아르 본빌 Désiré-Magloire Bourneville 같은 의사는 스승보다 정치적으로 더 진보적이었던데다 아동기의 경험이 환자의 육체적, 정신적 건강에 어떤 영향을 끼치는지에 더 관심이 있었다. 그는 오귀스틴의 증상뿐 아니라 그녀의 생각에도 관심을 보였고, 그 덕분에 우리도 지금 오귀스틴의 개인사, 발작했을 때 내뱉는 말, 부모와의 관계, 심지어 그녀의 꿈까지도 자세히 알 수 있게 되었다.

지그문트 프로이트도 있다. 너무도 열정적으로 샤르코를 존경한 그는 스승의 글을 독일어로 옮기고, 자기 아들 중 하나에게 샤르코의 이름을 붙여주기까지 했지만, 히스테리증이 여성 장기의 신경학적 이상 때문이 아니라 성적 억압의 결과라는 결론을 내렸다.[627] 이는 물론 우연히도 프로이트가 개인적으로 가장 크게 관심을 가진 주제였으며, 평생을 바쳐 연구한 주제이기도 했다.

이에 더해, 19세기 말부터 20세기 초에 벌어진 히스테리증에 관한 논의는 모두 여성이 더 멍청하고, 약하고, 취약하게 진화했다는 과학적 합의를 바탕으로 이루어졌다. 여성이 열등하다는 증거를 찾기 위해 여성의 두개골을 들여다보는 과학자들이 활동하던 시대였다. 심지어 찰스 다윈 같은 과학자조차 여성은 "사랑하고 가

지고 놀기에 좋은, 어찌 되었든 개보다는 나은 대상"이라고 말하던 시대였던 것이다.[628]

얼마 지나지 않아 의사들은 여성의 히스테리증이 타고난 열등 함 때문이며, 여성이 자신들의 생물학적 운명인 수동적이고, 가정 적이며, 순종적인 역할을 어떻게든 전복해 보려는 시도의 결과라 는데 전반적으로 의견을 같이했다. 이 생각의 가장 대표적인 희생 양은 여성의 교육이었다. 1873년, 하버드 의과대학의 의사 에드워 드 해몬드 클라크Edward Hammond Clarke는 교육자와 부모 모두에게 과도한 학교 교육은 여성을 히스테리증 환자로 만들 것이라는 엄 중한 경고를 했다. 그는 남성과 같은 수준의 교육을 받은 여성은 "정상적인 건강을 유지할 수 없고, 장차 신경증, 자궁질환, 히스테 리증을 비롯한 신경계 장애를 피할 수는 없다"고 말했다.[629] 클라크 는 여성이 과도하게 사고를 하면 에너지가 뇌로 집중되어서 난소 에 필요한 자원이 부족해진다는 논리를 펼쳤다. 그는 자신이 진료 하던 환자 중 하나가 말 그대로 학문에 매진하다 결국 사망했다고 증언하기까지 했다. "남성이 할 수 있는 일을 여성도 할 수 있다고 믿은 그녀는 숭고하지만 무지한 용기를 발휘해서 남성의 방식으로 남성의 지적 성취를 이루려 했지만, 그런 노력을 기울이는 과정에 서 사망하고 말았다."[630]

과도한 지적 자극이 히스테리증을 유발한다는 개념은 여성을 가급적 무지하고 최대한 온순하고 나태한 상태로 만드는 것을 목 표로 한 프로토콜과 공존했다. 그 중 대표적인 것이 사일러스 위 어 미첼Silas Weir Mitchell이 개발한 '안정 요법rest cure'이다.[631] 미첼은 히스테리증과 신경쇠약증(히스테리증과 비슷한 증상으로 글자 그대로 신경이 약해져서 생긴 병이라는 뜻이다) 치료 전문가였다. 그는 여성을 한 번에 몇 주, 심지어 몇 달까지 침대에서 일어나지 못하게 하고 기름진 음식을 강제로 먹이면서 모든 방식의 창의적, 지적 활동을 차단했다. '안정 요법'은 여성을 실제로 치료했다고 보다는 그들을 무너뜨려 굴복시키는 방법이었고, 미첼 자신도 그 사실을 솔직하게 인정했다. 몇 달을 대화 상대도 없이 아무것도 하지 않고 벽만 쳐다보면서 침대에 강제로 누워 지낸 여성들은 일어나 앉는 것을 허락하기만 해도 그가 시키는 일은 무엇이든 할 "준비가 되어" 있었다.[632] 역설적이게도 미첼과 그가 운영한 병원은 1892년에 나온 호러 소설 《누런 벽지The Yellow Wallpaper》의 영감이 된 것으로 유명하다.[633] 한 여성이 의사 남편이 처방한 안정 요법을 받으면서 서서히 정신이 혼미해지는 이야기를 담은 이 소설의 저자 샬롯 퍼킨스 길먼Charlotte Perkins Gilman은 미첼의 환자 중 한 명이었는데, 그가 처방한 안정 요법 때문에 거의 미칠 지경이 될 정도의 경험을 한 후 그에 반발하여 이 소설을 썼다.

우리는 여기서 한가지 패턴을 발견할 수 있다. 히스테리증 진단을 받은 여성들은 실제로는 다양한 생리학적, 정신적 질환을 앓고 있었다. 물론 그중에는 아무 이상이 없는 여성도 많았지만 말이다. 하지만 그들이 공통적으로 가지고 있던 한가지는 의학적 증상이 아니라 그보다 훨씬 해결하기 어려운 문제였다. 바로 모두가 남성들을 당황시키고 불안하게 하고 좌절시키는 여성들이라는 사실이다.

히스테리증을 보이는 여성은 말을 듣지 않았고, 협조하지도 않았으며, 얌전하게 행동하지도 않았다. 그들의 증상은 많은 경우 저항감에 뿌리를 내리고 있는 듯하다. 관습, 에티켓, 남편 또는 의사의 요구, 그리고 의사들이 확신하던 진화학적으로 열등하게 태어난 존재다운 역할에 대한 저항감 말이다. 바로 그 때문에 히스테리증의 치료에 가장 선호됐던 방법은 여성의 자유를 제한하는 것이었다. 그것이 교육을 받을 자유가 됐든 침대에서 일어날 자유가 됐든 상관없었다. 이런 조치로도 히스테리증을 억제하는 데 실패하면 환자들의 삶을 더 극단적으로 제한하는 것도 주저하지 않았다. 당시 히스테리증의 증상은 강직간대발작*에서부터 소설을 너무 많이 읽어서 피곤해진 상태까지를 모두 포함하게 되었고, 자유를 제한하는 조치로 그런 증상을 완화하지 못하는 게 분명해지자 의사들은 환자의 삶을 심지어 더 제한하는 것도 주저하지 않았다. 결국 그 여자들은 창문에 쇠창살이 있고 경비가 문을 지키며 밤새 다른 방에 수용된 여성 환자들의 통곡과 비명 소리가 복도를 채우는 열악한 곳에 갇히고 말았다.

헨리 A. 코튼 원장의 뛰어난 리더십 아래 운영되고 있는 뉴저지 트렌튼의 주립 병원에서는 정신 및 신경 질환 분야 역사상 가장 광범위하고 공격적이며 심오한 과학적 연구가 진행되고 있다… 희망… 매우 희망찬… 미래가 기다리고 있다.[634]

_〈뉴욕 타임스〉, 1922

복도 끝 방에 있는 헬렌은 다시 서성거리기 시작했다. 방의 가

---

* 전신 강직성 경련 발작.

장자리를 따라 계속 돌지만 스타킹만 신은 발에서는 소리가 나지 않는다. 그러나 문 아래에 난 틈으로 비치는 그림자를 보면 그녀의 불안한 움직임을 짐작할 수 있다. 의사들은 그녀에게 제발 멈추고 쉬면서 자신을 좀 제어해 보라고 애원하곤 했지만, 그것도 1911년 일련의 히스테리증 발작 후 그녀의 아버지가 정신병원으로 처음 그녀를 데려왔을 때의 이야기였다. 이제 1916년이 되었고, 모두들 포기한 상태다. 그녀의 차트에는 "만성 치매 환자"라고 적혀 있다.[635]

헬렌에게 그 이야기를 해줬으면 웃긴다고 했을 것이다. 그녀는 왕년에 간호사로 일했었다.

움직임을 멈추지 못하는 헬렌의 옆 방에는 전혀 움직이지 못하는 아멜리아가 있다. 의사들은 그녀가 극심한 정신병을 앓고 있다고 진단한 다음 그녀의 손과 발을 묶었다. 누구를 다치게 할까 두려워서가 아니라 그녀가 계속 옷을 벗어젖히기 때문이다.

아멜리아의 맞은편 방에는 일레인이 있다. 그녀는 누군가를 해쳤거나, 최소한 해치려고 했던 사람이다. 그녀는 타이어를 떼어내는 지렛대로 남편을 공격했다. 남편이 벤슨허스트 지역의 고급 저택에 정부를 두고 한 달에 50달러나 쓰고 있었다는 걸 알게 된 후에 벌어진 일이었다. 15년간 남편의 밥을 해주고 옷을 수선해 주던 자기가 남편과 살던 집보다 두 배나 큰 집이었다. 남편은 그녀를 정신병원 문 앞에다 버려두고 아무 말도 없이 사라졌다. 그녀의 아이들을 돌보기 위해 온 여동생이 그 전주에 보낸 편지에서 일레인의 남편은 자기 물건을 가지고 벤슨허스트로 아예 거처를 옮겼다는 소식을 전해왔다.

일레인 옆 방에 마가렛이 있다. 그녀의 남편은 소설 읽기를 좋아하는 아내의 버릇을 고쳐달라고 의사들에게 요청했다. 그 옆 방에는 종교적 흥분증이라는 진단을 받은 아이다가 있다. 같은 복도의 입원실에 사는 로즈, 빌헬미나, 앨리스 등은 각각 히스테리증, 히스테리증, 정신병 진단을 받은 사람들이다.

✧✧✧

이들은 정신 질환을 앓는 사람들을 위한 뉴저지 주립 병원의 입원 환자들이다. 같은 증상을 가진 사람은 아무도 없지만 모두 같은 이유로 이곳에 와있다. 그들이 있어야 할 곳으로 남자들이 정한 장소가 바로 이곳이었기 때문이다.

그리고 그녀들이 이곳을 떠날 때 즈음, 그러니까 그녀들이 적어도 살아서 이 수용소의 높은 벽돌담 저편으로 다시 나갈 수 있게 된 즈음에는 들어왔을 때랑 같은 여자가 아닐 것이다. 날카로운 시선과 육중한 턱을 가진 의사, 수술실 문 뒤에서 비명을 지르며 끌려 들어온 환자들을 기다리고 있던 의사가 책임지고 그들을 바꿔놓을 것이기 때문이다.

이곳, 그리고 그 사람, 그들은 거기 들어온 여성들에게서 많은 것을 앗아갈 것이다. 그들의 시간, 그들의 자유. 그들의 기억. 그들의 존엄성.

그리고 그들의 치아.

특히 그들의 치아.

　여성의 신경질환에 대한 가장 좋은 치료법이 정신병자 수용소에 가두는 것이라는 과학계의 합의가 이루어지자, 이 진단을 받은 여성의 숫자가 하늘 높이 치솟았다. 여자들의 행동이 변해서가 아니라 남자들의 문의가 폭발했기 때문이다. 주로 남편 혹은 아버지들이 여성들의 '비정상적인' 행동을 의학적으로 교정할 수 있다는 이론을 이용하고 싶어 안달을 했다. 참고로 여기서 '비정상적인' 행동이란 남성이 탐탁치 않게 여기는 행동을 말한다.

　당시 여성을 시설에 수용하는 이유는 믿기 힘들 정도로 다양했는데, 기록된 이유에는 우울증, 월경 불순, 소설 읽기, 영적 신념, 과도한 탐닉, 지나친 학구열, 완경, 종교적 흥분, 가정 문제, 일사병 등이 있었다. 그러나 거의 모든 사례에서 여성의 정신 상태에 대한 문제 제기는 그녀와 가까운 남성이 시작한 것이었다. 자세히 살펴보면 터무니없는 사례들이 많아서 도무지 믿어지지가 않는다. 산후 우울증을 앓아서, 성관계에 너무 관심이 많거나 너무 관심이 없어서, 심지어 바람둥이 남편이 발각될 두려움 없이 계속 다른 여자들을 만나기 위해서인 경우까지 있었다. 1860년에 기록된 유명한 사례는 여섯 명의 자녀를 뒀고, 똑바른 정신과 현명함을 갖춘 엘리자베스 패커드Elizabeth Packard라는 여성이 남편의 의견에 동의하지 않는다는 이유로 수용소에 보내진 일이었다.[636] 적어도 이 이야기는 해피엔딩으로 끝나기는 한다. 주 정부가 운영하는 정신병자 수용소에서 2년 동안 감금 생활을 한 패커드는 자유를 얻기 위해 소송을 해서 이겼고, 수용소에서 풀려난 다음 곧바로 이혼 신청을 했다.

이것이 아내를 없애버릴 핑계를 찾고 있던 남편들에게는 좋은 기회였다면, "싫어요"하고 말할 수 없는 환자를 상대로 침습적이고 실험적이며 증명되지 않은 치료법을 테스트하고 싶었던 의사들에게는 심지어 더 좋은 기회가 되어주었다. 이 방면에서 헨리 A. 코튼 Henry A. Cotton 만큼 많은 일을 해냈고, 그보다 더 많은 해를 끼친 의사도 없을 것이다.

존스홉킨스 의대를 졸업하고 1907년 트렌튼 뉴저지 주립 병원 원장으로 임명되었을 때 코튼의 나이는 겨우 서른이었다. 당시 그는 이 분야에서 가장 재능있고, 획기적이며, 진보적인 의사 중 하나로 꼽혔고, 충분히 그럴만한 이유가 있었다. 코튼은 정신질환 치료 분야의 선구자였고, 이 질환에 낙인을 찍는 세태와 당시 수용소의 표준적인 관습이었던 학대적 관습에 대해 개탄하고 이를 격렬히 비판하는 목소리를 냈다. 트렌튼 병원에서 그가 꾀한 주요 변화 중에는 환자를 우리에 가두거나 구속복을 입히는 식의 기계적 구속 기구를 사용하는 것을 불법화한 것과, 남성 간호사는 환자를 너무 거칠게 다루는 경향이 있다는 이유로 간호팀을 완전히 여성으로만 구성한 것이 있었다. 무엇보다도 그는 수용소를 병원처럼 운영해서 정신질환을 가진 사람들을 구속만 하는 것이 아니라 치료하는 곳으로 만들기를 원한다고 말했다. "이 환자들의 감염 부위가 단지 심장이나 관절이 아닌 뇌라는 이유만으로 사회 전체에 이익이 되는 신체적 관찰, 해석, 그리고 전반적인 병원 치료를 받지 못할 이유가 있는가?"[637]

불행하게도 코튼의 의료 활동에는 어두운 면이 있었다. 그것은 위에서 인용한 그의 말 중의 한 단어, '감염'과 관련이 있다.

코튼이 트렌튼에서 재직한 기간은 세균 이론이 정립되어 확산되던 시기였다. 그는 이 이론이 말라리아, 장티푸스 같은 질병뿐 아니라 정신질환에 관한 열쇠도 쥐고 있다고 믿었다. 히스테리증과 관련하여 그는 다른 의사들이 잘못 이해하고 있다고 주장했다. 해결책은 샤르코식의 난소 압박 혹은 프로이트식의 끝없는 정신분석이 아니라 몸속에서 광기를 유발하는 미생물의 숨겨진 본거지를 찾아내는 것이었다. 소위 "광기에 관한 박테리아학적 모델"이었다.[638] 그는 감염을 없애는 것으로 환자를 치료할 수 있다고 주장했다.

당시의 의학계는 이 주장을 계시처럼 받아들였다. 대중매체와 의학계는 코튼을 영웅으로 떠받들었다. 85퍼센트라는 놀라운 성공률을 자랑한다고 보고된 그의 치료법은 큰 반향을 일으켰다. 1922년, 〈뉴욕 타임스〉는 그의 작업을 "정신 및 신경 질환 분야 역사상 가장 광범위하고 공격적이며 심오한 과학적 연구가 진행되고 있다"고 보도하면서 코튼이 자신의 치료법을 더 일찍, 더 공격적으로 주장하지 않은 것을 개탄했다.[639] 환자들도 트렌튼 병원에서 치료받기 위해 앞다투어 모여들었고, 그게 불가능하면 자기가 찾아간 의사에게 코튼의 방법을 채택해 줄 것을 요구했다.

단 한 가지 문제가 있기는 했다. 코튼의 국소 감염 이론은 거의 모든 면에서 완전히 틀렸다는 점이다. 그가 개발한 획기적인 방법은 다른 의사들이 재현해보려 해도 가능하지가 않았다. 그렇다면 정신질환에 대한 그의 기적적인 치료법은 무엇이었을까? 바로 환자의 치아를 뽑는 것이었다. 어떨 때는 몇 개만 뽑았지만, 보통은 치아 전체를 다 뽑았다.

코튼이 이 야만적인 (그리고 비극적이게도 완전히 효과가 없는) 치료를 여성에게만 시행했던 것은 아니다. 하지만, 환자들 가운데 여성이 과도하게 많은 상황, 특히 실제 아무런 문제가 없는 환자들 가운데 여성이 과도하게 많은 상황은, 최악의 폭력이 특히 그 여성들에게 가해졌음을 의미했다. 코튼의 주요 목표는 치아였고, 이는 그가 제일 먼저, 그리고 가장 선호하는 타깃이긴 했지만, 그것은 단지 시작에 불과했다. 코튼에게 치아를 다 뽑힌 후에도 히스테리증이 가라앉지 않는 여성들은 그다음으로 편도선, 담낭, 위, 비장, 자궁경부, 대장에 이어 결국 난소까지 차례로 잃을 수도 있었다. 다만 코튼은 그답지 않게 난소 제거에 대해서는 조심스러운 태도를 보이면서 이 수술은 "극단적인 경우"에만 행해야 한다고 주장했다. 그러나 그의 환자들에게 비극적인 소식은 이 '극단적인 경우'라는 것이 "환자가 몇 달 내로 나아지지 않았을 때"를 말한다는 것이었다.[640]

어떤 면에서 코튼은 의사들이 히스테리증을 고치기 위해 아로마테라피로 여성의 자궁을 제자리에 되돌아가도록 유도하던 시대로 되돌아갔다고 할 수도 있다. 다만 이제는 여성 환자를 미치게 하는 것이 자궁뿐 아니라 기타 모든 장기가 될 수도 있다고 보는 것만 달라졌을 뿐이다. 그리고 수술 기술의 진보 덕분에, 그리고 그런 수술 기술을 사용하는 데 대해 환자의 동의를 구하지 않아도 된다는 현실 덕분에 감염이 의심되는 여성의 신체 부위에 그가 칼을 대서 하나씩 하나씩 제거하는 일을 막을 수 있는 것은 아무것도 없었다. 그리고 그 일은 그녀가 완치되거나… 죽을 때까지 계속됐다.

놀랍게도 히스테리증을 외과적 수술로 해결해야 된다고 추정한 최초의 의사는 헨리 A. 코튼이 아니었다. 신경질환을 여성의 신체 구조와 연관 짓는 개념은 1800년대 중반에 인기를 모았었다.

이런 분위기 속에서 아이작 베이커 브라운Isaac Baker Brown과 호레이시오 스토러(생식을 다룬 장에서 이 자는 또 만날 것이다)과 같은 사람들이 여성의 난소, 자궁, 음핵 등을 제거하면 정신병을 고칠 수 있다는 주장을 내놓았다. 사실 신경학의 역사 전체가 이런 종류의 부끄러운 일들로 얼룩져 있지만 코튼이 자행한 폭력은 특히 참혹하다. 물론 그가 널리 자랑해 마지않았던 85퍼센트 완치율은 거짓말이었다. 그의 환자 중 자그마치 30퍼센트가 사망했고,[641] 실제로 완치된 사람은 한 명도 없었다. 그럼에도 그는 무려 20년이 넘는 세월 동안 과학이라는 미명하에 환자들의 치아와 장기를 적출하는 일을 멈추지 않았다.

이 경악스럽고 부끄러운 일이 그토록 오래 지속될 수 있었던 것은 코튼이 누렸던 선구적 과학자라는 평판과 아무도 할 수 없었던 일, 즉 환자의 고통을 완화시켜 주는 일을 하고 있다는 코튼의 순수하고도 깊은 확신이 과학계, 대중매체, 심지어 환자들의 상상력을 자극해서 그가, 그리고 자기 자신이 틀렸을 수도 있다는 가능성을 아무도 고려하고 싶어 하지 않았기 때문이었다. 코튼을 비판한 사람들의 의견을 묵살하는 일은 너무나 쉬웠다. 그런 의견을 내는 것은 코튼이 천재라는 통상적인 견해를 거스르는 일일 뿐 아니라 비판하는 사람들이 대부분 여성이어서이기도 했다. 소수의 동료 의사들과 정신과 의사들이 경종을 울리면서 트렌튼 병원에 대한 조사팀이 위촉됐지만, 환자들이 얼마나 많이 죽어 나가는지가 드러나자마자 코튼의 멘토 중 한 사람에 의해 신속히 은폐됐다. 이 조사는 정신과 의사 필리스 그린에이커Phyllis Greenacre가 수행했다. 여성이었다. 1년 후 또 다른 조사가 시작됐는데, 이번에는 뉴저지

주 상원에서 주도했지만 다시 한번 코튼을 지지하는 사람들의 항의로 무산됐다. 〈뉴욕 타임스〉는 "저명한 의사들"이 너도나도 나서서 코튼의 병원이 "정신질환 환자 치료에 세계에서 가장 진보적인 기관"이라고 증언했다고 보도했다.[642] 반면 코튼이 비명을 지르는 환자들을 수술실에 끌고 들어가, 제발 멈춰달라고 애원하는데도 수술을 강행했다고 증언한 사람들은 누구였는가? 그들은 과거 그의 환자들이거나 병원에서 일한 간호사들이었다. 여성들이었던 것이다.

1933년 세상을 뜬 코튼은 자신의 이론이 허위라고 밝혀지는 것을 보지 못했다. 그는 살아 있는 동안 자신이 내놓은 소위 '치료법'이 해를 끼친다는 사실 뿐 아니라 효과가 없을 가능성이 있다는 사실조차 인정하지 않았다. 인정은커녕, 주 상원의 조사에서 다수의 과거 환자들이 그가 동의 없이 그들의 신체를 심각하게 훼손했다는 증언을 했음에도 불구하고 코튼은 자신이 좋은 일을 하고 있다는 종교에 가까운 신념을 더욱 강화해 나갔다. "꾸준히, 그리고 많은 경우 환자의 의사에 반하더라도 이 일을 계속해 나가야… 성공적으로 노력의 결실을 맺을 수 있다는 사실을 명심해야 한다." 그가 말했다. "실패 사례는 이론에 대한 신뢰를 떨어뜨리지만, 실패의 진정한 이유는 충분히 과감한 시도를 하지 않았기 때문이다."[643]

결국 이 모든 게 끔찍한 실수였다는 증거가 점점 많이 쌓여가는데도 불구하고 코튼은 자신의 이론과… 겸자*에 더 강하게 매달렸다. 1926년, 뉴저지주 상원의 조사가 진행되는 동안 그는 또다시

---

* 날이 없는 기다란 가위 같이 생긴 의료기기.

일련의 수술을 감행했다. 그러나 이번에는 병원에서 수술을 한 것
도 아니고, 히스테리증, 정신질환이나 기타 질환의 진단을 받은 환
자에 대해서도 아니었다. 이번 수술은 완전히 달랐고, 자신의 방법
이 옳고 정당하다는 코튼의 꺾이지 않는 신념을 보여주는 산 증거
였다.

그는 아내의 치아를 뽑았다. 그런 다음 두 아들의 치아를 뽑
았다.

그리고나서 헨리 A. 코튼은 마침내, 결의에 가득 차서 겸자를
스스로의 입에 넣고 치아를 뽑기 시작했다.

프리먼: 예전의 공포가 지금도 찾아오나요?

환자: 아니요.

프리먼: 뭐가 두려웠었나요?

환자: 모르겠어요. 자꾸 잊어버려요.

프리먼: 여기 왔을 때 화가 나 있었던 거 기억하나요?

환자: 네, 제가 꽤 화가 나 있었죠?

프리먼: 무엇 때문에 화가 났었죠?

환자: 모르겠어요. 잊어버렸나 봐요. 이제보니 별로 중요한 것 같지 않아요.[644]

_월터 잭슨 프리먼 2세(의사)와
전두엽 절제술을 받은 환자 사이의 대화, 1936

월터 프리먼Walter Jackson Freeman II은 자동차의 기어를 5단으로
올리고 자기 앞으로 길게 뻗은 텅 빈 고속도로로 빠르게 질주했다.
긴 거리를 달려왔고, 앞으로도 갈 길이 멀다. 지난 몇 주 사이에 수

많은 환자를 만났지만 앞으로 만날 환자도 매우 많았다. 은퇴한 지 오래된 노인인 그가 지금 환자를 만나고 다니는 것은 치료하기 위해서가 아니라 자신이 남기고 갈 유산을 직접 확인하기 위해서였다. 인생의 막바지에 이른 사람이 오랜 시간을 보내 가꿔온 정원을 만족스럽게 천천히 둘러보듯이 말이다. 30년 전 심었던 묘목이, 튼튼한 둥치와 넓게 펼쳐진 가지를 자랑하며 커다란 나무로 자란 광경을 경이로워하며 쳐다보는 심정과 다를 바가 없었다.

그러나 사람들은 나무가 아니다. 그들은 심어놓은 자리에 그대로 머무르지 않는다. 그래서 월터는 전국을 누비고 다니면서 자기가 삶에 영향을 준 사람들을 다시 만나며 시간을 보내고 있다.[645] 환자의 가족들과 오래도록 연락을 주고 받았기에 금방 찾을 수 있는 사람들도 있었다. 어떤 사람들은 직장과 상황이 달라져서 이사를 여러 번 하는 바람에 찾는 데 고생을 하기도 했다. 그러나 그는 그 모든 것을 기꺼이 해냈다. 기꺼이 정도가 아니라 결의에 차서 해냈다. 그들을 만나야 했다. 직접 보고, 확인해야만 했다. 자기가 그들의 삶을 좋은 쪽으로 바꿨다는 확신을 마지막으로 가지고 싶었다.

◇◇◇

확신이 필요했던 것은 아니었다. 사실 그런 생각 자체가 터무니없었다. 물론 자기가 그들을 도왔다는 것은 분명했다. 그들을 돕고 싶다는 생각 말고는 다른 뜻은 전혀 없었다.

그의 친구들과 이전 동료들은 그가 이런 생각을 말하면 앉은 자리에서 불편한 듯 몸을 뒤척였다. 시선을 피하거나 발끝을 응시하곤 했다. 월터와 눈이 마주치는 것만 피할 수 있다면 어디라도 보고 싶은 눈치였다. 그러나 그들은 이해하지 못하는 것일 뿐이었다. 직접 경험해 본 사람들이 아니지 않은가. 고통이 고요로 변하는 그 순간이 얼마나 아름답고, 얼마나 순수한지 그들은 알 수가 없었다. 외과수술용 송곳의 가느다란 끝부분이 마침내 그녀의 안와골을 뚫고 전두엽에 이른 순간 환자의 얼굴에 떠오르는 절대적 평온의 표정을 그들은 한 번도 본 적이 없다.

그러나 월터는 그것을 목격했다. 그리고 첫 수술 때부터 그는 이것이 자기가 평생을 바쳐서 할 일이라는 것을 이해했다.

이제 그가 원하는 것은 오직 자기가 평생 해낸 일을 자긍심을 가지고 뒤돌아보는 것이다. 지금까지 자기가 도와준 모든 사람의 얼굴을 보고 그들의 눈에 떠오른 감사의 빛을 보고 싶다. 고마워할 것이 분명하니까. 환자들은 그를 만날 때 항상 미소를 지으며 인사하곤 한다. 물론 그 미소에 감사의 의미가 담겨있는 게 분명하다. 다만 그 미소에 조금 이상한 데가 있다면, 마치 불은 켜져 있는데 아무도 없는 집처럼 멍하고 텅 빈 느낌을 줄 때가 있다는 점이지만, 흠, 월터 프리먼은 그런 것에 신경 쓰지 않는다.

◇◇◇

어떤 면에서 전두엽 절제술lobotomy의 흥망성쇠는 여성 의학사의 전환점이 되었다. 전두엽 절제술은 행동의 문제를 외과적 접근법으로 해결해야 한다고 믿던 이데올로기가 마지막으로 발악한 것이라고 할 수도 있다.

의사가 외과수술용 송곳을 환자의 안와eye socket를 통해 삽입해서 뇌까지 도달한 후 전두엽 내의 연결을 끊는 수술인 전두엽 절제술은, 그 전성기에는 그보다 10여 년 전 헨리 코튼이 주장했던 발치술과 비슷한 대접을 받았다. 1930년대 도입된 직후부터 이 수술법은 대담하고 혁신적인 의학적 돌파구라는 찬사를 받았고, 이 수술법을 발명한 포르투갈 의사 안토니오 에가스 모니스António Egas Moniz는 이 업적을 인정받아 노벨상을 수상했다. 심지어 전두엽 절제술이라는 신기술에 대한 환호와 코튼의 수술적 세균학이라고 하는 옛 기술이 겹친 시기도 있었다. 비뇨기 장에서 만났던 만성 신장염 환자 아그네스는 전두엽 절제술을 받았을 뿐 아니라, 이에 더해 치아가 "그녀의 신장을 악화시킨다"는 이유로 의사가 발치했다고 증언했다.[646]

하지만 전두엽 절제술은 주로 정신적인 문제를 치료하는 방법으로 자리 잡았다. 신경 장애, 히스테리증, 일탈적인 생각이나 행동을 고치는 방법 말이다. 전혀 놀랍지 않게도 이 방법은 훨씬 높은 비율로 여성에게 사용됐고, 그들은 정신병자 수용소에 감금되는 것과 동일한 이유로 전두엽 절제술을 권유받았다. 사실 이 수술의 결과에 가장 만족하는 사람들은 많은 경우 환자 자신이 아니라 그들의 남편이었다. 위에서 인용한 의사와 전두엽 절제술을 받은 환자 사이에서 벌어진 오싹한 대화가 기록된 1936년의 사례 연구는 저자가 명백히 긍정적인 결론이라 간주했음직한 문장으로 끝난다. "환자의 남편은 아내가 이전 어느 때보다 정상적이라고 말했다."[647]

이런 말들이 의사들에게 큰 위안이 되었을 것은 의심할 여지가 없다. 환자가 보이는 기억 상실, 감정 결여, 그리고 눈에 떠오르는 무감각한 표정이 뇌 손상의 증거가 아니라고 자신에게 이를 수 있었기 때문이다. 그들은 그런 모습이 단지 그녀의 비정상성이 마침내 말끔히 제거된 결과라고 믿고 싶었을 것이다.

미국에서 전두엽 절제술을 대중화한 것은 신경학자 월터 프리먼과 제임스 와츠James Watts 두 사람이었다. 〈서던 메디컬 저널Southern Medical Journal'〉에 1937년 발표한 논문에서[648] 저자들은 이 수술이 불면증, 신경긴장, 걱정, 불안증 모든 종류의 정신질환을 고칠 수 있다고 선언했다. "이 수술로 인해 모든 환자가 뭔가를 상실한다. 모종의 자발성, 모종의 활기"라고[649] 써서 전두엽 절제술이 성격의 변화를 초래한다고 인정하면서도 수술을 계속했고 이 방법은 의학계에서 널리 받아들여졌다. 특히 프리먼은 이 수술의 혜택이라 주장하는 것들을 복음처럼 전파했다. 1952년 무렵까지 북미에서 5만 명의 환자가 전두엽 절제술을 받았고, 그중 4,000건을 프리먼이 직접 시술했다.[650]

코튼과 달리 월터 프리먼은 결국 1967년에 자신이 그토록 열성적으로 옹호했던 수술의 집도를 결국 금지당했다. 외과수술용 송곳을 한 환자의 뇌에 너무 깊숙이 찔러넣어 그녀가 사망한 후였다. 하지만 그때는 이미 이 수술이 초래하는 뇌 손상에 대한 인식이 점점 커지면서 유행이 지난 후였다. 〈워싱턴 포스트〉의 메간 맥아들Megan McArdle은 이러한 상황 전환을 "프리먼은 명확하게 의식했고"[651] 그의 생애 말기에 자기가 시술한 환자들을 다시 찾아간 것도 "전두엽 절제술이 유용했다는 증거, 자신이 남길 유산에 대한 명예를 회복시키기에 충분한 증거를 찾기 위함이었다"고 말했다. 코튼과 마찬가지로 자기가 한 일, 얼마나 많은 삶과 몸을 자기 손으로 파괴했는지를 사실 그대로 받아들이는 것은 월터 프리먼이 참아낼 수 있는 한계 밖의 일이었던 듯하다.

그러나 의료계는 오래전에 이미 다음 단계로 넘어가 있었다.

20세기 초에 의사들이 신경 의학과 정신 의학을 명확히 분리해 보려는 시도를 했지만, 이후에도 두 분야는 늘 뒤얽힌 관계를 유지했다. 특히 수술보다 화학적 방법으로 증상을 치료하는 것이 점점 더 가능해지면서 두 분야 사이의 경계선은 더 모호해졌다. 새로운 약 클로르프로마진chlorpromazine이 1954년 소개되면서 전두엽 절제술에 대한 관심은 급격히 떨어졌다.[652] 그러나 이 약이 병원 밖으로 나가 주류 문화에 편입되어서 팔리기 시작하기까지는 긴 시간이 필요하지 않았다. 30년 전만 해도 문화적 규범을 따르지 않는다는 이유로 수용소에 감금되었을 여성에게 이 약이 만병통치약처럼 권장된 것이다. 한 가지 다른 점은 송곳이나 메스로 위협해서 순종을 유도하는 대신 이제는 여성이 자발적으로 삼키는 알약의 형태가 되었다는 사실이다.

이 시대에 진정제 메프로스판Meprospan에 대한 광고를 보면 제약회사들이 어떻게 성 규범에 부합하는 가정주부의 이미지를 필수 약품이라는 허울 좋은 이름으로 여성들에게 팔았는지를 알 수 있다. "그녀는 종일 지속되는 평온을 누리고 있습니다"라는[653] 광고 문구와 함께 짙은 갈색 머리칼을 한 주부가 장을 보고, 저녁을 차리고, 학부모 회의에 참석하는 이미지를 보여준다. 같은 성분의 진정제인데 밀타운Miltown으로 리브랜딩된 제품의 1960년대 광고는 이보다 더 노골적이다. "불안증과 긴장감이 주부들의 직업병이 되어가고 있습니까?"라고 물으면서 "여성을 교육시킨 후에 스카우트

활동 정도면 충분히 지적으로 만족할 것이라 기대하는 것은 비현
실적이라고 말하는 사람도 있습니다"라고 말한다.[654]

여성들이 과도한 교육을 받으면 히스테리증을 겪게 된다는 경
고를 의사들이 한 것이 100년도 넘은 과거인데도 불구하고 똑같은
메시지가 현대인들에 맞게 포장만 바꿔 여전히 반복되고 있다. 여
성들은 그런 경고를 무시하고, 평등과 교육을 추구했고, 그 과정에
서 대가를 치렀다. 이제 그들은 주어진 삶과 가정에만 갇힌 운명에
만족하지 못하게 되어 의식마저 무디게 하는 약물의 도움 없이는
그 운명을 감당할 수 없게 된 것이다.

이전 시대에 유행했던 외과적 수술과 달리 여성들에게 약을 먹
여서 현실에 안주하게 만드는 방법, 그보다 여성들 스스로 약을 먹
도록 설득하는 방법은 의학계에서 놀라울 정도로 장수했다. 심지
어 히스테리증, 신경 장애 등을 부르는 용어가 불안증, 우울증으로
바뀌고, 여성이 교육을 받고 보수를 받는 직장에 다니는 것의 혜택
이 사회적으로 인정받은 후에도 이런 약들이 누리는 인기는 사라
지지 않았다.

한때 이 장에서 묘사한 야만적 관행을 추동했던 그 힘은 오늘
날에도 신경의학과 정신 의학에 알게 모르게 깊이 스며 있다. 이제
더는 정상적인 인간 정서 범주 내의 감정을 표출한다고 해서 여성
을 히스테리증 환자라고 하지는 않지만, 현대 의학 환경에서 여성
의 감정은 여전히 병리화되고 있다. 2004년에 진행된 한 연구에서
는 결혼 생활의 문제, 자녀 양육 문제, 환경 등의 문제로 불행감을
느끼는 여성을 정신질환 환자로 진단하고 기분 조절 효과가 있는
약을 처방하는 경향이 점점 증가하고 있다는 것이 밝혀졌다.[655] 알

츠하이머병에 걸리는 여성이 남성보다 두 배나 많지만, 이 연구에 들어가는 예산의 12퍼센트만이 여성에 초점을 맞추는 프로젝트에 할당된다.[656] 주로 여성에게서 나타나는 심신을 약화시키는 신경계 질환인 다발성 경화증 진단을 받기까지 몇 년씩 걸리는 경우가 종종 있는데 의사들이 이 병의 증상을 평범한 피로감, 근육 결림 등으로 치부해 버렸기 때문이었다. 심지어 너무 꼭 조이는 바지를 입어서 신경이 눌려서 그렇다는 진단을 내렸던 분노 유발 사례도 있었다.[657] 그리고 통증 관리에 있어서는 여성, 특히 가난한 소수 인종 출신 여성이 충분한 치료를 받지 못할 확률이 절대적으로 높다.

이런 부족한 부분들이 과거의 유해한 믿음들, 수없이 많고도 익숙한 과거의 믿음들과 어떻게 연결되는지 파악하는 것은 어렵지 않다. 여성들은 호들갑을 떠는 드라마퀸drama queen들이니[*] 통증쯤은 치료하지 않아도 된다. 실은 그렇게 아픈 게 아니니까. 여성들은 사회에 동등하게 참여할 때 수반되는 지적, 정서적 부담을 감당할 수 없으니, 제대로 사고할 수 없게 만들고, 심지어 움직이지도 못하게 만드는 퇴행성 질환을 앓아도 급히 치료할 필요가 없다. 까다롭고 화나게 하는 행동을 하는 여성은 성가실 뿐 아니라 비정상적이니, 안정제를 잔뜩 주입하면 모두가 편하고 행복할 수 있다.

바로 이런 식이다. 아무 문제도 없이 그저 평범한 인간적인 문제를 가지고 있는 여성들이 의학적 해결책을 구하도록 유도되고, 진정으로 위기에 처한 여성들은 외면당하는 것이 바로 우리가 처

---

[*] 별 것 아닌 일에 극적으로 과장되게 반응하는 사람. 주로 자기애가 강한 여성을 짖궂게 놀리는 말이다.

한 현실이다.

◇◇◇

처음 보면 미리암Miriam의 사례는 거의 기적처럼 보인다.

노년의 여성이 길을 건너다가 자전거에 치여 넘어진다. 넘어지면서 머리를 쓰레기통에 세게 부딪히고 의식을 잃은 채 인도로 쓰러진다. 구급차가 오기 전부터 주변에 모여든 군중 사이에 우려의 시선이 오간다. 나이가 많이 들었고, 연약한 새처럼 바람만 불어도 날려버릴 듯한 작은 체구이니 더 걱정이다. 감사하게도 숨은 아직 쉬고 있다, 적어도. 그러나 모여든 사람 중 한 명이 자전거 타고 가던 사람을 살인 미수 혐의로 잡아가야 한다고 중얼거리자 다들 맞다고 웅성거리기 시작한다. 심각한 사고다. 그녀가 살아남는다 하더라도 골반이나 다리나 갈비뼈 등이 부러졌을 게 분명하다.

하지만 아니었다. 그날 밤 미리암은 넘어지면서 생긴 찰과상과 쇄골 골절 말고는 아무 이상이 없다는 진단을 받고 병원에서 나왔다. CT 스캔에도 머리에 손상이나 출혈이 없고, 엑스레이상으로도 쇄골 말고 다른 골절이 없었다. 응급실 의사들은 그녀가 믿을 수 없을 정도로 운이 좋았다고 말했고, 모두들 고개를 끄덕였다. 정말 운이 좋았어요, 거의 기적이라니까요.

멍이 없어지기까지 한 달이 걸렸다.

뭔가 크게 잘못되었다는 것을 알게 된 것은 그보다 조금 전이다.

아무도 뇌진탕의 잠재적 위험에 대해 말하지 않았지만 미리암이 머리를 쓰레기통에 부딪혔던 순간 뇌진탕을 겪었다는 것이 점점 더 분명해진다. 하지만 그녀를 치료해 줄 사람을 찾는 것은 불가능하다. 그보다도 더 절망스러운 것은 아무도 그녀가 뇌진탕 환자라는 사실을 믿어주지 않는다는 사실이다. 보통 때와 다르게 초조해하고, 혼란스러워하며, 여기저기 열쇠를 잘못 두었다가 목욕탕 약장이나 냉장고 선반에서 찾는 걸 반복하는 그녀의 증상은 너무도 쉽게 무시되어 버리고, 잘못 이해되고, 증상을 제대로 진단할 능력을 갖추지 못한 시스템에 의해서 잘못 설명되어 버린다. 불안증, 혹은 노령에 따른 자연스러운 결과라고 해버리거나, PTSD, 교통사고 후 겪는 정서적 트라우마 때문이라고 치부한다.

어쩌면 신경과 전문의와 약속을 잡을 수 있을지도 모르지만 6개월 후에나 가능할 것이라고 말한다.

나는 전화를 끊는다.

비명을 지르지 않기 위해 애를 쓴다.

미리암을 돌볼 책임이 내게 있기 때문이다. 하지만 미리암은 내 환자가 아니다.

그녀는 내 어머니다.

◇◇◇

어머니가 사고를 당한 후 몇 달 동안 나는 어머니가 필요한 치료를 받도록 하는 일 외에는 다른 아무것에도 집중할 수가 없었다. 그러나 그 후로 나는 그녀의 경험이 신경학적 문제를 가진 여성이 의료 시스템 내에서 겪는 체계적인 권리 박탈의 전형적인 사례라는 사실을 깨달았다. 뇌진탕은 여성 신경학 분야에서 가장 이해가 낮고 연구도 잘되지 않은 증상이다. 남성 프로 운동선수들에 대한 뇌진탕의 영향이 의회 조사의 주제까지 되고, 인식 제고와 연구에 수백만 달러가 할당되고 심지어 할리우드 영화로 제작되기까지 했던 것과는 대조적이다.

프로 미식축구 선수와는 달리 여성들은 뇌진탕을 종종 혼자서 경험한다. 사고 때문일 때도 있고 학대를 일삼는 파트너나 배우자의 손에 당하는 더 비극적인 경우도 많다. 여성 뇌진탕에 관한 신뢰할 만한 통계를 찾기는 힘들지만 가정폭력 비율로 볼 때 수백만 명의 여성이 뇌진탕 혹은 이와 비슷한 신경학적 외상을 겪었을 가능성이 높으며, 그중 많은 이들이 이런 일을 반복적으로 겪었을 것이라 추정해도 오차가 크지 않을 것이다. 그리고 프로 미식축구 선수들과 달리 여성 뇌진탕 피해자들은 팀 규칙이나 국가 차원의 의식 함양 캠페인의 혜택을 받지도 않는다. 많은 여성이 의학적 도움을 전혀 구하지 않고, 의사를 찾는다해도 뇌진탕 증상을 간과해 버리거나, 환자가 호소하는 증상이 무엇을 의미하는지 이해하지 못하는 의사들, 어떤 증상에 관해 질문하고 주의를 기울여야 할지도 모르는 의사들에 의해 무시될 때가 많다. 가정폭력 현장에 출동한 응급 요원들이 실제로는 머리에 충격을 입은 피해자 여성을 술, 약물 등에 취해 있거나 정신질환이 있는 사람이라 추측해버리는 것도 드문 일이 아니다.

제대로 된 의료적 처치나 부상을 어떻게 관리해야 하는지에 관한 적절한 상담을 받지 않으면 장기적인 부작용을 겪을 확률이 매우 높아진다. 비극적인 것은 이 분야에서 여성들은 성별 균형을 이루는 데 그치지 않고 오히려 남성을 초월한다는 사실이다. 치료받지

않으면 이 문제는 남성보다 여성에게 더 심각한 영향을 끼친다.[658]

✕✕✕

2023년 1월과 2월, 동일한 증상을 보이는 일련의 환자들이 정신과 의사 앨리 베이커Allie Baker의 진료실을 찾았다. 모두 여성이었고, 모두 체위성기립빈맥증후군POTS을 가지고 있었다. 혈압 조절과 관계된 자율신경 실조증dysautonomia 혹은 부교감 신경계 장애로 인해 생긴 증상이다(순환계 장에서 언급된 바와 같이 이 증상은 심장 크기가 작은 것과 관련해서 '그린치 증후군'이라고도 한다). 모두들 현기증, 졸도, 심계항진, 호흡곤란 등의 고전적인 증상을 보였다. 그러나 모두들 빠짐없이 그녀에게 오기 전까지 의료적 편견의 희생양이 되어 잘못된 진단을 받는 경험을 했다. 말하자면 '여자들은 다 미쳤어'류 의학 이론의 현대판에 해당하는 진단을 받은 것이다. 한 명은 섭식장애, 다른 한 명은 우울증, 또 다른 한 명은 공황장애로 잘못 진단됐었다.

"정말 충격적인 일이에요." 베이커가 말한다. "그 환자들이 제게 오기 전에 만난 임상의 중 단 한 사람도 기립성 검사orthostatics(환자의 심박수와 혈압을 누운 자세, 앉은 자세, 선 자세에서 측정해 비교해보는 검사)를 해볼 생각조차 하지 않았다는 게 믿어지지 않아요. 이제는 환자가 진료실에 들어오면 일단 체위성기립빈맥증후군 검사부터 한 다음에 비로소 다른 약이나 심리 치료 같은 것을 이야기하기 시작하죠."[659]

어떻게 보면 베이커의 환자들은 운이 좋았다. 자기가 가지고 있지도 않은 정신질환을 고치기 위해 약을 먹고 상담을 받는 헛수고를 하기 전에 진짜 병명이 무엇인지 알게 됐기 때문이다. 그러나 그렇게 되기 전까지 각 환자들은 하나같이 '문제는 네 머릿속에 있어It's all in your head' 식의 태도, 다시 말해 문제를 스스로 만든 것으로 치부해 버리는 의사의 태도 때문에 신체적인 장애를 겪는 것에 대한 죄책감과 불안감에 시달렸다.

당연하게도 의학계가 '히스테리증'이라는 단어를 쓰레기통에 버린 지 오래지만, 여성들이 가진 신경계 기능 장애는 여전히 상습적으로 오진되고, 그 결과 불필요한 약물을 복용하게 된다. 그리고 그들에게 내려지는 진단은 히스테리증과 가장 가까운 현대식 병명인 불안증이다. 내 환자 중 한 명인 스텔라Stella는 두려움을 모르는 용감한 여성이다. 유방암과 성공적으로 싸워 이기기 전에는 아프가니스탄 전쟁의 일선에서 보도한 종군기자였다. 하지만 5년이 지난 후 섬약한 여성의 전형으로 대접받는 상황에 처하게 됐다.

"얼굴 한쪽이 쳐졌어요. 3주 내내 그 증상이 계속되었고 고용량 스테로이드를 복용하고, 하라는 건 다 했어요… 그런데도 다른 증상이 시작됐어요."

스텔라가 겪은 벨 마비Bell's palsy, 즉 안경신경마비 증상은 호전이 됐다. 그러나 그 후로 그녀는 어지럽고, 기진맥진해지고, 몸 전체가 먹먹하고 저려 왔다. 모두 신경계 기능장애를 시사하는 증상이었다. 그러나 오랫동안 다니던 병원 의사에게 전화했을 때 그는 놀라운 반응을 보였다. 두 번 생각해 보지도 않고, 대면 진료 없이 그냥 전화로 스텔라가 불안증을 앓고 있다고 진단한 것이다.

"제가 그랬죠. '저를 10년이나 봐 왔잖아요. 암도 앓아본 적이 있고요. 불안증을 겪기도 했었지만 이건 그게 아니에요. 지금 이 순간에도 전혀 불안하지 않아요!'" 그녀가 당시를 회상하며 웃는다.

결국 스텔라는 몇 달 동안 생활을 제대로 할 수 없을 정도의 피로감을 비롯한 여러 증상으로 고통을 받았다. 그때마다 의사는 불안증이다, 기분장애다, 혹은 끊은 지 몇 달 지난 스테로이드 금단 증상이다 등의 말만 되풀이했다. 마침내 그녀는 여성 신경의학 전문의에게 보내달라고 했고, 그 전문의는 곧바로 그녀의 혈중 엡스타인바Epstein-Barr 바이러스 항체가 비정상적으로 높다는 사실을 발견했다. 이 바이러스는 림프선이 붓는 감염질환인 단핵구증mononucleosis을 일으키는 원인으로 알려져 있다.

그녀의 병은 불안증이 아니었고, 그녀의 머릿속 문제도 아니었다. 고등학교 때 앓았던 병의 바이러스가 몸속에 비활성 상태로 남아 있다가 뭔가의 자극을 받아 다시 활성화된 것이었다. 항바이러스제를 먹고 증상이 가라앉기를 기다리는 것 말고는 달리 뾰족한 치료 방법은 없지만 무엇이 문제인지 안다는 사실, 그리고 그녀가 하는 말을 경청하고 믿어주는 의사를 만난 것만으로도 소중했다.

스텔라의 수수께끼를 마침내 풀어낸 신경과 의사 브리짓 캐리Bridget Carey는 신뢰가 모든 차이를 만들어낸다고 말한다. 신경계 질환은 모호한 경우가 많고 환자마다 다른 식으로 발현되기 때문이다. "환자의 몸이 어떤 상태일까를 짐작하는 데 환자의 주관적인 경험에 의지해야 합니다." 그녀가 말한다. 하지만 누가 그들의 주관적인 경험에 귀를 기울이는지 문제에 이르면 차이가 드러난다. "30년을 일하면서 나를 찾아온 환자 중에서 불안증이라는 오진을 받고 온 환자만 해도 남성보다 여성이 훨씬 많았어요."[660]

여성 환자가 자신의 증상을 정확하고 유용하게 묘사할 수 없을 것이라는 불신은 개인적인 편견을 가진 의사 개인의 문제도 아니고, 한 개인에만 국한되는 문제도 아니다. 앨리스 바커가 말하듯, 현대 의학은 신속하고 확실한 진단을 내리고 환자에게 명확한 라벨을 붙인 다음 해당 치료 원칙에 따라 처방을 하고 환자를 진료실 밖으로 내보낼 것을 요구하고, 거기서 이득을 취한다. 이 모든 것이 15분 만에 이루어져야 한다.

"너무도 많은 여성이 처방받는 약이, 뭐랄까… 아주 약간은 도움이 되지만 주된 문제는 해결하지 못하는 경우가 많아요." 베이커가 내게 말한다. "신경생물학적으로 추정된 주된 원인에 대해 이해하는 일은 시작하지도 못해요. 우리가 쓰는 기준 자체가 진단적이기 때문입니다."[661] 의학 기록을 디지털화하면서 상황은 더 악화되었다. 여성의 신경학적 증상들이 진단하기가 어려울 뿐 아니라 현재 나와 있는 의료 수가 청구 기준에 맞춰 넣기에 너무 복잡하기 때문이다.

따라서 여성을 무시하거나 배척하려는 뚜렷한 의도가 없다 하더라도 불확실성을 수용하는 것이 불가능하게 구축된 시스템에서는 결국 같은 결과를 낳을 수밖에 없다. 신경학적 장애neurological problems를 가진 여성을 가장 잘 돕는 방법을 찾기 위해 요즘 나오는 문헌을 찾아보면 마치 이런 증상, 그리고 그런 증상을 겪는 환자들이 존재하지 않는 듯한 느낌을 받는다.

한 번도 답변된 적이 없고, 30년 동안 여성의 영혼에 대해 연구한 후에도 답을 찾을 수 없는 거대한 질문은 바로 이것이다. "여성은 무엇을 원하는가?"[662]

　히스테리증이 아동기에 근원을 둔 성적 억압에 기인한 정신적 상태라고 믿었던 지그문트 프로이트에게 여성은 풀고 싶고, 영원히 풀지 못한 수수께끼였다. 그의 멘토인 장마르탱 샤르코는 이 같은 상태를 온전히 신경학적 현상이라 간주했고, 여성을 사람들에게 전시할 수 있는 개인 소장품 취급했었다. 이 남성들이 남긴 연구 기록이나 살페트리에르 병원에서 벌어진 일들에 대한 기록을 읽다 보면 지금은 상황이 많이 달라졌다고 생각하기 쉽다.

　그러나 2023년 뉴욕 시립 병원에 입원했던 여성들, 손톱을 깨물다 못해 뼈가 드러날 정도가 되었지만 입에서 손을 떼지 못하는 여성, 의사들과 소통을 하기 위해 더듬더듬, 움찔움찔하는데 의사들은 어리둥절하게 쳐다보기만 하던 여성을 떠올려 보면 여전히 변하지 않은 것들이 많다는 생각을 떨치기 어렵다.

　이 장의 도입부에 소개했던 여성들은 처음에는 그들을 신기해하고, 다음에는 수수께끼라 생각하다가 결국은 너무나 골치 아프다는 이유로 두루뭉술한 진단명을 내리는 시늉을 한 다음 묵살해 버리는 의료 시스템으로부터 배신을 당했다. 의사들도 이제는 더는 뇌전증, 트라우마, 다양한 정신질환, 그리고 단순한 반항 등을 한 데 묶어 모두 같은 질병을 앓는다고 진단하지 않는다. 그리고 이제 더는 남편이나 아버지가 '비정상'이라 생각한다는 이유로 여성을 강제로 정신병원에 가둘 수는 없다. 그러나 어떤 의미로든 '까다로운' 여성에 대해 의료 시스템이 반응하는 방식은 여전히 오랜 과

거의 관습을 떠올리게 하는 부분이 많다.

그리고 과거의 '까다로운' 여성을 떠올리게 하는 환자들이 있다.

그녀의 이름은 록시Roxy다. 그녀는 열다섯 살 때부터 뇌전증을 앓아왔다. 살페트리에르에 수용된 직후 오거스틴이 처음으로 사진에 찍혔던 나이와 같다. 좀 더 깬 시대에 살게 된 덕분에 록시는 정신병자 수용소에 갇히는 대신 신경과 전문의의 진단을 받을 수 있었다. 그러나 그 신경과 의사는 '여자들은 다 미쳤어'류의 사고방식을 가졌을 뿐 아니라 신경과 질환을 가진 여성은 제 짝을 만나는 것이 약이라고 믿는 사람이었다.

"그 무뢰배가 환자 엄마에게 딸이 섹스를 하게 권장하라고 조언을 했어요. 그러면 발작이 멈출 거라고요. 정말 최악이죠."[663] 사아디 가탄Saadi Ghatan이 말한다.

가탄은 마운트 시나이 웨스트 병원의 신경외과 과장인 동시에 뇌전증의 세계적 권위자다. 15년이나 고통을 받은 끝에 찾아온 록시를 치료하고 있다. 섹스를 하면 병을 고칠 수 있을 것이라고 말했던 신경과 의사는 그저 시작에 불과했다. 가난한 록시의 가족은 그녀를 괴롭히는 발작을 치료할 돈이 없었다. 발작 때문에 제대로 된 직장을 갖기도 힘들었다. 그리고 어쩌다가 그녀는 폭력적인 남자를 만나 임신을 했다. 분만 예정일을 몇 주 앞두고 남자친구는 그녀를 칼로 찌른 다음 계단 밑으로 밀어 떨어뜨렸고, 록시는 쌍둥이를 조산했다. 그리고 물론 남자친구와의 관계도 끝났다.

그러나 그건 옛날 일이다. 가탄은 최근에 록시와 자기가 진료실에서 함께 찍은 사진을 내게 보여줬다. 그녀의 뇌전증을 치료하기 위해 [척수에] 신경자극기를 성공적으로 이식한 후 회복한 모습이었다. "저 생기있는 눈 좀 보세요." 그가 말한다.

하지만 보라고 하지 않아도 보인다. 놓칠 수가 없다. 이번에도 오귀스틴의 유명한 사진에서처럼 록시는 카메라를 똑바로 응시하고 있다. 하지만 그것 말고는 두 사람의 사진 사이에 더 이상의 공통점은 없다. 록시가 더 나이가 들었고, 피부색이 더 어둡고, 머리카락이 더 짧아서가 아니다. 표정이 다르다. 그녀는 수줍은 표정이 아니라 승리에 찬 표정을 짓고 있다.

치열한 싸움을 통해 얻어낸 승리.

록시는 의학계 내부에 여전히 얼마나 많은 무지가 도사리고 있는지를 배우는 데 큰 대가를 치른 후에야 회복으로의 여정을 시작했다. 물론 상황은 훨씬 나빴을 수도 있다. 록시 같은 여성들은 수용소에 갇히고 전두엽 절제술을 받고, 치아와 편도선과 장기를 뺏기고 뺏기다가 결국 넋이 나가거나 죽거나 했을 수도 있다. 그러나 이 악순환을 깬 의사 덕분에 그녀는 새 출발을 할 수 있게 되었다. 그녀를 인간으로 대해주는 의사, 그녀의 맹렬함을 교정해야 할 비정상적 행동이 아니라 힘의 원천으로 보는 의사.

전 남자친구가 칼로 찌른 록시의 오른쪽 어깨에 남은 켈로이드 흉터 옆에는 문신이 새겨져 있다. 강하고 거친 이미지다. 아물었지만 길게 난 흉터에서 붉은 핏방울이 뚝뚝 떨어지고 한쪽에 칼자루가 튀어나와 있다. 그러나 진짜는 상처 밑에 새겨진 문구다.

네가 내 등에 꽂아둔 칼로 네 목을 베어주겠어.

어쩌면 바로 여기서 록시의 길과 그녀의 역사 속 도플갱어 오귀스틴의 길이 갈라지는 것인지도 모르겠다.

그녀를 치유해 줘야 할 환자가 아니라 대중들에게 구경거리로

전시할 신기한 물건 취급하는 의사들이 있는 살페트리에르 병원에
갇혀 있던 오귀스틴이 원한 것은 오로지 탈출뿐이었다.

만약 그녀가 복수를 원했더라면 상황이 얼마나 다르게 전개되
었을지 상상해 보라.

10장

호르몬

호르몬 숙취

나는 당신이 늘어놓고 지금쯤 후회하고 있을
것이라 확신하는 그 긴 장광설을 평소에는 자신을
잘 통제하던 평범한 여성이 월경주기에 일어나는
격렬한 호르몬 불균형을 겪을 때 어떻게 되는지를
보여주는 전형적인 예로 사용할 것입니다. 당신이
그토록 옹호하는 바로 그 부분에 대한 반증으로
말이지요.[664]

__ 에드가 버먼, 미국 외과의사, 작가, 1970

이 책에서 다루는 기관계organ systems 중 내분비계는 아마도 눈으로 확인하기 가장 힘들고, 그래서 가장 신비로운 시스템일 것이다. 내분비계는 우리 몸 안에서 단 하나의 제품을 생산하고 유통하는 자립형 소규모 경제 체제처럼 작동한다. 그 단 하나의 제품은 바로 호르몬이다. 도합 50가지가 넘는 이 화학물질은 특정 분비샘이나 기관에서 만들어져서 혈류를 타고 몸의 다른 부분으로 보내져 기분, 식욕, 체온 조절에서부터 사춘기 성징, 생식에 이르기까지 거의 모든 것에 마법을 발휘해서 부드럽게 돌아가게 하거나 완전히 무너뜨리곤 한다. 인슐린은 췌장에서 만들어져 혈당을 조절하는 호르몬이고, 멜라토닌은 수면을 조절하는 호르몬, 아드레날린은 공포 흥분, 스트레스 상황에서 심박수와 혈압을 치솟게 하는 호르몬이다. 그리고 물론 고환과 난소에서 만들어지는 안드로겐, 에스트로겐, 프로게스토겐 등의 성호르몬도 있다.

성별과 상관없이 모든 인체의 내부는 호르몬으로 넘쳐난다. 성별과 상관없이 모든 인체는 여성 호르몬 혹은 남성 호르몬이라 부르는 성호르몬들을 모두 생산한다. 이렇게 호르몬이 남녀 모두의 몸 어디에나 있고, 광범위한 역할을 수행하건만, 어찌 된 일인지 유독 여성만이 호르몬 때문에 예측 불가능하고, 무능력하며, 특정 형태의 업무에는 부적합하다는 말을 떠안게 되었다. 그리고 감정이나 행동이 불편하게 느껴질 때 '호르몬 때문'이라고 무시되고 마는 것도 여성뿐이다.

다른 많은 의학적 돌파구들과 마찬가지로 20세기 초 내분비학의 발전 역시 여성들에게 의도치 않은 불행한 2차 효과를 끼쳤다. 여성이 지적 한계를 타고났다는 증거를 찾기 위해 남성보다 크기가 작은 여성의 두개골을 자세히 조사하거나 혹은 자궁을 어둠과 질병이 가득한 부패의 진공 상태라고 개탄했던 과학계의 태도와 궤를 같이하는 사고방식이 여성의 몸에서 일어나는 호르몬의 기능에 대해서도 비슷한 결론을 내린 것이다. 먼저 결론부터 내리고 거기에 맞는 가정을 찾아나서는 식이었다. 다시 말해 의사들은 여성이 열등하다는 사실을 '이미 알고' 있기 때문에 여성의 몸과 남성의 몸 사이에 존재하는 모든 생물학적, 해부학적 차이는 여성을 열등하게 만드는 요인 중 하나라고 추정했다.

다른 의학 분야에서는 이런 식의 사고방식이 그야말로 끔찍한 결과를 초래해서 '거슬리는'(이라고 쓰고 '여성 고유의'라고 읽는다) 신체 부위를 제거하는 불필요하고 폭력적인 수술을 자행하는 일도 많았다. 하지만 여성의 몸에서 호르몬이 어떻게 작동하는지에 관한 초기 이론들, 결국 잘못된 것으로 판명된 그 이론들은 의료계에서, 그리고 더 나아가 사회 전반에서 다른 의학 분야의 그릇된 인식보다 여성의 평등에 더 큰 해를 끼쳤을 수도 있다. 적어도 장기는 제거라도 가능하다. 그러나 호르몬을 발견한 후에는 여성들이 사춘기가 시작되는 순간부터 언제 폭발할지 모르게 불안정하고, 어리석고, 정서적으로 불안하게 만드는 강력한 화학물질의 혼합물에 항상 절여져 있다는 의미로 받아들여졌다.

남성 호르몬과 여성 호르몬이 성별을 가른다는 이분법적 믿음은 의학계의 성차별적 사고방식을 고착시켰을 뿐 아니라 내분비계가 실제로 어떻게 작동하는지에 대한 무지를 심화시켰다. 에스트로겐이 여성에게서만 분비되는 여성 고유의 호르몬이자 여성들에게만 해로운 영향을 준다는 믿음이 발견 초기부터 있었고, 너무 오랫동안 유지됐다. 남성 호르몬은 찬양을, 여성 호르몬은 비난을 받았다. 테스토스테론 수치가 높은 남성은 남성미가 넘치는 강인한 전사이자 종마처럼 여겨졌다. 반면 에스트로겐 수치가 너무 높은 여성은 그냥 미친 여자였다. 마침내 과학적으로 모든 성별의 몸에 모든 호르몬이 존재한다는 사실을 이해하게 된 후에도 '여자들은 다 미쳤어' 식의 이론을 기반으로 하는 여성의 몸과 뇌와 생물학에 대한 담론은 쉽게 사라지지 않았다. 의사들도, 사회 전반도, 어떨 때는 여성들마저도 (이 부분이 최악이다) 이 서사에 매여 쉽게 놓여나지 않았다.

2004년, 의과대학 3학년 학생이었던 나는 매사추세츠 종합 병원Massachusetts General Hospital 외과에서 실습을 하고 있었다. 그 병원의 약자 MGH를 따서 우리는 농담 삼아 '남자 최고의 병원Man's Greatest Hospital'이라고 불렀다. 그곳의 의학 교육 방식이 잔혹할 정도로 고되고 군사적이었기 때문이었다(공정을 기하기 위해 덧붙이자면, MGH는 최근 이 부분을 개선하고자 노력을 기울이기 시작했으나 왕년의 명성은 여전하다). 내가 외상외과팀에서 일하던 어느 날 밤, 두 명의 구급대원이 응급실 문을 박차고 들것을 밀고 들어왔다. 들것에는 피투성이가 된 여성이 누워있었다. 중앙선을 넘어 반대편으로 돌진한 음주운전 차량과 정면충돌하는 끔찍한 교통사고를 당한 것이었다. 뼈가 부러지고, 두개골에 금이 갔고, 비장이 파열된 상태였다. 그녀의 몸이 수술을 견뎌낼 수 있을지 판단하기 위해 황급하게, 그러나 면밀하고 체계적으로 그녀의 상태를 평가하는 팀원들의 얼굴에 비친, 그녀가 살아남기 어려울 것이라는 암울한 자각을 나는 놓치지 않았다.

첫 실습을 도는 의과대학생 신분이었던 나는 그저 옆에 서서 환자가 수술실로 들어가는 것을 지켜보고, 그녀의 어머니를 위로하는 것 말고는 할 수 있는 일이 없었다. 차로 몇 시간 떨어진 곳에 살던 그 어머니는 자기가 병원에 도착했을 때 딸이 아직 살아 있을지도 모르는 상태로 급히 달려온 참이었다. 마침내 그 젊은 여성이 수술을 마치고 여전히 의식이 없는 상태로 중환자실로 옮겨졌다. 그녀의 몸은 붕대가 칭칭 감긴 채 수많은 튜브와 모니터가 꽂혀 있었다. 그제야 그녀의 어머니가 나를 옆으로 데리고 가 상황을 좀 알려달라고 애원했다. 자신이 상황을 제대로 이해하고 있는 것인가? 딸이 살아날 수 있겠는가? 그녀는 눈물을 흘리고 있었고, 얼마 가지 않아 나도 눈물범벅이 되고 말았다. 그런 행동은 규칙에 어긋나는 일이었다.

내가 울고 있는 걸 본 내 지도 레지던트가 나를 따로 부르더니 몸을 내 쪽으로 숙이고 낮고 심각한 목소리로 말했다. "정신 차려. 지금 당장. 감정을 제대로 다스리지 못하면 이 바닥에서 남아나지 못할 거야."

내가 그 말을 한 것은 그때였다. 나는 시선을 아래로 내린 채, 눈물을 훔치며 중얼거렸다. "죄송합니다. 어떨 때는 에스트로겐을 이길 수가 없어요."

그 순간을 다시 생각할 때마다 나는 몸서리를 친다. 내 스스로 호르몬에 관한 유해한 고정관념 뒤로 쉽게 도망친 것이 부끄러워서뿐 아니라 내 지도 레지던트가 그 말에 고개를 끄덕였기 때문이었다.

그것은 의료 체제 내에서 오래 지속된 여성 신체에 대한 케케묵고도 간계한 편견에 뿌리를 둔 유해한 서사를 지속하는 데 일조한 첫 번째 순간이었지만, 마지막은 아니었다.

난소액에 대해 말하자면, 고환액보다 효력이 떨어진다는 언급만 하겠습니다. 그러나 미국의 한 여성 의사에 따르면 파리에 사는 60명의 노년 여성들이 난소액의 혜택을 입었다고 합니다.[665]

—샤를에두아르 브라운세콰르, 의사, 1893

때는 1889년이다.[666] 일흔두 살의 의사 샤를에두아르 브라운세콰르Charles-Edouard Brown-Sequard는 나이를 온몸으로 느끼고 있다. 노령으로 몸이 병약해진 것뿐 아니라 그에 따른 분통 터지는 상태까지도 말이다. 그는 한없는 에너지와 충족할 수 없는 호기심, 그리고 새벽까지 실험실에 남아 연구하면서 금방이라도 손에 닿을 듯한 새로운 과학적 발견을 찾아 헤매다가, '유레카!'와 함께 진실이 형체를 드러나는 순간들이 그립다.

바로 그 에너지, 뭔가를 이해하고자 하는 그 갈망 덕분에 그는 혁신가라는 평판을 얻었고, 극단적일 때는 괴짜로 비추어지기도 했다. 언젠가 이 원기가 자신을 떠나리라는 것을 상상조차 할 수 없을 때가 있었다. 그러나 이제 그 시간이 왔다. 모든 것이 고갈된 것이다.

지쳤다.

늙은 것이다.

여기서 저기로 뛰어다니고, 이 실험에서 저 실험으로 바삐 옮겨 다니던 것은 이제 오래전 일이다. 그는 요즘 대부분의 시간을 앉아서 보낸다. 집, 실험실, 그리고 그 두 곳을 오가는 말이 끄는 마차 안에 앉은 채로. 마차가 덜컹거릴 때마다 그의 뼈도 모두 서로 부딪히는 느낌이다. 밤에는 거의 음식을 먹지 못한 채 지쳐빠진 몸을 침대에 털썩 눕히지만 막상 잠을 이루지는 못한다. 이것도 인생의 황혼기에 도달한 사람들이 감당해야 하는 또 다른 자연의 역설적인 모욕이다.

샤를에두아르 브라운세콰르는 호르몬이 무엇인지 모른다. 사실 그 단어 자체도 아직 만들어지지 않았다. 그러나 그는 자신이 잃은 것이 무엇인지 알고, 왜 그것을 잃었는지 안다고 생각한다. 남성이 활기와 힘과 남성성을 잃는 시기가 성적 능력이 떨어지기 시작하는 시기와 일치하는 것은 아무리 생각해도 우연이 아닐 게 분명했다.

그렇다면 당연히 현대 과학의 기적을 통해 고갈된 것을 다시 보충하는 것이 가능하지 않겠는가.

브라운세콰르는 오직 시간과 의지만 있으면 된다고 생각한다.

거기에 더해 기니피그의 고환이 필요하다.

아주 아주 많은 기니피그의 고환이.

◇◇◇

1905년이 되기 전까지는 "호르몬"이라는 단어가 의학용어로 등장하지 않지만,[667] 그보다 훨씬 이전부터 과학계는 완전히 이해하지 못한 채 내분비계 기능에 대한 관념을 고민해 왔다. 거세 풍습[668]과 환관들 그리고 그에 관해 기원전 2000년부터 내려오는 기록 덕분에 의사들은 인간이든 동물이든 생식기를 제거하고 나면 행동과 성격에 큰 영향을 끼친다는 사실을 알고 있었다. 하지만 이에 관한 이해는 19세기에 샤를에두아르 브라운세콰르가 지금까지와는 다른 질문을 던지기로 결심하기 전까지는 지지부진하게 머물렀다.

브라운세콰르는 프랑스인 생리학 및 신경학자로, 뛰어나고 호기심 넘치는 학자로 유명하지만 괴짜로 평가받기도 했다. 자기 몸에 실험하는 것을 서슴지 않았기 때문이었다. 1853년 콜레라 유행 때 젊은 과학자로서 이 질병을 연구하던 그는 본인도 콜레라에 걸리겠다는 의지로 환자의 토사물을 먹었다.[669] 그렇게 콜레라에 걸리고 나서 자기가 개발한 실험적 치료법을 스스로 시험해보고 싶어서였다. 이제 인생의 말년에 다다른 브라운세콰르는 또 다른 실험을 할 계획을 세웠다. 고환을 제거한 남성에게 무슨 일이 벌어지는지 모르는 사람이 없었다. 그러나 고환을 가지고 있는 늙은 남성에게 더 젊은 고환의 분비물을 주사하면 어떻게 될까?

어떻게 보면 호르몬 대체 요법hormone replacement therapy, HRT의 초기 모델이라고 볼 수 있는 이 실험에서 브라운세콰르는 물, 정액, 피, 그리고 동물의 고환을 으깨어 얻은 분비물을 섞은 물질을 자기 몸에 2주간 주사했다(처음에는 개의 고환을 사용했지만, 알려지지 않은 이유로 이를 기니피그의 고환으로 바꿨다). 그는 결과가 훌륭했다고 선언했다. "두 종의 동물이 엄청난 '힘'을 가진 액체를 줬다는 것은 확실히 말할 수 있다"고 썼다. 보고서에서 그는 주사를 맞은 후 거의 하룻밤 사이에 힘과 체력이 향상됐다고 썼다. 계단을 뛰어오를 수 있었다! 무거운 중량을 들 수 있었다! 어느 때보다 멀리까지 소변을 뿜어낼 수 있었고, 절반 나이밖에 되지 않는 젊은이만큼 쾌변을 볼 수 있었다! 그는 "엄청나게 변비가 심한 날에도, 오래전에 가졌던 힘이 다시 돌아왔다"고 썼다.[670]

이 책은 주로 의학이 여성에 대해 잘못 이해하고 폄하해 온 역사를 다루고 있지만, 그의 실험은 남성도 그들의 깊은 두려움과 불안함을 교묘히 건드린 실험적인 의학과 엉터리 치료법으로부터 자유롭지 못했던 것을 보여 준 하나의 사례였다. 물론 브라운세콰르는 여성에게 난소 분비물을 주사해서 어느 정도 유사한 결과를 재현할 수 있을지 궁금해하기도 했지만 말이다. 브라운세콰르의 연구는 여러 결함을 가지고 있었고, 기니피그는 물론이고 개의 고환에 있는 아주 미량의 테스토스테론의 양을 고려하면 그가 느꼈다고 주장하는 활력은 거의 확실히 위약 효과였을 게 틀림없다. 그렇다고 해서 다시 활력을 되찾고 싶은 희망에 차 대거 몰려온 남성 환자들에게 의사들이 '브라운세콰르 묘약'을 보급하는 것을 막지는 못했다.[671] 시큰둥했던 사람들은 그의 과학계 동료들뿐이었다. 그가 실험 결과를 제출하자 한 의학 저널에서는 이 보고서를 혁신적 실험이 아니라 어느 교수든 70세가 넘으면 강제로 은퇴시켜야 하는 증거로 인용했다.[672]

브라운세콰르는 호르몬을 발견하지도, 효과적으로 이용하지도 못했지만, 그가 던진 질문은 호르몬이 몸에 끼치는 영향을 성별에 따라 이분론적으로 보는 주류 문화적 담론의 전조였고, 전반적인 의학적 상상력에 불씨를 당기는 계기가 되었다. 그의 연구가 내분비학 분야의 탄생을 앞당긴 촉매제가 되었다고 평가하는 사람이 많다. 지금도 그렇지만 당시에도 노화의 시계를 되돌린다는 개념, 특히 남성의 성 기능에 작용하는 효과는 과학계의 큰 관심사였다.

그 후 수십 년에 걸쳐 내분비계에 관한 혁신적 연구가 쌓여갔다. '호르몬'이라는 단어는 1905년 어니스트 스탈링Ernest Starling이라는 영국 생리학자가 소화 호르몬인 세크레틴을 발견하고 대장의 수용체에서부터 세크레틴이 만들어진 췌장까지 추적한 후 붙인 이름이다.[673] 그때부터 과학자들은 앞다투어 서로 다른 호르몬과 그것들의 기능을 알아내기 위한 실험을 하기 시작했고, 발견하는 대로 이름을 지었다. 아드레날린, 인슐린, 성장 호르몬 등이 그 예다.

그러다가 테스토스테론과 에스트로겐이 등장했다. 에스트로겐은 여성의 월경주기를 관장하는 호르몬으로 1920년에 발견되어 이름 붙여졌다. 이 이름이 그리스어 '오이스트로스oistros'를 어원으로 한다는 사실 자체가 많은 것을 말해준다.

뜻이 '광적 욕망'이기 때문이다.[674]

여성의 성욕이 지나치다 못해 성적 광기에 이르는 증상을 보일 경우 우리는 주요 원인으로 과도한 난소 분비물을 의심해 봐야 한다. 반대로 난소 분비물이 적으면 간접적이겠지만 우울증이 생길 수 있다.[675]

—윌리엄 블레어벨, 부인과 의사, 1916

에스트로겐을 발견하고, 이 호르몬이 월경주기에 끼치는 영향을 이해하게 되기 전부터도 의사들은 여성의 월경에 대해 의심의 시선을 보냈다. 앞선 장들에서 자세히 살펴보았듯 월경혈은 유독하고 불결하며 위험한 전염의 근원으로 여겨졌다. 체액설의 신봉자들은 월경을 여성들이 타고난 '새는' 체질의 증거라고 여겼고, 그 때문에 신체적 불균형에 취약하다고 생각했다. 중세 의사들은 이것이 여성의 몸을 꽉 막고 있는 '추잡한' 물질이며, 다른 장기에 독을 퍼뜨려서 온갖 종류의 여성 질환을 초래한다고 믿었다. 거기에 더해 그런 여성과 성관계를 맺은 불운한 남성의 음경을 부패하게 만드는 것은 말할 것도 없었다. 물론 월경을 하지 않는 것도 그 자체로 위험한 일이었다. 자기 의사의 반해 시설에 여성을 감금할 때 의사들이 참고한 수십 개의 이유 중에는 월경 불순도 있었다.[676]

이 모든 것을 잇는 공통점은 월경이 편리한 의학적 희생양으로 이용된다는 사실이다. 의사들은 여성이 변덕스럽고 병약하며 불안정한 원인으로 거듭거듭 월경을 지목했다(월경을 둘러싼 문화적 수치심은 이런 태도를 개선하는 데 전혀 도움이 되지 못했다. 심지어 월경 중인 여성은 너무 위험하니 집에 머무르지 못하고 더는 피를 흘리지 않을 때까지 사람들로부터 격리해야 한다는 종교적 칙령까지 있었다). 의학계를 포함한 각 방면에서 성평등 운동이 탄력을 받기 시작했음에도 불구하고, 여성이 월경주기 때문에 허약해진다는 개념이 너무도 만연해서 하버드 의대는 여성을 학생으로 받지 않는 이유로 월경을 들었고, 이 정책은 1945년까지 계속됐다.[677]

1876년, 당시 최초이자 가장 유명했던 여성 의사였던 매리 퍼트남 자코비Mary Putnam Jacobi는 월경주기를 둘러싼 의학계의 근거 없는 믿음을 다룬 281쪽에 달하는 논문으로 하버드 의대에서 주는 보일스톤 상을 수상했다.[678] 남성 의사들이 주도하는 담론에 합리성과 균형감을 주입하려는 시도로 작성된 이 논문은 이 책의 다른 장에도 등장하는 몇몇 남성들을 특정해서 그들의 주장을 반박했다. 그중에는 생식계 장에서 만날 산부인과 의사 호레이시오 스토러도 있다. 스토러는 여성이 월경 때문에 의사가 될 수 없다고 단언했다. 그는 월경주기가 "여성을 정신적으로, 그리고 많은 경우 육체적으로 책임 있는 활동을 할 수 없게 만든다"고 썼다.[679]

자코비는 스토러의 주장과 같은 논지들을 하나하나 세세히 철두철미하게 반박했다. 그녀는 해당 주제에 관한 당시의 생리학 문헌을 거론하고 250명이 넘는 여성들을 대상으로 설문 조사를 진행했으며, 월경 기간 맥압의 변화를 기록해서 이 기간에 여성이 정상적인 생활을 하지 못할 정도로 스트레스를 받는지 확인했다(물론 그렇지 않았다).

그러나 아무 소용이 없었다. 의학계의 담론을 주도하는 남성들은 월경에 어떤 병리적 요소가 있다는 개념에 모든 것을 걸었다. 그리고 후에 '호르몬'이라고 부르는 물질에 대해서 더 많이 알면 알수록 그 확신은 더 확고해졌다. 에스트로겐이 무엇인지 알게 되기 오래전부터 의사들은 여성의 몸과 행동이 그들의 생식기, 특히 난소에서 나오는 분비물에 의해 통제된다고 확신했다. 이 이론의 선봉에 선 사람 중 하나가 영국의 부인과 의사이자 《성 콤플렉스: 건강과 질병에 있어 내부 분비물과 여성적 특성과 기능에 관한 연구 The Sex Complex: A Study of the Relationships of the Internal Secretions to the Female Characteristics and Functions in Health and Disease》의 저자인 윌리엄 블레어벨William Blair-Bell이었다.

갸름한 턱, 좁은 미간, 창백한 눈에, 배우 제임스 크롬웰James Cromwell을 약간 닮은 외모를 가진 블레어벨은 1916년 이 책을 펴냈다.[680] 때는 의학계가 에스트로겐과 에스트로겐의 기능을 발견하기 직전이었다. 그의 저서는 여러 면에서 터무니없었음에도 불구하고 선견지명을 일부 담고 있었다. 블레어벨은 여성이 난소에서 만들어지는 이 사악한 물질에 의해 내적으로 통제된다고 믿었고, 이 물질을 "난소 분비물"이라 불렀다.[681] 그는 분비물이 과도할 경우 "성적 광기"를[682] 초래하고, 부족하면 멜랑콜리아melancholia*를 유발한다고 썼다. 이 성적 광기의 가장 대표적인 증상은 자위였으며, 다른 많은 의사들과 마찬가지로 블레어벨도 이 문제에 집착을 보였다. 자위를 방지하기 위한 예방조치로 결혼을 추천했다. 그는 소녀가 사춘기 성징을 보이자마자 결혼하는 것이 이상적이라고도 덧붙였다.[683]

말할 필요도 없이 여성을 광적인 욕망 상태로 몰아넣는 난소 분비물을 식별해내는 것이 주된 관심사였다. 한 사례 연구에서 블레어벨은 여러 차례 불륜을 저질렀다고 고백한 한 환자에 대해 그녀가 과도하게 활발한 난소로 인해 일시적 도덕적 타락 상태에 빠지게 되었다고 주장했다. "성적 자극이 너무도 커서 그것이 고갈될 때까지 옳고 그름에 관한 그녀의 감각은 완전히 사라지고 말았다"고 그는 썼다.[684]

---

*   현대 의학의 우울증depression과 약간 다른 의미로 깊은 슬픔이나 침울감을 표현하던 과거 용어이다.

마침내 에스트로겐이 발견되자 블레어벨, 그리고 그와 비슷한 생각을 하던 사람들은 이를 자신의 주장이 정당했다는 증거로 여겼다. 과학자들은 1920년에 에스트로겐을 식별해 이름을 붙였고, 1929년에 임신한 암말과[685] 임신한 여성의 소변에서 이 호르몬을 분리해 화학적 구조를 밝혀내는 데 성공했다. 그 전부터 계속해서 난소에서 만들어지는 물질이 여성들을 미치게 만든다고 말해오지 않았는가! 그런데 이제 그 물질을 발견한 것이다.

남성과 여성 호르몬 사이의 화학적 전쟁은, 그 자체로 잘 알려진 남성과 여성 간의 영원한 전쟁의 화학적 축소판이다.[686]

_폴 헨리 드 크루이프, 미국의 생물학자이자 저자, 1940년대 경

에스트로겐과 그에 상응하는 남성 호르몬인 테스토스테론을 발견한 초기에는 과학계가 여성과 남성이 생물학적으로, 해부학적으로, 그리고 이제는 화학적으로도 완전히 다른 신체를 가졌다는 잘못된 믿음에 절대적으로 매달렸다. 내분비계 연구를 통해 결국 소위 여성 성호르몬이라고 부르는 것이 남성의 몸에도 존재한다는 진실이 밝혀지면서 이 확신이 복잡해지기는 했지만 완전히 사라지지는 않고 현재까지 남아 있다. 테스토스테론을 발견한 공을 인정받은 에른스트 라퀘르Ernst Laqueur는 이미 1927년부터도 에스트로겐이 남성의 고환에서 발견될 수 있다는 사실을 인식하고 있었지만 그 의미가 무엇인지 거의 이해하지 못했다.[687]

"본질적으로 여성의 것으로 여겨지는 물질이 모든 남성의 몸에도 존재한다는 사실이 이제 증명됐다. 각각의 남성이 지닌 여

성성의 정도를 특정 비율로 측정할 수 있을지 여부는 아직 알 수 없다."[688] 그는 이렇게 썼지만, 에스트로겐과 여성성을 인지적으로 연결하는 관행은 지금까지도 계속되고 있다는 사실에 주목하자. 1934년에 또다른 돌파구가 열렸다. 의사였던 베른하르트 존덱Bernhard Zondek은 수말의 몸속에서 에스트로겐을 발견했다는 논문을 발표했다. 존덱도 자신의 연구 결과에 당황한 빛이 역력했다. "놀랍게도 추가 연구 결과, 수말은 소변을 통해서도 대량의 에스트로겐 호르몬을 배출하는 듯하다… 이런 식으로 호르몬을 대량 방출하는 현상은 암말에서는 관찰되지 않고 수말에서만 관찰되었다."[689]

과학적 현실은 여성은 에스트로겐으로 가득 차 있고, 남성은 테스토스테론으로 가득 차 있다는 식의 단순한 이분법보다 훨씬 더 미묘하고 복잡한 게 분명했다. 남녀를 불문하고 모든 인간의 성과 생식적 발달을 조절하는 '주 분비샘'인 뇌하수체의 존재를 포함해서 호르몬에 대한 정보가 점점 더 누적되면서 연구자들이 이 사실을 대면할 수밖에 없었다. 그러나 호르몬과 그 기능에 대한 성별화된 개념에 너무 함몰된 나머지 의사들은 에스트로겐이 남자의 몸에도 존재할 수 있다는 사실을 상상할 수가 없었다. 이 호르몬이 남성의 몸에서 발견되는 건 일탈로 간주되었고, 뒤를 이어 에스트로겐이 남성을 일탈적으로, 말하자면 여성스럽게 만든다는 이론이 나왔다. 결국 이런 이론들이 이치에 맞지 않다는 것이 증명되었다. '여성스러운' 남성들을 대상으로 실험해 봤지만 통념상 더 남성적인 남성보다 에스트로겐 수치가 더 높지 않았다. 그러나 남성-여성 호르몬 이분법에 대한 과학계의 믿음이 너무 뿌리 깊은 나머지 이 믿음에 반하는 실험 결과는 너무도 쉽게 무시되었다. 의사들은 여전히 여성스러운 남성은[690] 여성을 불안정하고, 변덕스럽고, 성적으로 일탈하게 만드는 바로 그 호르몬의 과다분비로 고통받는다고 상정했다.

세월이 흐르면서 1920년대와 1930년대의 혁신은 새로 얻은 내분비계에 대한 지식, 특히 성호르몬과 관련된 지식을 어떻게 의학에 활용할 수 있을지에 대한 질문으로 이어졌다. 이미 샤를에두아르 브라운세콰르는 오래전에 세상을 떴으나 그의 정신과 그의 실험의 동력이 되었던 강한 호기심은 발아 단계였던 유망한 호르몬 대체 요법에 대한 논의에서 새로운 기회를 찾기 시작했다. 의사들은 질문하기 시작했다. 여성적인 기질을 가졌든, 노화의 영향으로든 유약해진 남성에게 남자답고 남성적인 호르몬 주입하면 활력을 되찾을 수 있을까?

그러나 여성을 대상으로 이에 상응하는 해결책을 상상하는 단계에서는 매우 흥미로운 현상이 벌어졌다. 치료의 개념이 통제의 비전으로 대체된 것이다. 여성을 미치게 만드는 악마 같은 호르몬뿐 아니라 그런 호르몬이 관장하는 과정 전체를 통제할 수 있지 않을까 하는 비전 말이다. 여성의 에스트로겐 분비량을 조작할 수 있으면 그녀의 기분과 욕망, 월경, 배란을 모두 통제할 수 있을 것이다. 그리고 궁극적으로 여성을 남성보다 취약한 존재로 만드는 동시에 더 강력한 존재로 만드는 유일한 한가지, 임신마저 통제할 수 있을 것이다.

아이가 너무 많고, 너무 많이 다투고, 너무 많이 화내는 과정에서 여자는 바

가지 긁는 심술궂은 마누라로, 남자는 이기적인 깡패로 변하고 말았다… 현명한 남자라면 자신이 돌볼 수 있는 것 이상으로 나무를 심지 않을 것이다.[691]

성 혁명의 핵심이 된 과학적 발견을 하기 20년 전부터 의학박사 그레고리 핑커스Gregory Pincus는 신동 소리를 들었다. 하버드대 교수이자 대담한 연구자였던 그는 과학적으로, 문화적으로 내분비학 분야의 지평을 넓힌 인물로 알려졌다.[692] 그는 서른두 살이던 1934년, 인공 수정으로 토끼 한배를 출산시켰다는 발표를 하면서 이름을 널리 알렸다. 그리고 1937년, 이번에는 수컷 생식세포를 전혀 쓰지 않고 단위생식으로 토끼 한 마리를 탄생시켰다.[693] 아버지가 없이 핑커스가 식염수와 호르몬 에스트론estrone의* 혼합액으로 난자를 '수정'시켜 태어난 토끼는 엄청난 팡파레와 함께 〈룩〉 잡지의 표지를 장식했다.[694] 그러나 이 소식은 핑커스가 인간을 대상으로 같은 실험을 하겠다고 발언했다는 오보가 퍼지면서 논란과 비난의 물결에 묻혀버렸다. 기자들은 여자들이 핑커스가 사용한 방법으로 남자의 개입 없이 임신할 수 있다는 개념이 근거 없다는 기사를 서둘러 써댔다.

"다시 말해, 여성이 완전히 세상을 장악하고 남성은 전쟁터로 내몰아 손쉽게 서로를 몰살키는 일은 일어나지 않을 것이다."[695] 핑커스의 토끼 실험을 보도한 〈산타 바바라 뉴스프레스〉는 이렇게

---

* 에스트로겐 계열의 한 호르몬으로 주로 완경 후 여성에서 주요한 에스트로겐으로 작용한다.

독자들을 안심시켰다.

그러나 핑커스는 굴하지 않았다. 1938년에 접어들 즈음 그는 이미 성호르몬에 관한 세계적 권위자로 70여 편에 달하는 논문을 출판한 저자가 되어 있었다. 그는 내분비학의 한계를 뛰어넘고, 호르몬의 힘을 이용해 전례 없는 수준으로 인간의 몸, 특히 생식을 통제하는 일에 이전 어느 때보다 큰 관심을 보였다. 이러한 그의 관심은 미국가족계획연맹Planned Parenthood을 설립한 마가렛 생어Margaret Sanger처럼[696] 생식 자율권을 핵심 이슈로 여기던 당시의 여성주의 운동가와 공통점이 있었다. 핑커스의 과학적 호기심과 생어의 활동이 만나는 교집합에서 한가지 목표가 만들어졌다. 바로 임신을 방지할 수 있는 약의 발명이었다.

그러나 장애물이 많았다. 종교적, 문화적, 법적 반대에 부딪힌 것이다. 미국에서는 1960년대까지도 피임약을 유통하는 것은 물론, 그것의 사용 정보를 알려주는 것마저 법적으로 금지되어 있었다. 미국 국립보건원은 생식 과학 분야의 기초 연구에도 예산을 할당하지 않았고, 1959년까지는 피임에 관한 연구에 돈을 대는 것을 명시적으로 금지했다.[697] 이 분야를 연구할 수 있는 유일한 방법은 민간 자금을 조달해서 '생식력' 명목으로 연구를 한다고 가장을 하는 것뿐이었고, 핑커스는 그렇게 했다. 그는 존 록John Rock이라는 동료 생물학자와 팀을 이뤄 인간 여성의 호르몬을 조작하는 실험을 시작했다.[698] 200만 달러의 연구 자금은 생어를 통해 만난 캐서린 덱스터 맥코믹Katharine Dexter McCormick이라는 독지가가 댔다. 피임에 대한 맥코믹의 관심은 정치적인 동시에 개인적이기도 했다. 시간을 거슬러 올라간 1906년부터 이미 그녀는 자녀들이 남편의

조현병을 물려받을까 두려워 절대 아이를 갖지 않겠다고 맹세했었다.[699]

생어를 비롯해 피임을 지지한 초기의 많은 운동가들과 마찬가지로 맥코믹도 어느 정도 우생학적 성향이 있었고, 때때로 배려가 부족하다고 느껴질 만큼 실용적이었다. "실험에 쓸 배란 중인 여자들을 가두는 '우리cage'를 어떻게 구하죠?"하고 물은 적도 있었다.[700] 그러나 실험을 위해 규제가 허술한 틈을 노리거나 여성을 '우리'에 가둬놓고 실험할 생각을 한 것은 그녀 혼자가 아니었다. 록과 핑커스 박사는 정부 규제를 우회하기 위해 생식력을 연구한다는 핑계로 피임약 초기 제품을 매사추세츠의 우스터 주립정신병원Worcester State Psychiatric Hospital에 수용된 여성들을 대상으로 실험했다.[701] 이때부터 이미 핑커스는 한 발 더 앞서 생각하고 있었다. 제대로 된 동의가 불가능한 환자를 대상으로 실험하는 것뿐 아니라, 어떻게 하면 여성들이 언젠가는 이 약을 자발적으로 먹도록 할 것인지를 궁리한 것이다. 약에 들어있는 프로게스테론은 몸의 정상적인 월경주기를 완전히 중단시키는데, 핑커스는 바로 이것 때문에 여성들이 불안하고 두려워할 것이라 예상했다. 그래서 그는 여성들이 약을 21일간 계속 복용하고 일주일간 중단해서 그 기간에 월경을 할 수 있도록 하자고 제안했고, 이 방법은 지금까지도 계속 사용되고 있다.

시계처럼 정확하게 28일마다 인위적인 '월경'을 하도록 함으로써 핑커스는 혁신적인 동시에 교묘한 착시효과를 팔 수 있었다. 그가 약속한 것은 몸의 '자연스러운' 주기를 변화시키지 않고 임신으로부터 완전히 자유로워지는 것이었다. 그러나 실제로 그가 한 일은 환자의 몸에 강력한 호르몬제를 다량 주입하여 생물학적 과정을 근본적으로 변화시키는 것이었고, 심각한 부작용을 동반했다.[702]

◇◇◇

이 책에 등장하는 의사 중 많은 수는 (가부장적이기는 하지만) 환자들을 돕고자 하는 진정한 갈망을 추동력 삼아 일했고, 그 여성들을 치료하는 것과 착취하는 것 사이에서 균형을 잡기 위해 애를 쓴 사람들이었다. 그러나 핑커스는 자신의 혁신적인 연구가 실험 대상의 건강과 행복을 희생해서 이루어지는 것일 수도 있다는 가능성에 대해 전혀 갈등하지 않은 듯 보인다. 그는 연구의 무대를 정신병자 수용소에서 푸에르토리코섬으로 옮겼다. 정부 관리들의 감시로부터 비교적 자유로운 상태에서 많은 경우 절박하게 가난한 여성들을 대상으로 삼기 시작한 후, 참여 여성들이 고통받는다는 사실도, 핑커스가 그 점에 특별히 신경 쓰지 않는다는 사실도 모두 더 확연해졌다. 그의 시제품 피임약을 복용한 여성들은 하혈, 혈전, 메스꺼움, 편두통을 호소했다. 날마다 질내 도말 검사를 받아야 했고, 매달 자궁경부와 자궁에 대한 침습적인 생체 조직 검사에 응해야 했다. 어떤 여성들에게는 복강 절개술이 강요됐는데 이는 복강을 절개하고 벌려서 그 안의 장기를 노출시켜 연구자들이 난소를 실시간으로 관찰할 수 있도록 하기 위한 수술이었다.[703]

초기에는 자발적으로 연구에 참여했던 여성들이 더는 계속하기를 원치 않은 것도 놀라운 일이 아니다. 그러나 반대 의사를 표현하거나 참여를 중단하겠다고 하면 꾸짖고, 수치심을 주고 심지어 협박해서라도 실험 쥐 노릇을 계속하게 만들었다. 1955년, 핑커스의 연구 동료이자 푸에르토리코 의대의 약리학 교수였던 데이비드 타일러David Tyler 박사는 여성 의대생들을 실험에 참여시키는 데 성공했지만 그들이 중단 의사를 밝히자 낙제시키겠다고 위협했다. "가르시아에게도 말했지만 무책임한 태도를 보이는 의대생은… 성적 평가에서 불이익을 줄 수밖에 없다고 생각합니다."[704] 그가 핑커스에게 쓴 편지의 일부분이다. 1년 후, 리오 피에드라스의 빈민가에서 모집한 여성들을 대상으로 핑커스의 연구를 진행하던 여성 의료 선교사 이드리스 라이스레이Edris Rice-Wray도 핑커스에게 보낸 편지에서 비슷한 내용의 문제를 거론한다. "환자들이 약 복용을 중단하는 것 때문에 골치를 앓고 있습니다. 메스꺼움, 현기증, 두통, 구토 등을 경험한 사례가 몇 있는데, 이 사람들이 프로그램을 계속하고 싶어 하지 않아요. 두 명은 피임 수술을 받았고, 남편 한 명은 가난 때문에 절망해서 목매달아 자살했습니다."[705]

편지의 어조는 매우 충격적인 동시에 많은 것을 짐작할 수 있게 해준다. 자기들이 실험 대상으로 삼고 있는 여성들의 고통을 끔찍하게 여기고 공감하기보다는 주로 이 여성들이 말을 듣지 않는다고 짜증을 내는 분위기다. 이 실험을 종료하기 전까지 환자 세 명이 사망했다. 공식적으로는 심장마비라고 보고되었지만 부검이 이루어지지 않았기 때문에 혈전 혹은 피임약의 부작용으로 사망했을 가능성도 있다.[706]

결국 환자를 무자비하게 다루는 핑커스의 태도에 동료 의사들도 비난을 하고 나섰다. 그러나 그때는 이미 그가 저명한 의학 저널 〈란셋〉에 연구 결과를 발표한 후였다. (편집자에 보내는 편지 중 하나에서 독자는 이렇게 썼다. "이런 형태의 생리학적 연구에 참여하는 것에 유효한 동의를 할 수 없는 만성 정신질환 환자를 실험 쥐로 사용하는 이 같은 관행에 대해 저뿐 아니라 많은 독자들이 역겨움을 느낄 것입니다.")[707] 그는 또 이런 비판을 전혀 마음에 두지 않은 것처럼 보인다. FDA가 핑커스의 약을 승인한 지 6년 후인 1966년, 〈뉴욕 타임스〉는 그가 이 약의 위험을 과소평가하는 발언을 인용했다. 부작용이 있다고 말하는 여성들은? 그는 그게 모두 그녀들 머릿속에서 일어나는 일이라고 일축했다. "부작용 중 일부는 심리적인 것입니다. 대부분 약을 복용하는 여성이 그런 부작용이 있을 것이라고 기대하기 때문에 벌어지는 일이지요."[708]

물론 핑커스가 피임약을 너무 성급하게 시장에 내놓는 것에 대해 일말의 거리낌이 있었다 하더라도, 이 발명이 누린 인기를 보면서 자기가 옳았음이 입증됐다고 느꼈을 것이다. 출시된 지 2년 만에 100만 명 이상의 미국 여성들이 경구피임약을 사용하고 있었다.[709] 그러나 사실은 이 여성들도 핑커스가 초기 시험 대상으로 모집했던 (혹은 착취했던) 여성들과 마찬가지로 실험 쥐 역할을 하고 있었다. 1960년대에 판매된 피임약에는 자그마치 100에서 175마이크로그램의 에스트로겐과 10밀리그램의 프로게스테론이 함유되어 있었다. 심각한 부작용을 야기하고, 심지어 사망까지도 초래할 수 있는 양이었다.[710] 1969년 의학 저널리스트 바바라 시먼 Barbara Seaman이 《피임약에 반대하는 의사들의 주장The Doctors' Case Against the Pill》이라는 제목의 책을 출간하고 나서야 의사들도 초기 피임약에 함유된 고용량의 에스트로겐이 여성들에게 혈전, 심장마비, 뇌졸중 등의 위험을 초래할 수 있다는 사실을 인정하기 시작했다.[711] 이듬해 이 문제에 대한 의회 청문회가 열렸다.

시간이 지나면서 피임약에 있었던 기술적인 문제의 일부는 해결이 됐다. 현재의 피임약은 50마크로그램 이하의 에스트로겐과 1밀리그램 이하의 프로게스테론을 함유하고 있어서 치명적인 부작용을 겪을 가능성을 많이 완화했다. 그러나 핑커스가 피임약에 관해 원래 내보냈던 메시지나, 마치 몸에서 비자연적인 일이 전혀 일어나지 않는 것처럼 여성들로 하여금 자신의 생식 주기를 조작하도록 설득한 방식에 대한 비판은 제대로 이루어진 적이 없다. 지난 60년 넘는 세월 동안 피임약은 여성들에게 놀라운 자유를 안겨주긴 했지만 여전히 과학적 원리와 부작용에 대한 진실을 투명하게 보여주지 않는 복잡한 유산으로 얼룩져 있다. 이미 여성의 호르몬에 대한 신뢰할 만한 정보를 손에 넣기 어려운 환경이 아닌가. 어린 여성들에게 성과 생식에 대해 제공하는 보잘것없는 교육에서마저 우리는 정보를 준다기보다는 공포를 조장하는 경우가 너무 많다. 많은 성교육 프로그램, 특히 1990년대 십대 청소년의 임신을 둘러싼 사회적 패닉의 시기에 나왔던 성교육 프로그램은 호르몬과 임신의 원리에 대해 의도적으로 잘못된 정보를 포함시켜서 청소년들이 두려워서 성관계를 피하도록 유도하는 내용이 많았다. 그 결과 여성들은 오랫동안 자신의 몸이 두렵고, 알 수 없으며, 통제 불가능한 것이라 배웠고, 임신을 피하는 것은 자신의 책임이자 어떤 대가를 치르더라도 피해야 하는 일이므로, 피임약을 복용하는 것이 자연스러운 일인 것처럼 여기는 세상이 도래했다. 피임약 복용은 성장 의례처럼 여겨졌다. 마치 여성이 자기 몸을 통제하는 것이 몸을 이해하는 것보다 더 중요한 일이라도 되는 것처럼 말이다.

갱년기 여성의 상당수는 심각한 우울증이나 멜랑콜리아를 피하는 데 성공하더라도, '부정적인 상태', 다시 말해 축 늘어진 소 같은 느낌을 받는다. 이는 이상한 내인성 고통으로… 세상이 회색 베일에 싸인 것처럼 보이는 듯하며, 삶의 가치 대부분을 놓친 채 온순하고 해롭지 않은 존재로 살아간다.[712]

_로버트 윌슨, 의사, 1966

뉴욕 파크 애비뉴에 있는 로버트 윌슨Robert Wilson의 진찰실 밖 대기실에 한 남자가 기다리고 있다.

이것부터 이상한 일이다. 전혀 모르는 사람이 이 늦은 시간에 약속도 하지 않고 온 것도 이상한 일이지만 그가 이런 곳에 온 이유는 더 의문스럽다. 저명한 부인과 의사에게 중년 남자가 혼자서 올 일이 무엇이란 말인가. 그 방문객도 자신이 이곳에 어울리지 않는 사람이라는 걸 잘 아는 듯하다. 대기실에는 그 사람 혼자뿐이지만, 방구석에 앉아 모자를 너무 푹 눌러쓴 나머지 창백하고 뾰족한 얼굴이 그림자에 가려 잘 보이지 않는 것이 할 수만 있으면 숨고 싶은 심정인 것처럼 보인다. 진료실로 그를 들어오라고 부른 윌슨은 그가 움직이는 모양에 약간 놀란다. "꽤 은밀한 느낌이었다"라고 훗날 그는 묘사한다.[713] 그러나 그렇게 묘사를 할 즈음에는 이미 그 이유를 다 이해한 후일 것이다. 왜 이 남자가 가만히 앉아 있지를 못하고 의사를 빤히 쳐다봤다가 당황한 듯 시선을 아래로 떨구는 것을 반복하는지, 그 이유도 이해한 후일 것이다.

하지만 지금 두 사람은 마주 보고 앉은 채 침묵을 지키고 있다.

그러다가 마침내 방문객이 목소리를 가다듬는다.

아내 문제라고 그가 말한다.

"저를 미치게 해요."[714]

그는 윌슨에게 돌고 돌아 마지막으로 여기까지 왔고, 여기야말로 마지막 희망이라고 호소한다. 다른 의사들은 하나같이 해줄 수 있는 것이 없고, 사람들이 완곡하게 '삶의 변곡점'이라고 부르는 과정을 거치고 있는 아내를 가진 남편이라면 누구나 견뎌낼 수밖에 없는 일이라고 했다는 것이다.

그러고선 그는 주머니에 손을 넣는다. 그의 손에 들려 나온 물건은 아름답기 그지없다. 고급스러운 갈색 가죽 손잡이가 달린 짧고 검은 총신은 은은한 광택을 발했다. 걸리적거리는 곳 없이 재빨리 꺼내 방아쇠를 당기기 딱 좋은, 혹은 그런 일이 없기를 바라지만 사고로 누군가를 쏘기 딱 좋게 설계된 물건이었다. 윌슨은 방문객이 책상 위에 총을 내려놓는 소리에 몸을 움찔하고는 조금 뒤로 물러나 앉는다. 총이 두 사람 사이에 놓여 있다. 의사가 볼 수 있는 자리에, 방문객이 얼마나 심각한지를 그가 이해할 수 있는 자리에 놓여 있다.

"아내를 고쳐주지 않으면," 그 남자가 말한다. "그 여자를 죽여버리겠소."[715]

◇◇◇

그로부터 몇 년이 흐른 후 윌슨은 자신의 삶과 커리어를 담은 책에서 이 사건을 이야기할 것이다. 그때쯤이면 총을 가진 그 낯선 남자는 이미 죽고 없으며, 효과적인 윌슨의 처방 덕분에 그의 아내는 위험에서 벗어난 지 오래일 것이다. 그러나 이 순간을 돌아볼 때 윌슨은 다른 사람들이 생각하는 것처럼 진료실에 찾아온 미치광이를 운 좋게 피한 일화로 기억하지 않는다. 실은 그 반대였다. 몰래 살피는 듯 수상한 시선과 장전된 총을 들고 온 그 낯선 남자, 갱년기를 지나고 있는 아내 곁을 지키느니 차라리 죽여버리는 쪽을 택하겠다는 그 낯선 남자를 윌슨은 어떻게 생각했을까? 윌슨은 그 남자의 방법에는 동의하지 않을지 모르지만, 그 남자가 화를 내는 이유에 대해서는 의문의 여지 없이 공감할 수 있다고 생각했다 (그는 나중에 그 방문객이 범죄 조직에서 한 가닥 하는 사람이었다는 사실을 알게 됐다).

"그 남자는 전적으로 이성적이었다." 윌슨은 비망록에 그렇게 썼다.[716]

◇◇◇

20세기 중반에 로버트 윌슨의 파크 애비뉴 진료실을 방문해서 그를 위협한 남자는 몰랐겠지만, 그가 아내의 갱년기에 대해 가진 느낌은 이 증상에 대한 의학계의 합의된 의견과 거의 정확히 일치했다(그가 제시한 해결책에 대한 의견은 달랐겠지만). 최근까지도 거의 대부분의 의학 문헌은 갱년기가 심각한 문제라고 모두 한목소리를 내지만 그 문제가 심각했던 이유는 여성에게 끼치는 고통 때문이 아니라, 갱년기로 인해 여성의 행동이 변해 남성들을 짜증 나게 만들기 때문이었다.

　19세기, 샤를에두아르 브라운세콰르는 몸에서 자체적으로 생산되는 '난소 분비물'이 고갈되는 나이에 접어든 여성에게 그 물질을 주사하면 활력을 되찾을 수 있다고 믿는 사람 중 하나였다. 그러나 완경에 대해 어떤 처방을 해야 하는지 이해하지 못했을 때도 의사들은 그 문제, 혹은 갱년기 여성 주변에 있는 것이 얼마나 짜증 나는 일인지에 대해 집착을 보였다. 1871년, 영국의 의사 에드워드 존 틸트Edward John Tilt는 제어할 수 없는 신경질이나 도벽부터 자신이 귀신이나 악령의 지배를 받는다고 믿는 증상인 "귀신 망상demonomania"에 이르기까지 모두 완경이 원인이라는 가정을 세웠다.[717] "46세의 한 환자는 악마가 치골에서 흉골까지 연결하는 끈을 묶어놓았다고 생각했다. 또 다른 49세 환자는 40세에 월경이 멈춘 후 지적 교란을 경험해 왔고, 자신의 자궁에 악마가 산다고 생각했다. 세 번째 환자는 48세였는데 악마가 양쪽 골반뼈에 둥지를 틀었다고 선언했다."[718] 틸트는 이런 악마적인 망상들의 뿌리가 갱년기에 있다는 결론을 내렸다. 그러면서도 그는 자기에게 찾아온 환자들의 월경이 완전히 멈추면 더 나아질 것이라고 낙관했다.

　"여성들이 주기적으로 돌아오는 신체 허약증에 더는 방해받지 않으면," 그는 월경에 대해 이야기하면서 이렇게 썼다. "시간이 더 많아지고, 말하지 않아도 명백한 이유로 지나치게 열정적인 상상이나 격렬한 감정에 굴복할 가능성이 낮아질 것이다."[719]

　그가 말한 '말하지 않아도 명백한 이유'라는 것은 갱년기가 여성을 미치게 한다지만 월경으로 인한 증상은 더 심하다는 뜻이다.

　그에 못지않게 명백한 이유로 틸트는 갱년기 증상을 어떻게 완화해야 할지 거의 알지 못했다. 그러나 결국 내분비학이 발전을 거듭하면서 의사들은 호르몬이 무엇인지 알게 되었을 뿐 아니라 그 지식을 의학적으로 적용하는 방법도 이해하기 시작했다. 피임약이 나오기 훨씬 전부터 이미 에스트로겐과 프로게스테론이 월경 불순이나 조기 완경을 위해 처방되고 있었고, 호르몬 대체 요법이 1942년 FDA의 승인을 받았다. 그러나 의사들이 갱년기를 그냥 참아내야 하는 피할 수 없는 고통이 아니라 치료해야 할 질병으로 인식하기 시작한 것은 그로부터 24년이 지난 후 로버트 윌슨과 그의 책 《영원히 여성스럽게feminine Forever》가 등장한 후였다. 윌슨이 총을 든 낯선 남자의 방문을 받을 당시 그는 완경기 증상에 대해 호르몬 대체요법을 사용하던 유일한 의사였다.

1962년 〈미국노인의학회저널Journal of the American Geriatrics Society〉에 갱년기에 관한 논문을 발표하면서 내분비학계에 존재를 알린 윌슨은 처음부터 돌려서 말하지 않았다. 윌슨과 그의 아내 텔마가 공저한 그 논문은 첫 문장부터 폭탄 발언으로 시작한다. "완경 후의 여성은 모두 거세된 사람이라는 거북한 진실을 우리는 직면해야 한다."[720]

비록 윌슨이 갱년기 여성을 거세된 상태에, 쪼글쪼글해지고, 성적으로 무관심해진 채 '무기력한 소 같은' 상태로 세상을 부유하는 존재로 묘사하는 내용은 마치 여성 혐오자들이 모인 인터넷 대화방 게시판에나 올라올 글 같은 느낌을 주지만, 그는 갱년기를 의학적 증상으로 진지하게 고려한 최초의 의사였고, 그렇지 않은 사람에 대해서는 강한 경멸감을 보였다. "심지어 지금도 다른 면에서는 훌륭한 의사들마저 여성의 '인생 변곡점'에 수반되는 위험하고도 고통스러운 수많은 증상을 '심리적 상태'의 문제라고 무시하고 있다."[721] 그는 여성들을 고통받도록 버려두는 것이 순전히 성차별

적인 이유에 기인한 것이라는 의견을 피력하면서 의학계를 맹비난
했다.

"상황을 뒤집어 보자," 그는 이렇게 쓴 적도 있다. "의사가 자
신의 성기가 해마다 조금씩 쭈글어들어 간다는 사실을 알아차린다
면, 자신의 성기 위축 문제도 완경기 여성들의 문제처럼 무관심하
게 대할 것인가?"[722]

하지만 갱년기 증상으로 고통받는 여성들을 맹렬히 옹호하는
그의 태도에서마저도 약간의 가부장적 태도가 가미되어 있다.《영
원히 여성스럽게》는 그의 아내에게 헌정되었는데 이와 관련해서
내분비내과 전문의 로버트 B. 그린블랫Robert B. Greenblatt이 쓴 서문
에는 이런 불쾌한 대목이 포함되어 있다. "그는 용감한 기사처럼
그의 공주를 구하기 위해 나섰다. 더는 아름답게 피어나는 여성이
아니라 절망적인 시기에 접어들었고, 여성성을 보존하고 연장하는
것이 매우 중요한 생의 순간에 그녀를 구해줄 백마 탄 기사가 나타
난 것이다."[723]

윌슨 연구의 근간에는 완경이 월경주기가 사라지는 것일 뿐
아니라 여성성도 사라지는 현상이라고 보는 개념이 자리 잡고 있
었다. 그에게 있어서 호르몬 대체 요법은 여성이 여성성을 회복하
는 수단 자체였다. 불행하게도 윌슨의 연구는 그가 가진 확신과 용
기에 미칠 만큼 철저하지 못했다. 그가 발표한 1962년의 논문과
1966년의 책은 둘 다 40세에서 70세 사이의 여성 단 304명에 대
한 통제되지 않은 연구에 기반을 둔 것이었다. 그 실험을 진행한 후
윌슨은 이 분야에 대한 연구를 계속하는 것보다 호르몬 대체 요법
의 장점을 전파하는 데 훨씬 더 관심이 있었던 듯하다.《영원히 여

성스럽게》는 이 요법을 부작용은 없고 긍정적인 효과만 있는 마법의 묘약처럼 묘사한다. 그리고 이러한 긍정적 효과에 대한 윌슨의 주장에는 여성들을 옹호하는 관점과, 남성 중심적인 관심사가 은밀하게 얽혀 있었다. 그는 호르몬 대체 요법을 통해 완경기 여성들이 "함께 살기에 훨씬 유쾌할 것이고, 지루하거나 매력 없는 여성이 되지 않을 것이다"라고 썼다.[724]

그리고 성관계 문제가 있다. 이 주제와 관련하여 윌슨은 호르몬 대체 요법을 찬양하면서, 여성을 남편을 만족시킬 정도로만 반응하게 만들면서도, 너무 성욕이 강해져서 다른 곳에서 즐거움을 찾으려 하지는 않을 정도라는 점을 강조한다. 그는 책에서 음란증 환자가 될까 두려워 호르몬 대체 요법을 거부하는 환자가 있다고 개탄한다. "어떤 여성도 에스트로겐 때문에 도덕성의 위협을 받지는 않는다"고[725] 쓰면서, 호르몬 대체 요법을 받는 아내의 외도를 걱정할 필요가 없다고 암시한다.

어떻게 된 일인지 갱년기 증상을 치료해야 한다고 열정적으로 주장하는 사람마저도 이 문제는 여성의 고통을 완화하는 것이 아니라 남성에게 유쾌한 동반자를 제공하는 것으로 전락하고 만다. 그리고 그런 남성에는 윌슨이 아내를 고쳐주지 않으면 그녀를 살해하겠다고 한 '전적으로 이성적인' 조폭 두목도 포함된다.

"갱년기 증상 때문에 노골적인 살해가 벌어지는 일은 비교적 드물지만, 우리가 생각하는 것처럼 드물지 않을 수도 있다." 윌슨은 그렇게 말하면서 갱년기의 부작용을 겪는 여성은 식구들 모두의 삶을 비참하게 만들어서 "가족이 해체되거나 부부간의 증오가 생겨서 심리적 살인으로 이어질 수도 있다"고 설명한다.[726]

　　조폭 두목은 당시 결핵으로 죽어가고 있었는데, 윌슨이 그의 아내에게 에스트로겐 주사를 시작한 후, 반응이 좋아 "3주 이내에 성격이 눈에 띄게 좋아졌고, 얼마 가지 않아 아픈 남편을 돌보느라 바빠졌다"고 보고했다.[727]

　　그가 어떤 단어를 사용했는지, 무엇이 좋아졌다고 묘사하는지에 주의를 기울여보자. 윌슨은 그녀의 건강이나 증상이 아니라 성격이 좋아졌다고 말한다. 물론 윌슨도 환자가 좋아졌으니 기뻤겠지만, 결론적으로 가장 중요한 것은 그녀의 남편이 어떻게 생각하는지였다.

　　그 남편에게 중요한 것은 그가 원하는 유형으로 아내가 되돌아갔다는 사실이었다. 보살피고, 돌보고, 남편의 요구에 귀를 기울이는 아내. 얌전히 행동하고, 통제된 상태에 있는 아내 말이다.

◇◇◇

　　이제 호르몬 대체 요법을 둘러싼 의학계의 논쟁은 1966년 당시보다 훨씬 복잡하고 논란의 여지가 많다. 이것이 로버트 윌슨의 잘못만은 아니지만 얼마간의 책임은 있다. 이 요법에 대한 그의 열정은 이 방법이 진정으로 안전한지에 대해 그나마 제한적으로 진행되고 있었던 연구의 속도를 훨씬 앞질러 나가버렸고, 결과적으로 이런 안전성 연구가 필요 없는 확립된 과학이라고 포장되었다. 자기가 거의 단독으로 세상에 알리는 공을 세웠고, 수천 명의 여성에게 직접 처방한 요법에 의혹을 품는 것에 대해 윌슨이 소극적이었던 이유는 쉽게 짐작할 수 있다. 사실 이 책에 등장하는 수많은 남성과 마찬가지로 월슨 또한 의문을 제기하지 않아야 할 동기가 충분했다. 그는 혁신적인 업적을 이루었고, 내분비 의학의 지형을 영원히 바꾸어 놓았으며, 이 요법을 사용하는 여성들의 삶을 기적적으로 바꾼 듯 보이지 않았는가.

하버드의 T. H. 챈 공중보건 대학의 역학과 교수 조앤 맨슨JoAnn Manson은 1979년 의대를 졸업할 당시 호르몬 대체 요법에 관한 연구가 너무 빈약하다는 사실에 놀랐던 기억이 있다고 말한다. 그녀는 여성들이 완경기에 접어들자마자 거의 관행적으로 이 요법을 처방받았지만, "무작위 대조 시험이 실시된 적이 없었고, 호르몬 요법의 혜택과 위험, 그리고 전반적인 건강에 미치는 영향에 대해 제대로 된 이해가 전혀 없었어요"하고 말한다.[728]

맨슨의 우려는 정당한 것이었다. 호르몬 대체 요법 자체에 대한 우려까지는 아닐지라도 이 주제에 관한 연구 부족은 우려할 만했다. 그보다 4년 전인 1975년, 갱년기 에스트로겐 복용(월슨이 선호한 방법)이 자궁내막암 발병 위험을 크게 증가시킨다는 연구 결과가 나왔다.[729] 다행히도 이 문제는 비교적 간단하게 해결할 수 있었다. 자궁내막의 성장을 억제하는 호르몬인 프로게스테론을 추가하자 호르몬 대체요법을 받는 여성들의 암 발병 위험이 거의 사라졌다. 그러나 월슨과《영원히 여성스럽게》가 에스트로겐을 갱년기 증상의 특효약인 것처럼 광고한 지 10년이 지난 후에야 이 사실이 밝혀졌다는 것 자체가 불안한 일이었다. 우리가 모르는 다른 문제가 있는 것은 아닐까?

그 다른 문제가 터지기까지 그로부터 거의 30년이나 걸렸지만, 그 충격은 엄청났다. 논란은 여성만을 대상으로 한 무작위 임상 시험 역사상 가장 큰 규모의 프로젝트였던 '여성 건강 이니셔티브Women's Health Initiative, WHI'에서[730] 비롯되었는데, 16만 명에 달하는 완경 후 여성들을 다양한 건강 요소에 걸쳐 추적하는 프로젝트였다. 2002년 6월, 의학계 내에서 소문이 퍼지기 시작했다. WHI의 호르몬 대체 요법에 관한 일부 연구가 조기 중단되었다는 것이었다.[731]

임상 시험이 조기에 중단되는 것은 결코 좋은 신호가 아니다. WHI의 당시 임시 국장 자크 로수Jacques Rossouw는 기자회견에서 호르몬 대체 요법의 부작용들을 발견했고, 그 부작용들이 이 요법을 통해 얻을 수 있는 "혜택보다 무겁고 심각하다"고 발표했다.[732] 부작용 중에는 심장마비, 뇌졸중, 혈전의 위험이 상당히 높아질 뿐 아니라 유방암 발병률도 높아지는 것 등이 포함됐다.

환자 한 명 한 명이 위 증상을 겪을 위험은 사실 극도로 적었지만 이 발표가 나온 뒤 의학계는 물론 일반인들도 패닉 상태에 빠졌다. 2023년 〈뉴욕 타임스〉에 게재한 갱년기 증상 치료의 역사를 다룬 특집 기사에서 맨슨은 호르몬 대체 요법이 기적의 치료법에서 의학계의 기피 대상으로 전락했다고 묘사한다. "6개월 내에 호르몬 요법에 대한 보험 청구가 30퍼센트 감소했고, 2009년까지 70퍼센트가 감소했다."[733]

추가 연구를 통해 호르몬 대체 요법의 진실은 훨씬 더 복잡미묘해서 많은 여성이 위험보다 혜택을 훨씬 더 많이 누릴 수 있다는 사실이 밝혀졌지만, 이 요법을 둘러싼 두려움을 없애고 옛날로 되돌아가는 것은 어려운 것이 확실했다. (내가 의학 교육을 받던 2000년에서 2011년 사이의 지배적인 통념은 호르몬 대체 요법이 유방암을 초래하기 때문에 아무도 이 요법을 사용하면 안 된다는 것이었다.)

맨슨은 동료 의사 앤드류 M. 카우니츠Andrew M. Kaunitz와 함께 2016년 "갱년기 관리: 임상 치료를 정상 궤도로 되돌리기"라는 기사를 통해 기록을 정정하려는 시도를 했다.[734] 그녀는 이 일이 점점 더 화급한 이슈로 떠오르고 있다고 설명한다. 인구가 노령화하는 가운데 매년 수백만 명의 여성이 완경을 맞이하고, 그중 많은 수가 심각하지만 예방 가능한 증상들로 고통받고 있다. 이는 삶의 질을 떨어뜨릴 뿐 아니라 헬스케어 시스템에 불필요한 부담을 주고 있다.

"당시 엄청난 혼란과 오해, 그리고 혼돈이 뒤따랐어요." 맨슨이 내게 말한다. "추가 완전히 반대쪽으로 날아가 버린 거죠. 호르몬 치료는 모든 여성에게 나쁘다, 약과 패치를 버려라, 그런 독약일랑 손도 대지 말아라, 이런 식이었죠. 여성들은 그런 인상을 받았고, 의사들은 어찌할 바를 몰랐어요. 절대적인 위험, 특히 나이가 더 어린 여성들에게 호르몬 요법의 절대적 위험이 낮다는 사실에 대한 명백한 설명이 되지 않았던 것이지요."[735]

의사들은 호르몬 대체 요법을 처방하기를 계속 꺼려 했고, 젊은 의사들은 새로 나온 더 나은 호르몬 대체 요법의 효능에 대해 무지했기 때문에 의료 시스템에 파괴적이고 커다란 공백이 생기고 말았다. 그로 인해 수많은 여성이 불필요한 고통을 겪었을 뿐 아니라, 그 공백을 돌팔이와 가짜 약장수들이 채웠다. 기사에서 맨슨과 카우니츠는 "검증되지 않고 규제도 되지 않는 대체 치료법 시장이 급성장하고 있다"고 설명하며,[736] 그런 치료법은 최악의 경우 실제로 해를 끼치는 경우도 많아서, 약효가 없는 쪽이 오히려 운이 좋은 셈이라고 지적했다.

1960년대에는 의사와 과학자들이 호르몬 대체 요법에 의문을 제기하지 않아서 위험한 상황을 초래했다면, 현재의 상황은 좋은 정보를 구하기 어렵다는 두려움에 사로잡혀 마비 상태에 빠진 데다 좋은 치료는 그보다 더 어려워서, 과거에 비해 거의 개선된 바가 없다고 할 수 있다. 어느 경우에도 여성들은 필요한 정보와 관심과 돌봄을 받지 못하고 있는 것이다.

우리는 다르게 만들어졌고 다른 호르몬을 가지고 있습니다. 우리는 양성이 평등한 권리를 누리는 세상에 살고 있습니다. 이는 좋은 일이고, 저도 이에 모두 동의하고 지지합니다. 하지만 여성이 대통령이 되는 건 지지하지 않습니다… 우리가 가진 호르몬으로는 절대 전쟁을 시작할 수 없을 거에요.[737]

—셰릴 리오스, 고 에이프 마케팅사의 CEO, 2015

내분비학은 샤를에두아르 브라운세콰드가 기니피그 고환을 으깨어 자기 자신에게 주사하던 수준에서 상전벽해의 변화를 겪었지만, 호르몬에 대한 현대의 의학적, 문화적 이해, 특히 여성에 끼치는 영향에 대한 이해는 여전히 편견과 그릇된 정보, 혼란 등으로 방해받고 있다. 의학계는 호르몬을 조작해서 여성의 몸에 대한 통제권을 차지하기 위해 앞다투어 나서면서도, 동시에 그들의 건강 문제는 '단순히 호르몬 때문'이라고 치부하며 조사할 가치가 없다고 일축해버리기 일쑤다. 문화적으로도, 여성들은 호르몬이 자신을 변덕스럽고 불안정하며 무능력한 사람으로 만든다는 메시지를 들으며 성장하는 한편 호르몬이 자기 몸에 끼치는 영향에 대한 진정한 교육은 거의 받지 못한다.

　심지어 의학 전문가들까지도 여성 호르몬을 농담거리로 다루는 이런 문화가 여성 건강에 해로운 것은 물론이지만, 그 악영향이 여성에서 그치지만은 않는다. 작년에 내 동료 한 명이 남편을 이비인후과 전문의에게 보냈다. 남편의 코골이가 너무 심해져서 귀마개를 하고 자도 밤마다 잠을 잘 수가 없었기 때문이다. 그러나 이비인후과 의사는 이렇게 반응했다. "아, 그렇게 심하진 않을 겁니다. 부인이 몇 살이신가요? 아마 갱년기 증상 때문에 그분이 잠을 잘 주무시지 못하는 것이겠지요."(아직 완경기에 접어들지 않은 내 동료는 남편을 같은 의사에게 다시 보내면서 자기 탐폰 박스를 함께 보냈다. 사용했던 탐폰은 아니었다고 하던데 혹여 사용했던 걸 보냈다 해도 나는 그녀를 비난하지 않았을 것이다.)

　한편, 여성이 전적으로 호르몬의 지배를 받는다는 생각은 이전보다는 조금 더 진화된 형태이긴 하지만, 여전히 문화적으로 너무도 널리 확산되어 있다. 대체로 이제는 뇌에 독처럼 작용하는 호르몬이 여성을 불안정하게 만들어 리더 역할을 하기에 부적절하다는 개념은 통하지 않는다. 의사이자 전 부통령 허버트 험프리의 정치적 동지였던 의사 에드거 버먼Edgar Berman이 호르몬의 영향으로 핵미사일 발사 버튼을 누르는 "갱년기 여성 대통령"의 유령을 들먹이며 여성이 고위직을 맡을 수 없다고 주장한 지 50년이 넘게 지났다.[738] 반면, 〈타임〉이 힐러리 클린턴은 갱년기를 지난 나이로 리더 역할을 하기에 "생물학적으로 준비가 되었다"고 선언한 지는 10년도 채 지나지 않았다.[739] 〈타임〉은 "생물학적으로 말해 완경 후 여성은 리더 자리를 맡기기에 이상적인 후보다. 스트레스에 잘 대처할 수 있는 훈련과 준비가 끝난 사람들인데 대통령만큼 스트레스

를 많이 받게 되는 자리도 없지 않은가"라고 주장했다.[740]

호르몬에 대한 이러한 선입견은 더는 에드워드 존 틸트 같은 의사들이 '난소 분비물'이 평범한 여성을 악마에 씌워 망상에 빠진 신경질적인 도벽 환자로 만든다고 주장하던 시절과 같은 방식으로 의료계에서 회자되지는 않지만, 여전히 내분비 과학 분야에서 부당한 영향력을 행사하고 있다. 2015년까지도 여성의 정치적 견해가 그들의 월경주기에 영향을 받는지를 진지하게 조사하는 연구자들이 있었다.[741] 분명히 말해두지만 그렇지 않다. 그러나 과학계가 여전히 여성의 월경과 호르몬을 광범위하고 수수께끼 같은 영향을 끼치는 생물학적 조커 카드처럼 여기기 때문에 이런 현상이 벌어지는 것이다. 레베카 조던영Rebecca Jordan-Young이 자신의 저서《발제: 성 차이 과학의 오류Brainstorm:The Flaws in the Science of Sex Differences》에서 지적하듯 남성과 여성의 인지에 본질적인 차이가 있다는 개념은 끈질기게 없어지지 않는다.[742] 이는 우리 뇌가 출산 전에 성호르몬에 노출되면서 그에 따라 형성된다고 하는 신경과학자들의 믿음 때문이다. 이 개념은 진짜처럼 들리는 것 중 하나인데, 여성과 남성 사이의 생물학적 차이가 호르몬 때문이라면, 그런 차이가 뇌에까지 스며들 것이라고 추측하는 것도 타당한 것처럼 들릴 수도 있다. 그러나 이 가정에는 오류가 있다. 여성과 남성의 두뇌에 본질적인 차이가 존재한다는 사실을 증명한다고 주장하는 연구 중 많은 수가 재현에 실패했을 뿐 아니라 호르몬이 여성의 몸에서 하는 역할에 대한 근본적인 오해에서 비롯된 것이다.

완경에서부터 월경전증후군Premenstrual Syndrome, PMS과 "엄마 뇌 mom brain"라[743] 부르는 현상에 이르기까지 여성 내분비의학에 관한 거의 모든 논의에서 이 오해가 드러난다. 전적으로 좋은 의도를 가지고 시작한 과학적 연구들마저 호르몬이 여성을 어리석게 만든다는, 사회 전체에 만연한 서사에 결국 영향을 받곤 한다. 그 결과 이 분야에서 행해지는 호르몬의 영향에 대한 연구는 전체론적 시각이 아니라 부정적 렌즈를 통해 이루어진다. 2023년 〈미국의학협회지 Journal of the American Medical Association, JAMA〉에 게재된 '엄마 뇌'에 관한 획기적 논문에서 세 명의 여성 의사들은 "엄마가 되면 기억력이 감퇴하고 더는 제대로 작동하지 않는 두뇌를 가지고 살아야 한다는 개념은 과학적으로 전혀 사실이 아니다"고 지적한다. 그럼에도 임신과 자녀 양육이 여성의 두뇌에 미치는 영향에 관한 모든 과학적 연구는 바로 이 가설에 입각해서 행해진다. 여성의 뇌에 미치는 임신의 긍정적인 영향은 무엇일까? 이 질문에 대한 답은 아무도 모른다. 아무도 이런 질문을 하지 않기 때문일 것이다.

한편, '호르몬의 영향을 받는' 여성은 스트레스로 가득하고 변덕스럽거나 월경 중일 뿐이지, 실제로 의학적인 문제가 있는 것이 아니라는 관념 때문에 월경주기와는 전혀 상관이 없는 내분비 증후군을 제대로 진단하지 못하는 경우가 많다. 예를 들어 갑상선질환은 여성에게 압도적으로 많지만 의사들은 피로, 체중 증가, 우울증 등의 갑상선질환의 증상을 단순히 스트레스성이라고 생각해서 오진하거나 갑상선 문제를 놓치는 경우가 많다. 산후우울증이 분만 후 갑상선에 생길 수 있는 염증과 관련이 있고, 산후 여성 열 명 중 한 명에게 벌어지는 일이지만, 정신 건강 문제로 치부되지 질병으로는 간주되지 않는 경우가 많다. 매년 모든 갑상선 환자의 90퍼센트에 달하는 270만 명의 여성이 갑상선질환을 앓는 마당에 이런

태도는 용납될 수 없는 일이다.[744]

그럼에도 '호르몬의 영향을 받는 여성', 다시 말해 호르몬의 지배를 받아 변덕과 짜증을 부리는 여성의 이미지가 문화적 의식뿐 아니라 헬스케어 시스템에까지 깊게 뿌리내리면 이런 일들이 벌어지는 것이다. 모두들 여성 건강에서 호르몬이 차지하는 매우 중요하고 복잡한 역할을 과소평가하고, 간과하고 무시한다. 의사와 환자 모두 제대로 기능하지 않는 내분비 시스템을 기정사실로 받아들여 버리거나 "아, 그놈의 호르몬 때문에"라고 일축하고 넘어가버리곤 한다. 일상을 영위하기가 힘들 정도의 심각한 PMS 혹은 완경기 증상 등 내분비 문제로 겪는 여성의 고통은 자연스러운 것이니 치료할 수 없는 것이라고 치부해 버린다.

결국 호르몬이 여자를 미치게 만든다는 건 누구나 아는 일이지 않은가.

여자로 사는 첫날인데 이미 세 번이나 울었고, 신랄한 이메일을 썼다가 보내지 않았으며, 내 형편에 감당할 수 없는데도 온라인으로 옷을 주문했습니다. 하지만 누군가 내게 잘 지내는지 물으면 나는 "네, 잘 지내요!" 하고 말해요. 잘 지내는 것과 거리가 먼데도 말이죠. 숙녀 여러분, 제가 잘하고 있나요? 잘하고 있다고요? 걸 파워![745]

—딜런 멀베이니,* 2022

여전히 '호르몬의 지배를 받은 여성'이라는 전형이 고착되어

---

*   멀베이니는 코미디언, 배우로 자신의 성전환 과정을 틱톡을 통해 기록했다.

있긴 하지만 크게는 내분비과학, 정확하게는 호르몬을 둘러싼 문화적 담론은 지난 몇 년 사이 변화해 왔다. 이제는 월경과 갱년기, 혹은 호르몬 대체 요법의 맥락뿐 아니라 성전환의 맥락에서도 호르몬이 거론된다. 내가 직접 수행하는 치료에서도 FTM 트랜스젠더 암 환자들이 암 치료와 테스토스테론 복용을 유지하는 일 사이에 생기는 갈등에 주의를 기울이고 균형 있게 조절해야 한다. 테스토스테론은 환자가 겪는 성별 불일치감*을 완화함으로써 '생명을 구하는' 치료로 여겨지지만, 유방암 환자에게는 글자 그대로 치명적일 수 있어서 금기 사항이기 때문이다.

그러나 지금도 여전히 성별 정체성을 지지하는 의료 차원에서 호르몬을 논할 때면 내분비 과학의 역사적 잔재가 고개를 들 때가 있다. 겉으로 보기에 혁신적인 치료법을 발견한 데 대한 흥분감이 예상치 못한 문제를 찾아내기 위한 연구의 속도를 앞질러 버려서 비극적인 결과를 낳는 역사의 과오 말이다. 이 책을 집필하고 있는 현재, 다수의 유럽 국가들이 자신의 정체성을 트랜스로 규정한 청소년들에 대해 사춘기 억제제와 성전환 호르몬을 처방하는 의료 프로토콜을 자제하라는 지시를 내리고 있다.[746] 장기적 결과에 대한 데이터가 부족한 데다 심각한 부작용의 위험이 감지되었기 때문이다. 성전환 의료가 이 문제를 둘러싼 문화적 전쟁에서 변곡점 역할을 하고 있는 미국에서는 이에 관한 논의가 훨씬 더 복잡하다.

이 문제에 대해 불확실한 부분이 너무도 많지만, 출생시 여성으로 분류되었다가 트랜스젠더 정체성을 가지게 된 청소년들이 교

---

* 혹은 성별 위화감.

차 성호르몬cross-sex hormones을 처방받기 위해 클리닉을 찾는 비율
이 급증하고 있다는 것은 분명하다(한 대표적인 클리닉에서는[747] 이
비율이 불과 8년 만에 4,000퍼센트 증가했다). 이 현상과 여성의 성호
르몬을 둘러싼 역사적 담론이 거의 항상 그리고 압도적으로 부정
적이었다는 사실이 거의 일치할 정도로 겹친다는 사실을 놓치고
지나가기가 힘들다. 우리는 여전히 성별 이분법적 관점에서 벗어
나서 호르몬을 보는 것을 어려워한다. 에스트로겐을 둘러싼 주된
담론, 다시 말해 이 호르몬이 여성을 감정적이고 미치게 만든다는
추정은 이제 괴짜 과학자들이 아니라 틱톡 인플루언서들이 퍼뜨리
고 있으며 그 내용에는 변함이 없다. 에스트로겐이 우리를 괴물로
만든다고 문화적으로, 의학적으로 수백 년 동안 의견 일치가 이루
어진 환경에서 여성으로 태어난 소녀 중 일부는 불안정하고, 건강
하지 못하고, 통제 불능인 '호르몬의 지배를 받는 여자'가 되는 미
래를 피하고 싶지 않겠는가.

**여성을 구하려다 그들을 망치는 일이 없도록 주의를 기울일 필요가 있습
니다.[748]**

—카라 롱 로쉬, 부인과 전문 외과의, 2023년 인터뷰 발췌

유방암 종양내과 전문의인 나는 내분비 의학에 있어서 그레고
리 핑커스나 로버트 윌슨 같은 의사들이 과거에 해온 작업과 상충
하는 일을 할 때가 많다. 월경주기를 조절하고 여성의 몸을 건강하
게 유지하는 데 핵심적인 역할을 하는 에스트로겐은 특정 유방암
세포에 연료로 작용하는 어두운 측면도 가지고 있다. 모든 유방암

의 3분의 2가 에스트로겐을 동력으로 삼아 이 호르몬을 먹고 자라면서 전이를 한다. 따라서 환자들의 에스트로겐 수치를 억제하는 치료법을 자주 사용해야 한다. 그리고 아주 공격적인 암의 경우에는 체내 에스트로겐 생산을 완전히 차단할 뿐 아니라, 호르몬과 상호작용하는 수용체까지도 차단해야 할 때도 있다. 화학적 수단이나 수술을 통해 난소 기능을 중단하고, 다른 신체 부위에서 에스트로겐이 생산되는 것을 막는 약물을 투여하는 방법은 유방암을 치료하는 가장 효과적인 치료법 중 하나다.

그러나 이런 치료에는 대가가 따른다. 에스트로겐 수치를 낮추는 약은 완경과 유사한 증상을 일으킨다.

수십 년 동안 유방암 종양내과 전문의들은 이 문제를 일종의 악마와의 거래로 여겨왔다. 우리의 최우선 과제이자 가장 중요한 사명은 환자의 생존이다. 그들의 생존 후 삶의 질은 대개 뒷전으로 밀려난다. 심지어 이제는 많은 여성이 암 치료만이 아니라 암 예방을 위해서도 고통스러운 증상들을 견뎌내야 한다는 말을 듣는다. 1994년, 과학자들은 유방암과 난소암 발병 위험이 심각하게 높다는 것을 알려주는 유전자 표지 BRCA1의 발견을 발표했다.[749] 그 발표 후, 의학계에서는 이 유전자를 가진 여성들은 유방과 난소 제거 수술을 받는 것을 진지하게 고려해야 한다는 데 모두 동의했다. 문제는 난소를 제거한 후 의학적으로 유도된 갱년기 증상을 겪는 젊은 여성들을 어떻게 치료해야 할지에 대한 연구가 전무하다는 점이었다. 따라서 호르몬 치료를 제공해야 한다는 지침 같은 것도 없었다. 사실 많은 의사들이 환자들에게 수술을 선택한다 해도 호르몬 대체 요법을 절대 해서는 안 된다고 노골적으로 말렸다. 결국 환자들은 50여 년 정도의 여생을 갱년기 증상을 겪으며 살기, 아니면 난소암 발병률이 75퍼센트나 높은 위험을 끌어안은 채 도박을 하기 둘 중의 하나를 선택해야 했다.

"젊은 여성들을 수술로 거세하면서 갱년기 증상을 치료하는 데 큰 주의를 기울이지 않은 것은 엄청난 손실이었어요."[750] 카라 롱 로쉬Kara Long Roche가 내게 말한다. 로쉬는 부인과 전문 외과의인데 본인도 난소암을 예방하기 위해 서른일곱 살에 난소 제거 수술을 받았었다. 그녀는 수술을 받은 후 호르몬 대체 요법을 받고 있으며, 다른 여성들에게도 이 선택지가 주어져야 한다고 열렬히 주장한다. 로쉬는 이 분야에 관해 더 나은 과학적 연구가 나와야 한다는 압박을 행사하면서 점점 세를 얻어가고 있는 사람 중 하나다. 예방적 난소 절제술을 받은 여성들에게 부족한 호르몬을 보충해 줘야 한다는 의료 지침이 몇 년 전부터 나오기 시작했지만, 정보는 절대적으로 부족하다. 유방암과 난소암 발병 위험을 높이는 특정 유전자 변이가 발견돼서 이 고위험 변이를 가진 젊은 여성들이 예방적 수술을 해야 한다는 엄청난 압박을 받게 된 지 30년이 지났으나 이 여성들이 나머지 삶을 살아가는 동안 어떻게 건강 관리를 해야 할지에 대한 연구는 여전히 태부족이다. 완경 자체도 만성적으로 연구가 부족한 분야다. 미국의 경우 국립보건원이 연구 추적을 용이하도록 하는 식별 코드조차 완경에는 할당되어 있지 않은 실정이다.

이러한 무관심이 많은 부분 성별 때문이라는 사실을 쉽게 지나칠 수가 없고, 물론 로쉬 또한 이 점을 지적한다.

"건강한 서른다섯 살의 남성이 고환암을 예방하기 위해 고환을 절제한 상황이라면, 고환암 발병 위험이 조금 남아 있다는 이유로 테스토스테론을 보충해 주지 않는 상황은 아무도 상상하지 못합니다." 그녀는 말한다.

예전이라면 사망 선고나 다름없었을 질병을 치료하는데 놀라운 진보가 이루어졌지만 환자가 단지 생존하는 데 그치지 않고 삶을 제대로 영위할 수 있도록 하는 면에서는 그만큼의 진보가 이루어지지 않은 것이 사실이다. 여성들이 죽지 않도록 하는 데 온 정신을 기울이느라, 살아남은 이들이 비참한 여생을 보내게 되지는 않는지 살피지 않는 것이다. 그러나 여성 건강 문제에 이르면 의학계는 생존의 비용과 혜택을 평가하는 데 어려움을 겪고 있다. 즉, 삶의 질과 양 사이의 균형을 찾는 데 남성 건강을 다룰 때보다 훨씬 주저하는 태도를 보인다. "나이든 남성에게 '발기 부전은 *자연스러운 노화의 일부이니 그냥 받아들이세요*'라고 말하지 않잖아요. 그 문제를 해결하기 위해 몇십억 달러에 달하는 산업을 개발해서 그들을 돕지요. 하지만 여성은… 여성들이 고통을 받는 것은 *자연스러운 일이라며* 체념하고 말지요." 로쉬는 이렇게 지적한다.[751]

암 치료로 강제적으로 조기 완경을 맞은 여성 중 인생 최적의 가임기에 암에 걸린 환자들에게는 병 자체보다 치료가 더 고통스럽게 느껴질 수도 있다.

암 치료로 인해 일상을 영위할 수 없을 정도의 내분비 부작용으로 고통받는 모든 여성 중 가장 기억에 남는 사람은 실은 내 환자가 아니었다. 사실 미셸Michelle이 처음 내 진료실을 찾았을 때 나는 그녀가 왜 나를 찾아왔는지 바로 이해하지 못했었다. 그녀의 차트에 첨부된 메모에는 그녀가 다른 의사의 의견을 듣기를 원한다고 적혀 있었다. 그러나 그녀의 질병 치료 과정은 끝난 상태였다. 서른한 살에 유방암 진단을 받은 후 신속하고도 성공적인 치료로 좋은 결과를 얻었다. 그녀가 앓은 암은 공격적인 종류였지만 의사들이 암세포가 림프절 너머로 퍼지기 전에 제거할 수 있을 정도로 조기에 발견했다. 수술과 화학요법 치료를 끝낸 후 계속적인 투약 일정을 따르기만 하면 암이 재발하지 않고 몇십 년을 살지 못할 이유가 없었다. 암이 관해되었다는 판정을 받은 지 1년밖에 지나지 않았는데 뉴욕에 있는 집에서 몇 시간을 들여 나를 찾을 정도로 치료에 불만을 가질 이유가 무엇일까?

서류상으로만 보면 미셸은 성공적인 케이스였다.

그러나 그녀의 얼굴에 쓰인 괴로움을 읽은 나는 그보다 훨씬 복잡한 진실이 있다는 것을 깨달았다.

"열감 같은 증상이 생길 수 있다고 했어요." 그녀가 내게 말했다. "저는 생각했죠, 그래, 유방절제술도 받고 화학 요법도 받는데 열감이 무슨 대수야? 근데 그냥 열감 정도가 아니었어요. 훨씬 심각했죠. 정말이지 너무 끔찍해요."

물리적으로 가장 침습적인 수술과 항암 치료는 이미 끝났지만 미셸은 여전히 암이 재발하지 않도록 하기 위해 에스트로겐 분비를 억제하는 약을 복용하고 있었다. 부작용으로 갱년기 증상을 겪을 것이라는 이야기를 듣기는 했지만, 마음의 준비가 되어있지 않았던 것도 사실이었다. 나도 의학적으로 유도된 갱년기 증상에 대처하는 방법에 대해 경고한다고 주장하는 책자를 본 적이 있다. 거기에는 "자극적인 음식을 피하세요. 밤에 땀을 많이 흘릴 경우를 대비해 침대 옆에 여분의 시트와 잠옷을 준비해 두세요. 건조한 질

에는 수성 윤활제가 도움이 됩니다" 등의 내용이 담겨 있었다.[752]

운동을 15분만 해도 관절이 너무 아파서 더는 견딜 수 없게 될 것입니다, 라는 내용은 없었다. 당신의 질은 마치 사포로 만들어진 튜브가 납작하게 무너져버린 것처럼 느껴질 거고, 사랑하던 남자가 자기는 성관계를 할 수 있고, 즐길 줄 아는 여자랑 사귈 자격이 있다며 당신을 떠날 거에요, 등의 내용도 찾아볼 수 없었다.

그러나 미셸은 바로 후자의 경우를 경험하고 있다. 그리고 현재 복용 중인 약을 먹고 있는 한 상황은 변하지 않을 것이다. 그런데 앞으로도 5년에서 10년 정도 계속 그 약을 먹어야 한다는 것이 치료 계획이었다.

더는 성관계를 육체적으로 참아낼 수가 없어서 남자친구와의 관계가 깨진 이야기를 하면서 그녀는 울음을 참느라 애썼다. "처음 진단을 받았을 때는 살 수만 있다면 뭐든 다 하겠다고 생각했어요. 하지만 이렇게 살 수는 없어요."

나는 미셸에게 괜찮을 것이라 말해주고 싶었다. 우리가 문제를 해결해 주겠다고, 날마다 새로운 연구가 진행되고 있고, 그녀가 살아남은 것만으로도 행운이니 고통을 받으며 사는 것을 받아들여야 한다고 생각하는 사람은 물론 아무도 없다고 말해주고 싶었다. 그녀가 나를 똑바로 보며 "이런 식으로 앞으로 십 년을 사느니 암이 재발할 위험을 감수하는 편을 택하겠어요"라고 말할 때 나는 그녀에게 그런 끔찍한 선택은 하지 않아도 된다고 말해주고 싶었다.

그러나 내가 그런 말을 한다면, 그건 거짓말을 하는 것이다. 성건강 상담, 레이저 치료, 비호르몬성 에스트로겐, 질 삽입 에스트로겐 등 그녀가 겪는 심각한 부작용을 줄이기 위한 선택지에 대한 내 설명이 끝나기 전부터, 그녀의 얼굴에는 자신이 잃은 것을 되찾기에는 그걸로 충분치 않다는 표정이 떠올라 있었다.

그날 미셸이 내 환자가 되어서 그녀의 고통을 줄이면서도 암의 재발을 막는 데 성공했다고 여기에 쓰고 싶지만, 그것 역시 거짓말을 하는 것이다.

진실은 그녀가 다시는 나를 찾아오지 않았다는 것이다.

11장

성

생식계

모든 도덕적 패닉의 어머니

자궁은 모든 질병의 근원이다.[753]

__ 히포크라테스, 기원전 5세기

자궁은 모든 질병의 근원이다.[753]

__ 히포크라테스, 기원전 5세기

의학 교육은 겸손을 배우는 과정이다. 가장 뛰어난 의사들조차도 의학을 배우는 과정에서 겪었던 부끄러운 기억에 시달린다. 실습을 통해 배워야 하는 필요성과 자신이 무엇을 해야 하는지도 모르는 채 현장에 뛰어들어야 하는 잔인한 현실이 충돌하는 순간의 기억들이다. 많은 경우 이런 초기의 실수들은 더 잘하고, 더 열심히 하고, 더 배우라는 영감을 준다.

그러나 간혹 이런 순간들은 의사 지망생이 가진 능력의 한계만 드러내는 것이 아니라 그들을 훈련시키도록 만들어진 시스템 자체에 내재한 심각한 결함을 드러내기도 한다.

교육을 받던 시절 내가 경험한 가장 부끄러운 순간은 내게 벌어진 것이 아니라 목격한 것이었다. 그때 나는 보스턴에 있는 한 병원의 검사실에 다른 네 명의 인턴과 함께 서 있었다. 우리는 스물네 살 난 안톤이라는 이름의 남성 레지던트가 골반 검사와 자궁경부암 검사를 위한 샘플을 채취를 하는 것을 감탄과 경악이 섞인 마음으로 지켜보고 있었다. 우리 모두 졸업장과 그것을 증명할 등록금 대출 빚이 있는, 형식적으로는 의료계에 진입한 의사들이었지만, 실제 의료 경험은 전혀 없었다. 그리고 부인과의 기초 진료에 처음 나선 안톤의 시도는 순조롭지 않았다. 그는 환자의 질에 넣기 전에 질경에 윤활제를 바르는 걸 잊어버리는 실수를 해서 주치의로부터 이미 한차례 주의를 받은 터였다. 진료대에 누운 환자가 극도로 불편해하는 것이 명백한 데도 그 사실을 무시하는 건지 알아차리지 못한 건지 모르지만 그는 이제 질경을 여는 데 어려움을 겪고 있었다.

"약간의 압박을 느끼실 겁니다." 안톤은 몸을 비틀지 않으려 애를 쓰고 있는 환자에게 말했다. 그의 얼굴이 빨갛게 달아오르고 있었다. 손이 미끄러지고 있었다. 더듬거리는 그의 목소리가 갈라졌다. "이제 금방… 어이쿠."

질경이 큰 소리를 내며 바닥으로 떨어졌다.

잠시 끔찍한 정적이 흐르는 순간 아무도 입을 열지 않았다. 그러다가 "여기서부터 내가 할게"라고 주치의가 말했다.

환자는 안도감으로 금방이라도 눈물을 흘릴 듯 보였다.

안톤도 그녀처럼 울 것 같은 표정이 되어 있었다.

15분 후, 주치의가 안톤을 한쪽으로 불러서 무엇이 잘못된 것인지 이해하는지 묻고, 그가 깨닫지 못한 부분을 부드럽게 지적했다. 환자가 질경을 피하듯 몸을 뒤척인 이유는 그가 질경을 어색하게 다루는 바람에 그녀의 음핵을 고통스럽게 누르고 있었기 때문이었다.

안톤의 얼굴이 하얗게 질렸다.

"왜?" 주치의가 물었다.

젊은 레지던트는 고개를 푹 숙이고 중얼거렸다. "그게… 해부학 교과서에서 보던 거랑은 전혀 달라 보였어요."

그보다 더 어처구니 없는 것은 그가 하는 말에 일리가 있었다는 사실이다.

수천 년에 걸쳐 의료인들은 여성의 생식계를 해부학적 수수께끼로 취급해왔다. 몸속에 숨겨진 이 기관은 신비로운 동시에 불길한 물건, 사물이 본래 취해야 할 모습을 기괴하게 뒤집어 놓은 것으로 간주되었다. 남성의 몸이 건강과 기능의 표준이라면, 근본적으로 너무나 다른 여성의 몸은 필연적으로 기능 장애를 가지고 있을 수밖에 없다고 이해됐다. 아리스토텔레스의 다음과 같은 말은 여성의 몸에 대한 의학계의 시각을 가장 잘 요약한 것이다. "우리는 여성이라는 상태를 기형이라고 간주해야 한다. 자연이 순리대로 돌아가는 상태에서 벌어지는 기형이기는 하지만 말이다."[754]

남성의 몸을 이상적 기준으로 두고 여성의 몸은 거기에 맞지 않는 기형적인 형태로 인식하는 태도는 수백 년 동안 계속되었고, 특히 여성의 생식기와 생식 기관에 오해와 면밀한 검토가 집중됐다. 기원전 2세기에 해부학 연구를 통해 향후 수백 년 동안 인체에 대한 의학적 이해의 기반을 닦은 갈렌은 여성의 몸이 근본적으로 잘못 조립되어 있다는 생각을 확산시키는 데 특히 큰 영향을 끼쳤다. 그는 여성이 남성과 정확히 동일한 기관을 가졌지만 불완전하게 안으로 접혀 들어가 있다고 놀라움을 표시했다. 그는 여성 신체 내부의 생식기와 성기를 지하에 사는 두더쥐의 보이지 않는 눈에 비유했다. 두더쥐의 눈이 다른 동물들의 눈과 같은 구조를 가졌지만 앞을 볼 수는 없는 것처럼 여성의 성기도 "열리지 않는" 형태이자, 밖으로 튀어나온 구조의 불완전한 버전이라는 것이다.[755]

그리하여 의학의 아버지들이라 부르는 창시자들은 여성의 몸이 그 자체로 완벽하고 기능적인 기계로 존재할 수 있다고 전혀 생각하지 않았다. 대신 그들은 근본적으로 여성을 '다름'으로 보았다. 남성의 몸이 있고, 남성의 몸이 아닌 몸이 있었다. 그리고 남성의 몸이 아닌 몸은 자연이 잘못된 방향으로 가버린 결과물이었다. 여성의 몸이 그냥 다른 것이 아니라 망가진 것이라는 개념은 단지 의사들이 여성의 몸 구조를 이야기할 때뿐 아니라 의학적 전문 용어에서도 드러난다. 여성의 외음부를 이르는 라틴어 '푸덴다pudenda'는 부끄러워해야 할 물건이라는 뜻이다.[756]

아니나 다를까 초기 의학 이론가들은 여성의 치욕스럽고도 망가진 신체 부위를 온갖 질환의 근원으로 여기는 데 아무 거리낌이 없었다. 어떨 때는, 다른 장에서 이미 자세히 설명한 것처럼 이 불안은 자궁 자체에 집중되었고, 자궁이 온몸을 헤매고 돌아다니며 여성을 미치게 만들기도 하고, '더러운' 물질이 고여서 몸 안에서부터 독을 내뿜어 여성(과 그의 연인)을 병에 걸리게 만든다고 상상했다. 그러나 궁극적으로 오랜 시간에 걸쳐 남성 의료인들을 괴롭힌 가장 큰 수수께끼이자 그릇된 정보, 불안을 초래한 주된 원인은 자궁이 아니었다(자궁은 각종 사악한 누명을 썼음에도 불구하고 인류를 번식시킨다는 부인할 수 없는 생물학적 목적이 있는 기관이었다). 그것은 바로 음핵이었다. 성적 기능과 쾌락을 여성에게 제공하는 것 말고는 다른 목적이 없는 기관인 음핵은 의료계를 완전히 불안에 떨게 만들었고, 오랜 기간 의사들은 이 기관의 존재 자체를 인정하려 하지 않았다.

여성의 성적 기능과 오르가즘을 가져오는 주된 부위이고, 따라서 인체 해부학의 필수적인 부분임에도 불구하고 음핵은 2,000년에 가까운 세월 동안 의학계에서 거의 완전히 무시되어 왔다. 이 기관에 대한 언급은 드물었고, 있다 해도 대부분 긍정적이지 않았다. 기원전 1세기에서 15세기 사이, 음핵의 존재를 거론한 몇 안 되는 문헌 중 하나가 1486년에 출간된 《마녀의 망치》인데, 음핵을 "악마의 젖꼭지"라고[757] 묘사하면서 이 기관을 가진 여성은 마녀로 추정할 수 있다고 조언한다.

그 결과 16세기 이탈리아 르네상스 때 갑자기 다수의 과학자가 음핵에 관심을 가졌고, 2년 사이에 두 명의 남성이 자기가 음핵을 발견했다고 주장하려는 시도를 하면서 결국 일종의 반목이 생겼다. 그 주장을 한 첫 번째 사람은 파두아 대학의 교수 마테오 레알도 콜롬보Matteo Realdo Colombo로, 1559년 "여성 쾌락의 자리"라고 부르는 것을 발견했다고 주장했다.[758] 그는 자기 자신을 너무나 자랑스러워했을 뿐 아니라 지금까지 아무도 모르던 영역에 첫발을 디딘 사람으로 마땅히 이 기관의 이름을 자기가 정할 권리가 있다고 생각했다. "아무도 이 돌출 부위와 그 기능을 알아차리지 못했으므로, 만일 내가 발견한 것에 이름을 붙이는 것이 허락된다면, 나는 그것을 비너스의 사랑 혹은 비너스의 달콤함이라 불러야 한다고 생각한다." 그러나 콜롬보의 축하 파티는 오래가지 않았다. 불과 2년이 지난 후 그의 제자이자 팔로피안 튜브Fallopian tubes, 즉 나팔관에 이름을 붙인 가브리엘레 팔로피오Gabriele Falloppio가 음핵을 발견했다고 선언했다. 팔로피오 또한 콜롬보만큼 흥분했고, 그와 마찬가지로 그때까지 아무도 음핵을 보지 못했다고 확신했다. "현대 해부학자들은 그것을 완전히 간과했고… 그에 관해 한마디도 하지 않았다… 누군가가 이에 관해 이야기한다면 나나 내 학생들에게서 배운 것이라는 것을 알아야 할 것이다."[759]

콜롬보와 팔로피오는 애석하게 여기겠지만, 음핵의 존재에 대한 논란이 너무 많아서 둘 다 이름을 붙이는 영광을 누리지 못했다. 사실 팔로피오는 당시 최고로 알아주던 해부학 교과서의 저자 안드레아스 베살리우스Andreas Vesalius에게서 너무 앞서 나간다고 꾸지람을 들었다. 베살리우스는 음핵이 "일종의 자연의 장난", 다시 말해 무작위로 생긴 기형이라고 하면서 동료들이 거기에 너무 큰 의미를 둔다고 썼다. "새롭지만 쓸모없는 이 부위가 마치 건강한 여성이 가진 신체 장기라도 되는 듯 다룰 수는 없다."[760]

음핵의 신화적 위상을 두고 16세기 남성 의사들이 벌인 분쟁은 페미니스트 농담의 펀치라인처럼 들리지만(음핵을 자기가 발견했다고 주장하는 남자보다 더 웃기는 건 음핵이 쓸모없다고 단정 짓는 남자겠지요, 숙녀 여러분, 내 말이 맞죠?), 그 일은 여성의 신체 해부학과 성적 기능에 관한 의학계의 담론에 상당한 영향을 끼쳐서, 여성의 신체 구조와 성적 기능은 둘 다 뒷전으로 밀려나거나 신기하고 색다른 것으로 다루어졌다. 음핵에 대한 지식이 의학의 주류로 편입된 것은 레니에 드 흐라프Regnier de Graaf라는 네덜란드의 해부학자가 시체 해부에 근거해 음핵의 내부와 외부 구조를 상세하게 그린 해부도를 발표한 1672년이었다. 선배들과는 달리 드 흐라프는 자신이 음핵을 발견했다고 주장하지는 않았지만 문헌에서 음핵에 대한 언급을 제외한 의학계를 책망했다. "우리는 일부 해부학자들이 이 부위가 자연 상태에서 아예 존재하지 않기라도 하는 것처럼 이에 대해 전혀 언급하지 않았다는 사실에 경악한다."[761] 그러나 해부학자들은 흐라프의 말에 설득되지 않았다. 흐라프 다음으로 음핵에 주의를 기울인 사람은 1844년 〈인간 및 몇몇 포유류의 성적 흥분을 위한 남녀 신체 기관The Male and Female Organs of Sexual Arousal in Man and some other Mammals〉이라는 제목의 간행물을 출간한 게오르그 루트비히 코벨트Georg Ludwig Kobelt였다.[762] 이 간행물은 최초로 음핵의 기능을 종합적이고 정확하게 묘사한 문헌으로 꼽히지만, 그의 열성에 동조하는 동료 의사들은 없었다. 오히려 동시대의 의사들은 히스테리증, 뇌전증을 비롯한 각종 질병을 예방하기 위해 음핵을 외과적 수술로 제거해야 한다고 환자들을 설득하고 있었다. 결국 2005년이 되어서야 헬렌 오코넬Helen O'Connell이라는 비뇨기과 전문의가 MRI 기술을 이용하여, 음핵의 구조, 혈액 공급, 1만 5,000개 이상의 신경 말단을 지도화하는 철저한 해부학적 연구를 수행했다.[763]

의학계가 마침내 음핵의 존재를 마지못해 인정하기는 했으나 이 기관의 중요성은 그때나 지금이나 전혀 주목을 받고 있지 못하다.

골반 검사를 시도하다 실패했던 그 불쌍한 젊은 레지던트 안톤의 사례는 의대생들의 악몽이다. 환자의 몸이 교과서에서 본 것과 다르다고 했던 그의 말은 일리가 있었다. 심지어 현재 사용되는 의학 교과서조차 여성 생식기의 형태적 다양성을 다루지 않는다. 최근 지난 200년 동안 꾸준히 사용되어 온 의대 해부학 서적을 조사한 결과 대부분이 외음부 삽화를 단 하나만 포함하고 있고, 그것도 많은 경우 흑백 스케치였다. 그리고 그 그림마저도 외피계 장에서 묘사했듯, 일상에서 '바비 질'이라고 불리는, 다시 말해 음순이 튀어나오지 않고 그냥 좁고 기다랗게 찢어진 형태를 띄고 있기 일쑤였다.[764] 설상가상으로 요즘 의대를 다니는 학생들은 임상 환경이나 시체 해부 실습 등을 통해 다양한 신체와 신체 부위에 실제로 노출되는 기회가 예전보다 훨씬 적어졌다. 플라스틱 모델로 수업을 하는 경우가 많아졌기 때문이다. 한 비평가의 말을 빌자면 "모든 기관은 색으로 분류되어 있고, 완벽한 모양을 하고 있다".[765] 그리고 여성의 생식계에 관해 학생들을 교육하는 문헌에 여전히 음핵에 관한 자세한 내용이 거의 포함되어 있지 않다는 사실이 어쩌면 가장 중요한 부분인지도 모른다(말할 것도 없이 남성 신체에 대한 해부학 문헌에는 음경과 발기 기능에 관한 엄청나게 많은 정보가 실려 있다). 현대 의학 문헌에서는 건강한 여성은 음핵을 가지고 있지 않다고 했던 베살리우스의 주장을 논박하는 척하면서도, 음핵이 필요 없다고 했던 그의 의견에는 동의하는 듯하다.

생식 자체에는 핵심적인 기능을 하지 않지만 여성의 성적 기능에는 극도로 중요한 이 기관을 자기가 발견했다고 자화자찬을 할 때를 제외하곤, 의학계가 음핵을 대체로 사소하거나 사악한 부위로 치부했다는 사실은 많은 면에서 과거부터 현재까지 지속되어 온 의학계와 여성의 성적 건강 사이의 매우 복잡하고 독특한 관계를 상징적으로 보여준다. 여성은 열등하고, 반대로 뒤집어진 신체 구조를 타고났다고 했던 초기 주장에도 불구하고 의학계는 결국 난자와 호르몬을 만들어내고, 임신을 유지하고, 아기를 탄생시키는 여성 신체 부위의 중요성을 인정하지 않을 수 없었다. 그리고 이 모든 것은 오랫동안 여성의 생물학적 운명, 여성이 존재하는 유일한 이유로 여겨져 왔다. 그러나 음핵은 해부학적 조커 카드였다. 음핵은 여성이 엄마가 되기 위해서 성관계를 하는 것이 아니라 성관계 자체를 즐길 수 있다는 의미였다.

그리고 이 사실은 앞으로 살펴보겠지만 일부 사람들을 매우 불편하게 만들었다.

여성의 생식 기관은 신체 전체에 지배적인 영향력을 행사해서 수많은 고통스럽고도 위험한 질병을 일으키는 강력한 기관이다. 여성 생식 기관은 여성의 기벽의 근원이자 연민의 중심, 그리고 질병의 샘이다. 여성의 특이한 모든 것들은 그들의 생식기 구조에서 비롯된다.[766]

—존 월트뱅크, 의사,
필라델피아 컬리지에서 한 조산술 개론 강의에서, 1853[*]

인류 역사 대부분의 기간 동안 여성의 생식 건강은 여성만의 문제, 여성의 영역이었다. 임신한 여성들을 돌보는 산파들은 공식적인 의학 교육을 받지 않았지만 월경, 잉태, 분만, 산후 관리 등에 관해 수백 년 동안 축적되어 온 특화된 지식을 전수받은 사람들이었다.[767] 그러나 18세기와 19세기에 의학이 공식화되면서, 그에 따라 자기들만의 기관과 위계가 생기고 연구 분야들이 전문화되면서 산파들을 민간요법을 쓰는 교육받지 못한 사람들로 깔보고 무시하는 경향이 더 심해졌다. 그리고 의과대학에서 새로 자격을 취득한 남성들이 점차적으로 그들의 자리를 차지해 나갔다. 여성들은 음핵의 존재를 태초부터 당연히 알고 있었다는 사실을 무시한 콜롬보와 팔로피오 같은 학자들이 음핵을 발견했다고 주장한 것처럼, 1800년대 중반의 의사들은 오랜 시간 전해 내려온 지식을 가진 여

---

[*] 19세기 중반 의과대학의 조산술 교육은 형식적, 제한적이었고, 실제 분만 교육은 거의 이뤄지지 않았다. 19세기 후반부터 남성 의사들이 산과를 장악하기 시작하면서 조산술 교육이 산과학obstetrics으로 재편되었다.

성 산파들의 일을 가로챈 다음 자신들을 '산과'라고* 부르는 새로운 의학 전문분야의 창립자라 선언했다.

당시 산과학은 참신한 주제였고, 거의 미지의 상태로 남아 있는 이 새로운 분야에서 이름을 날릴 수 있는 기회를 감지한 야망에 찬 젊은 의사들이 선호하는 인기 종목이었다. 그런 남성들은 자기가 산과학에 끌린 이유가 무엇이었든 간에, 거의 항상 자기가 이 분야에 진입하기에 딱 적당한 시기였다는 결론을 내리곤 했다. 의료계에서는 여성들이 매달 겪는 월경이라는 병증 때문에 연약하고, 신경질적이며, 혼란스러워하는 존재들이므로, 유능한 의료 서비스를 제공하기에는 적합하지 않다는 합의가 빠르게 형성되었다. 이는 특히 생식 건강을 효과적으로 돌보는 일에서도 마찬가지였으며, 전반적인 의학 연구 자체에서 여성을 배제해야 한다는 움직임이 고개를 든 시기와 딱 맞아떨어졌다. 결국, 한 세대가 채 지나가기도 전에 엄청난 지각 변동이 일어났다. 수백 년 동안 여성들은 산과의 세계 최고 전문가이자, 끊임없이 다듬어져 다음 세대의 치유자에게 전해 내려지는 지식을 돌보는 사람들이었다. 이 분야가 일취월장을 거듭하기 시작하려는 바로 그 순간 그 여성들은 체계적으로 이 분야에서 축출되었고, 자신이 가지고 있던 지식을 이 분야의 발전에 보탤 기회뿐 아니라 새로 발견하는 산과학의 지식과 기술을 공유하고 함께 가꿔 나갈 기회마저 빼앗겼다. 그러나 현대 산과학의 창시

---

* 국내에서는 일반적으로 '산부인과'로 통합된 용어에 친숙하여, 산과와 부인과를 구분할 필요가 없는 부분에서는 해당 용어로 표기하였다. 그러나 본 11장에서는 19세기 남성 의사들이 산파를 내몰고 차지한 학문 분야이자 부인과로부터 독립된 '산과'를 특정하여 이야기하고 있기에 '산과'로 적시하였다.

자들은 이 분야를 자기들이 탈취한 것이 먼저 그 분야에서 일하고 있던 여성들에 대한 모욕이라 보기는커녕 영웅적인 성취였다고 자축했다. 여성 생식 의학에 정말로 필요한 것은 '몇몇 좋은 남성'이라고 자기들끼리 의견 일치를 본 것이다.

많은 경우와 많은 방식에 있어, 여성의 생식 및 성 의학 분야를 발전시킨 남성들은 좋은 사람들, 혹은 자신이 좋은 의도로 일하고 있다고 믿는 사람들이었다는 사실은 물론 인정한다. 예를 들어 호레이시오 스토러Horatio Storer 같은 사람도 있다. 그는 산과를 부인과에서 분리하고, 부인과가 그 자체로 가치 있는 의학 분야임을 이해하고 발전시킨 최초의 의사다. 스토러는 부인과 교육의 선구자로 하버드 의대에서 여성 질환과 건강에 대해 1년에 두 차례씩 강의를 했고, 1869년 보스턴에서 미국 최초의 부인과 학회를 창립했다.[768] 여성 건강의 중요성을 열정적으로 설파한 스토러는 더 많은 의사를 부인과 의사로 모집하는 것을 개인적 사명으로 삼고, 이 중요한 분야를 간과한다고 의학계의 동료들을 질타했다. '보스턴부인과학회Gynaecological Society of Boston'의 창립 강령 중에는 "회원과 의학계 전반이 여성 특유의 질병의 중요성을 더 깊이 인식할 수 있도록 촉진한다"는 내용도 있었다. 그는 의사들이 이 분야를 편견 때문에 무시한다고 생각했다. 스토러는 지치지 않고 자기 분야의 숭고함을 설파했다. "자궁질환에 관심을 보이는 것이 의사에게 치욕이 되기는커녕 '영예'라 생각"해야 마땅하다는 글을 쓰기도 했다.[769]

우리가 골격계에서 잠깐 만났던 로버트 터틀 모리스도 있다. 부인과 의사이자 '미국내분비학회American Society of Endocrinologists' 창립자였던 모리스는 불임으로 고통받는 여성들을 돕기 위해 난소 조직을 이식하는 난소 이식 기술을 1890년대 말부터 개척한 것으로 명성을 얻었다.[770] 1906년, 그는 이 시술을 받은 여성이 임신을 출산까지 지속하는 데 성공했다고 발표해서 당시 겨우 움트기 시작했던 불임 치료에 엄청난 돌파구를 마련했다.[771]

로버트 라투 디킨슨Robert Latou Dickinson이라는 산부인과 의사의 예도 있다. 그는 다작을 한 의학 일러스트레이터이자, 화가, 조각가이면서 생식학 분야에서 세운 공로를 인정받아 1946년 라스커상을 받았다.[772] 디킨슨은 거의 모든 환자와의 상호작용을 꼼꼼하게 기록했고, 환자의 자세한 성적 활동 이력에 관한 정보를 얻는 관행을 개척했다. 은퇴할 즈음에는 5,000건이 넘는 성적 활동 사례를 모아서 그야말로 엄청난 양의 데이터를 축적했다. 그는 또 1923년 '국립모성보건위원회National Committee on National Committee'를 설립했다. 이 위원회는 여성 후원자들의 지원으로 피임, 불임, 유산 등을 비롯해 임신을 둘러싼 여러 문제를 연구하기 위한 기관으로, 1930년대 당시까지도 피임에 회의적이었던 의료계와 피임을 옹호하는 사람들 사이를 중재하는 중요한 역할을 수행했다.

지그문트 프로이트는 또 어떤가. 그는 세계적으로 이름을 날린 정신분석학자였지만 거기에 더해 음핵에 대한 인식을 높이는 데 있어, 거의 3세기 동안 의료 전문가 전체가 이룬 것보다 더 많은 일을 단 몇 년 사이에 성취하는 쾌거를 올렸다.

그러나 이 의사들 각각의 영웅적인 업적 뒤에는 어두운 그림자가 있다. 관대하게 말하면 여성에 대한 이해가 전혀 없었고, 나쁘게 말하면 여성에 대한 깊은 경멸감을 가지고 있었다고 할 수 있다. 예를 들어 프로이트는 음핵을 자극해야 오르가즘을 얻을 수 있는 여

성은 정신적인 도움이 필요한 성도착자라는 자신의 이론을 뒷받침
하는 방식으로만 음핵에 대한 인식을 높이는 데 그쳤다. 재능있는
예술가이자 피임 옹호자였던 디킨슨 또한 성도덕에 집착해서 골반
검사를 할 때 환자들이 흥분하지 못하도록 의도적으로 아프게 했
다.[773] 모리스는 또 어떤가? 생식 분야에 관한 그의 관심의 일부분
은 그가 생식 못지않게 관심을 가졌던 인종학과 우생학으로 거슬
러 올라간다. 그는 1892년에 출간한 논문에서 여성 음핵은 곧 흔
적 기관으로 진화해서 종국에 가서는 완전히 사라질 것이라는 가
설을 세웠다. 그는 이것이 "아리아족 여성"이[774] 욕정을 경험하는
부담에서 벗어나 백인종을 위한 번식에 집중하는 데 더 유리해지
기 때문에 유익한 발전이라고 생각했다.

스토러의 경우, 여성 건강을 옹호한 그의 활동이 활발했던 만
큼이나, 여성이 스스로를 보호하기에는 너무 어리석고, 너무 연약
하며, 너무 쉽게 타락하는 존재라고 믿는 신념 또한 확고했다. 앞
장에서 스토러는 여성은 호르몬 때문에 의료 행위를 하기에 부적
합하다고 주장했던 의사 중 하나로 등장했지만, 그것은 시작에 불
과했다. 부인과에 대한 스토러의 관심은 순수한 배려심보다는 호
기심과 오만함 때문이었다는 증거가 엄청나게 많다. 다른 남성들
이 너무 두렵거나 너무 숭배하는 마음이 커서 여성의 몸을 깊이 탐
구하지 못했다면 스토러는 자기가 그런 쪽으로 전혀 거리낌이 없
다는 사실을 일부러 알리기 위해 갖은 애를 썼다. 의과대학 학생 시
절, 스토러는 친구 워너와 함께 해부학 실험실에 몰래 숨어 들어가
근처에 있던 벽난로에서 가져온 부지깽이로 죽은 여성의 질을 있
는 힘껏 찔렀다. 워너가 전하는 그 이야기에서 스토러는 전혀 미안

해하지 않았고 오히려 완전히 매료된 듯한 반응을 보였다.[775]

반면 워너는 구역질을 하며 도망쳤다. 역겨웠던 이유는 그녀의 인권을 침해한데 대한 역겨움에서가 아니라 악취 때문이었다.

호레이시오 스토러의 관점에서 볼 때, 여성은 거의 어떤 형태로든 스스로의 삶을 의미 있게 제어할 능력이 없는 사람들이었다. 교육, 의료적 결정, 성적 욕망 어느 것도 여성에게는 적합하지 않다고 여겼다. 공식적으로는 동료 의사들에게 부인과의 덕목을 그렇게 강조했음에도 불구하고 여성들과의 그의 개인적인 관계를 보면 여성 환자들에 대한 그의 연민이 얼마나 조건부였는지 잘 알 수 있다. 스토러가 여성 건강을 돌보는 것이 얼마나 영광인지에 대해 동료들에게 미사여구를 늘어놓은 때는 1869년이었다.

그로부터 불과 3년이 지난 1872년, 그의 아내가 정신병자 수용소에서 두려움에 떨며 혼자서 숨을 거뒀다. 그가 아내를 "월경성 광기catamenial mania", 즉 월경이 유발한 정신 이상이라는 병명으로 수용소에 가둔 후였다.[776]

여성에게 일어나는 다양한 형태의 [정신 이상] 중 대부분은 자궁과 부속 기관의 기능적 혹은 유기적 질병에 기인한다. 다시 말해 성적 성격을 띤다는 의미다.[777]

—호레이시오 스토러, 의사, 1869

1856년, 미국 매사추세츠주의 보스턴으로 돌아가 보자. 환자는 자그마한 몸집에 창백한 피부와 땀을 잘 흘리는 체질을 가진 스물네 살 여성이다. 그녀는 의사에게 자기 증상에 관해 이야기하고

있다. 화려한 턱수염과 콧수염, 그리고 격식을 갖춘 듯한 태도 덕분
에 실제 나이인 스물여섯 살보다 훨씬 더 나이 들어 보이는 의사는
그녀가 하는 말을 메모하고 있다. 종이 맨 위에 환자의 이름이 적혀
있지만, 후에 출간된 그녀의 사례가 실린 보고서에서 그녀는 그저
나이가 훨씬 더 많은 부유한 상인과 결혼한 "B 부인"으로만 알려질
것이다.[778]

대화 내용은 매우 사적이다. 그녀와의 면담뿐 아니라 그녀 남
편과 가족 구성원들과도 진행한 대화는 심지어 그보다 더 사적인
부분을 다룰 것이다. 이미 B 부인은 자신의 결혼 생활과 식생활, 월
경 이력, 그리고 꿈에 대해 길게 이야기를 했다. 특히 꿈을 꾸다 잠
에서 깨면 심장이 뛰고, 유방에 통증이 느껴지고 다리 사이가 욱신
거려서 흥분감과 수치심이 동시에 느껴진다는 이야기를 많이 했
다. 그녀가 여기에 온 이유도 꿈 때문이다. 그런 꿈을 꾸는 것이 잘
못된 것이라는 것을 알고 있고, 그런 꿈을 꾸는 자신이 뭔가 잘못되
었을 것이 틀림없기 때문이다. 의사와 만난 B 부인의 어머니도 그
사실을 확인해 줄 것이다. 그녀의 어머니는 딸이 육체적 친밀함을
너무 이른 나이부터 동경했기 때문에 열일곱 살밖에 되지 않은 나
이였지만 그 상인과 결혼하라고 권했다고 말한다.

이 모든 것은 이 젊은 여성의 사례 연구에 실리고, 의사는 숨김
없이 모든 세부 사항을 공개할 것이다. 특히 신체검사 내용은 하나
도 빠짐없이 밝힐 것이다. 그는 환자 질의 크기와 온도, 음핵의 위
치, 자기 손이 닿자 그녀가 비명을 지르는 방식까지도 묘사할 것이
다. 그녀의 사례를 묘사한 기록을 B 부인 자신은 절대 보지 못하겠
지만 많은 남성이 보게 될 것이고, 그들은 모두 그녀에게 가장 심각

한 진단, 그녀의 삶을 바꿔놓을 진단을 할 의사의 시각으로 그녀를 바라볼 것이다.

그녀는 여성에게만 해당하는 질환을 앓고 있다고 진단받았고, 그 의사가 내린 처방은 그녀의 삶을 상상할 수 있는 모든 방면에서 뒤집어 놓았다. 깃털로 만들어진 그녀의 매트리스와 베개를 없애고 거친 말털로 만들어진 침구로 바꿔서 수면을 취할 때 얻는 감각적 즐거움을 줄이도록 했다. 술을 전혀 마시지 말고, 찬물로 목욕을 하며, 식생활을 제한하라는 지시도 내려졌다. 소설을 읽는 것부터 남편과 성관계를 갖는 것에 이르기까지 그녀의 증상을 자극할 수 있는 모든 활동은 완전히 중단해야 했다. 거기에 더해 약도 처방됐다. 팅크제, 드롭제, 그리고 부식성이 강한 붕사 용액 등을 주고 매일 밤 다리 사이에 바르게 했는데 심하게 타는 느낌을 주고 별 도움이 되지 않는 듯했다. 그럼에도 그녀는 모두 다 했다. 의사가 시키는 일은 뭐든 다 했다. 그것이 그녀가 나을 수 있는 유일한 방법이라고 의사가 강조해서이기도 했지만, 낫지 않으면 끔찍한 일이 벌어질 것이었기 때문이다.

그리고 의사는 무슨 일이 벌어질지에 대해 전혀 거리낌 없이 그녀에게 말했다. 그가 적은 메모에도 그렇게 적혀 있다. "환자의 첫 면담은 5월 16일에 이루어졌다." 그는 그렇게 기록한다. "다음과 같은 치료법을 처방하고, 동시에 그녀가 지금처럼 쾌락을 취하는 습관을 계속하면 아마도 정신병자 수용소에 보내야 할 필요가 있다는 사실을 충분히 주지시켰다."[779]

그리고 종이 맨 위에 호레이시오 스토러는 진단명을 쓸 것이다.

색정증.

◇◇◇

자신감 넘치는 태도와 다양하고도 잔혹한 처방에도 불구하고 호레이시오 스토러는 사실 B 부인의 사례로 다소 당황하지 않을 수 없었다. 그가 보기에 그녀는 보통 그런 증상을 보이는 여자들, 다시 말해 행실이 단정치 못하거나 성 노동에 종사하는 여성들과 외모나 배경이 전혀 달랐기 때문이다. 물론 B 부인은 병에 걸린 것이 아니었다. 스토러가 색정증이라고 주장한 사례 연구서의 행간을 읽어보면 B 부인의 유일한 '증상'은 성관계를 원하고 즐기고 싶었던 것뿐이었다.

이 사례 연구는 스물네 살 난 스토러의 환자에 대해서도 알 수 있게 해주지만(증상이 계속되면 정신병자 수용소에 보내질 것이라는 스토러의 말을 들은 후 이 환자의 증상은 예상대로 얼마 가지 않아 물론 사라졌다), 그보다 색정증에 대한 빅토리아 시대 사람들의 집착과 스토러 자신, 그리고 그가 여성 환자들에 대해 배려와 경멸이 묘하게 혼합된 태도를 가졌다는 사실을 더 잘 알게 해준다. B 부인이 자신의 욕망과 성향에 대해 그토록 솔직하게 말했지만, 그녀는 자기 자신의 성생활에 대해 가장 믿을만한 증인으로 대접받지 못했다. 스토러의 기록에는 B 부인의 남편과 면담한 내용도 짤막짤막하게 들어있다. 그는 젊은 아내와 하룻밤에 세 차례씩 성관계를 갖고, "매번 사정한다"고 주장했지만 최근 들어서는 "그녀 쪽에 방해물이 있는 듯하다"고 말했다.[780] 환자가 그 방해물이라는 것이 나이가 훨씬 많은 남편이 발기를 유지하지 못해서이지, 자신에게 문제가 있어서가 아니라고 설명을 했음에도 불구하고 스토러는 매우 불편하고 모욕적인 골반 검사를 고집했다. 당시까지도 부인과 검사는 아직 의대 정규 과정으로 가르치고 있지 않았다. 스토러의 기록을 봐도 낯선 사람이 자신의 질과 회음부, 음핵 등을 장갑도 끼지 않은 손으로 더듬을 때 그녀가 어떻게 느꼈을지에 대한 고려는 거의 전혀 하지 않았다는 것이 드러난다.

"질경 사용 안 함. 필요하지 않았기 때문임"이라고 적혀 있다.[781]

그럼에도 B 부인은 운이 좋은 편이었다. 그녀에게 벌어질 수 있는 최악의 사건은 자유를 박탈당하는 정도였으니 말이다. 몇 년 후, 같은 증상으로 스토러를 찾아온 환자는 훨씬 더 비인간적이고 잔인한 대우를 받았다. 스토러는 그녀를 검사대에 묶어놓고 에테르로 마취를 한 다음 그녀의 살에 메스를 댔다.

건강한 성욕을 가진 여성에 대한 스토러의 야만적인 태도는 역사적인 전례가 있는 행동이었다. '색정증'이라는 용어는 현대적인 진단명이지만. 이 개념의 뿌리는 여성이 정액에 대한 채워지지 않는 욕구를 가진 육욕적인 존재라는 이론을 발전시킨 고대 그리스까지 거슬러 올라간다.[782] 외과적 수술로 음핵을 제거해서 여성의 성적 기능을 '치료'하려 한 것도 스토러가 처음은 아니다. 유명한 영국의 부인과 의사인 아이작 베이커 브라운Isaac Baker Brown과 저명한 내분비학자이자 기니피그 고환 용액으로 기억되기도 하는 샤를에두아르 브라운세콰르는 모두 자위가 여성들의 우울증, 마비, 실명, 사망을 초래한다고 믿고 이를 방지하기 위해 음핵 절제술을 시행해야 한다고 주장했다.

늘 그렇듯, 색정증에 대한 의학계의 집착은 문화적 관습과 맞물려 발전했다. 그리고 이 경우에는 빅토리아 시대에 유행했던 '열정이 없는' 여성을 이상적으로 생각했던 문화가 그 맥락으로 작용했다. 성관계에 능동적이고 열정적으로 참여하기보다는 더 높은 도덕적 위상을 체현해야 하는 존재로서 행동하기를 여성에게 기대하는 경향이 점점 더 강해졌다. 그들은 육체적 욕망의 유혹을 초월한 순수한 상태로 동요하지 않고 공중부양해 있는 존재들이어야만 했다. 모범적인 여성은 자녀를 생산한다는 숭고한 이유에서만 성관계에 임해야만 하는 걸로 이해됐다. 물론 그 행위를 자발적으로 욕망하지 않아야 할 뿐 아니라 좋아하지도 않아야 했다. 그리고 부인과 분야에 남성 의사들이 유입되면서 성적 욕망이 있는 여성은 사회적으로 낙인이 찍힐 뿐 아니라 의학적으로 병리적 취급을 받아 과학적인 해결책을 필요로 하는 문제적 존재로 여겨졌다.

다행히도 서양 의학에서는 음핵절제술[783]의 유행이 오래가지 않았다. 이 시술에 대한 아이작 베이커 브라운의 열정에 다른 의사들이 호응하지 않았고, 결국 그는 런던 산과 학회에서 불명예스럽게 퇴출되었다.[784] 그러나 여성의 성적 욕망을 치료하겠다는 과학적 탐구는 계속됐다. 스토러가 B 부인에 관한 사례 연구 보고서를 발표한 지 거의 50년이 지난 1892년, 로버트 터틀 모리스는 자기가 색정증을 치료했다고 주장했다. 음핵에 코카인 용액을 주사해서(아얏!) 감각을 마비시킨 후 음핵 포피를 엄지손톱으로 뜯어내서 음핵 귀두가 드러나도록 하는 방법으로 음핵 유착 문제를 해결해서 색정증을 치료했다는 것이었다. 터틀은 결과가 기적에 가까웠다고 주장했다. "환자는 이제 활기차고 혈색이 돈다. 승마와 테니스, 산책을 하고 사람들과 사교도 즐긴다."[785] 사례 보고서에 그가 쓴 내용이다.

터틀은 음핵 유착을 교정하는 것이 그 시대 의사들이 주로 집착했던 색정증 치료와 자위 방지에 효과적일 뿐 아니라 뇌전증과 같은 질환도 치료한다고 믿었다. 역설적이게도 이 시술이 유용하다는 점에서는 터틀이 맞았다. 그러나 그 외에는 맞는 것이 하나도 없었다. 음핵이 유착되면 음핵 포피와 음핵 귀두 사이에 피지가 쌓여서 이물감이나 발진이 생길 수 있어서 오늘날에도 음핵 유착 시술을 하지만, 주사를 놓는 것이 아니라 마취 크림을 바르고 진행한다. 또한 시술을 하는 이유는 유착된 음핵이 여성을 흥분시키기 때문이 아니라, 오히려 유착을 치료하면 오르가즘에 잘 이르지 못하는 여성의 성 기능을 향상시킬 수 있기 때문이다.

호레이시오 스토러는 부인과 진료에 평생을 바치면서 좋은 영향과 나쁜 영향을 모두 끼쳤다. B 부인을 진찰한 지 1년 후, 그는 의사로서뿐 아니라 활동가로서 자신의 소명을 발견하고 산과를 개척한 자신의 명성을 발판으로 임신중단을 반대하는 운동의 선봉에 섰다. 그는 그러나 의학과 도덕의 이름으로 여성을 학대하는 취미도 끝까지 놓지 않았다. 1865년, 그는 미국의학협회 총회에서 여성의 광기를 치료하려면 난소 제거 수술을 해야 한다고 주장했다(그는 또 친절하게도 "습관적으로 물건을 훔치고, 불경스럽거나 외설적이고, 풀이 죽어 있거나 탐닉적이고, 까다롭거나 얼빠진"[786] 여성은 모두 정신 이상으로 진단할 수 있다는 설명까지 했다).

1922년 세상을 떠난 스토러는 의학 역사상 가장 복잡하고 복합적인 유산을 남긴 인물이 되었다. 그가 닦은 임신중단 반대 활동[787]의 기반은 현재까지도 그 흔적이 느껴질 정도로 큰 영향을 끼쳤고, 수없이 많은 여성이 그가 도덕적 결함이라 간주한 문제를 치료하겠다고 처방한 변태적 의료 행위로 인해 불필요한 고통을 받았음에 틀림없다. 동시에 그는 의심스러운 동기에도 불구하고 여성 건강에 대해서만큼은 헌신적이고 야심찼으며 당시 타의 추종을 불허했다. 거기에 더해 의료계 내에서 간과되던 부인과의 위상을 드높였다. 1869년에 창립된 보스턴부인과학회는 진보의 원동력이었고, 이 분야의 중요한 발전을 일궈냈다는 것은 부인할 수 없는 사실이다.[788]

물론 스토러가 사망한 지 100년이 지난 지금, 여성의 사회적 지위와 의료계에 종사하는 여성의 숫자도 일취월장했다. 그러나 의료 검진을 받을 때, 여성이 하는 행동이나 당연히 그렇게 행동해야 한다고 기대되는 내용 면에서는 우리가 생각하는 것만큼 상황이 많이 변하지 않았다. 여성과 여성의 성적 욕망, 여성의 주체성에 대해 스토러, 그리고 그와 비슷한 사람들이 가졌던 회의적인 견해는 다른 부분에서 진보가 있었다 해도 사라지지 않고, 그냥 깊은 곳으로 가라앉아 그 후로도 오랫동안 의학적 인식이라는 우물에 독을 퍼뜨렸다.

색정증 환자는 팔을 묶으면 다리와 허벅지를 꼬며 움직여 자위를 하고, 팔과 다리를 묶으면 몸을 침대나 경대 등의 가구에 비벼서 목적을 달성한다. 정신 상태를 고치지 않는 한 모든 것을 삼켜버리는 이 열정을 잠재울 방법은 죽음 말고는 없다.[789]

_테오필루스 파빈, 의사 1886

19세기 중반에서 후반에 걸쳐 의학적 전문분야의 하나로 부인과가 정착하는 과정에서 여성의 성 건강과 생식 건강에 대한 특정

관념, 다시 말해 여성의 성적 욕망은 나쁜 것이고, 의사는 사용할 수 있는 모든 방법과 도구를 동원해 이를 통제해야 하고, 통제할 수 있다는 관념이 뿌리를 내리게 되었다. 스토러와 모리스 같은 사람들이 선호하는 도구는 수술이었고, 어떤 사람들은 모욕을 주는 방법을 사용했다.

후자에 속하는 사람이 바로 로버트 라투 디킨슨이었다. 그는 당시 많은 부인과 의사들이 흔히 했던 것처럼 여성의 성기를 만지고 손가락 여러 개를 질에 삽입하거나 음핵을 만진 다음 그녀가 어떤 식으로라도 반응을 하면 성적으로 타락했다고 선언했다.[790] 그의 글에는 여성 성기와 골반에 대한 묘사와 측정 결과들로 넘쳐나고, 거기에 직접 그린 스케치까지 더한 다음 그 여성의 성적 습관에 대한 결론을 내렸다(측정이라는 것도 어떤 표준 시스템에 근거한 것이 아니라 환자의 질에 자기 손가락을 몇 개 찔러 넣을 수 있는지를 적은 것이었다).[791]

일단 환자가 '에로틱'하다(다시 말해 병적으로 음란하다)고 진단을 내리고 나면 디킨슨의 생각은 무엇으로도 바꿀 수가 없었다. 1931년에 쓴 그의 글 중에는 발달 장애를 가진 열일곱 살 소녀의 "완전히 느슨한"[792] 질에 관해 몇 달에 거쳐 계속 심문한 끝에 그녀가 자위를 한다는 자백을 받아낸 충격적인 사례 연구 보고서가 있다. 현실적으로 그 소녀의 골반 근육이 느슨했던 것은 순전히 해부학적 원인이 있었을 것이 거의 분명하다. 그녀가 디킨슨을 찾아온 것도 자궁탈출증prolapsed uterus을 치료하기 위해서였다. 그러나 일단 이 소녀가 성적으로 타락했다는 결론을 내린 후에는 그 어떤 사실도 디킨슨의 의견에 영향을 주지 못했다. 6개월 후, 탈출한 자궁의 위치를 바로잡기 위해 삽입해 놓았던 페서리pessary를* 교체하기 위해 그녀가 다시 찾아왔을 때 디킨슨은 흔히 말하는 '망치를 든 사람에게는 모든 것이 못으로 보인다'는 태도로 환자를 대했다.

"그녀가 검진할 때 에로틱한 반응을 보였다." 그는 그렇게 썼다. "그래서 곧바로 고통을 가했다. 진찰을 생각할 때 쾌락이 아닌 통증이라는 연상 작용을 일으키도록 하기 위함이었다."[793]

동시에 여성이 성적 쾌락이나 욕망을 갖는 데 수치심을 느끼게 해서 그런 일을 하지 못하도록 해야 한다는 생각은 부인과 내에만 한정되지 않고 막 움트기 시작한 정신분석학을 포함한 다른 의학의 영역에까지 퍼져나갔다. 이 부문에서는 소위 '질 오르가즘 이론'이라 부르는 개념을 만들어 낸 지그문트 프로이트가 선봉장 노릇을 했다. "성교를 통해 오르가즘에 이르지 못하고… 다른 어떤 성적 활동보다 음핵을 자극하는 것을 선호하는 여성은 불감증을 겪고 있다고 간주할 수 있고, 정신분석학적 도움을 받아야 한다."[794] 프로이트의 시각에서는 음핵을 통한 오르가즘은 아동기의 성적 환상에 의해 업악된 결과 미성숙하고 자아실현이 덜된 여성의 표식이었다. 그는 여성들이 음핵의 자극을 포기하고 질 오르가즘만을 추구해야 한다고 말했다. 해부학적으로 완전히 무지한 상태에서 자신의 희망 사항에 터무니없는 상상을 가미해 만들어낸 개념이었다.

여성의 건강한 성생활에 프로이트가 이런 엉터리 이론으로 끼친 해악은 말로 다 할 수 없이 막대하다. 그가 심은 여성의 오르가즘에 대한 잘못된 정보의 씨앗은 지금까지도 없어지지 않고 계속

---

* 질 내에 삽입하는 기구. 자궁 탈출증 치료, 약물 전달 등의 목적으로 사용한다.

되고 있을 뿐 아니라, 당시 큰 영향력을 행사했던 그가 상상으로 만들어 낸 오르가즘을 얻기 위해 여성들은 자기 신체 일부를 훼손하기까지 했다. 1925년, 프랑스의 심리분석가 마리 보나파르트Marie Bonaparte는 프로이트의 작업을 연구한 후, 성교만을 통한 오르가즘을 달성하겠다는 희망으로 수차례에 걸쳐 음핵의 위치를 조정하는 수술을 받았다.[795] 수술은 실패로 끝났다. 보나파르트는 그나마 운이 좋은 편이었다. 같은 시술을 받은 다른 여성들은 목적 달성에 실패했을 뿐 아니라 만성 통증과 흉터가 남아 성관계를 전혀 즐기지 못하게 된 경우도 많았다.

여성의 성에 대한 의학적 편견으로 피해를 입었거나 영향을 받은 여성들이 겪은 고충은 충격적이긴 했지만, 글자 그대로 그 편견의 포로가 된 여성들의 곤경에 비하면 아무것도 아니었다. 이 대목에서 테오필루스 파빈Theophilus Parvin이 등장한다.

호레이시오 스토러와 동시대인인 파빈은 억제되지 않은 성욕을 가진 여성이 초래할 재앙에 대해서도 스토러와 비슷한 우려를 했다. 색정증에 관한 자세한 기록에서 그는 이 질환이 세 가지 단계로 발현된다는 자신의 믿음을 밝혔다. 첫 번째는 성욕과 성적 판타지, 두 번째는 교태를 부리는 행동이다. 그러나 파빈은 세 번째 단계까지 간 여성은 "진정으로 광적인 상태가 돼서 여러 남자들, 심지어 개와의 관계까지 추구해서 자신의 욕구를 채우려 든다"고 썼다.[796]

스토러와 달리 파빈은 수술로 여성의 성적 욕구를 치료할 수 있다고 믿지 않았다. 사실 그는 색정증이 육체보다 영혼과 정신에 걸린 병이라는 신념을 가지고 있어서 수술이 효과적일 것이라는 생각에 반대했다. 그러나 여성이 성적으로 반응을 보이는 것은 타락의 증거라는 개념에는 동의해서, 코카인으로 환자 성기의 감각을 마비시켜 치료하려는 시도를 했다. "효과는 대단했다고 확신한다." 그는 한 사례 연구 보고서에 이렇게 썼다. "환자의 질은 곧바로 미국에서 가장 고결한 질처럼 행동했다."[797]

파빈은 유명한 산과 의사였고, 인디애나주와 미국의학협회 회장을 역임했으며, 명문 필라델피아 제퍼슨 의대를 포함한 다수의 의대에서 교수로 후학을 양성했다. 그러나 그는 교도소 주치의로도 일을 했기 때문에 대체로 스스로 찾아오는 환자를 치료하는 개인 의료와 여성들이 선택의 여지 없이 환자가 될 수밖에 없는 기관 의료 사이를 잇는 다리가 되었다.

그는 1873년에서 1883년까지 인디애나 여성 교도소의 주치의로 일하는 중에 미국의학협회 회장으로 선출됐다.[798] 이 사실은 모든 면에서 특이하다. 교도소 주치의에게 그런 명예로운 직책이 주어지는 것도 일상적인 일이 아니고, 미국의학협회 회장이 교도소 주치의로 고용되는 일도 이례적이었다. 결국 2015년에 이르러서야 인디애나 여성교도소의 매력이 밝혀졌다. 그때까지도 운영되고 있던 이 교도소의 수감자 한 명이[799] 그 시설의 역사를 조사하다가 파빈의 책을 우연히 읽었는데, 1886년 그가 이 교도소 주치의를 그만둔 지 3년 후에 출간된 그 책에는 교도소의 여성 수감자들을 대상으로 실험을 통해 얻었음이 분명한 데이터와 연구 결과, 사례들이 엄청나게 풍부하게 들어 있었다.[800] 개인 의료 부문에서 일했던 이 장의 다른 의사들과 달리 인디애나 여성교도소의 의사로 보낸 10년 동안 파빈이 한 작업에 대한 기록이 거의 남아 있지 않기 때문에 거기서 파빈이 무슨 짓을 했는지에 관한 확정적인 정보를 얻기는 어렵다. 그러나 모든 것이 좋지만은 않았다는 증거가 조금은 남아 있다. 파빈이 근무하는 동안 가혹한 학대를 당했다고 주장하는 여성 수감자들이 다수 있었다.[801] 그런 학대 행위를 반드시 파빈이 했던 것은 아니지만, 그는 대중매체와의 인터뷰에서 수감자 학대는 일어나지 않았다며 교도소 당국을 변호했었다.

그러나 파빈이 인디애나주 여성교도소의 수감자들을 희생해서 의사로서의 커리어를 쌓기로 결심했다 해도, 그가 그런 결심을 한 최초의 의사도, 마지막 의사도 아니었다는 것만큼은 확실하다. 우리는 파리의 살페트리에르나 트렌튼 뉴저지 주립병원 같은 곳에 수용된 여성들이 질병을 근절하겠다는 야심 찬 의사의 환상 때문에 자신의 의지와 무관하게 조연으로 동원되었던 예를 이미 많이 알고 있다. 그러나 이 맥락에서 여성의 생식 의학은 특히 더 어둡고 불길한 의미를 띄었다. 미국 당국이 우생학을 통해 인구를 통제하는 데 점점 더 관심을 보이기 시작했기 때문이다.

1907년, 미국의 주 정부들은 여성 수감자들과 정신질환 환자들의 불임 수술을 승인하기 시작했고,[802] 그 결과 여성 수감자 중 다수를 차지하는 가난하거나 소수 인종 출신, 혹은 장애 여성들이 비극적인 경험을 하게 됐다. 버지니아주에서는 1924년에 발족해서 50년간 계속된 프로그램에 의해 7,500명 이상이 불임 수술을 받았다.[803] 그 숫자 전부가 여성은 아니었으나 사회적인 관습을 거스르는 사람들의 생식력을 통제하는 데 주력한 프로그램은 불균형적으로 여성들을 타깃으로 삼았던 것으로 보인다. 〈워싱턴 포스트〉의 기사에 따르면[804] 그 수술을 받은 사람들에 "미혼모, 성 노동자, 경범죄자, 훈육 문제가 있는 어린이들"이 포함되어 있었다. 주목할 점은 미혼부나 성 노동자들과 성관계를 가진 남자들은 불임 수술을 받지 않았다는 사실이다. 캘리포니아주에서는 비슷한 프로그램이 1909년에 시작돼서 거의 100여 년 동안 지속되다가 '탐사보도센터Center for Investigative Reporting'의[805] 조사로 캘리포니아의 여러 교도소에서 132명의 여성들이 제대로 된 기록도 없이 난관 결찰술을 받았다는 사실이 밝혀지면서 중단됐다. 세월이 흐른 후 2014년 주 정부 감사에서는 자궁적출술을 포함해 거의 800건에 달하는 불임 수술이 행해진 것으로 드러났다.[806] 한편 미국 정부는 교도소 수감자들에 대한 불임 수술 모델이 '바람직하지 않은' 인구를 줄이는 데 꽤 유용하다고 판단한 것이 명백하다. 1930년대 푸에르토리코에서 시작해서 20세에서 49세 사이 여성의 거의 3분의 1이 미국 정부가 지원한 인구 제한 프로그램의 결과로 불임 시술을 받았다. 그리고 1970년대에는 미국 선주민 여성 수천 명이 '인디언 헬스 서비스Indian Health Service'를 통해 불임 시술을 받아 이후 10년 사이에 출생률이 절반으로 낮아졌다.[807]

여성들이 자신의 의지와 상관없이 성생활과 생식 능력을 파괴당하는 이야기들 속에서 빅토리아 시대의 색정증에 대한 공포와 소외 계층 여성들을 오랫동안 괴롭혀 온 과도하게 성애화된 고정관념 사이의 연결고리를 보지 않을 수가 없다. 이 모든 것에 항상 등장하는 상수는 하얀 가운과 확고한 태도로 무장하고, 스스로를 제어할 능력이 없는 여성들을 통제하기 위해 개입하는 남성 의사들이다. 그리고 너무 노골적으로 야만스러워 의료계에서 인기가 금방 사라진 몇몇 진료 행위와는 달리, 여성의 성적 욕망으로부터 그들 자신을 구출해야 하고, 이것이 모두 여성들을 위한 것이라는 개념은 없애기가 훨씬 어려운 것으로 드러났다. 스토러, 디킨슨, 모리스처럼 환자를 해친 의사들, 혹은 프로이트처럼 자신의 몸을 해치는 것이 의학적으로 필요한 일이라고 여성을 설득한 사람들이 있기는 했지만, 여성들은 여전히 대부분 자발적으로 진료실에 걸어 들어가고, 원하면 제 발로 그곳에서 나올 수 있다. 반면 교도소에 수감되거나 정신병자 수용소에 갇힌 여성들은 그린 선택지가 없다. 성적 욕망을 가진 여성은 평범한 의사의 진료실에서는 퇴폐적이라는 말을 듣는 것으로 그치지만, 교도소나 수용소에서는 그보다 훨씬 나쁜 것이 되고 만다. 바로 실험 쥐가 되는 것이다.

여자가 비명을 지르고 남자가 버둥거리면서 침대에서 함께 떨어져, 서로에게서 떨어지려고 애를 썼지만 성공하지 못했다… 남자의 음경이 여자의 질에 단단히 고정된 것이 분명했고, 음경을 빼려고 시도하면 둘 다 큰 통증을 느꼈다. '데 코히지오네 인 코이투De cohesione in coitu'의 사례임이 분명했다.[808]

—윌리엄 오슬러 경, 필명 에거튼 Y. 데이비스, 1884

질 입구에 조금만 무엇이 닿아도 엄청난 고통이 생기면서 그녀의 신경계가 크게 자극을 받아 몸 전체 근육이 경련을 일으키고 온몸을 떨었다. 마치 간헐적 발작을 겪는 것처럼 크게 비명을 지르고 눈이 사납게 번쩍거리고, 눈물이 뺨을 타고 흘러내리면서 그녀를 공포와 고통에 휩싸인 가엾은 존재로 만들었다.[809]

—제임스 마리온 심스, 의사, 1857

역사적으로 의학계는 성관계를 너무 원하는 여성을 가장 가혹

494

하게 평가하고 그들을 가장 야만적인 방법으로 다뤘지만, 여성을 근본적으로 성적인 것에 관심이 없는 존재들로 보는 시각이 너무도 확고한 나머지, 성 기능을 제한하는 질병을 앓는 여성들은 거의 치료를 받지 못했다. 이 질환 중 대표적인 것이 질 근육이 통증을 수반하면서 수축하는 질경련으로, 성관계를 불가능하게 만들거나 매우 고통스럽게 만드는 증상이다.

질경련에 대한 1800년대 의사들의 태도는 그 진지함의 정도가 각양각색이었다. 일부는 그 증상이 실제 존재한다고 믿었지만 실망스럽게도 고칠 수 없다고 손을 들었고, 또 다른 일부는 그런 증상이 있다는 사실 자체에 회의적이었다. 질경련을 치료하기 위해 노력을 기울인 의사들마저도 이 증상이 여성 환자 본인에게 초래하는 고통보다[810] 그녀의 남편이 경험할 짜증스러움과 실망감에 더 공감했다. 19세기 말에 나온 충격적인 사례 연구에서는 환자 가족의 주치의가 처방한 해결책이 질경련을 치료하는 것이 아니라 환자를 에테르로 마취시켜 그녀의 남편이 의식이 없는 아내의 몸과 성관계를 맺을 수 있도록 한 것이었다.[811] 이 환자가 전문의를 찾아간 즈음에는 (비뇨기 장에서 만난 제임스 마리온 심스) 이런 불쾌한 성관계를 통해 이미 한 명의 아기를 출산한 후였다. 그 가족의 주치의는 한 달에 열 두어 차례씩 그 집을 방문해 그녀를 에테르로 마취시켜 또 다른 자녀를 임신할 수 있도록 돕고 있었다. 심스가 등장하기 전 주치의의 기록은 많은 점을 시사한다. 주치의는 환자의 복지에는 놀라울 정도로 무신경했던 반면 그녀의 남편에 관해 전혀 임상적이지 않은 표현들을 사용해 묘사한다. "남편은 키가 크고, 탄탄한 체격을 가졌다. 그는 금방 사정하지 않으며 놀라운 성관계 능력을 가지고 있다고 말했다." 사례 연구를 읽는 독자들을 애써 안심시키기라도 하듯 이렇게 설명한다. "질경련으로 인해 삽입에 따른 질의 확장이 이루어지지 않은 것은 남편의 잘못이 아니었다."[812]

노골적으로 여성의 질 건강에 초점을 맞춘 의학적 사례 연구조차도 남성이 자신의 강력한 음경에 대해 이야기할 기회를 잃는 일이라고는 절대 없다는 것을 예외 없이 보여준다.

사실 질경련을 치료하려고 노력했던 의사들도 대체로 환자의 건강 회복보다는 환자를 성적으로 접근 가능하게 만드는 것이 주된 관심사였다. 이 시대의 문헌에는 여성의 성 기능을 완전히 회복해 주는 일에 관한 언급은 거의 없고, 대신 남편이 음경을 삽입하기에 충분할 정도로 질을 여는 데 집중했다. 그럴 때 환자가 편안한지는 거의 신경 쓰지 않는다. 이 부분에서 우리는 이미 방광-질 누공을 치료하는 획기적인 수술 방법을 개척해 낸 심스에게 어느 정도의 공로는 돌려야 한다. 앞에서 언급한 환자가 찾아왔을 때 그는 그녀의 증상을 해결하기 위한 더 나은 해결책을 적극적으로 강구한다. "질경련을 앓는 환자의 질을 확장시켜 성관계가 가능할 정도로 만들 수는 있다는 사실을 부인하지는 않겠다. 그러나 그렇게 치료한다 해도 대부분의 경우 관계를 할 때 매우 고통스럽다."[813]

이 증상에 질경련이라는 이름을 붙이고 1857년에 외과적 수술을 해결책으로 제안한 사람이 바로 심스다. 그는 질막*을 제거한 다음 질 안쪽을 절개하고 이 상처가 아무는 동안 질 확장기를 사용하면 환자가 고통 없이 성관계를 가질 수 있을 것이라 믿었다.[814]

---

* 보통 처녀막이라 불리는 질입구주름.

그러나 비교적 온정적인 심스의 접근법조차도 성관계는 결혼한 여성의 의무이지 즐거움을 위한 것이 아니라는 가부장적 사고로 얼룩져 있었다. 질경련에 대해 이야기할 때 그는 이것이 여성의 문제라기보다는 결혼한 부부에게 미치는 영향에 초점을 맞췄다. "결혼 계약을 맺은 양측에 이 증상만큼 불행감을 초래하는 질환은 본 적이 없다고 자신 있게 말할 수 있다. 동시에 이렇게 심각한 문제를 이토록 쉽고도 안전하고 확실하게 치료할 수 있는 경우도 없다고 말할 수 있어서 기쁘다."[815]

불행하게도 그나마 질경련을 심각하게 받아들이고 연구한 소수의 의사들의 노력도 이를 우스갯거리로 치부해 버린 의사들에 의해 크게 훼손되고 말았다. 1884년 테오필루스 파빈은 자신이 편집자로 일하고 있던 〈필라델피아 메디컬 뉴스〉에 "흔치 않은 질경련의 형태An Uncommon Form of Vaginismus"라는 제목의 논문을 게재했다.[816] (파빈은 자신이 늘 애용하는 방법, 다시 말해 코카인 용액을 환자의 성기에 주입하는 방법을 사용해서 이 질병을 고쳤다고 주장했다.) 이 논문은 윌리엄 오슬러 경의 분노를 산 듯하다. 뛰어난 진단 전문가이자 의학 교육에 레지던트 모델을 도입하는 등의 업적을 남겼지만, 여성들의 의대 입학에 반대하는 운동을 하는 데 여생을 바친 그는 질경련이라는 개념에 너무도 회의적이어서 이 질환에 대한 경쟁자의 연구 신빙성을 무너뜨리는 작업에 들어갔다. 같은 해 오슬러는 허위 논문을 써서 파빈에게 보복하는데, 이 글에는 애인의 음경이 그녀 몸속에서 빠져나오지 못할 정도로 강력한, 파빈이 묘사한 것보다 더 흔치 않은 질경련의 형태가 등장한다.[817]

가명으로 기고한 이 글에서 오슬러는 개인 저택에 왕진을 가보니 하녀와 성관계를 하던 마부의 음경이 그녀의 몸속에서 빠져나오지 못했다는 이야기를 지어낸다. "물을 부어보기도 하고, 얼음을 사용해 보기도 했지만 소용이 없었다. 결국 클로로포름을 가져오게 했고, 여자는 몇 번 들이마신 후 잠들었다. 경련이 잦아들자 끼어 있던 음경이 빠져나왔다. 벌겋게 부어 있고, 반쯤 발기된 상태로 몇 시간 동안 가라앉지 않았고, 그 후 며칠이 지나도록 극도로 화끈거리고 따가웠다."[818] 이 과정에서 그는 자기도 모르게 심스가 에테르로 마취를 시켜 성관계를 갖도록 한 실제 환자의 유령을 불러왔다.

만일 오슬러의 영향력이 그토록 크지 않았거나, 자신이 한 장난을 금방 고백했더라면 이 모든 것이 재미있는 에피소드로 여겨졌을 것이다. 그러나 그는 질경련 자체를 우스갯거리로 만들어 이 증상에 대한 의학계의 인식을 크게 떨어뜨려 버렸고, 그렇게 추락한 인식은 현재까지도 회복되지 않고 있다. 현재 질경련은 정신질환 진단 및 통계 매뉴얼DSM에 정신과적 증상으로 분류되어 있고, 여전히 치료하기가 극도로 어려운 증상으로 남아 있다.[819] 이는 많은 부분 역사적으로 가장 저명한 여성 질환 전문의들 몇몇이 만들어내고 확산시킨 개념, 즉 여성은 성관계를 즐길 필요가 없다는 개념이 여전히 팽배하기 때문이다. 여성의 성 건강은 그들 자신의 즐거움이 아니라 남성에게 얼마나 쾌락을 제공할 수 있는가로 정의된다는 것, 아래쪽이 아프더라도 어쩔 수 없으며, 그것이 곧 여성이 된다는 의미라는 인식이 끼친 악영향 때문이다.

하버드 의대 부인과 교수이자 보스턴 빈센트 메모리얼 병원 수석의사인 메이그스는 자궁내막증은 의학적으로 치료하기보다 부모의 지원으로 여성들을 일찍 결혼시키는 방법으로 해결해야 한다고 제안했다… 그는 계속해서 이 질환이 개별 환자에게 미치는 문제보다, 지적이며 좋은 훈련과 교육을 받고 사회적 의식이 높은 소위 상류층 사이에서 발생하는 불임 문제가 훨씬 더 중요하다고 말했다.[820]

—〈뉴욕 타임스〉, "자궁내막증이 초래하는 사회적 악", 1948

의사들은 15년 동안 내내 다나Dana에게 그녀가 정상이라고 말해왔다.

그녀의 월경통이 너무 심하고, 월경혈의 양이 너무 많아서 한 달에 닷새는 학교에 가거나 운동 경기 참여는커녕 거의 움직이지도 못하는데도 정상이라는 것이었다.

파자마 파티에서 피가 슬리핑백을 흥건히 적시고 카펫에까지 흘렀는데도 정상.

만성적인 두통과 위통, 사람을 미치게 만드는 반복적인 질염도 정상.

요도염과 고통스러운 배변 또한 정상.

처음 성관계를 했을 때 통증으로 기절할 것 같았던 것도 정상.

두 번째, 다섯 번째, 열다섯 번째 성관계를 해도 전혀 나아지지 않았지만 정상.

가장 최악은 의사들도 도와주고 싶어 했다는 사실이다. 너무도 돕고 싶어서 늘 새로운 해결책을 제안했고, 그게 무엇이든 다나는 늘 고개를 끄덕였다. 네, 해볼게요. 네, 해봅시다. 의사들은 그녀를 이리저리 찔러보고, 긁어보고, 채취하고, 생체 조직을 검사했다. 검사를 위해 엄청난 양의 피도 뽑아줬다. 원치 않는 피임을 하고, 불필요한 항생제를 먹고, 수십 가지의 연고를 고분고분 몸에 발랐다. 수십 리터의 물을 마시고, 몇 시간에 걸쳐 명상을 했다. 팔레오paleo 식단*에서 육류를 안 먹는 식단으로, 거기서 다시 비건vegan 식단** 을 거쳐 키토keto 식단***까지 해봤다. 골반저근을 위한 물리치료도 받았고, 시중에 나와 있는 모든 종류의 화장지도 써봤다, 각각 두 번씩.

그녀가 그 모든 일을 한 것은 처방들이 효과가 있어서가 아니 다. 어차피 효과는 없다. 그러나 자기가 노력하고 있다는 것을 의사 들에게 알릴 필요가 있어서다. 의사들의 처방이 한 번도 효과를 보 인 적은 없다. 그녀가 가장 두려워하는 일은 언젠가 그들이 아무런 제안도 하지 않을지 모른다는 가능성이다. 모두 두 손을 들고, 첫날 부터 뻔했던 사실을 입 밖으로 꺼내 말하는 것, 도무지 그녀의 문제 가 무엇인지 전혀 모르겠다고 인정하는 일이 가장 두려운 것이다.

그녀에게 애초부터 아무 문제가 없었다고 생각하기 시작하는 것 말이다.

◇◇◇

오늘날의 의사들은 과거 그들의 선배보다 생식계 질환으로 고 통받는 여성들에게 훨씬 더 공감하는 자세를 가지고 있다. 그럼에 도, '건강한' 여성의 생식계가 어떤 모습인지에 대한 놀라울 정도로

---

* 구석기 시대 식단을 기반으로 한, 가공되지 않은 자연식품을 중심으로 한 다이어트.
** 육류, 해산물을 물론이고 달걀 유제품도 먹지 않는 다이어트.
*** 탄수화물을 극도로 제한해서 지방을 주로 태우는 다이어트.

무지가 팽배한 가운데 여성들은 여전히 적절한 치료를 받지 못하는 경우가 허다하다.

여성의 생식 건강에 영향을 미치는 증상 중, 가장 괴로우면서도 거의 이해되지 않은 질환인 자궁내막증을 예로 들어보자. 스탠포드 의대 부인과 의사팀이 자궁내막증에 관한 역사적 고찰을 한 후, "인류 역사상 가장 거대한 규모의 오진으로, 몇백 년에 걸쳐 이 질환 때문에 여성들은 살해당하고 정신병자 수용소에 갇혔을 뿐 아니라 끊임없는 육체적, 사회적, 심리적 고통을 감수해야 했다"고 썼다.[821]

자궁내막증은 자궁의 내막을 형성하는 것과 비슷한 조직이 자궁 외부에서 자라는 질환으로, 난소, 나팔관에서 많이 발견되고 때로 대장, 직장을 비롯한 다른 골반 부위가 영향을 받기도 한다. 자궁내막증이 몸의 여러 부위에 생길 수 있어서 증상도 매우 다양하다. 만성 골반 통증, 비정상적으로 심한 월경통, 성교 통증, 불임뿐 아니라 위장 장애, 요로감염, 요실금 등등 수많은 증상의 원인이 자궁내막증일 가능성이 있다. 미국 여성 중 적어도 10퍼센트가 가지고 있는 이 질환을 진단하는데 평균 7년 이상이 걸린다.[822] 그 7년 사이에 여성들은 말로 다 할 수 없는 비참한 고통을 받는다. 증상도 증상이지만 자궁내막증을 간과하고 오진하고 망상이라고 일축해 버리곤 하는 의료 시스템을 상대하면서 겪는 좌절감과 분노 또한 이 고통의 큰 부분을 차지한다. 앞에서 이야기한 다나는 실제 존재하는 환자이고, 완벽한 사례 중의 하나다. 그녀가 10년 이상을 큰 고통 속에서 살아가는 사이 의사들은 성관계가 참을 수 없이 고통스러운 것도 정상이고, 일상을 영위할 수 없을 만큼 심한 월경통도 정상이고, 월경혈로 몇 시간 만에 탐폰과 패드가 젖는 것 때문에 수건을 깔고 자야 하는 것도 정상이라고 말해왔다. 과민성대장증후군에서부터 간질성 방광염에 이르기까지 갖가지 진단은 다 받아봤고, 모든 게 불안증 때문이라는 이야기도 여러 차례 들었다.

다나는 마침내 전문의를 찾아 자궁내막증이라는 진단을 받았다. 그러나 이마저도 자궁내막증을 가진 여성을 치료하는 데 있어서 의료 시스템이 얼마나 엉망인지를 잘 보여준다. 그녀는 수년간 이 의사 저 의사를 찾아다녔지만 아무에게서도 제대로 된 진단을 받지 못한 끝에 마침내 자기 힘으로 전문가를 찾아낸 것이다.

다나가 제대로 된 진단을 받기 전 10년 넘게 마치 탁구공처럼 이리저리 보내졌던 것은 여성의 골반통이 정상이라고 보는 문화와 그에 따라 형성된 의료 시스템이 낳은 자연스러운 결과다. 자궁내막증의 증상에 대한 회의적인 태도는 의사들 머릿속에 아주 일찍부터 심어진다. 학생 때 한 보스턴 병원의 응급실에서 실습을 하던 나는 병원 침대 위에서 몸부림을 치고 흐느끼면서 고통으로 몸을 잔뜩 웅크리고 있는 에밀리아Emilia라는 여성을 만났다. 뭔가 크게 잘못된 것이 분명했지만 환자 분류를 위해 화이트보드에 그녀의 이름을 쓰는 나를 본 수석 레지던트가 다가와서 이름을 지웠다.

"신경질적으로 울고 있는 저 여자, 단골손님이야." 그가 말했다. "아무 문제가 없는 사람이야. 다른 환자를 찾아봐."

그의 말은 한편으로는 맞았다. 에밀리아는 응급실을 전에도 두 번 찾아왔었다. 늘 한 달 중 같은 시기였다. 그녀의 통증은 월경주기와 정확히 맞아떨어졌다. 자궁내막증의 고전적인 증상이었다. 그러나 의사가 우글거리는 종합병원에서조차 아무도 그 연관성을 깨닫지 못했고, 대신 모든 증상이 그녀의 머릿속 문제라고 치부해 버렸다.

자궁내막증에 관한 현대의 무관심 이전에는 수십 년에 걸친 묵살의 문화가 있었다. 이 병의 증상은 그냥 나약하거나 호들갑을 떨거나, 그 둘 다에 속하는 여자들이 과장해서 불평하는 것이라고 무시되어온 것이다. 1970년대와 1980년대에는 자궁내막증을 "직장 여성의 병"이라는 별명으로 불렀다.[823] 직장 생활을 하는 여성들이 받는 스트레스가 자궁내막증의 원인이라고 의료계 전체가 합의를 본 것이다. 당시 자궁내막증 진단을 받은 여성이 의학적 치료를 받게 될 가능성보다 직장을 그만두고 집에 있으면 문제가 저절로 해결될 것이라는 말을 듣게 될 가능성이 더 컸다. 한편 자녀가 없는 여성은 임신을 하면 증상이 없어질 것이라는 괴이한 조언을 자주 들었다. 괴담 같은 이야기지만 놀랍게도 지금까지도 끈질기게 없어지지 않는 믿음이다.

여성은 생물학적으로 어머니가 되도록 운명 지어졌다는 개념은 생식 의학 분야에 여전히 불편할 정도로 강력한 영향력을 발휘하고 있다. 같은 자궁내막증을 앓고 있다 하더라도 불임 문제를 거론하는 여성은 월경통을 호소하는 여성보다 두 배나 빨리 진단을 받는다. 자궁내막증의 가장 흔한 치료법은 자궁적출술이지만, 젊은 여성이 이 시술을 원하면 의사들에게서 거절을 당하는 경우도 많다. "언젠가 아기를 원하게 될 수도 있어요."[824] 마치 이 여성들이 자궁적출술이 무엇인지 모르기라도 하는 것처럼 말이다.

지금도 의료 체제는 예전과 동일한 전제 위에서 작동한다. 즉, 여성의 건강과 행복, 심지어 고통으로부터 해방될 권리조차 어머니가 되어야 하는 생물학적 운명에 비해 중요하지 않다는 전제 말이다. 그리고 지금도 이 체제는 늘 그래왔던 것처럼 여성들을 굴복시킨다. 스토러, 디킨슨, 모리스, 파빈, 프로이트와 같은 의사들의 유령이 여성 의료의 배경에 출몰하고 있는 한편, 여성들은 그들의 환자들의 유령에 시달리고 있다. 의사의 지시에 따라 혼수상태로 성관계를 맺어야 했던 여성. 정상적이고 건강하게 작동하는 몸을 병에 걸리고 타락했다고 믿게 된 여성. B 부인처럼 사랑하는 남편과의 결혼 생활과 육체적 친밀감을 즐기던 평범한 젊은 아내지만, 부인과 진료실 문을 열고 들어가는 순간 완전히 다른 사람, 겁에 질리고 순종적인 사람으로 둔갑해서, 의사의 권위 앞에 스스로가 결함투성이임을 철저하게 믿게 되어, 그가 말하는 것은 무엇이든 하게 된 여성 말이다.

◇◇◇

인간 신체 내부의 모든 시스템 중에서, 그리고 의사들이 치료하고자 하는 모든 신체 부위 중에서 여성의 생식계는 가장 이해받지 못하고, 가장 큰 편견에 휩싸여 있다. 이 편견은 의학이라는 것이 존재한 이래 내내 시스템의 날실 씨실이 되어 의료계 전체에 속속들이 스며들어 있다. 여성의 몸이 이상적인 남성의 몸을 뒤집어 놓은 결함이 있는 변형이라는 믿음으로 시작된 편견이 이제는 여성의 몸이 수수께끼 같고 알 수 없는 것이라는 사라지지 않는 인식으로 진화했고, 이는 결과적으로 여성들이 자기 자신의 치료에 대한 대화의 중심에서 밀려나는 상황으로 이어졌다. 과거부터 현재까지 의사들은 여성 환자의 건강보다 결혼한 남자나 몸속에 잉태한 아기 등 타인의 필요를 더 중요시하는 경우가 너무 많았다. 심지어 지금도 태아와 비교할 때 임신 중 여성의 건강은 대수롭지 않게 여겨진다. 미국의 임산부 사망률은 다른 선진국에 비해 열 배가 높고, 특히 가난한 소수 인종 출신의 여성들이 불균형적으로 피해를 입고 있다.

한편 여성에게만 영향을 주는 성 건강과 생식 건강 문제는 그런 문제를 감지하는 훈련을 받지 못한 의사들에 의해 여전히 간과되고 있다. 평균적인 교육을 받은 의과대학 졸업생이 음핵의 위치와 구조, 기능에 거의 무지하다는 사실은 그저 시작에 불과하다. 자궁내막증, 성 기능 장애에서부터 특정 유형의 암에 이르기까지 무지는 곳곳에 존재한다. 예를 들어, 매년 1만 4,000명에 달하는 여성들을 죽음에 이르게 하는 난소암은 의학 문헌에서 '침묵의 살인마'로 불릴 때가 많다.[825] 그러나 실제로는 난소암 초기 증상을 경험한 대부분의 여성이 의사를 찾아간다. 2022년 부인과 종양학 전문의 바버라 고프Barbara Goff는 1,700명의 난소암 환자를 조사한 결과 오진이 만연하다는 결론을 내렸다.[826] "난소암 증상으로 병원을 찾은 환자의 15퍼센트가 과민성 대장 증상, 12퍼센트가 스트레스, 9퍼센트가 위염, 6퍼센트가 변비, 또 다른 6퍼센트가 우울증, 그리고 4퍼센트가 위에서 언급하지 않은 기타 질병으로 오진을 받았다. 30퍼센트는 다른 질병에 해당하는 치료를 받았고, 13퍼센트는 아무 문제가 없다는 말을 들었다."

난소암이 침묵하는 것이 아니라 우리가 듣지 못하는 것이다.

그리고 물론 성에 관한 문제도 있다.

"지금까지도 제가 여성 성 건강 분야에서 일한다고 말하면, 사람들은 자동적으로 성병을 생각해요."[827] 린지 하퍼Lyndsey Harper가 웃음을 터뜨리며 말한다. 그녀는 텍사스 AM 대학 의대의 산부인과 부교수(겸임), 미국산부인과협회American Congress of Obstetricians and Gynecologists 펠로우, 국제여성성건강연구학회International Society for the Study of Women's Sexual Health 펠로우이며, 여성의 성 건강을 위한 '로지Rosy'라는 앱도 만들었다. 하퍼는 또 의료 시스템이 여성의 성을 우선시하지 않는 현상과 그 이유에 대해서도 전문가적 지식을 가지고 있다. "의료 체제를 구축한 게 남자들이었어요. 그들이 보기에 여성의 성이 하는 역할은 두 가지밖에 없어요. 첫 번째는 자녀를 생산하는 것입니다. 그리고 두 번째는 성병을 예방하는 거죠. 성병을 옮기지 않는 거라고 말해야 더 정확할까요?"[828]

이 엄청난 맹점은 오늘날 여성의 성 건강에 관한 의학적 인식에 거대한 블랙홀로 작용한다. 반면 남성의 성 기능은 과거부터 지금까지 항상 의료 관리의 최우선으로 간주되고 있다. 하퍼는 다음과 같이 지적한다. "전립선암 진단을 받은 남성이 비뇨기과 의사와 제일 먼저 하는 대화는 어떻게 발기 기능을 보존할 것인가에 관한 것입니다."[829] 그에 반해 여성에 대해서는 그런 고려가 전혀 되지 않는다. 이런 소통의 부족은 무관심뿐 아니라 여성의 몸이 실제로 어떻게 작동하는지에 대한 놀라울 정도의 무지를 반영하는 현상이고, 이로 인해 사소한 문제에서부터 비극적인 사태까지 벌어질 수 있다. 부주의하거나 그릇된 정보를 가진 의사들이 고관절 교체 수술부터 회음부 절개술, 음순 성형술에 이르기까지 다양한 수술을 하는 과정에서 환자의 음핵을 훼손하기도 했는데, 그 결과 삶에 큰 영향을 주는 성기능 장애가 초래되어도 아무도 해결할 수 없고, 여성들 자신도 이 문제를 설명하는 데 어려움을 겪는다.

"우리는 우리의 성적 경험을 자신과 별개의 것, 적절히 제어해야 하는 것으로 배우며 자라요." 하퍼는 말한다. "그래서 오랜 세월 동안 그냥 그 생각을 차단해 버리라고 배워왔지요. 바르게 행동하고 차단하라고. 그리고 우리는 실제로 대부분 그렇게 합니다. 그냥 생각 자체를 차단해 버리는 것이지요. 그래서 여성들은 쾌락을 경험하는 데 어려움을 겪습니다. 많은 여성이 그게 무슨 의미인지조차 잘 몰라요."

현재의 상태에서 의학은 여성들이 그런 의미를 찾거나 자신의 몸에 대한 주권과 주인 의식을 고양하는 데 하등의 도움도 줄 수가 없다. 나도 진료실에서 이런 현상을 날마다 목격한다. 유능하고 자신감 넘치는 여성도 진료실 문을 열고 들어오는 순간 움츠러들어 자신의 존재 자체를 미안해하고, 너무 많은 질문을 해서 죄송하다고 한다. 번창하는 스타트업을 이끄는 서른다섯 살 난 CEO가 오르가즘에 어떻게 이르는지 모르겠다고 고백한 적도 있다. 거침없는 질문을 던지기로 유명한 저널리스트지만 자기 자신의 암 치료 계획에 대해서는 세부 사항에 대해 묻는 것을 두려워한다. 특별히 공격적인 형태의 유방암을 이겨낸 서른한 살 난 내 환자는 대단히 부끄러워하면서 남편과의 잠자리가 즐겁지 않다고 고백했다. 암 때문이 아니라 성교만으로는 절정에 이르지 못하기 때문이란다. "말로만 듣는 그 빌어먹을 지스팟이란 건 도대체 어디에 있는거죠?"

무지와 두려움, 그리고 그 모든 것 아래에는 수치심이 짙게 깔려 있다. 1,000년이 넘는 세월 동안 유독한 메시지를 내보내고 조작을 한 끝에 우리는 여성들에게 만약 성 건강에 문제가 생기면, 그들 개인에게 문제가 있기 때문이라고 가르쳐왔다.

내가 '우리'라고 하는 까닭은 그 맹점과 편견이 더는 누구 한 사람의 잘못이 아니라 집단적으로 물려받은 실패이기 때문이고, 이 실패는 의료 시스템과 사회에 구조적으로 내장되어 우리 모두에게 영향을 끼치고 있다.

모든 환자.

모든 의사.

심지어 나에게도.

여성의 성 건강을 둘러싼 의학적 편견의 유산을 내가 어떤 식으로 영속화하고 있었는지를 깨닫게 해준 사람은 앤Anne이라는 여성이었다. 내가 1년이 조금 넘게 돌보던 그녀는 유방암을 조기에 발견한 후 성공적으로 치료를 마쳤다. 여든 살 나이의 앤은 활기찬 멋쟁이였으며, 바보 같은 짓을 참아주지 않는 여성이었다. 그리고 내가 얼마나 어리석었는지를 말해주기 위해 나와 만날 약속을 기다리고 있었다.

"선생님이 새로 주신 약이 정말 싫어요." 그녀가 말했다. "특별한 친구와 보내는 시간에 방해가 되거든요."

내 첫 반응은 놀라움이었다. 나는 일 년 넘게 만난 앤을 잘 안다고 생각했다. 결혼하지 않은 그녀는 검진에 늘 혼자 왔지만, 누군가 특별한 사람이 있으면 내게 말했을 것이라 막연히 생각하고 있었다. 내 얼굴에 떠오른 표정을 본 그녀가 고개를 흔들며 씩 웃었다.

"코멘 선생님, 제 특별한 친구는 남자가 아니에요. 바이브레이터죠."

우리는 둘 다 웃음을 터뜨렸다. 하지만 나는 그 가볍게 웃어넘기는 순간에 충격적인 깨달음을 얻었다. 암이 재발하지 않도록 앤에게 에스트로겐을 억제하는 약을 처방한 지 1년이 지났지만 그동안 나는 그녀에게 관절 통증이 있는지만 물었던 것이다. 질 건조증과 성욕 상실이 잘 알려진 부작용이었음에도 불구하고, 나는 그저 그런 것들이 앤과 상관이 없을 것이라고 혼자 단정해 버렸던 것이다. 여든 살이나 되지 않았는가. 그리고 내 무관심 덕에 그녀는 몇 안 되는 삶의 기쁨 가운데 하나를 빼앗기고 말았다.

그것은 잠을 깨우는 자명종과도 같았다.

다음번에 앤을 만난 것은 성욕 감퇴와 같은 짜증 나는 부작용이 없는 새롭게 처방된 약에 그녀가 어떻게 반응하고 있는지를 알아보기 위한 후속 진료였다. 그녀는 약이 아무 문제 없이 잘 듣는다고 말했다. 하지만 그보다 내게 보여줄 게 있다고 하면서 가방에서 신문 한 장을 꺼내 분노한 표정으로 한 기사를 가리켰다.

"이것 좀 보세요." 그녀가 신문의 헤드라인을 가리키며 말했다. "섹스 산업은 번성하고 있지만, 여성의 쾌락에 관해서는 뉴욕 지하철도 확신이 없다"라고 쓰여 있었다.[830] 뉴욕시 교통 당국이 여성을 대상으로 하는 성인용품을 파는 회사의 광고를 금지했다는 소식이었다. 광고가 외설적이라는 것이 이유였다. 남성 정력 강장제는 브롱스에서 스테튼 아일랜드까지 뉴욕 전체를 누비는 버스와 지하철 어디에나 범벅이 될 정도로 붙어 있는데도 말이다.

"말도 안 돼요." 앤이 말했다.

나도 전적으로 동의했다.

결론

이 책에 필요한 조사와 연구를 하고 집필하는 동안 나 또한 한 사람의 의사로서, 내가 비판하려는 시스템 안에 깊게 얽혀 있다는 사실을 내내 의식하지 않을 수 없었다. 여성의 몸에 대한 회의적 태도와 불신, 무지의 유산이 현대 의학의 기초에 뿌리 내려 있고, 나도 그런 체제 속에 의과 대학생 때부터 몸을 담가왔으며 내가 유방암을 치료하면서도 그 유산을 영속화하는 죄를 지어왔다는 것을 안다. 그리고 나는 그 문화의 사악한 영향이 날마다 내 환자들의 삶에 드리우는 그림자를 목격한다. 그러나 2022년 말, 이 책의 골격계장에 포함시키게 된 연구를 끝마치던 즈음, 나는 문득 내가 그 유산을 의사로서만 짊어지고 있는 것이 아니라는 사실을 깨달았다. 나는 여성으로서, 그리고 환자로서도 그 유산을 짊어지고 있었다. 내 몸에 관한, 그리고 내 자신의 몸과 건강에 관한 고려를 할 때조차 그 짐에서 벗어날 수 없었다.

가벼운 수술이 될 예정이었다. 내 척추 신경이 눌려서 왼쪽 다리가 무감각해지고 힘이 빠지는 증상을 거의 3년 가까이 방치해 오던 참이었다. 결국 추수감사절 다음 주에 수술하기로 결정한 후 나는 마침내 이 문제를 해결하게 되어서 안도가 되는 동시에 너무 오래 미뤄온 것에 자책했다. 입원이 필요 없는 간단한 외래 수술이었고 회복 시간도 최소한이었으며 통증도 거의 없는 수술이었다. 수술이 끝나고 일주일 후에 코로나에 걸렸지만 12월 중순 즈음에는 다시 진료를 시작할 수 있었다. 피곤한 것 말고는 모두 괜찮았다.

그러다가 두통이 시작됐다. 두개골 아래쪽에서 시작된 통증과 압박감이 위쪽으로 퍼져나갔다. 보이지 않는 손가락이 뒤통수에서부터 정수리까지 감싸며 머리를 깨버릴 듯 찍어 누르는 느낌이었다. 누우면 통증이 조금 약해졌지만 누워만 있을 수는 없었다. 봐야 할 환자가 있었고, 계획해야 할 가족 행사가 있었고, 가겠다고 약속한 친한 친구의 새해맞이 파티가 있었다. 머리를 조이는 고통스러운 압박감을 줄이기 위해 좌석을 최대한 뒤로 젖힌 채 차를 타고 파티에 가던 도중에야 나는 마침내 내가 겪고 있던 여러 증상이 왜 이렇게 익숙하게 느껴졌는지 깨달았다. 그 증상들은 모두 출산 중 경막외 마취부터 디스크 탈출증에 이르는 각종 척추 수술에 관한 의료 문헌에서 매우 익숙하게 보아온 것들이었다. 나는 남편 쪽으로 고개를 돌렸다.

"나 지금 뇌척수액이 새는 것 같아." 내가 말했다.

뇌척수액은 뇌를 감싸고 보호하는 맑은 액체로, 뇌실과 뇌 표면을 계속해서 순환한 후 척추를 따라 흘러내려 간다. 적절한 양의 뇌척수액은 뇌가 두개골 안에 둥둥 떠 있는 듯한 상태로 만들어 뇌의 무게를 거의 느낄 수 없도록 한다. 그러나 뇌척수액이 새면 극심한 두통과 함께 뇌가 척수를 따라 빨려 내려가는 것 같은 느낌이 든다. 사실 거의 그런 상태가 되기 때문이다. 그래서 머리가 그렇게 깨질 듯이 아팠던 것이다. 누우면 통증이 덜했던 것도 설명이 됐다. 두개골 안에 중력으로 인한 진공 상태가 만들어지지 않으면 압력이 곧바로 사라지기 때문이다.

뇌척수액이 새는 일은 흔치 않지만 내가 받은 종류의 수술 후에는 드물지 않게 발생하며, 상당히 심각한 일이지만 치료는 놀라울 정도로 쉽다. 최악의 경우 병원에 다시 가서 뇌척수액이 새는 부위에 주사를 놓아 액체가 새는 곳을 막는 혈파술을 받아야 한다. 그런 것을 안다고 해서 즉시 도움이 되는 것은 아니었지만, 나는 여전히 엄청난 두통에 시달리면서도 자신감을 되찾은 상태로 파티장에 도착할 수 있었다. 내 문제가 무엇인지 안다는 자신감 말이다. 이미 내 척추를 수술한 의사에게 이 문제를 설명할 이메일을 쓰기 시작한 상태였다. 나는 전화를 집어넣고 친구에게 인사를 한 다음 곧바로 친구네 부엌 카운터에 머리를 내려놓았다. 놀라서 다들 쳐다보는 것도 모두 무시했다. 내게 무슨 일인지 묻는 친구에게 나는 아무 일도 아니라는 듯 뇌척수액이 새고 있지만 괜찮을 거라고, 진통제만 좀 주면 좋겠다고 말했다.

"뇌척수액이라고요? 말도 안 돼요." 한 남성의 목소리가 들렸다. 올려다보니 나를 내려다보고 있는 남자가 보였다. 이름만 들어본 유명한 성형외과 의사였다. 리얼리티쇼 〈진짜 주부들Real Housewives〉의 한 시즌에 출연한 거의 모든 여자들의 성형이 이 사람 손을 거쳤다는 소문도 있었다. 그런 그가 내 바로 옆에 서서 내 친구네 부엌의 대리석 카운터가 마치 자기 수술대고 내가 거기 누워 있는 환자라도 되는 것처럼 내려다보고 있었다.

"불가능해요." 그가 다시 말했다. "이게 뭔지 내가 정확히 알아요. 후두신경통이죠. 두개골 안쪽의 신경이 눌린 거죠. 보톡스나 리도카인[국부 마취제]으로 치료할 수 있지만 까다로운 케이스는 수술을 해야 합니다. 자, 여길 보세요…"

갑자기 휴대전화가 내 얼굴 앞에 들이대졌고, 나는 예의 바르게 머리를 돌려 그것을 쳐다봤다. 그 성형외과 의사가 두개골을 열고 후두신경이 노출된 사진들을 하나하나 스크롤하는 것을 지켜봤다. 그는 수술을 하면 기적적인 결과를 얻지만 이제 자기는 이 수술을 더는 하지 않기 때문에 다른 의사를 소개해 줘야겠다고 말했다. 그리고는 낄낄 웃으면서 원하면 바로 지금 이 자리에서 내 두개골을 열고 수술을 해줄 수도 있다고 덧붙였다.

나는 안간힘을 써서 함께 웃어주는 데 성공했다.

"고맙지만 사양할게요." 나는 그렇게 말하고 소파까지 겨우 가서 파티가 끝날 때까지 누워 있었다. 실수로 머리를 들 때마다 비명이 터져 나오는 것을 참느라 애썼다. 집에 오는 길에는 차 뒷좌석으로 기어들어가 수평으로 누웠다. 그리고는 휴일 주말이든 뭐든 바로 다음날 내 척추외과 주치의에게 이메일을 보내겠다고 결심했다.

그리고 그렇게 했다. 하지만 그때 보낸 이메일을 다시 읽으면 지금도 온몸이 오그라든다. 그 전날 밤에 쓰기 시작한 이메일이지만 한 가지 중요한 점이 달랐다. 원래 쓴 이메일에는 제목란에 내가 자가 진단한 '뇌척수액 누출'이라고 썼었지만, 그건 파티에 가기 전, 그 성형외과 의사를 만나기 전, 후두신경통이 있는 환자들의 열린 두개골 사진들을 보기 전이었다.

내가 실제로 보낸 이메일의 제목은 "후두신경통일까요?"라고 되어 있었다.

◇◇◇

독자들도 이미 짐작했겠지만 물론 후두신경통이 아니었다. 내 증상은 후두신경통과는 전혀 관계가 없었던 반면 내가 원래 자가 진단했던 뇌척수액 누출의 증상과 완벽하게 일치했다. 결국 며칠 후 나는 응급실로 실려 갔다. MRI 검사 결과 뇌척수액 감소로 인해 뇌가 부었다는 것을 확인할 수 있었고, 뇌척수액이 새고 있던 뇌수막의 조그마한 구멍을 막는 수술을 받았다. 시술이 끝난 뒤 이 모든 일이 얼마나 역설적이었는가를 생각하면서 헛웃음을 웃었다. 내가 받은 의사로서의 훈련에도 불구하고, 내 몸에 관해 내가 가진 지식과 전문성에도 불구하고, 심지어 당시 내가 의학계에 만연한 성별 관련 편견에 대해 글자 그대로 책을 쓰고 있던 와중이었음에도 불구하고, 성공한 유명한 남성 의사가 거만하게 나를 내려다보면서 내가 말도 안 되는 소리를 하고 있다고 하는 순간 내 자신감이 연기처럼 사라져버린 것이다.

그러나 그런 분석과 반성은 나중에 벌어진 일이다. 당장 일이 닥쳤을 때 내가 한 행동은 그보다 덜 영리했고, 더 노골적이었다. 응급실에 들어가서 커튼이 둘러쳐진 곳에 있는 들것에 누워 있을 때였다. 간호사가 거의 움직이지도 못하고 누워 있는 내 팔과 다리를 조금씩 움직여 평상복을 벗기고 병원복으로 갈아 입히기 위해 애를 쓰고 있는데 내가 그녀를 올려다보며 말했다.

"미안해요, 제가 몸에 데오도란트 바르는 걸 잊어버렸네요."

◇◇◇

이 글을 쓰는 나도 이전 어느 때보다 의학계에서 여성의 존재감이 커졌다는 사실을 모르는 것은 아니다. 숫자로만 보면 더욱 그렇다. 2022년, 의대 지원자의 57퍼센트가 여성이었고, 의료계에서 활동하는 의사의 38퍼센트가 여성이었다. 1990년까지도 여성 의사가 차지하는 비율이 총 28퍼센트 밖에 되지 않았고, 미국에서 가장 명문으로 여기는 하버드 의대에서는 1945년까지도 여학생을 받지 않았었다는 사실을 고려하면 실로 대단한 성취라고 하지 않을 수 없다. 하지만 의학계에 진출하는 여성의 숫자가 서서히 늘고 있음에도 한때 여성의 영역이자 강점이었던 전인적 치유 개념의 위상과 신뢰성을 떨어뜨리려는 의도에서 나온 근본적인 이데올로기는 사라지지 않고 있다.

현대 의학을 실천하는 의사들과 그렇지 않은 소위 비주류 의료인들 사이에 벌어진 초기의 분열은 치유사와 산파로 일하던 수많은 여성을 대규모로 소외시켰다. 이 분열은 이후 더 견고해 지면서 양쪽을 이분법적으로 갈라서 건널 수 없는 괴리를 만들어냈다. 과학적 의학 대 자연요법. 서양 의학 대 동양 의학. 전통 의학 대 실험 기반 의학. 그리고 맞다, 남성적 접근 대 여성적 접근으로도 분리되었고, 이 방면에서만큼은 남성적인 것이 한 번도 승리를 놓치지 않았다. 의사 숫자 부문에서의 성평등이 향상된다고 해서 의학 자체가 여성적인 것이 되지는 않았다. 사실 의료계는 항상 의학의 '여성적인 측면', 다시 말해 개인 맞춤형 치료, 환자와의 관계, 돌봄, 평화 유지, 단순한 질병 치료를 넘어선 웰빙에 대한 전 생애적 접근 등의 개념을 과소평가했고 여전히 그렇게 하고 있다.

이 책을 쓰기 위해 연구, 조사하는 과정에서 나는 2009년 미국 국립보건원NIH이 펴낸 연구 보고서 한 편을 만났다.[831] 평균적으로 여성은 사람과 관계를 맺으며 하는 일에 끌리는 반면 남성은 물건을 가지고 일하는 쪽에 끌린다는 그 연구의 결과는 오랫동안 관찰되어 온 사실을 확인해 주고 있었다. 그 보고서를 읽으면서, 나는 지금의 구조로 정착된 현대 의학에서 의사들은 초기부터 신체의 한 부분을 전문으로 다루겠다고 스스로 정해서 훈련을 하는 까닭에 환자를 돌봄이 필요한 사람이라기보다는, 망가져서 고쳐야 할 물건 취급을 하는 경향이 있다는 사실을 깨달았다. 이것이 문제다. 단지 환자들이 어떻게 느끼는지 때문만은 아니다. 의사들이 자기가 전공한 분야와 관련된 쪽으로만 초점을 맞추다 보니 오진을 하기가 너무나 쉬운데, 엎친 데 덮친 격으로 15분으로 제한된 진료 시간 때문에 신체 각 부분이 어떻게 상호작용하는지를 간과하거나 심지어 무시하기까지 하게 되기 때문이다.

그럼에도 현재의 시스템은 이런 외골수적인 접근법이 더 큰 보상을 받도록 만들어져 있다. 의료 기록 시스템과 보험 수가 청구 시스템에 맞춰 환자를 일련의 컴퓨터 코드에 때려 맞추거나, 혹 더 나쁜 경우 분류가 쉽지 않은 증상을 가진 환자가 시스템의 틈 사이로 빠져버리도록 두는 데서 문제가 그치지 않는다. 과학적 돌파구를 마련한 의사들은 승진을 하고 유명해진다. 분자를 발견하고 유전자 지도를 만들고 혁신적인 새 치료법을 만들어낸 의사는 〈뉴욕 타임스〉 1면의 헤드라인을 장식하고 CNN에 소개된다. 반면 친절함과 연민을 가지고 일하거나 환자의 말에 귀를 기울이고 집중한다고 해서 승진하는 사람은 아무도 없다. 이 패러다임 안에서는 환자를 거의 보지 않는 의사들 혹은 환자를 과학적 발견의 엑스트라 배우들로 취급하는 의사들에게 가장 화려한 칭송과 보상이 주어진다.

하지만 이 패턴을 지속할 필요는 없다. 여전히 부조리와 편견이 시스템에 남아있기는 하지만 거기에 맞서 싸워 해체한 자리에 그보다 더 나은 무언가를 만들어내려는 의사들이 존재한다. 우리는 사아디 가탄, 린지 하퍼, 조앤 맨슨 등 그런 의사들을 이 책에서 일부 만나보았다. 그들이 해내고 있는 일은 한 사람의 결단력만으로도 얼마나 많은 것을 성취해낼 수 있는지를 보여주는 모델이다.

그 모델이 하나의 운동이 된다면 무엇을 성취할 수 있을지 상상해 보자.

심지어 가장 작은 변화들도 의료 시스템과 접촉하는 모든 이들의 삶을 극적으로 변화시킬 수 있다. 가장 큰 변화를 경험하는 사람들은 여성들이겠지만 비단 여성에 그치지는 않을 것이다. 이 책을 위해 면담한 모든 여성이 '엄마 상담mom consult'이라는 개념에 대해 언급했다. 의료계에 종사하는 여성들은 듣는 사람이 되어야 한다는 기대가 있고, 환자들과 더 많은 시간을 보내고, 치료뿐 아니라 심신을 북돋아주는 역할을 해야 한다는 기대도 있다는 것이다. 지금까지는 여성이 단지 신경을 쓰고 돌보는 일에 익숙하기 때문에 그렇게 행동한다고 추정해 왔다. 하지만 그런 능력에 더 많은 가치를 두고, 거기에 맞춰 보상을 해서 모든 의사가 환자들을 이런 식으로 대하는 데 강한 동기부여를 한다면 어떨까? 얼굴을 아름답게 만들고 관절을 교체하며 척추와 뇌를 수술하는 숙련된 외과의사들만큼 소아과, 내과 등 환자의 인간성을 중심에 두는 전문분야에 끌리는 의사, 간호사, 의료 전문가들을 중요시하면 어떤 일이 일어날까?

◇◇◇

1925년 10월 21일, 내과의 프란시스 W. 피바디Francis W. Peabody

교수는 하버드 학생들을 상대로 의료에서 인간성이 얼마나 중요한 지에 관한 유명한 강연을 했다. 그는 의사가 되고자 하는 이 야심 찬 학생들에게 환자의 몸을 보존하고 보호하기 위한 노력을 하는 과정에서 그가 '정서적 삶'이라고 묘사한 부분을 무시하지 말아 달라고 호소했다. 상대방을 수선이 필요한 고장 난 기계가 아니라 돌보고 북돋워야 할 사람으로 봐야 한다는 것이었다.

"좋은 의사는 환자를 철저히 잘 이해하고 있는 의사입니다. 그리고 그런 지식은 높은 대가를 치러야 얻어지는 것입니다. 시간, 연민, 이해력을 아낌없이 쏟아부어야 하지만, 그렇게 해서 얻어지는 보상은 환자와의 인간적 유대감이며, 그 유대감이야말로 의사로서 얻을 수 있는 가장 큰 만족감입니다. 임상의가 갖춰야 할 필수적 자질 중 하나는 인간에 대한 관심입니다. 환자를 잘 돌보는 비결은 환자에 대한 관심이기 때문입니다."

피바디는 1세기 후에 이 말이 얼마나 예지력 있는 말로 들릴지 상상조차 할 수 없었겠지만 그의 말이 현재도 큰 울림을 주는 것은 부인할 수 없는 사실이다. 헨리 코튼, 호레이시오 스토러 혹은 장 마르탱 샤르코 같은 의사들이 심은 뿌리는 여전히 우리가 딛고 선 땅 아래 건재해서 불안정하고 조각나고 제 기능을 못하는 의료 시스템이라는 형태의 열매를 맺고 있다. 그 결과 의사, 환자, 여성, 남성 할 것 없이 모두 제대로 된 돌봄을 주지도 받지도 못하고, 환자의 이익이 아니라 이윤 추구를 최선으로 하는 무관심한 제 3자의 결정에 좌지우지되고 있다. 이 책에서 의학의 역사를 훑으면서 여성의 인간성에 주목하는 데 실패한 의료인들의 기괴하고 충격적이며, 때로 재앙을 가져온 실패 사례를 자세히 살펴봤지만, 우리는 이제 더 개화된 시대에 살고 있으니 이런 실수를 범하지 않을 것이라 추정하고 자만해서는 안 된다.

이것이 의료 시스템에 보내는 나의 메시지이다. 그와 동시에 불완전한 시스템의 도움을 받아야 할 필요가 있는 독자들에게는 다른 메시지를 보내고자 한다. 현재의 의료 체제는 단점이 무수히 많고 그런 단점들이 너무도 명백하긴 하지만, 그럼에도 의사들은 타인을 돌보고 싶다는 마음에서 의학을 소명으로 삼고 일하는 사람들이라는 점이다. 이 책은 의학 시스템에 대한 독자들의 신뢰를 무너뜨리거나 지금의 시스템을 만든 남성들을 비난하기 위해 쓰여진 것이 아니다. 이 책의 목적은 그 남성들이 발화한 후 지금까지도 우리를 감싸고 있는 여성의 몸, 여성의 건강, 여성의 필요와 욕구에 대한 담론을 재조명하기 위함이다. 여성이 진료실 문을 열고 들어갈 때마다 이 책에서 살펴본 역사적 사례 중 얼마나 많은 일이 반복되고 있는가? 우리는 두려움과 수치심을 느끼거나, 자신의 몸에 진정으로 무슨 일이 벌어지고 있는지를 이야기하지 못하는 경험을 얼마나 많이 해왔는가? 이 책에서 거론된 이야기 중 얼마나 많은 사례가 오랜 세월 동안 의식도 하지 못하고 자기 자신에게 들려주던 이야기와 닮아 있는가?

이 이야기들을 들은 지금, 이제는 다른 이야기를 하겠다 선택하는 자신을 상상할 수 있는가?

이 책을 쓰면서 내가 품은 가장 큰 희망은 여성들이 당연히 받을 자격이 있는 치료를 스스로 요구할 수 있는 도구를 그녀들의 손에 쥐어 주는 것이었다. 불완전한 체제라도 그 체제가 어떻게 작동하는지를 이해하면 힘이 생긴다. 의료 서비스를 제공하는 사람들과 어떻게 의사소통을 하는 것이 제일 좋은지, 할당된 15분의 진료 시간을 어떻게 최대한 활용할 것인지, 기존 시스템에 따라 필연적으로 자신이 분류돼서 들어가게 될 카테고리를 이해하고 그 안에서 어떻게 행동해야 할지를 아는 것 자체가 힘이다. 시스템 자체에 대해 질문하는 것을 두려워하지 말자. 한 번의 진료를 통해 현실적으로 기대할 수 있는 범위는 어디까지인지, 신속한 답변이 필요할 때 의사에게 연락할 수 있는 가장 좋은 방법은 무엇인지 물어볼 수 있어야 한다. 그리고 진료실에 들어가기 전 자기 자신에게 질문하는 것도 두려워하지 말자. 정말로 걱정이 되는 건강 문제가 무엇인지를 스스로 따져봐야 한다. 내가 마땅히 걱정해야 할 것 같은 문제나 의사가 편안하고 쉽게 해결해 줄 수 있을 것 같은 문제가 아니라 진짜로 걱정이 되는 문제가 무엇인지 곰곰이 생각해 보자. 만난 의사가 서두르거나 편안해 보이지 않으면 다른 의사를 찾는 게 좋다. 반면 나를 믿고 존중해 주는 느낌을 주는 의사라면 내가 왜 왔는지를 솔직하게 털어놓고 그 의사가 나를 도와줄 수 있을 것이라는 믿음을 가져보자.

◇◇◇

사람을 미치게 만드는 미로 같은 현대 미국의 전자 의료 기록 체제 안에서 길을 잃지 않고 일련의 진단 코드를 사용해 모든 질병과 증상을 빠짐없이 포착하고 인간의 고통이 갖는 미세한 차이를 단 하나도 놓치지 않으려고 몸부림칠 때마다 나는 e. e. 커밍스e. e. cummings의 시를 떠올리곤 한다.

입 맞추고 노래할

입술과 목소리가 너와 내게 있는데

어느 얼간이 하나가

봄을 측정하는 기계를 만들었다 한들

무슨 상관이랴?

물론 시인이 그렇게 말하는 것은 쉬운 일이다. 물론 의사들은 측정하는 일을 완전히 포기할 수 없고, 커밍스의 말처럼 '그저 꽃을 먹으며 두려워하지 않고 살' 수만은 없다. 진료실을 찾는 환자들을 분류하고, 기록하고, 그리고 맞다, 환자를 돌본 후 청구서를 보내는 일도 꼭 필요한 일이다.

그러나 나는 이 일들을 지금까지 해온 것보다 더 잘 할 수 있는 방법이 있다고 생각한다. 이제는 더는 여성을 질병을 퍼뜨리는 존재로 악마화하거나 까다롭게 군다고 정신병자 수용소에 가두지 않는다는 사실은 시작에 불과할 뿐 끝이 아니다. 나는 효율성과 인간미 사이에서 균형을 잡을 수 있는 의료 시스템이 존재한다고 믿는다. 새로운 발견을 해내는 의사들만큼이나 환자의 몸과 마음을 돌보는 의사들을 존중하는 의료 시스템 말이다.

나는 환자가 고통과 공포와 불확실성의 바다에서 표류하는 그 끔찍한 순간에 그녀의 손을 마주 잡고, 아무도 서로에게 미안하다고 말하지 않는 미래가 올 것이라 믿는다. 땀을 흘리는 일에 대해서도, 눈물을 흘리는 일에 대해서도, 그리고 어떤 일에 대해서도 미안하다고 하지 않는 미래. 미안할 일이 없는 미래.

감사의 말

이 책의 뼈대가 된 오래된 사례 연구 보고서와 의학 교과서들을 뒤지며 보낸 수년 동안, 내게 가장 큰 인상을 남긴 것은 내가 찾을 수 없는 것들이었다. 바로 그 연구들이 가능하도록 신체를 제공한 여성들의 목소리였다. 이 책에 담긴 여성들의 이야기는 의학 문헌들에 존재하지만 대부분 목소리가 없는 몸으로만 등장하고, 그녀들의 이야기를 전한 의사들, 그녀들의 질병과 치료의 역사를 기록한 의사들은 환자가 스스로의 병에 대해 말할 기회를 거의 허락하지 않았다. 그래서 그 여성들은 그저 질병을 상징하는 몸으로만 존재했다. 나는 밝혀진 사실들에 입각해 그 환자들의 관점을 재구성하려 노력했다. 그들의 이야기 하나하나가 가진 깊이와 색채를 되살리기 위한 시도를 했다. 그러나 역사의 뒤켠으로 사라져버린 것들, 그녀들의 두려움과 고통, 욕망, 그리고 의료 체제에 들어오기 전과 후에 그들이 살아간 삶의 그림자가 나를 여전히 괴롭힌다. 자신의 삶을 나와 공유해 준 내 환자들의 용감함과 신뢰 앞에서 나는 늘 겸손과 감사의 마음을 가지게 된다. 상상할 수 있는 가장 큰 위협 앞에서 그녀들이 보여준 용기는 내가 이 책을 쓰는 것을 가능하게 해준 영감이었고, 지금도 여전히 내게 영감을 준다.

캣 로젠필드의 뛰어난 재능이 없었으면 이 책이 태어나는 것이 가능하지 않았을 것이다. 캣, 기묘함에서 유머에 이르기까지 인간의 모든 측면을 놀라운 통찰력으로 포착해서 누구나 공감할 수 있는 방식으로 표현하는 당신의 능력은 견줄 데가 없어요. 이 프로젝트와 이를 통해 이루고자 한 우리의 사명에 대한 당신의 헌신은 당신이 얼마나 관대하고, 그릇된 것을 바로잡는 데 성실한 사람인지를 잘 보여주었습니다. 우리가 이 프로젝트를 파트너로 함께한 것에 대한 감사한 마음을 영원히 잊지 않을 거에요.

나는 나를 믿어주고 이 책의 잠재력을 최대한으로 상상해 준 내 에이전트 이팟 레이스 겐델에게 평생의 빚을 졌다. 책을 빚어내어 독자의 손에 닿기까지의 여정을 굳건한 의지와 통찰력으로 보살피고, 내가 꿈꾸던 책에서 한치도 모자라지 않는 책을 만들 수 있도록 내가 타협하려 할 때마다 지치지 않고 나를 격려해 준 이팟은 내게 새로운 삶을 펼쳐줬다. 더불어 이팟의 뛰어난 팀, 없어서는 안 될 애쉴리 M. 나피어, 리사 칠먼, 데버로 샤티용에게 고마운 마음을 전한다.

내 뛰어난 편집자이자 출판 담당인 하퍼 웨이브 출판사의 캐런 리날디는 처음부터 뛰어난 기량을 보여줬다. 우리는 화상회의로 처음 대면을 했었다. 그녀는 각종 일렉트릭 기타가 줄줄이 전시된 편안하고도 멋진 그녀의 집 서재에 앉아 있었고, 나는 회의시간이 다 되어서야 겨우 빈 사무실 하나를 찾아 들어갔는데 그곳에는 무슨 이유에서인지 사람 크기의 원더우먼 골판지 모델이 서 있었다. 하지만 컴퓨터 화면에서 그녀를 만난 순간부터 나는 그녀와 나의 비전이 일치한다는 사실을 알았다. 캐런, 당신의 열정과 창의적 감각, 날카로운 통찰력에 깊이 감사합니다. 당신은 전설 속의 유니콘만큼이나 찾기 어려운 재능을 가진 특별한 사람이에요. 하퍼 그룹의 조나선 버남 회장과 하퍼 콜린스 출판 그룹의 CEO이자 회장 브라이언 버리 회장께도 감사한다. 어떤 책도 저자와 출판사만 있다고 만들어질 수는 없다. 하퍼 웨이브의 공동편집자 커비 샌드마이어, 홍보실장 엘레나 네스빗, 홍보차장 사챠 채드윅, 마케팅 팀장 아만다 프리츠커, 마케팅팀 차장 제시카 길로, 편집 관리팀장 신다 아카르, 편집관리 담당 크리스티나 폴리조토, 교열 담당 재닛 로젠버그(재닛, 참고문헌 리스트를 50쪽이나 만들어서 미안해요. 내가 학술논문 PTSD가 있어서 그래요), 편집제작 관리자 니키 발도프, 선임 디자이너 엘리나 코헨, 예술팀 사내 팀장 레아 칼슨스타니시치, 예술 디렉터 겸 표지 예술가 조앤 오닐(저랑 캐런과 끝까지 함께 해줘서 고마워요), 예술팀 디렉터 로빈 빌라델로, 세일즈팀 팀장 앤디 르콩트, 그리고 이 책을 서점에 소개하고 독자들이 찾을 수 있게 도와주신 세일즈팀 전체에게 깊은 감사를 표한다.

나를 지지해 준 사랑하는 친구들에게도 고마운 마음이 크다. 날마다 내 안부를 확인해 주고 현명한 조언을 아끼지 않은 크리스티나 아이잭슨, 마리아나 스트롱인, 덴디 엥글먼을 비롯한 충실한 우리 친구들은 집필이 잘 되고 있더라도 가끔은 집 밖으로 나서야 한다고 고집하면서 나를 역사에서 끌어내 현재로 돌아올 수 있게 해줬다.

하버드 칼리지와 과학사 분야의 앤 해링턴 교수, 캐서린 파크 교수, 새라 리차드슨 교수, 프린스턴 대학의 역사 및 공공정책학과의 키스 웨일루 교수 등은 이 책의 초고를 읽고 집단적 통찰력을 제공해 줬다. 이들이 초반에 제공해 준 통찰력은 견줄 수 없이 소중했다. 집필 초기에 나를 만나 중요한 조언을 아끼지 않은 엄청난 재능을 지닌 작가 다니엘 프리드먼에게도 감사한다. 내 연구 조교 엠마 리 버스트레트와 K. 스타와츠는 찾는 것이 거의 불가능한 자료들을 끈기있게 추적해 주었다. 늘 지치지 않는 노력을 기울이고, 단하나의 역사적 자료를 며칠에 걸쳐 찾아 헤매다 *마침내* 성공했을 때 다함께 지르는 승리의 환호성에 목소리를 보태곤 했던 한나 조지에게도 고마운 마음을 보낸다. 그리고 한나 폴스키, 당신 덕분에 이 책에 등장한 여성들의 이야기를 실을 수 있었습니다. 그녀들의 의학적 역사와 서사적 역사를 소중히 보존하고 기록해 주셔서 고맙습니다.

내가 가진 세계관은 내 삶을 함께하는 사람들 덕분에 형성되었다. 그들이 없었으면 이 책을 쓸 생각도 하지 않았을 것이다. 내 초등학교와 고등학교의 스승님이셨던 제리 켈리, 짐 더들리 그리고 데비 머서 선생님, 감사합니다. 6학년 때 처음으로 논술 시험을 보면서 긴장한 나에게 켈리 선생님이 친절하게 속삭이셨었다. "괜찮을 거야. 네가 아는 걸 다 말해주면 돼."

내 소중한 친구이자 가족과도 같은 아론 로젠버그가 제공해 준 굳건한 지지와 글 쓸 공간이 아니었으면 이 책을 쓰지 못했을 것이다. 아론이 빌려준 집에서 나는 조용하고 보호받는 느낌으로 생각을 확장할 수 있었다.

미국 임상암협회 CEO인 닥터 클리프 후디스는 내게 "맞지 않는 옷에 억지로 몸을 맞출 필요는 없다"고 부드럽게 조언해 줬고, 덕분에 나는 전통적인 학문의 경로에서 벗어나 더 유연한 직업 생활을 상상하게 되면서 궁극적으로 이 작업의 기초를 마련할 수 있었다. 후디스 못지않게 내게 크고 중요한 영향을 준 사람은 그의 반려자 제인 후디스다. 그녀의 비전, 그리고 그녀가 나를 비롯한 수많은 여성의 삶에 끼친 영향은 아무리 강조해도 지나침이 없다.

내 직업적 멘토인 닥터 래리 노튼에게도 감사하고 싶다. 여성을 돕고자 하는 그의 지치지 않는 열정은 나를 유방암 전문의의 길로 이끌었다.

동료이자 이제 고인이 된 토마스 라이온스에게도 고마운 마음을 보낸다. 그는 늘 "그 빌어먹을 책 빨리 써!"하고 나를 격려해 줬었다.

내 하버드 의대 동창들인 로레타 에르훈번지, 몰리 맥네어리, 타미 티암푹 등은 내가 번번이 전화를 해서 몇 분이면 된다고 새빨간 거짓말을 하는데도 늘 넓은 아량으로 시간과 전문지식을 나누어줬다. 거기에 더해 귀한 시간과 통찰력과 전문성을 동원해 이 책의 내용을 더욱 풍부하게 만들어 준 캐서린 아커먼, 옴리 아얄런, 앨리 베이커, 소날리 보스, 브리젯 캐리, 라라 데브간, 이안 던, 찰스 갈라니스, 사아디 가탄, 린지 하퍼, 닐 아이엥가, 다니엘라 조도르코프스키, 하피자 칸, 안젤리쉬 쿠마르, 캐서린 리, 마이클 록신, 린지 리프, 수잔 루차크, 조앤 맨슨, 아리엘라 마샬, 엘리자베스 오티즈, 레카 파라메스와란, 아비바 프레밍거, 카라 롱 로쉬, 로빈 사케피오, 노아 슈와츠, 베스 슈빈 스타인, 길 와이츠먼, 나네트 웽거 등에게 깊이 감사한다.

이 책을 쓰는 도중 예상치 않은 부상을 당한 이야기를 결론 부분에 했었다. 그 부상에서 회복하는 것은 생각보다 훨씬 오래 걸리고 말았다. 내게 속도를 늦추고 고요함 속에서 힘을 찾으라는 조언과 격려를 해준 사람들께 영원히 감사한 마음을 잊지 않을 것이다. 기쁨, 에너지, 숨. 당신들은 내가 이 모든 것을 찾아 기초부터 쌓아 올리는 것을 가능케 해줬습니다.

우리 부모님 스티븐 코멘과 미리암 코멘은 다 큰 내게 늘 너무 착한 여자 노릇만 하지 말라고, 불편한 질문을 던지고, 답을 얻을 때까지 노력하고 기다리고 재촉하는 것을 그만두지 말라고 격려해 주셨다. 내가 장난감 오븐과 부엌은 필요 없고 비스킷 굽는 것을 배울 생각도 없다고 했을 때 내 의사를 존중하고 지지해 주신 아버지께 감사한다. 연민과 친절함과 직관적 인간관계를 잃지 않고 이 책을 쓰는 데 필요한 어려운 질문들을 던지는 방법을 가르쳐주신 어머니께 감사한다. 그리고 그렇게 얻은 답변들을 이 책에 기록해서 영원히 남김으로써 우리 집안의 여성들이 남긴 유산을 영광스럽게 기억하고자 한다. 살아계실 때도, 돌아가신 후에도 변함없는 존재감을 떨치는 펄 고모, 이 책에 등장하는 여성들의 이야기로 고모의 이야기도 영원히 기려지길 빕니다.

어떤 저자들은 반려인의 지지가 책이 나오는 데 없어서는 안 될 요소였다는 감사의 말을 남긴다. 아마 그 반려인들이 한 공로의 중요도는 매우 다양할 것이다. 내 남편 아비는 몇 년 내내 내가 의학사의 한 부분을 널리 알리고 싶다는 꿈에 관해 이야기하는 것을 듣다 듣다 지친 나머지 마침내 나를 끌고 후에 내 에이전트가 될 사람의 집으로 데려갔다. 그저 지인들과 함께 하는 브런치 모임일 뿐이니 자기를 봐서 함께 가자고 나를 설득했다. 그리고 남편은 내 특유의 수줍음을 극복하고 내 생각을 논의해 보자는 초대를 받아들이도록 밀어붙였다. 그런 다음 그는 함께 일할 수 있는 사람들을 알아보고, 셀 수 없이 많은 문헌들을 검토하고, 아이들과 시집 식구들과의 일정을 조절해서 내가 책을 쓸 수 있는 시간을 확보해 주었을 뿐 아니라, 모든 챕터를 모든 단계에서 꼼꼼히 읽고 내 열렬한 팬임을 감추지 않았다. 그는 이 존재론적 역사를 알리는 사명의 중요성에 대해 나만큼 굳건한 신념을 가지고 있다. 하지만 거기에서 그치지 않는다. 남편은 이 책을 쓰는 것이 내게 존재론적으로 얼마나 중요한지도 이해한다. 반려자에게 이 정도의 이해를 받는 여성이 많지 않다. 그래서 감사하다. 아비, 당신은 날마다 아이들에게 어떻게 버티는지 몸소 보여주고, 내가 버틸 수 있는 끈기를 끌어낼 수 있도록 도와줬어요.

그리고 내 사랑하는 아이들 에이든, 마일스, 펄은 책을 쓰는 내내 "엄마, 이제 다 썼어요?"하고 묻곤 했다. 이제 마침내 "그래, 얘들아, 다 썼어"하고 대답할 수 있게 됐다. 엄마가 엄마의 꿈을 좇는 동안 참을성을 가지고 기다려주고 지지해 줘서 고맙고, 엄마가 세상 어디에 있든 늘 입맞춤을 보내주어 고맙고, 엄마와 함께 논스톱 댄스를 추며 쉬게 해줘서 고마워. 너희들은 엄마의 전부란다. 이제는 엄마가 너희의 꿈을 응원할 차례야. 너희가 꿈을 좇는 여정에 엄마도 함께할 날을 손꼽아 기다릴게. 늘, 영원히!

서문

1   University of Oregon, "Malleus Maleficarum," 2023년 7월 13일 확인, https://pages.uoregon.edu/dluebke/Witches442/442MalleusMaleficarum.html.

2   "European Witch-Hunts c. 1450-1750 and Witch-Hunts Today," Gendercide Watch, 2023년 7월 13일 확인, https://www.faculty.umb.edu/gary_zabel/Courses/Phil%20281b/Philosophy%20of%20Magic/Arcana/Witchcraft%20and%20Grimoires/case_witchhunts.html.

3   Beatriz da Costa and Kavita Philip, eds.,"Witch Hunts, Healing in Common, and the Struggle for Women's Re-productive and Sexual Autonomy," in *Tactical Biopolitics: Art, Activism, and Technoscience* (Cambridge, MA: MIT Press, 2008).

4   University of Oregon, "Malleus Maleficarum."

5   University of Oregon, "Malleus Maleficarum."

6   "AMA History," American Medical Association, 2023년 7월 1일 확인, https://www.ama-assn.org/about/ama-history/ama-history.

7   미국 초창기 의학계에서 길을 개척한 여성들에 대한 정보는 다음 문헌을 참고하라. Olivia Campbell, *Women in White Coats: How the First Women Doctors Changed the World of Medicine* (New York: Park Row Books, 2022).

8   Christopher J.D. Wallis et al., "Association of Surgeon-Patient Sex Concordance With Postoperative Outcomes," *Journal of American Medical Association Surgery* 157, no. 2 (2022): 146–156, doi:10.1001/jamasurg.2021.6339

9   Charlotte Hedenstierna- Jonson et al., "A Female Viking Warrior Confirmed by Genomics," *American Journal of Physical Anthropol-ogy* 164, no. 4 (2017): 853–60, https://doi.org/10.1002/ajpa.23308.

10   Ibid.

1장 피부(외피계) - 중요한 것은 내면이다

11   티미 진 린지의 배경과 외모에 관한 정보는 다음 문헌에서 확인할 수 있다. Laura Cox, "'Men on the street would whistle at me... but now they're a bit saggy': Great- grandmother reveals how she became the first woman in the world to have breast implants," *Daily Mail*, March 30, 2012, https://www.dailymail.co.uk/news/article-2122830/Men-street-whistle--theyre-bit-saggy-U-S-great-grandmother-reveals-woman-world-breast-implants.html.

12   이 섹션의 배경은 티미가 샤론 차처Sharon Churcher와 진행했던 이전 인터뷰들을 바탕으로 재구성되었다. "'I had the world's first breast job -and endured years of misery,' says Texan great- grandmother," *Daily Mail*, September 29, 2007, https://www.dailymail.co.uk/femail/article-484674/I-worlds-breast-job--endured-years-misery-says-Texan-great-grandmother.html;KiraCochrane,"Whenbreastisnotgoodenough,"Guardian,January11,2012,https://www.theguardian.com/lifeandstyle/2012/jan/11/breast-implants-50-years;KiraCochrane,"Whenbreastisnotgoodenough,"SydneyMorningHerald,January14,2012,https://www.smh.com.au/lifestyle/beauty/when-breast-is-not-good-enough-20120113-1pzed.html.

13   전쟁 부상과 성형외과 분야의 발전 사이의 관계에 대한 배경 설명은 다음 문헌을 참고하라. Lindsey

Fitzharris, *The Facemaker: A Visionary Surgeon's Battle to Mend the Disfigured Soldiers of World War I* (New York: Farrar, Straus and Giroux, 2022). 미국 성형외과의 역사에 대해 더 알고 싶다면, 다음 문헌을 참고하라. Virginia Blum, *Flesh Wounds: The Culture of Cosmetic Surgery* (Berkeley, CA: University of California Press, 2003).

14 "His-tory of ASPS," American Society of Plastic Surgeons, https://www.plasticsurgery.org/about-asps/history-of-asps?sub=ASPRS#:~:text=Maliniac%20met%20with%20physicians%20in,and%20others%20joining%20soon%20after.

15 Ibid.

16 Julie M. Fenster, *Ether Day: The Strange Tale of America's Greatest Medical Discovery and the Haunted Men Who Made It* (New York: HarperCollins, 2001).

17 Fitzharris, *The Facemaker*. 미국 성형외과의 역사에 대해 더 알고 싶다면, 다음 문헌을 참고하라. Blum, *Flesh Wounds*.

18 성형외과의 역사에 대한 추가적인 배경 설명은 다음 문헌을 참고하라. Elizabeth Haiken, *Venus Envy: A His-tory of Cosmetic Surgery* (Baltimore: Johns Hopkins University Press, 1997).

19 Max Thorek, *A Surgeon's World: An Autobiography* (Philadelphia: J.B. Lippin-cott, 1943), 164, as quoted in Haiken, *Venus Envy*, 18.

20 Dorothy Killagen, "Operation of Face Changes Woman Slayer," *Evening News* (Wilkes- Barre, PA), March 18, 1932.

21 William Weer, "Miss X is Now Miss Y as Knife Fools the Eye," *Eager* (Brooklyn, NY), March 18, 1932.

22 "Miracle of Surgery Gives Ex- Convict Fresh Start," *Marshall News Messenger* (Marshall, TX), March 25, 1932.

23 J. Howard Crum, *The Truth About Beauty: How to Acquire a Beautiful Face and Figure* (New York: Dodd, Mead & Co., 1933), 23.

24 "Has Her Face lifted Before Throng of 1,200," *Detroit Free Press*, March 13, 1931, https://www.newspapers.com/image/97852673/?terms=Martha%20Petelle&match=1.

25 범죄자를 대상으로 한 성형수술사에 관한 추가적인 배경 설명은 다음 문헌을 참고하라. Zara Stone, *Killer Looks: The Forgotten History of Plastic Surgery in Prisons* (Lanham, MD: Prometheus, 2021).

26 Crum, *The Truth About Beauty*, 12.

27 J. Howard Crum, *The Making of a Beautiful Face; or, Face Lifting Unveiled* (New York: Walton Book Co., 1928).

28 Crum, *The Truth About Beauty*, 12.

29 "Retoucher," *The New Yorker*, July 23, 1932, 8.

30 "Retoucher," *The New Yorker*.

31 Paolo Santoni- Rugiu and Philip J. Sykes, *A History of Plastic Surgery* (Berlin; London: Springer, 2007), 306.

32 Arthur Smith and Nely Galán, executive producers. *The Swan*. 2004.

33 Crum, *The Making of a Beautiful Face*, 7, quoted in Haiken, *Venus Envy*, 78.

34 Alfred Adler, *Superiority and Social Interest: A Collec-tion of Later Writings* (Evanston, IL: Northwestern University Press, 1964).

35 Maxwell Maltz, "How the Hypnotic Power of Negative Imagination Can Be a Fatal Disease," in *The New Psycho- Cybernetics* (Pen-guin Putnam Inc., 2001), 46–47.

36 Thorek, *A Surgeon's World*, 164, quoted in Haiken, *Venus Envy*, 18.

37 Churcher, "I had the world's first breast job."

38 Thomas M. Biggs, Jean Cukier, and L. Fa-bian Worthing, "Augmentation Mammaplasty: A Review of 18 Years," *Plastic and Reconstructive Surgery* 69, no. 3 (1982).

39 Claire Bowes and Cordelia Hebblethwaite, "A Brief History of Breast Enlargements," *BBC News*, March 28, 2012, sec. Maga-zine, https://www.bbc.com/news/magazine–17511491.

40 Biggs, Cukier, and Worthing, "Augmentation Mam-maplasty"; Margaret Zheng, "The Development

of Silicone Breast Im-plants for Use in Breast Augmentation Surgeries in the United States," *Embryo Project Encyclopedia*, January 13, 2020, http://embryo. asu. edu /handle /10776 /13145.

41   Churcher, " 'I had the world's first breast job."

42   Gabrielle Banks, "Invention made Houston a global hub for breast implants," *Chron*, August 4, 2016, https://www.chron.com/local/history/innovators-inventions/article/Local-invention-made-Houston-international-hub–9122371.php.

43   Rachael Payne et al., "Women Continue to be Underrepresented in Plastic Surgery: A Study of AMA and ACGME Data from 2000–2013," *Plastic and Reconstructive Surgery— Global Open 5*, no. 9S (2017): 37–38, https://doi.org/10.1097/01.GOX.0000526214.28520.94.

44   "Medicine: Rebuilding the Breast," *Time*, April 14, 1975, https://content.time.com/time/subscriber/article/0,33009,917307–2,00.html.

45   T.A. Watson, "Cancer of the Breast: The Janeway Lecture-1965," *The American Journal of Roentgenology* 96, no. 3 (1966): 548.

46   Bernard Fisher et al., "Reanalysis and Results after 12 Years of Follow- up in a Randomized Clinical Trial Comparing Total Mastectomy with Lumpectomy with or without Irradiation in the Treatment of Breast Cancer," *New England Journal of Medicine* 333, no. 22 (1995), https://www.nejm.org/doi/full/10.1056/NEJM199511303332203;GeorgeCrile,Jr., "Simplified Treat-ment of Cancer of the Breast: Early Results of a Clinical Study, Annals of Surgery 153, no. 5 (1961): 745–58,https://doi.org/10.1097/00000658-196105000-00013; Barron H. Lerner, The Breast Cancer Wars: Hope, Fear, and Pursuit of a Cure in Twentieth- Century America (New York: Oxford Uni-versity Press, 2001).

47   Nancy Dillon, "Perky grandma recalls being 1st woman to get silicone breast implants," *New York Daily News*, June 5, 2012.

48   *Brittany Billetts v. Mentor Worldwide LLC*, Petition for Writ of Certiorari, July 6, 2021, https://www.supremecourt.gov/DocketPDF/21/21-26/183218/20210706152712934_2021.07.06%20Billetts%20Brief.pdf; John Shwartz, "Dow Corning Accepts Implant Settlement Plan," Washington Post, July 9, 1998,https://www.washingtonpost.com/archive/politics/1998/07/09/dow-corning-accepts-implant-settlement-plan/8627922a-0b93-49a3-9c98-bfef9e363d5a/; Zarina S. F. Lam and Dileep Hurry, "Dow Corning and the Silicone Implant Controversy," SMU Scholar, 1992,https://scholar.smu.edu/cgi/viewcontent.cgi?article=1155&context=business_workingpapers.

49   International Confederation of Plastic Surgery, *Transactions of the Third International Congress of Plastic Surgery October 13– 18, 1963, Washington, DC, U.S.A.: Quadrennial Meeting of the International Confederation for Plastic Surgery* (Amsterdam: Excerpta Medica Foundation, 1964): 41.

50   줄리 M. 스팬바우어트Julie M. Spanbauert의 논의. "Breast Implants as Beauty Ritual: Woman's Sceptre and Prison," *Yale Journal of Law and Feminism* 9, no. 2 (1997): 183.

51   다음 문헌에서 스팬바우어트가 인용하고 있다. "Breast Implants as Beauty Ritual," 182.

52   Crum, *Making a Beautiful Face*, 9.

53   Anaïs Nin, *Seduction of the Minotaur* (Athens, OH: Swallow Press, 1961).

54   Anaïs Nin, *Henry and June: From the Unexpurgated Diary of Anaïs Nin* (San Diego: Harcourt, 1989), 206.

55   Palmolive Soap Advertisement, 1950, Ad*Access, Duke University Collections & Archives, Durham, North Carolina, https://idn.duke.edu/ark:/87924/r4707x852.

56   Dr. Andrew Jimerson II (@drcurves), "GET INTO THIS TRANSFORMATION😈!," *Instagram*, May 26, 2022, https://www.instagram.com/p/CeBhRLLAReR/?hl=en.

57   Dr. Andrew Jimerson II (@drcurves), "Nowww you see if it's by Dr. Curves that's another story👀💭 He's the BBL King👑," *Instagram*, May 16, 2022, https://www.instagram.com/p/CdocGt2g6nB/?hl=en.

58   International Society of Aesthetic Plastic Surgery, "ISAPS International Survey on Aesthetic/ Cosmetic Procedures Performed in 2021," 2023년 1월 31일 확인, https://www.isaps.org/media/ vdpdanke/isaps-global-survey_2021.pdf.

59   "Butt Lifts are Booming. Healing Is No Joke," *New York Times*, May 11, 2022.

60   Ibid.

61   M. Mark Mofid et al., "Report on Mortality from Gluteal Fat Grafting: Recommendations from the ASERF Task Force," *Aesthetic Surgery Journal* 37, no. 7 (2017): 796–806, https://doi.org/10.1093/ asj/sjx004.

62   "Meet Dr. Alinsod," Alinsod Institute for Aesthetic Vulvovaginal Surgery, 2023년 1월 13일 확인, https://urogyn.org/about-us/meet-dr-alinsod/.

63   International Society of Aesthetic Plastic Surgery, "ISAPS International Survey," The Aesthetic Association, "Aesthetic Plastic Surgery National Databank Statistics, 2020–2021," 2023년 1월 31일 확인, https://cdn.theaestheticsociety.org/media/statistics/2021-TheAestheticSocietyStatistics.pdf.

64   Kimberly Singh, "What Is a Labiaplasty and What Does It Involve?," American Society of Plastic Surgeons, February 11, 2020, https://www.plasticsurgery.org/news/blog/what-is-a-labiaplasty-and-what-does-it-involve.

65   Jennifer A. Hayes and Meredith J. Temple Smith, "What is the anatomical basis of labiaplasty? A review of norma-tive datasets for female genital anatomy," *Australian & New Zealand Journal of Obstetrics & Gynaecology* 61, no. 3 (2021), https://doi.org/10.1111/ajo.13298; Calida Howarth et al., " 'Everything's neatly tucked away': young women's views on desirable vulval anatomy," Culture, Health & Sexuality 18, no. 12 (2016), https:doi.org/10.1080/13691058.2016.1184315.

66   Ibid.

67   James Cook, *The Voyages of Captain James Cook* (London: W. Smith, 1846) 22; Clifton Crais and Pamela Scully, *Sara Baartman and the Hottentot Venus: A Ghost Story and a Biography* (Johannes-burg: Wits University Press, 2009); Rachel Holmes, *The Hottentot Venus: The Life and Death of Saartjie Baartman, Born 1789-Buried 2002* (Johannesburg: Jonathan Ball, 2007); Sture Lagercrantz, "Ethnographical reflections on 'Hottentot aprons,' " *Ethnos* 2, no. 4 (1937): 145–74, https://doi. org/10.1080/00141844.1937.9980505; William Somerville, William Somerville's Narra-tive of his Journeys to the Eastern Cape Frontier and to Lattakoe, 1799–1802 (Cape Town: Van Riebeeck Society, 1979); Bertha M. Spies, "Saartjie," African Arts 47, no. 2 (2014): 66–75, https://doi.org/10.1162/AFAR_ a_00139.

68   Somerville, W., Bradlow, F. R., & Bradlow, E. (1979). William Somerville's Narrative of his journeys to the Eastern Cape Frontier and to Lattakoe, 1799–1802; with a bibliographical intro-duction and map and a historical introduction and notes. Cape Town: Van Riebeeck Society, 238

69   Ibid., 327.

70   Crais and Scully, *Sara Baartman and the Hottentot Venus*; Holmes, *The Hottentot Venus*.

71   Norman Jeffcoate, "Hypertrophy of the labia minora: Spaniel ear nymphae," in *Principles of Gynaecology*, 4th ed. (Lon-don: Butterworths, 1975), 151.

72   Mashable (@mashable), "This tweet about Taylor Swift's vagina isn't just bizarre, it's medically incorrect," Twitter, July 7, 2016, https://twitter.com/mashable/status/751117105169371136?lang= en.

73   Mark Jacobson, "The Secrets of Megapimps," *New York Magazine*, March 14, 2008, https://nymag. com/news/features/45119/.

74   Dr. Aviva Preminger, 2022년 8월 21일, 저자와의 전화 인터뷰.

75   Dr. Aviva Preminger, 2022년 8월 21일, 저자와의 전화 인터뷰.

76   Marcia Angell, "Breast Implants— Protection or Paternalism?" *New England Journal of Medicine* 326, no. 25 (1992), https://www.nejm.org/doi/full/10.1056/nejm199206183262510.

77   "Seinfeld: Living in a Society (Clip)," 2014, https://www.youtube.com/watch?v=LHhbdXCzt_A.

78 Frances Dodds, " 'Aging Gracefully' Is a Lie," Coveteur, February 9, 2018, https://coveteur.com/2018/02/09/stop-judging-women-for-plastic-surgery/.

79 Dr. Charles Galanis, 2022년 7월 27일, 저자와의 인터뷰.

2장 뼈(골격계) - 두개골과 고래뼈

80 F. Walsh and Maurice Fitzgibbon, "Transactions of the Obstetrical Society of Philadelphia," *The American Journal of Obstetrics and Diseases of Women and Children* 12, no. 3–4 (May 1, 1879): 766–70.

81 Ibid., 768.

82 Ibid., 766–70.

83 Ibid., 768.

84 필라델피아 뮤터 박물관의 홍보 프로그램 담당이자 컬렉션 보조원이었던 한나 폴라스키Hanna Polasky와의 인터뷰에 따라, 메리 애슈베리의 골격과 전시 방식에 관한 세부사항을 기술하였다. 그녀는 컬렉션 보조원으로 일하던 당시 메리 애슈베리의 보존 작업을 담당했으며, 역사적으로 골격이 어떻게 보존되어 왔는지, 그리고 메리 애슈베리의 보존 및 전시 방식이 기존 관행과 어떻게 달랐는지에 대해 광범위한 통찰을 제공하였다.

85 Ayun Halliday, "Take a Virtual Tour of the Mütter Museum and Its Many Anatomically Peculiar Exhibits," Open Culture, May 11, 2020, https://www.openculture.com/2020/05/take-a-virtual-tour-of-the-mutter-museum-and-its-many-anatomically-peculiar-exhibits.html.

86 Ibid.

87 "Transactions of the Obstetrical Society of Philadelphia," 768.

88 2022년 9월 1일 한나 폴라스키와의 인터뷰. 한나는 이러한 방식이 당시 골격 보존의 일반적 관행이 아니었다고 설명했다. 당시 골격 보존에 관한 추가적 배경 정보는 다음을 참고하라. Thomas Pole, *The Anatomical Instructor: Or, An Illustration of the Modern and Most Approved Methods of Preparing and Preserving the Different Parts of the Human Body, and of Quadrupeds, by Injection, Corrosion, Maceration, Distention, Articulation, Modelling, &c., with a Variety of Copper- Plates* (J. Ca-low and T. Underwood, 1813), 101; Usher Parsons, *Directions for Making Anatomical Preparations: Formed on the Basis of Pole, Marjolin and Breschet, and Including the New Method of Mr. Swan* (Carey & Lea, 1831), 139.

89 Katharine Park, *Secrets of Women: Gender, Gen-eration, and the Origins of Human Dissection* (Zone Books, 2010), 215–216, https://press.princeton.edu/books/paperback/9781890951689/secrets-of-women.

90 Thomas Laqueur, *Making Sex: Body and Gender from the Greeks to Freud* (Cambridge, MA: Harvard Uni-versity Press, 1992), 25–28.

91 Andreas Vesalius, De Humani Corporis Fabrica (Of the Structure of the Human Body) (Johann Oporinus, 1543). 관련 논의는 다음 문헌을 참고하라. Katharine Park, *Secrets of Women: Gender, Generation, and the Ori-gins of Human Dissection; Laqueur, Making Sex*, 70–71.

92 *De humani corporis fabrica*, 1555, signature s6 verso, skeleton image (Medical pre-1701 Collection 2500a); John Hodgson, "The Fabrica of Vesalius: An Exploration through Our Copies," Rylands Blog, August 14, 2015, https://rylandscollections.com/2015/08/14/the-fabrica-of-vesalius-an-exploration-through-our-copies/.

93 Londa Schiebinger, "Skeletons in the Closet: The First Illustrations of the Female Skeleton in Eighteenth- Century Anatomy," in *Representations*, vol. 14 (University of California Press, 1986), 48.

94 여성 골격 묘사와 해부학의 역사에 대한 자세한 정보는 다음 문헌을 참고하라. Catherine Gallagher and Thomas Laqueur, eds., *The Making of the Modern Body: Sexuality and Society in the Nine-teenth Century* (Berkeley, CA: University of California Press, 1987); 또한 론다 쉬빙어Londa Schiebinger에 의해 별도로 재인쇄된 장도 참고. "Skeletons in the Closet: The First Illustrations of the Female Skeleton in Eighteenth- Century Anatomy," in *Representations*, vol. 14 (University of California Press, 1986),

42–82, https://online.ucpress.edu/representations/article/doi/10.2307/2928435/82030/Skeletons-in-the-Closet-The-First-Illustrations-of; Mi-chael Stolberg, "A Woman Down to Her Bones: The Anatomy of Sexual Difference in the Sixteenth and Early Seventeenth Centuries," Isis; an International Review Devoted to the History of Science and Its Cultural Influences 94, no. 2 (June 2003): 274–99,https://doi.org/10.1086/379387.

95   1986년 쉬빙어 검토.

96   동일 문헌 283쪽에 인용되어 있고, 다음 문헌에 인용되어 있다. Stolberg, "A Woman Down to Her Bones."

97   Londa Schiebinger, "Skeletons in the Closet," 60.

98   John Barclay, "Female Skeleton Compared to the Ostrich," *The Anatomy of the Bones of the Human Body* (Edinburg 1829). 쉬빙어가 1986년 인용.

99   Laqueur, *Making Sex*, 25–28.

100 Alan Petersen, "Sexing the Body: Representations of Sex Differences in Gray's Anatomy, 1858 to the Present," *Body & Society* 4, no. 1 (March 1, 1998): 1–15, https://doi.org/10.1177/1357034X98004001001;SusanMorganetal., "Sexism and Anatomy, as Discerned in Textbooks and as Perceived by Medical Students at Cardiff University and Univer-sity of Paris Descartes," Journal of Anatomy 224, no. 3 (2014): 352–65, https://doi.org/10.1111/joa.12070.

101 스티븐 제이 굴드Stephen Jay Gould가 다음 문헌에서 인용하고 있다. "Wom-en's Brains," *Natural History* 87, no. 8 (1978).

102 Courtney Thomp-son, "Phrenology," *Encyclopedia of the History of Science* (November 2021), 2023년 7월 13일 확인, https://doi.org/10.34758/ymce-b249.

103 Samuel Thomas Sömmerring, *On the Physical Difference of the Moor from the European*, trans. Kathleen Dell/Orto (Mainz, 1784), 3–8, https://germanhistory-intersections.org/en/knowledge-and-education/ghis:document–187.

104 Gavin Evans, "The Unwelcome Revival of 'Race Science,' " *Guardian*, March 2, 2018, sec. News, https://www.theguardian.com/news/2018/mar/02/the-unwelcome-revival-of-race-science.

105 Frontispiece, drawn by Langer and engraved by E. C. Thelott, from Friedrich Heinrich Jacobi, *Wider Mendelssohns Beschuld-igungen betreffend die Briefe über die Lehre des Spinoza*, Leipzig: Georg Joa-chim Goeschen, 1786, 13 x 7 cm, http://www .sites .hps .cam .ac .uk /visible embryos / s2 _1 .html.

106 Emily S. Renschler and Janet Monge, "The Samuel George Morton Cranial Collection," *Expedition*, 2008, https://www.penn.museum/sites/expedition/the-samuel-george-morton-cranial-collection/.

107 Hunt, James, and African American Pamphlet Collection. *The Negro's place in nature: a paper read before the London Anthropological Soci-ety*, New York, Van Evrie, Horton & Co, 1866. Pdf. https://www.loc.gov/item/12002987/

108 엘리자베스 피Elizabeth Fee가 다음 문헌에서 인용하고 있다. "Nineteenth-Century Craniology: The Study of the Female Skull," *Bulletin of the History of Medicine* 53, no. 3 (1979): 415–33.

109 Stephen Jay Gould, "Women's Brains."

110 스티븐 제이 굴드가 다음 문헌에서 인용하고 있다. "Women's Brains."

111 Ibid.

112 Charles Darwin, *The Descent of Man and the Selection in Rela-tion to Sex* (New York: D. Appleton & Company, 1896). 다윈과 여성에 관한 더 자세한 논의는 다음을 참고하라. "Darwin's Women," Cambridge University, retrieved Decem-ber 6, 2015, https://www.cam.ac.uk/research/news/darwins-women.

113 "Tight- Lacing: Letter to the Editor," *The Lan-cet*, September 18, 1869.

114 사례들은 다음 문헌에서 찾을 수 있다. Alice M. Guernsey, *Physiology for Young People: Adapted to Intermediate Classes and Common Schools* (New York: American Book Company, 1888), 84, Figure 11, https://collections.nlm.nih.gov/bookviewer?PID=nlm:nlmuid-61460680R-bk. 코르셋과 여성

의 역사에 대한 포괄적인 검토를 위해 다음을 참고하라. Rebecca Gibson, *The Corseted Skeleton: A Bioarcheology of Binding* (London: Palgrave Macmillan, 2020).

115 J. L. Comstock, *Outlines of Physiology, Both Comparative and Human : In Which Are Described the Mechanical, Animal, Vital, and Senso-rial Organs and Functions, Also, the Application of These Principles to Muscular Exercise, and Female Fashions and Deformities : Intended for the Use of Schools and Heads of Families : Together with a Synopsis of Human Anatomy*, rev. ed. (New York: Pratt, Woodford, n.d.), https://www.biodiversitylibrary.org/item/68215.

116 Ibid., 297.

117 Ibid., 297.

118 Rebecca Gibson, *The Corseted Skeleton*.

119 "TIGHT LACING; OR, THE WAIST OF THE PERIOD.," *Mercury*, December 16, 1869, http://nla .gov .au /nla .news -article8862883.

120 Ibid.

121 Ibid.

122 Ibid.

123 Ibid.

124 Hates Braces and Elizabeth Winship, "Ask Beth: Biking Fine to Slim Down Legs," *Los Angeles Times*, January 12, 1990, sec. Ask Beth.

125 이 대화는 다음 기사에 수록된 사진과 글을 바탕으로 극화한 것이다. Karl Kohrs, "Spine Welders," *St. Louis Post- Dispatch*, Sunday, June 4, 1950, 16, https://www.newspapers.com/clip/25897311/st-louis-post-dispatch/.

126 Karl Kohrs, "Spine welders," 16.

127 다음 문헌에 소개된 사진들을 참고하라. Lewis A. Sayre, *Spinal Disease and Spinal Curvature* (London: Smith & Elder, 1877).

128 Ibid.

129 Ibid.

130 W. Lovett, *Lateral Curvature of the Spine and Round Shoulders* (P. Blakiston's Son & Co., 1912), 165.; W. P. Blount, A. C. Schmidt, and R. G. Bidwell, "Making the Milwaukee brace," *Journal of Bone and Joint Surgery* (Am.) 40-A, no. 3 (June 1958): 526–28; J. I. Ken-drick, "The Correction of Scoliosis by Use of a Modified Turnbuckle Jacket" *Cleveland Clinic Journal of Medicine* 4, no. 1 (January 1937): 16–22.

131 Heather Bigg, *An Essay on the General Principles of the Treatment of Spinal Curvatures* (J. & A. Churchill, 1905), 195; As cited by Shina Mehr Shayesteh, " 'The Most Terrible of All Deformities:' The Victorians and Scoliosis, 1849–1899," Master of Arts, Texas State University, 2018, 195.

132 Ibid.

133 Alfred Rives Shands Jr., MD, *The Early Orthopaedic Surgeons of America* (St. Louis: The C. V. Mosby Company, 1970), 16, https://archive.org/details/earlyorthopaedic0000unse/page/16/mode/2up?view=theater.

134 Louis Bauer, *Lectures on Orthopaedic Surgery* (New York: William Wood & Co., 1868): 154.

135 Ibid., 153.

136 Robert T. (Robert Tuttle) Morris, *Is Evolution Trying to Do Away with the Clitoris?* (New York : W. Wood & Co., 1892), http://archive .org /details /39002086458651 .med .yale .edu.

137 Bernard Roth, *The Treatment of Lateral Curvature of the Spine : With Appendix Giving an Analysis of 1000 Consecutive Cases Treated by Posture and Exercise Exclusively* (without Mechanical Supports), 2nd ed. (London: H.K. Lewis, 1899), https://wellcomecollection.org/works/b5u5mry7/items.

138 Lewis Sayre, "Remarks on the Treatment of Spinal Curvatures," *The British Medical Journal* 2, no. 1233 (August 16, 1884): 317; Lewis Sayre, *Lectures on Orthopedic Surgery and Diseases of the Joints, Delivered at Bellevue Hospital Medical College, During the Winter Session of 1874–1875*, 2nd ed.

(New York: Dr. Appleton and Co., 1883): 20.

139 Jacob Teschner, "The Treatment of Postural Deformities of the Trunk By Means of Rapid and Thorough Physical Development," *Annals of Surgery, University of Pennsylvania Press*, 1895, 22, https://collections.nlm.nih.gov/bookviewer?PID=nlm:nlmuid-101741027-bk.

140 Karl Kohrs, "Spine welders."

141 Morris Fishbein, "Hygiene of Women," in *Modern Home Medical Adviser* (New York: Garden City Publishing, 1937), 50–51.

142 J. Enox Thompson, "THE ERECT POSTURE.," The *Lancet* (British Edition) 199, no. 5133 (1922): 110, https://doi.org/10.1016/S0140-6736(00)54641-8.

143 Fishbein, "Hygiene of Women," 50–51.

144 "FISHBEIN PREDICTS NEW BIRTH CONTROL; Injection of Some Substance Will Make Women Sterile for Two Years, He Believes," *New York Times*, July 14, 1937, sec. Archives, https://www.nytimes.com/1937/07/14/archives/fishbein-predicts-new-birth-control-injection-of-some-substance.html.

145 John Harvey Kellogg, *Plain Facts for Old and Young: Embracing the Natural History and Hygiene of Organic Life* (Burlington, Iowa: I.F. Segner, 1891), 47, https://wellcomecollection.org/works/sbjyrqhy.

146 Ibid.

147 Dr. Beth Shubin Stein, 2022년 11월 3일, 저자와의 인터뷰.

148 C. K. Wong et al., "Natural History of Frozen Shoulder: Fact or Fiction? A Systematic Review," *Physiotherapy* 103, no. 1 (March 2017): 40–47, https://doi.org/10.1016/j.physio.2016.05.009.

149 Monique A. Sheridan and Jo A. Hannafin, "Upper Extremity: Emphasis on Frozen Shoulder," *The Orthopedic Clinics of North America* 37, no. 4 (October 2006): 531–39, https://doi.org/10.1016/j.ocl.2006.09.009.

150 "Diagnosed Prevalence of Ehlers- Danlos Syndrome and Hypermobility Spectrum Disorder in Wales, UK: A Na-tional Electronic Cohort Study and Case- Control Comparison," *BMJ Open* 9, no. 11 (November 4, 2019): e031365, https://doi.org/10.1136/bmjopen-2019-031365.

151 Bethany Papworth, "Why This Cambridge- Made Textbook Has Been Branded 'Soft Porn,' " Cambridgeshire Live, September 9, 2019, https://www.cambridge-news.co.uk/news/cambridge-news/cambridge-university-press-orthopaedic-textbook-16889465.

152 "Homepage -Jessica Long -29x Paralympic Medalist," Jessica Long, 2023년 7월 13일 확인, https://jessicalong.com/home/.

153 Dr. Omri Ayalon, 2022년 8월 12일, 저자와의 인터뷰.

154 Dr. Omri Ayalon, 2022년 8월 12일, 저자와의 인터뷰.

3장 근육(근육계) - 이 세상에서 누가 제일 약하니?

155 A. C. Simonton, "Bicycling," *Journal of the American Medical Association* XXXI, no. 21 (1898): 1253–54, https://doi.org/10.1001/jama.1898.02450210055012; "BICYCLING— PRO AND CON.," Journal of the American Medical Association XXVII, no. 7 (August 15, 1896): 384–86,https://doi.org/10.1001/jama.1896.02430850044006.

156 T. J. Happel, "The Bicycle from a Medical and Surgical Standpoint.," *Memphis Medical Monthly* 18, no. 9 (September 1898): 394–402.

157 "LUNACY IN ENGLAND.," *New York Times*, August 12, 1894, https://www.nytimes.com/1894/08/12/archives/lunacy-in-england.html

158 "Female Gladiators," 2023년 6월 21일 확인, https://penelope.uchicago.edu/~grout/encyclopaedia_romana/gladiators/amazones.html.

159 "Don'ts For Women Riders," 2023년 7월 13일 확인, https://farm8.staticflickr.com/7014/6672284611_c80cb3ee9a_o.jpg; "Don'ts for Women Riders," Newark Sunday Advocate, June 21, 1895,

https://www.newspapers.com/search/?query=Don%27ts%20for%20Women%20Riders&dr_
year=1895-1895).

160 Arthur Shadwell, "The Hidden Dangers of Cycling," *The National Review* 28 (1950 1883): 787–96,
https://garethrees.org/2012/01/10/shadwell/.

161 Ibid.

162 Ibid.

163 "LUNACY IN ENGLAND."

164 "BICYCLING— PRO AND CON."

165 Ibid.

166 Simonton, "Bicycling."

167 Ibid.

168 Robert L. Dickinson, "Bicycling for Women From the Standpoint of the Gyne-cologist: With Eight
Illustrations," *The American Journal of Obstetrics and Diseases of Women and Children* (1869–1919)
31, no. 1 (January 1, 1895).

169 Ibid.

170 George S. Brown, "A Defense of the Bicycle.," *Journal of the American Medical Association* XXVII,
no. 9 (August 29, 1896): 501, https://doi.org/10.1001/jama.1896.02430870049011.

171 Ibid.

172 Charlotte Smith, "Is Bicycling Immoral," *Brooklyn Daily Eagle* (Brooklyn, NY) August 19, 1896, 다음
문헌에서 인용하였다. Sue Macy, *Wheels of Change: How Women Rode the Bicycle to Freedom* (With
a Few Flat Tires Along the Way) (National Geographic Kids, 2017).

173 The Sager Mfg. Company, "The Sager Pneumatic Bicycle Saddle," *Harper's Weekly*, April 11, 1896.

174 Jessica Abrahams, "Freewheeling to Equality: How Cycling Helped Women on the Road to
Rights," *Guardian*, June 18, 2015, sec. Life and Style, https://www.theguardian.com/lifeandstyle/
womens-blog/2015/jun/18/freewheeling-equality-cycling-women-rights-yemen-bicycle-
liberation.

175 "AAGPBL Players Association," March 31, 2020, https://aagpbl.org/.

176 Dudley A. Sargent, "Are Athletics Making Girls Masculine? A Practical Answer to a Question Every
Girl Asks," *Ladies' Home Journal* 2, no. 29 (March 1912): 71–73.

177 Ibid.

178 "The Weaker Sex? No, Not Woman, But Man!," *St. Louis Post- Dispatch*, October 21, 1917.

179 "Letter to the Editor," *Boston Globe*, June 27, 1915, https://www.newspapers.com/
newspage/430627791/.

180 "Twilight Thoughts," *Pittsburgh Press*, October 13, 1917.

181 Sargent, "Are Athletics Making Girls Masculine?"

182 Jackie Mansky and Maya Wei- Haas, "The Rise of the Mod-ern Sportswoman," *Smithsonian
Magazine*, August 18, 2016, https://www.smithsonianmag.com/science-nature/rise-modern-
sportswoman-180960174/.

183 "Women in the Work Force during World War II," National Archives, August 15, 2016, https://
www.archives.gov/education/lessons/wwii-women.html.

184 R. C. Bell, "A History of Women in Sport Prior to Title IX," *The Sport Journal* 10, no. 2 (2007),
https://www.cabdirect.org/cabdirect/abstract/20083213280.

185 이 이야기는 실제 기록들을 종합하여 재구성한 것이다. 출처: Vanessa Heggie, "Testing Sex and Gender
in Sports; Reinventing, Reimagining and Reconstructing Histories," *Endeavour* 34, no.4 (December
2010): 157–63, https://doi.org/10.1016/j.endeavour.2010.09.005; Lindsay Parks Pieper, "They
Qualified for the Olympics. Then They Had to Prove Their Sex.," Washington Post, October
28, 2021, https://www.washingtonpost.com/news/made-by-history/wp/2018/02/22/first-they-
qualified-for-the-olympics-then-they-had-to-prove-their-sex/.

186 다음에서 인용. "Celebrating uniqueness in endocrinology and sport," *The Lancet Diabetes & Endocrinology*, June6, 2019, https://www.thelancet.com/journals/landia/article/PIIS2213-8587(19)30200–1/fulltext.

187 Pierre de Coubertin et al., "The Women at the Olympic Games," in *Olympism : Selected Writings* (International Olympic Committee, 1912), 713, https://library.olympics.com/Default/doc/SYRACUSE/65192/olympism-selected-writings-pierre-de-coubertin.

188 "When Did Women First Compete in the Olympic Games?," International Olympic Commit-tee, July 18, 2022, https://olympics.com/ioc/faq/history-and-origin-of-the-games/when-did-women-first-compete-in-the-olympic-games.

189 프리 라이브러리에서 2023년 7월 14일 열람. "'Skierinas' in the Olympics: gender justice and gender politics at the local, national and interna-tional level over the challenge of women's ski jumping.," citing Annette Hofmann and Alexandra Preufi, "Female Eagles of the Air: Developments in Women's Ski- Jumping," in *New Aspects of Sport History: Proceed-ings of the 9th ISHPES Congress*, Cologne, Germany, ed. Manfred Lammer, Evelyn Mertin and Thierry Terret (Cologne: Academia Verlag, 2005), 305; Karin Berg, *Jump, Girls Jump. Ski Jumping is for All!* (Oslo: Holmen-kollen Ski Museum, 1998), 64–69, https://www.thefreelibrary.com/%27Skierinas%27+in+the+Olympics%3a+gender+justice+and+gender+politics+at...-a0268480897.

190 L. J. Elsas et al., "Gender verification of female athletes," *Genetics in Medicine* 2, no. 4 (July– August 2000): 249–54, https://pubmed.ncbi.nlm.nih.gov/11252710/#:~:text=The%20International%20Olympic%20Committee%20(IOC,competing%20in%20female%2Donly%20events.

191 Pieper, "They qualified for the Olympics. Then they had to prove their sex."

192 D. Larned, "The Femininity Test: A Woman's First Olympic Hurdle, *WomenSports* 3 (1976): 8–11.

193 Allan J. Ryan, "A Medical History of the Olympic Games," *Journal of the American Medical Association* 205, no. 11 (September 9, 1968).

194 Physician- Athlete Stresses the Importance of Physical Fitness Activities for Girls," *Journal of the American Medical Association* 190, no. 11 (December 14, 1964): 32–33, https://doi.org/10.1001/jama.1964.03070240072036.

195 "Battle of the Belly Bulges (1940s)," 2012, https://www.youtube.com/watch?v=7_HnA2bRQ0M.

196 Kenneth H. Cooper, *Aerobics* (New York: Bantam Books, 1968).

197 Ibid., 82.

198 Ibid., 84.

199 Mildred Cooper and Kenneth H. Cooper, *Aerobics for Women* (M. Evans: distributed, 1972).

200 From Sargent, "Are Athletics Making Girls Masculine?"

201 enley E. Albright, "Women in Sports, Chapter IX: Which Sports For Girls?," Washington, DC, Division for Girls and Women's Sports: American As-sociation for Health, Physical Education, and Recreation, 1971, 54.

202 Kathrine Switzer, "The Girl Who Started It All," *Runner's World*, March 26, 2007, https://www.runnersworld.com/runners-stories/a20801860/kathrine-switzer-runs-the-boston-marathon/.

203 Myron Cope, "ANGRY OVERSEER OF THE MARATHON," *Sports Illustrated*, April 22, 1968, https://vault.si.com/vault/1968/04/22/angry-overseer-of-the-marathon.

204 Elizabeth Blackwell, "Extracts from the laws of life, with special reference to the physical education of girls," *English Woman's Journal* I (1858): 189–190. As quoted in Patricia A. Vertinsky, *The Eternally Wounded Woman: Women, Doctors, and Exercise in the Late Nineteenth Century* (1994), 116.

205 Dr. Neil Iyengar, 2023년 4월 1일, 저자와의 인터뷰.

206 Ibid.

207 Neil M. Iyengar et al., "Association of Body Fat and Risk of Breast Cancer in Postmenopausal Women With Normal Body Mass Index: A Secondary Analysis of a Ran-domized Clinical Trial and

Observational Study," *JAMA Oncology* 5, no.2 (February 1, 2019): 155–63, https://doi.org/10.1001/jamaoncol.2018.5327.

208 B. J. Cardinal et al., "If Exercise Is Medicine, Where Is Exercise In Medicine? Review of U.S. Medical Education Curricula for Physical Activity- Related Content, *Journal of Physical Activity & Health* 12, no. 9 (2015): 1336.

209 Andrew J. Recker et al., "Knowledge and Habits of Exercise in Medical Students," *American Journal of Lifestyle Medicine* 15, no. 3 (October 12, 2020): 214–19, https://doi.org/10.1177/1559827620963884.

210 Emma S. Cowley et al., "' Invisible Sportswomen': The Sex Data Gap in Sport and Exercise Science Research," *Women in Sport and Physical Activity Journal* 29, no. 2 (September 21, 2021): 146–51, https://doi.org/10.1123/wspaj.2021–0028.

211 Genevra L. Stone, "50 Years of Title IX," *Sports Health* 14, no. 6 (November 1, 2022): 793–94, https://doi.org/10.1177/19417381221129265.

212 Dr. Kathryn Ackerman, 2022년 11월 15일, 저자와의 인터뷰.

213 Alanis Thames and Jonathan Abrams, "Female College Athletes Say Pressure to Cut Body Fat Is Toxic," *New York Times*, Novem-ber 10, 2022, sec. Sports, https://www.nytimes.com/2022/11/10/sports/college-athletes-body-fat-women.html.

214 Kathryn Ackerman, interview with author, November 15, 2022.

215 "Female Athlete Program," Boston Children's Hospital, https://www.childrenshospital.org/programs/female-athlete-program.

4장 혈액(순환계) - 심장의 문제들

216 Helen King, *Hippocrates' Woman: Reading the Female Body in Ancient Greece* (New York: Routledge, 1998): 203.

217 Jacques Jouanna, "The Legacy Hippocratic Treatise The Nature of Man: The Theory of the Four Humours," in *Greek Medicine from Hippocrates to Galen: Selected Papers*, trans. Neil Allies, ed. Philip van der Eijk (Boston: Brill, 2012), 335–60.

218 Niki Papavramidou, Theodossis Papavramidis, and Thespis Demetriou, "Ancient Greek and Greco- Roman Methods in Modern Surgical Treatment of Cancer," *Annals of Surgical Oncology* 17 (2010): 665–67, https://doi.org/10.1245/s10434-009–0886-6.

219 Paul U. Unschuld, "Huang Di Nei Jing Su Wen: Nature, Knowledge, Imagery in an Ancient Chinese Medical Text" (Berkeley, CA: University of California Press, 2003), 314.

220 Gail Kern Paster, "Unbearable Coldness of Female Being: Women's Imperfection and the Humoral Econ-omy," *Early Literary Renaissance* 28, no. 3 (1998): 416–40, https://doi.org/10.1111/j.1475-6757.1998.tb00760.x.

221 Edward Weiss and O. Spurgeon English, "The Psychosomatic Approach in Urology," in *Psychosomatic Medicine: A Clinical Study of Psychophysiological Reactions* (Philadelphia; London: W. B. Saun-ders, 1943); Dirk Schultheiss, "A Brief History of Urinary Incontinence," *International Continence Society* (2005), https://www.ics.org/Publications/ICI_3/v1.pdf/historique.pdf.

222 Jacques Casa-nova de Seingalt, *The Memoirs of Jacques Casanova de Seingalt: Venetian Years*, trans. Arthur Machen (New York: G. P. Putnam's Sons, 1894 [1822]), https://www.gutenberg.org/files/2981/2981-h/2981–h.htm.

223 For analysis of Hippocrates', "On the diseases of virgins" as related to chlorosis, see Helen King, *The Disease of Virgins: Green Sickness, Chlorosis and the Problems of Puberty* (New York: Routledge, 2009), https://www.routledge.com/The-Disease-of-Virgins-Green-Sickness-Chlorosis-and-the-Problems-of-Puberty/King/p/book/9780415554992.

224 1615년에 발표된 다음 논문에 처음 등장한다. Joannes Varandal, *De Morbis et Affectibus Mulierum*

(Lyons: B. Vincent, 1619), 이는 다음 문헌에 인용되어 있다. Helen King, *Hippocrates' Woman: Reading the Female Body in Ancient Greece* (New York: Routledge, 1998).

225 "CHLOR- ," in Merriam- Webster, 2023년 8월 20일 확인, https://www.merriam-webster.com/dictionary/chlor-.

226 진 스타로빈스키Jean Starobinski가 다음 문헌에서 인용하고 있다. "Sur la chlorose," *Romantisme* 11, no. 31 (1981): 118, https://doi.org/10.3406/roman.1981.4476.

227 William Shakespeare, *Romeo and Juliet*, 15th ed. (Philadelphia: J. B. Lippincott Company, 1913 [1597]), 94.

228 John Ruhräh, "JOHANNES LANGE 1485–1565: A NOTE ON THE HISTORY OF CHLOROSIS," *American Journal of Diseases of Children* 48, no. 2 (August 1, 1934): 393–96, https://doi.org/10.1001/archpedi.1934.01960150152013.

229 Ibid.

230 Ibid.

231 녹색증의 역사적 고찰에 대해서는 다음 문헌을 참고하라. Keith Wailoo, " 'Chlo-rosis' Remembered: Disease and the Moral Management of American Women," in *Drawing Blood: Technology and Disease Identity in Twentieth- Century America* (Baltimore: Johns Hopkins University Press, 1997), 16–45.

232 다음 문헌의 첫 번째 증례 보고의 상세 내용을 바탕으로 했다. Charles E. Simon, "A Study of Thirty- One Cases of Chloro-sis, With Special Reference to the Etiology and the Dietetic Treatment of the Disease," *American Journal of the Medical Sciences* 113, no. 4 (1897) 399–423.

233 Ibid.

234 Ibid., 418.

235 Ibid.

236 Frederick Hollick, *The Diseases of Women: Their Causes and Cure Familiarly Explained with Practical Hints for their Prevention and for the Preservation of Female Health*, 50th ed. (New York: T. W. Strong, 1852), 193, cited in King, *The Disease of Virgins*, 5.

237 Byrom Bramwell, *Anaemia and Some of the Disease of the Blood- Forming Organs and Ductless Glands* (Edinburgh: Oliver and Boyd: 1899), 32, cited in King, *The Disease of Virgins*, 6.

238 Lawson Tait, *Diseases of Women and Abdominal Surgery*, vol. 1 (Philadelphia, PA: Lea Brothers & Co., 1899), 283.

239 Bramwell, *Anaemia and Some of the Disease of the Blood- Forming Organs and Ductless Glands*, 24.

240 W. H. Howell, "Dr. Charles E. Simon," *Bulletin of the School of Medicine University of Maryland* 12, no. 3 (1926): 158. "His sensitive nervous system succumbed to his intensive method of work, and for a period of perhaps ten years he was afflicted with a species of phobia that made it practically impossible to continue the life of a prac-titioner."

241 Howell, "Dr. Charles E. Simon," 158.

242 녹색증 진단의 발전 과정에 대한 포괄적인 검토는 다음 문헌을 참고하라. Wailoo, *Drawing Blood*, 16–45.

243 Wailoo, *Drawing Blood*, 16–45.

244 Edward Tilt, *On Diseases of Women and Ovarian Inflammation, in Relation to Morbid Menstruation, Sterility, Pelvic Tumours, and Affections of the Womb*, 2nd ed. (London: John Churchill, 1853), numerous references to labia, womb, rectum on pages 92, 116, 154, 179, 181.

245 Ibid., 188.

246 W. M. Fowler, "Chlorosis— An Obituary," *Annals of Medical History* 8, no. 2 (1936): 168–77.

247 Ibid.

248 Kate Chopin, "The Story of an Hour," as "The Dream of an Hour," *Vogue*, De-cember 6, 1894.

249 Ibid.

250 *Les Diaboliques*, 1955; Milan Terlunen, "On the Art of the Plot Twist," *CrimeReads* (blog), January

28, 2021, https://crimereads.com/on-the-art-of-the-plot-twist/.

251 W. H. Howell, "Dr. Charles E. Simon," *Bulletin of the School of Medicine University of Maryland* 12, no. 3 (1926): 158.

252 "The Founding Physicians," Johns Hopkins Medicine, 202년 2월 27일 확인, https://www. hopkinsmedicine.org/about/history/history-of-jhh/founding-physicians.html;AmyTuteur,"Doctor, ListentoYourPa-tient,"TheSkepticalOB,June4,2009,https://www.skepticalob.com/2009/06/doctor-listen-to-your-patient.html.

253 Neil McIntyre, "Was Osler Opposed to Women Becoming Doctors?" *Journal of Medical Biography* 15, no. S1 (2007): 22–27, https://pubmed.ncbi.nlm.nih.gov/17356737/.

254 오슬러의 Miss C 사례 보고를 바탕으로 극화한 내용이다. *Lectures on Angina Pectoris and Allied States*, 94.

255 Steve Sturdy, "William Osler: A Life in Medicine," *British Medical Journal* 321 (2000): 1087 https://www.ncbi.nlm.nih.gov/pmc/articles/PMC1118869/.

256 Osler, *Lectures on Angina Pectoris and Allied States*, 95.

257 다음 문헌에서 인용하였다. Sally Squires, "Women in Medicine Still Miles to Go," *Washington Post*, June 28, 1989, https://www.washingtonpost.com/archive/lifestyle/wellness/1989/06/27/women-in-medicine-still-miles-to-go/e56afc06-b0ea-4372-bfea-c444ad20329d/.

258 William Osler, *Lectures on An-gina Pectoris and Allied States* (New York: D. Appleton & Co., 1897).

259 William Osler, "Speech Given at Harvard Medical Association Annual Dinner," *Boston Medical and Surgical Journal* 131, no. 6 (1894): 140.

260 다음 문헌에서 인용하였다. Squires, "Women in Medicine Still Miles to Go."

261 다음 문헌에서 인용하였다. Squires, "Women in Medicine Still Miles to Go."

262 "Dr. Dorothy Reed Mendenhall," Changing the Face of Medicine, June 3, 2015, https://cfmedicine. nlm.nih.gov/physicians/biography_221.html.

263 Ariel Roguin, "Rene Theophile Hyacinthe Laënnec (1781–1826): The Man Behind the Stethoscope," *Clinical Medicine & Research* 4, no. 3 (2006): 230–35, https://doi.org/10.3121/cmr.4.3.230.

264 William Osler, "The Lumleian Lectures on Angina Pectoris, Lecture II" (lec-ture, Royal College of Physicians of London, May 15, 1910), 21, found in "William Osler: Original Papers 1907–1919," Texas Medical Center Library, https://digitalcommons.library.tmc.edu/osler/3.

265 Osler, "The Lumleian Lectures," 22.

266 Osler, *Lectures on Angina Pectoris and Allied States*, 88.

267 Ibid., 135.

268 Henry Thompson Bart, *The Family Physician; A Manual of Domestic Medicine*, vol. 2 (London: Cassell, 1895), 306.

269 Bart, *The Family Physician*, 306.

270 "Wives: Promote Interest in Diet and Exer-cise," *Fort Lauderdale News*, Thursday, February 17, 1966.

271 Ibid.

272 "Multiple Risk Factor Intervention Trial," *Journal of the American Medical Association* 248, no. 12 (September 24, 1982): 1465–77.

273 Steering Committee of the Physicians' Health Study Research Group, "Final Report on the Aspirin Component of the Ongoing Physicians' Health Study," *New England Journal of Medicine* 320, no. 3 (1989): 129–35, https://doi.org/10.1056/NEJM198907203210301.

274 American Heart Association, "The Facts About Women and Heart Disease," Go Red for Women, 2023년 2월 26일 확인, https://www.goredforwomen.org/en/about-heart-disease-in-women/facts; Xurui Jin et al., "Women's Participation in Cardiovascular Clinical Trials from 2010 to 2017," Circulation 141, no. 7 (2020): 540–48, https://doi.org/10.1161/CIRCULATIONAHA.119.043594.

275 Tracey Keteepe- Arachi and Sanjay Sharma, "Cardiovascular Disease in Women: Understanding

Symptoms and Risk Fac-tors," European Cardiological Review 12, no. 1 (2017): 10–13, https://doi.org/10.15420/ecr.2016.32.1.

276 "Women in Cardiology," American College of Cardiology, 2023년 7월 14일 확인, https://www.acc.org/Membership/Sections-and-Councils/Medical-Residents/Women-in-Cardiology, 추가로 다음을 참고하라. Christa Dubill, "EKG Machines Misdiagnose Heart Attacks in Women," KHSB 41, March 4, 2016,https://www.kshb.com/news/local-news/ekg-machines-misdiagnose-heart-attacks-in-women; Peter M. Okin and Paul Kligfield, "Gender- Specific Criteria and Performance of the Exercise Electrocardiogram," Circulation 92, no. 5 (1995): 1209–16,https://doi.org/10.1161/01.CIR.92.5.1209; Rupali Sachin Khane and Anil D. Surdi, "Gender Differences in the Prevalence of Electrocardio-gram Abnormalities in the Elderly: A Population Survey in India," Iranian Journal of Medical Sciences 37, no. 2 (2012): 92–9.

277 Jin et al., "Women's Participation in Cardiovascular Clinical Trials."

278 Okin and Kligfield, "Gender- Specific Criteria."

279 Bernadine Healy, "The Yentl Syndrome," New England Journal of Medicine 325, no. 4 (1991): 274–76, https://doi.org/10.1056/NEJM199107253250408.

280 Dr. Hafiza Khan, 2022년 10월 21일 저자와의 인터뷰.

281 Bjelic et al., "Sex hormones and repolarization during the menstrual cycle in women with congenital long QT syn-drome," Heart Rhythm 19, no. 9 (September 2022): 1532–40.

282 Arianne Clare Agdamag et al., "Sex Differences in Takotsubo Syndrome: A Narrative Review," Journal of Women's Health 29, no. 8 (2020): 1122–30, https://doi.org/10.1089/jwh.2019.7741.

283 Qi Fu et al., "Cardiac Origins of the Postural Orthostatic Tachycardia Syndrome," Journal of the American College of Cardiology 55, no. 22 (2010): 2858–68, https://doi.org/10.1016/j.jacc.2010.02.043.

284 Erica S. Spatz et al., "The Variation in Recovery: Role of Gender on Outcomes of Young AMI Patients (VIRGO) Classification System," Circulation 132, no. 18 (2015): 1710–18, https://doi.org/10.1161/CIRCULATIONAHA.115.016502.

285 "Women Call Ambulance for Husbands with Heart Attacks but Not for Themselves," European Society of Cardiology, March 3, 2019, https://www.escardio.org/The -ESC /Press -Office /Press -releases /Women -call -ambulance -for -husbands -with -heart -attacks -but -not -for -themselves.

286 Game of Thrones, season 3, episode 7, "The Bear and the Maiden Fair," directed by Michelle MacLaren, 2013년 5월 12일 HBO에서 방영되었다.

287 Angela C. Weyand et al., "Prevalence of Iron Deficiency and Iron- Deficiency Anemia in US Females Aged 12-21 Years, 2003-2020," Journal of the American Medical Association 329, no. 24 (June 27, 2023): 2191–93, https://doi.org/10.1001/jama.2023.8020.

288 Robert J. Klaassen and Jacqueline M. Halton, "The Diagnosis and Treatment of von Willebrand Disease in Children," Paediatrics & Child Health 7, no. 4 (2002): 245–49, https://doi.org/10.1093/pch/7.4.245; Chanukya K. Colonne et al., "Why Is Mis-diagnosis of von Willebrand Disease Still Prevalent and How Can We Overcome It? A Focus on Clinical Considerations and Recommenda-tions," Journal of Blood Medicine 12 (August 17, 2021): 755–68,https://doi.org/10.2147/JBM.S266791.

289 Rekha Parameswaran, 2022년 10월 17일, 저자와의 전화 인터뷰.

290 Amanda E. Jacobson et al., "Von Willebrand Disease Screening in Women Under-going Hysterectomy for Heavy Menstrual Bleeding," Blood 130, no. S1 (December 7, 2017): 674, https://doi.org/10.1182/blood.V130.Suppl_1.674.674.

291 Colonne et al., "Why is Misdiagnosis of von Willebrand Disease Still Prevalent and How Can We Overcome It? A Focus on Clinical Observations and Recommendations," Journal of Blood Medicine 12 (2021): 755–68, https://www.ncbi.nlm.nih.gov/pmc/articles/PMC8380198/.

292 National Library of Medicine, "Dr. Nanette Kass Wenger," Changing the Face of Medicine, June 3, 2015, https://cfmedicine.nlm.nih.gov/physicians/biography_330.html.

293 Nanette Wenger, 2022년 9월 16일, 저자와의 전화 인터뷰.

294 Nanette Wenger, 2022년 9월 16일, 저자와의 전화 인터뷰.

295 Nanette K. Wenger, Leon Speroff, and Barbara Packard, "Cardiovascular Health and Disease in Women," *New England Journal of Medicine* 329, no. 4 (1993), https://doi.org/10.1056/NEJM199307223290406.

296 Theresa M. Wizemann and Mary Lou Pardue, *Exploring Biolog-ical Contributions to Human Health: Does Sex Matter?* (Washington: National Academies Press, 2001).

297 Felix Platter, *De Corporis Humani Structura*, bk. 3 (1583), Table VIII, Figure VIII, 다음 문헌에 인용되어 있다. Michael Stolberg, "The Woman Down to Her Bones: The Anatomy of Sexual Difference in the Sixteenth and Early Seventeenth Centuries," *Isis* 94, no. 2 (2003): 283, https://doi.org/10.1086/379387.

298 Amit K. Hiteshi et al., "Gender Differences in Coronary Artery Diameter Are Not Related to Body Habitus or Left Ventricular Mass," *Clinical Cardiology* 37, no. 10 (September 30, 2014): 605–9, https://doi.org/10.1002/clc.22310.

5장 숨(호흡계) - 여자들은 다른 공기를 마시는 걸까?

299 Clement King Shorter, *Charlotte Brontë and Her Circle* (New York: Dodd, Mead and Company, 1896), 87.

300 Bill Bynum, "Consumption," *The Lancet* 358, no. 9282 (August 25, 2001): 676, https://doi.org/10.1016/S0140-6736(01)05766-X.

301 "History of World TB Day," Centers for Disease Control and Prevention, February 15, 2023, https://www.cdc.gov/tb/worldtbday/history.htm.

302 Carolyn A. Day, *Consumptive Chic: A History of Beauty, Fashion, and Disease* (Bloomsbury Visual Arts, 2020), 81.

303 결핵과 여성의 역사에 대한 보다 심층적인 검토는 다음 문헌을 참고하라. Day, *Consumptive Chic*.

304 Alexandre Dumas, *La dame aux camélias: pièce en cinqactes en prose*, Nineteenth Century Collections Online: European Litera-ture, the Corvey Collection, 1790–1840 (Berlin: E. Bloch, 1858).

305 Victor Hugo, *Les Misérables*, 1862.

306 Giuseppe Verdi, *La traviata* (Venezia: Coi tipi di Teresa Gattei, 1852).

307 Giacomo Puccini, *La bohème* (Milano: G. Ricordi & C., 1895)

308 *Wuthering Heights* (Harper & Bros., Publishers, 1848), 102.

309 Louis Menand, "The Late Late Phase," *The New Yorker*, July 21, 2016, https://www.newyorker.com /culture/cultural-com ment/henry- james-late-phase.

310 Hervey Allen, "Edgar Allan Poe Society of Baltimore –Bookshelf –Israfel: The Life and Times of E. (Chapter 21)," 1926, https://www.eapoe.org/papers/misc1921/hva26221.htm.

311 다음에서 인용. Day, *Consumptive Chic, 81; Michael Ryan and Association of Physicians and Surgeons, eds., The London Medical and Surgical Journal: Exhibiting a View of the Improvements and Discoveries in the Various Branches of Medical Science,* vol. 4 (Henry Renshaw, 1834).

312 Robert Koch, "Die Atiologic der Tuberku-lose," *Berliner Klinische Wochenschrift* 19 (1882): 221–30.

313 다음 문헌에 인용되어 있다. Allan M. Brandt, "The Cigarette Century" (New York: Basic Books, 2007), 84–85, http://archive .org /details /cigarettecentury00bran.

314 "How Lucky Strike Became an Icon of the Feminist Movement," The Cultural Currents Institute, January 2023, https://www.culturalcurrents.institute/post/torches-of-freedom.

315 "Easter Sun Finds the Past in Shadow at Modern Parade," *New York Times*, April 1, 1929.

316 사진을 바탕으로 재구성한 장면들. "Torches of Freedom: Photographs of Women Smoking Publicly

During the Easter Sunday Parade in 1929," *Vintage Everyday* (blog), March 31, 2021, https://www.vintag.es/2021/03/torches-of-freedom.html.; Iris Mostegel, "The Orig-inal Influencer," History Today, February 6, 2019, https://www.historytoday.com/miscellanies/original-influencer.

317 Larry Tye, "The Father of Spin: Edward L. Bernays and The Birth of Public Relations" (Macmillan, 2002), 30.

318 Arnold D. Richards and Paul W. Mosher, "Abraham Arden Brill, 1874–1948," *American Journal of Psychiatry* 163, no. 3 (March 2006): 386–386, https://doi.org/10.1176/appi.ajp.163.3.386.

319 Peter Gay, *Freud: A Life for Our Time* (W. W. Norton & Company, 1988), 209.

320 "Curriculum Vitae A. A. Brill," *The Psychoanalytic Quarterly* 17, no. 2 (April 1, 1948): 161–63, https://doi.org/10.1080/21674086.1948.11925715.

321 "FREUD Worcester, Massachusetts. Back: A A Brill, E Jones, S Ferenczi Front: Freud," agefotostock, 2023년 6월 24일 확인, https://www.agefotostock.com/age/en/details-photo/freud-worcester-massachusetts-back-a-a-brill-e-jones-s-ferenczi-front-freud-stanley-hall-c-g-jung/MEV-10033309.

322 Nancy Sheads, "K. Rose Owen- Brill," *Medicine in Maryland*, 1752-1920 (blog), June 2, 2018, https://mdhistoryonline.net/2018/06/02/md3817/.

323 *Torches of Freedom*, interview (The Museum of Public Relations, 2010), https://www.youtube.com/watch?v=6pyyP2chM8k.

324 "No Man Fascinated by Wife in Later Life, Says Dr. Brill," *The Richmond Collegian*, October 26, 1923.

325 *Torches of Freedom*, 2010.

326 Brandt, *The Cigarette Century*, 84–85.

327 "Easter Sun Finds the Past in Shadow at Modern Parade," *New York Times*.

328 "Smoking: A Report of the Surgeon General" (Centersfor Disease Control and Prevention [US], 2001), https://www.ncbi.nlm.nih.gov/books/NBK44311/.

329 Philip Morris, Inc., "We Make Virginia Slims Especially for Women Because They Are Biologically Superior to Men," April 1972, Pollay Advertising Collection, https://calisphere.org/item/b36134eab9e628005f736f897d381fd2/.

330 "No Man Fascinated by Wife in Later Life, Says Dr. Brill," *The Richmond Collegian*.

331 담배 광고의 사례는 다음 문헌에서 확인할 수 있다. Djublonskopf, "Reach For A Lucky: The Lucky Strike Cigarette Diet (1928)," *Secret History* (blog), March 25, 2015, https://www.djublonskopf.com/2015/03/25/reach-for-a-lucky-the-lucky-strike-cigarette-diet-1928/; Hussein A. Samji and Robert K. Jackler, " 'Not One Single Case of Throat Irritation': Misuse of the Image of the Otolaryngologist in Cig-arette Advertising," The Laryngoscope 118, no. 3 (March 2008): 415–27, https://doi.org/10.1097/MLG.0b013e31815ad5c6. 다이어트와 흡연을 결부한 광고 사례는 다음과 같다. Title: "Trim Reducing- Aid Cigarettes," weirduniverse.net, 1958, https://www.google.com/imgres?imgurl=https://www.weirduniverse.net/images/2020/1958trim01.jpg&tbnid=d4GMVZQten4UhM&vet=12ahUKEwi4tbKklLf_AhXvF2IAHdqADrsQMygMegUIARDRAQ.i&imgrefurl=https://www.weirduniverse.net/blog/comments/trim_reducing_aid_cigarettes&docid=BwcStuLLcj2ERM&w=700&h=907&q=weight+loss+cigarette+ads&ved=2ahUKEwi4tbKklLf_AhXvF2IAHdqADrsQMygMegUIARDRAQ&sfr=vfe&source=sh/x/im/can/1; Amer-ican Tobacco Company, "To Keep a Slender Figure No One Can Deny," Digital History -Histoire Numérique, 2023년 7월 14일 확인, http://biblio.uottawa.ca/omeka2/jmccutcheon/items/show/555.

332 "SRITA –Stanford Research into the Impact of Tobacco Advertising," 2023년 6월 24일 확인, https://tobacco.stanford.edu/; "Targeting Women," SRITA –Stanford Research into the Impact of Tobacco Advertising, 2023년 6월 24일 확인,https://tobacco.stanford.edu/cigarettes/targeting-women/.

333 Philip Morris, Inc., "Women's Liberation –Img0805," SRITA –Stanford Research into the Impact of Tobacco Advertising, 1971, https://tobacco.stanford.edu/cigarette/img0805/.

334 "How Big Tobacco Used Women's Equality Struggles to Sell Cigarettes," Truth Initiative, March

13, 2017, https://truthinitiative.org/research-resources/targeted-communities/how-tobacco-companies-have-used-womens-history-and-equality.

335 *Gentle Practices for Restoring Calm, Finding Hope, & Opening Your Heart:* "The Mindful Woman by Sue Patton Thoele," Mango Publishing, May 11, 2021, https://mango.bz/books/the-mindful-woman-by-sue-patton-thoele-1593-b.

336 "Lung Cancer Fact Sheet," American Lung Association, 2023년 7월 14일 확인, https://www.lung.org/lung-health-diseases/lung-disease-lookup/lung-cancer/resource-library/lung-cancer-fact-sheet.

337 Dr. Lindsay Lief, 2023년 3월 12일, 저자와의 인터뷰.

338 Asthma and Women," Brigham and Women's Hospital, 2023년 7월 14일 확인, https://www.brighamandwomens.org/medicine/pulmonary-and-critical-care-medicine/womens-lung-health/asthma-in-women.

339 2023년 3월 12일, 저자와의 인터뷰..

340 Dr. Sonali Bose, 2023년 4월 12일, 저자와의 인터뷰.

341 Dr. Lindsay Lief, 2023년 3월 12일, 저자와의 인터뷰. re: tidal volumes and ventilatory settings.

342 Serena Williams, "How Serena Williams Saved Her Own Life," ELLE, April 5, 2022, https://www.elle.com/life-love/a39586444/how-serena-williams-saved-her-own-life/.

343 "Data and Statistics on Venous Thromboembolism," Centers for Disease Control and Prevention, Feb-ruary 16, 2023, https://www.cdc.gov/ncbddd/dvt/data.html.

344 "Women Who Clean at Home or Work Face Increased Lung Function Decline," American Thoracic Society, February 16, 2018, https://www.thoracic.org/about/newsroom/press-releases/journal/2018/women-who-clean-at-home-or-at-work-face-increased-lung-function-decline.php.

345 Dr. Tami Tiamfook- Morgan, 2023년 3월 21일, 저자와의 인터뷰.

346 Dr. Tami Tiamfook- Morgan, 2023년 3월 21일, 저자와의 인터뷰.

6장 창자(소화기계) - 뱃속이 시키는 대로 따르는 것(과 따르지 않는 것)의 대가

347 Gen. 3:12, Bible.

348 다음 문헌에서 인용하였다. Rudolph M. Bell, *Holy Anorexia* (Chicago: Uni-versity of Chicago Press, 1985), 23.

349 아노렉시아와 관련된 시에나의 카타리나의 역사적 고찰은 다음에서 검토된다. Joan Jacobs Brumberg, *Fasting Girls: The History of An-orexia Nervosa* (New York: Knopf Doubleday Publishing Group, 2000), 44–45.

350 James C. Harris, "Anorexia Nervosa and Anorexia Mirabilis: Miss K. R— and St Catherine of Siena," *JAMA Psychiatry* 71, no. 11 (November 1, 2014): 1212–13, https://doi.org/10.1001/jamapsychiatry.2013.2765.

351 Brumberg, Fasting Girls, 41–60; Don-ald Weinstein and Rudolph M. Bell, *Saints & Society: The Two Worlds of Western Christendom, 1000–1700* (Chicago: University of Chicago Press, 1986), 233–35, https://press.uchicago.edu/ucp/books/book/chicago/S/bo76756708.html.

352 Mother Goose, What Are Little Boys Made Of?, n.d.

353 다음 문헌에서 검토되었다. Michael Krondl, "Sweetness and Femininity: Fashioning Gendered Appetite in the Victo-rian Age" (master's thesis, City University of New York, 2022), https://academicworks.cuny.edu/gc_etds/4659.

354 Alexander Walker, *Beauty in Woman* (New York: Henry G. Langley, 8 Astor House, 1845), 146. 다음 문헌에 인용되어 있다. Krondl, "Sweetness and Femininity," 22.

355 Mrs A. Walker, *Female Beauty, as Preserved and Improved by Regimen, Cleanliness and Dress: And Especially by the Adaptation, Colour and Arrangement of Dress, as Variously Influencing the Forms, Complexion, and Expression of Each Individual, and Rendering Cosmetic Impositions Un-necessary*

(New York: Scofield and Voorhies, J. & H.G. Langley, 1840),98–101.

356 Walker, *Beauty in Woman*, 146.

357 Emily Martin, "Medical Meta-phors of Women's Bodies: Menstruation and Menopause," in *The Woman in the Body* (Boston: Beacon Press, 1987), 27–52, https://journals.sagepub.com/doi/10.2190/X1A6-JAQB-VM9N-ULCY.

358 Deborah Lupton, *Food, the Body and the Self* (London: Sage, 1996). 더하여 다음을 보라. Elizabeth A. Williams, *Appetite and Its Discon-tents: Science, Medicine, and the Urge to Eat, 1750–1950* (Chicago: University of Chicago Press, 2020), https://press.uchicago.edu/ucp/books/book/chicago/A/bo48885705.html;현대적 관점에 대해서는 다음 문헌을 참고하라. Da-vid Bell and Gill Valentine, Consuming Geographies: We Are Where We Eat (Hove, East Sussex, UK: Psychology Press, 1997).

359 Jan Whitaker, "When La-dies Lunched: Schrafft's," *Restaurant- ing through History* (blog), August 27, 2008, https://restaurant-ingthroughhistory.com/2008/08/27/when-ladies-lunched-schraffts/.

360 Paul Freedman, "How Steak Became 'Manly' and Salads Became 'Feminine,' " *PBS NewsHour*, Octo-ber 27, 2019, https://www.pbs.org/newshour/nation/how-steak-became-manly-and-salads-became-feminine.

361 Lupton, *Food, the Body and the Self*.

362 다음 문헌을 포함하여 여러 문헌에 인용되어 있다. Andrea Walker, "Girl Power," *The New Yorker*, November 20, 2008, https://www.newyorker.com/books/page-turner/girl-power-2.

363 J. H. Kellogg, *Ladies' Guide in Health and Disease : Girlhood, Maidenhood, Wifehood, Motherhood* (1882), 203, 247, 474, https://wellcomecollection.org/works/sh24pfej/items.

364 Sammy R. Danna and Lydia Pinkham, *The Face That Launched a Thousand Ads* (Lanham, MD: Rowman & Littlefield Publishers, 2015), https://flinders.primo.exlibrisgroup.com/discovery/fulldisplay/alma997255416901771/61FUL_INST:FUL.

365 Krondl, "Sweetness and Femininity."

366 "18 Battle Creek Sanitarium Stock Photos, High- Res Pictures, and Images," gettyimages, 2023년 7월 13일 확인, https://www.gettyimages.com/photos/battle-creek-sanitarium.

367 Joe Schwarcz, "The Enigmatic Dr.Kellogg," Office for Science and Society, June 13, 2018, https://www.mcgill.ca/oss/article/health-nutrition-history-quackery/enigmatic-dr-kellogg.

368 J. H. Kellogg, *Ladies' Guide in Health and Disease;* 더불어 다음의 리뷰 참고. Kellogg enemas Rebecca Fowler, "An Enema of the People," *Washington Post*, October 23, 1994, https://www.washingtonpost.com/archive/lifestyle/style/1994/10/23/an-enema-of-the-people/6d510d59-4a93-403c-a60f-2b3605deac57/.

369 James L. Hayward, "Kellogg, John Harvey (1852–1943)," Encyclopedia of Seventh- Day Adventists, January 29, 2020, https://encyclopedia.adventist.org/article?id=89LQ.

370 J. H. Kellogg, M.D., *The Battle Creek Sanitarium System: History, Organisation, Methods* (Battle Creek, Michigan, 1908), 27, https://archive.org/details/battlecreeksani00kellgoog/page/n7/mode/2up.

371 John Harvey Kellogg, *Plain Facts for Old and Young: Embracing the Natural History and Hygiene of Organic Life* (I.F. Segner, 1891), 408.

372 John Harvey Kellogg, "The Treatment of Constipation," in *Colon Hygiene* (Battle Creek, MI: The Modern Medicine Publishing Co., 1923), 307, http://archive .org /details /colonhygienecomp00kell _0.

373 John Harvey Kellogg, *Plain Facts for Old and Young*, 408.

374 Kellogg, *Plain Facts for Old and Young*, 245.

375 "John Harvey Kellogg," Encyclopedia.com, 2018, https://www.encyclopedia.com/people/literature-and-arts/asian-and-middle-eastern-art-biographies/john-harvey-kellogg.

376 J.H. Kellogg, *Plain Facts for Old and Young*, 546.

377 J. H. Kellogg, *Ladies' Guide in Health and Disease*, 154–155.

378 Greg Daugherty, "Dr. John Kellogg Invented Cereal. Some of His Other Wellness Ideas Were Much

Weirder," History, May 17, 2023, https://www.history.com/news/dr-john-kellogg-cereal-wellness-wacky-sanitarium-treatments.

379 K. W. Tompkins, "Sylvester Graham's Imperial Dietetics," *Gastronomica* 9, no. 1 (2009): 50–60, doi:10.1525 /gfc.2009.9.1.50. JSTOR 10.1525/gfc.2009.9.1.50.

380 "How the Feuding Kellogg Brothers Fought Their Cereal Wars," *Knowledge at Wharton* (blog), September 26, 2017, https://knowl-edge.wharton.upenn.edu/podcast/knowledge-at-wharton-podcast/the-bitter-feud-behind-an-iconic-brand/.

381 J. H. Kellogg, "Autointoxication : Or, Intestinal Tox-emia," Wellcome Collection, 1919, https://wellcomecollection.org/works/k2pevucb.

382 "1935 Ex- Lax Laxatives Ad -Pretty Lady," eBay, 2023년 7월 14일 확인, https://www.ebay.com/itm/274448677808.

383 "Girls Don't Poop T- Shirt," Zazzle, 2023년 7월 14일 확인, https://www.zazzle.com/girls_dont_poop_t_shirt-235371393069503198?design.areas=%5Bzazzle_shirt_10x12_front%5D.

384 Micaela Sullivan- Fowler, "Doubtful Theories, Dras-tic Therapies: Autointoxication and Faddism in the Late Nineteenth and Early Twentieth Centuries," *Journal of the History of Medicine and Allied Sciences* 50, no. 3 (July 1, 1995): 364–90, https://doi.org/10.1093/jhmas/50.3.364; James C. Whorton, "The Phenolphthalein Follies: Purgation and the Pleasure Principle in the Early Twentieth Century," Pharmacy in History 35, no. 1 (1993): 3–24.

385 Richard Epps, *Constipation, Hypochondriasis, and Hysteria: Their Modern Treatment, second edition* (London: James Epps and Co., 1874), 69, 다음의 문헌에서 인용하였다. Amy Vidali, "Hysterical Again: The Gastro-intestinal Woman in Medical Discourse," *Journal of Medical Humanities* 34, no. 1 (2013): 46, https://doi.org/10.1007/s10912-012–9196-2.

386 Epps, *Constipation, Hypochondriasis, and Hysteria*, 69.

387 Ibid.

388 Samuel James Donaldson, "An Essay on Habit-ual Constipation" (New York: Press of E.P. Coby & Co., 1885), https://collections.nlm.nih.gov/catalog/nlm:nlmuid-101174525-bk. 다음 문헌에 인용되어 있다. Vidali, "Hysterical Again."

389 Andrew Fay Currier, "Constipation, Especially in Its Relations to the Diseases Peculiar to Women" (New York: D. Appleton & Company, 1893), https://digirepo.nlm.nih.gov/ext/dw/101692951/PDF/101692951.pdf.

390 Scott H. Podolsky, "Metchnikoff and the Micro-biome," *The Lancet* 380, no. 9856 (November 24, 2012): 1810–11, https://doi.org/10.1016/S0140–6736(12)62018-2.

391 WA Lane, "Results of the operative treat-ment of chronic constipation," *British Medical Journal* 1, (1908): 126–30, https://doi.org/10.1136/bmj.1.2456.232; WA Lane, "Chronic intestinal stasis: what are the indications for operative interference," The Lancet 193 (1919): 333–34; WA Lane, "An Address on Chronic Intestinal Sta-sis," British Medical Journal 1, no. 2528 (June 12, 1909): 1408–1411, doi: 10.1136/bmj.1.2528.1408.

392 J. H. KELLOGG, "SHOULD THE COLON BE SACRI-FICED OR MAY IT BE REFORMED?," *Journal of the American Medical Association* LXVIII, no. 26 (June 30, 1917): 1957–59, https://doi.org/10.1001/jama.1917.04270060365003.

393 토마스 코튼Thomas Cotton의 면역 장을 참고.

394 Mackenzie Morris et al., "William Arbuthnot Lane (1856-1943): Surgical Innovator and His Theory of Autointoxication," *The American Surgeon* 83, no. 1 (January 1, 2017): 1–2.

395 WA Lane, "Against white bread," *Journal of the American Medical Association* 83 (1924): 1179; WA Lane, Blazing the health trail (London: Faber & Faber, 1929), 16, https://archive.org/details/b2982199x/page/16/mode/2up; WA Lane, "An Address ON CHRONIC INTESTINAL STASIS AND CANCER," British Medical Journal 2, no. 3278 (October 27, 1923): 745–47, doi:10.1136 / bmj.2.3278.745; Sir William Arbuthnot Lane, Bart, CB, "Civilization's Curse Can Be Conquered,

Says Famous British MD in News Press," Ot-tawa Citizen, September 19, 1928.

396 Dr. Daniela Jodor-kovsky, 2023년 2월 12일, 저자와의 인터뷰.

397 Sir William Osler, *The Principles and Practice of Medicine* (New York: D. Appleton & Company, 1912), 551.

398 Dramatized case history based on first case report in: Benjamin V. White et al., *Mucous Colitis: A Psychological Medical Study of Sixty* Cases (Washington, DC: National Academies Press, 1939), https://doi.org/10.17226/20657.

399 Osler, *The Principles and Practice of Medicine*, 551.

400 Ibid.

401 Ibid.

402 Ibid., 552.

403 White et al., *Mucous Colitis*.

404 "WHITE, DR. BENJAMIN V., JR., M.D.," Hart-ford Courant, January 1, 2006, sec. Obituary, https://www.courant.com/news/connecticut/hc-xpm-2006-01-01-0512310827-story.html/.

405 Sayinthen Vivekanantham and Agneish Dutta, "Stanley Cobb (1887–1968): Studying the Link between the Mind and the Body," *Journal of Medical Biography* 22, no. 3 (August 2014): 176–80, https://doi.org/10.1177/0967772014526102.

406 Stanley Cobb, *Borderlands of Psychiatry* (Cambridge, MA: Harvard University Press, 1943), 19–21.

407 WILLIAM G. LENNOX and STANLEY COBB, "STUDIES IN EPILEPSY: VIII. THE CLINICAL EFFECT OF FAST-ING," *Archives of Neurology & Psychiatry* 20, no. 4 (October 1, 1928): 771–79, https://doi.org/10.1001/archneurpsyc.1928.02210160112009.

408 White et al., *Mucous Colitis*, 95.

409 *Western Rural and Livestock Weekly*, January 16, 1896, https://idnc.library.illinois.edu/cgi-bin/illinois?a=d&d=WRL18960116.2.6&e=-------en-20--21--img-txIN-constipation+women-.

410 "Dr. Pierce's Favorite Prescription," National Museum of American History, 1930, https://americanhistory.si.edu/collections/search/object/nmah_1298480.

411 Scott Eberle and Joseph A. Grande, *Second Looks: A Pictorial History of Buffalo and Erie County*, (Norfolk, VA: The Don-ning Co., 1993); Cynthia Van Ness, *Victorian Buffalo*, Western New York Wares, 1999; *Buffalo: Good Neighbors, Great Architecture*, by Nancy Blumen-stalk Mingus (Dover, NH: Arcadia Publishing, 2003).

412 Ray Vaughn Pierce, *The People's Common Sense Medical Adviser in Plain English: Or, Medicine Simplified* (Buf-falo, NY, and London: World's Dispensary Medical Association, 1918).

413 *Western Rural and Livestock Weekly*, January 16, 1896.

414 *Western Rural and Livestock Weekly*, January 16, 1896.

415 Valentine Mott Pierce, "An Attractive Woman," in *Safety First*, 19-- ?, http://archive .org /details / safetyfirstbydrv00pier.

416 Valentine Mott Pierce, "The Girl the Men Admire," in *Safety First*, 19-- ?, http://archive .org /details /safetyfirst bydrv00pier.

417 Kellogg's ALL- BRAN, "Don't Trifle with Constipation: Rid Your System of Its Disease- Causing Poisons with ALL- BRAN," *Ur-bana Daily Courier*, November 8, 1929, https://idnc.library.illinois.edu/?a=d&d=TUC19291108.2.31&e=-------en-20--1--img-txIN---------.

418 "Dr. R. V. Pierce," Buffalo as an Architectural Museum, 2023년 7월 13일 확인, https://www.buffaloah.com/a/main/651/index.html.

419 Ibid.; "A Cure for All That Ails You: Patent Medicine in Libertyville and Mundelein, 1850–1906.," *Shelf Life* (blog), September 6, 2019, https://shelflife.cooklib.org/2019/09/06/a-cure-for-all-that-ails-you-patent-medicine-in-libertyville-and-mundelein-1850–1906/.

420 Jessica Bennett and Amanda McCall, "Women Poop. Sometimes At Work. Get Over It.," *New York Times*, September 17, 2019, sec. Style, https://www.nytimes.com/2019/09/17/style/women-poop-

at-work.html.

421 Mohammad Alqudah et al., "Progester-one Inhibitory Role on Gastrointestinal Motility," *Physiological Research* 71, no. 2 (March 28, 2022): 193–98, https://doi.org/10.33549/physiolres.934824; A. Coquoz, D. Regli, and P. Stute, "Impact of Progesterone on the Gastrointestinal Tract: A Comprehensive Literature Review," Cli-macteric: The Journal of the International Menopause Society 25, no. 4 (August 2022): 337–61, https://doi.org/10.1080/13697137.2022.2033203.

422 Dr. Susan Lucak, 2022년 9월 12일, 저자와의 인터뷰.

423 Bennett McCall, "Women Poop. Sometimes At Work. Get Over It."

424 Ibid.

425 Susan Lucak, 2022년 9월 12일, 저자와의 인터뷰.

426 Dr. Gil Weitzman, 2022년 10월 1일, 저자와의 인터뷰.

427 Nick J. Spencer and Hongzhen Hu, "En-teric Nervous System: Sensory Transduction, Neural Circuits and Gas-trointestinal Motility," *Nature Reviews Gastroenterology & Hepatology* 17, no. 6 (June 2020): 338–51, https://doi.org/10.1038/s41575-020-0271-2.

428 Alexander C. Ford, Brian E. Lacy, and Nicholas J. Talley, "Irritable Bowel Syndrome," *New England Journal of Medicine* 376, no. 26 (June 29, 2017): 2566–78, https://doi.org/10.1056/NEJMra1607547.

429 Dr. Susan Lucak, 2022년 9월 12일, 저자와의 인터뷰.

430 Isabella Cueto, "From Social Media to Pink Billboards, It's Suddenly 'Hot' to Discuss Gut Diseases," *STAT* (blog), July 7, 2022, https://www.statnews.com/2022/07/07/from-social-media-to-pink-billboards-its-suddenly-hot-to-discuss-gut-diseases/.

7장 방광(비뇨기계) - 참고 참고 또 참은 천년의 세월

431 본 설명은 헨헤니트의 골반에 대한 문헌 기술과 기존의 역사적 극화 자료를 근거로 재구성된 것이다. D. E. Derry, "Note on Five Pelves of Women of the Eleventh Dynasty in Egypt," *BJOG: An International Journal of Obstetrics & Gynaecology* 42, no. 3 (1935): 490–95, https://doi.org/10.1111/j.1471-0528.1935.tb12160.x; L. Lewis Wall, Tears for My Sisters (Baltimore: Johns Hopkins University Press, 2018), https://doi.org/10.1353/book.57379.

432 헨헤니트에 대한 추가 정보는 다음 문헌도 참고하라. "Sarcophagus of the Hathor Priestess Henhenet," The Metropolitan Museum of Art, 2023년 3월 12일 확인, https://www.metmuseum.org/art/collection/search/544207.

433 Debra Bouwer, "Ancient Egyptian Health Related to Women: Obstetrics and Gynaecology" (Pretoria, South Africa: University of South Africa, Lambert Academic Publishing, 2013). Pelvic Figures on Pages 79–80.

434 Based on accounts found in Derry, "Note on Five Pelves of Women of the Eleventh Dynasty in Egypt." From Robert F. Zacharin, *Obstetric Fistula* (New York: Springer- Verlag, 1988). Reprinted with permission from Springer- Verlag.

435 John M. Stevens, "Gynaecology from Ancient Egypt: The Papyrus Kahun: A Translation of the Oldest Treatise on Gynaecology That Has Survived from the Ancient World," *Medical Journal of Australia* 2, no. 25–26 (1975): 952, https://doi.org/10.5694/j.1326-5377.1975.tb106465.x; 다음 문헌의 저자가 인용하고 있다. Carole Reeves, Egyptian Medicine (Princes Risborough, Buckinghamshire, UK : Shire Publications, 1992), 19, http://archive.org/details/egyptianmedicine0000reev.

436 다음 문헌에 인용되어 있다. Robert F. Zacharin, "Historical Introduction," in Obstetric Fistula, 2, https://doi.org/10.1007/978-3-7091-8921-4_1.

437 Ahmed M. Metwaly et al., "Traditional Ancient Egyptian Medicine: A Review," *Saudi Journal of Biological Sciences* 28, no. 10 (October 2021): 5823–32, https://doi.org/10.1016/j.sjbs.2021.06.044.

438 Avicenna: Zacharin, *Obstetric Fistula*.

439 Johann Friedrich Dieffenbach, *Die Operative Chirurgie*, (Leipzig Germany: F. A. Brockhaus, 1845); 다음 문헌에 인용되어 있다. Dirk Schultheiss, "A Brief History of Urinary Incon-tinence" (Hanover, Germany: Hannover Medical School, n.d.).

440 Ibid.

441 Faith Lagay, "The Legacy of Humoral Medicine," *AMA Journal of Ethics* 4, no. 7 (July 1, 2002): 206–8, https://doi.org/10.1001/virtualmentor.2002.4.7.mhst1–0207.

442 Reeves, *Egyptian Medicine*; Tanfer Emin Tunc, "Female Urinary Incontinence and the Construction of Nineteenth-Century Stigmatized Womanhood," *Urology* 71, no. 5 (May 2008): 767–70, https://doi.org/10.1016/j.urology.2007.11.053.

443 '정통'과 '비정통'의 역사에 관한 추가 논의는 다음 문헌을 참고하라. James C. Whorton, Nature Cures: *The History of Alternative Medicine in America* (Oxford, UK: Oxford University Press, 2002).

444 Deborah Kuhn McGregor, *From Midwives to Medicine: The Birth of American Gynecology* (New Brunswick NJ: Rutgers Uni-versity Press, 1998); Barbara Ehrenreich and Deirdre English, *Complaints and Disorders: The Sexual Politics of Sickness*, 2nd ed. (New York: The Femi-nist Press at the City University of New York, n.d.), 58.

445 "About the AUA," American Urological Association, 2023년 3월 13일 확인, https://www.auanet.org/about-us/aua-overview.

446 "The William P. Didusch Center for Urological History," 2023년 3월 13일 확인, https://urologichistory.museum/. 코로나19로 인한 접근 제한으로, 본 분석은 박물관의 온라인 전시 및 아카이브 자료에 근거하여 수행되었다.

447 American Urological Association, "The State of the Urology Workforce and Practice in the United States" (Lin-thicum, MD: American Urological Association, May 27, 2021).

448 "James Marion Sims, *The Story of My Life* (New York: D. Appleton & Company, 1894), 240.

449 llen Moynihan and Rich Schapiro, "Vandal Spray- Paints 'Racist' on Central Park Statue of Doctor Who Ex-perimented on Slaves," *New York Daily News*, August 26, 2017, https://www.nydailynews.com/new-york/manhattan/vandal-defaces-nyc-statue-doctor-experimented-slaves-article–1.3445268.

450 Sims, *The Story of My Life*, 57–58.

451 Ibid.

452 Ibid., 230.

453 Ibid., 231.

454 Ibid., 233.

455 Ibid., 237.

456 Ibid., 227.

457 Ibid., 240.

458 James Marion Sims, "Silver Sutures in Surgery: The Anniversary Discourse before the New York Academy of Medicine" (New York : Samuel S. and William Wood, 1857), 31, https://collections.nlm.nih.gov/catalog/nlm:nlmuid-66910990R-bk.

459 J. Davies, "Urinary stress incontinence," *Surgery, Gynecology & Obstetrics* 67 (1938): 273.

460 Theodore Gaillard Thomas and Paul Fortuna-tus Mundé, *A Practical Treatise on the Diseases of Women* (Philadelphia, H. C. Lea's Son & Co., 1880), http://archive. org /details /practicaltreatis1880thom.

461 Ibid., 42.

462 Alexander Johnston Chalmers Skene, *Diseases of the Bladder and Urethra in Women* (New York: W. Wood & Company, 1887), 52, https://catalog.hathitrust.org/Record/009703114.

463 Ibid.

464 Ibid.

465 E. C. Dudley, "The Expansion Of Gynecology, And A Suggestion For The Surgical Treatment Of

Incontinence Of Urine In Women," *Journal of the American Medical Association* XLIV, no. 22 (June 3, 1905): 1738–42, https://doi.org/10.1001/jama.1905.92500490014001g.

466 Lawrence R. Wharton, "The Non-operative Treatment of Stress Incontinence in Women," *American Journal of Obstetrics & Gynecology* 66, no. 5 (November 1, 1953): 1122, https://doi.org/10.1016/S0002–9378(16)38622-7.

467 Ibid., 1126.

468 사례는 다음 문헌에 제시된 보고서를 근거로 극화되었다. J. E. Bowers, B. E. Schwarz, and M. J. Leon, "Masochism and Interstitial Cystitis: Re-port of a Case," *Psychosomatic Medicine* 20, no. 4 (August 1958): 296–302, https://doi.org/10.1097/00006842–195807000-00003.

469 Ibid., 301.

470 Berthold E. Schwarz, M.D., *UFO Dynamics: Psychiatric and Psychic Aspects of the UFO Syndrome* (CreateSpace Independent Publishing Platform, 1988).

471 Maurice K. Chung, Rosemary P. Chung, and David Gor-don, "Interstitial Cystitis and Endometriosis in Patients With Chronic Pelvic Pain: The 'Evil Twins' Syndrome," *JSLS : Journal of the Society of Lap-aroendoscopic Surgeons* 9, no. 1 (2005): 25–29.

472 Bowers et al., "Masochism and Interstitial Cystitis," 301.

473 Ibid., 297.

474 Schwarz, *UFO Dynamics*.

475 Ibid.

476 O. Spurgeon English, "The Psy-chosomatic Approach in *Urology*," in Urology, vol. 3, 1970.

477 Magnus Fall et al., "Hunner Lesion Disease Differs in Diagnosis, Treatment and Outcome from Bladder Pain Syndrome: An ESSIC Working Group Report," *Scandinavian Journal of Urology* 54, no. 2 (April 2020): 91–98, https://doi.org/10.1080/21681805.2020.1730948.

478 Guy L. Hunner, "Neurosis of the Bladder," *The Jour-nal of Nervous and Mental Disease* 76, no. 5 (November 1932): 505.

479 다음 문헌에서 인용하였다. Simon Levin, "So- Called Bladder Diseases," *The Journal of the Michigan State Medical Society* 17 (1918): 317.

480 English, "The Psychosomatic Approach in Urology," 2053.

481 "O. S. English, 92; Psychiatrist Linked Mental and Physical," *New York Times*, October 7, 1993, sec. D, 21.

482 O. Spurgeon English, "The Psychosomatic Approach in Urology," 248.

483 English, "The Psychosomatic Approach in Urology," 253.

484 English, "The Psychosomatic Approach in Urology," 238.

485 Angelish Kumar, 2022년 10월 1일, 저자와의 인터뷰.

486 Sari Rosenberg, "April 26, 1969: Assemblywoman March Fong Eu Smashed a Toilet to Protest the Inequity of Pay Toilets," Lifetime, April 26, 2018, https://www.mylifetime.com/she-did-that/april-26-1969-assemblywoman-march-fong-eu-smashed-a-toilet-to-protest-the-inequity-of-pay-toilets.

487 Ruchi Kumar, "For Many Indian Women, Lack of Toilet Access Poses Health Risks," *Undark*, July 20, 2022, https://undark.org/2022/07/20/for-many-indian-women-lack-of-toilet-access-poses-health-risks/.

488 Ushma J. Patel etal., "Updated Prevalence of Urinary Incontinence in Women: 2015–2018 National Population- Based Survey Data," *Female Pelvic Medicine & Recon-structive Surgery* 28, no. 4 (April 1, 2022): 181–87, https://doi.org/10.1097/SPV.0000000000001127.

489 American Urological Association, "The State of the Urology Workforce and Practice in the United States."

490 Angelish Kumar, 2022년 10월 1일, 저자와의 인터뷰.

491 American Urological Association, "The State of the Urology Workforce and Practice in the United States."

492 Angelish Kumar, 2022년 10월 1일, 저자와의 인터뷰.

493 Kimberly- Clark Cor-poration, "Kimberly Clark : Brooke Burke- Charvet And Poise Brand Encourage Women Everywhere To Seize Their Poise Moment," Mar-ketScreener, January 20, 2016, https://m.marketscreener.com/quote/stock/KIMBERLY-CLARK-CORPORATIO-13266/news/Kimberly-Clark-Brooke-Burke-Charvet-And-Poise-Brand-Encourage-Women-Everywhere-To-Seize-Their-Pois–21717718/.

8장 방어(면역계) - 자기파괴

494 The Philmar Company, 1911), 14, 다음 문헌에 인용되어 있다. Mary Spongberg, *Feminizing Venereal Disease: The Body of the Prostitute in Nineteenth- Century Medical Discourse* (New York: New York University Press, 1998), 4.

495 Irvine Loudon, "Ignaz Phillip Sem-melweis' Studies of Death in Childbirth," *Journal of the Royal Society of Med-icine* 106, no. 11: 461–63, https://doi.org/10.1177/0141076813507844.

496 Theodore H. Tulchinsky, Elena A. Varavikova, and Matan J. Cohen, "Chapter 1 -A History of Public Health," in *The New Public Health* (Fourth Edition), ed. Theodore H. Tulchinsky, Elena A. Varavikova, and Matan J. Cohen (San Diego: Academic Press, 2023), 1–54, https://doi.org/10.1016/B978-0-12-822957-6.00009-0, original Latin can be found at https://penelope.uchicago.edu/Thayer/L/Roman/Texts/Vitruvius/1*.html#4.1.

497 Ibid.

498 Ignaz Semmelweis, *Die Aetiologie, der Begriff und die Prophylaxis des Kindbettfiebers* [The Etiology, Concept and Pro-phylaxis of Childbed Fever] (Budapest and Vienna: Harteleben, 1861), trans. K. Codell Carter (Madison, WI: University of Wisconsin Press, 1983).

499 Antonie van Leeuwenhoek to Henry Oldenburg, October 9, 1676, in *Antony Van Leeuwenhoek and His "Little Animals": Being Some Account of the Father of Protozoology and Bacteriology and His Multifarious Discoveries in These Disciplines*, ed. and trans. Clifford Dobell (New York: Russell and Russell, 1958), 144.

500 "Germ Theory," CURIOSity Collec-tions, Harvard Library, March 26, 2020, https://curiosity.lib.harvard.edu/contagion/feature/germ-theory.

501 Spongberg, *Feminizing Venereal Disease*.

502 Verrier Elwin, "The Vagina Dentata Legend," *British Journal of Medical Psychology* 19, no. 3–4 (1943): 439–53, https://doi.org/10.1111/j.2044-8341.1943.tb00338.x.

503 William Acton, *A Com-plete Practical Treatise on the Venereal Diseases and Their Immediate and Remote Consequences* (London: Henry Renshaw, 1841), 3, 다음 문헌에서 인용하였다. Spongberg, Feminizing Venereal Disease, 3.

504 Acton, A *Complete Practical Treatise*, 3, 다음 문헌에서 인용하였다. Spongberg, *Feminizing Venereal Disease*, 3.

505 Girolamo Fracastoro, *Syphilis*, 14, 다음 문헌에 인용되어 있다. Spongberg, *Fem-inizing Venereal Disease*, 4.

506 Ewan Morgan, "The Physician Who Presaged the Germ Theory of Disease Nearly 500 Years Ago," *Scientific Amer-ican*, January 22, 2021, https://www.scientificamerican.com/article/the-physician-who-presaged-the-germ-theory-of-disease-nearly-500-years-ago/; Vivian Nutton, "The Reception of Fracastoro's Theory of Con-tagion: The Seed That Fell Among Thorns?" Osiris 6 (1990): 196–234,https://doi.org/10.1086/368701.

507 K. Codell Carter, Scott Abbott, and James L. Sie-bach, "Five Documents Relating to the Final Illness and Death of Ignaz Semmelweis," *Bulletin of the History of Medicine* 69, no. 2 (1995): 255–70.

508 Semmelweis, *The Eti-ology*.

509 Nina Strochlic, "'Wash Your Hands' Was Once Controversial Medical Advice," *National Geographic*, March 6, 2020, https://www.nationalgeographic.com/history/article/handwashing-once-controversial-medical-advice.

510 "Women Blamed for Spread of La Grippe, Ex-posed Ankles Menace," *Daily Oklahoman*, January 6, 1916, retrieved from Twitter, https://twitter.com/paulisci/status/1626364131946422272.

511 Nancy Tomes, *The Gospel of Germs: Men, Women, and the Microbe in American Life* (Cambridge, MA: Harvard Uni-versity Press, 1990), 137.

512 Theresa Machemer, "When a Women- Led Campaign Made It Illegal to Spit in Public in New York City," *Smithsonian Magazine*, February 10, 2020, https://www.smithsonianmag.com/history/19th-century-public-health-campaign-made-it-illegal-spit-public-new-york-city-180974023/; "Spitting in Conveyances," New York Times, June 15, 1896,https://timesmachine.nytimes.com/timesmachine/1896/06/15/503187512.pdf.

513 Tomes, *The Gospel of Germs*, 215.

514 Tomes, *The Gospel of Germs*, cover photo.

515 "The Rainy Day Club," *New York Times*, November 26, 1905, 6, https://timesmachine.nytimes.com/timesmachine/1905/11/26/issue.html.

516 "Public School Instruction in Cooking," *Journal of the American Medical Association* 32 (1899): 1183, 다음 문헌에 인용되어 있다. Barbara Ehrenreich and Deirdre En-glish, *For Her Own Good: Two Centuries of the Experts' Advice to Women* (New York: Anchor Books, 2005), 168.

517 "Typhoid Mary," *New York American*, June 20, 1909, 다음에서 인용. Judith Walzer Leavitt, *Typhoid Mary: Captive to the Public's Health* (Boston: Beacon Press, 1996), 180.

518 메리 말론에 대해서는 다음 문헌을 참고하라. Janet Brooks, "The Sad and Tragic Life of Typhoid Mary," *Canadian Medical Association Journal* 154, no. 6 (1996): 915–16; Leavitt, *Typhoid Mary*; Filio Marineli et al., "Mary Mallon (1869–1938) and the History of Typhoid Fever," *Annals of Gastroenterology* 26, no. 2 (2013): 132–34; Robert Moorhead, "William Budd and Typhoid Fever," *Journal of the Royal Society of Medicine* 95, no. 11 (2002): 561–64, https://doi.org/10.1177/014107680209501115; George A. Soper, "The Curious Career of Typhoid Mary," Bulletin of the New York Academy of Medicine 15, no. 10 (1939): 698–712. 말론이 작성한 서신의 재인쇄본은 다음 문헌을 참조하라. "In Her Own Words," NOVA, accessed April 9, 2023,https://www.pbs.org/wgbh/nova/typhoid/letter.html.

519 Noah Sheidlower, "Then and Now: Millionaire's Row Mansions of Fifth Avenue," Untapped New York, 2023년 7월 14일 확인, https://untappedcities.com/2021/05/19/millionaires-row-5th-avenue-mansions/.

520 "Typhoid Mary," New York Public Library Digital Collections, 2023년 4월 9일 확인, https://digitalcollections.nypl.org/items/85674452-ba9e-6934-e040-e00a180606cf.

521 Ibid.

522 사례 숫자는 확실하지 않다. Leavitt, *Typhoid Mary*, 56; Brian Maye, "An Irishman's Diary on 'Typhoid Mary,' " *Irish Times*, Feb-ruary 10, 2015, https://www.irishtimes.com/culture/heritage/an-irishman-s-diary-on-typhoid-mary-1.2097327.

523 Leavitt, *Typhoid Mary*.

524 Marineli et al., "Mary Mallon (1869–1938) and the History of Typhoid Fever."

525 Leavitt, *Typhoid Mary*.

526 *Fighting for Life* (New York: Macmillan Co., 1939), 75, 다음 문헌에서 인용하였다. Leavitt, *Typhoid Mary*, 45.

527 Baker, *Fighting for Life*, 79, 다음 문헌에서 인용하였다. Leavitt, *Typhoid Mary*, 46.

528 Baker, *Fighting for Life*, 80.

529 메리 말론이 조지 프랜시스 오닐에게 보낸 서신은 다음 문헌에서 확인 가능하다. "Letter from Mary Mallon: On Being 'Typhoid Mary,' " CommonLit, 2023년 4월 15일 확인, https://www.commonlit.

org/en/texts/letter-from-mary-mallon-on-being-typhoid-mary.

530 Ibid.

531 " 'Typhoid Mary' Reappears," *New York Tribune*, March 29, 1915, 8, 다음에서 인용. Leavitt, *Typhoid Mary*, 151.

532 "Typhoid Mary," *New York American*, 다음에서 확인 가능. March 21, 2016, https://upload.wikimedia.org/wikipedia/commons/f/fd/Mallon-Mary_01.jpg.

533 Martin Luther, "Warning Against Prostitutes," May 13, 1543, in *Luther: Letters of Spiritual Counsel*, ed. and trans. Theodore G. Tappert (Vancouver: Regent College Publishing, 2003), 293.

534 Horatio R. Storer, "Cases of Nymphomania," *American Journal of the Medical Sciences* 32, no. 64 (1856): 378–87.

535 Robert Latou Dickinson and Lura Beam, "Chapter IV: Anatomical Evidence of Sex Ex-perience," in *A Thousand Marriages. A Medical Study of Sex Adjustment*. (Bal-timore: Williams & Wilkins, 1931), 50–54, https://catalog.hathitrust.org/Record/001580627.

536 Ibid., 53–54.

537 Spongberg, *Fem-inizing Venereal Disease*, 7.

538 C. Walter Clarke, "The American Social Hygiene Association," *Public Health Reports* 70, no. 4 (1955): 421–27, https://doi.org/10.2307/4589089.

539 아메리칸 플랜에 대한 포괄적 검토는 다음 문헌을 참고하라. Scott Wasserman Stern, *The Trials of Nina McCall: Sex, Surveil-lance, and the Decades- Long Government Plan to Imprison "Promiscuous" Women* (Boston: Beacon Press, 2015).

540 Ibid.

541 Scott W. Stern, "America's Forgotten Mass Imprisonment of Women Believed to Be Sexually Immoral," His-tory, July 21, 2019, https://www.history.com/news/chamberlain-kahn-act-std-venereal-disease-imprisonment-women.

542 "Two girls I know want to meet you in the worst way" poster, ca. 1941–1945; 515887, World War II Posters, Record Group 44: Records of the Office of Government Reports, National Archives at College Park, College Park, MD, https://catalog.archives.gov/id/515887.

543 "She May Look Clean—B ut" poster, 1914, 101584655X24, History of Medicine Division Prints and Photographs Collection, National Library of Medicine, Bethesda, MD, https://profiles.nlm.nih.gov/spotlight/vc/catalog/nlm:nlmuid–101584655X24-img.

544 "She may be . . . a bag of TROUBLE" poster, 1940, swhp0131m, American Social Health Association Records (1905–2005), University of Minnesota, Social Welfare History Archives, University of Minesota Libraries, Minneapolis, MN, https://umedia.lib.umn.edu/item/p16022coll223:16.

545 Stern, "America's Forgotten Mass Imprisonment of Women Believed to Be Sexually Immoral."

546 William G. Hollister, "The Rapid Treatment Center: A New Weapon in Venereal Disease Control," *Mississippi Doctor* 21 (1944): 316–19, quotation on 316 (italics added), 다음에 인용되어 있다. John Parascandola, "Presidential Address: Quarantining Women: Ve-nereal Disease Rapid Treatment Centers in World War II America," *Bul-letin of the History of Medicine* 83, no. 3 (2009): 443.

547 패런과 터스키기에 대한 자세한 정보는 다음 문헌을 참고하라. Allan M. Brandt, "Racism and Research: The Case of the Tuskegee Syphilis Study," *The Hastings Center Report* 8, no. 6 (1978): 21–29; James H. Jones, *Bad Blood: The Tuskegee Syphilis Experiment* (New York: Free Press, London: Collier-Macmillan Publishers, 1981); Susan M. Reverby, *Tuskegee's Truths: Rethinking the Tuskegee Syphilis Study* (Chapel Hill, NC: University of North Carolina Press, 2000).

548 Aaryn Urell, "Tuskegee Syphilis Exper-iment," Equal Justice Initiative, October 31, 2020, https://eji.org/news/history-racial-injustice-tuskegee-syphilis-experiment/.

549 D. Sledge, "Linking Public Health and Individual Medicine: The Health Policy Approach of Sur-geon General Thomas Parran," *American Journal of Public Health* 107, no. 4 (2017): 509–16,

https://www.ncbi.nlm.nih.gov/pmc/articles/PMC5343701/.

550 Kristin Englund, "Syphi-lis 100 Years Later," Consult QD, Cleveland Clinic, November 21, 2017, https://consultqd.clevelandclinic.org/syphilis-100-years-later/.

551 Paul de Kruif and Thomas Parran, "We Can End This Sorrow," *Ladies' Home Journal*, August 1937, 23, 88–90.

552 G. Robert Coatney to John C. Cutler, February 17, 1947, 5720548, box 1a, folder 11, Records of Dr. John C. Cutler, National Archives at Atlanta, Atlanta, GA, https://www.archives.gov/research/health/cdc-cutler-records.

553 뒤따르는 수용소와 장면에 대한 묘사는 다음 문헌을 근거로 하였다. United States Public Health Service, "A Venereal Disease Rapid Treatment Center," 1944: Washington, DC, 8800496A, History of Medicine Division Collection, National Library of Medicine, Bethesda, MD, https://collections.nlm.nih.gov/catalog/nlm:nlmuid-8800496A-vid.

554 Ibid.

555 영화 〈Know for Sure〉 (Re-search Council of the Academy of Motion Picture Arts and Sciences for USPHS, 1941), 1941, https://www.youtube.com/watch?v=ac8xEUdiQbl.

556 United States Public Health Service, "A Venereal Disease Rapid Treatment Center."

557 Lysol, "Love- Quiz . . . For Married Folks Only," *Radio and Television Mirror*, May 1948, 88, https://worldradiohistory.com/Archive-Radio-Mirror/48/Mirror-1948–May.pdf.

558 obert A. Baan, "Carcinogenic Hazards from Inhaled Carbon Black, Titanium Dioxide, and Talc Not Containing Asbestos or Asbestiform Fibers: Recent Evaluations by an IARC Monographs Working Group," *Inhala-tion Toxicology* 19, no. S1 (2007): 213–28, https://doi.org/10.1080/08958370701497903; American Cancer Society, "Talcum Powder and Can-cer," December 6, 2022, https://www.cancer.org/healthy/cancer-causes/chemicals/talcum-powder-and-cancer.html.

559 Tiffany Hsu, "Johnson & Johnson Reaches Deal for $8.9 Billion Talc Settlement," *The New York Times*, April 4, 2023, sec. Business. https://www.nytimes.com/2023/04/04/business/media/johnson-johnson-talc-settlement.html.

560 Centers for Disease Control and Prevention, "Human Papillomavirus (HPV) Vaccination: What Everyone Should Know," November 16, 2021, https://www.cdc.gov/vaccines/vpd/hpv/public/; "Dr. Anna Beavis Discusses Gender Differences in HPV Vaccination," American Journal of Managed Care, March 25, 2018, https://www.ajmc.com/conferences/sgo-2018/dr-anna-beavis-discusses-gender-differences-in-hpv-vaccination; Tami L. Thomas and Samuel Snell, "Ask the Expert: Vaccinate Boys with the HPV Vaccine? Really?" Journal for Specialists in Pediatric Nursing 18, no. 2 (2013): 165–69, https://doi.org/10.1111/jspn.12025 and Corrigendum, Journal for Specialists in Pe-diatric Nursing 19, no.1 (2014): 101, https://doi.org/10.1111/jspn.12061.

561 U.S. Food and Drug Adminis-tration, "Gender Studies in Product Development: Historical Overview," February 16, 2018, https://www.fda.gov/science-research/womens-health-research/gender-studies-product-development-historical-overview.

562 Institute of Medicine (US) Committee on Under-standing the Biology of Sex and Gender Differences, *Exploring the Bi-ological Contributions to Human Health: Does Sex Matter?*, ed. Theresa M. Wizemann and Mary- Lou Pardue, The National Academies Collection: Reports Funded by National Institutes of Health (Washington DC: National Academies Press, 2001), http://www.ncbi.nlm.nih.gov/books/NBK222288/.

563 "Who We Are," Organi-zation for the Study of Sex Differences, 2023년 4월 5일 확인, https://www.ossdweb.org/who-we-are.

564 National Institutes of Health Office of Research on Women's Health, "NIH Policy on Sex as a Biological Vari-able," n.d., https://orwh.od.nih.gov/sex-gender/nih-policy-sex-biological-variable.

565 Robert H. Goldstein and Rochelle P. Walensky, "Where Were the Women? Gender Parity in

Clinical Tri-als," *New England Journal of Medicine* 381, no. 26 (2016): 2491–93, https://doi.org/10.1056/NEJMp1913547.

566 Sabra L. Klein and Rose-mary Morgan, "The Impact of Sex and Gender on Immunotherapy Out-comes," *Biology of Sex Differences* 11, no. 24 (2020), https://doi.org/10.1186/s13293-020-00301-y; Azzurra Irelli et al., "Sex and Gender Influences on Cancer Immunotherapy Response," Biomedicines 8, no. 232 (2020), https://doi.org/10.3390/biomedicines8070232; Youqiong Ye et al., "Sex- Associated Molecular Differences for Cancer Immunotherapy," Nature Communications 11, no. 1779 (2020), https://doi.org/10.1038/s41467-020–15679-x.

567 Edward Winstead, "Severe Side Effects of Cancer Treatment Are More Common in Women than Men," *National Cancer Institute*, March 15, 2022, https://www.cancer.gov/news-events/cancer-currents-blog/2022/cancer-treatment-women-severe-side-effects.

568 Fariha Angum, Tahir Khan, Jasndeep Kaler, et al., "The Prevalence of Autoimmune Disorders in Women: A Narrative Review," *Cureus* 12, no. 5 (May 13, 2020): e8094, doi:10.7759/cureus.8094.

569 Michael Lockshin, 2023년 1월 16일, 저자와의 전화 인터뷰. 닥터 마이클 록신은 특별외과병원 내 바바라 볼커 여성 및 류마티스 질환 센터의 명예 소장이다.

570 Michael D. Lockshin, "Lupus Care: The Past, the Present, and the Future," Hospital for Special Surgery, May 21, 2013, https://www.hss.edu/conditions_lupus-care-past-present-and-future.asp.

571 Michael Lockshin, 2023년 1월 16일, 저자와의 전화 인터뷰.

572 M. D. Lockshin, E. Reinitz, M.L. Druzin; M. Murrman, D. Estes, "Lupus pregnancy: case- control study demonstrating absence of lupus exacerbation during or after pregnancy," *The American Jour-nal of Medicine* 77, no. 5 (1984): 893–98, https://doi.org/10.1016/0002-9343(84)90538-2; M. D. Lockshin, "Pregnancy does not cause systemic lupus erythematosus to worsen," Arthritis and Rheumatism 32, no. 6 (1989): 665–70; Lockshin, "Lupus Care."

573 Michael Lockshin, 2023년 1월 16일, 저자와의 전화 인터뷰.

574 Michael D. Lockshin, "Discus-sion of Diagnostic Excellence," *Journal of the American Medical Association* 327, no. 9 (March 1, 2022): 879–80, https://doi.org/10.1001/jama.2021.25262.

575 Elizabeth Ortiz, 2022년 12월 19일, 저자와의 전화 인터뷰. 닥터 엘리자베스 오티스는 내과와 류마티스 내과 두 분야에서 보드 자격을 취득한 전문의이다.

576 Ibid.

577 Ibid.

578 Ibid.

579 Bernie S. Siegel, *Love, Medicine & Miracles* (New York: HarperCollins Publish-ers, 1986), 77.

580 Michael Majchrowicz, "Women's Menstrual Cycles and Fertility Are Affected by Being Around People Who Have Received COVID-19 Vac-cine," *PolitiFact*, April 21, 2021, https://www.politifact.com/factchecks/2021/apr/21/facebook-posts/no-womens-cycles-and-fertility-are-not-affected-be/.

581 Katharine M. N. Lee et al., "Investigating Trends in Those Who Experi-ence Menstrual Bleeding Changes After SARS- CoV-2 Vaccination," *Sci-ence Advances* 8, no. 28 (2022), https://doi.org/10.1126/sciadv.abm7201.

582 Dr. Katharine Lee, 2023년 1월 10일, 저자와의 전화 인터뷰.

583 Ibid.

9장 신경계(신경과민) - '여자들은 다 미쳤어'라고 믿는 의학 분야

584 https://www.brainyquote.com/quotes/w_c_fields_384250.

585 William Shakespeare, *Hamlet: A Tragedy* (New York: McClure, Phillips & Co., 1901).

586 *As Good As It Gets*, 1997.

587 Silas Weir Mitchell, *Wear and Tear, or, Hints for the Overworked*, 5th ed. (Philadelphia: J.B. Lippincott, 1887), https://www.gutenberg.org/files/13197/13197-h/13197–h.htm.

588 Charles Darwin, *The Descent of Man, and Selection in Relation to Sex* (London: J. Murry, 1888), 361.

589 *The Simpsons*, season 10, ep-isode 15, "Marge Simpson in: Screaming Yellow Honkers," 1999년 2월 21일 방영, https://getyarn.io/yarn-clip/fd8f5ea8-d08f-4033-9720-246e4ffcb6e9.

590 Aristotle, *The History of Animals*," book IX, trans. D'Arcy Wentworth Thompson, 4th Century BC, https://penelope.uchicago.edu/aristotle/histanimals9.html.

591 Charles Dickens, "A Curious Dance Round a Curious Tree," *Household Words* (1850): 59.

592 Pierre Janet, *The Major Symptoms of Hysteria: Fifteen Lectures Given in the Medical School of Harvard University* (New York: Macmillan, 1913).

593 Augustin Fabre, *L'hystérie Viscérale —Nouveaux Fragments de Clinique Médicale* (Paris: Paris: Adrien Delahaye et Emile Lec-rosnier, 1883). 다음 문헌에 인용되어 있다. Elaine Showalter, "Hysteria, Feminism, and Gender," in *Hysteria Beyond Freud* by Sander L. Gilman et al., (Berkeley, CA: University of California Press, 1993), 286, https://publishing.cdlib.org/ucpressebooks/view?chunk.id=d0e14039&docId=ft0p3003d3.

594 Charles Delucena Meigs, *Females and Their Diseases: A Series of Letters to His Class* (Philadelphia: Lea and Blanchard, 1848), 47.

595 "Bitch Is Crazy," track 13 on Drake, *Comeback Season*, OVO Sound, 2007.

596 BA Winstead, "Hysteria," in CS Widom, ed., *Sex Roles and Psychopathology* (New York: Springer US, 1984), 73–100.

597 *The Heartbreak Kid* (DreamWorks Pic-tures, 2007), https://www.youtube.com/watch?v=equO2509niE.

598 Désiré- Magloire Bourneville, *Iconographie photographique de la Salpêtrière* v.2 (Paris: Progrès médical, 1877), http://archive. org /details /McGillLibrary -osl _iconographie -photographique _ WMB775i1880 -v2 -18483. 더불어 다음을 참고하라. Asti Hustvedt, *Medical Muses: Hysteria in Nineteenth- Century Paris* (New York: W. W. Norton & Company, 2011), 167.

599 Paul Regnard, *Hystero- Epilepsy: Normal State*, Photograph of Augustine Gleizes by Paul Regnard for Désiré- Magloire Bourneville; Paul Regnard, *Iconographie photographique de la Salpêtrière*, vol. 2 (Paris: Aug Bureaux du Progres Medical, Delahaye & Lecrosnier, 1878), plate 14; Yale University, Harvey Cushing/John Hay Whitney Medical Library; 다음의 166쪽에 인용되어 있다. *Medical Muses*. 살페트리에르에서 치료받은 세 여성에 대한 상세한 기록은 다음을 참고하라. Medical Muses, Hysteria in Nineteenth- Century Paris, Asti Hustvedt, *Medical Muses*.

600 다음 문헌에서 인용하였다. Asti Hustvedt, *Medical Muses*.

601 Hustvedt, *Medical Muses*, 167.

602 "Hôpital Universitaire Pitié- Salpêtrière: UNE PAGE D'HISTOIRE," Hôpital Pitié- Salpêtrière AP- HP, n.d., https://pitiesalpetriere.aphp.fr/wp-content/blogs.dir/58/files/2016/12/Une-page-dhistoire.pdf.

603 다음 문헌을 참조하라. *Iconographie photo-graphique de la Salpêtrière* v.2., 139, as referenced in *Medical Muses*, 더불어 다음도 참조하라. *Medical Muses*, 153.

604 *Iconographie photographique de la Salpêtrière* 2., 139. 오귀스틴과 Mr.C에 대한 상세한 기록은 다음 문헌에 인용되어 있다. *Medical Muses*, 145–211, specifically page 190.

605 Review of *Iconographie photographique de la Salpêtrière*, British Medical Journal 1, no. 962 (June 7, 1879): 856, 다음 문헌에 인용되어 있다. *Medical Muses*, 193.

606 *Medical Muses*, 193.

607 "Passionate Attitudes: Mockery," photograph of Augustine Gleizes by Paul Regnard for Désiré- Magloire Bourneville and Paul Regnard, *Iconographie photographique de la Salpêtrière*, vol. 2 (Paris: Aux Bureaux de Progres Medical, Delahaye & Lecrosnier, 1878), plate 26; Yale University, Harvey Cushing/John Hay Whitney Medical Library (as fea-tured in *Medical Muses*, 183).

608 다음 문헌에 인용되어 있다. Ed-ward Shorter, *From Paralysis to Fatigue: A History of Psychosomatic Illness in the Modern Era* (New York: Free Press, 1992), 168. 다음 문헌은 장마르탱 샤르코에 관한 원 출처이다. "Hospice de la Salpetriere: Reouverture des conferences Clinique de M. Charcot," *Prog. Med.*

8 (November 27,1880): 969–71, quote from 970.

609 Percival Bailey, "Hysteria: The History of a Dis-ease.," *Archives of General Psychiatry* 14, no. 3 (March 1, 1966): 332–33, https://doi.org/10.1001/archpsyc.1966.01730090108024.

610 히스테리증의 초기 역사에 관한 포괄적인 정보는 다음 문헌을 참고하라. Andrew Scull, *Hysteria: The Disturbing History* (Ox-ford, UK: Oxford University Press, 2012).

611 Bailey, "Hysteria: The History of a Disease."

612 Cecilia Tasca, Mariangela Rapetti, Mauo Giovanni Carta, and Bianca Fadda, "Women and Hysteria in the History of Mental Health" *Clinical Practice & Epidemiology in Mental Health* 8, no. 1 (Octo-ber 9, 2012): 110–19, doi:10.2174/1745017901208010110.

613 Edward Jorden, *A Briefe Discourse of a Disease Called the Suffocation of the Mother* (London: Iohn Windet, 1603).

614 다음 문헌에 인용되어 있다. Gilman et al., *Hysteria Beyond Freud*, 252.

615 Ibid.

616 From Elaine Showalter, *The Female Malady* (New York: Pantheon Books, 1985), 다음에서 언급된다. "The Hatch and Brood of Time 12: Ophelia's Distraction," *The Yale Historical Review*, December 14, 2020, https://yalehistoricalreview.ghost.io/hatchandbrood12/.

617 John Everett Millais, Ophelia, 1894, Oil paint on canvas, 1894, Tate, https://www.tate.org.uk/art/artworks/millais-ophelia-n01506.

618 Maurice Charney and Hanna Charney, "The Language of Madwomen in Shakespeare and His Fellow Dramatists," *Signs: Journal of Women in Culture and Society* 3, no. 2 (December 1977): 451–60, https://doi.org/10.1086/493476; E. R. Leach, "Magical Hair," The Jour-nal of the Royal Anthropological Institute of Great Britain and Ireland 88, no. 2 (1958): 147–64,https://doi.org/10.2307/2844249.

619 Jean- Martin Charcot, L'hystérie, ed. Etienne Trillat, reprint (Paris: L'Harmattan, 1998), 50–51. 다음 문헌에 인용되어 있다. *Medical Muses*, 52.

620 André Brouillet, *A Clinical Lesson at the Salpêtrière*, 1887, oil paint.

621 상세한 내용은 다음 문헌에 인용되어 있다. *Medical Muses*, 192, and originally in *Iconographie photographique de la Salpêtrière*, vol 2., 160.

622 Sallie Baxendale and Fiona Marshall, "The Epileptic Singers of Belle Époque Paris," *Medical Humanities* 38, no. 2 (De-cember 2012): 88–90, https://doi.org/10.1136/medhum–2011-010124.

623 그녀가 남장을 하고 탈출한 동기에 대한 상세한 서술과 이론에 대해서는 다음 문헌을 참조하라. *Medical Muses*, 207; also "Alice Winocour's Augus-tine | Fiction and Film for French Historians," H- france. net, July 1, 2013, retrieved August 26, 2017.

624 Alfred Myerson, "Hysteria as a Weapon in Marital Conflicts," *The Journal of Abnormal Psychology* 10, no. 1 (1915): 1–10, https://doi.org/10.1037/h0073548.

625 George Miller Beard, *American Nervousness, Its Causes and Consequences: A Supple-ment to Nervous Exhaustion* (Neurasthenia) (New York: Putnam, 1881).

626 다음에서 인용. Mitchell, *Wear and Tear, or, Hints for the Over-worked*, 49.

627 Josef Breuer and Sigmund Freud, *Studies on Hysteria* (New York: Basic Books, 2009).

628 Charles Darwin, *The Autobiography of Charles Darwin, 1809– 1888: With Original Omissions Restored* (New York: W. W. Norton & Company, 1969), 233, http://archive .org /details /autobiographyofc0000nora.

629 Edward H. Clarke, *Sex in Education, or, A Fair Chance for Girls* (Cambridge, MA: Houghton, Mifflin and Company, Riverside Press, 1884), 18, https://wellcomecollection.org/works/pz48qg24/items.

630 Clarke, *Sex in Education, or, A Fair Chance for Girls*.

631 Silas Weir Mitchell, *Fat and Blood: An Essay on the Treatment of Certain Forms of Neurasthenia and Hysteria*, 4th ed., rev. with additions (Phil-adelphia: Lippincott, 1885); S. Weir Mitchell and E. C. Seguin, *A Series of American Clinical Lectures: Rest in the Treatment of Nervous Disease*, vol.1, nos. 1, 4 (New York: G. P. Putnam's Sons, 1875), https://corescholar.libraries.wright.edu/cgi/viewcontent.cg

i?referer=&httpsredir=1&article=1006&context=special_books.

632 Mitchell, *Fat and Blood*, 58.

633 Charlotte Perkins Gilman, "The Yellow WallPaper," 1892, https://www.nlm.nih.gov/exhibition/theliteratureofprescription/exhibitionAssets/digitalDocs/The-Yellow-Wall-Paper.pdf.

634 Thomas Quinn Beesley, "When the Brain Is Sick," *New York Times*, June 18, 1922.

635 다음 문헌의 123~161쪽에 게재된 사례 보고에 근거한다. Henry A. Cotton, "Chapter V: Report of Cases," in *The Defective Delinquent and Insane* (Princeton, NJ: Princeton University Press, 1921), http://archive .org /details /defectivedelinqu00cottuoft; For an extensive review of Thomas Cotton and the history therein, see Scull, Madhouse. All aforementioned dramatized cases come from above report by Henry Cotton, save for "Elaine," which is based on upon story told anonymously to author.

636 Kate Moore, *The Woman They Could Not Silence* (Naperville, IL: Sourcebooks, 2021).

637 Cotton, "Chapter I: The Problem of the Insane," in *The Defective Delinquent and Insane*, 6.

638 Anne Hudson Jones, "The Cautionary Tale of Psychiatrist Henry Aloysius Cotton," *The Lancet* 366, no. 9483 (July 30, 2005): 361–62, https://doi.org/10.1016/S0140-6736(05)67009–2.

639 Beesley, "When the Brain Is Sick."

640 Cotton, "ChapterIII: The Systemic Effects of Chronic Infections," in *The Defective Delin-quent and Insane*, 67.

641 Scull, *Madhouse*.

642 "PHYSICIANS DEFEND TRENTON ASYLUM," *New York Times*, September 24, 1925.

643 다음 문헌의 저자들에 의해 인용되었다. Scull, *Madhouse*, 55; and also primarily in Henry A. Cotton, "The Relation of Oral Infection to Mental Diseases," *Journal of Den-tal Research* 1, no. 3 (September 1, 1919): 273, https://doi.org/10.1177/00220345190010030201.

644 Walter Freeman and James W. Watts, "PREFRONTAL LOBOTOMY IN THE TREATMENT OF MENTAL DISORDERS," *Southern Medi-cal Journal* 30, no. 1 (1937): 25.

645 Megan McArdle, "What the World Can Learn from a Lobotomy Surgeon's Horrible Mistake," *Washington Post*, Febru-ary 14, 2023, https://www.washingtonpost.com/opinions/2023/02/14/walter-freeman-lobotomy-regret/; 더불어 다음 문헌도 참고하라. Jack El- Hai, The Lobotomist: A Maverick Medical Genius and His Tragic Quest to Rid the World of Mental Illness, 1st edition (Hoboken, NJ: Wiley, 2007).

646 Bowers et al., "Masochism and Interstitial Cystitis," 299.

647 Freeman and Watts, "PREFRONTAL LOBOTOMY IN THE TREAT-MENT OF MENTAL DISORDERS," 26.

648 Freeman and Watts, "PREFRONTAL LOBOTOMY IN THE TREATMENT OF MENTAL DISORDERS."

649 Ibid.

650 Meg Matthias, "How Many People Actually Got Lobotomized?," Britannica, September 8, 2020, https://www.britannica.com/story/how-many-people-actually-got-lobotomized; M. Kramer, "The 1951 Survey of the Use of Psychosurgery in Proceedings of the Third Research Con-ference on Psychosurgery," PHS Publication 221 (1954), 다음 문헌에 인용되어 있다. Andrea Tone and Mary Koziol, "(F)ailing Women in Psychiatry: Lessons from a Painful Past," CMAJ 190, no. 20 (May 22, 2018): E624–25,https://doi.org/10.1503/cmaj.171277.

651 McArdle, "What the World Can Learn from a Lobotomy Surgeon's Horrible Mis-take."

652 Tone and Koziol, "(F)ailing Women in Psychiatry: Lessons from a Painful Past."

653 Heather Radke, "The Magic Bullet: How a Drug Called Miltown Ushered in an Age of Pill- Popping for Anxious Americans," Topic, October 2018, https://www.topic.com/the-magic-bullet.

654 "Syndromes of the Sixties: The Battered Parent Syndrome," *Journal of the American Medical Association* 203, no. 11 (1968): 60–62.

655 Jonathan Metzl and Joni Angel, "Assessing the Impact of SSRI Antidepressants on Popular

Notions of Women's Depressive Ill-ness," *Social Science & Medicine* 58, no. 3 (February 2004): 577–84, https://doi.org/10.1016/S0277–9536(03)00369-1.

656 Matthew D. Baird et al., "Societal Impact of Research Funding for Women's Health in Alzheimer's Disease and Alzheimer's Disease– Related Dementias" (RAND Corporation, 2021), https://doi.org/10.7249/RR-A708–1.

657 Korin Miller, "I Was Diagnosed With MS at 20—After My Doctor Completely Dismissed My First Symptom," *Self*, November 1, 2022, https://www.self.com/story/diagnosed-with-ms-in-20s-essay.

658 Rachel Ramirez, Luke Montgomery, and Julianna Nemeth, "This Group Has a Shocking Concussion Rate. It's Not Football Players.," *Washington Post*, October 31, 2022, sec. Opinion, https://www.washingtonpost.com/opinions/2022/10/31/football-concussions-domestic-violence-victims-head-injury/; Tracey Covassin, C. Buz Swanik, and Michael L. Sachs, "Sex Differences and the Incidence of Concussions Among Collegiate Athletes," Journal of Athletic Training 38, no. 3 (2003): 238–44; Christopher D'Lauro et al., "Under- Representation of Female Athletes in Research Informing In-fluential Concussion Consensus and Position Statements: An Evidence Review and Synthesis," British Journal of Sports Medicine 56, no. 17 (Sep-tember 1, 2022): 981–87, https://doi.org/10.1136/bjsports-2021-105045.

659 Dr. Ali Baker, 2023년 4월 1일, 저자와의 인터뷰.

660 Dr. Bridget Carey, 2023년 4월 10일, 저자와의 인터뷰.

661 Dr. Ali Baker, 2023년 4월 1일, 저자와의 인터뷰.

662 이 인용문의 출처는 다소 논쟁적이다. Ernest Jones, *The Life and Work of Sigmund Freud, Volume 2: Years of Maturity, 1901–1919*, 1st ed. (New York: Basic Books, 1955); Shoshana Felman, *What Does a Woman Want?* (Baltimore: Johns Hop-kins University Press, 1993), https://doi.org/10.56021/9780801846175; Mary Mothersill, "Notes on Feminism," The Monist 57, no. 1 (January 1, 1973): 1, https://doi.org/10.5840/monist197357136.

663 Dr. Saadi Ghatan, 2023년 4월 2일, 저자와의 인터뷰.

10장 호르몬(내분비계) - 호르몬 숙취

664 Edgar F. Berman, "Text of Dr.Berman's Letter to Rep. Mink:," *Washington Post*, December 13, 1970, sec. Potomac.

665 Charles- Édouard Brown- Séquard, "On a New Therapeutic Method Consisting in the Use of Organic Liquids Extracted from Glands and Other Organs," *British Medical Journal* 1, no. 1693 (June 10, 1893): 1212, https://doi.org/10.1136/bmj.1.1693.1212.

666 Charles- Édouard Brown- Séquard, "NOTE ON THE EFFECTS PRODUCED ON MAN BY SUBCUTANEOUS INJEC-TIONS OF A LIQUID OBTAINED FROM THE TESTICLES OF ANIMALS," *The Lancet* (British Edition) 134, no. 3438 (July 20, 1889): 105–7, https://doi.org/10.1016/S0140–6736(00)64118-1.

667 Ernest Henry Starling, "The Croonian Lectures on the Chemical Correlation of the Functions of the Body," *The Lancet*, June 20, 1905, 339–41, https://doi.org/10.4159/harvard.9780674366701.c112; John Henderson, "Ernest Starling and 'Hor-mones': An Historical Commentary," Journal of Endocrinology 184, no. 1 (January 1, 2005): 5–10, https://doi.org/10.1677/joe.1.06000.

668 Antonio Nacchia et al., "From Torture to Therapy: The History of Human Castration," *The Journal of Urology* 207, no. S5 (May 2022): e216, https://doi.org/10.1097/JU.0000000000002541.13.

669 Lindsay Edouard, "Brown- Séquard, Father of Endocrinology," *African Journal of Reproductive Health* 23, no. 4 (Decem-ber 2019): 16–18, https://www.ajol.info/index.php/ajrh/article/view/193137/182259; Setti S. Rengachary, Chaim Colen, and Murali Guth-ikonda, "Charles-Édouard Brown- Séquard: An Eccentric Genius," Neu-rosurgery 62, no. 4 (2008): 954–64, https://doi.org/10.1227/01.neu.0000318182.87664.1f.

670 Brown- Séquard, "NOTE ON THE EFFECTS PRODUCED ON MAN BY SUBCUTANEOUS INJECTIONS OF A LIQUID OBTAINED FROM THE TESTICLES OF ANIMALS," 105–7.

671 S. H. Collins, "Correspondence: THE ELIXIR OF LIFE," *The Cincinnati Lancet and Clinic (1878–1904)* 23 (1889): 203; "The Life Elixir of Brown- Sequard," in Buchanan's Journal of Man, vol. 3 (Boston: J.R. Buchanan, 1889), 431–35.

672 다음 문헌에 인용되어 있다. Osborn Segerberg, *The Immortality Factor* (New York: Dutton, 1974), 85.

673 성호르몬의 역사에 대한 자세한 정보는 다음 문헌을 참조하라. Nelly Oudshoorn, *Beyond the Natural Body: An Archaeology of Sex Hormones* (Ox-fordshire, UK: Routledge, 1994), https://www.routledge.com/Beyond-the-Natural-Body-An-Archaeology-of-Sex-Hormones/Oudshoorn/p/book/9780415091916.

674 "Estrogen," Online Etymology Dictionary, 2017, https://www.etymonline.com/word/estrogen.

675 W. Blair Bell, *The Sex- Complex: A Study of the Relationships of the Internal Secretions to the Female Characteristics and Functions in Health and Disease* (England: Baillière, Tin-dall, and Cox, 1916), 207, https://hdl.handle.net/2027/uc1.b4108588.

676 Katherine Pouba, Ashley Tianen, and Dr. Susan McFadden, "Lunacy in the 19th Century: Women's Admission to Asylums in United States of America," *Oshkosh Scholar* 1 (April 2006): 95–103.

677 "History of Women at HMS," Harvard Medical School: Joint Committee on the Status of Women, 2023년 6월 30일 확인, https://jcsw.hms.harvard.edu/history.

678 Mary Putnam Jacobi, "The Question of Rest for Women during Menstrua-tion: The Boylston Prize Essay of Harvard University for 1876" (New York: G.P. Putnam's Sons, 1877), https://collections.nlm.nih.gov/catalog/nlm:nlmuid-67041010R-bk?_gl=1*i9pszn*_ga*MTE5NTQyMTc2OC4xNjc5Mjc2MTc3*_ga_P1FPTH9PL4*MTY4NzYyNTc5NS4xMy4xLjE2ODc2MjU4MTguMC4wLjA.

679 Jacobi, "The Question of Rest for Women during Menstruation," 5.

680 Bell, *The Sex- Complex*, 207.

681 Ibid., 207

682 Ibid., 211

683 Ibid., 211

684 Ibid., 211

685 James Woods, "The History of Estrogen," University of Rochester Medical Center, 2023년 7월 14일 확인, https://www.urmc.rochester.edu/ob-gyn/ur-medicine-menopause-and-womens-health/menopause-blog/february-2016/the-history-of-estrogen.aspx.

686 다음 문헌에서 인용하였다. Oudshoorn, *Beyond the Natural Body*, 24.

687 라쿼르와 테스토스테론 발견에 관한 논의는 42~64쪽에서 논의된 바를 참조하라.

688 E. Borchardt et al., "Over het vrouwelijk geslachtshormoon Menformon, in het bijzonder over de antimasculine werking," *Nederlands Tijdschrift Geneeskunde* 72: 1028, 다음에서 인용. Oudshoorn, *Beyond the Nat-ural Body*, 38.

689 Bernhard Zondek, "Mass Excretion of Œstrogenic Hormone in the Urine of the Stallion," *Nature* 133, no. 3354 (February 1934): 209–10, https://doi.org/10.1038/133209a0.

690 Thomas Schlich, *The Origins of Organ Transplantation: Surgery and Laboratory Science, 1880–1930* (Rochester, NY: University of Rochester Press, 2010), 113; Basil James, "Case of Homosexuality Treated by Aversion Therapy," *British Medical Journal* 1, no. 5280 (March 17, 1962): 768–70.

691 *Emotions of Ev-eryday Living: Roots of Happiness* (Mental Health Film Board, 1953), 1953, https://collections.nlm.nih.gov/catalog/nlm:nlmuid-101685926-vid.

692 N. T. Werthessen and R. C. Johnson, "Pincogenesis— Parthenogenesis in Rabbits by Gregory Pin-cus," *Perspectives in Biology and Medicine* 18, no. 1 (1974): 86–93, https://doi.org/10.1353/pbm.1974.0003; A. White, "Gregory Goodwin Pincus (1903–1967)," Endocrinology 82, no. 4 (April 1968): 651–54, https://doi.org/10.1210/endo-82-4-651; "Dr. Pincus, Developer of Birth- Control Pill, Dies," New York Times, August 23, 1967, sec. Obituary, https://archive.nytimes.com/www.

nytimes.com/learning/general/onthisday/bday/0409.html; Nelly Oudshoorn, "On the Making of Sex Hormones: Research Materials and the Production of Knowledge," *Social Studies of Science* 20, no. 1 (1990): 5–33. 핑커스에 관한 추가 출처는 다음 문헌을 참고하라. "Gregory Pincus and Enovid.: Conceiving the Pill," Center for the His-tory of Medicine at Countway Library, Onview: Digital Collections & Exhibits, 1956–1960, https://collections.countway.harvard.edu/onview/exhibits/show/conceiving-the-pill/gregory-pincus-and-enovid.

693 Werthessen and Johnson, "Pincogenesis," 86–93; White, "Gregory Goodwin Pincus (1903-1967)," 651–54.

694 "Gregory Goodwin Pincus," in Wikipedia, July14, 2023, https://en.wikipedia.org/w/index.php?title=Gregory_Goodwin_Pincus&oldid=1165257122.

695 Stanley Elliott, "Fathers' Fear of Rivalry by Salt Solution Dispelled by Scientists: Rabbit Without Papa Shock to Medical World," *Santa Barbara News- Press*, November 14, 1939.

696 Audiey Kao, "History of Oral Contraception," *AMA Journal of Ethics* 2, no. 6 (June 1, 2000): 55–56.

697 Oudshoorn, "On the Making of Sex Hormones," 115.

698 William C. Roberts, "Facts and Ideas from Anywhere," *Baylor University Medical Center* 38, no. 3 (2015): 421–32, https://doi.org/10.1080/08998280.2021.1902727.

699 "Katharine Dexter McCormick (1875-1967)," *PBS: American Experience*, 2023년 6월 30일 확인, https://www.pbs.org/wgbh/americanexperience/features/pill-katharine-dexter-mccormick-1875–1967/.

700 Katharine McCormick, "Correspondence between Sanger and McCormick," May 31, 1955, http://93778645 .weebly .com /letters -between -sanger -and -mccormick .html.

701 피임약 개발 및 수감자 대상 실험의 심층적 역사에 대해서는 다음 문헌을 참조하라. Jonathan Eig, *The Birth of the Pill: How Four Crusaders Reinvented Sex and Launched a Revolution* (New York: W. W. Norton & Company, 2015), https://wwnorton.com/books/The-Birth-of-the-Pill/.

702 Audiey Kao, "History of Oral Contraception," 55–56.

703 Drew C. Pendergass and Michelle Y. Raji, "The Bitter Pill: Harvard and the Dark History of Birth Control," *The Harvard Crimson*, September 28, 2017, https://www.thecrimson.com/article/2017/9/28/the-bitter-pill/.

704 다음 문헌에 인용되어 있다. Annette B. Ramírez de Arellano and Conrad Seipp, *Colonialism, Cathol-icism, and Contraception: A History of Birth Control in Puerto Rico* (Chapel Hill, NC: UNC Press Books, 2017), 110.

705 다음 문헌에 인용되어 있다. Arellano and Seipp, *Colonialism, Catholicism, and Contracepion*, 115.

706 Theresa Vargas, "Guinea Pigs or Pioneers? How Puerto Rican Women Were Used to Test the Birth Control Pill.," *Washington Post*, October 28, 2021, https://www.washingtonpost.com/news/retropolis/wp/2017/05/09/guinea-pigs-or-pioneers-how-puerto-rican-women-were-used-to-test-the-birth-control-pill/.

707 James Milne and Gregory Pincus, "AN ORAL CONTRACEPTIVE," *The Lan-cet* (British Edition) 271, no. 7032 (1958): 1230, https://doi.org/10.1016/S0140–6736(58)91941-X.

708 Lawrence Lader, "Three Men Who Made A Revolution," *New York Times*, April 10, 1966.

709 Audiey Kao, "History of Oral Contraception," 55–56.

710 RA Edgren, "Oral Contraception: A Review," *International Journal of Fertility and Sterility* 36, no. S3 (1991): 16–25, https://pubmed.ncbi.nlm.nih.gov/1687400/; M. de Bastos, BH Stegeman, FR Rosendaal et al., "Combined Oral Contraceptives: Venous Thrombosis," Cochrane Database of Systematic Reviews, no. 3 (2014): CD010813, doi: 10.1002/14651858.CD 010813.pub2.

711 Barbara Seaman, *The Doctor's Case Against the Pill*, anniversary ed. (Alameda, CA: Hunter House, 1995); Caitlin Carlton, Matthew Banks, and Sophia Sundararajan, "Oral Con-traceptives and Ischemic Stroke Risk," *Stroke* 49, no. 4 (April 2018): e157–59, https://doi.org/10.1161/STROKEAHA.117.020084; Rachel E.J. Roach et al., "Combined Oral Contraceptives: The Risk of

562

Myocardial Infarction and Ischemic Stroke," Cochrane Database of Systematic Reviews, no. 8 (August 27, 2015): CD011054, https://doi.org/10.1002/14651858.CD011054.pub2.

712 Robert A. Wilson and Thelma A. Wilson, "The Fate of the Nontreated Postmenopausal Woman: A Plea for the Maintenance of Adequate Estrogen from Puberty to the Grave," *Journal of the American Geriatrics Society* 11, no. 4 (1963): 347-62, https://doi.org/10.1111/j.1532-5415.1963.tb00068.x.

713 Robert A. M. D. Wilson, *Feminine Forever*, 2nd ed. (New York: Pocket Books, 1968), 93.

714 Ibid.

715 Ibid., 93.

716 Ibid., 93.

717 Edward John Tilt, *The Change of Life in Health and Disease : A Practical Treatise on the Nervous and Other Affections Incidental to Women at the Decline of Life* (London: John Churchill and Sons, 1870), 196, https://wellcomecollection.org/works/nuavzmee.

718 Ibid., 196.

719 Ibid., 10.

720 Wilson and Wilson, "The Fate of the Nontreated Postmeno-pausal Woman."

721 Wilson, Feminine Forever, 17.

722 Ibid., 35.

723 Ibid., 12.

724 Wilson and Wilson, "The Fate of the Nontreated Postmeno-pausal Woman," 352-53.

725 Wilson, *Feminine Forever*, 64.

726 Ibid., 94.

727 Ibid.

728 Dr. JoAnn Manson, 2023년 2월 10일, 저자와의 인터뷰.

729 S. Furness, H. Rob erts, J. Marjoribanks, and A. Lethaby, "Hormone therapy in postmeno-pausal women and risk of endometrial hyperplasia," *Cochrane Database of Systematic Reviews*, no. 8 (2012): CD000402; EJ Crosbie, M. Zwahlen, HC Kitchener, M. Egger, and AG Renehan, "Body mass index, hormone re-placement therapy, and endometrial cancer risk: a meta- analysis," *Cancer Epidemiology, Biomarkers & Prevention* 19, no. 12 (2010): 3119-30.

730 "Women's Health Initiative: Changing the Future of Women's Health," Women's Health Initiative, 2023년 6월 30일 확인, https://www.whi.org/; "Women's Health Initiative," NIH: National Heart, Lung and Blood Institute, 1991,https://www.nhlbi.nih.gov/science/womens-health-initiative-whi.

731 Jacques Rossouw, "Release of the Results of the Estrogen Plus Progestin Trial of the Women's Health Initiative: Findings and Implications" (Press Conference, National Heart, Lung and Blood Institute, July 9, 2002), https://sp.whi.org/participants/findings/Pages/ht_eplusp_rossouw.aspx.

732 Ibid.

733 Susan Dominus, "Women Have Been Misled About Menopause," *New York Times*, February 1, 2023, sec. Magazine, https://www.nytimes.com/2023/02/01/magazine/menopause-hot-flashes-hormone-therapy.html.

734 JoAnn E. Manson and Andrew M. Kaunitz, "Menopause Management— Getting Clinical Care Back on Track," *New England Journal of Medicine*, March 3, 2016, 803-6.

735 Dr. JoAnn E. Manson, 2023년 2월 10일, 저자와의 인터뷰.

736 Manson and Kaunitz, "Menopause Management."

737 다음 문헌에서 인용하였다. Mel Robbins, "Hillary Clinton and the Clueless Hor-mone Argument," CNN, April 21, 2015, https://www.cnn.com/2015/04/20/opinions/robbins-hillary-clinton/index.html.

738 Berman, "Text of Dr. Berman's Letter to Rep. Mink."

739 Julie Holland, "Hillary Clinton Is the Perfect Age to Be President," *Time*, April 3, 2015, https://

time.com/3763552/hillary-clinton-age-president/.

740 Ibid.

741 Emma Cueto, "Are Your Hormones Dictating Your Politics?," *Bustle*, May 21, 2015, https://www.bustle.com/articles/85046-womens-political-views-arent-affected-by-our-periods-new-study-proclaims.

742 Rebecca M. Jordan-Young, *Brainstorm: The Flaws in the Science of Sex Differences* (Cambridge, MA: Harvard University Press, 2011).

743 Clare McCormack, Bridget L. Callaghan, and Jodi L.Pawluski, "It's Time to Rebrand 'Mommy Brain,' " *JAMA Neurology* 80, no. 4 (April 1, 2023): 335–36, https://doi.org/10.1001/jamaneurol.2022.5180.

744 "General Information/Press Room," American Thyroid Association, 2023년 7월 1일 확인, https://www.thyroid.org/media-main/press-room/.

745 Dylan Mulvaney, "Day 1 of Being a Girl," TikTok, March 12, 2022, https://www.tiktok.com/@dylanmulvaney/video/7074309597984623918?lang=en.

746 Lisa Selin Davis, "The Beginning of the End of 'Gender- Affirming Care'?," The Free Press, July 30, 2022, https://www.thefp.com/p/the-beginning-of-the-end-of-gender.

747 Ibid.

748 Dr. Kara Long Roche, 2023년 3월 1일, 저자와의 인터뷰.

749 MC King, "' The Race' to Clone BRCA1," *Science* 343, no. 6178 (2014): 1462–65, doi: 10.1126/science.1251900.

750 Dr. Kara Long Roche, 2023년 3월 1일, 저자와의 인터뷰.

751 Kara Long Roche, 2023년 3월 1일, 저자와의 인터뷰.

752 "Dealing with the Symptoms of Menopause," Harvard Health Publishing, June 9, 2009, https://www.health.harvard.edu/womens-health/dealing-with-the-symptoms-of-menopause.

11장 성(생식계) - 모든 도덕적 패닉의 어머니

753 Hippocrates, *Places in Man*, trans. Elizabeth M. Craik, 1st ed. (Oxford, UK: Clarendon Press, 1998); Gilman et al., *Hysteria Beyond Freud*, 13.

754 Aristotle, *Generation of Animals*, trans. A. L. Peck (Cambridge, MA: Harvard Univer-sity Press, 1979), https://ccl.on.worldcat.org/oclc/855672780. 다음 문헌에 인용되어 있다. Alex Coleman, "Why Are We So Uncomfortable? The Confusing Taboo of Menstruation in Ancient Rome and Modern America," The Claremont Colleges Library, 2023년 7월 14일 확인, https://pressbooks.claremont.edu/clas112pomonavalentine/chapter/why-are-we-so-uncomfortable-the-confusing-taboo-of-menstruation-in-ancient-rome-and-modern-america/.

755 As cited by Laqueur, *Making Sex*, 28.

756 Allison Draper, "The History of the Term Pudendum: Opening the Discussion on Anatomical Sex In-equality," *Clinical Anatomy* 34, no. 2 (March 2021): 315–19, https://doi.org/10.1002/ca.23659.

757 "Introduction -The Malleus Maleficarum," *The Malleus Maleficarum of Heinrich Kramer & James Sprenger* (blog), February 6, 2014, http://www .malleusmaleficarum .org /.

758 Matteo Realdo Colombo, *De Re Ana-tomica*, 1559; 다음 문헌도 참조. R. Shane Tubbs, Sanjay Linganna, and Marios Loukas, "Matteo Realdo Colombo (c. 1516-1559): The Anatomist and Surgeon," *The American Surgeon* 74, no. 1 (January 2008): 84–86.

759 Gabriele Falloppio, *Gabrielis Falloppii Mutinensis Observationes anatomicae: in quinque libros digestae certisq[ue] capitibus distinctae, & illustratae* (Helmstadii: Excudebat Iacobus Lucius, 1588). 다음 문헌의 저자가 인용하고 있다. Mark D. Stringer and Ines Becker, "Colombo and the Clitoris," *European Journal of Obstetrics & Gynecology and Reproductive Biology* 151, no. 2 (August 2010): 130–33, https://doi.org/10.1016/j.ejogrb.2010.04.007.

760 다음 문헌에 인용되어 있다. Helen E. O'Connell, Kalavampara V. Sanjeevan, and John M. Hutson, "Anatomy of the Clitoris," *The Journal of Urology* 174, no. 4 (2005): 1189–95, https://doi.org/10.1097/01.ju.0000173639.38898.cd.

761 Reinier de Graaf, *De Mulierum Organis Generationi Inservientibus* (Nieuwkoop, Netherlands: Nieuwkoop & B. de Graaf, 1672). 다음 문헌의 저자들이 인용하고 있다. y Helen E. O'Connell, Kalavampara V. Sanjeevan, And John M. Hutson, "Anatomy Of The Clitoris," *The Journal of Urology* 174, no. 4 (2005): 1189–95, https://doi.org/10.1097/01.ju.0000173639.38898.cd.

762 Georg Ludwig Kobelt, *Die männlichen und weiblichen Wollust- Organe des Menschen und einiger Säugethiere in anatomisch- physiologischer Bezie-hung* (Freiburg, Germany: A Emmerling, 1844); see also O'Connell et al., "Anatomy of the Clitoris," 1189–95.

763 Ibid.

764 Jennifer A. Hayes and Meredith J. Temple- Smith, "New Context, New Content— Rethinking Genital Anatomy in Text-books," *Anatomical Sciences Education* 15, no. 5 (2022): 943–56, https://doi.org/10.1002/ase.2173.

765 Kapil Sugand, Peter Abrahams, and Ashish Khurana, "The Anatomy of Anatomy: A Review for Its Modernization," *Anatomical Sciences Education* 3, no. 2 (2010): 83–93, https://doi.org/10.1002/ase.139.

766 John Wiltbank, *The Introductory Lecture to the Course of Midwifery in the Medical Department of Pennsylvania College, for the Session* of 1853–4 (Philadelphia: Edward Grat-tan, 1854), http://archive.org /details /gpm –0006.

767 미국 산파의 역사와 부인과가 하나의 전문 분야로 성장한 과정에 대한 추가 배경은 다음 문헌을 참고하라. Deborah Kuhn McGregor, *From Midwives to Medicine: The Birth of American Gynecology*, 1st ed. (New Brunswick, NJ: Rutgers University Press, 1998); as well as Deirdre Cooper Owens, *Medical Bond-age: Race, Gender, and the Origins of American Gynecology* (Athens, GA: Uni-versity of Georgia Press, 2017), https://www.perlego.com/book/839248/medical-bondage-race-gender-and-the-origins-of-american-gynecology-pdf.

768 Richa Venkatraman, "Horatio Robinson Storer (1830–1922)," The Embryo Project Ency-clopedia, September 21, 2020, https://embryo.asu.edu/pages/horatio-robinson-storer–1830-1922.

769 H. B. Storer, "Transactions of the Gynaecological Society of Boston," *The American Journal of Obstetrics and Diseases of Women and Children* 1 (January 22, 1869): 422.

770 Robert Tuttle Morris, *Fifty Years a Sur-geon* (New York: E.P. Dutton & Company, Incorporated, 1935); Robert Tuttle Morris, "The Ovarian Graft," *New York Medical Journal* 62 (1895):436.

771 Hans H. Simmer, "ROBERT TUTTLE MORRIS (1857-1945): A PIONEER IN OVARIAN TRANSPLANTS," *Obstetrics & Gynecology* 35, no. 2 (February 1970): 314.

772 "Collection: Robert Latou Dickinson Papers," HOLLIS for Archival Discovery, 2023년 7월 14일 확인, https://hollisarchives.lib.harvard.edu/repositories/14/resources/6533.

773 Robert L. Dickinson and Lura Beam, *The Single Woman: A Medical Study in Sex Education* (London: Williams & Nortgate, 1934), 17–18.

774 Robert Tuttle Morris, *Is Evolution Trying to Do Away with the Clitoris?* (New York: William Wood & Company, Publishers, 1892), https://collections.nlm.nih.gov/catalog/nlm:nlmuid–101692466-bk.

775 다음 문헌의 저자에 의해 보고되었다. Frederick N. Dyer, *Champion of Women and the Unborn: Horatio Robinson Storer, M.D.* (Canton, MA: Science History Publications/USA, 1999), who cites the following as his source: Diary of Hermann Jackson Warner located at Massachusetts Historical Society. Hermann Jackson Warner, Diary. v12 (January 22 1851-July 4, 1851), March 15 1851.

776 Dyer, *Champion of Women and the Unborn: Horatio Robinson Storer, M.D.*, 365.

777 American Medical Association, "Report on Insanity in Women," in *The Transac-tions of the American Medical Association* (Philadelphia: American Medical Association, 1866), 140.

778 Horatio B. Storer, "Cases of Nymphomania," *The American Journal of the Medical Sciences* 32 (July

21, 1856): 384–87.

779 Ibid.

780 Ibid.

781 Ibid.

782 색정증의 역사에 관한 자세한 정보는 다음 문헌을 참고하라. Carol Groneman, *Nymphomania: A History* (New York: W. W. Norton & Company, 2001).

783 J. B. Fleming, "Clitoridectomy - -the Disastrous Downfall of Isaac Baker Brown, F.R.C.S. (1867)," *The Journal of Obstetrics and Gynae-cology of the British Empire* 67, no. 6 (December 1960): 1017–34.

784 Ibid.

785 Morris, *Is Evo-lution Trying to Do Away with the Clitoris?*

786 Horatio Robinson Storer, *The Causation, Course, and Treatment of Reflex Insanity in Women* (Boston: Lee and Shepard; New York: Lee, Shepard and Dillingham, 1871).

787 Ryan Johnson, "A Movement for Change: Horatio Robinson Storer and Physicians' Crusade Against Abortion," *James Madi-son Undergraduate Research Journal* 4, no. 1 (2017): 13–23, http:// commons .lib .jmu .edu /jmurj /vol4 /iss1 /2.

788 Jesse F. Frisbie, "An Address.," *Journal of the American Medical Association* XXVI, no. 11 (March 14, 1896): 499–500, https://doi.org/10.1001/jama.1896.02430630001001; 더불어 다음 문헌도 참고. Gynaeco-logical Society of Boston, *The Journal of the Gynaecological Society of Boston: A Monthly Journal Devoted to the Advancement of the Knowledge of the Diseases of Women,* 1, (1869) (Boston: Legare Street Press, 2021),https://bookshop.org/p/books/the-journal-of-the-gynaecological-society-of-boston-a-monthly-journal-devoted-to-the-advancement-of-the-knowledge-of-the-diseases-of-women-1-1869-gyna/17706507.

789 Theophilus Parvin, "Nymphomania and Masturbation," in *The Medical Age*, vol. 4 (Detroit: Ovid Technologies [Wolters Kluwer Health], 1886), 51, http://archive .org /details /paper -doi -10 _1097 _00005053 –188604000 -00032.

790 Robert Latou Dickinson and Lura Beam, "Chap-ter IV: Anatomical Evidence of Sex Experience," in *A Thousand Marriages; a Medical Study of Sex Adjustment* (Baltimore: Williams & Wilkins, 1931), 50–54, https://catalog.hathitrust.org/Record/001580627.

791 Robert Latou Dickinson and Abram Belskie, "Dickinson- Belskie Framed Model of Forms of Adult Vulvas, 1945," Center for the History of Medicine at Countway Library, Onview: Digital Collections & Exhibits, 1945, https://collections.countway.harvard.edu/onview/items/show/14568.

792 Dickinson and Beam, *The Single Woman*, 17.

793 Ibid.

794 Frank Samuel Caprio, *The Sexually Adequate Female* (New York: Citadel Press, 1961), 64, https:// catalog.hathitrust.org/Record/005114663.

795 Samuel R. Donnenfeld, Alexander V. Stanfield, and Jessica Hammett, "The Anatomy of Female Sexual Arousal: Princess Marie Bonaparte, the Halban- Narjani Procedure, and the Art of Con-stantin Brancusi," *Urology* 166 (August 1, 2022): 18–21, https://doi.org/10.1016/ j.urology.2022.04.030.

796 Parvin, "Nymphomania and Masturba-tion," 50.

797 Ibid., 51.

798 Theophilus Parvin, Presidential Address Before the American Medical Association (Kessinger's Legacy Reprints, 1879).

799 Samara Freemark and Lila Cherneff, "Prison History Assignment Yields Surprise, Passion for Research," APM reports, September 8, 2016, https://www.apmreports.org/story/2016/09/08/ indiana-womens-prison-history-assignment; The Indiana Women's Prison History Project et al., *Who Would Believe a Prisoner?: Indiana Women's Carceral Institutions, 1848–1920* (New York:

New Press, 2023); Rebecca Onion, "The Pen," Slate, March 22, 2015, https://slate.com/news-and-politics/2015/03/indiana-womens-prison-a-revisionist-history.html.

800 The Indiana Women's Prison History Project et al., *Who Would Believe a Prisoner?;* Rebecca Onion, "The Pen."

801 수감자 메리 슈와이처Mary Schweitzer의 증언 참조. "Reforma-tory Investigation: The Edwins' Committee Holds Its First Meeting for Inquiry into the Truth of Charges," *Indianapolis News*, January 25, 1881.

802 Indiana Historical Bureau, "1907 Indiana Eugenics Law," IHB, December 7, 2020, https://www.in.gov/history/state-historical-markers/find-a-marker/1907-indiana-eugenics-law/; "Laws of Indiana," Pub. L. No. B050823, 377 (1907); Allison C. Carey, "Gender and Compulsory Sterilization Programs in America: 1907–1950," *Journal of Historical Sociology* 11, no. 1 (1998): 74–105, https://doi.org/10.1111/1467-6443.00054.

803 Sandra G. Boodman et al., "Over 7,500 Sterilized By Virginia," *Washington Post*, February 23, 1980, https://www.washingtonpost.com/archive/politics/1980/02/23/over-7500-sterilized-by-virginia/8002199e-709c-4e18-8b54-3b44c130828f/.

804 Ibid.

805 Corey G. John-son, "Female Inmates Sterilized in California Prisons without Ap-proval," Reveal, July 7, 2013, http://revealnews .org /article /female -in mates -sterilized -in -california -prisons -without -approval /.

806 California State Auditor, "Sterilization of Female Inmates: Some Inmates Were Sterilized Unlawfully, and Safe-guards Designed to Limit Occurrences of the Procedure Failed" (Califor-nia, June 2014).

807 Jane Lawrence, "The Indian Health Service and the Sterilization of Native American Women," *American Indian Quarterly* 24, no. 3 (2000): 410.

808 Egerton Y. Davis, "Vaginis-mus," *Philadelphia Medical News*, December 13, 1884, 673.

809 J. Marion Sims, *Clinical Notes on Uterine Surgery: With Spe-cial Reference to the Management of the Sterile Condition* (New York: William Wood & Co., 1866), 334, https://collections.nlm.nih.gov/catalog/nlm:nlmuid-67130200R-bk.

810 Peter Cryle, "Vaginismus: A Franco- American Story," *Journal of the History of Medicine and Allied Sci-ences* 67, no. 1 (January 1, 2012): 71–93, https://doi.org/10.1093/jhmas/jrq079.

811 Sims, *Clinical Notes on Uterine Surgery*, 334.

812 Ibid., 334.

813 Ibid., 335.

814 J. Marion Sims, "ON VAGINISMUS," *Bulletin of the New York Academy of Medicine* 1 (1862): 428.

815 J. Marion Sims, "ON VAGINISMUS," 431.

816 Theophilus Parvin, "An Uncom-mon Form of Vaginismus," *Philadelphia Medical News*, November 29, 1884, 602–3.

817 Davis, "Vaginismus".

818 Ibid.

819 Vaginismus in *DSM- V* is now referred to as "Genito- Pelvic Pain/Penetration Disorder." Samara Perez and Yitzchak M. Binik, PhD, "Vaginismus: 'Gone' But Not Forgotten," *Psychi-atric Times* 33, no. 7, (July 29, 2016): https://www.psychiatrictimes.com/view/vaginismus-gone-not-forgotten.

820 Gladwin Hill, "Social Ill Is Laid to Endometriosis: Women's Ailment Restricting Propagation of Intelligent Class, Says Dr. J. V. Meigs," *New York Times*, October 21, 1948.

821 Camran Nezhat, Farr Nezhat, and Ceana Nezhat, "Endometriosis: Ancient Disease, An-cient Treatments," *Fertility and Sterility* 98, no. 6 (December 2012): S1-S62, https://doi.org/10.1016/j.fertnstert.2012.08.001.

822 "What Is Endometriosis?," Endometriosis Foundation of America, October 21, 2021, https://www.

endofound.org/endometriosis; Kate Seear, "The Etiquette of Endometrio-sis: Stigmatisation, Menstrual Concealment and the Diagnostic Delay," *Social Science & Medicine* 69, no. 8 (October 2009): 1220–27, https://doi.org/10.1016/j.socscimed.2009.07.023.

823 Staci Binder, "Endometriosis: The 'Career Woman's Disease.,' " *Total Health* 13, no. 2 (April 1, 1991): 37–40; Kate Seear, "' Standing up to the Beast': Contradictory Notions of Control, Un/Certainty and Risk in the Endometriosis Self- Help Literature," *Criti-cal Public Health* 19 (March 2009): 45–58.

824 Alanna Weissman, "How Doctors Fail Women Who Don't Want Children," *The New York Times*, December 1, 2017, sec. Opinion, https://www.nytimes.com/2017/11/30/sunday-review/women-sterilization-children-doctors.html.

825 "Key Statistics for Ovarian Cancer," American Cancer Society, 2023, https://www.cancer.org/cancer/types/ovarian-cancer/about/key-statistics.html.

826 Barbara A. Goff, "Ovarian Cancer Is Not So Silent," *Obstetrics & Gynecology* 139, no. 2 (February 2022): 155, https://doi.org/10.1097/AOG.0000000000004664.

827 Dr. Lyndsey Harper, 2023년 5월 12일, 저자와의 인터뷰.

828 Ibid.

829 Ibid.

830 Maya Salam, "Sex Sells, but When It Comes to Female Pleasure, the New York Subway Isn't So Sure," *New York Times*, June 25, 2019, sec. Business, https://www.nytimes.com/2019/06/25/business/dame-sex-toy-mta-subway-ads.html.

결론

831 R. Su, J. Rounds, and P. I. Armstrong, "Men and things, women and people: A meta- analysis of sex differences in interests," *Psy-chological Bulletin* 135, no. 6 (2009): 859–84, https://psycnet.apa.org/doiLanding?doi=10.1037%2Fa0017364.

찾아보기